U0124593

“十二五”国家重点图书出版规划项目
“十一五”国家科技支撑计划重点项目

综合风险防范关键技术研究与示范丛书

综合风险防范

数据库、风险地图与网络平台

方伟华 王静爱 史培军 等 著

科学出版社

北京

内 容 简 介

本书是“十一五”国家科技支撑计划重点项目“综合风险防范关键技术研究与示范”的部分研究成果，丛书之一，主要利用现代网络数据库技术，建设综合风险数据库的结构与功能，对编制综合风险地图及地图集技术进行详细、系统地论述，对建设中国风险网的技术与内容体系予以综合的展示。

本书可供灾害科学、风险管理、应急技术、防灾减灾、保险、生态、能源、农业等领域的政府公务人员、科研和工程技术人员、企业管理人员以及高等院校的师生等参考，也可作为高等院校相关专业研究生的参考教材。

图书在版编目(CIP)数据

综合风险防范：数据库、风险地图与网络平台 / 方伟华，王静爱，史培军等著. —北京：科学出版社，2011
（综合风险防范关键技术研究与示范丛书）

ISBN 978-7-03-030714-9

Ⅰ. 综… Ⅱ. ①方…②王…③史… Ⅲ. 风险管理－数据库－中国 Ⅳ. X4

中国版本图书馆 CIP 数据核字（2011）第 059513 号

责任编辑：李 敏 王 倩 王晓光 张 震 / 责任校对：张怡君
责任印制：钱玉芬 / 封面设计：王 浩

科学出版社 出版
北京东黄城根北街 16 号
邮政编码：100717
http://www.sciencep.com

中国科学院印刷厂 印刷
科学出版社发行 各地新华书店经销
*
2011 年 5 月第 一 版 开本：787×1092 1/16
2011 年 5 月第一次印刷 印张：23 3/4 插页：2
印数：1—2 000 字数：580 000

定价：98.00 元

如有印装质量问题，我社负责调换

总　　序

综合风险防范（integrated risk governance）的研究源于21世纪初。2003年国际风险管理理事会（International Risk Governance Council，IRGC）在瑞士日内瓦成立。我作为这一国际组织的理事，代表中国政府参加了该组织成立以来的一些重要活动，从中了解了这一领域最为突出的特色：一是强调从风险管理（risk management）转移到风险防范（risk governance）；二是强调“综合”分析和对策的制定，从而实现对可能出现的全球风险提出防范措施，为决策者特别是政府的决策者提供防范新风险的对策。中国的综合风险防范研究起步于2005年，这一年国际全球环境变化人文因素计划中国国家委员会（Chinese National Committee for the International Human Dimensions Programme on Global Environmental Change，CNC-IHDP）成立，在这一委员会中，我们设立了一个综合风险工作组（Integrated Risk Working Group，CNC-IHDP-IR）。自此，中国综合风险防范科技工作逐渐开展起来。

CNC-IHDP-IR成立以来，积极组织国内相关领域的专家，充分论证并提出了开展综合风险防范科技项目的建议书。2006年下半年，科学技术部经过组织专家广泛论证，在农村科技领域，设置了“十一五”国家科技支撑计划重点项目“综合风险防范关键技术研究与示范”（2006~2010年）（2006BAD20B00）。该项目由教育部科学技术司牵头组织执行，北京师范大学、中国科学院地理科学与资源研究所、民政部国家减灾中心、中国保险行业协会、北京大学、中国农业大学、武汉大学等单位通过负责7个课题，承担了中国第一个综合风险防范领域的重要科技支撑计划项目。北京师范大学地表过程与资源生态国家重点实验室主任史培军教授被教育部科学技术司聘为这一项目专家组的组长，承担了组织和协调这一项目实施的工作。与此同时，CNC-IHDP-IR借2006年在中国召开国际全球环境变化人文因素计划（IHDP）北京区域会议和地球系统科学联盟（Earth System Science Partnership，ESSP）北京会议之际，通过CNC-IHDP向IHDP科学委员会主席Oran Young教授提出，在IHDP设立的核心科学计划中，设置全球环境变化下的“综合风险防范”研究领域。经过近4年的艰苦努力，关于这一科学计划的建议于2007年被纳入IHDP新10年（2005~2015年）战略框架内容；于2008年被设为IHDP新10年战略行动计划的一个研究主题；于2009年被设为IHDP新10年核心科学计划之开拓者计划开始执行；于2010年9月被正式设为IHDP新10年核心科学计划，其核心科学计划报告——《综合风险防范报告》（*Integrated Risk Governance Project*）在IHDP总部德国波恩正式公开出版。它是中国科学家参加全球变化研究20多年来，首次在全球变化四大科学计划［国际地圈生物圈计划（International Geosphere-Biosphere Program，IGBP）、世界气候研究计划（World Climate Research Programme，WCRP）、国际全球环境变化人文因素计划（IHDP）、生物多样性计划（Biological Diversity Plan，DIVERSITAS）］中起主导作用的科学计划，亦是全球第一个综合风险防范的科学计划。它与2010年启动的由国际科学理事会、国际社会科学理事会和联合国国际减灾战略秘书处联合主导的"综合灾害风险研究"（Integrated Research on Disaster Risk，IRDR）计划共同构成了当今世界开展综合风险防范研究的两大国际化平台。

《综合风险防范关键技术研究与示范丛书》是前述相关单位承担"十一五"国家科技支撑计划重点项目——"综合风险防范关键技术研究与示范"所取得的部分成果。丛书包括《综合风险防范——科学、技术与示范》、《综合风险防范——标准、模型与应用》、《综合风险防范——搜索、模拟与制图》、《综合风险防范——数据库、风险地图与网络平台》、《综合风险防范——中国综合自然灾害救助保障体系》、《综合风险防范——中国综合自然灾害风险转移体系》、《综合风险防范——中国综合气候变化风险》、《综合风险防范——中国综合能源与水资源保障风险》、《综合风险防范——中国综合生态与食物安全风险》与《中国自然灾害风险地图集》10个分册，较为全面地展示了中国综合风险防范研究领域所取得的最新成果（特别指出，本研究内容及数据的提取只涉及中国内地31个省、自治区、直辖市，暂未包括香港、澳门和台湾地区）。丛书的内容主要包括综合风险分析与评价模型体系、信息搜索与网络信息管理技术、模拟与仿真技术、自动制图技术、信息集成技术、综合能源与水资源保障风险防范、综合食物与生态安全风险防范、综合全球贸易与全球环境变化风险防范、综合自然灾害风险救助与保险体系和中国综合风险防范模式。这些研究成果初步奠定了中国综合风险防范研究的基础，为进一步开展该领域的研究提供了较为丰富的信息、理论和技术。然而，正是由于这一领域的研究才刚刚起步，这套丛书中阐述的理论、方法和开发的技术，还有许多不完善之处，诚请广大同行和读者给予批评指正。在此，对参与这项研究并取得丰硕成果的广大科技工作者表示热烈的祝贺，并期盼中国综合风险防范研究能取得更多的创新成就，为提高中国及全世界的综合风险防范水平和能力作出更大的贡献！

国务院参事、科技部原副部长

刘燕华

2011年2月

目　　录

第1章　综合风险防范技术集成平台进展与展望*

综合风险防范信息集成平台是连接灾害风险综合防范理论研究、综合风险防范地区与行业示范应用的关键。发展综合风险防范理论，建立综合风险防范基础数据库与灾害专题数据库，集成各类区域与行业示范数据库在内的数据平台，基于数据平台发展灾害风险评估方法与模型，建设综合风险防范网络服务平台、综合风险防范仿真模拟平台以及综合风险防范自动制图平台，从而形成综合风险防范技术集成平台，使其具有重要的理论与应用意义。

1.1　综合风险防范进展综述

近年来，各类灾害在全球范围频繁出现，如2009年的海地地震、2008年的汶川地震，2008年年初中国南方发生的特大冰雹，2005年给美国新奥尔良市造成毁灭性打击的卡特里娜飓风和2003年席卷欧洲的热浪等。据世界银行（World Bank，2006）统计，1984～2003年，在发展中国家就有超过40亿人受各类自然灾害影响，而1990～1999年自然灾害造成的经济损失也超过了1950～1959年的15倍。比利时流行病与灾害研究中心（CRED）的全球灾害数据（EM-DAT），以及来自瑞士再保险公司（Swiss RE）和慕尼黑再保险公司（Munich RE）的历史灾害数据均表明，在过去20年间，灾害发生频率呈上升趋势（Scheuren et al.，2008）。全球范围内，1988～2006年，洪水和风暴发生频率每年大约增长7%，在2000年和2007年则增长了8%，这些自然灾害所造成的人员伤亡和经济损失也相应增加（Emanuel，2005）。据美国国家科学委员会（NRC，2006）报告显示，灾害造成的经济损失在20世纪60～90年代快速增长。在发展中国家，灾害损失在许多情况下甚至超出国民生产总值的3%，并引发严重的经济危机，而自然灾害所造成的人员死亡也集中在发展中国家。例如，在20世纪90年代全球由自然灾害造成的880 000的人口死亡中，90%是在发展中国家（Perrow，2007）。

灾害综合风险防范已成为当前风险科学研究的核心与前沿领域，需要对新的概念、新的理论、新的技术和新的管理模式进行全面创新性探索。国际风险防范理事会（International Risk Governance Council，IRGC）把“防范（governance）”定义为执行权利和进行决策过程中涉及的行为、过程、传统与制度。广义上，“风险防范（risk governance）”涉及对风险的识别、评估、管理与沟通，包括行为者、规则、惯例、程序和机制的全体，涉及如何对相关风险信息进行收集、分析与沟通，以及如何进行管理决策（IRGC，2008）。

---

* 本章执笔人：北京师范大学的史培军、方伟华、石先武。

面对来自自然或社会及人为的各重风险，作为直接服务于社会和经济安全的灾害风险科学，要从理论和实践等多方面，加快综合风险防范科学、技术、管理与应用的研究。在灾害风险综合防范研究中，综合风险防范信息集成平台是连接理论研究与地区及行业综合风险防范应用的核心。

中国自然灾害种类多、分布地域广、发生频率高、造成损失重，未来极端灾害事件发生概率增大，自然灾害风险形势严峻。如何应对自然灾害、全球变化、生态环境等各类风险，形成符合中国特点的灾害综合风险防范体系等领域的研究，受到学术界的高度关注。

1.1.1　综合风险防范国际研究进展

综合风险防范（integrated risk governance，IRG）研究与减灾、应急响应与风险管理实践密切相关。自20世纪第42届联合国大会（1987年12月11日）宣布将20世纪的最后十年定为“国际减轻自然灾害十年（international decade for natural disaster reduction，IDNDR）”以来，在这20年内，世界各国的科学家、商业界和政界人士，以及相关的政府和非政府组织，从不同的角度开展了一系列涉及灾害综合风险防范的科学研究，并组织实施了一系列的综合减灾和灾害风险防范工程（UNISDR，2010a）。

1. 联合国强调综合灾害风险防范能力建设

在快速和日益高度全球化的今天，传统风险的衍生动态与影响路径在改变，同时新的风险又不断涌现，挑战人类应对能力的极限。从冷战期间的核威慑到今天的计算机网络黑客、纳米技术、次贷危机和全球气候变化，这些由社会经济和科学技术的发展所带来的潜在风险，一旦发生，都将远远超出目前社会的防范能力。而地球自然环境系统的一些突发事件，如地震、海啸和飓风等的出现，也会造成人类社会的高度震荡。为更好地应对由巨灾所造成的风险，联合国曾先后在日本横滨（1994年）和神户（2005年）召开过两次世界减灾大会，发表了《横滨宣言》和《神户宣言》。前一宣言的目标是建设一个让世界更安全的21世纪，强调动员一切可以动员的力量，促使联合国减灾十年目标（IDNDR）的实现；后一宣言是在前一个战略与行动执行评价的基础上，进一步阐述促进全世界可持续发展与减轻灾害风险的关系，号召联合国各成员国，要高度关注因全球环境变化可能引发的各种灾害风险的频发与加剧，以及由此对实现全球可持续发展目标带来的巨大障碍，高度重视加强国家和社区的抗灾能力。

联合国国际减灾战略（international strategy for disaster reduction，UNISDR）的实施，明确提出了必须建立与风险共存的社会体系，强调从提高社区抵抗风险的能力入手，促进区城可持续发展（UNISDR，2004）。由于受全球环境变化的影响，特别是全球变暖的影响，一些小岛国以及沿海地区的发展中国家，应对灾害的脆弱性比较大，灾后恢复能力与适应灾害的能力都比较弱，从而使其承受的全球环境变化的风险更加严峻。因此，在联合国提出的千年发展目标中，把发展综合风险防范的科学与技术，减轻各种灾害的影响，提高应对各种灾害风险的能力作为保证人类社会可持续发展的一项重要措施。联合国国际减灾战略秘书处（ISDR）还进一步推进《2005～2015年神户行动框架》，并于2007年，建立了全球减轻灾害风险平台（GP/DRR），旨在提高减轻灾害风险的意识，共享应对巨灾风险的经验，指导实施国际减轻灾害战略体系等。

2007年联合国开发署发起了全球风险识别计划（GRIP），该计划为联合国国际减灾战略（UN-ISDR）执行兵库行动框架（Hyogo Framework）的主要平台之一。GRIP的目的是减轻全球高风险区域自然灾害的相关损失，以提高区域的可持续发展。研究领域包括开发风险评估能力，全球、国家、区域尺度风险评估，扩展与完善灾害损失数据，国家示范案例研究，全球风险更新五个方面。

2. IRGC高度重视风险防范制度设计

国际风险防范理事会（International Risk Governance Council，IRGC）是在瑞士政府倡议并出资支持下，于2003年6月以基金会的形式在瑞士成立的。2004年6月30日在日内瓦正式召开了挂牌成立大会。IRGC是一个非政府、独立的非营利性组织，旨在为风险科学评估建立一个国际科学辩论的平台，形成协商机制，对科技发展与风险管理进行研究，为发展中国家和发达国家的公众、私营和公立部门提供风险防范方面的服务。

一方面，IRGC强调科学技术在以前所未有的速度发展的同时，不确定性变得越来越复杂，无论是对地区还是全球都可能带来较大的影响（利益和风险）；而另一方面，科学技术的发展和公众对它们的理解之间的距离正在不断加大，因此有必要建立一个科学、技术、风险、政策与公众之间可以进行科学交流的平台。IRGC的研究领域广泛，具体的风险领域包括核心的基础设施、基因工程食品和饲料、纳米技术、食物安全、生物多样性、气候变化、大型管理机构、传染性疾病、物质滥用、核能系统、运输系统、人工智能和机器人领域、化学物质的管理等。IRGC科技委员会在广泛的研究课题中，首先选择了两个："重大基础设施风险管理"（critical infrastructures）和"风险管理分类及综合风险管理方法"（taxonomy of risks and risk governance approaches）。2005年这一组织在中国北京召开理事会年会，会议讨论主题如下：跨界风险——需要进行多角度探讨；风险事务——一个综合框架；气候变化与风险；处在风险中的基础设施；中国风险事务与可持续发展；应急技术中的风险事务；人类健康与环境的新挑战；自然灾害风险管理——从理论到行动。

2004年IRGC工作组对20多个国际风险和风险管理识别方法进行分析，提出了一套新的风险分类、评价的体系和综合风险防范模式；2005年IRGC正式出版了《风险防范——一种综合方法》的白皮书，对"风险防范框架"的内涵进行了详细描述。风险防范框架由五个要素组成：风险前评估、风险应对与评估、风险估计、风险管理和风险沟通。IRGC在最近完成的综合风险防范（IRG）框架中强调了对综合风险因素分类的新体系，即将综合风险因素划分为四类：简单的风险、复杂的风险、不确定的风险与不明确的风险，并提出了对这四类风险因素进行综合防范的风险前评估技术、风险综合评价技术、风险综合管理技术的集成体系。由此可以看出对综合风险防范的科技着眼点集中在识别与防范新的风险因素上，即由传统的公共安全风险管理技术转向全球环境变化、全球化与区域化、能源与淡水短缺、食物供应不足、技术发明与市场波动等综合风险防范技术（IRGC，2010a）。

3. IHDP启动了综合风险防范研究科学计划

开展全球变化条件下的综合风险研究，不仅对防范巨灾风险有重要的实践价值，而且对发展地球系统科学，促进区域和全世界可持续发展也有重要的理论和实践价值。为此，迫切要求我们必须从科学发展观的高度，重新审视国际减灾战略，即从单一灾害风险防范到综合灾害风险防范；从减轻灾害风险到转移灾害风险；从区域灾害风险防范到全球灾害风险防范（UNISDR，2005）。通过控制、减轻、转移和适应风险等多种综合风险防范技术，促进主要高风险行业和地区的综合风险防范体系的建设，进而支撑区域可持续发展，并实现人与自然、人与社会和谐发展的目的。因此，加强综合风险防范的国际科学合作研究，提出综合风险防范的国际合作项目，通过优化整合国际相关力量，探讨应对由全球变化引发的巨灾风险，探讨由全球变化所引起的各类灾害风险的形成机制，并寻找适应性对策，加深理解全球变化对人类的影响，实现科学发展，这对中国乃至世界的可持续发展模式的建立均有着极为重要的意义。

鉴于开展综合风险防范研究的重要理论与实践意义，CNC-IHDP迅速开展了相应的工作。2006年11月上旬，借IHDP科学委员会在北京组织中国区域研讨会（IHDP China Regional Workshop，Beijing，Nov，5-7，2006）之际，由CNC-IHDP主席刘燕华研究员、秘书长葛全胜研究员代表中国IHDP国家委员会正式向IHDP科学委员会提出建立IHDP综合风险防范（Integrated Risk Governance，IRG）核心科学计划的建议。在北京IHDP中国区域研讨会上，CNC-IHDP-RG工作组组长史培军教授在总结介绍中国综合灾害风险科学研究成果的基础上，提出了建立国际综合风险管理核心科学计划的基本框架。IHDP科学委员会主席Young教授特别明确指出，新的核心科学计划设置要突出体现全球环境变化与风险防范的关系，要与已有的核心科学计划有明显的区别，并要有特色和多学科参与，且要为联合国千年目标的实现作贡献。在IHDP科学委员会的协调组织下，成立了由北京师范大学史培军教授和德国波茨坦气候影响研究所Carlo Jaeger教授任联合主席，由中外30名专家组成的“综合风险防范科学计划”工作组。该工作组于过去的三年多时间里，在美国、中国和德国组织了多次研讨会和报告编写会，最终在2008年9月按期完成了“综合风险防范”核心科学计划书（初步版），2008年10月在印度新德里召开的IHDP科学委员会上获得通过，2009年4月在德国IHDP科学大会上正式公布。“综合风险防范”核心科学计划也于2010年正式出版（IHDP，2010）。

4. 其他国际组织综合风险防范研究

世界银行（World Bank）高度关注综合风险问题研究。相继组织各国和地区的专家，完成了一批很有影响的关于综合风险防范的书籍（Dilley et al.，2005；World Bank，2010）。例如，自然灾害高风险区——全球风险分析（Dilley et al.，2005），建立安全的城市——灾害风险的未来，发展中国家的风险管理（Kreimer et al.，2003），在应急经济中管理灾害风险（Constantijn and Claessens，1993）和应用风险金融和基金保险手段管理巨灾风险（Pollner，2001）。

国际科学理事会（International Council for Science，ICSU）启动了灾害风险综合研究科

学计划。ICSU于2008年提出，并于2010年正式启动了一个关于灾害风险综合研究的科学计划（ICSU，2008），关注自然和人为的环境灾害风险。该计划的目标为：对致灾因子、脆弱性和风险的理解，即对风险源的识别、致灾因子预报、风险评估和风险的动态模拟；理解复杂而变化的风险背景下的决策，即识别相关联的决策系统及其之间的相互作用，理解环境灾害背景下的决策和提高决策行为的质量；通过基于知识的行动减轻风险和控制损失，即脆弱性评估和寻求减轻风险的有效途径。为了实现上述目标，该计划强调重视能力的建设，即编制灾害地图的能力，应对不同灾害种类的不同减灾水平的能力，持续改进设防水平的能力。与此同时，重视案例研究和示范，以及灾害风险评价、数据管理和监测，特别重视应用地方行动评价全球和利用全球行动评价地方的技术路线。ICSU在提出这一科学计划时强调灾害影响的全球性、社会—人文因素在灾害风险形成中的作用，全球变化对灾害风险形成的作用。并从科学角度阐述了该研究计划的着眼点，即集中在风险和减轻灾害风险方面，需要对各种灾害（链）进行多学科、多尺度的综合探讨，重视数据、信息服务能力建设和共享在该计划中的重要性。

IIASA-DPRI综合灾害风险管理论坛。由国际应用系统分析研究所（International Institute for Applied Systems Analysis，IIASA）和日本京都大学防灾所（Disaster Prevention Research Institute，DPRI）共同发起并已连续举办了九届IIASA-DPRI综合灾害风险管理论坛（IIASA-DPRI Forum on Integrated Disaster Risk Management），从2001年起就开始关注综合灾害风险管理的集成研究，试图建立综合灾害管理体系，并提出了综合灾害管理的“塔”模式和“行动—规划—再行动—再规划”的减灾响应模式（DRH，2010）。

另外，不同领域的国际组织对综合风险防范也进行了研究，如经济合作与发展组织（Organization for Economic Co-operation and Development，OECD）建立关于巨灾风险的金融管理国际网络（OECD，2007）；IPCC高度重视全球气候变暖可能造成的灾害风险研究，其对于揭示全球环境变化与全球风险增加之间的产生机制和演变过程，对制定综合风险防范的对策都有着极为重要的价值（史培军等，2009）；WTO高度重视全球化可能造成的经济与社会风险（Dilley et al.，2005；World Bank，2006）；2005年联合国在日本神户举办第二次世界减灾大会后，一个综合探讨减轻灾害风险的国际性学术会议于瑞士达沃斯举行，并进一步发展成为与“达沃斯世界经济论坛”齐名的“达沃斯全球风险论坛”（International Disaster and Risk Conference，IDRC DAVOS）（每两年举行一次全球性大会和一次区域性大会）（UN-ISDR，2010b）。

尽管如此，将综合风险防范与全球环境变化和全球化联系在一起，开展综合风险防范研究工作是近几年才悄然兴起的一个综合性研究领域，也是一项整合自然科学、社会科学、工程技术专家、产业界与商业界人士以及政策制定者为一体的跨学科综合研究前沿科学。所有这些与综合风险防范研究相关的学术交流，正在促成一门新的综合学科，即灾害风险科学的形成。

1.1.2 中国综合风险防范研究进展

2003年SARS爆发以后，中国政府高度重视公共安全的应急管理问题，由此大大地提高了对防范各种风险的关注。不论是从机构的建设、各类相关规划与计划的推出，还是从科技、教育和文化等多方面，都加快了对各类风险的防范，特别是高度关注因全球环境变化可能引发的重大风险问题的防范工作。

1. 关注公共安全风险

针对中国过去由各类风险引起的公共安全问题，中国政府把公共安全问题划分为四大类，即自然灾害、生产事故、公共卫生和社会治安，并在国家实施的第十一个五年规划中，把防范各种风险及可持续发展紧密结合起来，大幅度增加了对各类风险的防范研究，特别关注了因全球环境变化可能引起的风险问题的综合研究（MOST, 2010）。诸如，中国政府于2005年公布了国家、部门和地方以及大型国有企业的应急预案（新华网，2010）；在全国气象事业规划中还特别强调了关注全球气候变化和减轻气象与气候灾害，提高全国防御气象灾害风险的能力（2010）；国家减灾委员会不仅加强了关于各种自然灾害的综合防御工作，还专门编制了《国家综合减灾“十一五”规划》（2010）；国务院应急办与国家发展和改革委员会共同主持编制了《“十一五”期间国家突发公共事件应急体系建设规划》（新华网，2010）。

2. 加快综合风险防范

中国开展综合风险防范研究起步较晚，但中国政府高度重视综合风险防范的研究。首先，配合IHDP的学术活动，于2005年正式成立了中国国家委员会（CNC-IHDP），并相继组建了七个核心工作组，其中CNC-IHDP-RG（风险防范组）就是这些核心工作组的一个。该研究组组建以来，不仅完成了中国风险管理研究报告（CNC-IHDP, 2010），并协助组织了多次国际研讨会，发表了大量研究成果，对推动中国政府、企业、社区及公众关注全球环境变化与减轻各种灾害风险的影响，均起到了积极的作用（刘燕华和葛全胜，2005；史培军等，2006a，2006b）。

其次，在国家科技支撑计划和国家自然科学基金的资助下，综合风险防范研究得到了迅速的发展。科技部通过国家“十一五”科技支撑项目《综合风险防范关键技术研究与示范》（2006BAD20B00），系统开展综合风险分类体系与标准、综合风险评价模型体系、综合风险防范关键技术、综合风险防范之救助保障体系与保险体系，以及诸如全球气候变化与全球化、能源与水资源保障、食物与生态安全等风险的诊断、评价与防范措施等的深入研究。本书正是该项目的系统总结，也是笔者对当前综合风险防范科学与技术及其应用示范的理论与方法论的要述。另外，中国保险监督管理委员会还组织有关单位完成了中国国家风险管理研究报告（吴定富，2007，2008，2009，2010）。

3. 重视中国巨灾风险防范的研究

针对中国近年巨灾频发的现状，重点探讨由自然致灾因子（强烈地震、台风和暴雨、洪涝灾害等）引发的巨灾风险防范中的重大科技问题，诸如巨灾形成机制、巨灾发生与发展过程和动力学、巨灾风险转移措施、巨灾风险防范模式等。与此同时，由国家减灾委员会、民政部、经济合作发展组织（OECD）和联合国国际减灾战略（UN-ISDR）主办，由民政部国家减灾中心、北京师范大学民政部/教育部减灾与应急管理研究院等承办的“巨灾风险管理高层研讨会”于 2008 年 9 月 27 ~28 日在北京召开。研讨会围绕巨灾金融管理中的政策和策略，针对巨灾减灾策略与风险转移手段的公私合伙模式，基于巨灾金融管理的风险评估、减灾策略及应急反应，综合减灾与巨灾风险管理等关键论题展开了系统讨论，对促进中国巨灾风险防范起到了重要的作用。另外，注重巨灾风险防范的国际合作交流，揭示全球变化和全球化背景下的巨灾形成与扩散过程，反思世界各国应对巨灾的经验和教训，为完善中国应对巨灾的体制、机制和法制提供借鉴。

1.2　自然灾害风险系统理论

综合风险防范研究中的自然灾害系统研究有着较为深厚的基础。灾害系统理论目前主要有以下几个代表性模型体系，包括 RH 模型、PAR 模型、Turner 的脆弱性分析框架、BBC 模型和区域灾害系统论等。这些理论从不同的角度抽象了灾害发生发展过程中的关键机制，为我们更好地认识和理解灾害的核心机制提供了依据。

1. RH 模型

RH（Risk-Hazard）概念模型把致灾因子造成的影响定义为对致灾事件的暴露性和承灾体敏感性的函数，又称“剂量—响应”关系（Burton，1993）。该模型在对环境、气候影响评价的应用中，都强调承灾体应对渐发性和突发性灾害事件影响的暴露性和敏感性，关注的焦点是致灾因子和灾难后果。

RH 概念模型存在较大的不足：系统扩大或削弱了致灾因子影响的方式；系统内各部分或各子系统特性的差异将会导致致灾后果的多样性；政治经济尤其是社会结构和制度，这些属于灾害应对能力的部分，在缓解不同的系统暴露性及灾害结果的过程中扮演着重要的角色。

2. PAR 模型

Blaikie、Wisner 等提出了 PAR（Pressure-and-Release）概念模型（Blaikie，1994；Wisner，2004），即“压力—释放”模型。在该模型中，脆弱性被定义为人或群体对自然致灾因子影响的应对、抵御、恢复的能力的特性，灾害被明确定义为承灾体脆弱性与致灾因子（扰动、压力或冲击）相互作用的结果。

他们提出了脆弱性累进的概念，主要是由根本原因、动态压力和不安全条件三个部分组成。其根本原因是改善社会的经济、政治和权力的过程，主要是资源获取的有限性和政治与经济系统形态的不健全。动态压力是将根本原因转成不安全条件的通道，主要表现在人口增长、快速城市化、森林退化、土壤退化、社会体系不完善、人员培训的缺乏、地方投资环境和资本市场条件的不足等方面。不安全条件是与致灾因子相连的、在一定时空范围内脆弱性的表现形式，如环境的易损性、地方经济的易损性和备灾能力的缺乏。

PAR 模型将致灾因子和脆弱性累进的结果进行了耦合，表达了灾害风险的含义，侧重于承灾体脆弱性的研究。该模型重点从人为因素的角度表达了承灾体脆弱性形成的过程，但对于致灾因子对承灾体系统的影响和作用的机制没有清楚地表达，同时缺乏阐述承灾体系统的反馈作用，使得整个灾害系统的完整性和机制性有一定的不完备性。不过，该模型加强了承灾体脆弱性形成过程的动态思想，为灾害系统研究的进一步深入提供了理论基础。

3. Turner 的灾害脆弱性分析框架

Turner 着重研究了灾害中的承灾体脆弱性，从脆弱性的三个尺度（地方、区域和全球）对系统脆弱性的形成过程和反馈机制进行了探讨研究，较为系统地揭示了承灾体脆弱性的特性（Turner，2003）。

在地方尺度上，脆弱性是暴露性、敏感性和恢复性三部分相互作用关系的体现，暴露性包括个人、家庭、阶级、社会或生态系统暴露的广度、频度和时间度等，敏感性是指人文系统与环境系统的相互作用的状态和对灾害应对与响应的能力，恢复性是对灾害应对与响应、灾害的影响与响应的程度和对灾害的调整或适应与响应三部分之间合理作用的能力。而在区域和全球的尺度上，地方尺度上的脆弱性的响应和调整对较大尺度上的社会和自然系统的作用，将反馈到致灾因子特征的变化上来，而这种变化将对地方尺度上的承灾体产生作用，进而形成不同尺度之间的互馈。

Turner 的灾害承灾体脆弱性分析框架比较系统地强调了系统脆弱性形成的过程及反馈机制，阐述了不同尺度间的脆弱性关系，对系统地研究灾害形成发展机制，尤其是在尺度转换的角度有着重要的意义。但该理论中涉及致灾因子的内容比较少，从灾害系统的角度来看，略显不够全面。

4. BBC 模型

BBC 模型（Birkmann，2005）把“致灾因子—脆弱性—风险”之间的关系通过影响链联系在一起，致灾因子和脆弱性为其中的核心部分。同时，也把风险管理的部分整合到灾害系统中。

致灾因子作用于多维度的承灾体中，包括环境圈、社会圈和经济圈，暴露性的程度是靠在特定区域通过特定应对能力来降低的。风险就是这些复杂灾害过程的产物，其可以通过环境风险、社会风险和经济风险三个方面来表达。对于反馈过程，脆弱性在备灾的时候直接影响风险管理，而环境风险、社会风险和经济风险对风险管理的影响是在灾害发生或应急管理的时候才表现出来。通过灾害反馈的风险管理措施，从环境圈、社会圈和经济圈三个部分分别调整承灾系统，从而降低各个系统的脆弱性，进而降低风险。社会应对的能力也就随之得到发展，进而越来越多的复杂的经济、社会和环境的降低脆弱性的策略也会加强。

BBC 灾害系统风险模型，从灾害系统的角度，以致灾因子和脆弱性为核心，从环境、社会和经济三个方面将灾害系统和灾害风险及灾害风险管理结合在一起，既包括了风险的形成也阐述了灾害风险对灾害系统的反馈机制。无论从灾害系统的角度看，还是从灾害风险的角度看，该模型都很好地阐述了各个灾害因子的关系，为研究灾害系统内部的机制以及风险评价提供了重要参考依据。不过，对于渐发性灾害，该模型在灾害过程中对压力累积效应的评价考虑还不明确；对于灾害的应对能力，只考虑了脆弱性中的部分，没有考虑致灾因子的应对能力的部分，略显不足。

5. 区域灾害系统论

对区域灾害系统形成与演变规律的认识，一直是对灾害系统整体行为综合理解的关键。史培军提出了区域灾害系统理论的基本框架，即灾害系统的分类体系、灾害链、灾害评价、形成过程、动力学及减灾模式等（史培军，2002）。

区域灾害系统的结构体系（DS）是由孕灾环境（E）、致灾因子（H）、承灾体（S）复合组成的，即 $DS = E \cap H \cap S$。而由孕灾环境稳定性（S）、致灾因子风险性（R）和承灾体脆弱性（V）共同构成了区域灾害系统的功能体系（Df）。

区域灾害系统理论认为致灾因子、承灾体与孕灾环境在灾害系统中的作用具有同等的重要性，即在一个特定的孕灾环境条件下，致灾因子与承灾体之间的相互作用功能集中体现在区域灾害系统中致灾因子风险性（R）与承灾体脆弱性（V）和恢复性（Ri）之间的相互转换机制（Dft）方面。

对于灾害评价则包括灾情估算与风险评价两个方面。灾情估算应该用灾害造成的实物量损失来估计。灾害风险评价包括广义与狭义两种类型，前一种模型是对灾害系统可能造成的风险估计，后一种则仅对致灾因子造成的风险进行评价，即假定承灾体的脆弱性与恢复力在一定时间内是相对不变的，仅评价不同水平致灾因子发生的可能性及其造成的损失。灾害形成过程包括由突发性致灾因子引发的灾害动力学过程，如地震灾害过程，以及由渐发性致灾因子累积形成的灾害生态学过程，如干旱灾害过程。该理论特别强调了由人为因素驱动的灾情分散与转移过程构成的综合灾害过程。

区域灾害系统论，从灾害系统的组成、结构、功能及其内在的关系，以及灾害及风险的形成过程等方面进行灾害系统的研究，囊括了突发性和渐发性灾害发生发展过程中的主要因子及其内在机制，是目前发展较为全面的一套灾害系统研究的理论。

通过对各灾害理论主要模型和模式的探讨研究，各个理论各有其侧重点，不过基本上包括了以下几个方面的内容：①灾害系统和灾害风险中的主要因子涉及致灾因子、承灾体脆弱性、暴露性、孕灾环境和风险等；②承灾体脆弱性是灾害系统内的核心，致灾因子是导致灾害发生的外界因素；③灾害系统内部之间相互作用的机制性的揭示；④灾害风险是致灾因子、承灾体脆弱性和暴露性等因子共同作用的结果。

总体上讲：①灾害理论的研究已经越来越系统和综合；②灾害理论的研究已经重点强调灾害过程和灾害形成机制的研究；③灾害风险的研究已经成为灾害理论研究的重要内容。

1.3 自然灾害风险评估方法

笔者面向自然灾害风险、风险等级、相对风险等级，以及综合自然灾害风险等级评估，在国家“十一五”科技支撑课题“综合风险防范技术集成平台研究”支持下，通过对以往灾害风险概念框架以及定量半定量评估框架进行系统梳理，立足中国灾害风险研究的数据完备程度和理论研究进展现状，提出了中国自然灾害风险评估系统的构成（图 1-1）并明确了对各要素进行定量评估的方法。

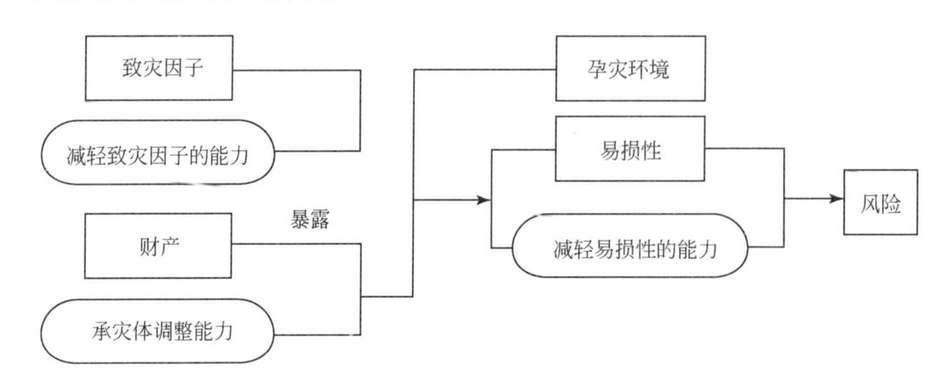

图 1-1　中国自然灾害风险评估系统的组成

从框架构成上来看，综合风险系统包括孕灾环境稳定性评价，致灾因子的强度和频率，承灾体的分类、数量及分布，承灾体的暴露性或脆弱性，降低致灾强度或频率的能力，调整承灾体时空分布格局的能力，降低承灾体脆弱损性的能力等要素。

1. 致灾因子危险性

致灾因子是指可能造成财产损失、人员伤亡、资源与环境破坏、社会系统混乱等孕灾环境中的异变因子，包括自然、人为和环境三个系统（史培军，2002）。Alexander 认为致灾因子是能够引发灾害的极端地理事件（Alexander，2000）。致灾因子是一种对一些人或物有潜在损害或其他不期望的结果的现象（Multihaz and Mitigation Council，2002）。致灾因子是在某一个特定的时间段和特定区域，具有潜在破坏的自然现象，从风险的角度，认为致灾因子是在某一个特定强度下，灾害事件发生的可能性（Cardona，2003）。致灾因子是对某一系统的突发性（perturbation）或渐发性（stress）的威胁及其产生的结果（Turner，2003）。致灾因子是一种可以引起生命伤亡、财产损失、社会和经济混乱、环境退化的潜在破坏性的自然事件、自然现象或者人类活动（UN-ISDR，2004）。致灾因子是那些发生在生物圈内的可以形成破坏性事件的自然过程或现象（UNDP，2004）。致灾因子是一种有威胁的事件，或者是在给定时期和区域有潜在破坏发生可能的现象（EEA，2005）。

从这些致灾因子的概念中，可以归纳出致灾因子的本质特点：①自然或人为的一种可能成灾的事件；②对特定生命体、财产、社会、环境等承受体可能构成破坏的威胁；③包括突发性或渐发性的两种类型，如地震、台风和洪水就是突发性威胁事件，干旱就是渐发性的威胁事件；④从风险的角度，致灾因子可以通过特定区域内对承灾体可能造成威胁的事件的强度—概率关系进行刻画。

2. 承灾体分类及分布

承灾体是各种致灾因子作用的对象，是人类及其活动所在的社会与各种资源的集合（史培军，2002），包括人类本身、生命线系统、各种建筑物及生产线系统，以及各种自然资源（史培军，1996）。承灾体分类体系，应按照受灾对象的不同，在基础类别上保持与行业标准规范的统一。例如，要对建筑物进行详细分类，应尽量对建筑规范中涉及的结构类型、用途等标准进行分类，生命线系统、农业、渔业等台风承灾体可依此类推。这样一方面便于建立标准、规范的承灾体数据库，从各行业收集数据；另一方面也有利于脆弱性、风险评估的开展。美国 HAZUS 灾害风险评估系统中建立了面向地震、洪水和飓风三种巨灾风险评估的承灾体数据库，HAZUS 飓风模型认为台风灾害承灾体主要有人、建筑物、基础设施、农业和树木等。

中国目前还没有建立面向多灾种灾害损失与风险评估的通用承灾体数据库，为一种灾种准备的承灾体数据库的属性信息往往不能满足其他灾种评估的需要，不同灾种的风险评估结果的可比性较差。因此，建立多灾种通用承灾体数据分类规范，并建立不同空间尺度承灾体数据库具有重要的意义。具体内容可包括城乡人口结构及居民点分布数据库，城乡建筑物结构、层数、建筑年代及用途数据库，种植业、养殖业、畜牧业等农业数据库，工业、服务业建筑物、产值空间分布数据库，公路、铁路、港口、机场和桥梁等交通数据库，供水、供气、电力和通信等基础设施数据库，乡级行政边界及村级居民点数据库以及高精度 GIS 和航空及卫星遥感数据库等。

承灾体的分类分布特点有：①其分类体系是自然灾害风险定量评估的前提条件之一，需要政府各个部门协调确定相关标准；②具有明确的空间特性，可以通过诸如地面调查、地理信息系统（GIS）、卫星遥感系统、地球定位系统等方式获取及管理。

3. 承灾体暴露性

“Exposure”在中文中经常被译为“暴露性”，虽然这个词没有很好的诠释“Exposure”的含义，但中文中还没有更合适的译文。因此，本书暂仍用“暴露性”这个译法。慕尼黑再保险公司认为暴露性是一种损失可能性的程度，是计算保险或再保险保费的基础（Munich RE，2002）；暴露性是指对于一个给定地区和致灾因子相关的承灾单元的经济价值，暴露性的价值是致灾因子类型的函数（European Spatial Planning Observation Network，2003）；暴露性是暴露于致灾因子的一系列人或物，是风险的组成部分（UNDP，2004）；暴露性是描述将要经历致灾因子打击的财产的价值和人口的数量的物理量（Blanchard，2005）；暴露性是评价或测量暴露于某种致灾因子的强度、频率和时间的过程（EEA，2005）；暴露性是灾害风险的一个组成部分，是受自然灾害影响的人和财产（ADRC，2005）。

从这些暴露性的概念中，可以归纳出其本质特点有：①致灾因子与承灾体是否接触为成灾的前提；②对生命体、财产、社会、环境等承受体数量的描述；③对生命体、财产、社会、环境等承灾体经济价值的描述；④承灾体暴露性是承灾体总量分布的一个子集。

4. 承灾体脆弱性

脆弱性（vulnerability）或易损性，是一个广泛应用但内涵多样的概念，在灾害、风险、环境、生态和金融等领域都有广泛的应用，其定义、研究方法、评价模型也千差万别。虽然脆弱性概念千差万别，但是大致归为物理脆弱性和社会脆弱性两大类。

在自然灾害研究中，Pelanda（1981）提出灾害是社会系统脆弱性的表现，社会脆弱性就是社会系统或其子系统的结构状态，其定义具有浓厚的社会属性；Blaikie 等（1994）

认为脆弱性是灾害形成的根源，是个人或系统及其所处状态的一种特性，这种特性影响其应对、抵御极端自然事件和灾后恢复的能力；Clark 等（1998）在总结前人研究的基础上，提出脆弱性是指个人或集体在自然和社会两个层面应对灾害的不同能力，是“暴露程度”和“应对能力”两种属性的函数；IPCC 在第三次气候评估报告中认为脆弱性是一个系统易于受不利影响和无力应对这种不利效应的程度（McCarthy et al.，2001）；Turner 等（2003）进一步研究认为脆弱性是暴露于致灾因子影响下的系统或系统组件，可能遭受损害的程度，是系统“暴露程度”、“敏感性”和“恢复性”的函数；Janssen 等定义脆弱性是“个人或集体应对、抵御自然灾害或灾后恢复的能力”（Janssen et al.，2003）；Dilley 等（2005）认为脆弱性是在特定灾害现象影响下，物理或社会系统本身的缺陷和不足，分为物理系统脆弱性和社会脆弱性。物理系统脆弱性由承灾体的脆弱性曲线来定义，是致灾因子强度的函数；而社会脆弱性是社会、经济、政治和文化各方面因素的复合函数。这一定义不仅指出了脆弱性的社会属性，同时还认为脆弱性是社会系统中承灾体的一种物理属性。陈克平（2004）认为脆弱性将物理致灾因子和承灾体联系起来，可表示为致灾因子强度与其对承灾体可能造成的损害程度的关系。可见脆弱性描述了致灾因子与灾害损失之间的规律，是承灾体本身的物理性质。

1）社会脆弱性

它是描述整个社会系统在自然灾害影响下可能遭受损失的一种性质，是社会、经济、政治、文化各方面因素的复合函数。20 世纪 80 年代开始，随着灾害风险、防灾减灾研究的发展，灾害学者从仅仅重视灾害的自然科学机制和工程建筑研究到逐渐开始关注人类社会经济自身存在的脆弱性。社会脆弱性逐渐成为可持续发展、灾害学和风险研究的重要内容（商彦蕊，2000a）。

社会脆弱性评价常常以行政区划或城市为评价单元，以社会经济统计数据为基础，把社会系统整体看作承灾体来评估脆弱性的大小，属于宏观尺度的脆弱性评价。当前社会脆弱性计算主要是从社会、经济、环境、政治和文化等领域选取与所研究灾种相关的指标，通过社会系统指标体系的构建，采用因子分析法、主成分分析法、模糊数学理论等数学或系统工程的手段，量化具体的指标变量，计算研究区相对的社会脆弱性大小。社会脆弱性评价是宏观、综合地研究社会系统对灾害的响应，这有助于对社会结构、现状的理解，进行战略性风险的管理、决策，但没有对具体承灾体的分析，缺乏对物理成灾机制的探讨。社会脆弱性的研究着眼于大尺度的系统层面，其评价结果一般采用研究区脆弱性区划图或风险评估的过程变量进行表达。这种总体意义上的社会系统的脆弱性评价，可以为宏观角度的风险管理、决策提供科学依据。

2）物理脆弱性

它是反映承灾体物理性质的特征量，表征在不同致灾强度下，承灾体发生物理损坏的可能性（Dilley et al.，2005），可用以灾害强度为横轴、承灾体破坏率或损失率为纵轴形成脆弱性曲线来表达承灾体的物理脆弱性特征。如果数据难以获取，即不能获得连续的脆弱性函数，破坏概率矩阵也可用于近似表达脆弱性曲线。破坏概率是在一定的致灾因子强度下，承灾体出现不同破坏状态的概率。不同强度级别的致灾因子对应不同的破坏概率，即为该类承灾体的破坏概率矩阵。通过灾害现场调查，确定不同破坏状态的损失率，即可得到致灾因子与损失之间的关系，建立脆弱性矩阵。常见破坏状态可分为基本完好、轻微破坏、中等破坏和严重破坏等（Cao，2006）。

全球风暴灾害较为严重的国家和地区，如中国、美国、日本和澳大利亚等，从不同的数据来源和模型机制等方面，开发出许多灾害承灾体物理脆弱性评价方法、模型，主要可以归结为结构工程模拟和致灾强度—损失数据反演两类方法，其中灾害损失数据又包括保险损失数据和灾后损失调查、统计数据等。

可以看出，脆弱性具有以下特点：①是灾害个体承灾体或系统承灾体内在的一种特性；②这种特性主要包括承灾体或承灾体系统受自然或人为致灾因子打击时受损失的程度；③可以采用致灾因子强度—损失率关系曲线或者矩阵来定量表达。

5. 社会系统应对能力

应对能力是觉察能力、可能性、个人反应和公共响应的函数（IPCC，2001）。应对能力是应对威胁的能力，包括吸收和适应不利影响的能力（UNEP，2002）。应对能力是一种人或组织利用可获得的资源和能力来应对导致灾害负面影响的结果，是降低风险或灾害影响的社会或组织中所有可获得的资源和能力的集合（UN-ISDR，2004）。应对能力是人或组织在异常或负面的灾害情况下，运用可存在的资源来获取各种有利结果的行为（UNDP，2004）。

从减轻风险的角度看，应对能力又可细分为：①减轻致灾因子强度或者发生概率的能力。人类目前有能力减轻一些自然灾害的致灾。例如，通过灌溉减轻干旱强度，通过修建堤坝减轻洪水的淹没范围、深度或时长等。另外，一些灾害种类的致灾因子难以受人为因素的影响，如地震、台风等自然灾害的致灾因子。②调整承灾体分布及暴露程度的能力。例如，通过调整人口分布、土地利用结构、土地利用空间分布、财产空间分布等来减少承灾体与致灾因子在时空上的重合概率，从而减少灾害风险。③减轻承灾体脆弱性的能力。例如，通过提高建筑设防水平，提高建筑物于地震以及台风大风的防御能力，减轻承灾体的损失率，从而提高物理脆弱性，通过提高意识、知识及技能以及组织协调水平，提高个人、家庭以及社区防灾避险的能力从而减少人员伤亡等，即为减低社会脆弱性。

可以看出，应对能力具有以下特点：①是灾害个体承灾体或系统承灾体自身减灾或降低风险的一种能力；②通过利用可获得的资源来应对灾害的能力；③通过灾害个体承灾体或系统承灾体自身组织性来应对灾害的能力。

6. 孕灾环境稳定性

孕灾环境是由大气圈、岩石圈、水圈和物质文化圈所组成的综合地球表层，包括孕育产生灾害的自然环境与人文环境（史培军，1991，1996）。孕灾环境的稳定程度是标定区域孕灾环境的定量指标，对灾害系统的复杂程度、强度、灾情强度以及灾害系统的群聚与群发特征起着决定性的作用，灾害形成就是承灾体不能适应或调整环境变化的结果。孕灾环境理论是区域环境稳定性与自然灾害的时空分布规律，对由环境演变引起自然灾害的临界值域评定，特征时段（冷期与暖期、干期与湿期）自然灾害分布模式相似型重建，其实践的目的是为区域制定减灾规划提供依据。

基于以往的研究，笔者认为，从风险评估的角度来看，孕灾环境的复杂性以及稳定性对于风险评估有着重要的影响：①孕灾环境会对致灾因子强度及概率分布产生影响。例如，对于台风致灾因子中的大风，地形会直接影响风速的大小以及风向的分布，而土地利用类型会改变地表糙度，从而改变风速大小，对于台风致灾因子中的降水，地形地貌可能引起地形雨，从而改变降水的空间结构及其强度分布，洋面温度可能改变台风强度等。②孕灾环境会对承灾体的空间分布及暴露性产生影响。例如，人口及财产因为地形、地貌、水文等环境因素，多聚集在沿海、沿江或平原地区，这些自然会对承灾体暴露性的时空分布及遭遇致灾因子概率分布产生重要影响。③孕灾环境可能存在长期趋势性或周期性规律，而在大多数的风险评估方法中风险事件都被当作统计上相互独立的过程，缺乏对长期环境演变所带来的趋势性以及周期性的考虑，这可能在长期的时间尺度上造成一定的风险评估误差，或者增加不确定性。④孕灾环境的复杂性可能带来多灾种以及灾害链风险问题。例如，一场强震如果发生在水文地质条件复杂地区，可能形成一系列的次生灾害，形成灾害链。

对于上述问题，目前较为先进的评估方法或者模型一般都可以定量考虑孕灾环境对致灾因子危险性以及对承灾体分布与暴露的影响，将孕灾环境的影响内部化到致灾因子危险性、承灾体暴露性和脆弱性的评估当中。但是，大多数灾害风险评估方法对于因孕灾环境导致的致灾因子趋势性及周期性问题、灾害出现并发、群发或链发问题，则尚未得到较好的解决。

7. 灾害风险的定量表达

灾害风险评估可以分为承灾体损失的重现期计算和损失期望计算两部分，下文先介绍超越概率、累积概率和重现期等术语的意义及其相互转化关系，再介绍其计算方法，灾级如何，评估结果分析，定量化评估灾害风险。

某一事件损失被超越的可能性，被称为损失的超越概率（probability of exceedance）。根据经典概率论的定义，假定 X 为连续型随机变量，对于任意的实数 x 来说，小于 x 的累积概率用 $F(X)$ 表示，EP 表示超越概率，则有 $EP = 1 - F(X)$。

巨灾事件的发生，是小概率事件，其超越概率也是极小的数值。为了更好地表达超越概率的含义，实际运用中通常使用不同的重现期来描述超越概率，即常见的“50 年一遇”、“100 年一遇”等。“N 年一遇”是超越概率的一种表达形式，其中“N”即为损失的重现期。“N 年一遇”并不说明该强度的损失事件一定是 N 年发生一次，而是意味着在损失事件样本数足以满足概率分析要求的情况下，该类事件将平均 N 年发生一次。因此，损失的超越概率 EP 与重现期 N 二者互为倒数，比如百年一遇的台风，其超越概率为0.01。

比较通用的承灾体损失重现期计算方法，是根据致灾因子的超越概率数据，代入承灾体脆弱性方程中，计算得到在该超越概率的致灾因子强度条件下承灾体损失率，再乘以承灾体本身的价值，即可得到承灾体损失的超越概率或重现期。

例如，要计算中国每 $1km^2$ 网格上 100 年一遇承灾体损失，可以采用如下步骤进行：

首先，根据致灾因子评估成果数据，获取 100 年一遇致灾因子强度数据，对于第 k 个网格，其 100 年一遇致灾因子强度为 $H_k(100)$；

其次，对于第 k 个网格，若其承灾体价值为 E_k，对应脆弱性方程为 V_k（x），则 100 年一遇的损失 R_k（100）为 V_k［H_k（100）］与 E_k 的乘积；

最后，循环计算研究区每个网格 100 年一遇的损失值，即完成 1km 空间分辨率的 100 年一遇承灾体损失评估。

承灾体损失期望是根据预先划定所研究的致灾因子范围，计算不同致灾因子强度出现的概率，再根据脆弱性方程计算在各种致灾强度下承灾体损失率，然后乘以承灾体价值，得到的承灾体损失的期望值。计算步骤总结如下：首先，先将所研究的致灾因子强度范围划分为若干微分的区间，计算每个微分区间中致灾因子的概率分布；其次，将区间内致灾强度的代表值代入脆弱性方程，得到该致灾因子强度区间内承灾体的损失率；再次，将致灾因子强度概率，乘以损失率与承灾体价值，得到每个区间承灾体损失的期望；最后，将每个区间承灾体损失期望累积，即得到承灾体损失的期望，作为风险的定量化指标。

上述方法中，计算特定区间内致灾因子强度的概率是难点。比较简单的方法是根据致灾因子重现期数据，分别计算某两个重现期分位数的累积概率，二者之差即为两个重现期分位数所代表的致灾因子强度区间的概率。承灾体损失期望具体计算步骤如下。

（1）根据致灾因子评估成果数据，提取得到每个 1km 网格上从 2 年一遇至 N 年一遇的致灾因子所有重现期强度值，即重现期分位数，确定风险评估的致灾因子强度范围应为［0，H（N）］［其中 H（N）为 N 年一遇的致灾因子强度，下同］。以第 k 个网格为例，可得到致灾因子强度数组 H_k（x）（或称重现期分位数数组），其中 x 为重现期。

H_k（x）中的重现期分位数，将致灾因子强度范围自然地分割成了 $N-1$ 个强度区间。接下来将计算致灾因子强度在每一区间内发生的概率，从而得到在所研究的强度范围内致灾因子的概率分布情况。

（2）根据超越概率、累积概率和重现期的定义及相互转化关系，对于第 k 个网格，发生灾害时致灾因子强度为 H，并有 H 大于 H_k（n）且小于 H_k（$n+1$）的概率 P_k（n）（落在连续的致灾因子强度区间［H_k（n），H_k（$n+1$）］内的概率）。依次计算致灾因子在各强度区间出现的概率，可得到第 k 个网格的致灾因子概率分布数组 P_k（N）。

（3）若对于第 k 个网格，假定其承灾体价值为 E_k，对应脆弱性方程为 V（x），则该网格上台风灾害承灾体损失期望 R_k 为：$R_k = \sum_{i=1} P_k(i) \times V_k[H_k(i)] \times E_k$。

（4）重复步骤（2）、（3），循环计算研究区每个网格承灾体损失的期望值，即完成 1km 空间分辨率的风险评估。

不确定性是风险评估中必须考虑的内容，数据源的质量、风险评估模型的可靠性、模型中求参方法的差异都可能成为不确定性的来源。通过对风险评估不确定性与敏感性的进一步分析，并且从可行性的角度采用诸如蒙特卡洛等数学方法对评估结果进行修正，可以提高风险评估结果的精度和可靠度。

承灾体的脆弱性是构成风险的主要因素之一，目前的风险评估构架中并没有统一标准的承灾体分类，不同地区的承灾体分布不同，即使是同一地区的承灾体分布也是不断发生动态变化的，风险评估结果的定量化最终要依赖于承灾体分布的定量化，承灾体分类和分布的不确定性会直接导致风险评估的不确定性。

历史灾情统计数据是进行风险评估主要的依据，但是中国还没有一套完整的针对自然灾害灾情的统计上报制度，国家民政部门和相关行业部门对灾情的核查以及灾情信息统计信息发布结果经常存在差异，这些也可能造成风险评估结果的不确定性。

风险评估的难点和重点在于构建致灾因子强度及其概率分布，无论是基于历史数据直接进行致灾因子强度的反演，还是采用数学方法对致灾因子强度进行构建模拟，都需要选择相应的数学模型，不同的模型在刻画致灾因子强度时可能会得到不同的结果，最终导致风险评估结果的差异，风险评估模型中参数的输入输出不同将直接影响风险评估结果的精度。

8. 多灾种综合风险评估

多灾种综合风险评估是在单灾种风险评估基础上进行的，所采用的评估方法与单灾种风险评估方法基本相同，其主要区别是把动力来源不同、特征各异的多种自然灾害纳入到一个系统进行综合评价，评价一定区域内由不同类型的多种致灾因子所引起的社会、环境、经济的可能损失的总和，反映其综合风险程度（表1-1）。

表1-1 多灾种综合风险评估方法

方法	可评价灾种	方法简评	评价方法
ESPON综合风险评价法	自然灾害和人为灾害	可评价的致灾因子较多；计算过程较为简单直观，便于应用；评价中需大量的数据，不利于推广应用及对历史数据的更新；各致灾因子的权重确定采用了专家打分法，仍带有一定的主观成分	$R=\sum_{i=1}^{n}H_i+\sum_{i=1}^{n}V_i$
慕尼黑再保险公司灾害指标风险评价法	地震、台风和洪水、火山爆发、森林火灾和寒害	在承灾体的评价过程中考虑了对全球经济的影响；该方法比较适合对大都市的风险评价，用于一些较小城市或乡镇区域时数据不易搜集；在承灾体方面忽视了对人类生命体的评价	$R=\sum_{i=1}^{n}H_i+\sum_{i=1}^{n}V_i+\sum_{i=1}^{n}E_i$
南卡罗来纳州风险评价法	飓风、龙卷风、洪水、核灾害、地震、火灾、雪灾和干旱等	社会脆弱性的计算中对人口的评价指标选择较为全面；多灾种的风险等于单一灾种的风险简单相加的计算方法，不能体现不同致灾因子对一定区域的不同影响；脆弱性的计算考虑了人口因素而未考虑经济损失；致灾因子的评价，考虑了致灾因子发生的概率而忽略了致灾因子的强度	$R=\sum_{i=1}^{n}H_i+\sum_{i=1}^{n}V_i$

续表

方法	可评价灾种	方法简评	评价方法
波恩大学多致灾因子风险评估法	雪崩、泥石流和岩崩等	考虑了致灾因子受时间和空间的影响；多灾种的风险等于单一灾种的风险简单相加的计算方法，不能体现出不同致灾因子对一定区域影响的不同；适宜于小区域，对大区域时，数据搜集困难	$R = \sum_{i=1}^{n} f(H_i \cdot V_i \cdot E_i)$
FEMA 综合风险评估法	洪水、地震、飓风	适合多尺度空间区域；损失的计算在各个方面涵盖较全；数据需求量大	$R = \sum_{i=1}^{n} f(H_i \cdot V_i)$
TEMRAP—欧洲综合灾害风险评价项目	自然灾害和人为灾害	脆弱性分析考虑较全面；在致灾因子评价过程中，只考虑了致灾因子发生的概率问题而忽略了致灾因子的强度问题；多灾种的风险等于单一灾种的风险简单相加的计算方法，不能体现出不同致灾因子对一定区域影响的不同	$R = \sum_{i=1}^{n} H_i \times V_i \times E_i$
世界银行综合风险法	地震、火山、滑坡、洪水、干旱和飓风泥石流等	用栅格单元计算死亡风险和经济损失风险；对承灾体及其脆弱性考虑较为全面；多灾种的风险等于单一灾种的风险简单相加的计算方法，不能体现出不同致灾因子对一定区域影响的不同	$R = \sum_{i=1}^{n} f(H_i \cdot V_i \cdot E_i)$
JRC 综合风险方法	自然灾害和人为灾害	承灾体考虑较为全面；针对不同致灾因子，分别进行不同的承灾体脆弱性和暴露性评价，计算结果更为精确	$R = \sum_{i=1}^{n} f(H_i \cdot V_i \cdot E_i)$
DDRM 综合风险法	地震、滑坡、工业灾害、森林火灾、车祸、洪水和溃坝	对七种灾害采用叠加法制成综合风险地图，较为简单；不是对风险的综合，没有考虑承灾体脆弱性和暴露性	$R = \sum_{i=1}^{n} H_i$

国际上常用的多灾种综合风险评估方法大体可归纳如表1-1所示（刘宝印和徐伟，2011）。其中，大多数评价方法在将各致灾因子合并时，权重的选择大多使用了简单相加的计算方法或专家打分法。前者虽然操作简单，但不能体现出不同致灾因子对同一区域影响程度的不同。后者的优点是集思广益、准确性高，但实现过程比较复杂、严格，人为主观性甚至随意性不易控制。

1.4　综合风险防范信息集成平台

联合国减灾战略秘书处（UN-ISDR）开发了PrevetionWeb减轻灾害风险全球平台门户网站，该网站旨在兵库宣言行动框架基础上，提供推动世界各国的防灾减灾。该信息平台的主要内容包括按照国别提供各国防灾减灾活动进展，提供能力建设、风险辨识、早期预警及风险转移等 21 个类别的主题信息，提供地震、洪水、台风、火山爆发和野火等 16 个灾害种类的信息，各类专业培训、书籍出版、数据库和专题地图等专业资源及信息共享等。

美国建立了国土安全信息网 HSIN（https：//cs. hsin. gov），由美国国土安全部在原“地域联合信息交换系统”（JRIES）上建立，旨在促进反恐信息共享，其主要目标包括三个方面：能够用现有的技术能力和基础设施支持有关国家安全相关信息的发布和分析；为各级执法机构提供一个可以依靠的信息传输和共享通道；为未来跨联邦政府系统的互操作性的提供路线。其次，还建立了灾害帮助网（http：//www. disasterassistance. gov），目的是向美国公民提供一个可以查询灾害准备与灾害应急相应的信息入口，主要内容包括三个方面：促进第一线灾害应急部门的沟通协作；提供灾害管理组织相关信息和知识服务；提供灾害应急管理各阶段工作的计划和方式。另外，对于基础数据库建设，美国还建立了 GIS 门户网站（www. geodata. gov）：旨在为美国的地方、州和联邦政府提供服务，并为各级政府制定决策服务和相应依据，包括信息搜索、地图查看、信息共享和数据下载等功能。除了这些综合性网站外，针对地震、洪水和飓风等灾害，美国还建设了各类灾害早期预警系统以及快速损失评估系统。

日本建立了防灾通信网络体系，包括中央防灾无线网、消防防灾无线网、防灾行政无线网、防灾相互通信无线网以及各类专业通信网（水汛通信网、紧急联络通信网、警用通信网、防卫用通信网、海上保安用通信网和气象用通信网等）等（姚国章，2009）。

俄罗斯在“联邦政府地震观测与地震定量评价系统（FSSN）”项目支持下，建立了 EXTREMUM 系统，能够绘制各种尺度的地震危险性、地震区以及高精度分区地图。在人口、建筑物及其他结构体、生命线、危险设施的数据库支持下，基于集成了易损性参数的灾害损失模型算法，该系统可以对人员伤亡、建筑物等财产损失在空间上的分布进行快速而详细的评估，专家审核后发布损失的期望评估结果（方伟华等，2010）。

印度建立了国家应急管理数据库（National Database for Emergency Management，NDEM），该数据库基于 GIS，由印度内政部与国家空间部、科技部以及通信与信息技术部等共同开发。另外，还建立了灾害知识管理网络，该网络在印度内务部、联合国开发计划署“国家灾害风险管理”项目支持下建立，知识交换的形式主要包括面对面的交互、专题学术讨论会、经验性的文件以及通过互联网门户网站分享等（姚国章，2009）。

澳大利亚建立了灾害信息网络（Australian Disaster Information Network，AusDIN），该灾害信息网络由澳大利亚应急管理委员会发起，由国家信息管理顾问小组负责运行，在澳大利亚原灾害管理信息网络 ADMIN 基础上建立，具有浏览、搜索和链接三大功能的应急知识信息门户网站（姚国章，2009）。

中国风险服务平台主要分布在各个部门及地方。例如，气象、地震、海洋、水文、农业、地质、环境、国土资源和民政等部门均建设了相关的信息网站。除了部门信息平台外，国家减灾委员会建立了中国减灾网（www. jianzai. gov. cn），国务院应急办建立了应急平台系统。

中国风险网是为响应国家减灾委号召发起的 2009 年“5·12”国家减灾日的系列减灾活动，由国家“十一五”科技支撑计划项目“综合风险防范关键技术研究与示范

(2006BAD20B00)”提供技术支持，北京师范大学民政部/教育部减灾与应急管理研究院承担了“中国风险网”(www.irisknet.cn)的建设工作，并于2009年国家减灾日（5月12日）正式对外服务，它将致力于建设成为中国综合风险防范领域的公益性综合门户网站，服务对象一是面向中国综合风险防范相关政府部门提供风险防范提供科技支撑；二是面向一般公众用于提高风险意识、普及风险知识，促进风险减轻行动。

1.5　综合风险防范信息集成平台展望

1.5.1　综合灾害风险防范学科体系

随着全球对巨灾风险防范的关注，笔者根据已提出的灾害科学与技术的学科体系（史培军，2002)，结合从1989年以来开展的关于灾害与减灾科学学科建设的实践，提出了旨在针对建立综合灾害风险防范体系的新的学科体系——灾害风险科学体系，其中“灾”强调各种致灾因子，主要关注自然致灾因子及其引发的次生致灾因子的成因机制；“害”强调因“灾”造成的人员伤亡、财产损毁和资源及生态环境破坏的成害过程；“风险”强调在未来一定时期内特定地区或部门及个人由于“致灾”并“成害”的可能性水平。

在这一学科体系中，可进一步划分为灾害科学、应急技术和风险管理三个二级学科（史培军，2009)。①灾害科学，研究区域灾害系统之“致灾”成因机制与“成害”的形成过程。灾害科学可进一步划分为基础灾害学、应用灾害学和区域灾害学（李存山，1993)。②应急技术，研究与开发防灾、抗灾、救灾与应急响应的各种技术和装备。应急技术还可进一步划分为应急响应技术、减灾技术和恢复重建技术。③风险管理，研究与建立灾害风险防范的标准、制度、规划及政策体系。风险管理还可进一步划分为灾害管理、应急管理、风险转移与减灾管理。

1.5.2　未来综合风险防范研究科学计划

(1) IHDP-IRGP科学计划。这一计划系统阐述了在未来九年内，将重点开展综合风险防范，特别是巨灾风险防范的研究（IHDP，2010)。IHDP-IRG的研究目标是在全球变化的大背景下，在充分理解地方或区域社会—生态系统动态变化的基础上，揭示风险，特别是巨灾风险形成机制的动态过程；通过案例比较分析，寻求缓解超过目前应对巨灾风险能力的巨灾“转入与转出”的防范模式，完善防范巨灾风险的各种模型和模拟工具，建立满足可持续发展需要的综合灾害风险科学体系。IHDP-IRG的主要科学问题包括科学、技术和管理三大类问题。具体研究内容包括巨灾风险的形成机制、过程与动力学、巨灾风险“进入”和“转出”的转型机制、巨灾风险评价模型与模拟、巨灾应对的案例比较、综合应对的国家政策和范式。

(2) 区域综合灾害风险防范研究。在“十一五”“综合风险防范关键技术研究与示范”科技支撑计划项目资助下，已开发出一系列综合灾害风险防范的关键技术，并在一些地区和行业开展了应用示范，取得明显效果，并在2008年低温雨雪冰冻灾害、“5·12”汶川大地震、2010年青海玉树地震等灾害应对过程中发挥了重要的科技支撑作用。针对国家制定的综合防灾减灾规划对综合灾害风险防范科技的需求，依据已制定的《国家防灾减灾科技规划（2010~2020）》等，在“十二五”期间，充分考虑中国综合灾害风险的地域差别，针对由自然灾害风险、环境风险，包括能源、水源、食物、全球气候变化与全球化（贸易）等因素组成的非传统灾害风险，开发针对我国区域特色的综合灾害风险防范关键技术并在各地区推广应用，进一步完善已形成的综合灾害风险防范集成平台，为中国主要灾害风险区域建立综合灾害风险防范模式提供科技支撑。

1.5.3 综合风险网络信息服务平台

需要解决运行机制、服务对象、服务内容和技术手段等多方面的问题，未来综合风险网络信息服务平台才可长效运行。

首先，在运行机制与服务对象上，UN-ISDR所倡导的减少灾害风险国家平台提供了一个良好的范本。《减少灾害风险国家平台指南》认为，减少灾害风险国家平台为一个有着多个利益相关方参与的国家机制，在不同层面上倡导减少灾害风险，在需要共同努力的优先领域进行协调、分析并提供建议。国家平台的成功首先以主要原则为基础，其中最基本的一条原则就是国家对减少灾害风险的所有权和主导权，这为如何组织、运转和维持国家平台提供了经验性的原则指导。综合风险网络信息服务平台虽然更多偏向技术性，但是也需要建立一个类似的综合风险网络信息服务平台运行机制，力求部门、地方、行业、社区、企业、家庭、个人、非政府组织（non-governmental organization，NGO）以及志愿者等多方参与，同时重点了解主要用户需求，形成有特色的服务对象群体，并逐步充实相关服务内容。

其次，在服务内容与技术手段上，由于减轻灾害风险是一个跨领域、复杂的发展问题。它需要政治和法律上的承诺、公众的理解、科学、技术、知识、规划、早期预警系统、备灾和反应机制等。首先立足于一个利益相关方共同参加的平台，从而有助于提供知识、技能和调动资源，使信息不仅从平台向用户单向传播，而是发展成为用户相互交互、主动提供数据、模型系统、模拟仿真、综合评估、自动制图、规范标准、预案演练和远程教育等多种多样的综合服务信息平台。而且，针对政府以及风险管理行业，提供有针对性的服务。技术手段除了主要基于互联网平台外，还应该充分利用各种局域网、移动通信、卫星通信手段，大力开发软硬件设备，解决风险信息传播中的“最后一公里”的难题，将信息准确地传递给最终用户。

第2章　综合风险防范数据库系统[*]

综合风险防范数据库，是针对综合风险信息特点，采用最新的数据库技术，在网络系统支持下，建立分布式综合风险关键技术研究与示范共享数据库，为综合风险模拟仿真、综合风险制图系统及行业和区域示范提供数据存储、数据交换、共享和更新等服务。在"十一五"国家科技支撑计划"综合风险防范关键技术研究与示范"项目第三课题"综合风险防范技术集成平台研究"支持下，由北京师范大学减灾与应急管理研究院牵头，历时四年，经过项目研究人员的共同努力，建立了综合风险防范数据库的建设。

2.1　综合风险数据库理论综述

2.1.1　数据库发展历史

数据库是数据管理的核心技术，特别是在计算机领域，数据处理越来越占主导地位，数据库技术的应用也越来越广泛。数据库的发展只有短短50年的历史，但是数据库理论和数据库技术的应用得到了长足发展，特别是20世纪80年代以来，数据库技术在日益信息化的社会中作用越来越明显。

数据库技术的发展以数据模型的发展和演变作为主要依据和标志，数据模型是对现实世界的模拟和抽象。数据库不仅要反映数据本身的内容，更要反映数据之间的联系，数据库中采用数据模型来抽象、表示、处理数据本身之间的联系，人们采用数据模型对现实世界进行抽象得到计算机可以处理的数据，进行各种查询、搜索、分析、修改和运算等。目前，数据库领域最常用的数据模型有四种，分别是层次模型、网状模型、关系模型和面向对象模型。

其中，层次模型和网状模型被称为非关系模型，在数据库发展的初期阶段，是数据简单存取和管理的主流技术。基于关系模型建立起来的数据库常称为关系数据库，也是我们常说的表结构数据，关系模型是建立在严格的数学概念基础上，由于其结构简单、用户易懂，能够清晰地反映现实世界实体之间的联系，理论基础研究也非常成熟，所以得到了广泛的应用，也是目前数据库技术应用的主流。面向对象模型是人们从实际需求出发，直接以现实世界实体作为处理对象，理论上突破了关系模型数据库难以解决的复杂类型数据，但是由于人们无法承担数据库更新换代所带来的高成本以及其他因素，使得面向对象模型

---

* 本章执笔人：北京师范大学的方伟华、钟兴春、徐宏、国志兴。

的数据库更多处于理论研究而缺乏实际应用。

2.1.2　关系型网络数据库

网络数据库也称 Web 数据库，是一种以后台（远程）数据库为基础，加上一定的前台（本地计算机）程序，通过浏览器完成数据存储、查询等操作的数据库技术。基于关系模型建立的网络数据库就是关系型网络数据库。

随着互联网技术的发展，网络成了人们获取信息的重要来源，网络数据库技术就是要给人们提供从不同服务器、不同硬件平台在不同时间、不同地点获取需求数据的一种技术手段，最大的优势是实现了网络平台资源的共享。目前市场上海量数据主要是以关系数据库的模式存储在世界各地的计算机中，基于应用非常广泛的关系模型，将不同来源的各种数据以关系模型的数据模型组织起来，客观地反映彼此之间的相互关系，为人们获取服务提供便捷，是促使关系型网络数据库发展的动力。

2.1.3　空间数据库发展历史

空间数据库是地理信息系统在计算机物理存储介质上存储和应用的相关地理空间数据的总和。空间数据库一般具有如下特征：①空间特征；②非结构化特征；③空间关系特征；④海量数据特征；⑤数据种类多，复杂；⑥数据应用面广。

空间数据库的研究始于 20 世纪 70 年代的地图制图与遥感图像处理领域，特别是随着 GIS 技术的发展，空间数据库得到了广泛的应用。由于 GIS 不仅仅需要处理表结构之类的属性数据，还涉及地理实体的位置信息，传统的数据库技术只能处理简单对象而不支持图形、图像等复杂对象，所以催生了空间数据库这一数据库新技术。人们在研究空间数据库技术时，尝试用各种数据模型对地理实体进行建模，对比效果如表 2-1 所示。从表中也可以看出，面向对象的数据模型是最优的空间数据模型。

表 2-1　不同数据模型表达空间数据优缺点对比

模型类型	优点	缺点
层次模型	简单、直观、易于理解	数据冗余、查询效率低、独立性差
网状模型	支持数据重构、数据具有一定独立性和共享性、运行效率较高	定位困难、不直接支持对层次的表达、操作具有过程性质
关系模型	多种存储组织方式、一定程度上处理空间和属性信息	无法描述复杂对象、难于存储、难于维护
面向对象模型	支持复杂对象、支持复杂操作、易于维护	无

空间数据主要包括图形数据和属性数据两大类，关系型数据库的优势在于存储处理属性数据，但是不支持变长记录，也不支持嵌套，而面向对象的数据模型刚好从理论上符合这些要求。空间数据库需要存储和处理的对象是地理实体，为了有效地描述复杂的事物或现象，需要在更高层次上综合利用和管理多种数据结构和数据模型，如何采用最佳模式管

理空间数据是一个非常重要的问题，在空间数据库发展的历史中，人们不断地对空间数据管理的模式进行改进，如图2-1所示。经过对比理论研究，面向对象的数据库管理模式被认为是最佳的。

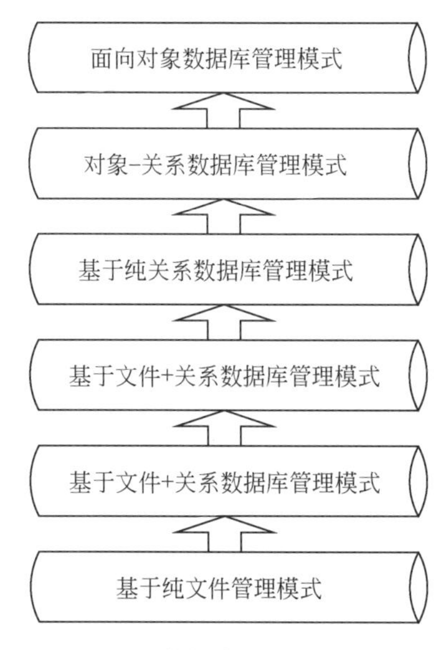

图2-1 空间数据库管理模式演变进程

2.2 综合风险数据库构建

2.2.1 综合风险数据框架

风险数据框架随着综合风险评估及防范理论的发展，其组成部分及内涵也日渐发展与细化。一个较为完整的理论框架是综合风险数据库数据的建立基础。从系统构成上来看，综合风险系统大致包括孕灾环境、致灾因子的强度和频率，承灾体的类别、数量及分布，承灾体的易损性、降低致灾强度及频率的能力、调整承灾体时空分布格局的能力、降低承灾体易损性的能力等要素。综合风险数据库系统的构成从内容上与综合风险系统形成一一对应关系，便于管理使用。

2.2.2 孕灾环境数据库

孕灾环境是灾害形成和发展的背景条件，大气、水文、地质和海洋等环境的差异，使致灾因子的强度以及承灾体的分布与特性千差万别。

从广义上来说，孕灾环境即为自然环境与人文环境。自然环境可划分为大气圈、水圈、岩石圈和生物圈；人文环境则可划分为人类圈与技术圈。地球表层孕灾环境对灾害系统的复杂程度、强度、灾情程度以及灾害系统的群聚与群发特征起着决定性的作用。因此，研究地球表层的孕灾环境通常是区域自然灾害研究的前提。

对于特定灾害种类，其孕灾环境是由大气、水文、地质和海洋等因素共同决定的，综合考虑各种自然与人为因素，对研究灾害的形成与发展有着深刻的意义。以地震灾害为例，对于两个不同地区，即使气候条件相似，但由于地质构造的差异，其地震灾害的发生频率、强度、影响范围等有着显著的差异性。为研究区域各种灾害的发生发展，需要区域相关的自然与人文数据的支持。因此，集成大气圈、水圈、岩石圈、生物圈以及人为活动相关数据，建立孕灾环境数据库，便于描述区域各灾种的孕灾环境，定性、定量地研究自然灾害的发生与发展。

综合的孕灾环境数据库是由大气圈孕灾环境数据库、水圈孕灾环境数据库、岩石圈孕灾环境数据库、生物圈孕灾环境数据库、人文孕灾环境数据库组成的，共同描述了区域孕灾环境。

1. 大气圈孕灾环境数据库

常见的大气灾害有暴雨、台风（热带风暴）、雷电、冰雹和龙卷风等，显然这些大气灾害与大气圈层活动密切相关，而一些非大气灾害如森林火灾等也与当地的天气、气候条件密切相关。因此，大气圈层活动对各种灾害的产生与发展有着重要的影响。大气圈孕灾环境数据库主要提供由区域气候条件所造成的温度、降水和风等气候要素的时空格局，也涉及大气物理的观测、探测和预警的相关内容，广泛应用于灾情监测、预警等领域。

2. 水圈孕灾环境数据库

水圈是地球圈层的重要组成部分，它由大气水、地表水、地下水组成。水在大气、陆面、地下和海洋之间循环不已。因水循环引起的自然灾害主要有洪涝灾害、干旱灾害、风暴潮灾害等。水圈孕灾环境数据库主要提供各大江河流域水文要素的时空动态信息。由于水圈与其他圈层的相互作用极其紧密，水圈孕灾环境还应综合考虑水圈与其他圈层的相互作用对灾害产生的影响，如不同气候条件可影响河川径流，从而影响灾害的发生与发展。

3. 岩石圈孕灾环境数据库

岩石圈孕灾环境主要体现在区域地质作用、地貌、土壤等因素对灾害的发生与发展的影响。地球上的自然灾害很大程度是受由地质作用形成的地壳形状制约的，地质作用受地球深处能源和各种内力的作用，既造成了大陆与海洋，又形成了山脉、高原以及地表环境等自然灾害的控制因素。例如，中国东部沿海地区，位于环太平洋带和亚欧板块之间，其构造活动受两者的共同影响，地壳不稳定，无数强烈的地震及活火山发生在这个构造带上。地貌对灾害的影响是多方面的，也是错综复杂的，它通过地形的起伏影响气候、水文、生物特征，从而影响灾害的发生。例如，中国的沿海地区，南北走向的山脉及阶梯地形最先抬升因素来自洋面的暖湿气流，不仅使其雨量丰沛，形成许多暴雨、洪涝、滑坡、泥石流中心，且使平原灾害、低山丘陵灾害交错出现，复杂多变。总之，岩石圈对于自然灾害影响是非常明显的，许多灾害区的分布常具有明显的地形分布特征。岩石圈孕灾环境数据库包括对区域地貌类型、地势的起伏程度、活动构造体系、土地覆盖等的描述，便于研究灾害的空间分布特征。

4. 生物圈孕灾环境数据库

生物圈的概念是由奥地利地质学家休斯（Suess）在1875年首次提出的，是指地球上有生命活动的领域及其居住环境的整体。生物圈的范围是：大气圈的底部、水圈大部和岩石圈表面。生物圈是一个通过物质和能量的交换与大气及物理气候系统进行相互作用的动态系统，生物圈中的相互作用包括生物地球化学循环之间的、生物地球化学和水循环之间的以及各物种之间的相互作用。生物圈是自然灾害最主要的发生地，常见的生物圈灾害有生物病虫害和森林、草原火灾等，这些灾害不仅与气候条件有关，还与植被类型有关，实际上是生物圈中相互作用的产物。生物圈孕灾环境数据库主要描述区域动植物空间分布特征，以及区域相关气候、水文和地理条件，是区域自然灾害研究的基础。

5. 人文孕灾环境数据库

人既是承灾体，又是致灾因子，甚至能改变孕灾环境。近年来大量的研究表明，人类活动作为气候变化和灾害的引发者、扰动源和促动因素，正在无意识地改变着区域，甚至全球的气候与灾害。人类活动对孕灾环境的影响体现在不合理地开采利用资源、工程建设和环境污染等破坏区域地形地貌、植被覆盖等，从而对自然灾害产生影响。人文孕灾环境数据库主要包括农业耕作、采矿、道路交通工程建设和水利水电建设等信息，用于分析人类活动对自然灾害发生发展的影响。

2.2.3 致灾因子数据库

致灾因子的强度和频率、周期性、长期趋势等是表征其危险性的主要参数。在中国各类灾害致灾因子均有对应的行业部门。在一些灾害风险种类中关于致灾因子的研究较深入，表征指标也比较成熟明确。例如，表征地震危险性的峰值加速度（PGA）、表征洪水危险性的淹没水深与时长、表征台风危险性的风速大小与过程降雨量、表征风暴潮危险性的浪高、潮位高度和淹没范围等（表2-2）。

表2-2 自然灾害致灾因子指标

灾种	致灾因子指标
地震	地震动峰值加速度、近震震级、面波震级、震中烈度、震源深度、断层、断层带、土壤、场地特性
洪水	降水、流量、径流、淹没历时、淹没深度、水速
台风	降水、中心气压、最大风速半径、前移速度、前移方向、极大风速、最大风速、平均风速、大风、风暴潮
风暴潮	增水高度、浪高、漫滩范围、淹没深度、淹没时间、台风
沙尘暴	发生频率、持续时间、降尘量、大气总悬浮颗粒物、风速、光学可见度、起沙风速
冰雹	降雹频次、雹粒直径、降雹累计时间、积雹厚度、雹粒重量
滑坡与泥石流	坡度、土壤、松散堆积物、滑动速度、地震、洪水、台风

续表

灾种	致灾因子指标
霜冻	低温、持续时间、季节分布
干旱	降水、气温、流域、河段、水库、蒸发、土壤类型、持续时间
雪灾	持续时间、降雪量、雪深、雪灾年发生频次、气温、降水、能见度
森林火灾	人类活动、雷击、起火概率、蔓延概率、持续时间、过火面积
草原火灾	人类活动、雷击、起火概率、蔓延概率、持续时间、过火面积

量化致灾因子强度及其概率分布的典型量化评价指标包括致灾因子强度概率分布函数（PDF）、累计分布函数（CDF）、超越概率（EP）、标准差、变化趋势、周期性等。在另外一些灾种中，表征危险性的指标尚在不断探索更新中。例如，在农业干旱灾害中，致灾因子由于气象干旱、水文干旱、农业干旱等概念的差异，对于干旱程度的刻画指标也各不相同。

2.2.4 承灾体数据库

承灾体分类是对灾害风险评价对象的细化，将性质相近的承灾体归为一类，研究其共有的性质，从而形成对整体承灾体性质的抽象与综合。世界上一些国家已经发展了面向多灾种风险评估的承灾体分类系统。例如，美国 HAZUS 多灾种模型针对台风、地震和洪水等不同灾种，建立统一的承灾体数据库，便于多灾种损失的评估和综合风险研究。建立于 1977 年的 CRESTA 组织对全球进行风险区划，用于规范保险和承灾体数据的集成，而全球保险业合作研究与发展协会（Research Association for Cooperative Operations and Development，ACORD）提出保险数据交换标准，这些都推动着全球台风、地震等巨灾风险评估的发展。现今中国已经制定了《巨灾风险数据采集规范》（中华人民共和国保险监督管理委员会，2009）、《保险再保险数据交换规范》（中华人民共和国保险监督管理委员会，2007）等标准，加强数据的规范与管理。但总的来说，中国目前尚未建立面向多灾种灾害损失与风险评估的通用承灾体数据库标准，而为一种灾种准备的承灾体数据库的属性信息往往不能满足其他灾种评估的需要，不同灾种的风险评估结果的可比性较差。

2.2.5 灾情数据库

灾情统计是灾害风险评估中非常重要的环节，由于自然灾害种类繁多并且具有较强地域差异，由不同灾种的致灾因子引起的损失也不同，自然灾害损失的统计数据不可能包含到方方面面。国家民政部减灾中心的《自然灾害统计制度》将自然灾害统计指标体系分为自然灾害基本情况统计指标、灾情损失统计指标、救灾工作统计指标三个方面，其中灾情损失统计指标包括人口受灾统计指标、农作物受灾统计指标、损失情况统计指标（图 2-2）。基于此，反映自然灾害灾情损失的总貌，在不同地区具有较高适应性。

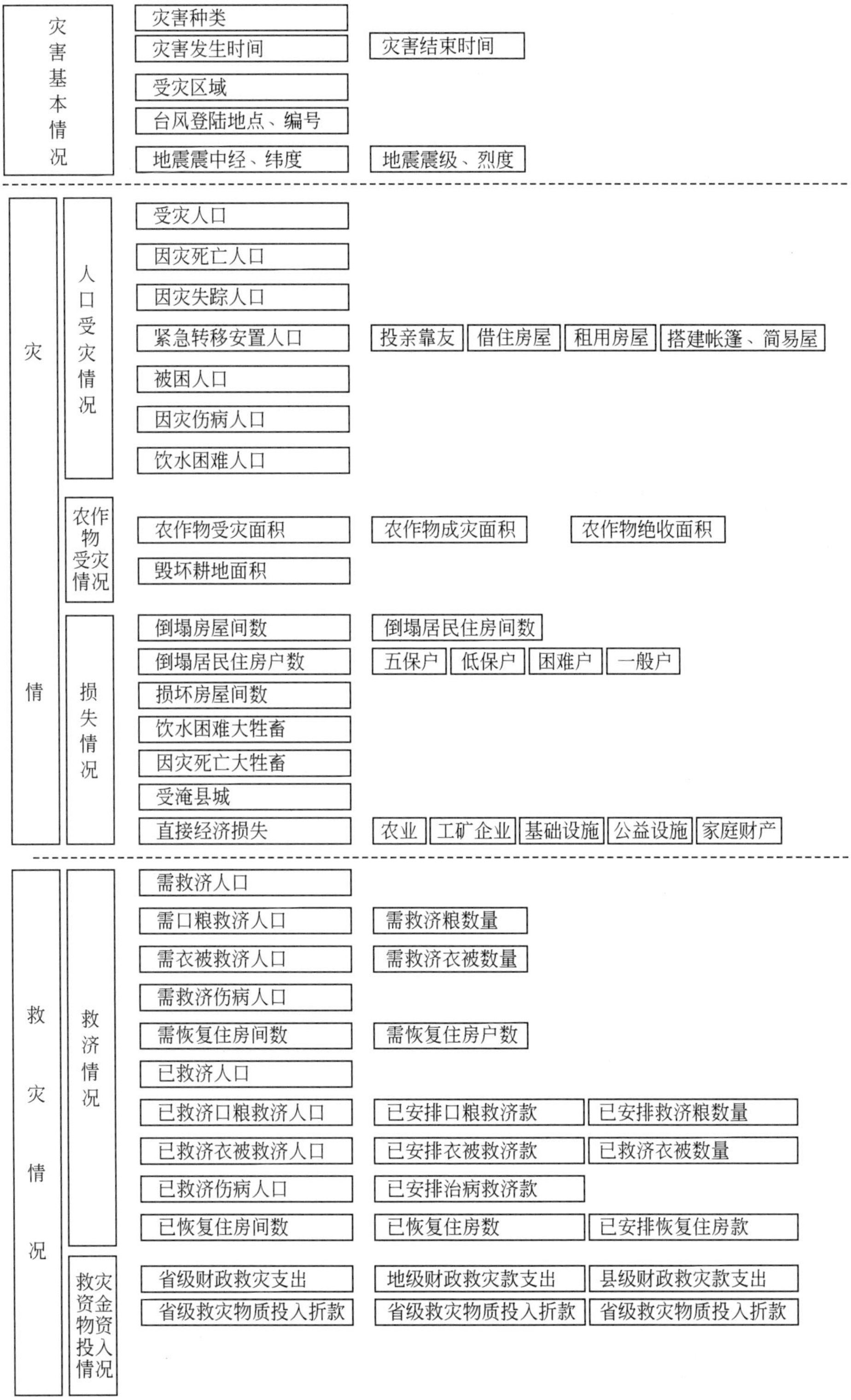

- 灾害基本情况
  - 灾害种类
  - 灾害发生时间 — 灾害结束时间
  - 受灾区域
  - 台风登陆地点、编号
  - 地震震中经、纬度 — 地震震级、烈度
- 灾情
  - 人口受灾情况
    - 受灾人口
    - 因灾死亡人口
    - 因灾失踪人口
    - 紧急转移安置人口 — 投亲靠友 | 借住房屋 | 租用房屋 | 搭建帐篷、简易屋
    - 被困人口
    - 因灾伤病人口
    - 饮水困难人口
  - 农作物受灾情况
    - 农作物受灾面积 — 农作物成灾面积 | 农作物绝收面积
    - 毁坏耕地面积
  - 损失情况
    - 倒塌房屋间数 — 倒塌居民住房间数
    - 倒塌居民住房户数 — 五保户 | 低保户 | 困难户 | 一般户
    - 损坏房屋间数
    - 饮水困难大牲畜
    - 因灾死亡大牲畜
    - 受淹县城
    - 直接经济损失 — 农业 | 工矿企业 | 基础设施 | 公益设施 | 家庭财产
- 救灾情况
  - 救济情况
    - 需救济人口
    - 需口粮救济人口 — 需救济粮数量
    - 需衣被救济人口 — 需救济衣被数量
    - 需救济伤病人口
    - 需恢复住房间数 — 需恢复住房户数
    - 已救济人口
    - 已救济口粮救济人口 — 已安排口粮救济款 | 已安排救济粮数量
    - 已救济衣被救济人口 — 已安排衣被救济款 | 已救济衣被数量
    - 已救济伤病人口 — 已安排治病救济款
    - 已恢复住房间数 — 已恢复住房数 | 已安排恢复住房款
  - 救灾资金物资投入情况
    - 省级财政救灾支出 — 地级财政救灾款支出 | 县级财政救灾款支出
    - 省级救灾物质投入折款 — 省级救灾物质投入折款 | 省级救灾物质投入折款

图 2-2　中国民政系统损失统计数据库（民政部救灾司，2008）

2.2.6　重特大自然灾害承灾体分类体系

在“5・12”四川汶川大地震、青海玉树地震等重特大灾害中，中国采用了专门设计的承灾体及灾害损失分类体系（表2-3）。

为了建立一套面向多灾种的承灾体数据库，需要其和现行的数据标准相衔接，以目前国土、建筑、规划和农业等部门的标准为基础，形成一套符合行业规范且满足多灾种评估的人口、建筑物、基础设施、宏观经济和土地利用等承灾体分类系统。

表2-3　中国重特大灾害自然灾害承灾体分类

<table>
<tr><td rowspan="5">农村人员伤亡与住房受损情况</td><td rowspan="2">人口伤亡</td><td colspan="3">失踪人口</td></tr>
<tr><td colspan="3">转移安置人口</td></tr>
<tr><td rowspan="3">住房受损</td><td colspan="3">倒塌农村住房</td></tr>
<tr><td colspan="3">严重受损农村住房</td></tr>
<tr><td colspan="3">一般破坏农村住房</td></tr>
<tr><td rowspan="6">城镇受损情况</td><td rowspan="3">城镇居民住宅受损情况</td><td colspan="3">倒塌房屋</td></tr>
<tr><td colspan="3">严重受损房屋</td></tr>
<tr><td colspan="3">一般破坏房屋</td></tr>
<tr><td rowspan="3">城镇非住宅用房损失</td><td colspan="3">倒塌房屋</td></tr>
<tr><td colspan="3">严重受损房屋</td></tr>
<tr><td colspan="3">一般破坏房屋</td></tr>
<tr><td rowspan="13">农业损失</td><td rowspan="2">种植业损失</td><td colspan="3">面积</td></tr>
<tr><td colspan="3">经济损失</td></tr>
<tr><td rowspan="3">养殖业损失</td><td colspan="3">死亡牲畜</td></tr>
<tr><td colspan="3">死亡禽畜</td></tr>
<tr><td colspan="3">经济损失</td></tr>
<tr><td rowspan="4">农业机械损失</td><td colspan="3">农机具</td></tr>
<tr><td colspan="3">机库棚</td></tr>
<tr><td colspan="3">机耕道路</td></tr>
<tr><td colspan="3">农机排灌站</td></tr>
<tr><td rowspan="2">林业损失</td><td colspan="3">面积</td></tr>
<tr><td colspan="3">经济损失</td></tr>
<tr><td rowspan="2">渔业损失</td><td colspan="3">受灾面积</td></tr>
<tr><td colspan="3">经济损失</td></tr>
<tr><td rowspan="6">工业损失（含国防工业）</td><td colspan="4">受灾企业</td></tr>
<tr><td rowspan="5">经济损失</td><td rowspan="4">固定资产</td><td rowspan="2">受损厂房</td><td>面积</td></tr>
<tr><td>金额</td></tr>
<tr><td rowspan="2">附属设施</td><td>数量</td></tr>
<tr><td>金额</td></tr>
<tr><td colspan="3">其他（含材料、产成品等）</td></tr>
</table>

续表

<table>
<tr><td rowspan="10">服务业损失</td><td rowspan="4">商贸业损失</td><td colspan="2">损毁数量</td></tr>
<tr><td colspan="2">损毁面积</td></tr>
<tr><td colspan="2">受损设施金额</td></tr>
<tr><td colspan="2">受损商品金额</td></tr>
<tr><td rowspan="2">旅游业损失</td><td colspan="2">固定资产损失</td></tr>
<tr><td colspan="2">物资损失</td></tr>
<tr><td rowspan="2">房地产业损失</td><td colspan="2">固定资产损失</td></tr>
<tr><td colspan="2">物资损失</td></tr>
<tr><td rowspan="2">金融业损失</td><td colspan="2">固定资产损失</td></tr>
<tr><td colspan="2">物资损失</td></tr>
<tr><td rowspan="29">基础设施损失</td><td rowspan="3">交通设施损失(不含城市道路)</td><td colspan="2">公路损毁数</td></tr>
<tr><td colspan="2">桥梁损毁数</td></tr>
<tr><td colspan="2">隧道损毁数</td></tr>
<tr><td rowspan="9">市政公用设施损失</td><td>供水设施</td><td>供水管道</td></tr>
<tr><td rowspan="2">污水收集处理设施</td><td>污水处理厂处理能力</td></tr>
<tr><td>排水管道</td></tr>
<tr><td rowspan="2">供气设施</td><td>燃气储配灌装厂站</td></tr>
<tr><td>供气管道</td></tr>
<tr><td rowspan="2">环境卫生设施</td><td>垃圾场站</td></tr>
<tr><td>公厕</td></tr>
<tr><td colspan="2">公交设施</td></tr>
<tr><td colspan="2">城市绿地</td></tr>
<tr><td rowspan="8">水利、电力设施损失</td><td colspan="2">变电站</td></tr>
<tr><td colspan="2">电站</td></tr>
<tr><td colspan="2">输配电线路</td></tr>
<tr><td colspan="2">水利设施</td></tr>
<tr><td colspan="2">水库</td></tr>
<tr><td colspan="2">渠道防洪设施</td></tr>
<tr><td colspan="2">其他水利设施</td></tr>
<tr><td colspan="2">其他电力设施</td></tr>
<tr><td rowspan="9">广播通信设施损失</td><td colspan="2">有线网络长度</td></tr>
<tr><td colspan="2">无线发射转播台站</td></tr>
<tr><td colspan="2">微波站</td></tr>
<tr><td colspan="2">发射塔</td></tr>
<tr><td colspan="2">村村通设备</td></tr>
<tr><td colspan="2">有线网络设备</td></tr>
<tr><td colspan="2">卫星接收设备</td></tr>
<tr><td colspan="2">电影院</td></tr>
<tr><td colspan="2">流动放映车</td></tr>
</table>

续表

<table>
<tr><td rowspan="22">基础设施损失</td><td rowspan="8">铁路设施损失</td><td colspan="2">线路</td></tr>
<tr><td colspan="2">桥隧</td></tr>
<tr><td colspan="2">供电、电力设备</td></tr>
<tr><td colspan="2">电务信号设备</td></tr>
<tr><td colspan="2">机车车辆</td></tr>
<tr><td colspan="2">房屋</td></tr>
<tr><td colspan="2">建筑物</td></tr>
<tr><td colspan="2">其他损失</td></tr>
<tr><td rowspan="3">政府设施损失</td><td rowspan="2">国家与行政机关设施损失(不含办公用房)</td><td>固定资产</td></tr>
<tr><td>物品</td></tr>
<tr><td colspan="2">其他公用设施</td></tr>
<tr><td rowspan="11">通信设施损失</td><td colspan="2">数据设备</td></tr>
<tr><td colspan="2">交换设备</td></tr>
<tr><td colspan="2">传输设备</td></tr>
<tr><td colspan="2">通信杆路倒断</td></tr>
<tr><td colspan="2">通信线路</td></tr>
<tr><td colspan="2">基站设备</td></tr>
<tr><td colspan="2">电源设备</td></tr>
<tr><td colspan="2">发电油机</td></tr>
<tr><td colspan="2">蓄电池</td></tr>
<tr><td colspan="2">基站铁塔</td></tr>
<tr><td colspan="2">车辆损坏</td></tr>
<tr><td rowspan="17">社会事业经济损失</td><td rowspan="6">教育系统损失(不含土地和房屋)</td><td colspan="2">高校</td></tr>
<tr><td colspan="2">中专</td></tr>
<tr><td colspan="2">职业学校</td></tr>
<tr><td colspan="2">中学</td></tr>
<tr><td colspan="2">小学</td></tr>
<tr><td colspan="2">幼儿园</td></tr>
<tr><td rowspan="11">卫生系统损失</td><td colspan="2">医院</td></tr>
<tr><td colspan="2">急救中心</td></tr>
<tr><td colspan="2">社区卫生服务中心</td></tr>
<tr><td colspan="2">乡镇卫生院</td></tr>
<tr><td colspan="2">门诊部、诊所、医务室、卫生所</td></tr>
<tr><td colspan="2">村卫生室</td></tr>
<tr><td colspan="2">妇幼保健、专科疾病防治院</td></tr>
<tr><td colspan="2">采供血机构</td></tr>
<tr><td colspan="2">疾病预防控制中心</td></tr>
<tr><td colspan="2">卫生监督所</td></tr>
<tr><td colspan="2">其他卫生机构</td></tr>
</table>

续表

<table>
<tr><td rowspan="26">社会事业经济损失</td><td rowspan="7">文化系统损失</td><td colspan="2">文化馆（站）固定资产</td></tr>
<tr><td colspan="2">美术、展览馆固定资产</td></tr>
<tr><td colspan="2">剧场（影剧院）固定资产</td></tr>
<tr><td colspan="2">博物馆固定资产</td></tr>
<tr><td colspan="2">文管所固定资产</td></tr>
<tr><td colspan="2">考古所固定资产</td></tr>
<tr><td colspan="2">电影院固定资产</td></tr>
<tr><td rowspan="3">科技系统损失</td><td colspan="2">科技馆固定资产</td></tr>
<tr><td colspan="2">科普馆固定资产</td></tr>
<tr><td colspan="2">科研项目仪器设备</td></tr>
<tr><td rowspan="6">福利系统损失</td><td rowspan="3">敬老院</td><td>数量</td></tr>
<tr><td>面积</td></tr>
<tr><td>经济损失</td></tr>
<tr><td rowspan="3">福利院</td><td>数量</td></tr>
<tr><td>面积</td></tr>
<tr><td>经济损失</td></tr>
<tr><td rowspan="10">环保系统损失</td><td colspan="2">环境监测仪器设备</td></tr>
<tr><td colspan="2">核与辐射监管仪器设备</td></tr>
<tr><td colspan="2">环境监察车辆</td></tr>
<tr><td colspan="2">核与辐射监管车辆</td></tr>
<tr><td colspan="2">水、空气自动监测站</td></tr>
<tr><td colspan="2">水污染防治设施</td></tr>
<tr><td colspan="2">气污染防治设施</td></tr>
<tr><td colspan="2">固体废物污染防治设施</td></tr>
<tr><td colspan="2">污染源自动监控系统</td></tr>
<tr><td colspan="2">城市放射性废物库</td></tr>
<tr><td rowspan="3">居民财产损失</td><td colspan="3">农村居民经济损失</td></tr>
<tr><td colspan="3">城镇居民经济损失</td></tr>
<tr><td colspan="3">合计经济损失</td></tr>
<tr><td rowspan="8">土地资源损失</td><td rowspan="4">耕地</td><td colspan="2">损毁耕地面积</td></tr>
<tr><td colspan="2">损害耕地中可复垦面积</td></tr>
<tr><td colspan="2">破坏耕地面积</td></tr>
<tr><td colspan="2">经济损失</td></tr>
<tr><td rowspan="2">林地</td><td colspan="2">损毁面积</td></tr>
<tr><td colspan="2">经济损失</td></tr>
<tr><td rowspan="2">草地</td><td colspan="2">损毁面积</td></tr>
<tr><td colspan="2">经济损失</td></tr>
</table>

续表

自然保护区损失	国家级自然保护区	面积	
		经济损失	
	省级自然保护区	面积	
		经济损失	
	其他等级自然保护区	面积	
		经济损失	
文化遗产损失	物质文化遗产	不可移动文物	全国重点文物保护单位
			省级重点文物保护单位
			市县级重点文物保护单位
			世界文化遗产
		可移动文物	珍贵文物
			一般文物
		历史文化名城、名镇、名村	名城（含历史街区）
			名镇
			名村
	非物质文化遗产	国家级非物质文化遗产	
		省级非物质文化遗产	
		其他等级非物质文化遗产	
生物多样性损失	野生动物	受损野外种群	物种名称
			保护等级
			受损栖息地类型及面积
		受损人工繁育种群	物种名称
			保护等级
			损失数量
	野生植物	受损物种名称	
		保护级别	
		所处群落损失面积	
矿产资源损失	煤矿资源	数量	
		经济损失	
	磷矿资源	经济损失	
	其他矿产资源	经济损失	

2.2.7 脆弱性数据库

灾害脆弱性是灾害承灾体内在的一种特性，这种特性是承灾体受自然或人为致灾因子打击时自身具有应对、抗御和恢复的能力的特性。但在实际应用中，根据不同的研究目标，脆弱性的侧重点不同，定义也较为混乱。现在脆弱性类型主要划分为受自然因素影响的脆弱性和受社会、经济、政治等体系影响的脆弱性。前者主要是由灾害事件发生的强度、频率、时间和空间分布以及风险区的分布共同决定的，其过多地强调了致灾因子的作用，对承灾体本身应对和适应致灾因素打击的能力估计不足；后者，将社会、经济、政治的影响融入脆弱性的概念中，使脆弱性的概念更加全面，对快速解决社会受灾害影响的问题有着重要的意义，但这个概念将整个社会系统作为承灾体，模糊了自然灾害的内在成灾过程，人们对社会系统的管理经验在这个过程中起到主导作用，使得我们理解灾害过程的主观性加强，不利于揭示自然灾害形成的机制过程。

因此，灾害自然脆弱性是自然灾害本质承灾体的抵抗自然灾害打击过程中自身内在的脆弱性。如地震灾害中一栋楼的抗震脆弱性、农业旱灾中一株麦苗的抗旱脆弱性等。灾害自然脆弱性是承灾体本身所特有的物理特性，通过确立灾害致灾强度和灾情损失百分率之间的关系，可以得出特定承灾体的脆弱性曲线。自然灾害脆弱性曲线是随着致灾强度的增强，灾害损失率也逐渐增加，从第Ⅰ阶段的缓慢增长，到第Ⅱ阶段的快速增长，在第Ⅲ阶段灾害损失率增加到一个高值区后速度逐渐放缓并逼近一个较高的损失率水平（图2-3）。

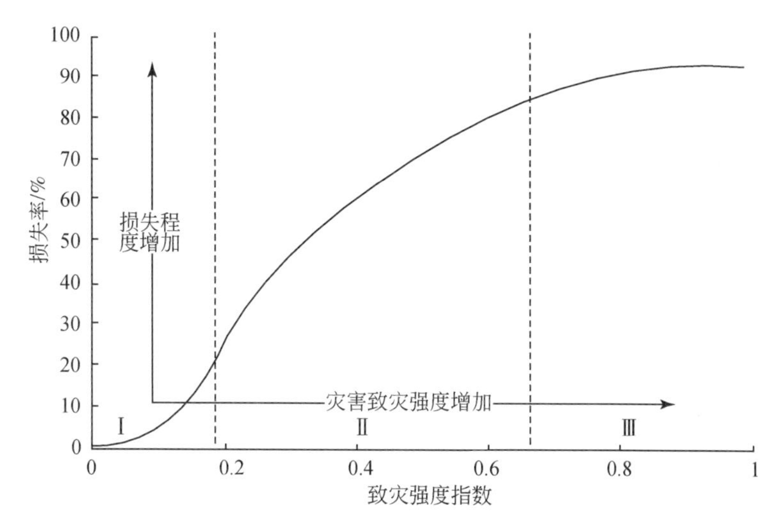

图2-3　自然灾害的自然脆弱性曲线示意图

灾害自然脆弱性的概念有助于把注意力放在自然灾害核心承灾体的层面上深入揭示在灾害打击过程中承灾体的变化规律，将社会脆弱性中的社会因素放在提高减灾能力的问题上。这不仅避免了社会脆弱性过于关注灾害结果而导致的对灾害机理认识上的不足，也使得原来的自然脆弱性过于关注致灾因子而导致的对承灾体本身适应灾害打击能力忽视的问题。

承灾体易损性在我国的研究进展，特别是在综合集成研究方面还比较薄弱。灾害承灾体易损性作为风险评价的核心要素，是刻画灾害自然过程如何影响社会系统或者建筑结构的关键。目前，我国无论是将区域或者社会系统作为研究对象的社会易损性来研究，还是将建筑物等具体结构作为研究对象的物理易损性来研究，都尚处于起步阶段，迫切需求建立面向多灾种灾害风险评估的易损性定量数据管理方法。虽然易损性概念千差万别，但是大致归为物理易损性和社会易损性两大类。

为了量化承灾体易损性，已经探索发展出了一些方法。

（1）基于历史损失的多灾种脆弱性评价。例如，收集历史灾害损失数据及典型案例数据，包括气象灾害大典等在内的各类灾害年鉴、分县民政灾害损失统计上报数据、主要保险公司承保及理赔数据等历史灾情数据、灾害实地调查数据等；结合历史时期的致灾因子强度记录，建立各类承灾体在单体及区域尺度上的脆弱性曲线。

（2）基于结构性能的多灾种脆弱性评价。例如，通过数值仿真，建立基于结构性能的建筑物地震脆弱性评估，建立基于构件的大风荷载—抗风性能的典型建筑物台风易损性曲线，建立建筑物洪水深度—淹没时间的损失曲线，建立种植业、养殖业关于台风—洪水灾害链的脆弱性曲线。

（3）基于工程试验的多灾种脆弱性评价。利用地震振动台试验、风洞试验，发展典型建筑物，如农房的脆弱性参数。

正是由于易损性数据理论依据、来源、物理存储形式的巨大差异，使得风险数据库在内容和结构设计上也比较复杂，可满足多种多样的需求。

2.2.8 减灾能力数据库

减灾能力及其数据库将逐步发展。综合风险专业数据库当前主要包括致灾因子数据库、历史灾情数据库、承灾体脆弱性数据库、风险评估结果数据库等，而在目前风险评估与数据库体系中，没有显性考虑降低致灾因子危险性能力、调整承灾体能力、降低脆弱性能力的数据库，而是将这些能力间接体现在社会脆弱属性上。

中国已经先后成功地完成了五次全国人口普查、第一次全国经济普查，目前第二次全国农业普查也正在顺利进行，这些全国性的普查、调查工作为今后开展各类统计调查提供了抽样框架和参照系。国土资源大调查中有部分涉及了地质灾害环境的调查，完成了700个市（县）地质灾害调查与区划，初步建立了群测群防体系，开展了三峡工程、青藏铁路和南水北调等国家重大工程区地质灾害、区域地壳稳定性等专项调查评价。地质调查帮助城乡居民成功地避开地质灾害3096起，安全转移人员129 924人，避免财产损失近20亿元。

区域综合减灾能力是区域在防灾、备灾、减灾和恢复重建等各方面的综合能力，主要包括监测预警能力、防灾工程能力、抢险救灾能力、社会基础能力、减灾知识普及能力、科技与学科支撑能力、制度与组织保障能力等。制定区域综合减灾能力指标体系就是根据综合减灾的特点分别制定监测预警能力、防灾工程能力、抢险救灾能力、社会基础能力、减灾知识普及能力、科技与学科支撑能力、制度与组织保障能力等方面的量化指标，从而构建区域综合减灾能力调查的指标体系。制定减灾能力调查指标体系的具体内容主要有如下七点。

1. 灾害监测预警能力指标体系

制定灾害监测预警能力指标体系是在减灾能力调查单元内为灾害监测预警提供保障的基础建设能力的指标体系，主要包括反映不同自然灾害类型的监测预报的基础设施、知识水平、信息保障和信息网络互通的能力和水平的指标体系。

2. 防灾工程能力指标体系

制定调查单元内各种防灾工程的数量、规模和标准等以及各种防灾工程的设计能力的指标体系，这些指标不仅体现调查单元预防和抵御多种自然灾害的综合能力，也包括能够抵御某种自然灾害的工程能力指标，如房屋承灾能力指标、堤坝防灾能力指标、水库抗灾能力指标、抗旱能力指标、除涝能力指标等。

3. 抢险救灾能力指标体系

制定反映抢险救灾能力的人力、交通、运输、医疗救助、保险和储蓄等要素的衡量指标。指标要足以体现城乡抢险救灾人力资源的数量和质量，公路、铁路等交通设施的通达程度，人员和物资运输能力，救灾区域的医疗救助能力等。

4. 社会基础能力指标体系

制定减灾调查单元内包括人力、物力、财力和环境支持能力等可以作为减灾资源的社会基础能力的表达指标，其中减灾人力资源包括劳力和智力指标，人口构成、数量、比例等区域指标；减灾财力指标能够反映地方财政支持能力和城乡居民收入水平，以表达灾害发生后用于抗灾救灾的社会支持能力；调查单元生活物资等抗灾资源的支持能力指标；调查单元内地形、气温等影响灾区民众自救和转移安置的自然要求等环境支持能力指标等。

5. 减灾知识普及能力体系

制定反映受灾区域各级管理部门和居民对自然灾害特点、危害以及防灾减灾知识、政府防灾减灾组织体系知识的了解程度，学校减灾教育水平，公众防灾意识普及程度，宣传和引导民众的学习防灾减灾知识的设施、渠道、传媒手段等形成减灾意识的大众传播机制等指标。

6. 科技与学科支撑能力指标体系

制定调查单元内综合减灾科技支撑能力的指标体系包括：区域综合灾害风险防范技术研究、灾害信息共享网络平台、关键性生产生态生活系统综合灾害风险防范技术研究的科技投入以及科学技术对区域防灾减灾的贡献水平等指标。

7. 减灾制度与组织保障能力指标体系

制定综合减灾制度与组织保障指标体系包括：法制、机制、体制和建立专门的管理机构等防灾制度保障指标。指标应能够反映是否建立协调发展与减灾的管理体制、综合灾害风险评价制度的制定和执行水平、区域减灾投融资制度的制定、辖区综合减灾绩效评估制度的建立和执行、减灾政策覆盖水平、减灾行动的一致性以及区域减灾标准、规范的完善程度等。

在未来进一步的研究中，将逐渐考虑致灾因子降低危险性能力数据库、承灾体调整能力数据库、降低脆弱性能力数据库，用以表征综合减灾能力逐步增强对降低风险的影响，风险数据库的结构也将逐渐丰富。

2.2.9 风险评估结果库

基于上述对灾害自然脆弱性的理解，本书认为灾害风险（risk）就是特定区域、特定时间段、特定灾害个体承灾体或系统承灾体在遭受致灾因子打击而可能造成的灾情损失的大小，主要包括三个因素：致灾因子（H）及其减灾能力（CH）、承灾体自然脆弱性（PV）及其减灾能力（CV）和暴露性（E）及其减灾能力（CE）。

在以上认识的基础上，本书提出“基于自然脆弱性的灾害风险概念模型（PVDR）”，以解决在灾害风险评价中对成灾机制过程缺乏客观评价标准的问题（图1-1）。

其中，致灾因子（H）是指对特定生命体、财产、社会、环境等承受体可能构成破坏威胁的自然事件，而致灾因子的减灾能力就是通过一定的措施，减弱或减轻这种致灾事件打击的能力。本质承灾体是指可能最直接的遭受致灾因子打击的人类生命体本身和物体本身，主要包括两种属性，即暴露性和自然脆弱性。暴露性是指致灾因子与承灾体是否接触为成灾的前提，也是对生命体、财产、社会、环境等承受体数量和经济价值的描述，而暴露性的减灾能力就是避免或减少本质承灾体暴露于致灾因子下的能力。自然脆弱性是自然灾害本质承灾体的抵抗自然灾害打击过程中自身内在的脆弱性，而自然脆弱性的减灾能力就是提高本质承灾体抵抗不同致灾强度打击的能力。

风险评价方法受风险理论、风险种类、分线评价指标、风险数据完备程度等影响，虽然遵循着基本规律，表征也各种各样。例如，一些灾害的研究历史悠久、理论完善、数据完备，可以对风险系统的各个组成部分适用量化方法进行高空间分辨率地评估。另外一些灾害，特别是新风险种类，由于研究历史比较短，方法尚在发展之中，数据不齐，常常采用半量化或者定型的方法来评估。一些灾害机制不清或数据基础不好的风险类型，也常直接利用灾害损失数据通过统计分析等手段评估未来风险。

风险评价结果取决于风险数据及评估方法完善程度，从形式上分为定性结果、半定量分级结果、定量结果等。从输出内容上看，有各种年遇水平下的期望损失、有一定年遇范围内的平均期望损失（AAL）、有最大可能损失（PML）等。从空间单元上看，有全国、省级、县级、乡级或者栅格公里网等尺度。融和各类多变的输出形式，是建立综合风险数据库所必须解决的问题。

2.3 中国综合风险基础数据源

综合风险防范数据库源主要包括基础地理信息数据库、卫星遥感数据库、社会经济数据库、灾害损失数据库。

1. 地理空间数据库

基础地理信息数据库包括全国1∶25万地形数据库、全国1∶25万地名数据库、全国1∶25万数字高程模型（DEM）、全国1∶100万地形数据库、全国1∶100万地名数据库、全国1∶100万数字高程模型（DEM）、全国1∶400万地形数据库、全国1∶400万地名数据库、全国1：400万数字高程模型（DEM）、重点地区1：5万基础地理信息数据库、全国乡镇行政边界、全国90m数字高程模型（DEM）、全国1km数字高程模型（DEM）、全国1：100万数字高程模型（DEM）、全国水系分布、全国流域分布、全国地面气象观测数据、ICOADS洋面气象观测数据、历史水文水位资料、历史水文流量资料、全国1：25万土地利用数据（1986/1995/2000）、全国1km土地利用数据（1995）、全国1：400万土地利用数据（1995）、全国1：100万数字化土壤图、全国1：100万植被图和农作物田间观测数据等。

2. 卫星遥感数据库

完成卫星遥感数据库建设，包括NOAA AVHRR NDVI数据、MODIS 1B数据、MODIS NDVI数据、Landsat MSS遥感影像、Landsat TM遥感影像、Landsat ETM+遥感影像、SPOT VGT数据、北京地区SPOT-HRV影像数据、北京地区QuickBird影像数据、北京地区IKNOS影像数据、北京地区IRS-P5影像数据、北京地区HJ-1（环境减灾小卫星）影像数据和RADARSAT-1卫星雷达数据等。

3. 社会经济数据库

社会经济统计数据库建设包括全国1km人口分布数据（1995/2000/2002）、全国分县（市）第五次人口普查数据、全国分县（市）人口统计资料（1987/2006/2007）、全国1km GDP分布数据（1995/2000/2002/2003）、中国县（市）社会经济统计年鉴电子版（2004～2009）、全国省级年鉴数据电子版（2005～2009）、中国城市统计年鉴电子版（1993～2008）、全国分省（自治区、直辖市）1%人口住房抽样调查数据、全国分县（市）城镇房屋普查数据等。

4. 灾害损失数据库

集成了民政系统灾情数据库。主要包括年/月/日灾情数据库、灾害案例库、因灾死亡人口库和灾害信息产品库等，主要涉及受灾人口、死亡人口、失踪人口、紧急转移安置人口、农作物受灾面积、农作物绝收面积、倒塌房屋、损坏房屋和直接经济损失等主要灾情指标；建立了2008年低温雨雪冰冻灾害、“5·12”汶川大地震、青海玉树地震等灾害案例数据库。完成保险专业数据库建设，包含：①财产保险数据库，包括浙江省及宁波市（计划单列市）财产保险数据、浙江省和广东省财产保险数据；②农业保险数据库（含农村住房保险、种植业保险、养殖业保险和林业保险数据），包括浙江省、福建省、广东省、广西壮族自治区、海南省、江苏省、江西省、上海市、湖南省和湖北省等省（自治区、直辖市）农业保险数据；③保险统计数据库，包括各年保险年鉴、各财产保险公司保费收入数据、全国各地区保费收入数据等。

第3章　综合风险防范灾害专题数据库与风险评估系统*

在数据库系统的支持下，充分考虑各灾害风险形成规律及时空分布特点，建立了旱灾、风沙、冰雹、霜冻、雪灾、台风、洪水、风暴潮、地震、滑坡与泥石流、森林火灾、草原火灾、环境事故共13个灾害专题数据库，覆盖致灾因子、承灾体数量、分布和脆弱性、孕灾环境等方面信息。在统一的综合灾害风险评估理论框架下，依据数据的完备性及风险特点，利用各灾种风险评估模型，形成了13个灾种的风险图或风险等级图。

3.1　旱灾数据库与风险评估**

3.1.1　旱灾研究进展综述

干旱是指当降水显著低于正常记录水平时出现的一种现象，它造成严重的水文学不平衡，对土地资源生产系统产生严重影响（陈颙和史培军，2007）。干旱包括气象干旱、水文干旱、农业干旱和社会经济干旱等多个层次上的内容，涉及自然、社会和经济等多个方面。在某一时期干旱较为严重，导致某一地区农业生产等经济活动和人类生活受到较大危害的现象，称为干旱灾害，简称“旱灾”。农业旱灾主要是由干旱所导致的农作物生长受旱和农业系统的受旱，因此而造成的农作物产量损失、农业系统损失，以及最终造成社会经济方面损失的现象。

旱灾风险的定义是由灾害风险定义衍生而来。美国国家干旱减灾中心的主任Wilhite博士将旱灾风险定义为干旱灾害显现（发生的概率）和社会脆弱性的结果（Wilhite，2000）。史培军等（2007）认为旱灾风险性是在特定地区的孕灾环境下，干旱致灾因子对承灾体所造成的危害程度或灾情程度，区域旱灾风险过程取决于区域旱灾脆弱性、恢复性与适应性之间相互作用的过程。张继权和李宁（2007）认为旱灾风险不是指干旱灾害本身，而是指干旱的活动（发生、发展）及其对社会、经济、自然环境系统造成的影响和危害的可能性，包含对农业、牧业、人畜饮水困难和城市缺水的影响。综上所述，旱灾风险的定义基本都强调了旱灾发生的可能性和造成的可能性损失。旱灾风险的本质取决于三个因素：干旱致灾因子的危险性、承灾体的暴露性和脆弱性，某个区域旱灾风险的大小是这三个因素综合作用的结果。

---

* 本章统稿人：北京师范大学的方伟华、王静爱。

** 本节执笔人：北京师范大学的王静爱、贾慧聪、王志强、何飞、方伟华、尹衍雨、李睿、徐品泓、陈静、徐宏、郑璟等。

（1）针对区域旱灾的发生风险评价研究多，而旱灾损失风险评估研究比较薄弱。早期的农业旱灾风险评价研究，主要从气象干旱形成机理和评价指标的角度进行，多强调自然降水因素，认为旱灾是自然降水不足或变率大的结果，研究多是根据自然降水变异的观测统计资料构建不同的旱灾指数，如帕尔默干旱指标（PDSI）（Palmer，1968）、标准化降水指数SPI（McKee，1995）、可靠降水指数（DI）和国家降水指数（RI）（Svoboda et al.，2002）等方法。这些研究多侧重于干旱发生风险的评价，为进行旱灾致灾风险评估提供了较为成熟的方法体系；但农业旱灾风险研究的关键是正确反映干旱对于农业损失的影响，目前这一方面的农业旱灾风险研究的较少，总体上对农业旱灾不同损失程度的概率风险评估的研究仍很薄弱。

（2）以针对单种农作物的旱灾风险研究为主体，研究方法已从统计学角度转向作物生长的机制过程，脆弱性曲线研究成为旱灾风险评价的热点，针对农作物承灾体的旱灾风险评价研究逐渐深入，多是利用作物生长模型定量模拟干旱胁迫与作物生物量之间的关系，对作物因旱损失进行微观风险评价。例如，Shahid 和 Behrawan（2008）、刘荣花等（2007）、张文宗等（2009）与杨小利（2009）等从多个角度构建了SPI、水分亏缺率、降水量均值等与作物产量之间的关系。而农作物生长模型因其具有较强的机理性，也用来进行旱灾风险评价，如Richter 和 Semenov（2005）基于Sirius作物生长模型，从最大土壤湿度和小麦减产量的角度进行了英格兰与威尔士的小麦干旱风险评价。Popova 和 Kercheva（2005）则利用CERES作物模型对保加利亚首都索菲亚地区的不同作物进行产量损失风险评价，通过确定作物生物学的干旱频次，来准确地控制灌溉和排水时间以减轻作物产量损失的风险。农作物旱灾风险评价已从干旱胁迫—旱灾发生风险统计学角度转向干旱胁迫—作物产量损失的作物生长机制过程。

（3）针对农业系统承灾体的旱灾风险评价比较普遍，基于灾害系统动力学机制的综合风险评价研究处于探索阶段。以农业系统为承灾体的旱灾风险研究，目前主要集中在以下两个方面：一是评价不同损失程度的旱灾所发生的概率风险；二是在“致灾因子危险性分析—承灾体脆弱性分析—恢复性分析”的框架内，进行综合风险评价。例如，Zhang（2004）采用人类生存环境风险评价法，选取了旱灾的时间、范围、频率、持续强度和灾区经济发展水平等指标，评价了中国松辽平原玉米的旱灾风险。Ngigi 等（2005）通过对肯尼亚Laikipia地区连续无雨日、土壤有效水、作物产量和经济能力等因素的分析，进行了综合旱灾风险评价。然而旱灾风险系统是一个由孕灾环境、致灾因子与承灾体共同组成的复杂的异变系统（史培军，2005），旱灾风险是由致灾危险性、承灾体脆弱性、孕灾环境稳定性等共同决定的，基于农业旱灾承灾体的旱灾风险评价往往不能够很好地反映旱灾形成的动力机制。而从灾害系统的角度出发，定量表达灾害形成过程中各要素之间相互作用的动力学机制，从而进行灾害风险评价十分必要，但目前该方面的研究还比较薄弱，基于灾害系统动力学机制的综合风险评价研究还处于探索阶段。

（4）区域农业旱灾风险评价多涉及干旱常发区，较少涉及干旱发生频率较低地区。农业旱灾风险的研究主要集中于常发区，研究方法以概率统计和区域特征分析为主。非洲、北美洲、印度和澳大利亚干旱半干旱区等区域研究较多。例如，Oladipo（1993）、Barrett等（2001）、Stephen 等（2005）关注非洲大陆干旱区和半干旱区的旱灾风险；Anthony 和

Stewar（2004）对澳大利亚东部干旱区的旱灾风险进行评估；Oladipo（1989）对北美大平原地区的旱灾风险进行研究。中国北方干旱与半干旱区是旱灾研究重点区域。杨鑑初和徐淑英（1956）利用降水特点分析中国黄河流域的干旱风险问题；刘引鸽（2003）等对中国西北地区的旱灾风险和气候变化趋势进行了分析。总体来讲，农业旱灾风险研究区域仍集中于干旱与半干旱区，对于湿润地区的季节性干旱的研究还比较欠缺。对于旱灾风险管理而言，旱灾发生频率较小或生态环境脆弱带地区的旱灾风险也不容忽视，因其一旦发生较大旱灾所造成的损失往往要高于旱灾常发区。2010 年春季发生在中国西南湿润地区的旱灾就是一个很好的例子，为开展全国范围的旱灾风险评价提出了迫切的要求。

（5）脆弱性曲线所研究成为旱灾风险评估的热点与关键。脆弱性曲线也称为脆弱性函数，或灾损率函数或灾损率曲线（Penning-Rowsell，1977），最早出现于 1964 年，用来衡量不同强度的各灾种与其相应损失（率）之间的关系，主要以曲线、曲面或者表格的形式表现出来。并不是所有灾害历史事件都有数据记录，当指标方法不够规范、评价结果不能够达到充分可信度的时候，脆弱性曲线为脆弱性的评价提供了新的思路，为利用机理模型构建脆弱性曲线提供了借鉴。脆弱性曲线真正面对承灾体个体，可从根本上解决脆弱性评价结果针对性不强、可操作性不强等缺点，通过承灾体个体的脆弱性反映区域总体脆弱性特征。因此，开展作物自然脆弱性曲线研究可以从微观角度刻画旱灾，为深入研究农业旱灾风险提供新的思路和方法。

3.1.2 旱灾专题数据库建立

根据农业旱灾风险评价的需要，建立了旱灾风险评估原始数据库，并生成了派生数据库，该专题数据库的内容与构架如图 3-1 所示。

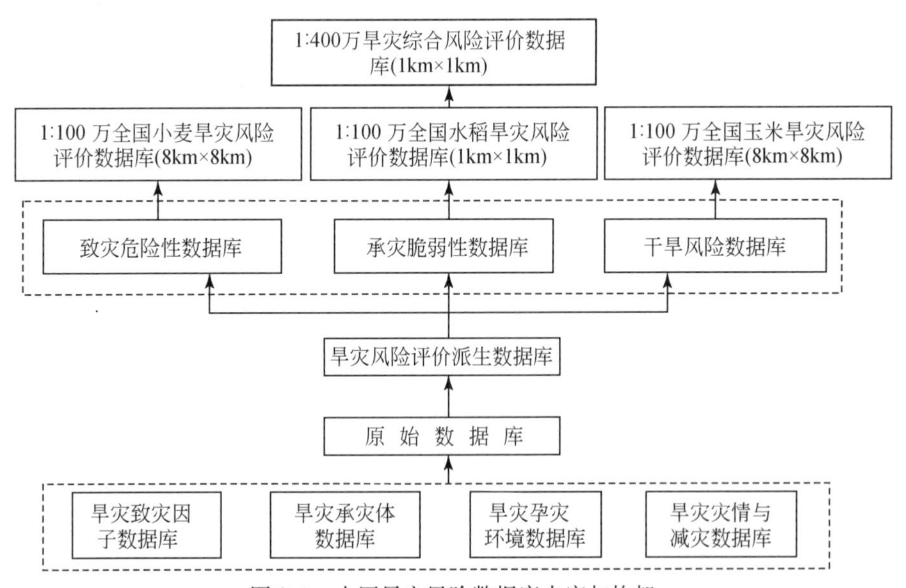

图 3-1　中国旱灾风险数据库内容与构架

1. 旱灾致灾因子数据库

致灾因子数据系国家气象局提供的全国752个站点1966～2005年的日降水量数据。旱灾致灾因子强度指标采用年降水量距平百分率。在此基础上，依据作物物候期获得作物生育期年均降水距平百分比与作物生育期年均降水负距平百分比，并采用克里金方法进行空间插值，形成了旱灾致灾因子数据库，包含1966～2005年年降水量距平百分率数据和年均降水量负距平百分率数据。

2. 旱灾承灾体数据库

基于1∶25万全国土地利用数据提取水浇地、旱地作为小麦、玉米的空间分布，提取水田作为水稻的空间分布。由此构建了中国小麦、水稻、玉米空间分布数据库，小麦、水稻和玉米种植区划数据库等几个子数据库的中国旱灾承灾体数据库。

3. 旱灾孕灾环境数据库

旱灾孕灾环境数据库包括地面气象观测数据、土壤类型与理化性质数据、农业气象站田间观测数据等。具体内容如表3-1所示。

表3-1　孕灾环境数据库

数据库名称	数据内容	数据来源	数据年份
地面气象观测数据库	752个气象站点的降水量、气温、辐射、风速、相对湿度等日值数据	中国国家气象局信息中心	1961～2005
2′分辨率的全球土壤类型分布图	土壤属性为202类	联合国粮农组织（FAO）	1992
中国土壤理化属性数据库	包括土层分布、机械组成和有机碳含量等	联合国粮农组织（FAO）；《中国土种志》	1992
农作物田间观测数据库	中国农气站所有小麦试验站点数据	中国国家气象局档案馆	2000～2005
	黑龙江、辽宁水稻和玉米试验站点数据		1980～2005
中国分县统计农业数据库	中国各县小麦、水稻、玉米播种面积、产量、化肥施用量等	中国科学院；《中国统计年鉴》	1996，2001
中国1∶100万数字化地形底图	1∶100万政区、居民地、土地覆盖等要素	北京师范大学环境演变与自然灾害教育部开放重点实验室	2000

4. 旱灾灾情与减灾数据库

旱灾灾情与减灾数据库的基础是中国旱灾报刊数据库，包含了1949～2005年的县域旱灾案例（共8199条），数据库包括10个字段，分别是开始时间、终止时间、干旱类型、灾害程度、受灾面积、报刊名称和年份等。

3.1.3 旱灾风险评估方法

1. 旱灾致灾因子评价

小麦和玉米采用水分胁迫作为刻画旱灾致灾因子强度的主要因子。作物旱灾致灾强度指数模型如下：

$$\mathrm{HI}_{\mathrm{d}yj} = \frac{\sum_{i=1}^{n}(1 - \mathrm{WS}_i)}{\max\mathrm{HI}_{\mathrm{d}}} \tag{3-1}$$

式中，HI_{d} 为干旱致灾强度指数；$\mathrm{HI}_{\mathrm{d}yj}$为 y 年 j 站的干旱致灾强度指数；WS_i 为第 i 天受水分胁迫影响的当天的胁迫值；n 为生长季内受水分胁迫影响的天数；$\max\mathrm{HI}_{\mathrm{d}}$ 为 EPIC 模型模拟的所有站点所有年份内 $\sum_{i=1}^{n}(1 - \mathrm{WS}_i)$ 的最大值。干旱致灾强度指数取值为0～1：0代表致灾强度的最小值，即没有致灾干旱的影响；1代表致灾强度的最大值，即最重的致灾干旱影响。因此，利用空间 EPIC 模型对研究区内多年农作物生长过程进行模拟，输出每个评价单元的每年日水分胁迫因子，进而确定每年的干旱强度指数，从而给出干旱致灾强度的时空分异规律，并根据每个评价单元的样本，绘制出致灾强度－概率曲线和致灾风险系列图。

水稻采用生育期内的降水距平百分率作为刻画致灾强度的主要指标。降水量距平百分率是表征某一具体时段降水量较常年平均水平偏多还是偏少的指标，它能直观地反映由降水异常所引起的干旱，其计算公式如下：

$$P_{\mathrm{a}} = \frac{P - \bar{P}}{\bar{P}} \times 100\% \tag{3-2}$$

式中，P_{a} 表示某段时间的降水距平百分率（%）；P 为某时段实际降水量（mm）；$\bar{P}$ 则为同期的多年平均降水量（mm）。

2. 旱灾自然脆弱性评价

小麦和玉米的脆弱性评价，是根据农业气象站数据利用一个站点每年完全满足养分与水分（S_1 情景）条件下的单位产量（Y_1），减去完全满足养分但不灌溉或雨养（S_2 情景）条件下的单位产量（Y_2），作为受水分胁迫导致的年单位产量损失值，以该值与该站点多年最大单位产量的比值作为产量损失率来表征作物的脆弱性。脆弱性评价模型如下：

$$V_{yj} = \frac{(Ys_{1y} - Ys_{2y}) - \min Ys_{1j}}{\max Ys_{1j}} \tag{3-3}$$

式中，V_{yj}为 y 年 j 站旱灾的单位产量损失率；Ys_{1y}和 Ys_{2y}分别为 y 年 s_1、s_2 两种情景下的单

位产量；max Ys_{1j}为 j 站多年最大单位产量；minYs_{1j}为 j 站多年最小单位产量。

水稻旱灾脆弱性评价，突出“分区”评价的思想，实现了分季（早稻、中稻、晚稻）、分区的脆弱性曲线拟合。以中国水稻种植区划和中国水稻物候区划的基本格局为参考，将中国水稻归并为南方水稻区、华北水稻区、东北水稻区、西北水稻区，将原先的华南稻作区和长江流域稻作区归并为南方水稻区。青藏区为不宜水稻种植区，不作评价。然后将水稻按生长季分早、中、晚三季拟合脆弱性曲线，共得到六条曲线：因早稻和晚稻仅分布在南方稻区，因此各一条；中稻在全国都有分布，四大区各一条，共四条；特别说明的是，由于水稻旱灾损失受灾率的案例记录较少，所以脆弱性曲线的纵轴是用水稻旱灾的受灾率代替产量损失率作为脆弱性指标，因此风险定义为不同年遇型下水稻的受灾率风险。

3. 旱灾风险评价

小麦和玉米的风险评价是根据农业旱灾风险分析理论模型体系，灾害风险，即为致灾强度和脆弱性的函数。选取作物旱灾损失的概率分布值（R_L）作为农业旱灾风险评价的指标，如式（3-4）所示。

$$R_L = R_p(V_{yj}) \tag{3-4}$$

式中，R_L 为某时段 j 站旱灾产量损失率的概率；V_{yj}为 y 年 j 站旱灾的单位产量损失率。因此，根据此风险分析模型，在上述致灾因子评价与脆弱性评价基础上，进一步计算出在一定致灾风险下，灾情损失的大小，进而根据实际需要绘制相应系列的农业旱灾成灾风险系列图，最终完成农业旱灾风险的评价。

水稻旱灾风险评价是根据年均降水负距平作为旱灾综合风险的致灾因子进行致灾危险性评价，对水稻分早稻、中稻、晚稻进行脆弱性评价，在此基础上计算水稻旱灾风险。基于风险评价的风险 = 致灾因子 × 易损性模型，进行水稻受灾风险的运算，中国水稻旱灾风险性评价的指标为受旱率的概率值。最后绘制中国水稻旱灾风险系列图谱。

4. 旱灾综合风险评价方法

选用年均降水负距平作为指标进行致灾危险性评价，以土地利用为承灾体进行脆弱性评价［式（3-5）］，计算旱灾综合风险。

$$R = H \times V \tag{3-5}$$

式中，R 为旱灾综合风险；H 为旱灾致灾危险性；V 为土地利用承灾体脆弱性指数。

5. 技术路线

技术路线如图 3-2 所示。

3.1.4　评估结果与分析

1. 小麦旱灾风险

EPIC 模型，对中国小麦的旱灾风险进行了评价。利用中国过去 45 年的实测气候数

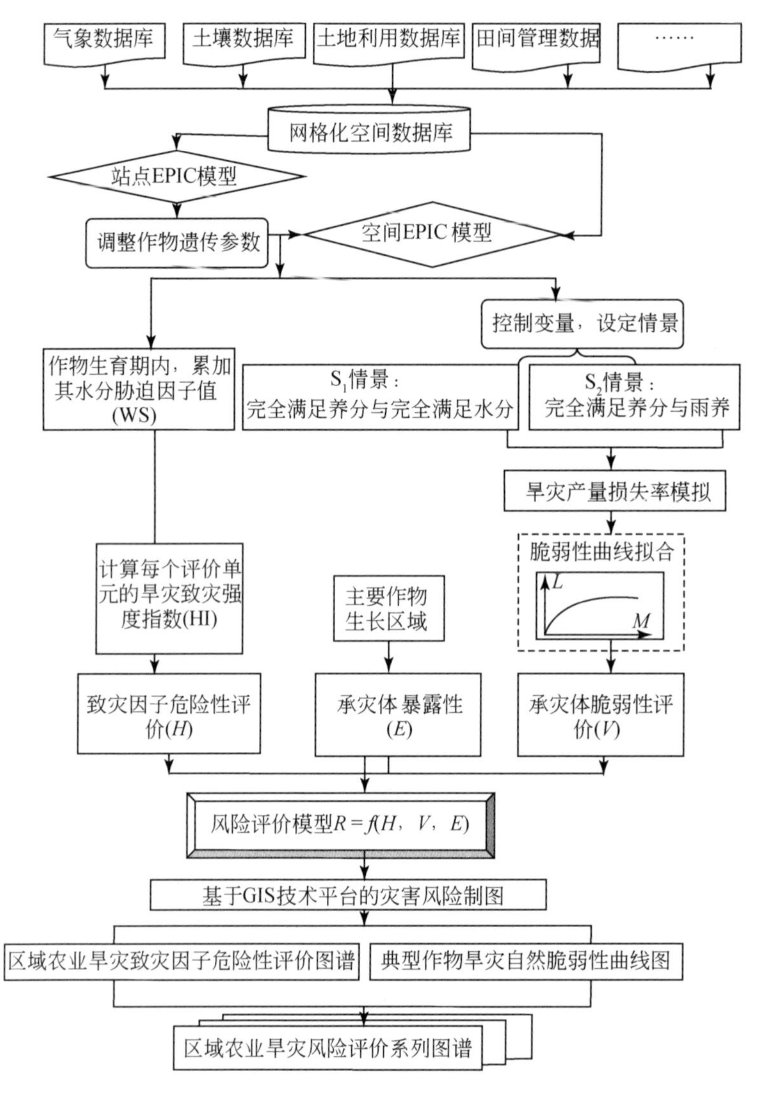

图 3-2　基于 EPIC 模型的区域农业旱灾风险评价技术路线

据，对中国典型冬小麦和春小麦品种温麦 6 号和永良 4 号进行生长和产量模拟，从而得到典型小麦在各种干旱致灾强度下的减产幅度以及脆弱性并基于中国过去 45 年的气候数据，进行小麦致灾因子强度概率分布评价。基于小麦种植分布与暴露性不变的假设，利用评价出的典型小麦自然脆弱性曲线以及致灾因子强度概率曲线，对中国小麦旱灾致灾因子以及旱灾风险在 2 年、5 年、10 年、20 年一遇的水平上进行小麦旱灾减产率风险评价。

1）致灾风险评价结果与分析

a. 固定致灾指数算概率风险（图 3-3）

北部春麦区和北疆春麦区是春小麦种植区域中致灾指数较高的区域，最低值区域为东北春麦区。在高值区的北部春麦区，几乎年年会遇到指数为 0. 05 和 0. 20 的干旱，而发生指数为 0. 8 以上的高强度干旱的风险水平至少为 5 年一遇。对于低值区的东北春麦区，几

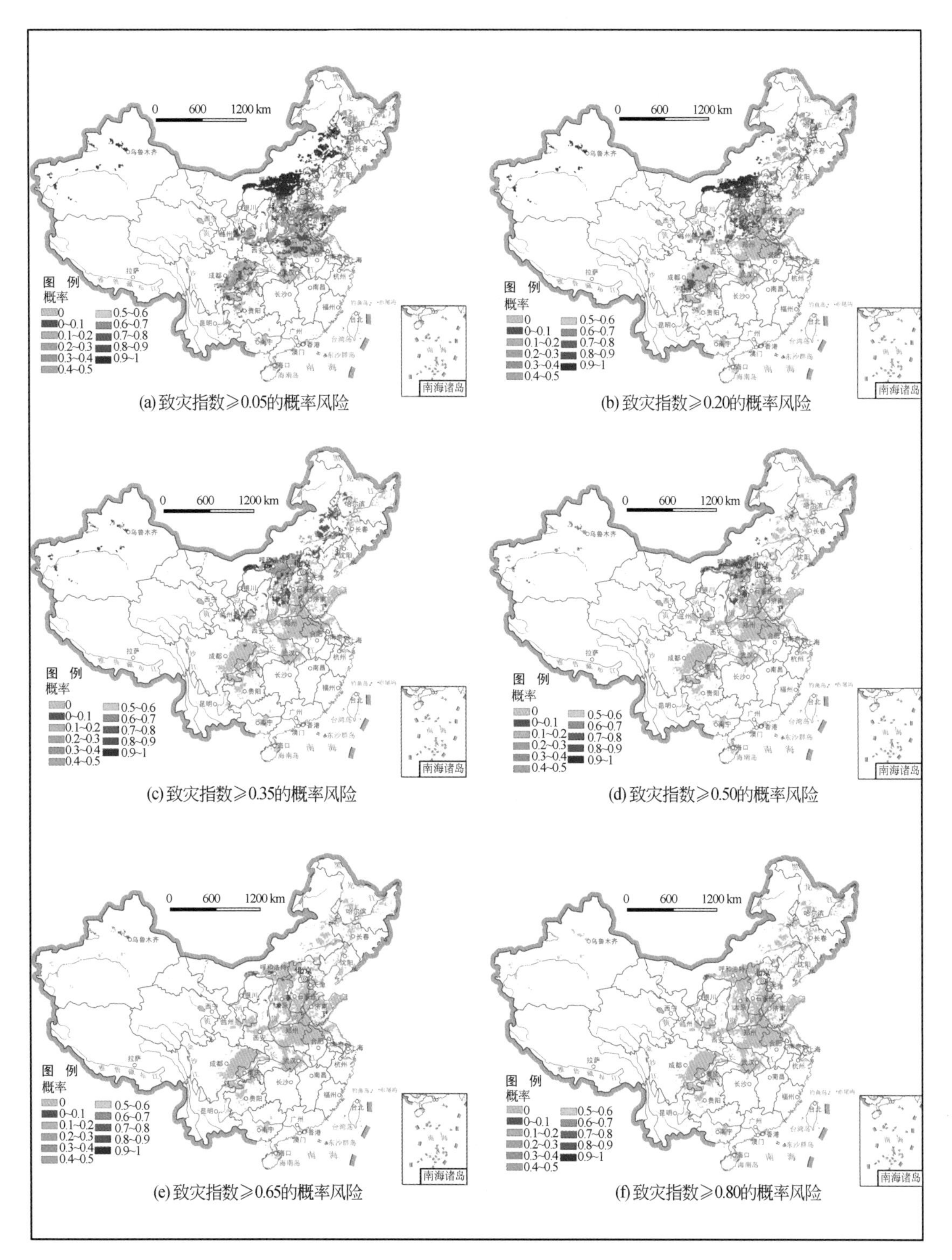

图 3-3　中国小麦旱灾致灾风险图——不同致灾强度指数水平

乎年年会遇到指数为 0.05 的干旱，发生指数为 0.5 以上的高强度干旱的风险水平至少为 10 年一遇，基本不会发生指数为 0.65 以上的高强度干旱。总体上看，对于春小麦区，在不同的灾强度水平下，干旱半干旱地区为发生旱灾的概率高值区，其中河套灌区和新疆绿洲又是其中的高值区，也说明这些地区对人工灌溉等相关措施有较高的依存度。对于冬小麦而言，新疆冬麦区和北部冬麦区为致灾指数高值区，新疆冬麦区几乎年年会遇到指数为 0.05 和 0.20 的干旱，而基本不会发生指数为 0.65 以上的高强度干旱，而在高值区的北部冬麦区，几乎年年会遇到指数为 0.05 的干旱，而发生指数为 0.5 以上的较高强度干旱的风险水平至少为 10 年一遇。对于低值区的华南冬麦区，发生指数为 0.35 以上强度干旱的风险水平至少为 10 年一遇，基本不会发生指数为 0.65 以上的高强度干旱。综上，在不同致灾强度水平下，新疆冬麦区受旱的概率最高，其次是北部冬麦区和黄淮冬麦区以及西南冬麦区的部分地区。因此，对于这些地区应该采取一定的人工灌溉等措施应对较高的致灾风险水平。

b. 固定超越概率算致灾指数（图 3-4）

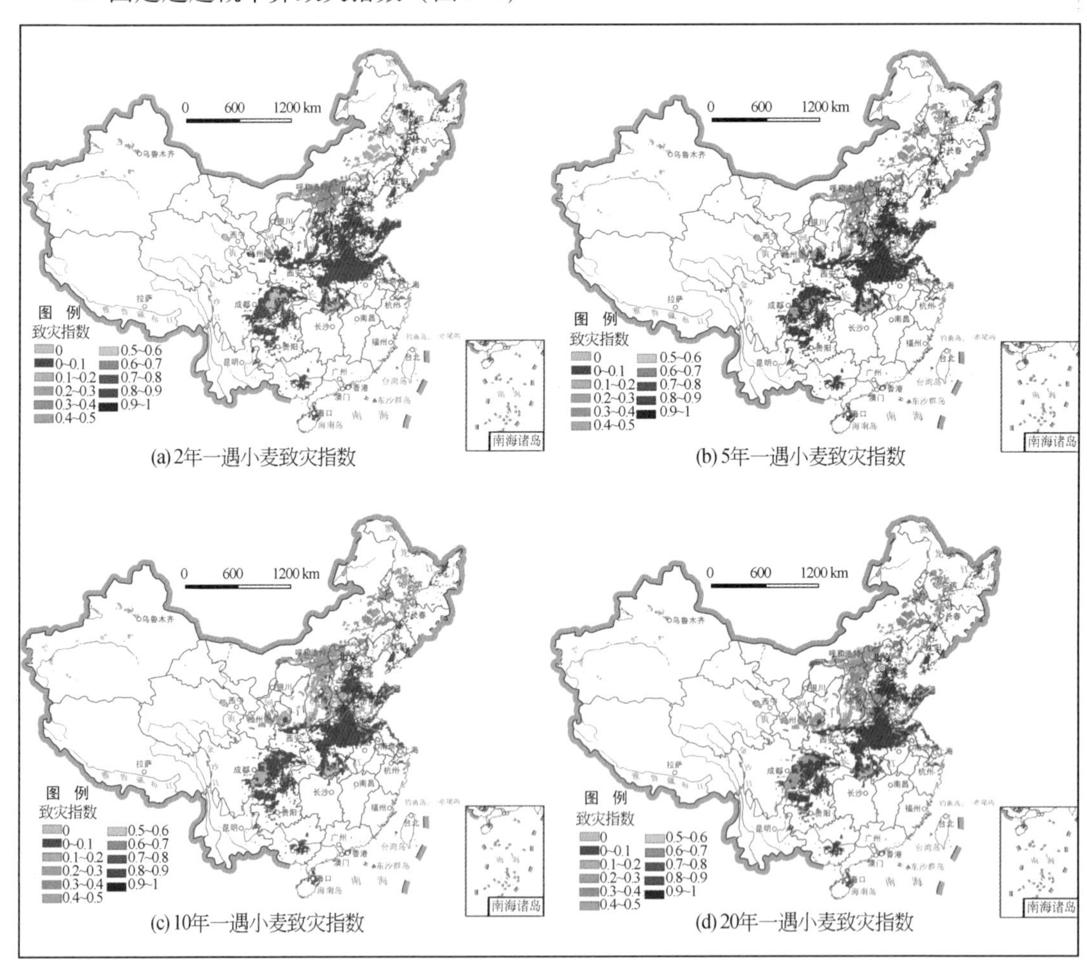

图 3-4　中国小麦固定风险水平下旱灾致灾风险图

在四种风险水平下，春小麦的受干旱影响的致灾强度均大于冬小麦的受旱影响的致灾强度。对于春小麦而言，北部春麦区的致灾强度最大，其次是北疆春麦区、西北春麦区和东北春麦区；干旱半干旱区大于半湿润湿润区的春小麦受旱的致灾强度；而在干旱半干旱区内，实际有灌溉条件的灌区春小麦受旱的致灾强度更为突出，如河套灌区和新疆绿洲。这说明，对于北方干旱半干旱地区而言，是否有灌溉措施成为减轻致灾强度的关键，这些地区的春小麦对于人工灌溉的需求最为显著。对于冬小麦而言，新疆冬麦区的致灾强度最大，其次是北部冬麦区、黄淮冬麦区、西南冬麦区、长江中下游冬麦区和华南冬麦区。新疆冬麦区主要是位于干旱地区，其受旱的致灾强度最大，在绿洲，较为丰富的水资源可以降低其受旱的致灾强度对灾情的影响；对于长江中下游和华南冬麦区由于处在湿润地区，水热条件好，其受旱的致灾强度最小；在西南冬麦区其降水年内分布很不均匀，冬季春季降水极少，再加上地形因素，多数麦田处于丘陵坡地上，因此尽管该区也是湿润区，但其受旱的致灾强度也高于长江中下游和华南冬麦区。而北部冬麦区和黄淮冬麦区，其总体受旱的致灾强度都相对偏高，主要是该区处于半湿润地区，年内降水变率相对较大等因素的影响所致，该区也需要进行人工灌溉来减弱受旱的致灾强度对灾情的影响。

2）脆弱性评价结果与分析

假设选择所有站点用一种土壤类型在保证土壤因素不变的情景下，根据田间实验数据确定的宁夏永宁县永良4号春小麦和河南许昌市温麦6号冬小麦的遗传参数，利用EPIC模型对这两种小麦在完全满足养分与水分（S_1 情景）和完全满足养分与雨养小麦（S_2 情景）两种情景下分别进行了模拟。基于EPIC模型模拟结果进行了提取并分析计算，得出每个站点每个生长季的旱灾因灾产量损失率和干旱致灾强度指数，结合样本对的分布趋势，通过非线性回归方法，对这两种小麦的旱灾致灾强度指数和因灾产量损失率之间进行了Logistic曲线的拟合，得到脆弱性曲线（图3-5）和相应的方程。

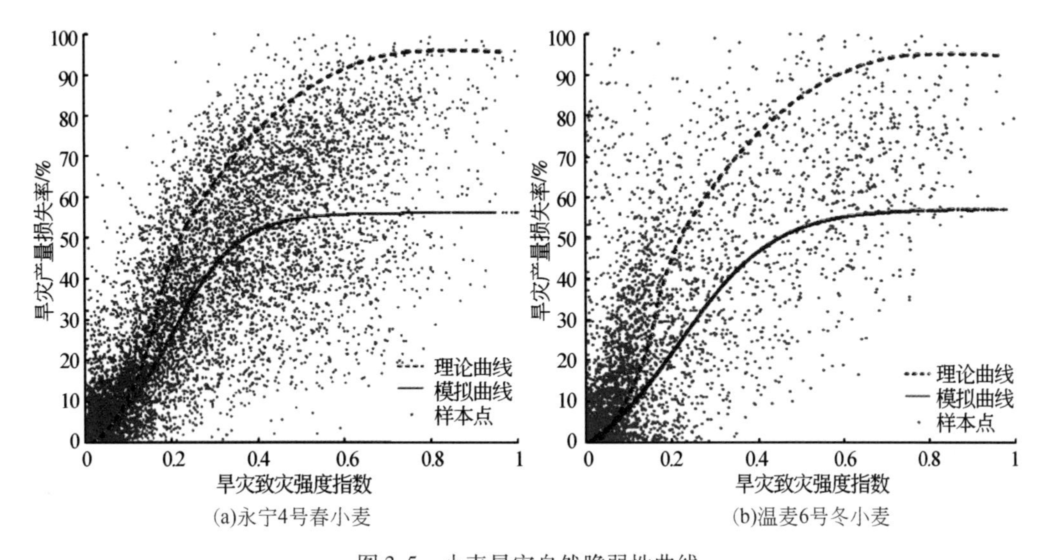

图3-5　小麦旱灾自然脆弱性曲线

$$L_s = \frac{0.619\ 849\ 98}{1 + 13.387\ 294\ 875 \times e^{(-12.649\ 026\ 076 \times H_s)}} - 0.043 \quad (R^2 = 0.725) \tag{3-6}$$

式中，L_s为春小麦产量损失量；H_s为春小麦致灾强度指数。

$$L_w = \frac{0.651\ 972\ 441}{1 + 6.927\ 766\ 366 \times e^{(-9.064\ 096\ 801 \times H_w)}} - 0.082 \quad (R^2 = 0.568) \tag{3-7}$$

式中，L_w为冬小麦产量损失量；H_w为冬小麦致灾强度指数。

3）成灾风险评价结果与分析

根据旱灾风险计算模型与方法，得出旱灾成灾风险系列图（图 3-6），春小麦受旱灾影响所致的产量损失率均大于冬小麦受旱灾影响所致的产量损失率。春小麦的产量损失率

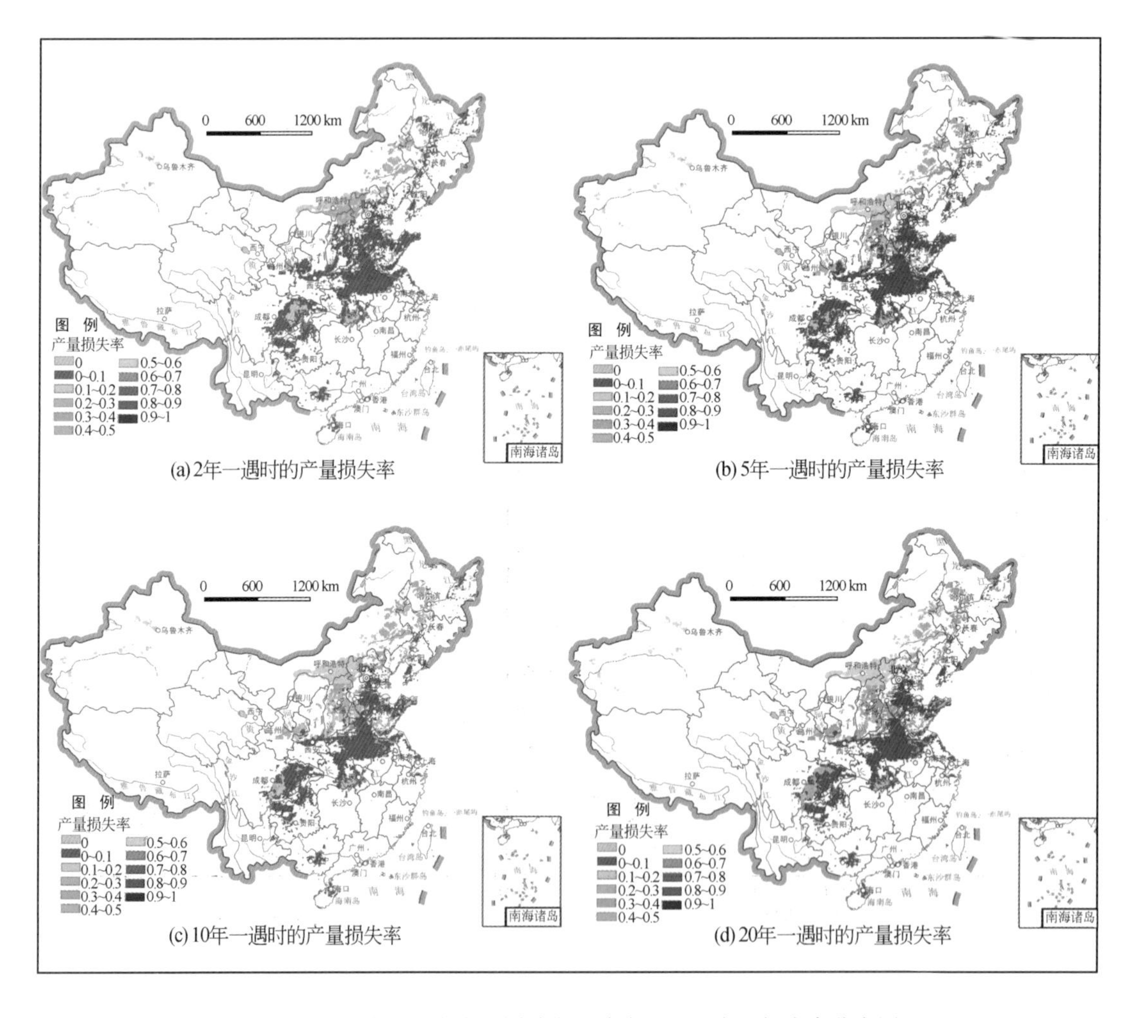

(a) 2年一遇时的产量损失率
(b) 5年一遇时的产量损失率
(c) 10年一遇时的产量损失率
(d) 20年一遇时的产量损失率

图 3-6　中国小麦旱灾在不同致灾风险水平下的产量损失率分布图

的最高可达0.5～0.6，而冬小麦的产量损失率的最高可达0.4～0.5，而且春小麦分布区产量损失率处在高值区的范围远远大于冬小麦。这主要与春小麦分布区的致灾强度总体高于冬小麦分布区受旱的致灾强度，以及春小麦的自然脆弱性较冬小麦更脆弱这两个因素直接相关。对于春小麦，在四种致灾风险水平下，北部春麦区和北疆春麦区的产量损失最为严重，其次是西北春麦区和东北春麦区；其中北部春麦区和北疆春麦区在四种风险水平下（2年、5年、10年和20年一遇）的产量损失最高可达0.5～0.6 。在春小麦分布区，产量损失程度也基本上呈现出从干旱地区到湿润地区递减的情况，这主要取决于致灾强度指数分布情况，但干旱地区基本上处在0.5～0.6的高值区，这主要取决于春小麦自然脆弱性曲线的特性。对于冬小麦，在四种致灾风险水平下，新疆冬麦区的产量损失率最大，其次是北部冬麦区、黄淮冬麦区、西南冬麦区、长江中下游冬麦区和华南冬麦区，其中北部冬麦区和黄淮冬麦区的部分地区的产量损失率也达到了0.5～0.6的高值区。总体上看，在冬小麦分布区，产量损失率呈现出从北方半湿润地区到南方湿润地区递减；受冬小麦自然脆弱性曲线的特性影响，在干旱地区的新疆冬麦区的产量损失率大多地区基本上处在0.5～0.6的高值区，在北部冬麦区和黄淮冬麦区的部分地区的产量损失率也达到了0.3～0.5。

2. 中国水稻旱灾风险评价结果与分析

1）水稻旱灾危险性评价结果与分析

将中国水稻分早稻、中稻、晚稻三季分别进行评价，对全国三季稻的各自生育期做了统一界定：早稻（2～7月）、中稻（4～9月）、晚稻（6～11月）。中国水稻旱灾危险性评价结果同样分早、中、晚稻在不同的年遇水平下的旱灾危险性（图3-7至图3-9）。

总体来看，不论是早稻、中稻、晚稻哪季稻，随着年遇水平的增加（5年、10年、20年、40年一遇），遭受重旱和特旱的危险区域逐渐增大，无旱和轻旱区域逐渐减小，而中度干旱区域则先增加后减小。

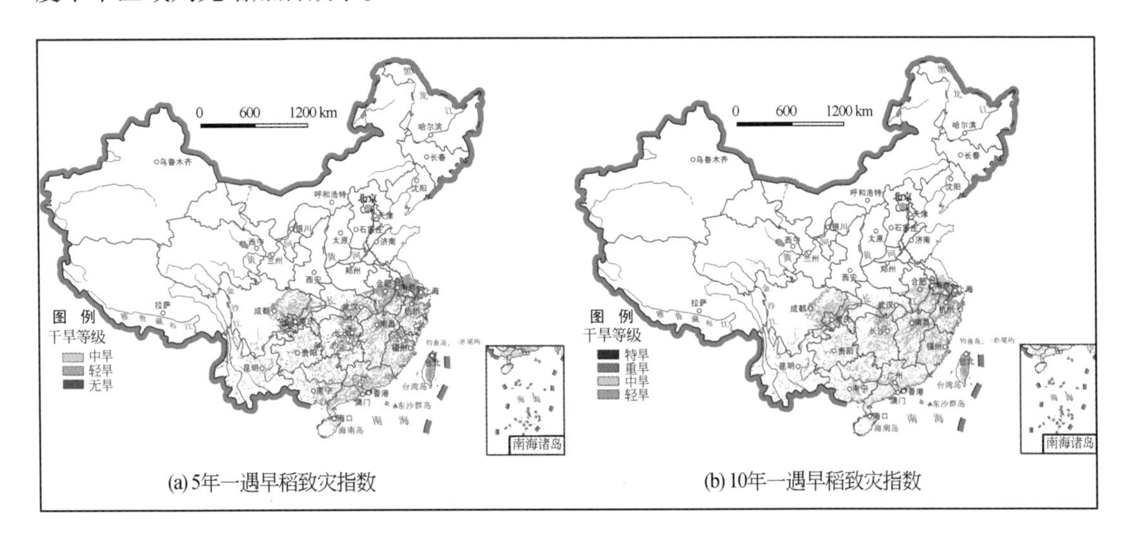

(a) 5年一遇早稻致灾指数
(b) 10年一遇早稻致灾指数

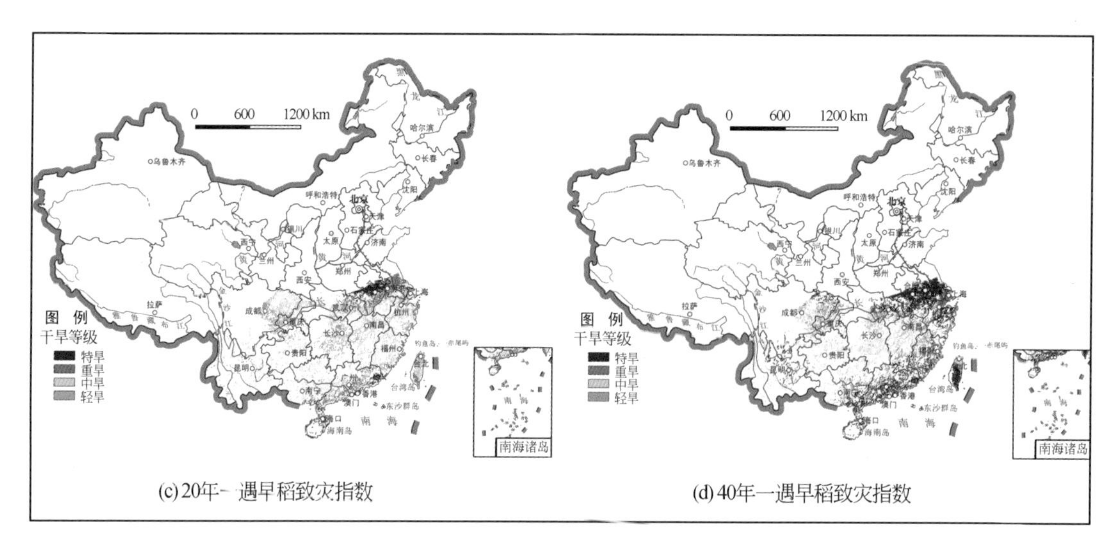

图 3-7 不同年遇水平下中国早稻旱灾致灾强度分布（1966～2005 年）

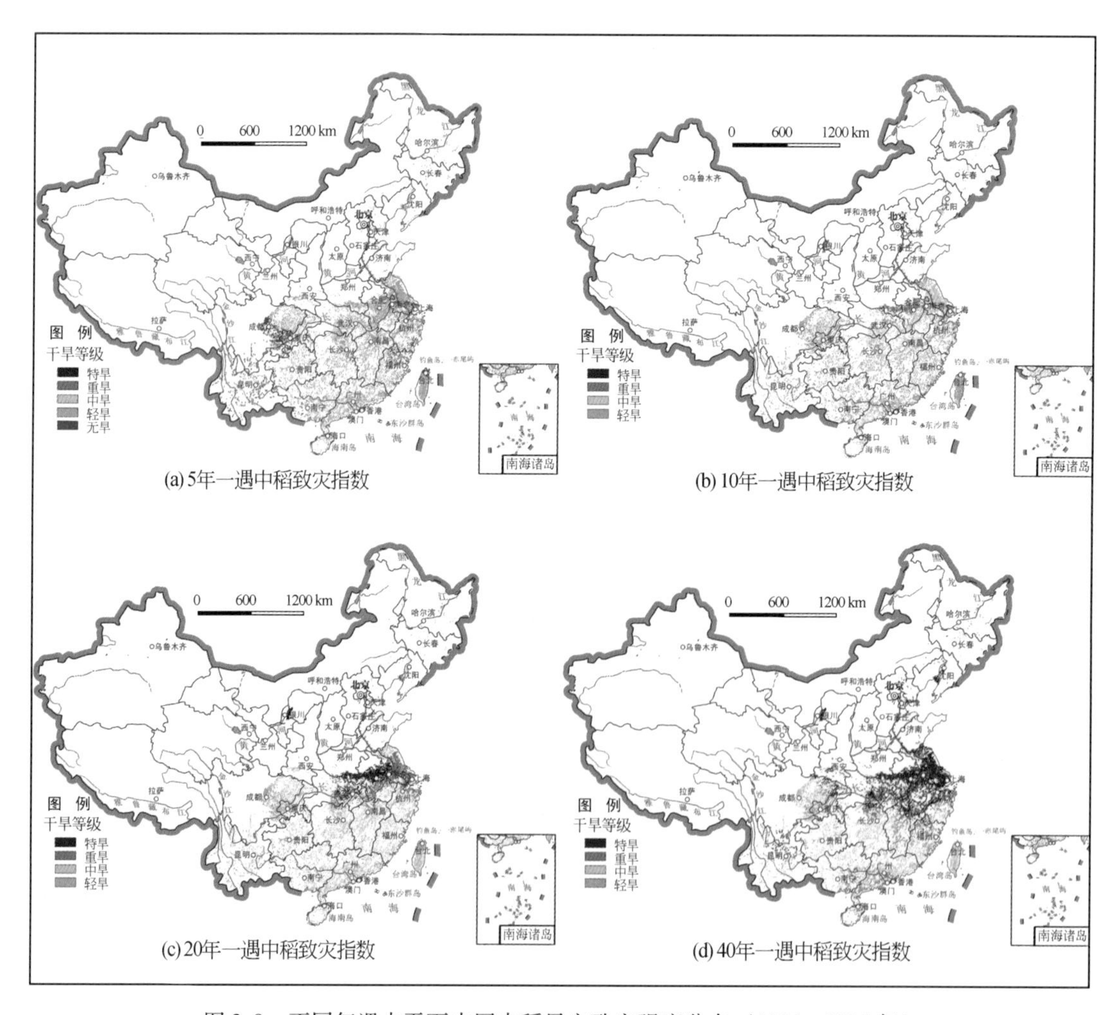

图 3-8 不同年遇水平下中国中稻旱灾致灾强度分布（1966～2005 年）

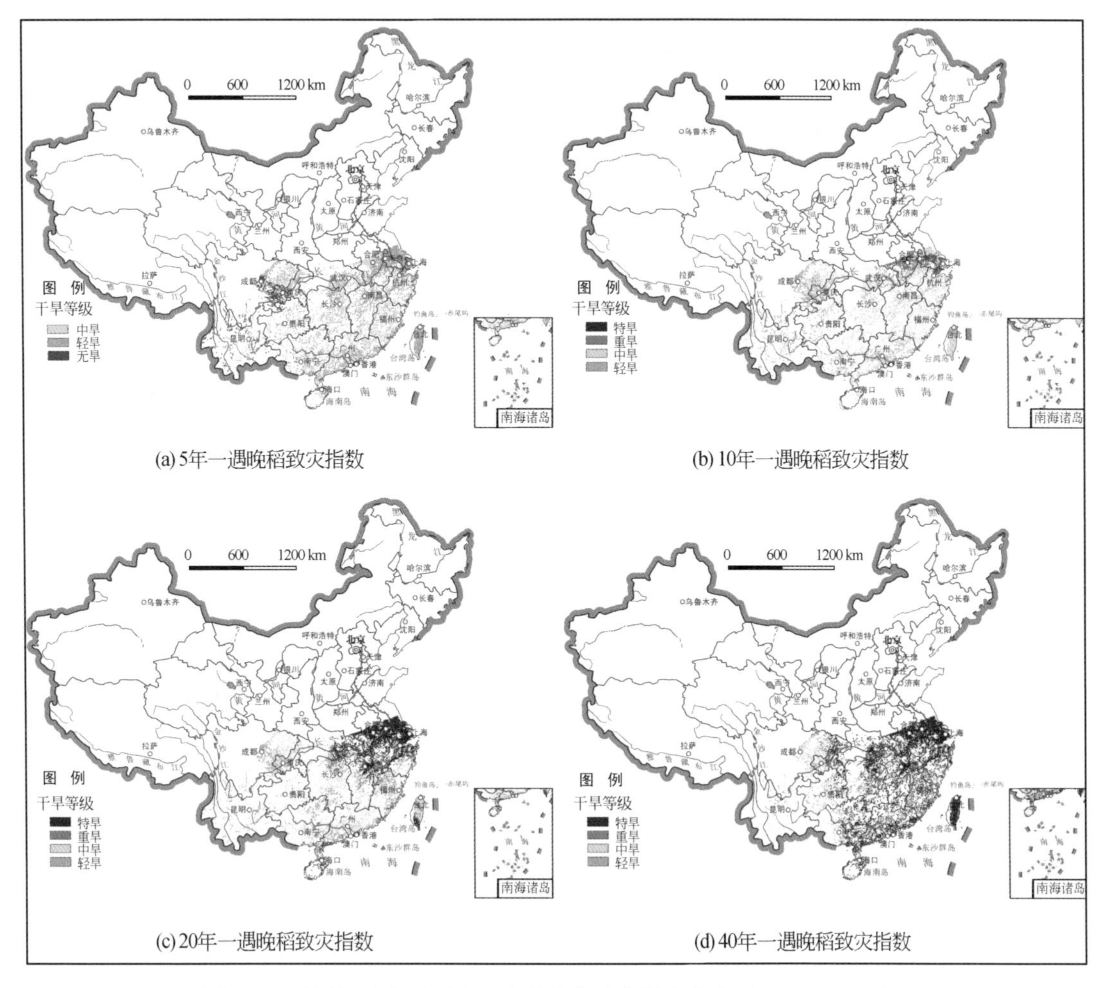

(a) 5年一遇晚稻致灾指数

(b) 10年一遇晚稻致灾指数

(c) 20年一遇晚稻致灾指数

(d) 40年一遇晚稻致灾指数

图 3-9　不同年遇水平下中国晚稻旱灾致灾强度分布（1966～2005 年）

针对早稻来讲，广东和广西南部、西川盆地北部以及西南丘陵地区是中国早稻生育期内遭受旱灾的高危险性区域。原因主要是这些地区气候系统复杂多变：年降水变率较大，且常常出现持续的高温天气也加剧了干旱危险性，加之西南、闽南以及川北等地区的复杂地形和微地貌也对旱灾的孕育和发展起到一定的作用。而不论在哪个年遇水平下，四川东南部以及重庆西部的旱灾危险性都比较低，这与其独特的盆地地形对气候的稳定性作用，以及较好的水分条件和水利资源有关。

对于中稻，其遭受旱灾的危险性基本上是西北水稻区、华北水稻区 > 东北水稻区 > 南方水稻区，具有明显的南北差异，尤其在 5 年一遇和 10 年一遇的风险水平下，这种规律更加明显。容易理解，南方水稻区和东北水稻区是中国中稻的主要产区，水热条件相比西北和华北要好很多。而随着年遇型水平的增大，特旱和重旱区明显向东向南扩大。西南地区的危险性虽在较低年遇型水平下不很显现，但在 40 年一遇水平下，危险性骤增！西北地区不论在哪个年遇型下，其旱灾危险性都很高。而四川盆地东南部以及重庆西部中稻种植区的旱灾危险性都保持在一个较低的水平下，这是由于该区具有良好的水分条件且气候变率小，有助于稳定的农业生产。

对于晚稻，中国晚稻旱灾的高危险性区域集中在整个长江流域，特别是长江流域的东北部，不论在哪个年遇型下危险性都很高，应加以重点防范。原因在于，中国晚稻生育期为6~11月，广大长江流域在7~10月常常受高温伏旱或者伏秋连旱的影响，持续的高温天气便加剧了干旱危险性，并且这些区域是晚稻种植最为集中的区域。此外华南稻区以及中国台湾地区，其晚稻的受旱危险性都很高，这些地区不仅秋旱，在晚稻关键生长期时还常常伴有干热风等灾害，从而也加剧了干旱的危险性等级。

2）水稻脆弱性评价结果与分析

中国水稻脆弱性曲线（图3-10），中国水稻脆弱性曲线方程［式（3-8）至式（3-13）］。

早稻： $Y=0.284/(1+15.116\times\exp[(-6.007)\times x])+0.08\quad R^2=0.81$ (3-8)

晚稻： $Y=0.364/(1+8.548\times\exp[(-4.936)\times x])+0.05\quad R^2=0.878$ (3-9)

南方中稻： $Y=0.355/(1+6.490\times\exp[(-4.765)\times x])+0.04\quad R^2=0.843$ (3-10)

华北中稻： $Y=2.287\text{E}5/(1+7.027\text{E}5\times\exp[(-0.530)\times x])-0.140\quad R^2=0.824$ (3-11)

东北中稻： $Y=0.544/(1+56.892\times\exp[(-6.752)\times x])+0.186\quad R^2=0.901$ (3-12)

西北中稻： $Y=0.407/(1+9.942\times\exp[(-5.524)\times x])+0.178\quad R^2=0.819$ (3-13)

式中，Y为水稻旱灾受灾率；x为水稻降水距平致灾强度指数。

分析图3-10，不论哪个区域的水稻，当旱灾处于中高强度水平时，都是水稻的高脆弱性区段，所以应该对中高强度的旱灾加以重点防范，以降低中国水稻的脆弱性。纵向比较得出：中国南方的晚稻脆弱性要高于中稻和早稻。而横向比较得出：同样是中稻，东北和西北的中稻脆弱性要明显高于华北和南方。

3）成灾风险评价结果与分析

全国水稻受旱风险同样分早稻、中稻、晚稻的在不同年遇水平下的旱灾风险，下面以中国中稻的风险系列图为例（图3-11），分析中国水稻旱灾风险评价结果。

整体分析，全国中稻旱灾的风险由高到低呈现西北和东北大于华北、东北大于南方的总体趋势，且具有明显的北高南低风险差异，总体是由干旱区到湿润区的气候环境所决定的，但其内在原因在于两方面：一方面从不同年遇型下旱灾的致灾强度分布可以看出，北方的旱灾危险性要整体高于南方的旱灾危险性；另一方面，从不同区域的中稻脆弱性分析也可以看出，东北和西北的中稻脆弱性要明显高于华北和南方。并且脆弱性的差异往往会对风险评价的结果产生较大的影响。例如，东北的旱灾危险性虽然不是最高，但是由于东北水稻的脆弱性非常高，导致东北的水稻风险特别高。充分说明了水稻旱灾风险性是旱灾危险性和水稻脆弱性以及水稻生长的不稳定性和自然孕灾环境综合作用的结果。

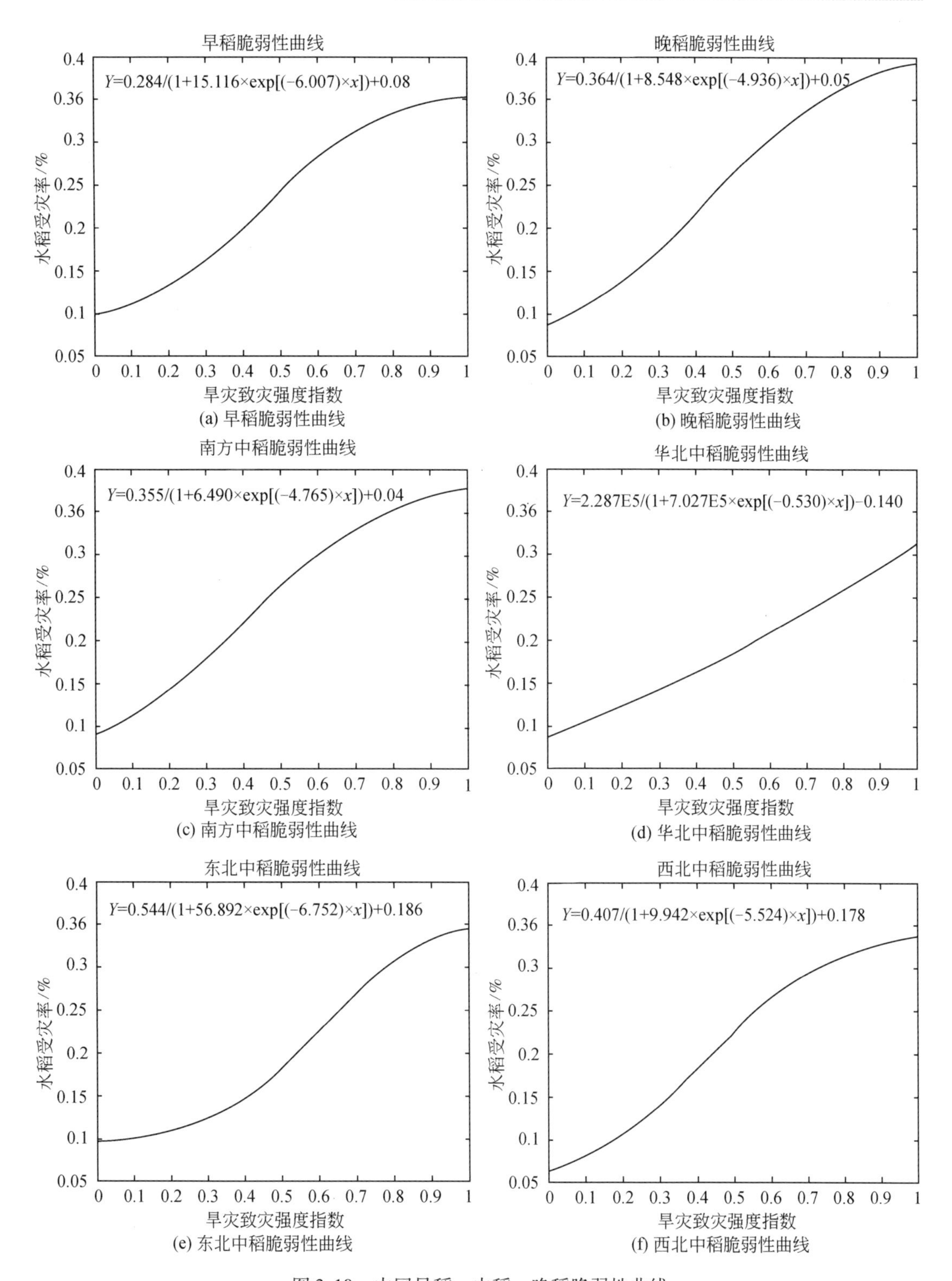

图 3-10　中国早稻、中稻、晚稻脆弱性曲线

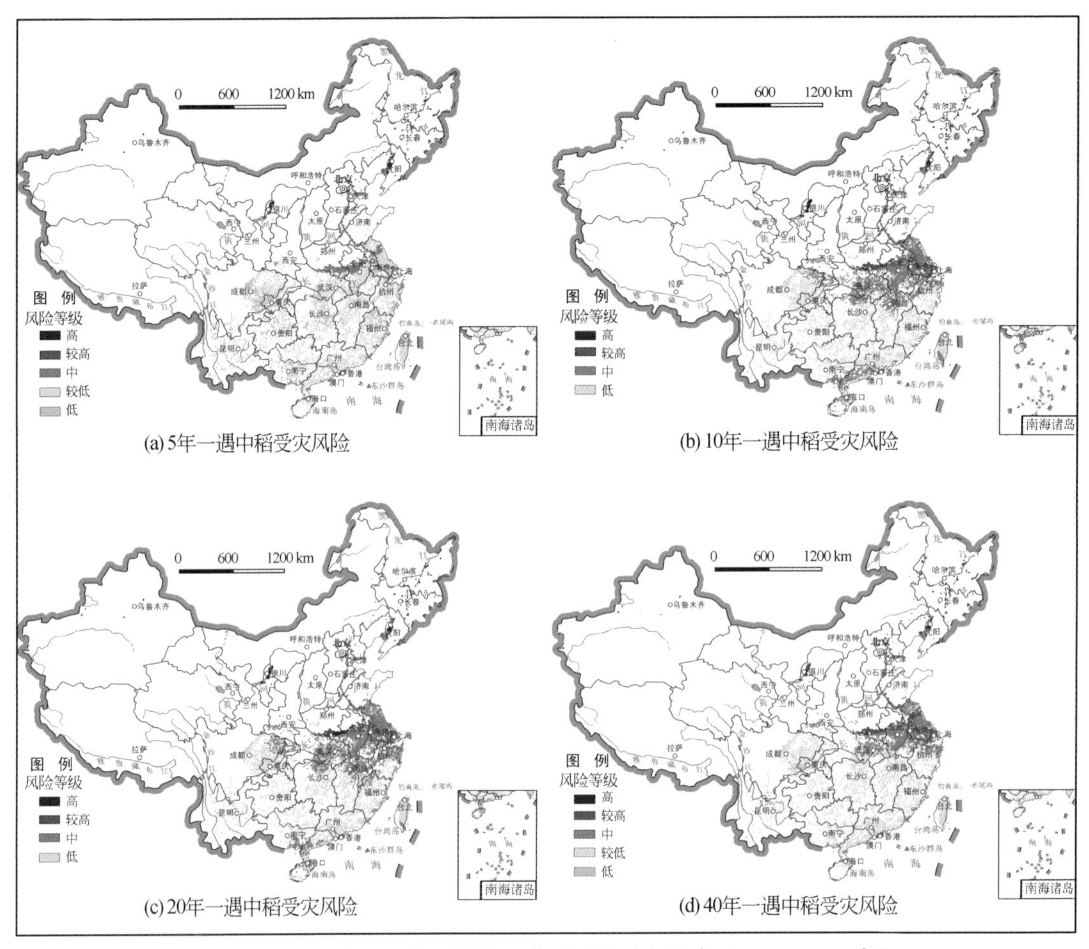

图 3-11　中国中稻旱灾不同年遇水平下的受灾风险（1966～2005 年）

通过对我国中稻分省（自治区、直辖市）的旱灾风险值和分省（自治区、直辖市）风险值标准差进行对比分析可以发现（图 3-12），从各省（自治区、直辖市）平均风险值来看，黑龙江、吉林、辽宁整体都非常高（处于 0.5～0.7），因此可以得出，东北三省的水稻旱灾风险最高；以内蒙古、新疆和宁夏为代表的西北地区，其水稻风险值仅次于东北

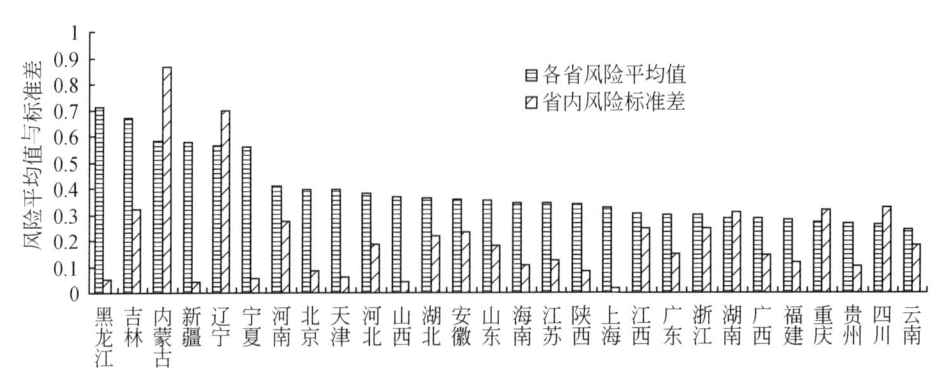

图 3-12　中国中稻旱灾风险值分省（自治区、直辖市）统计图

地区（处于0.5～0.6），而北京、天津、河北、山东和山西等省的风险值处于0.3～0.5，因此华北地区的风险值要整体低于东北和西北地区，广大南方地区的风险值都相对较低，这与风险图上显示的高低差异是一致的。

而风险值标准差反映的是一个省内风险值的空间差异大小，可以看出，内蒙古由于范围广阔，且处于中国的农牧交错地带，气候不稳定性很大，所以尽管它的平均风险值虽然不是最高，但内蒙古的风险值空间差异最大，其次是辽宁。此外，以四川、重庆和云南等省（自治区、直辖市）为代表的西南地区，虽然其平均风险值比较低，但其内部的风险值标准差相比其他南方地区要显著得大（0.4左右），所以可以看出，西南地区内部的旱灾风险性空间差异性很大。

3. 中国玉米旱灾风险评价结果与分析

1）致灾风险评价结果与分析

在不同的致灾强度水平下，干旱半干旱地区的玉米分布区是发生干旱的概率高值区（图3-13）。其中，西北灌溉玉米区数值最高，其次是北方春播玉米区、黄淮海平原夏播玉米区和西南山地玉米区的大部分地区。而最低值区域为北方春播玉米区的东部，即松辽平原、黄淮海平原夏播玉米区的山东半岛东部地区。在高值区的西北灌溉玉米区，几乎每年都会遇到致灾强度指数为0.75程度的干旱影响。在北方春播玉米区则几乎每年都会遇到致灾强度指数为0.45程度的干旱影响，而发生致灾强度指数为0.75以上的极端干旱的风险水平至少为5年一遇。在黄淮海夏播玉米区几乎每年都会受到致灾强度指数为0.40程度的干旱影响，而发生致灾强度指数为0.65以上的极重度干旱的风险水平至少为10年一遇，基本不会发生致灾强度指数为0.75以上的极端干旱。对于西南山地玉米区而言，几乎每年都会受到致灾强度指数为0.40程度的干旱影响，而发生致灾强度指数为0.55以上的重度干旱的风险水平至少为10年一遇，基本不会发生致灾强度指数为0.65以上的极端干旱。总体上说，在不同致灾强度水平下，西北灌溉玉米区受旱的概率最高，其次是北方春播玉米区的农牧交错带、河套灌区和黄淮海平原夏播玉米区以及西南山地玉米区的部分地区。因此，对于这些地区应该采取一定的人工灌溉等防旱抗旱措施来应对较高的致灾干旱风险水平。

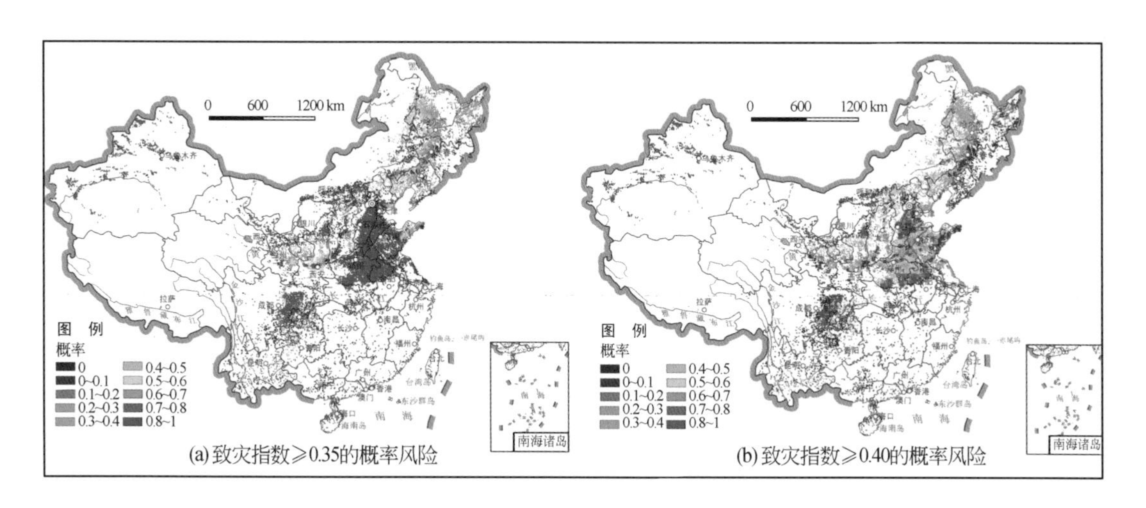

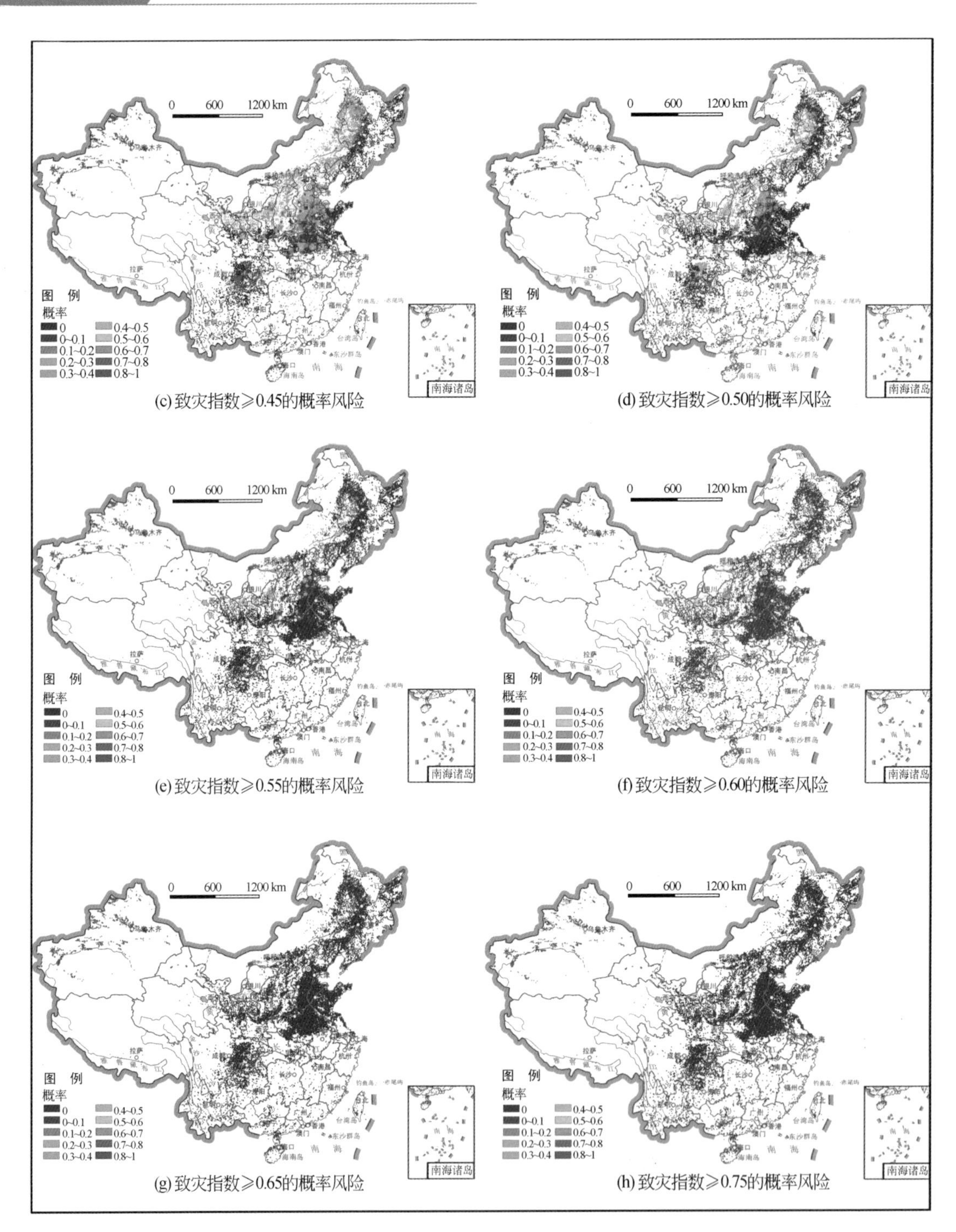

(c) 致灾指数≥0.45的概率风险

(d) 致灾指数≥0.50的概率风险

(e) 致灾指数≥0.55的概率风险

(f) 致灾指数≥0.60的概率风险

(g) 致灾指数≥0.65的概率风险

(h) 致灾指数≥0.75的概率风险

图 3-13　不同致灾指数水平下中国玉米旱灾致灾强度概率风险图（1966～2005 年）

在全国玉米分布区，大部分地区处于轻重度致灾干旱等级水平下（图 3-14）。在 2 年、5 年、10 年和 20 年一遇的风险水平下，轻重度致灾干旱等级（0.4～0.5）的玉米产区占全国玉米总产区的比例分别为 36.21%、51.65%、47.72% 和 39.67%。无论在哪个风险水平下，西北灌溉玉米区的致灾强度都是最大的，达到较重度致灾干旱等级，大部分致灾指数的范围都在0.6以上。其次是北方春播玉米区和黄淮海平原夏播玉米区，致灾指数的上限都分别为0.8~1.0和0.6~0.7，分别达到极端和较重度致灾干旱等级。随着年遇型的增加，极端致灾干旱等级（0.8~1.0）所占玉米总分布区的比例是逐渐增加的。而同样随年遇型的增加，轻度、轻中度致灾干旱等级（0~0.3）所占玉米总分布区的比例逐渐减少。从高值区的动态分布来看，2年一遇水平下的致灾指数高值区集中在西北灌溉玉米区和河套灌区附近。北方春播玉米区的东北部、西南部以及西南山地玉米区的部分地区的致灾指数值较低，处于轻度致灾干旱等级以下。随年遇型的增加，致灾指数的高值区逐渐向东向南扩展，西北灌溉玉米区、农牧交错带地区、河套灌区、黄淮海平原夏播玉米区中部、西南山地玉米区北部和南方丘陵玉米区大部分位于重度致灾干旱等级（大于0.5）之上。

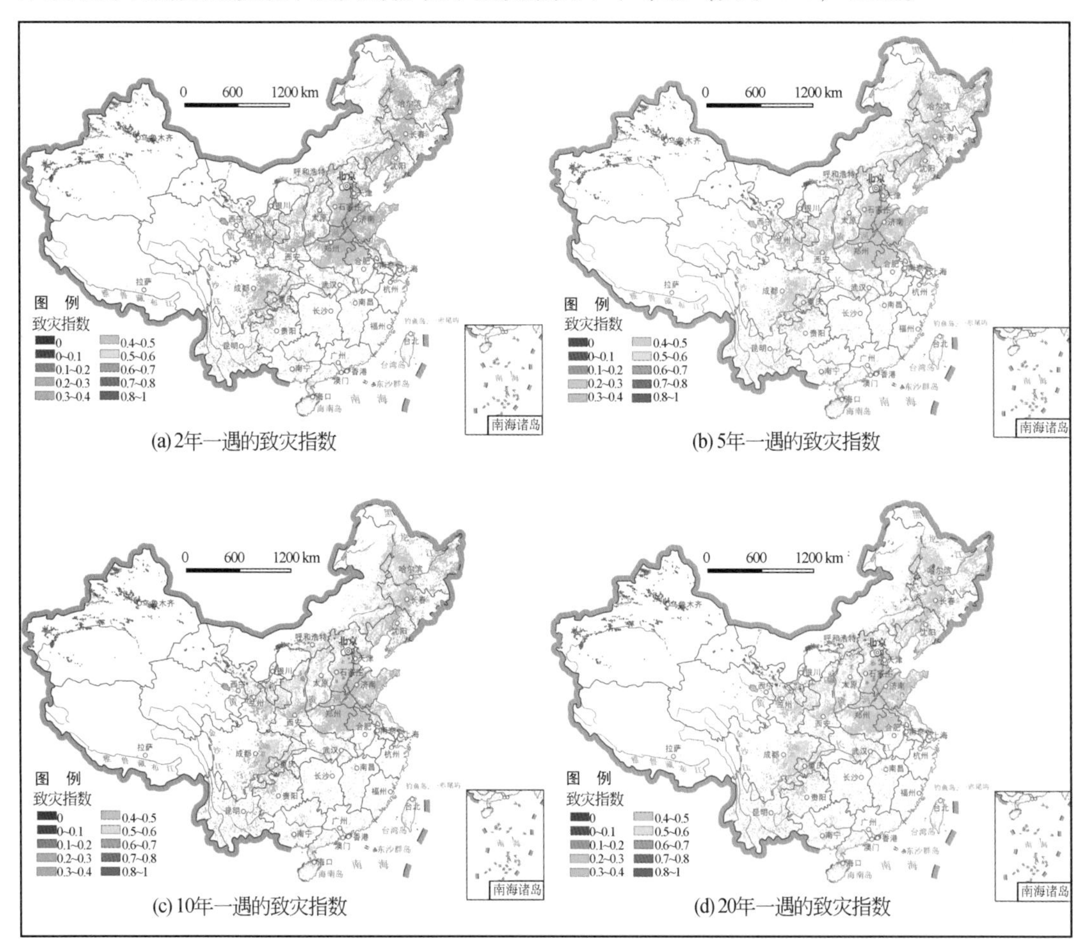

(a) 2年一遇的致灾指数　(b) 5年一遇的致灾指数

(c) 10年一遇的致灾指数　(d) 20年一遇的致灾指数

图3-14　中国玉米旱灾固定风险水平下致灾指数分布图

2）脆弱性评价结果与分析

中国六大玉米分布区的旱灾自然脆弱性曲线（图3-15）都符合Logistic曲线分布的规律。固定旱灾致灾因子指数的值为0.5，各分区玉米旱灾自然脆弱性从高到低依次为：西北灌溉玉米区、北方春播玉米区、青藏高原玉米区、黄淮海夏播玉米区、西南山地玉米区、南方丘陵玉米区。

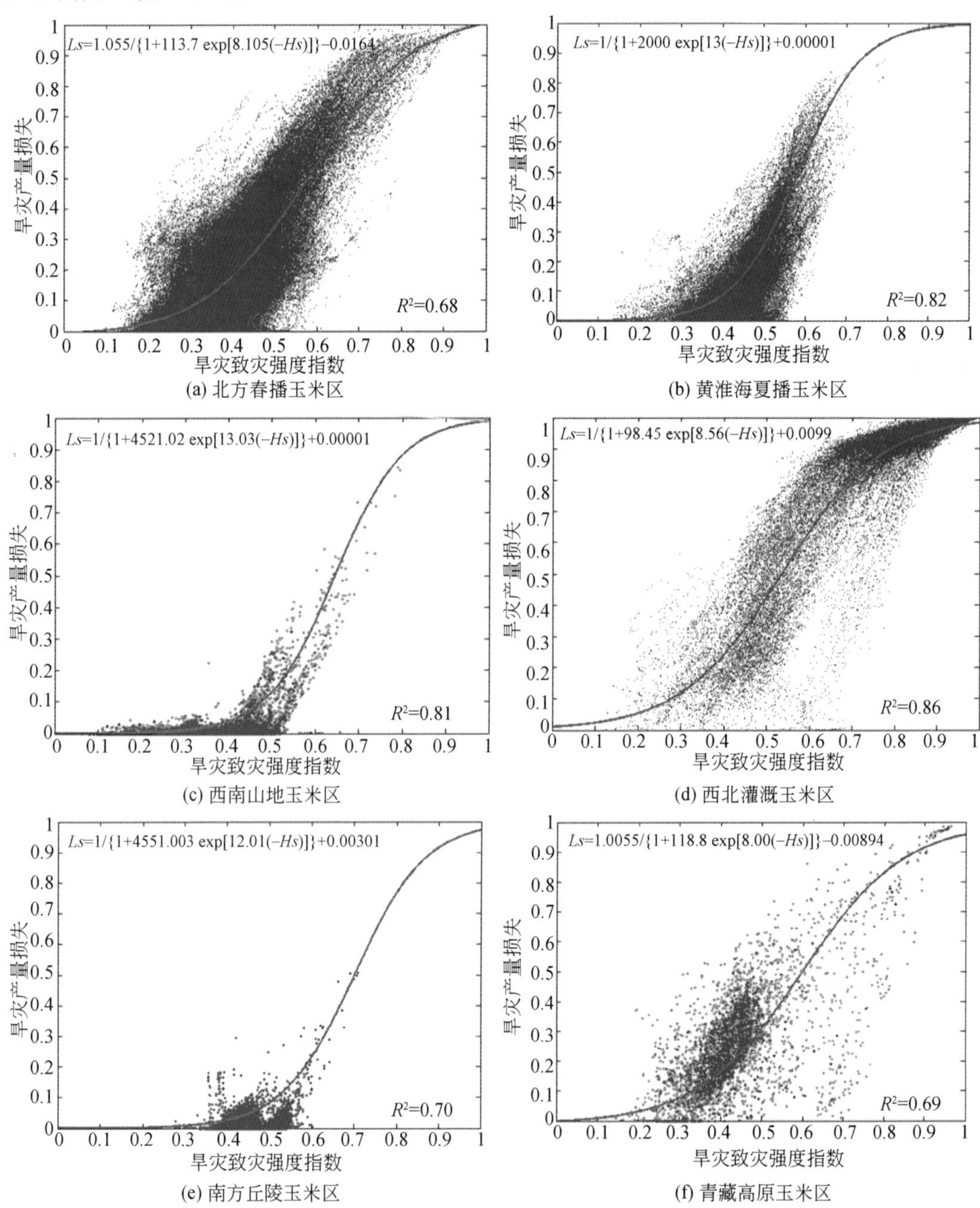

图 3-15 中国玉米旱灾分区自然脆弱性曲线

3）成灾风险评价结果与分析

全国玉米受旱减产的风险呈现从西北到东南递减的趋势（图 3-16）。其中，产量损失率值为 0 ~0.2，这个区间内所占的玉米分布区面积最大，即处于轻微、轻度产量损失等级水平下。轻度产量损失率等级（0.1 ~0.2）的玉米产区占全国玉米总产区的比例分别为 28.73%、35.95%、32.29% 和 24.54%。无论在哪个风险水平下，西北灌溉玉米区和河套灌区的减产损失率都是最高，达到0.5以上减产率等级，甚至大部分减产率的范围都在0.8以上。其次是北方春播玉米区和黄淮海平原夏播玉米区，减产率的上限也都达到0.8以上。经统计，随着年遇型的增加，极端减产风险等级（0.8～1.0）所占玉米总分布区的比例逐渐增加，而同样随年遇型的增加，微度减产率等级以下的区域（0～0.2）所占玉米总分布区的比例逐渐下降。从减产风险高值区的动态分布来看，2年一遇水平下的减产风险高值区主要集中在西北灌溉玉米区和河套灌区附近，这与其致灾风险水平高是一致的。但西南山地玉米区和南方丘陵玉米区的致灾风险水平较高（大部分致灾指数等级0.5～0.6），而这两个区的减产损失风险却较低，大部分损失率在0.2以下，主要是由这两个分区玉米自然脆弱性较低所决定的。随年遇型的增加，到了20年一遇水平，减产风险高值区也逐渐向东向南扩展，西北灌溉玉米区、农牧交错带地区、河套灌溉区、黄淮海平原夏播玉米区中北部大部分位于重度减产风险等级（大于0.5）之上。

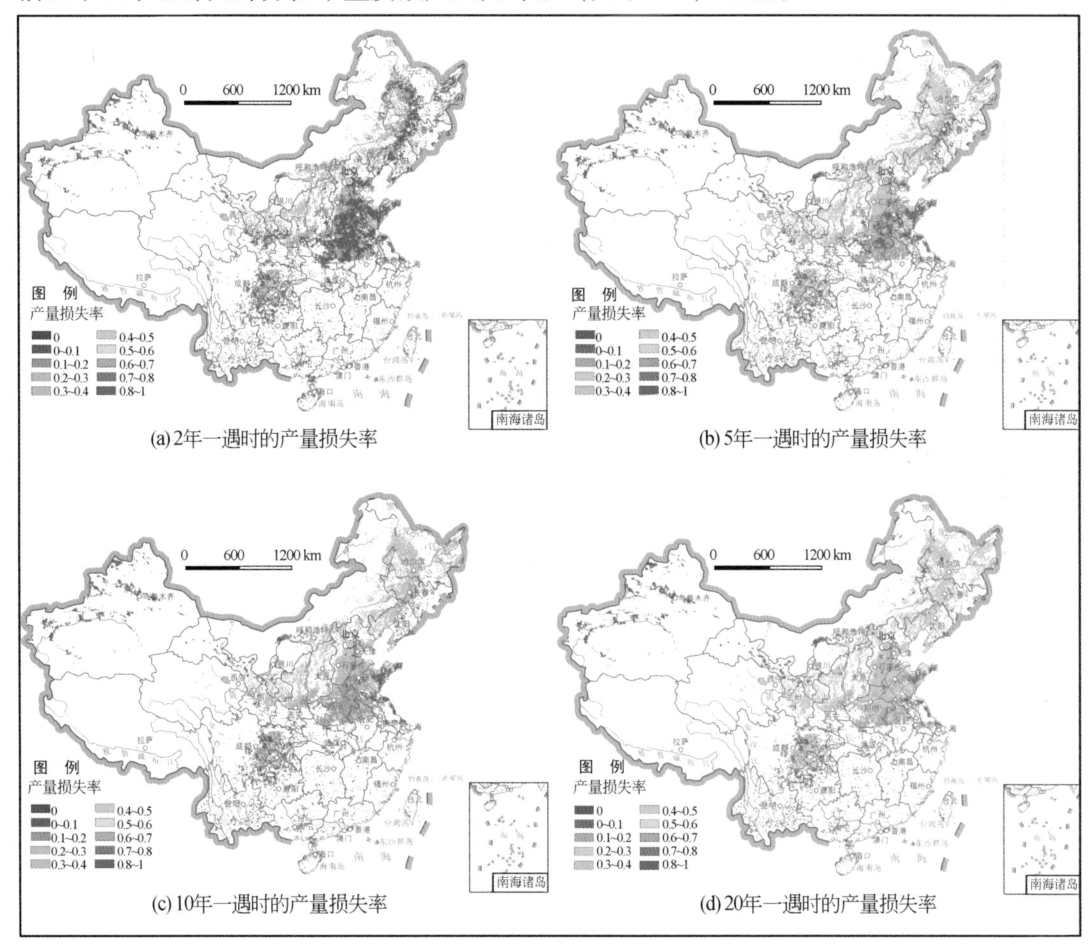

图3-16　中国玉米旱灾固定风险水平的产量损失率分布图

4. 中国旱灾综合风险评价结果与分析

中国综合旱灾风险评价等级，是根据全国公里网格上降水负距平率和不同土地利用类型对降水负距平率的敏感程度进行的综合评价，公式为

$$R_L = Hs \times Vs \tag{3-14}$$

式中，$Hs = \frac{|P_a| - P_{amin}}{P_{amax} - P_{amin}} \times 100\%$，$P_a = \frac{P - \bar{P}}{\bar{P}} \times 100\%$，$P$ 为某时段降水量；$\bar{P}$ 为计算时段内平均降水量；Vs 为六种主要土地利用类型的降水负距平敏感性程度的排序，该值越大说明越敏感，反之亦然（耕地：丘陵水田 0.05，平原水田 0.1，坡地水田 0.05，山地旱地 0.4，丘陵旱地 0.6，坡地旱地 0.8，平原旱地 0.2；草地：高覆度草地 0.3，中覆盖度草地 0.25，低覆盖度草地 0.2；林地 0.15；城镇用地 0.05；水域 0.05，未利用地 0.1），得到中国综合旱灾风险等级图（图 3-17）。

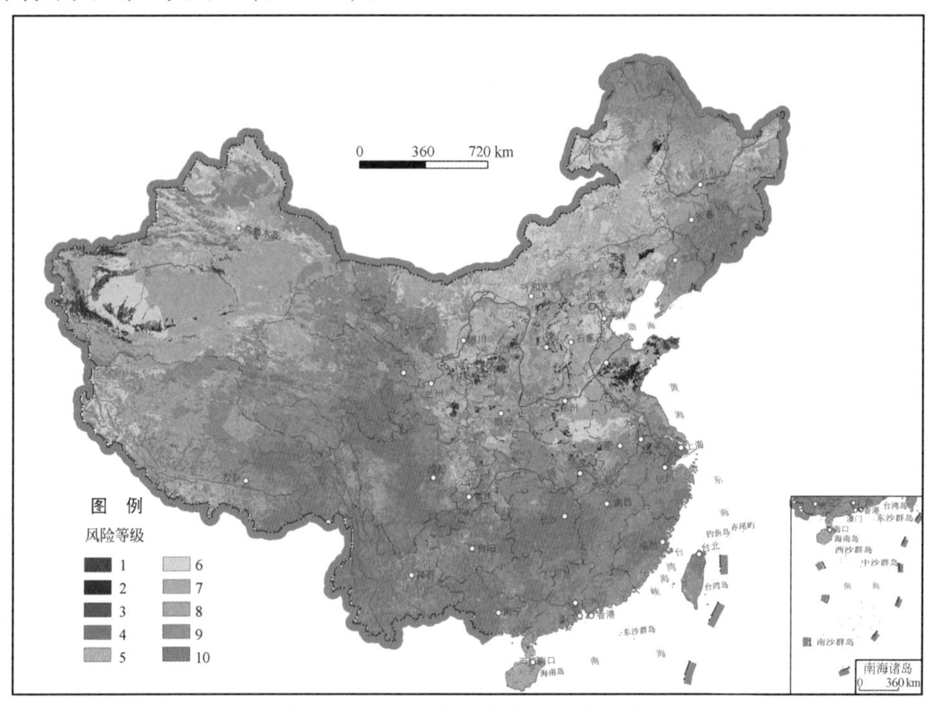

图 3-17　中国旱灾综合风险等级图

由旱灾风险评价结果图可知，旱灾风险呈现片状分布，并且细碎性比较明显。旱灾风险大多数处于中等以上的干旱风险区。由于本研究的旱灾承灾体选定为土地利用类型，使得旱灾风险的分布呈现细碎斑块状。“耕地”这一土地利用类型受旱灾的影响最大，风险也处于高和较高风险等级，草地和林地区域基本处于中等风险等级。

3.2　沙尘暴灾害*

3.2.1　研究进展综述

中国目前对沙尘暴风险分析与评估的研究比较少。在风险 = 危险性 × 易损性评估框架

* 本节执笔人：北京师范大学的胡霞、刘连友、贾振杰和北京城市气象研究所的曹伟华。

下，几乎没有完整的沙尘暴风险分析过程，甚至单独对特定区域的沙尘暴的致灾因子危险性与承灾体易损性的研究也较少。现有的沙尘暴研究主要以沙尘暴的防治为主要目的，与风险分析相关的研究有：①沙尘暴时空分布格局研究，主要通过沙尘暴的历史数据和沙尘暴发生的历史频次统计，分析沙尘暴主要出现的地区和季节等，确定沙尘暴的空间分布和时间分布特征（何正梅，2001；康玲等，2010）；②沙尘暴影响因子研究，通过小波分析、层次分析法等数学方法，分析沙尘暴与气候因子（降水等）、下垫面状况（土壤湿度等）的关系（杜子璇等，2007；孙然好等，2010）；③沙尘暴监测方法研究，主要研究如何通过遥感手段，监测沙尘暴的强度、路径及影响范围（范一大等，2001；马超飞等，2001）；④沙尘暴危险度分析，主要针对中国北方沙区的湖区和城市的危险度进行分析（岳耀杰等，2008a，2008b），如王积全等（2008）通过直方图估计的方法，计算了西北地区东部群发性强沙尘暴年发生次数的超越概率（王积全等，2008）。在沙尘暴危险性分析方面，主要通过一般的统计方法对于沙尘暴超越概率进行计算。在沙尘暴易损性方面，人们虽然意识到沙尘暴给人类农业生产、大气环境和居民生活等诸多方面带来影响，但相关定量研究很少，更难以形成易损性曲线。王积全等（2008）研究了沙尘暴在甘肃的沉降状况，统计了区域内的沙尘暴降尘量等。

可以看出，虽然沙尘暴相关研究已有一定的基础，但是针对沙尘暴风险研究方面，还相当薄弱，有许多方面值得研究与改进：①沙尘暴致灾过程与致灾因子研究。现有的沙尘暴危险性分析主要计算年内沙尘暴发生次数、日数的超越概率，但在危险性分析中，关键是如何计算致灾因子的超越概率。针对沙尘暴造成的不同类型的损失，沙尘暴的致灾因子及其侧重点可能不同。针对不同的承灾体，沙尘暴的致灾因子是沙尘暴的发生次数、发生日数、每次沙尘暴的持续时间，还是沙尘暴的含沙量，这些致灾因子需要通过科学的方法确定，才能更合理准确地估计沙尘暴的风险。②沙尘暴危险性分析技术革新。基于长期的历史数据和沙尘暴气象物理原理，研究沙尘暴致灾因子的发生规律，确定致灾因子的概率分布函数，更为真实地反映沙尘暴的危险性状况。③易损性曲线的研究。根据沙尘暴造成不同方面的损失，通过历史灾情统计，结合物理机理规律，得到不同致灾因子强度下的承灾体的损失情况，绘制得到易损性曲线。从而与不同强度致灾因子的超越概率结合，得到区域沙尘暴的风险状况。④多数据源的沙尘暴研究。目前的沙尘暴风险分析的数据主要以气象等部门的历史统计数据为主，但随着遥感技术的发展，可以结合遥感影像，以弥补历史统计数据的缺失与不足。

3.2.2 风险数据库建立

由于沙尘暴灾害主要发生在中国北方沙区。因此，以中国北方沙区为典型示范区，建立了沙尘暴灾害风险综合数据库。该数据库主要包括中国北方沙区（新疆、内蒙古、青海、甘肃、陕西、宁夏、山西、河北、北京、天津、辽宁、吉林、黑龙江 13 个省、自治区和直辖市）基础地理信息数据、沙尘暴期间实时准时观测资料，以及中国北方沙区发生沙尘暴期间受灾人口、受灾农作物、倒塌房屋、毁坏房屋、经济损失和受灾大牲畜等。其中，实时/准实时观测资料包括：1951 年以来主要沙尘暴事件的起止时间、发生次数；

1990～1999 年沙尘暴期间风速、能见度和极大风速；1954 年以来强沙尘暴数据及相应的能见度，10min 平均风速、风向和极大风速；部分气象台站观测的地面气象数据；1990 年以来中国主要城市的空气质量监测数据以及地面气象台站获取的地面气象数据（如气温、气压、相对湿度、降水量、风速、风向和输沙量等）。沙尘暴灾害数据库的建立，为沙尘暴灾害研究提供了丰富的地面信息。

3.2.3 风险评估方法

1. 研究区与数据源

选择中国北方沙区指以新疆、内蒙古、青海、甘肃、陕西、宁夏、山西、河北、北京、天津、辽宁、吉林和黑龙江 13 个省（自治区、直辖市）范围内的沙区作为主要研究区域。该区域约占中国 173.97 万 km^2 沙化土地面积的 83.82％、国土总面积的 15.19％。另外，极大风速和空气污染指数（API）是以全国范围为研究区域。风险评估数据有中国城市数据库、全国 1954～2007 年的全国沙尘暴数据、中国县级行政区划图、2005 年中国耕地数据和 2002 年中国人口密度数据等。

2. 科学方法

沙尘暴致灾因子研究主要采用提取沙尘暴强度因子（沙尘暴发生次数、天数、持续时间、空气污染指数和极大风速），然后对于选取的沙尘暴强度指标（次数、持续时间等）作出频率直方图，估计其符合的概率分布 $P(x)$，并作 χ^2 检验，确定是否符合该分布。根据分布的特点，利用强度指标的统计值，估计其中的相关参数，最终确定概率分布表达式，从而获得沙尘暴致灾因子危险性分布图。

通过提取耕地面积，根据县耕地面积和县面积计算得到垦殖指数，然后将垦殖指数和全国沙尘暴年平均次数归一化，然后将二者相乘得到危险性指数，通过插值得到全国农田沙尘暴灾害危险性分布图。

通过全国人口分布，得到全国人口密度分布图，然后将人口密度归一化处理，同时将全国沙尘暴年平均次数归一化，然后将二者相乘得到沙尘暴对人口影响的危险性指数，通过插值得到全国人口沙尘暴灾害危险性分布图。

3.2.4 评估结果与分析

1. 致灾因子的危险性

1）沙尘暴持续时间

图 3-18 是中国北方沙区沙尘暴次平均持续时间分布图，从中可以看出，新疆、甘肃、内蒙古、宁夏、陕西、山西、辽宁、黑龙江、河北等省（自治区）的沙尘暴次平均持续时间较长。其中伊金霍洛旗、化德县、盐池县、彰武县、尉犁县、民丰县和通榆县的沙尘暴次平均持续时间最长，分别是 135min、137min、141min、141min、146min、155min 和 160min。

1951～2005 年，全国沙尘暴次平均持续时间为 76.8min，总体为 16.3～160.4min，其中沙尘暴次平均持续时间最长是内蒙古的巴林左旗，为 160.4min，最小值是青海省的托托河地区，为 16.3min。

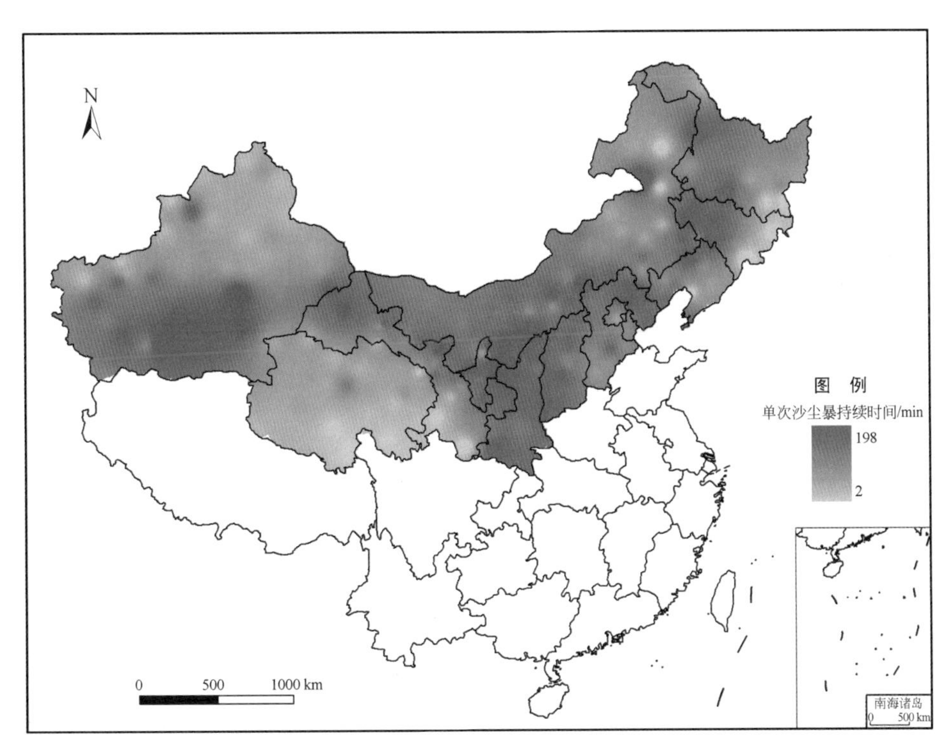

图 3-18　中国北方沙区沙尘暴次平均持续时间分布图（1951～2005 年）

很显然，以民勤县为例，1953～2005 年，中国沙尘暴次平均持续随时间的变化呈不规则的波动趋势（图 3-19），总体呈上升趋势。其中 1953～1959 年，中国沙尘暴次平均持续时间是 99min，至 1961～1970 年开始上升至 122min，至 70 年代，沙尘暴次平均持续时间为 126min，至 80 年代为 131min，至 1991～2000 年，沙尘暴次平均持续时间为 134min，至 2000 年以后，沙尘暴次平均持续时间上升为 432min。

图 3-20 是沙尘暴累计持续时间分布图，从图 3-20 可以看出，1951～2005 年，新疆、甘肃、内蒙古的沙尘暴累计持续时间较长。其中金塔县、伊金霍洛旗、若羌县、额济纳旗、安西县、安德河、且末县、盐池县、和田市、民勤县、民丰县的沙尘暴累计持续时间都超过 100 000min，分别是 117 480min、117 530min、123 080min、130 450min、135 160min、136 350min、155 970min、164 010min、184 680min、252 020min 和 305 660min。

1951～2005 年，中国北方沙区沙尘暴累计持续时间为 1570～305 660min，总平均值是 412 62.9min。其中民丰县的沙尘暴累计持续时间最长，是 305 660min，巴里坤县最小，是 1570min。

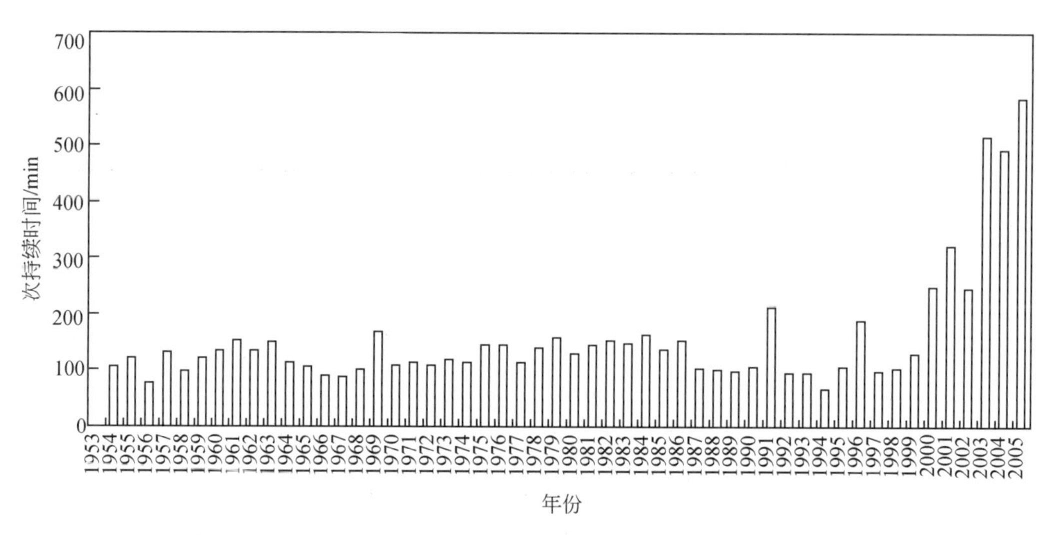

图 3-19 中国北方沙区 1953～2005 年沙尘暴次平均持续时间变化图（以民勤县为例）

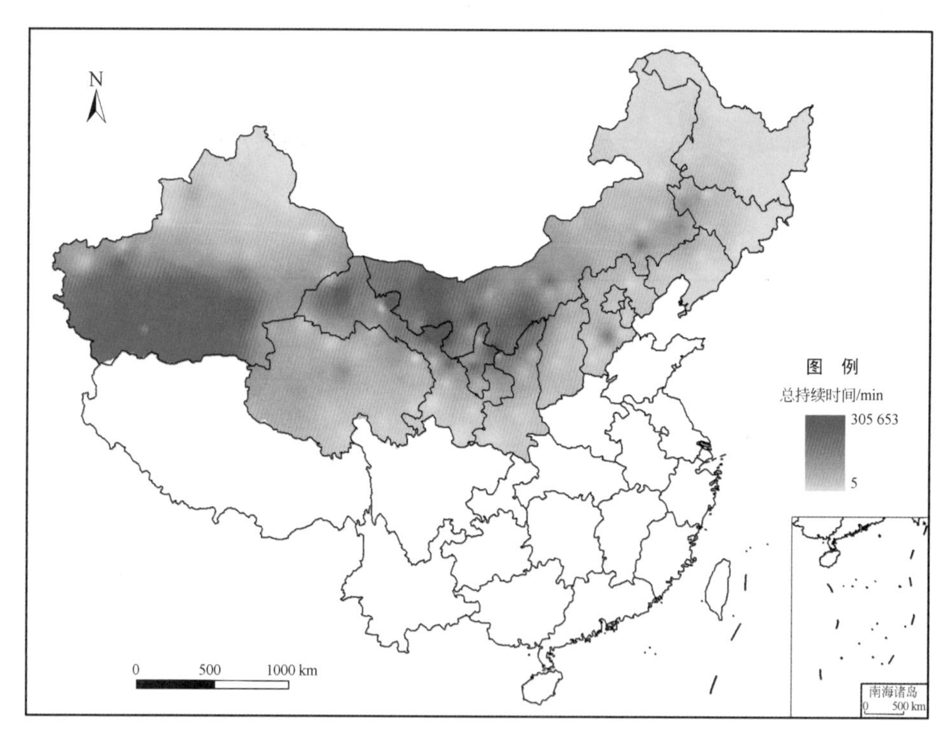

图 3-20 中国北方沙区沙尘暴累计持续时间分布图（1951～2005 年）

图 3-21 是沙尘暴年持续时间分布图，从图上可以看出，新疆、内蒙古、青海、甘肃、宁夏的沙尘暴年持续时间最长。其中伊金霍洛旗、额济纳旗、且末县、安德河、盐池县、和田市、民勤县、民丰县沙尘暴年持续时间都超过 3000min，分别是 3177min、3261min、3391min、3496min、3645min、4015min、4755min 和 7278min。

很显然，1953～2005 年，中国北方沙区沙尘暴年持续时间随时间的变化呈不规则的波动趋势（图3-22）。其中，1953～1959年中国北方沙区沙尘暴年持续时间是5816min，至1961～1970年开始下降到4766次，至70年代，沙尘暴年持续时间为6266min，至80年代其下降为4843min，至1991～2000年沙尘暴年持续时间呈明显下降趋势，为1780min，至2000年以后，沙尘暴年平持续时间又上升至5974min。

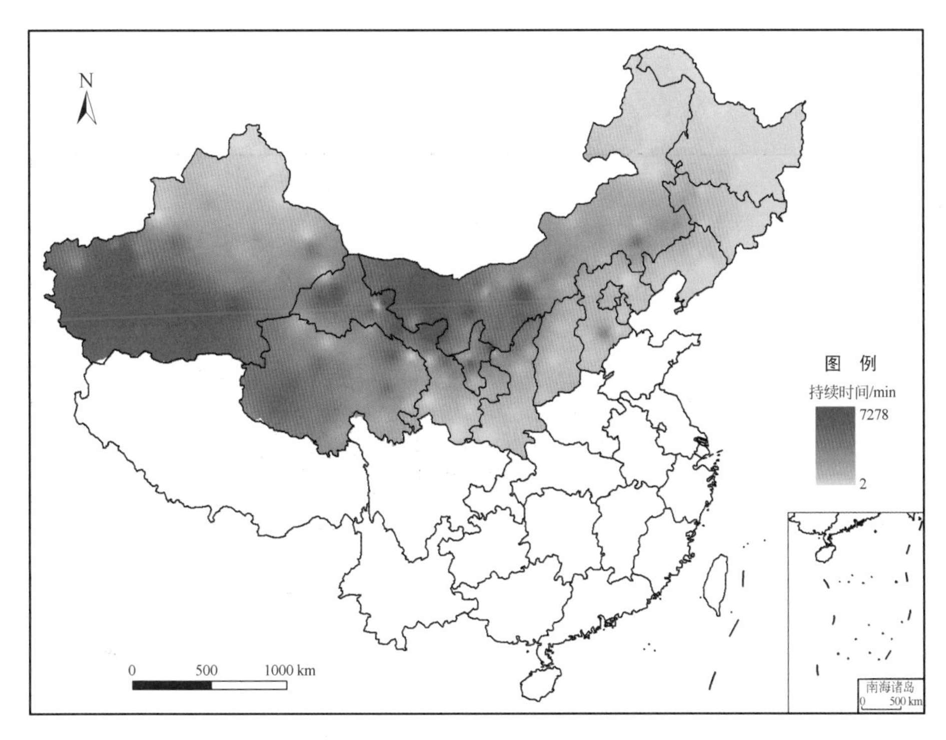

图3-21　中国北方沙区沙尘暴年持续时间空间分布图（1951～2005年）

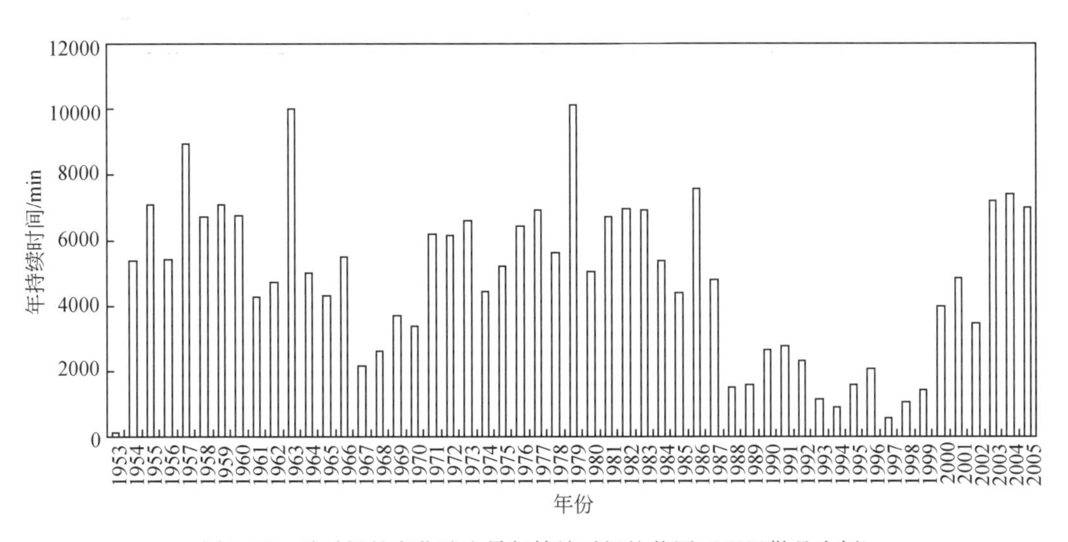

图3-22　随时间的变化沙尘暴年持续时间柱状图（以民勤县为例）

2）沙尘暴发生次数和发生年数

图 3-23 是沙尘暴历史发生次数分布图，从图上可以看出，沙尘暴历史发生次数以新疆、内蒙古最大，其次是青海、宁夏、甘肃等省（自治区）。其中和田市、柯坪县、额济纳旗、民丰县、民勤县沙尘暴历史发生次数都超过 1500 次，分别是 1612 次、1704 次、1749 次、1971 次和 1986 次。

1951～2005 年，全国沙尘暴历史发生次数为 37～1986 次，总平均值是 493 次，其中民勤县的数值最大，是 1986 次，巴里坤县最小为 37 次。

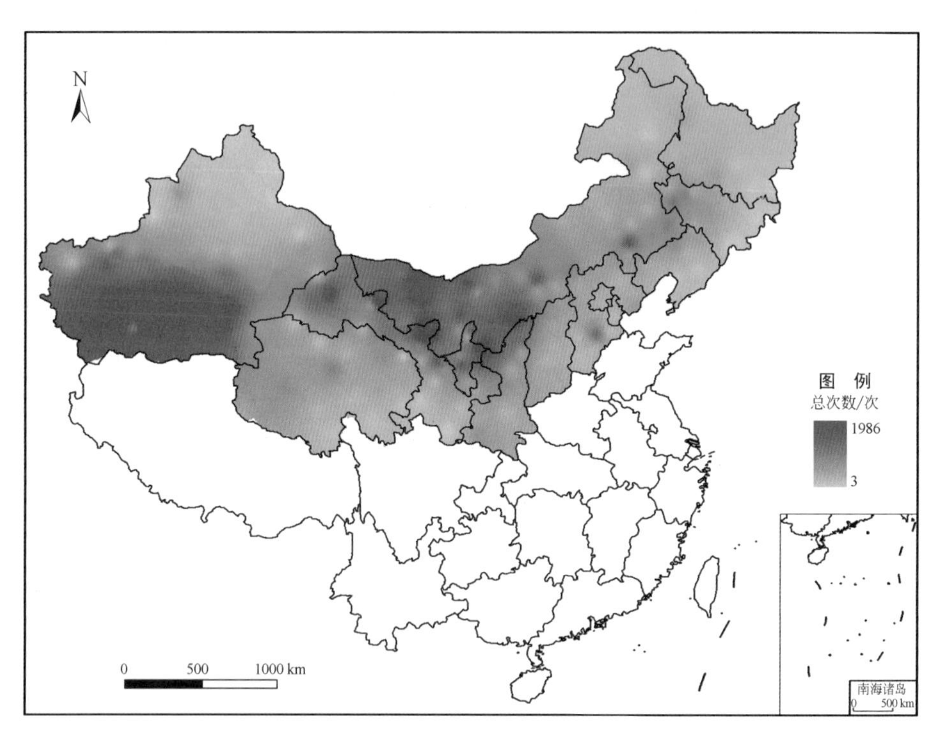

图 3-23　中国北方沙区沙尘暴历史发生次数分布图（1951～2005 年）

图 3-24 是沙尘暴年发生次数分布图，从图上可以看出，沙尘暴年发生次数以新疆、内蒙古最多，其次是青海、宁夏、甘肃等省（自治区）。其中和田市、民勤县、柯坪县、额济纳旗、民丰县沙尘暴年发生次数都超过 35 次，分别是 35 次、37 次、42 次、44 次和 47 次。

很显然，1953～2005 年，中国沙尘暴年发生次数随时间的变化呈不规则的波动趋势（图 3-25）。其中 1953～1959 年，中国沙尘暴年平均发生次数是 7 次，至 1961～1970 年开始上升到 17 次，至 70 年代，沙尘暴年平均发生次数为 10 次，至 80 年代其仍然为 10 次，至 1991～2000 年，沙尘暴年平均发生次数为 5 次，至 2000 年以后，沙尘暴年平均发生次数又上升至 10 次。

3）API 和极大风速

中国空气质量采用了空气污染指数（air pollution index，API）进行评价。目前计入空气污染指数的污染物为：SO_2、NO_2 和 PM_{10}。空气污染指数的计算公式如下：

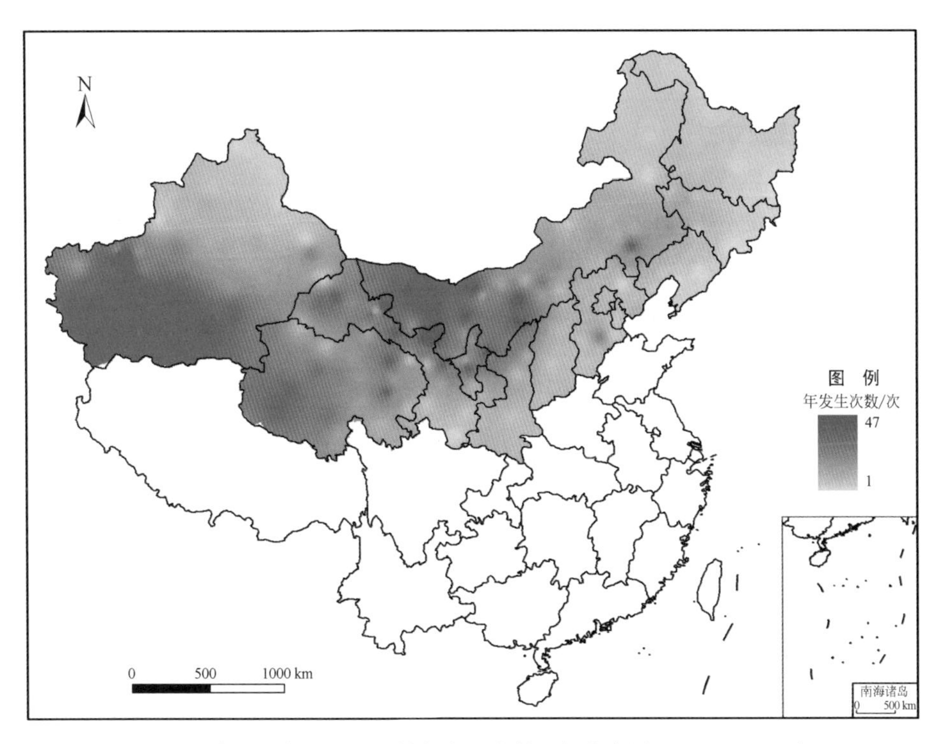

图 3-24　中国北方沙区沙尘暴年发生次数空间分布图（1951～2005 年）

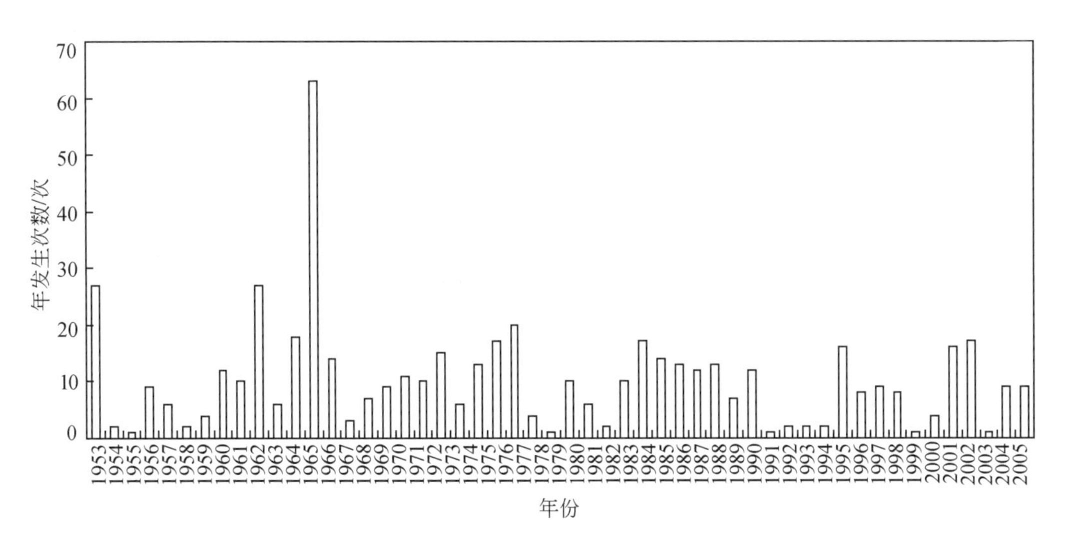

图 3-25　随时间的变化沙尘暴年发生次数柱状图（以民勤县为例）

$$I = (I_{max} - I_{min}) \times (C - C_{min}) / (C_{max} - C_{min}) + L_{min} \tag{3-15}$$

$$\text{API} = \text{Max}(I_{PM_{10}}, I_{SO_2}, I_{NO_2}) \tag{3-16}$$

式中，I 为 PM_{10}、SO_2 或 NO_2 的污染指数；C 为污染物的浓度值；C_{max} 与 C_{min} 为最贴近 C 值的两个值；C_{max} 为大于 C 的现值；C_{min} 为小于 C 的现值；I_{max} 为 C_{max} 中对应的 I 值；I_{min} 为 C_{min} 在表 3-2 中对应的 I 值；各种污染物的污染指数都计算出后，取其中最大值为该区或者城市的空气污染指数API，则该项污染物即为该区域或者城市空气中的首要污染物。

表3-2 API分级极限值表

污染指数（API）	污染物浓度（日均值）/(mg/m^3)		
	PM_{10}	SO_2	NO_2
500	0.600	2.620	0.940
400	0.500	2.100	0.750
300	0.420	1.600	0.565
200	0.350	0.800	0.280
100	0.150	0.150	0.120
50	0.050	0.050	0.080

图3-26是2006年4月7个不同城市的API值，从图中可以看出，4月16、17日，银川的API略有减少，从163（0.43mg/m^3）降至106（0.31mg/m^3），可能是受携带沙粒的

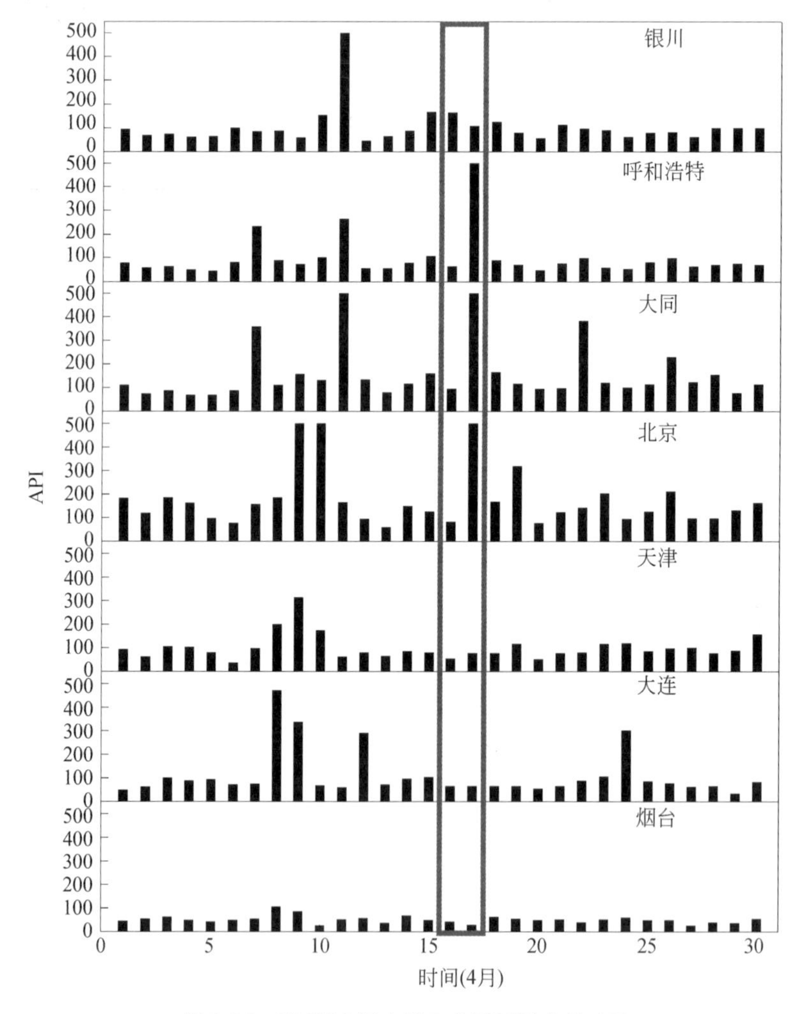

图3-26 以2006年4月7个不同城市的API

气流的影响，首要污染物是 PM_{10}。呼和浩特、大同、北京位于此次沙尘暴的沙尘源区或靠近沙尘传输路径（图 3-26）。三个城市的 API 从小于 100（0.30mg/m^3）猛增至 500（1.0mg/m^3），首要污染物仍为 PM_{10}。位于北京以东的城市，如天津、大连、烟台的空气质量未受此次沙尘天气的影响，可能是由于大部分的细砂和粗粉砂沉降到北京以西地区，而更细的沙粒（$<2\mu m$）被上层气流携带到更远的东南地区，未对低层大气环境造成影响。

图 3-27 是以 2006 年 4 月为例的中国北方极大风速分布图，可以看出，中国极大风速是宁夏的石嘴山，风速是 25.9m/s。风速大于 17.2m/s 的地区一般分布在蒙古国的南部，中国内蒙古的西部和中部，包括鄂尔多斯、巴彦淖尔、阿拉善、包头、锡林郭勒、乌兰察布。强风区一般来说是土壤风蚀比较严重的地区。

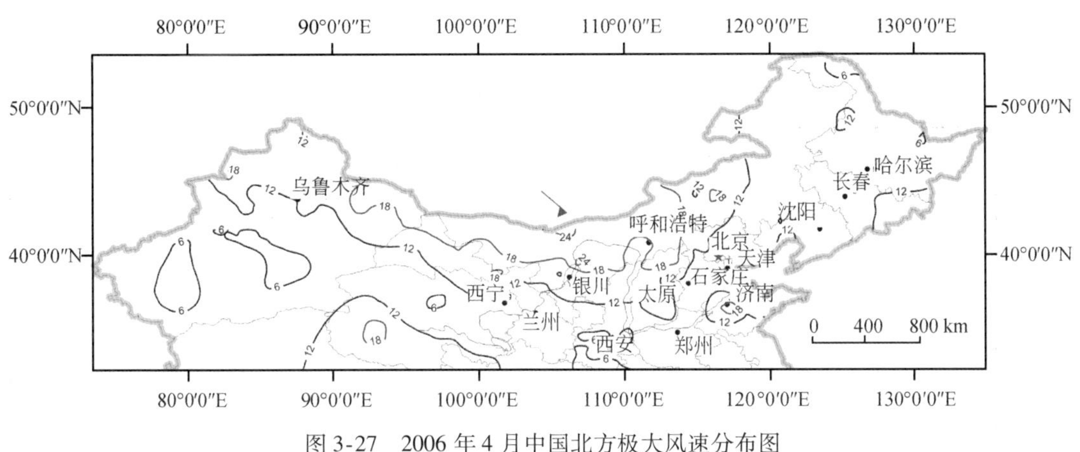

图 3-27　2006 年 4 月中国北方极大风速分布图

强风是沙尘暴爆发的动力机制。对两次沙尘暴事件 394 个气象站点的极大风速数据进行空间插值，得到极大风速的空间分布图（图 3-28、图 3-29）。结果显示，两次沙尘暴期间，监测到极大风速大于 7.2m/s 的气象站点占总数的 88%。2005 年 4 月 27 日，极大风速的最大值出现在山东威海，为 28.8m/s，风向为西南风；极大风速的平均值为 11.8m/s。极大风速的高值区（大于 17.2m/s）分布在新疆东北部、内蒙古大部分地区、山西北部、山东西部和东北部、辽宁西南部（图 3-28）。至 4 月 28 日，极大风速的最大值出现在山东泰山，为 36.1m/s，西风；极大风速的平均值为 13.1m/s，高于 27 日。风速高值区移至新疆北部、内蒙古中部和北部、山东西北部、辽宁、吉林和黑龙江大部分地区（图 3-29）。可见，风速高值区由西部向东北方向发展。2005 年 4 月 27 ~ 28 日中国北方极大风速的风向频率如图 3-30 所示。4 月 27 日有 56 个气象站的风向为西风，是出现频率最高的风向。其次是西西北风（47 次）和西西南风（46 次），由图 3-30（a）中可以看出，风向分布较为集中，主要有西风、西南风和西北风。4 月 28 日北风出现频率最高，为 48 次，其次为西北风（35 次）和西风（33 次），风向分布与 27 日相比较偏北，加上风力增强，促使沙尘区移出中国境内（图 3-29）。

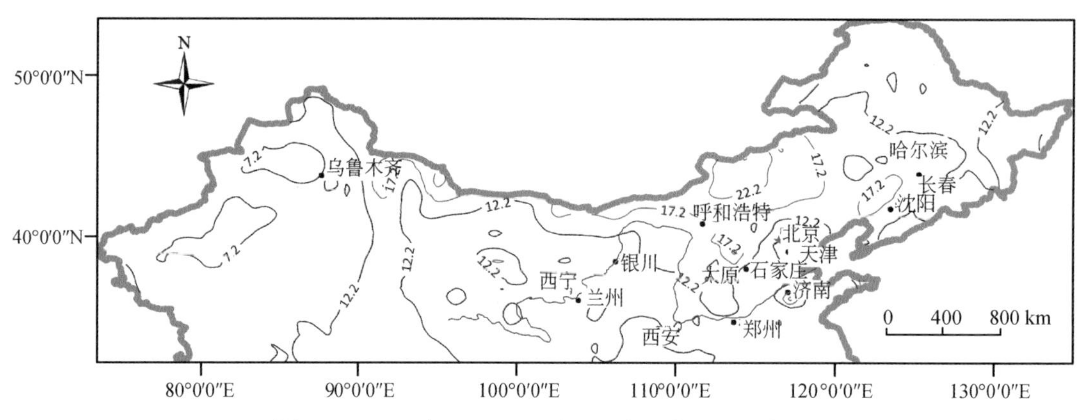

图 3-28 2005 年 4 月 27 日中国北方极大风速分布图

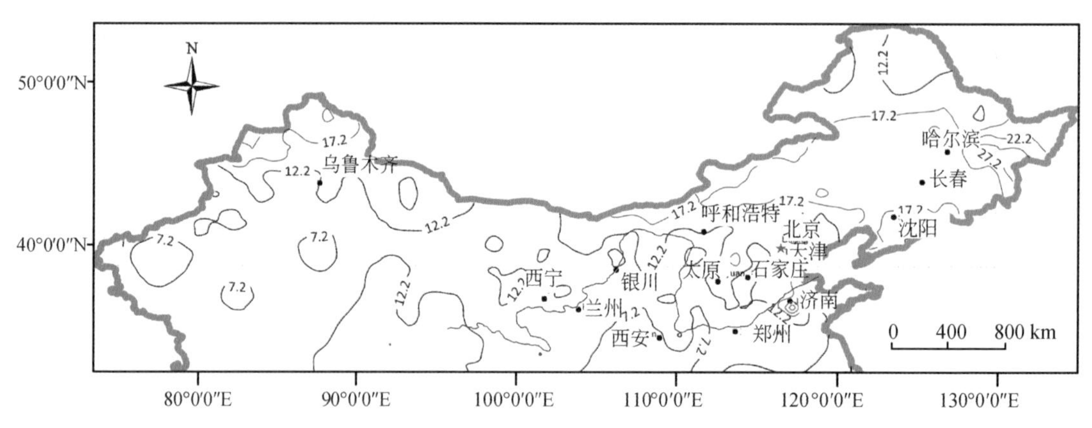

图 3-29 2005 年 4 月 28 日中国北方极大风速分布图

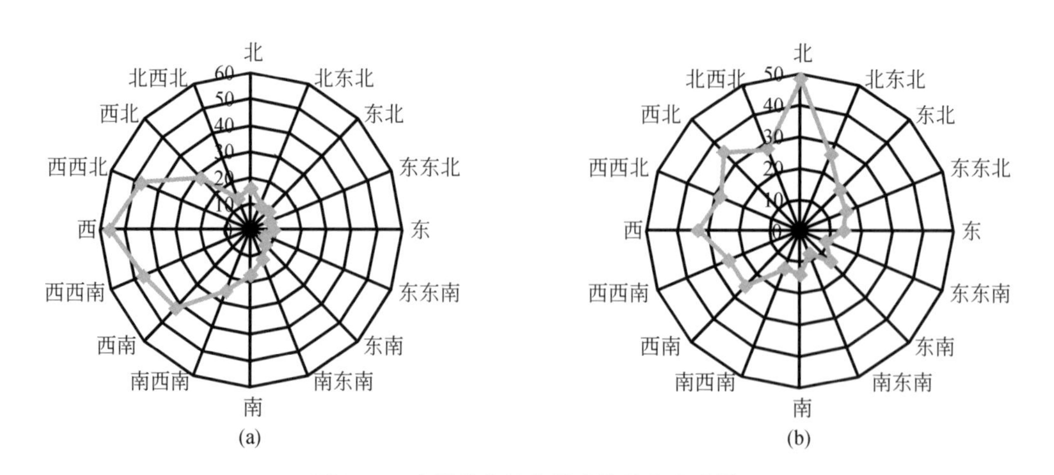

图 3-30 中国北方极大风速的风向改观图
（a）2005 年 4 月 27 日；（b）2005 年 4 月 28 日

2005年4月27～28日中国北方主要城市API如图3-31所示。相对于4月27日，28日API显著升高的城市有宁夏石嘴山市、内蒙古呼和浩特市、山西大同市、河北石家庄市和北京市，首要污染物均为可吸入颗粒物。其中，北京、大同和呼和浩特三个城市的API在4月28日分别为418、500和500，污染级别为V，空气状况为重度污染。3个城市API的异常升高极为可能是受沙尘暴过境的影响。此外，兰州、抚顺、沈阳、鞍山、天津、大连和上海7个城市的空气状况从27日的良好变成28日的轻微污染，首要污染物均为可吸入颗粒物，有可能是受到沙尘暴的影响。开封、郑州、平顶山、西安、济南、淄博、济宁、枣庄、泰安、哈尔滨、齐齐哈尔和克拉玛依12个城市28日的API相比27日出现了减少，由此推测以上12个城市未受到沙尘暴的影响。

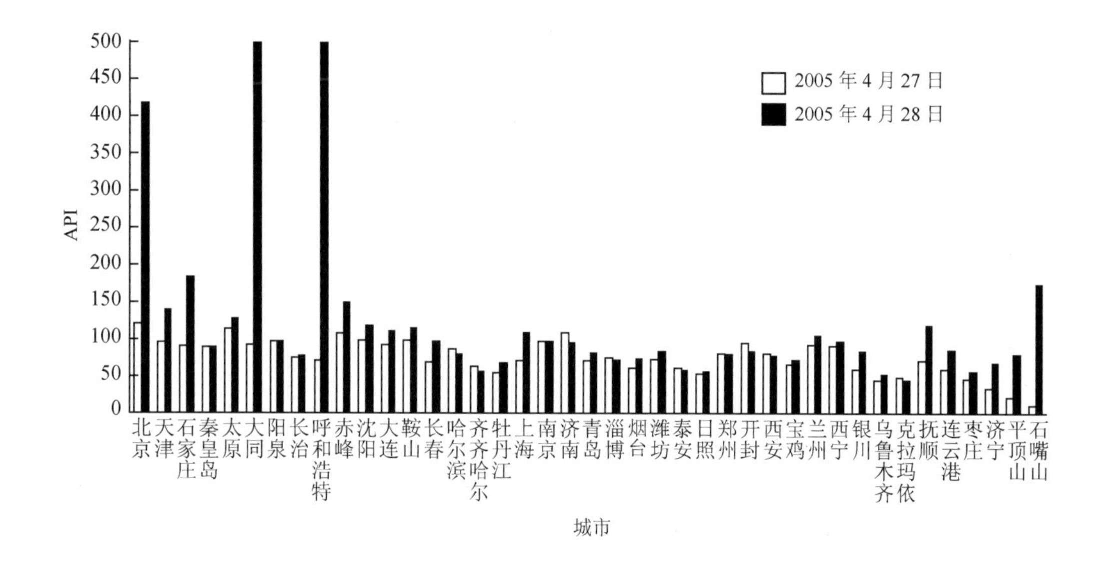

图3-31 2005年4月27～28日中国北方主要城市API

2007年3月30日，极大风速的最大值出现在新疆七角井，为36.7m/s，东北风。极大风速的平均值为11.7 m/s。风速的高值区分布在新疆西部、青海大部分地区、内蒙古中部和西部、陕西和河南的交界地区（图3-32）。截至31日，极大风速的最大值仍出现在新疆七角井，为31.3m/s，西风。极大风速的平均值为12.9m/s，风力增强。风速高值区范围与30日相比增大，分别向西北和东北方扩大，内蒙古中部地区风力有所增强，陕西和河南的交界地区风力减弱，辽宁西部风力增强（图3-33）。2007年3月30～31日中国北方极大风速的风向频率分布如图3-34所示。30日，风向的分布极为分散，频率最高的风向为西北（34次），其次是东东南（31次）、西西北（30次）和北（30次）[图3-34（a）]。31日，风向集中在北西北（51次）、西北（49次）、北（38次）3个方向上[图3-34（b）]。可见，两次沙尘暴过程中风力的分布状况有较大差异，相比2005年4月27～28日风力向东北方向的快速推进，2007年3月30～31日的极大风速高值区移动缓慢，风向的分散分布间接削弱主风向上的风力是出现这一现象的主要原因。

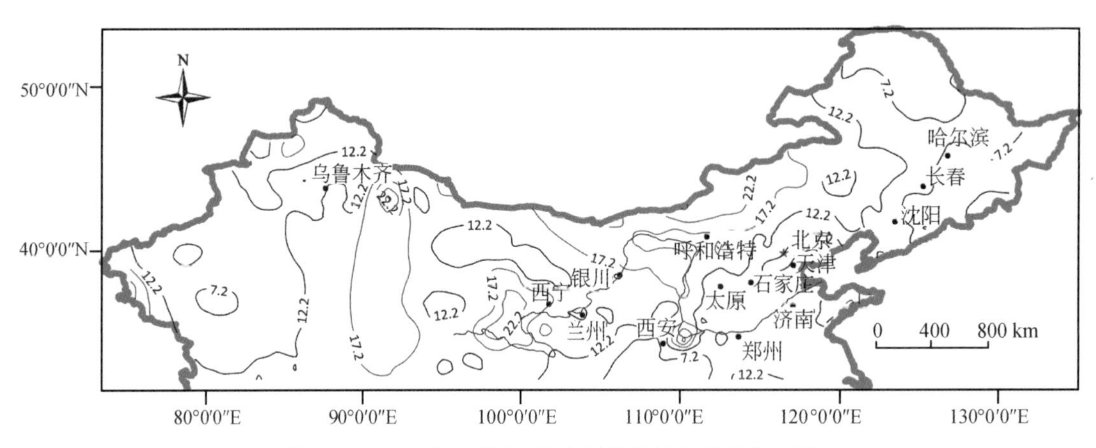

图 3-32 2007 年 3 月 30 日中国北方极大风速分布图

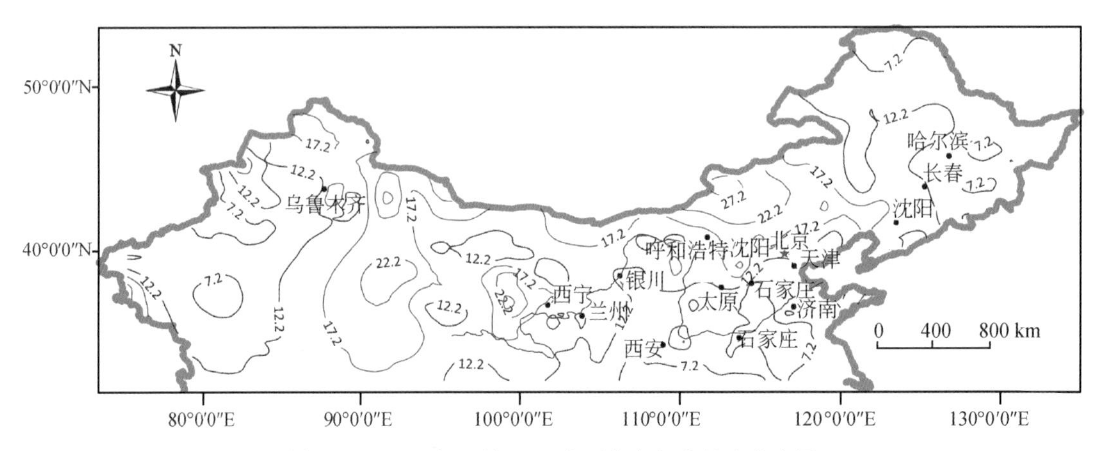

图 3-33 2007 年 3 月 31 日中国北方极大风速分布图

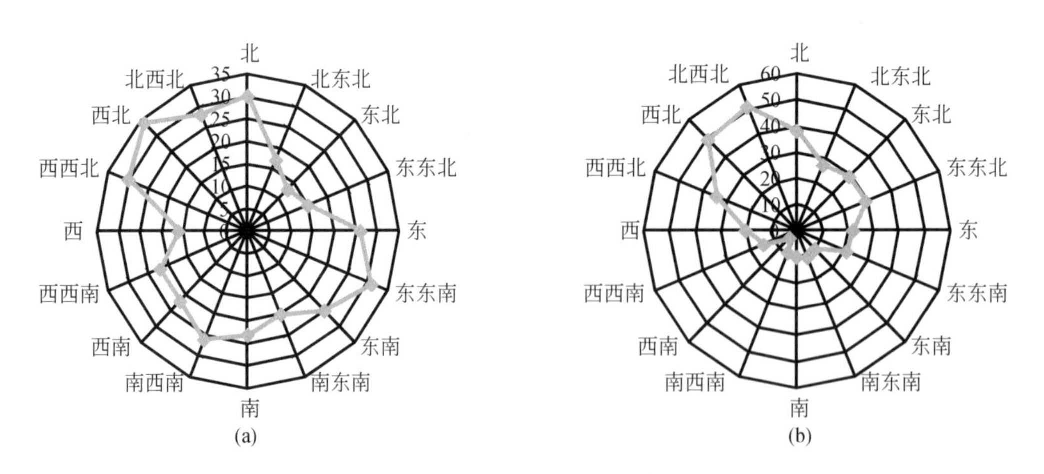

图 3-34 中国北方极大风速的风向改观图

(a) 2007 年 3 月 30 日；(b) 2007 年 3 月 31 日

2007 年 3 月 30 ~ 31 日中国北方主要城市 API 如图 3-35 所示。相对于 3 月 30 日，31 日 API 显著升高的城市有内蒙古赤峰市、呼和浩特市，山西大同市、太原市，首要污染物均为可吸入颗粒物。其中，呼和浩特、赤峰和大同三个城市的 API 在 3 月 31 日分别为 500、500 和 423，污染级别为Ⅴ，空气状况为重度污染，太原为 232，属中度污染，沙尘暴所携带的大量沙尘物质可能是造成 API 异常升高的主要原因。此外，西宁、石嘴山、渭南、西安、长治、阳泉、平顶山、北京、济南、淄博 10 个城市的空气状况从 30 日的良好或轻微污染变成 31 日的轻微污染或轻度污染，首要污染物均为可吸入颗粒物，有可能是受到沙尘暴的影响所致。乌鲁木齐、克拉玛依、兰州、银川、开封、枣庄、青岛、日照、沈阳、鞍山、抚顺、长春、哈尔滨、齐齐哈尔、上海、连云港 16 个城市 31 日的 API 相比 30 日出现了减少，由此推测以上 16 个城市未受到沙尘暴的影响。

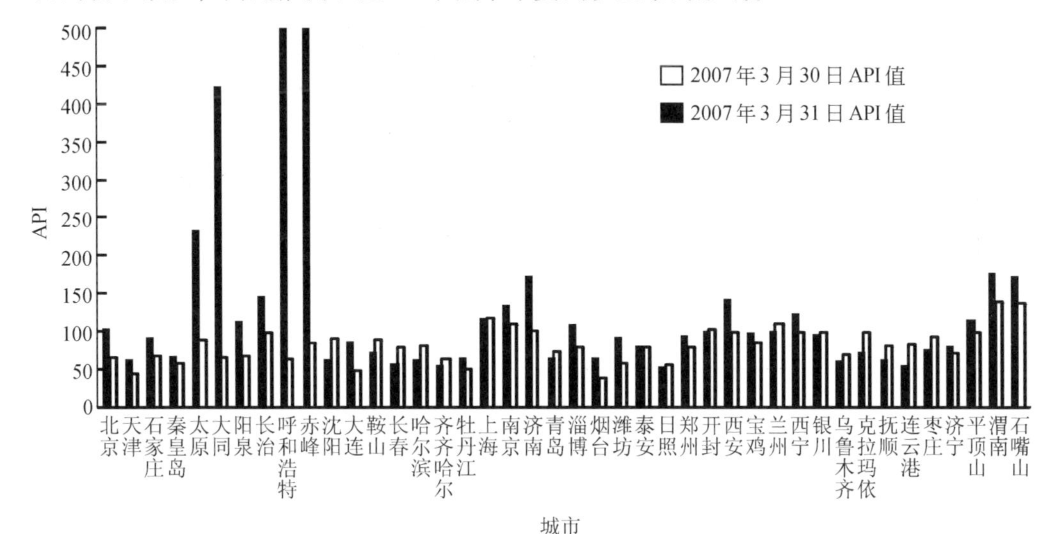

图 3-35　2007 年 3 月 30 ~ 31 日中国北方主要城市 API 值

2. 沙尘暴灾害风险分析

图 3-36 是农田沙尘暴灾害危险性分布图。从图上可以看出，沙尘暴对中国农田的影响趋势是东部多、西部少；特别是对东北三江平原、松嫩平原、辽河平原、华北平原，以及河西走廊地区产生影响最为严重，这与中国耕地的垦殖指数分布有很大的相关性。

图 3-37 是人口沙尘暴灾害危险性分布图。从图上可以看出，沙尘暴对中国人口的影响趋势是东部多、西部少；平原、盆地多，山地、高原少；农业地区多，林牧业地区少，即有由东部向西部随海拔的增加影响程度呈阶梯递减的趋势。

基于上述内容，可得出以下三点结论。

（1）采用 1951 ~ 2005 年中国北方沙区沙尘暴灾害信息，建立了沙尘暴灾害数据库，为沙尘暴灾害研究提供了丰富的地面信息；

（2）沙尘暴灾害危险性分布图结果显示：沙尘暴对三江平原、松嫩平原、辽河平原以及河西走廊的农业致灾危险性最大，对人口的影响由东部向西部随海拔的增加影响程度呈阶梯递减的趋势；

（3）依据灾害研究的理论和前人研究成果，对中国北方沙区进行了沙尘暴风险评级的初步尝试，结果表明，沙尘暴综合风险等级从东向西呈递减的趋势。

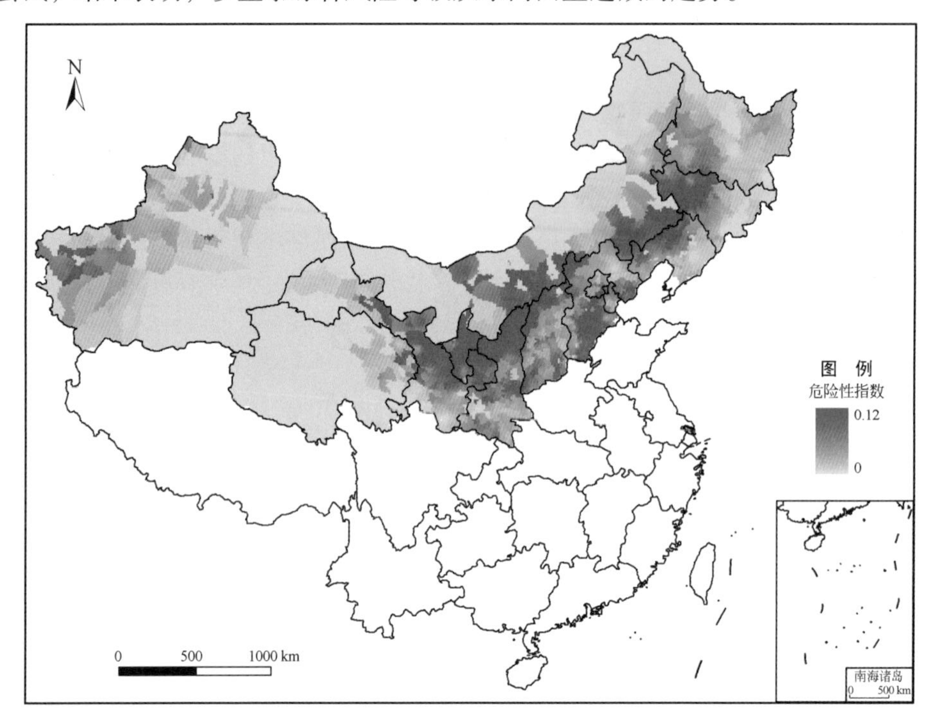

图 3-36 农田沙尘暴灾害危险性分布图

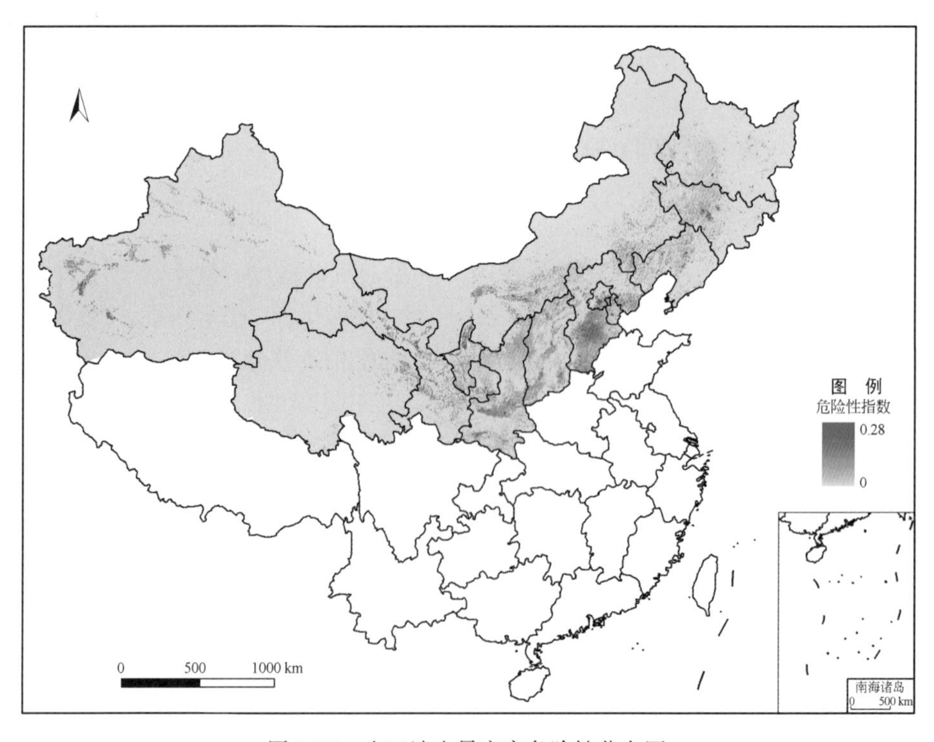

图 3-37 人口沙尘暴灾害危险性分布图

3.3　冰雹灾害数据库与风险评估*

3.3.1　冰雹灾害研究进展综述

冰雹指直径为5mm以上的固体降水，一般较硬，不易压碎，着地可以反跳。每个雹块一般由透明与不透明的冰层（每层至少1mm厚）相间交替组成（雷雨顺等，1978）。中国大百科全书中对冰雹是这样定义的，冰雹又称“雹子”、“冷蛋子”和“响雨”等，是形成于强对流云中的一种固态降水物，直径一般为5～50mm，大的有时达100 mm以上，又称雹或雹块。

冰雹灾害是一种局地性强、季节明显、来势急、持续时间短，以砸伤为主的一种气象灾害（张养才，1991）；有学者认为冰雹灾害是由从发展强盛的高大积雨云中落到地面的固体降水物所造成的灾害（范宝俊，1999）；还有人认为，雹灾是降雹对农业生产造成的灾害（顾钧禧，1994）。因此，冰雹灾害是一种气象灾害，对农业生产危害较为严重，同时对汽车和城市设施（太阳能板、路灯和玻璃等）等非农业对象也会造成一定的损坏。冰雹灾害的大小取决于降雹强度、持续时间和雹粒大小，也取决于受打击对象的脆弱性程度。从区域自然灾害系统角度理解（史培军，1996），冰雹灾害是由冰雹的孕灾环境、致灾因子和承灾体相互作用形成的，灾情大小由三者共同决定，而冰雹灾害风险大小是由孕灾环境稳定性、致灾因子危险性与承灾体脆弱性所决定的。

在冰雹灾害孕灾环境研究方面，较多地集中在下垫面因子、环流因子与降雹时空分布上，如地形高程、坡度、坡向等地形因子与冰雹分布方面（刘引鸽，2000；孙继松，2005；王瑾，2008）。林纾等（2006）研究了中国西北地区环流背景气候特征与降雹的时空分布特征；国外学者Leigh（2001）研究了悉尼地区冰雹灾害频次与南方涛动指数之间的函数关系。

冰雹灾害致灾因子研究主要包括致灾因子产生机制研究和致灾因子风险评估研究两个方面，其中前者较为深入完善。早在20世纪七八十年代，雷雨顺等（1978）第一次从雹块的微物理机制、云物理过程等方面作了系统阐述。随后科学工作者在雹谱、雹块微结构和微物理机制、雹胚特征等方面作了进一步研究，构建了雹云模式和数值模拟，研究单体、多单体雹云中冰雹的增长机制（许焕斌等，1988；洪延超，1999；郭学良，2001）。在雹暴检测预报和人工防雹方面，随着冰雹形成机制研究的不断深入，以及地面雷达、卫星遥感等现代化检测设备的应用，构建了适合不同区域的冰雹预报模式（Smyth and Blackman，1999；张杰，2004），开展了人工防雹的数值模拟和理论研究（黄美元，1978）。

国内外关于冰雹灾害承灾体的研究大体是一致的，较多集中在玉米、小麦、棉花等农作物上。早在20世纪四五十年代国外学者就通过模拟实验的方式，获得了主要农作物在不同灾害强度下的减产情况（Louis，1942）。20世纪七八十年代，研究进一步深入，Hiroshi Seino（1980）通过冰雹激发装置和剪叶试验的方法，模拟了动能和落叶率与小麦和大

---

* 本节执笔人：北京师范大学的王静爱、赵金涛、尹圆圆、岳耀杰、潘东华、张化等。

豆损失率之间的函数关系。随着保险业的兴起和发展，雹灾保险数据成为雹灾脆弱性研究的重要数据源之一（McMaster，1997；Leigh，2001）。中国关于雹灾承灾体的研究，主要集中在降雹对作物生长发育的影响和雹灾后补救措施等方面上（万艳霞，2004；付稀厚，2006）。在作物雹灾损失定量研究方面起步较晚，李存山（1993）通过模拟实验、实际调查和统计分析的方法，建立了鲁西北地区棉花断头率与其他灾情指标，以及棉花产量比率与雹灾灾情指数和受灾时生长阶段之间的函数关系；山义昌（1998）通过分析冬小麦风雹灾害案例，构建了潍坊冬小麦雹灾灾情评估模型。

在雹灾灾情研究中，中国学者综合各地经验，根据雹灾灾情大小将中国划分为轻雹灾区、中雹灾区和重雹灾区（张养才，1991）。在冰雹灾害的灾情调查与评估方面，构建了区域雹灾检测系统和灾害评估模型，实现了对部分地区的灾情监测和风雹灾害损失的定量计算（李新运，1993；山义昌，1998；刘志明，2004）。国外学者利用GOES-8卫星的数据对雹暴过程所造成的损失进行了研究（Klimowski et al.，1998）。

与洪水、干旱、地震等灾害相比，冰雹灾害风险评价的研究还处于起步阶段，缺少完善的理论和方法。国外冰雹灾害风险评价研究相对较为成熟，McMaster（1997）以新威尔士南部为研究区域，以作物保险数据为基础，对农作物雹灾损失风险进行了分析。R. Leigh和I. Kuhnel在对悉尼地区冰雹灾害特征分析基础上，以房屋和私人汽车为例，建立了新威尔士南部城市地区冰雹灾害风险评价模型。该模型主要包括致灾因子发生模型、承灾体的暴露性模型、承灾体的脆弱性模型和损失分析模型四部分。另外，Changnon（2007）认为包括冰雹在内的极端雹暴灾害风险评价应包括致灾因子危险性评价、区域要素的脆弱性评价、目标区域保险类型分析三个部分。

相比之下，国内冰雹灾害风险评价研究起步较晚，评估方法也不成熟。仅部分学者基于灾害系统理论，借鉴比较成熟的地质灾害风险评价方法，采用降雹频次、人口密度和人均GDP等指标，分析了重庆市和北京市县级冰雹灾害风险（罗培，2007；扈海波，2008）。有学者以省域为基本单元，对中国汽车雹灾风险进行了评价。近期，有学者采用GIS技术，选取高程、下垫面和冰雹路径为敏感性因子，冰雹频率和雹灾次数为危险性因子，人口、GDP和耕地分布为易损性因子，对阿克苏地区的冰雹灾害风险进行评价和区划（李丽华，2010）。整体看，关于雹灾风险评价研究并不是很多，而在全国尺度下，以作物不同生育期为时间序列的雹灾风险研究尚属空白。因此，基于冰雹案例数据库，运用区域灾害系统理论，通过分析中国主要农作物不同生育期雹灾危险度和承灾体脆弱度，编制中国主要农作物不同生育期的雹灾风险时空分布图，对实现农作物分期防雹和分区保险费率的厘定具有重要的意义。

3.3.2 冰雹灾害风险数据库建立

1. 冰雹灾害风险数据库结构

依据灾害系统理论和灾害风险评价体系，对冰雹灾害风险评价数据库进行了总体设计（图3-38），形成了由基础信息到指标信息最后到数字地图信息的数据库系统。

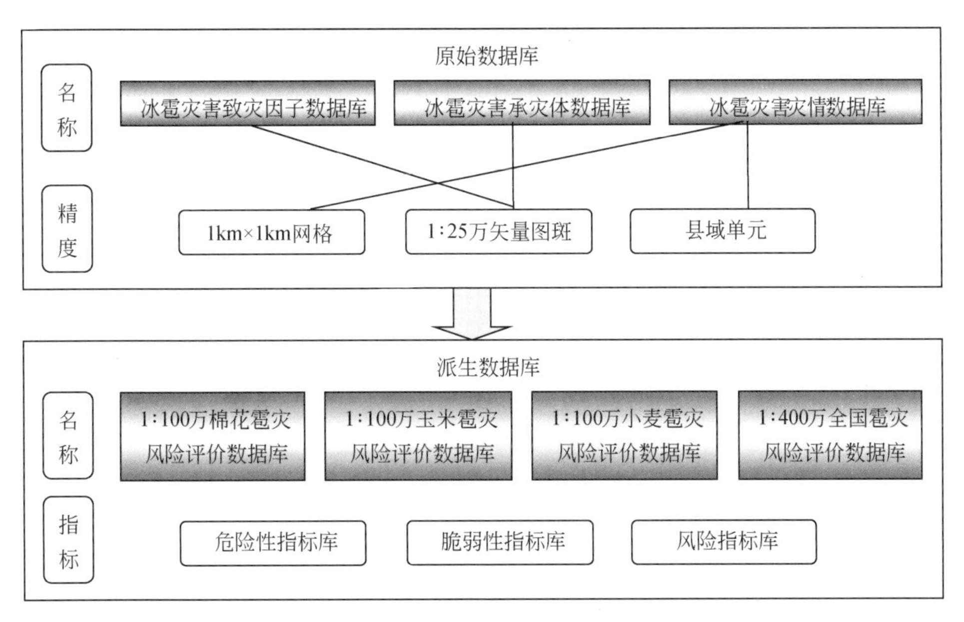

图3-38 冰雹灾害风险评价数据库总体构建

2. 中国冰雹灾害致灾因子数据库

鉴于目前能够获取的数据情况，冰雹致灾因子数据库选用县级单元的冰雹灾害案例为基本数据源（表3-3）。该数据库涉及基本信息、致灾能力和灾情三个方面，共28个指标来表示每个冰雹案例记录所蕴含的信息（表3-4）。在雹灾风险评价中，最终采用降雹频次作为致灾因子指标。

表3-3 中国冰雹灾害致灾因子数据库资料来源

数据库	数据源	主要信息	资料来源
中国县级单元冰雹灾害案例数据库	《全国报刊灾害数据库》	1949～2005年冰雹灾害案例数据	中国气象灾害大典编撰委员会，2005～2008
	《中国气象灾害大典》丛书	1949～2000年全国各县冰雹案例数据	
	《中国气象灾害年鉴》	2005～2007年全国各县冰雹案例数据库	中国气象灾害大典编撰委员会，2005～2008
	《中国减灾》	2001～2004年全国各县冰雹案例数据库	民政部国家减灾中心
	谷歌（Google）搜索	2008年全国各县冰雹案例数据库	互联网

表 3-4　中国县级单元冰雹灾害案例数据库指标设计

指标类型	字段	单位及注意事项	指标类型	字段	单位及注意事项
基本信息	县名	注意行政区划变动	致灾能力	引发洪水	有，记为1；无，不记录
	代码	各县 ID 号		龙卷风	有，记为1；无，不记录
	发生年份	四位	灾情	受灾面积	hm^2
	月、日	个位日前加 0，如 8 月 6 日，记录为 806		成灾面积	hm^2
	开始时间	如 9 时 08 分，记录为 908		绝收面积	hm^2
致灾能力	持续时间	min		受灾村庄数量	个
	平均直径	mm		受伤人数	人
	最大直径	mm		死亡人数	人
	等级	特大，重，中，轻		死亡动物	头
	密度	粒/m^2		受灾损失	比例
	风力	级		倒折树木	棵
	最大重量	g		损坏房屋	间
	降雹范围	km^2		倒塌房屋	间
	覆盖厚度	cm		直接经济损失	万元

雹灾案例中，关于冰雹大小的记录较多为参照实物对比描述。在冰雹直径信息处理中，主要参照上海市标准和山西昔阳县群众描述的标准对冰雹大小进行量化（表 3-5）。

表 3-5　冰雹描述与大小对照表

描述	黄豆	蚕豆	枣	杏	蛋黄	核桃	鸡蛋	拳头	碗口	盘
直径/mm	8	15	20	25	30	35	45	60	80	100

3. 中国冰雹灾害承灾体数据库

选取土地利用为基本承灾体，特别提取冰雹灾害高风险作物小麦、玉米和棉花三种承灾体（表 3-6）。该数据库的基本统计单元为 1km × 1km 网格，信息源是中国土地利用数据库、中国棉花数据库、中国玉米数据库和中国小麦数据库。

表 3-6　中国雹灾承灾体数据库数据源

数据源	主要信息	资料来源
土地利用数据	1∶25 万矢量格式全国土地利用图	中国科学院地理科学与资源研究所
各县作物产量数据	小麦、玉米、棉花产量	中国科学院、中国县市社会经济统计年鉴
各县作物种植面积数据	小麦、玉米、棉花种植面积	中国科学院、中国县市社会经济统计年鉴
作物区划	小麦、玉米、棉花种植区划	中国国家农业地图集
作物物候期	小麦、玉米、棉花物候期	中国国家农业地图集

3.3.3　冰雹灾害风险评估方法

1. 技术路线

研究采取的技术路线如图 3-39 所示。

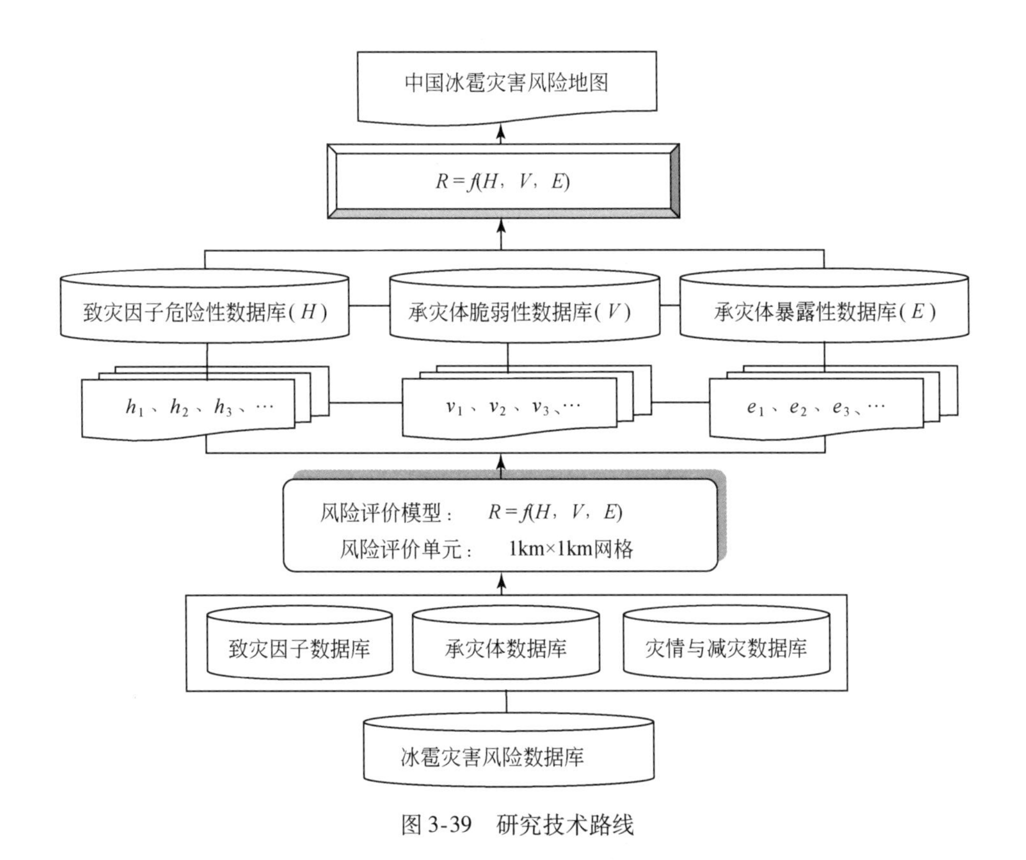

图 3-39　研究技术路线

2. 1∶100 万中国主要农作物冰雹灾害风险评价方法

研究采用联合国人道主义事务部于1992年所提出的风险度计算方法研究棉花、玉米和小麦三种作物的雹灾风险，见式（3-17）。

$$风险度 = 危险度 \times 脆弱度 \tag{3-17}$$

影响冰雹灾害危险度的因素主要有降雹频次和降雹强度等，其中降雹强度由冰雹直径大小、降雹持续时间、降雹密度、降雹面积等综合因素决定。本研究采用降雹频次来表征致灾强度大小，假定每次降雹的致灾强度是均等的，即中等强度。由于作物不同生长阶段抵御冰雹打击的能力存在着差异，因此采用作物不同生育期内中等强度雹灾的损失率作为其雹灾易损性指数（c_i）。农作物雹灾脆弱度除了和作物本身的抗雹能力大小有关外，还与作物单产水平及种植规模有关。同等冰雹致灾强度下，单产水平越高，雹灾损失风险越大；选取作物种植面积作为暴露度指标，种植区面积越大，暴露程度越大，承接雹灾的可能性越大。因此，本研究选用农作物单产指数（p）、农作物暴露度指数（e）、农作物不同生育期雹灾易损性指数（c_i）三者乘积来表示承灾体的脆弱度。具体雹灾风险评价模型如下：

$$R_i = h_i \times v_i \tag{3-18}$$

式中，R_i 为某种作物第 i 个生育期的雹灾风险值；h_i 为该作物第 i 个生育期的雹灾危险度指数，$h_i = b_i/d_i$，b_i 为第 i 个生育期降雹频次；d_i 为第 i 个生育期天数；v_i 为该作物第 i 个生育期雹灾的脆弱度指数，$v_i = p \times e \times c_i$，$p$ 为该作物单产指数；e 为该作物种植规模指数；c_i 为该作物第 i 个生育期雹灾易损性指数。

3. 1∶400 万中国冰雹灾害综合风险评价研究方法

本研究选用地均降雹日数作为致灾因子，土地利用类型作为承灾体来评价雹灾风险。根据式（3-17），雹灾综合风险评价模型为

$$R = H \times V \tag{3-19}$$

式中，H 表示雹灾危险度，用地均降雹日数来表示；V 表示土地利用承灾体脆弱度。在冰雹的打击下，不同土地利用类型上的附着物受损程度不同，通过专家打分法，对不同土地利用类型的雹灾脆弱度进行赋值，见表3-7。

表3-7 基于土地利用类型的冰雹灾害承灾体脆弱度

土地利用类型	脆弱度	土地利用类型	脆弱度
水田	0.15	其他林地	0.10
平原旱地	0.20	高覆盖度草地	0.03
其他旱地	0.25	中覆盖度草地	0.03
有林地	0.04	低覆盖度草地	0.04
灌木林	0.03	农村居民点	0.10
疏林地	0.03	其他用地	0

其他用地包括河渠、湖泊、水库坑塘、永久性冰川雪地、滩涂、城镇用地、其他建设用地、沙地、戈壁、盐碱地、沼泽地、裸土地和裸岩石砾地等。本研究不考虑这些用地类型附着物的雹灾脆弱度，其脆弱度赋值为0。

3.3.4　冰雹灾害风险评估结果与分析

1. 中国主要农作物分生育期冰雹灾害风险评价

根据冰雹灾害风险评价模型和地学信息图谱理论，利用GIS技术，编制中国主要农作物冰雹灾害风险图谱［以棉花为例（图3-40）］，可以系统地揭示冰雹致灾因子、主要农作物承灾体以及二者相互作用的雹灾风险时空动态格局。该图谱编制的步骤：第一，基于不同农作物的不同生育期日均降雹频次，绘制出各农作物不同生育期危险性图谱；第二，基于各农作物不同生育期脆弱性指数，绘制出棉花不同生育期雹灾脆弱性图谱；第三，根据式（3-17）运算结果，绘制棉花不同生育期雹灾风险图谱。在图谱编制过程中，为了便于对比分析，进行了数据无量纲化处理，按指数分级法，将危险度（H）、脆弱度（V）、风险度（R）都划分为高、较高、中、低四个级别。

1）中国棉花冰雹灾害风险评价结果和分析

a. 致灾因子危险性分析

对中国雹灾数据库进行统计表明，棉花不同生育期降雹概率由大到小依次为苗期（t_2）、蕾期（t_3）、铃期（t_4）、播种出苗期（t_1）和吐絮期（t_5），降雹概率分别为30.4%、29.2%、18.7%、16.3%和5.4%。从空间分布格局来看，不同生育期棉花雹灾高危险区分布特点不同：t_1 雹灾高危险区分布在长江以南、安徽北部和江苏东部，这是因为中国棉花播种出苗期正值4月上旬，中国降雹主要发生在南方地区；t_2 处于4月中旬到6月上旬，正值中国降雹高峰期，雹灾高危险区范围较广，集中在新疆、辽宁西部、安徽北部、山东中部、江苏东部和江汉平原多个棉区；t_3 雹灾高危险区范围较 t_2 明显增大，向河北、山西、陕西推移扩散；和 t_3 相比，t_4 雹灾高危险区出现南移，范围缩小，集中在四川盆地、安徽北部、渭河谷地和新疆；t_5 全国大部分棉区处于雹灾低危险区，高危险区仅出现在新疆阿克苏地区。随着棉花生育期的变化，中国棉区雹灾高危险区范围呈现由小到大再变小的过程，区域上呈现先北移再南撤的特点，这和中国降雨带随棉花生育期变化而变化的规律是一致的。

b. 承灾体脆弱性分析

时间序列上雹灾 V 由高到低依次为 t_3、t_4、t_2、t_1、t_5。空间格局上看，全国 t_1 和 t_5 脆弱度比较低，仅新疆南疆地区脆弱度较高；t_2 高脆弱区除了新疆以外，集中在河北南部，河南北部地区；t_3 棉株遭受冰雹的易损性最大，高脆弱区范围有所扩展，集中在河南东北部、山东和河北交界地带；t_4 高脆弱区集中在河南与山东交界地区。整体来看，棉花雹灾高脆弱区集中在黄淮海平原、江汉平原和新疆地区。这些地区光热充足、产量高、种植面积比较广泛，是中国主要的植棉区，也是雹灾风险防范需重点关注的地区。

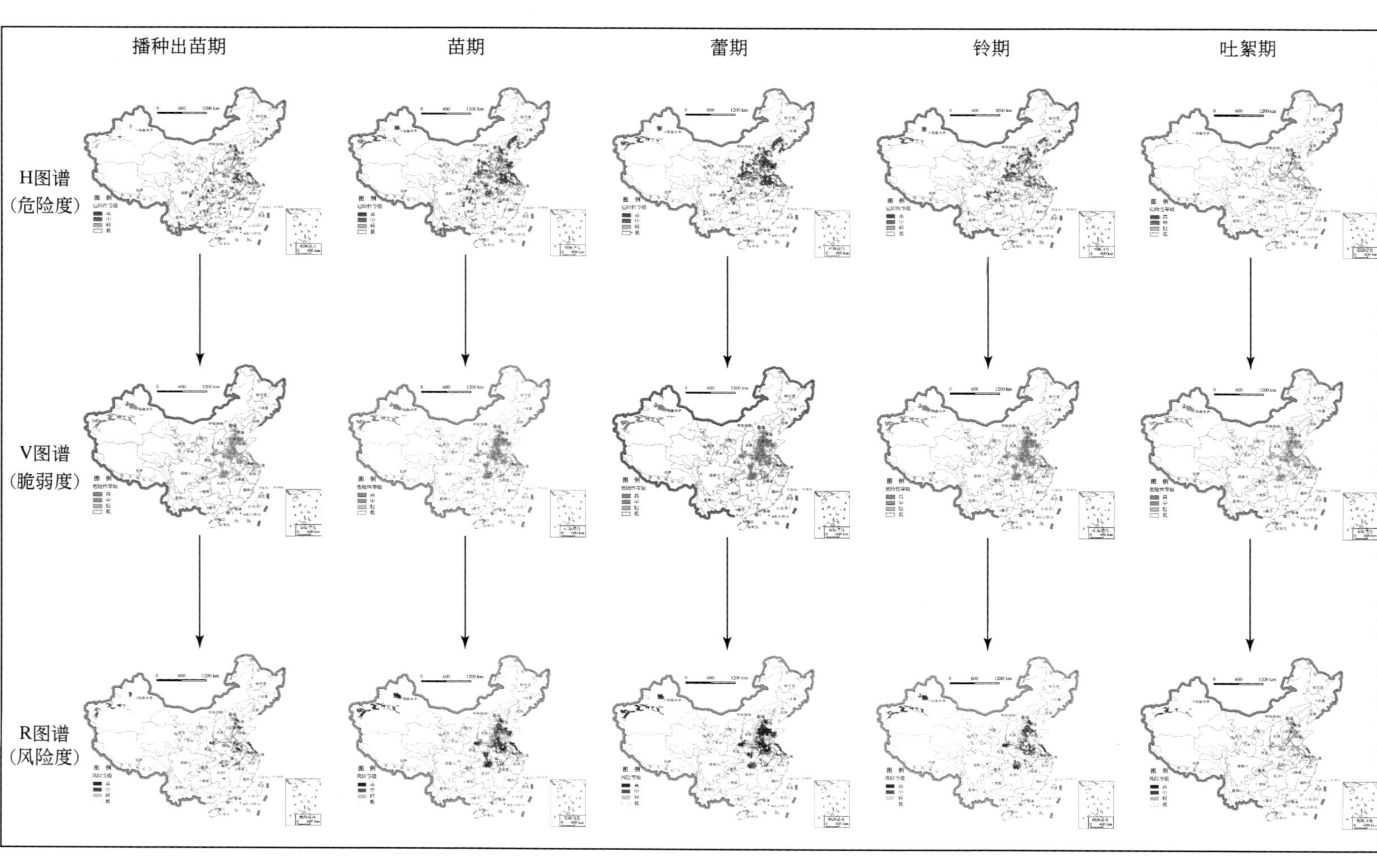

图3-40 中国棉花不同生育期雹灾风险分析图谱

c. 雹灾风险分析

从生育期序列来看，中国棉花雹灾高风险区范围由大到小依次为 t_3、t_2、t_4、t_1 和 t_5，雹灾高风险棉田面积所占比例分别为 20.10%、13.08%、7.65%、2.87% 和 0.78%。可见，蕾期是棉花雹灾高风险期，为重点防范期。

中国棉花5个生育期雹灾风险空间分布有以下特点（图3-41、表3-8）：t_1 雹灾风险比较低，高风险区范围较小，出现在新疆阿克苏和安徽北部地区；t_2 高风险区主要集中在新

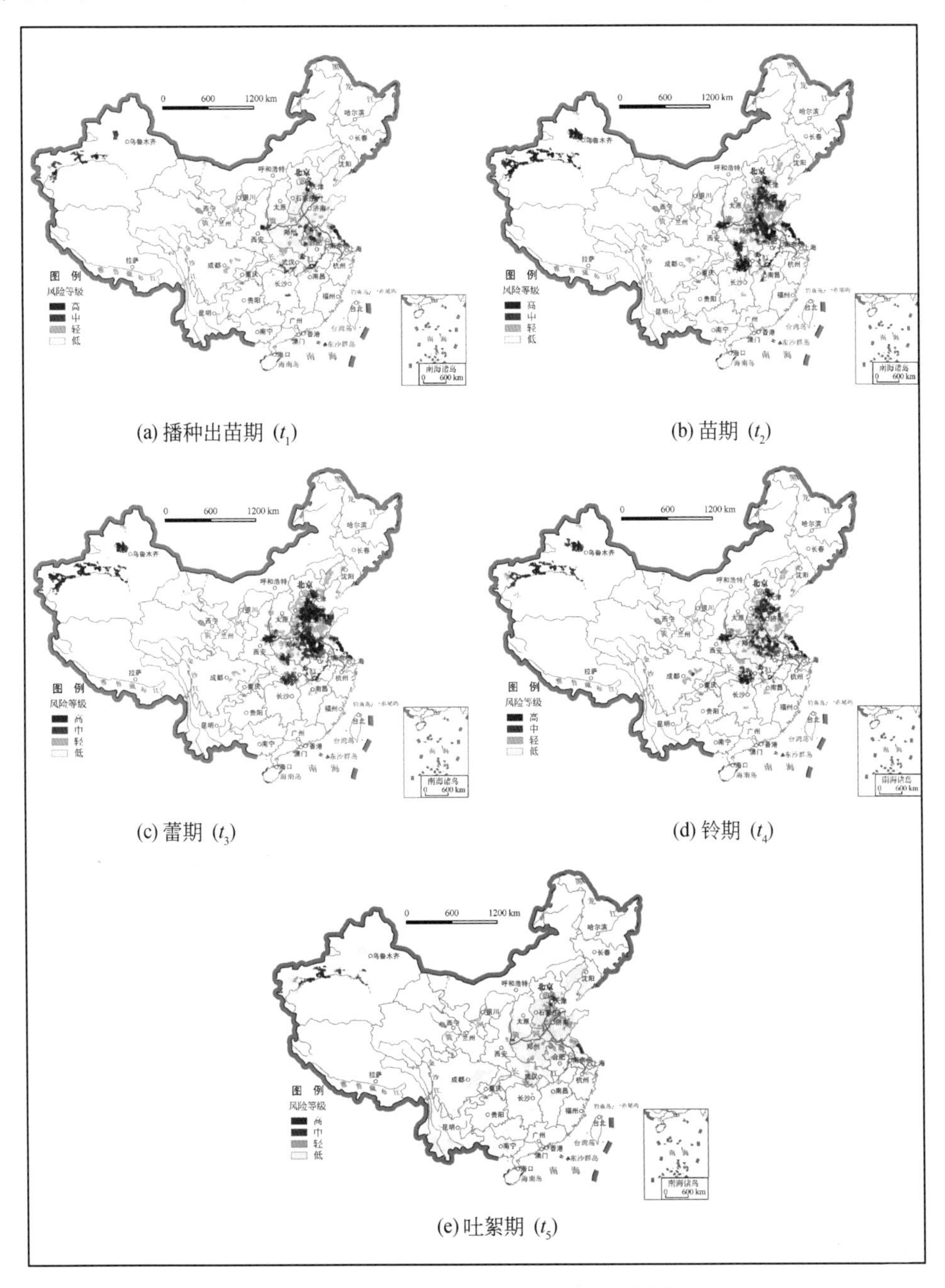

(a) 播种出苗期（t_1）

(b) 苗期（t_2）

(c) 蕾期（t_3）

(d) 铃期（t_4）

(e) 吐絮期（t_5）

图3-41　棉花不同生育期雹灾风险图谱

疆南疆地区、天山北坡中部区、安徽北部、河南东部、湖北中部、陕西中部和江苏东北部等；与 t_2 相比较，t_3 高风险区范围向北扩展，安徽北部、河南东部、河北南部和山东西北部连成一片，该地区是蕾期重点防范区域；t_4 高风险范围较 t_2 和 t_3 相比，有所缩小，分布相对也较为零散，主要集中在新疆地区、渭河谷地和黄淮海平原地区；吐絮期雹灾风险较低。从整个生育期上来看，辽宁西部、四川盆地和华南棉区雹灾风险较低，而西北内陆棉区雹灾风险较大，应重点关注。

基于以上分析，得出如下三个基本认识。

（1）苗期和蕾期遭遇雹灾的概率最大，分别为 30.4% 和 29.2%，吐絮期遭遇雹灾的概率最小，为 5.4%。随着棉花从播种出苗期、苗期、蕾期、铃期到吐絮期的变化，中国棉区雹灾高危险区范围呈现由小到大再变小的过程，区域上呈现先北移再南撤的特点。

（2）蕾期是棉花雹灾高脆弱度范围最大的时期，高脆弱度区域占 19.62%，集中在黄淮海平原、湖北南部和新疆地区。在蕾期高脆弱区加强雹灾防范，可有效地降低棉花雹灾损失。

（3）棉花雹灾高风险范围最大的时期是蕾期，高风险区域所占比例为 20.10%，蕾期是重点防范期。棉花雹灾高风险区主要集中在黄淮海平原和新疆地区。这些地区不仅是棉花雹灾风险重点防范区，也是中国发展棉花雹灾保险的重点区域。

表 3-8 中国棉花雹灾风险等级棉田面积统计

t	棉田面积比例/%			
	低风险	中风险	较高风险	高风险
t_1	77.62	12.17	7.32	2.87
t_2	36.89	28.92	21.11	13.08
t_3	34.25	24.76	20.89	20.10
t_4	47.66	24.12	16.58	7.65
t_5	79.17	17.02	3.03	0.78

2）中国玉米冰雹灾害风险评价结果和分析

玉米冰雹灾害风险评价图谱（图 3-42）。

a. 不同生育期冰雹致灾因子危险性分析

统计表明，各生长阶段降雹概率由大到小依次为穗期阶段（t_2）、苗期阶段（t_1）、籽粒期阶段（t_3）。从空间分布格局来看，玉米雹灾高危险区分布特点如下：t_1 雹灾高危险区分布在安徽北部和山西、京津冀部分地区；t_2 处于 6 月中旬到 7 月月底，正值中国降雹高峰期，降雹中心多在东北、华北地区，雹灾高危险区范围较广，集中在京津冀地区、山西中部和北部地区、宁夏东南部和青海东北部，较 t_1 时期向北向西移动；t_3 时期雹灾高危险区主要集中在京津冀地区和山西中东部，范围较 t_2 有所缩小。随着玉米生育期的变化，中国玉米雹灾高危险区范围呈现由小到大再变小的过程，区域上呈现先北移再南撤的特点。

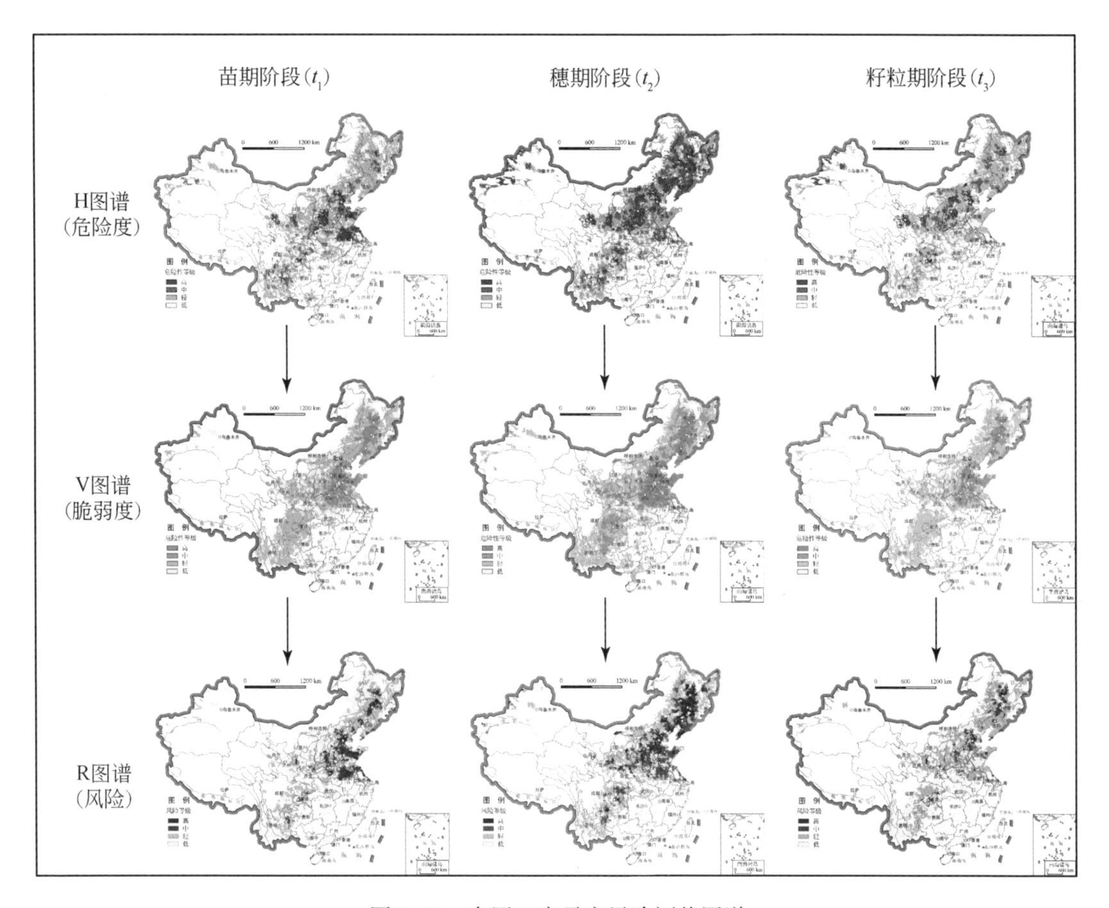

图 3-42　中国玉米雹灾风险评价图谱

b. 不同生育期玉米雹灾承灾体脆弱性分析

从时间序列看，玉米雹灾脆弱度由高到低依次为 t_2、t_3 和 t_1。从空间格局上看，全国 t_1 和 t_3 阶段脆弱度比较低，仅河北东南部部分地区属较高脆弱区，吉林中部地区为中度脆弱区，其他地区都较低；t_2 时期较 t_1 和 t_3 时期高脆弱度地区范围有所扩大，主要集中在东北和华北地区，且连片出现。这是由该地区的主要种植制度和种植条件决定的。这些地区又是中国玉米主产区，是雹灾风险防范需重点关注的地区。整体来看，玉米雹灾高脆弱区有一个由南向北扩展，再南撤的过程。

c. 不同生育期玉米雹灾风险分析

从生育期序列来看，中国玉米雹灾高风险区范围由大到小依次为 t_2、t_1 和 t_3，雹灾高风险面积所占比例分别为 12.14%、4.00% 和 0.96%。可见，抽穗期是玉米雹灾高风险期，为重点防范期。

玉米 3 个生育期雹灾风险空间分布有以下特点（图 3-43、表 3-9）：t_1 雹灾风险比较低，高风险区范围较小，集中在京津冀部分地区；t_2 高风险区范围较 t_1 有所扩大，主要集中在吉林中部地区、京津冀部分地区和宁夏南部地区，是该时期重点防御地区；t_3 高风险范围几乎没有。

基于以上分析，得出如下三个基本认识。

（1）从时间序列看，玉米各生长阶段降雹概率由大到小依次为穗期阶段（t_2）、苗期阶段（t_1）、籽粒期阶段（t_3）。从空间分布格局来看，玉米雹灾高危险区 t_1 分布在安徽北部和山西、京津冀部分地区；t_2 集中在京津冀地区、山西中部和北部地区、宁夏东南部和青海东北部；t_3 时集中在京津冀地区和山西中东部。整体呈现由小到大再变小的过程，区域上呈现先北移再南撤的特点。

（2）从时间序列看，玉米雹灾脆弱度由高到低依次为 t_2、t_3 和 t_1。从空间格局上看，t_1 和 t_3 仅河北东南部部分地区属于较高脆弱区，其余都较低；t_2 时期主要集中在东北和华北地区，且连片出现。

（3）从生育期序列来看，中国玉米雹灾高风险区范围由大到小依次为 t_2、t_1 和 t_3。抽穗期是玉米雹灾重点防范期。从空间格局看，雹灾高风险区 t_1 集中在京津冀部分地区；t_2 主要集中在吉林中部地区、京津冀部分地区和宁夏南部地区，是重点防御地区；t_3 几乎没有高风险区。

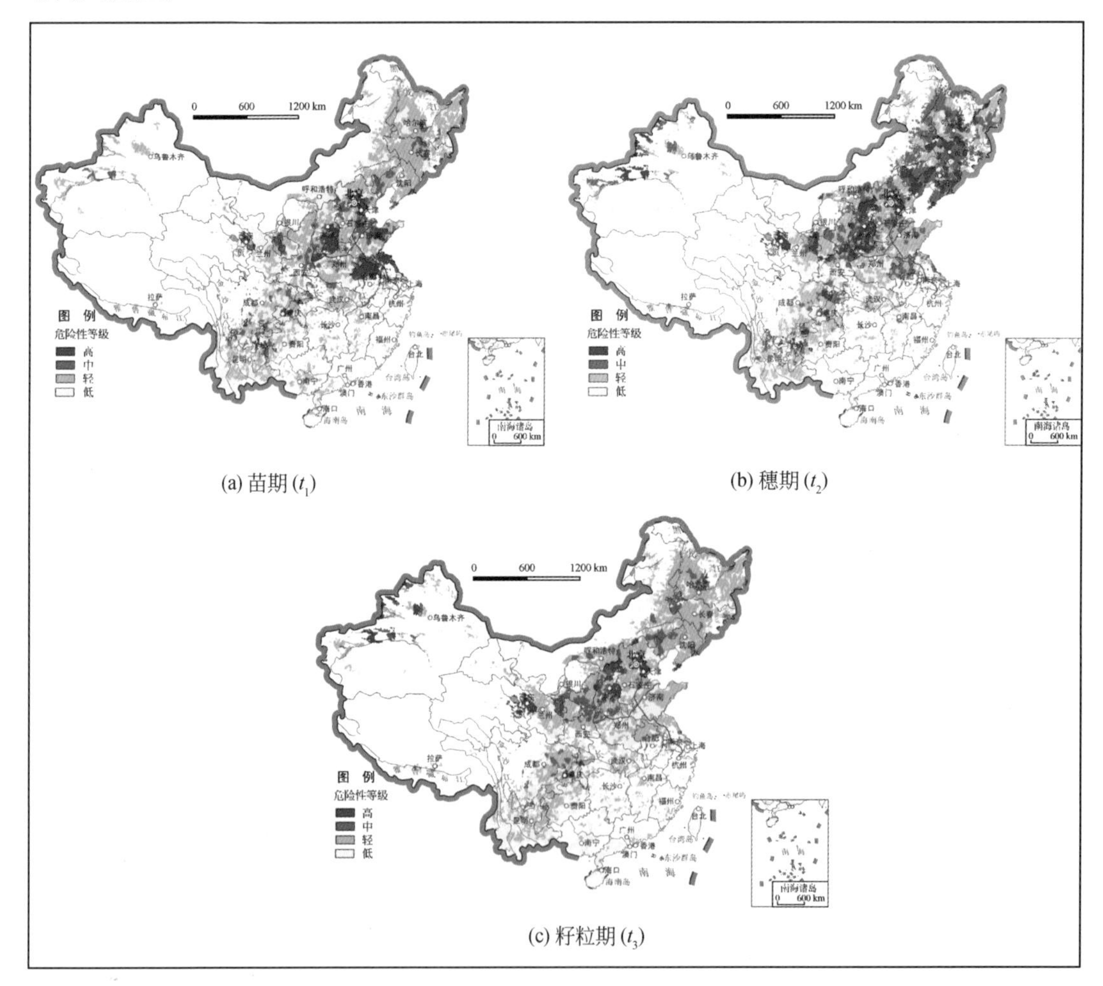

图 3-43　中国玉米不同生育期雹灾风险图

表 3-9 玉米不同生长阶段各风险等级所占面积比例

t	各风险等级所占面积比例/%			
	高风险	中风险	轻风险	低险
t_1	0.4	13.31	36.99	41.41
t_2	12.14	21.91	36.31	29.64
t_3	0.96	7.24	46.7	45.39

3）中国春小麦冰雹灾害风险评价结果和分析

春小麦冰雹灾害风险评价图谱（图 3-44）。

a. 不同生育期冰雹致灾因子危险性分析

统计表明，春小麦各生长阶段降雹概率由大到小依次为抽穗—成熟期（t_3）、拔节—抽穗期（t_2）、苗期—拔节期（t_1），降雹概率分别为 46.2%、42.2% 和 11.6%。从空间分布格局来看，春小麦雹灾高危险区分布特点如下：t_1 阶段雹灾危险性普遍较低，没有高危险区，只有河套地区和伊犁地区的雹灾风险相对较高。这是因为此期多处于 4 月和 5 月月初，中国降雹主要发生在南方地区；t_2 阶段处于 5 月月初到 6 月月初，中国降雹频发区已北移，雹灾高危险区范围较广，集中在青海东北部地区、宁夏南部地区、吉林北部和黑龙

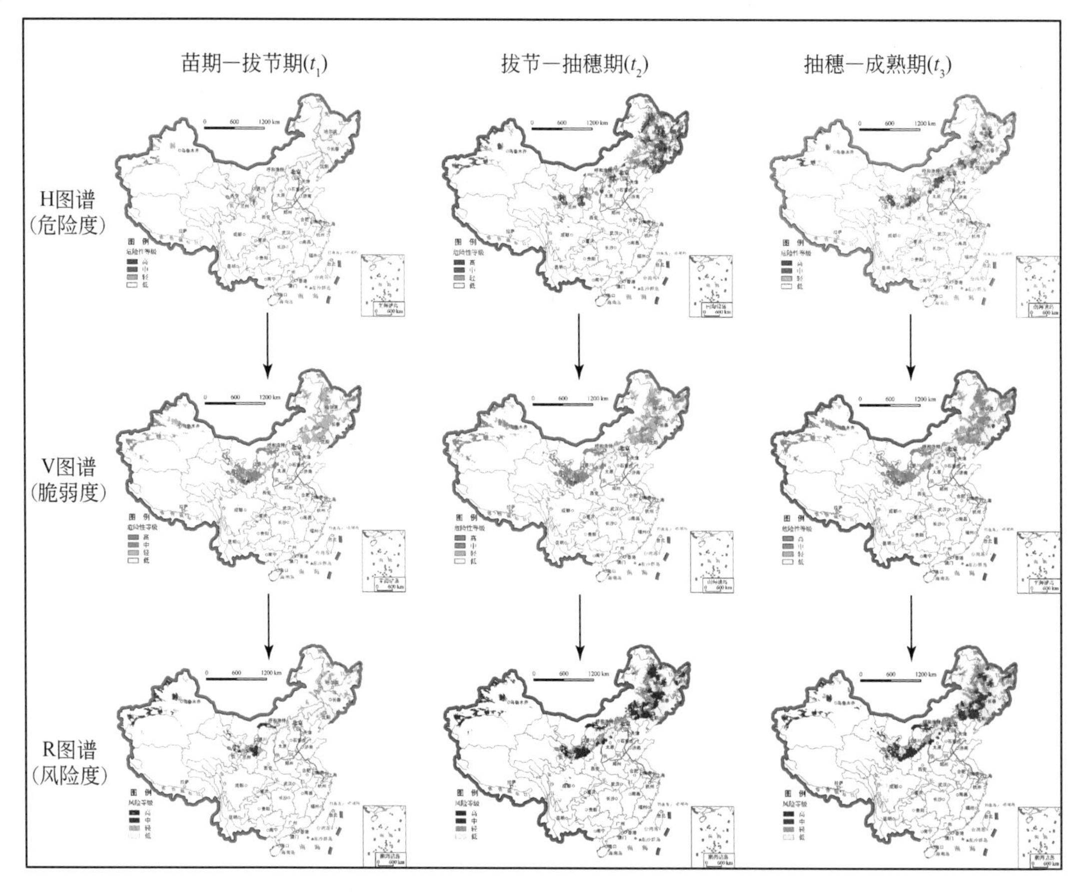

图 3-44 中国春小麦雹灾风险评价图谱

江南部；t_3 阶段雹灾高危险区面积较 t_2 变化并不是很大，但是空间格局变化明显，高风险区向西移动，出现连接成片现象，主要分布在青海东部、宁夏南部、山西北部和吉林北部，这主要是由于该时期处于 6 ~7 月，正值中国冰雹高发时期，此时的多雹中心已移动到华北、东北等地区。总体来看，随着小麦生长阶段的变化，中国春小麦雹灾高危险区范围呈现逐渐增加的趋势，区域上呈现向西移动的特点。

b. 不同生育期春小麦雹灾承灾体脆弱性分析

时间序列上雹灾脆弱度由高到低依次为 t_3、t_2 和 t_1。空间格局上看，全国春小麦雹灾高脆弱区主要集中在甘肃中部、内蒙古中部和南疆部分地区，并且随时间的推移，苗期—拔节抽穗期—成熟期，高脆弱区范围逐渐扩大。整个东北地区春小麦的雹灾脆弱性都较小。

c. 不同生育期春小麦雹灾风险分析

从生育期序列来看，中国春小麦雹灾高风险区范围由大到小依次为 t_3、t_2 和 t_1，雹灾高风险面积所占比例分别为 6.6%、5.07% 和 0.58%（图 3-45、表 3-10），总体来说高风险区域较少。抽穗—成熟期处于小麦收获季节，是冬小麦雹灾高风险期，为重点防范期。

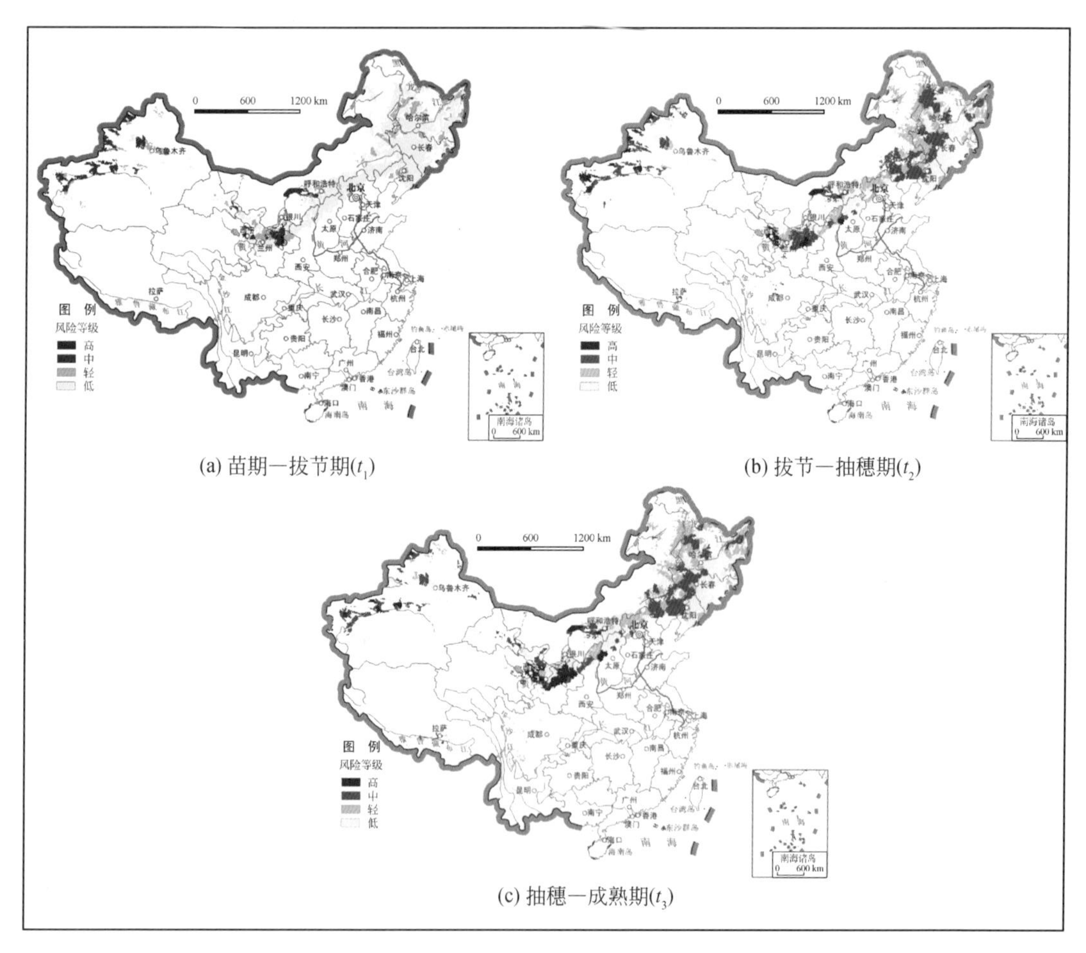

(a) 苗期—拔节期(t_1)

(b) 拔节—抽穗期(t_2)

(c) 抽穗—成熟期(t_3)

图 3-45　春小麦不同生育期雹灾风险图

中国春小麦3个生长阶段雹灾风险空间分布有以下特点：t_1 雹灾风险比较低，大部分地区属于轻风险和低风险区，中风险区极少，没有高风险区；t_2 高风险区主要集中在宁夏南部、青海东部和内蒙古中部部分地区；和 t_2 相比，t_3 高风险区范围有所扩展，主要分布在山西西部地区、宁夏南部、青海东部和内蒙古中部部分地区，该地区是抽穗—成熟阶段重点防范区域。

基于以上分析，得出如下三个基本认识。

从时间序列看，春小麦各生长阶段降雹概率由大到小依次为抽穗—成熟期（t_3）、拔节—抽穗期（t_2）、苗期—拔节期（t_1）。从空间分布格局来看，t_1 阶段春小麦雹灾高危险区集中在河套地区和伊犁地区；t_2 阶段集中在青海东北部部分地区、宁夏南部地区、吉林北部和黑龙江南部；t_3 阶段主要分布在青海东部、宁夏南部、山西北部和吉林北部。

从时间序列上看，雹灾脆弱度由高到低依次为 t_3、t_2 和 t_1。从空间格局上看，全国春小麦雹灾高脆弱区主要集中在甘肃中部、内蒙古中部和南疆部分地区，并且随时间的推移高脆弱度范围逐渐扩大。

从时间序列来看，中国春小麦雹灾高风险区范围由大到小依次为 t_3、t_2 和 t_1，总体来说高风险区域较少。抽穗—成熟期为重点防范期。从空间格局看，雹灾高风险主要集中在晋西地区、宁夏南部、青海东部和内蒙古中部地区，该地区是抽穗—成熟阶段重点防范区域。

表3-10　春小麦不同生长阶段各风险等级所占面积比例

t	各风险等级所占面积比例/%			
	高风险	中风险	轻风险	低风险
t_1	0.58	9.52	21.09	68.81
t_2	5.07	31.11	29.95	33.86
t_3	6.6	29.13	27.66	36.61

4）中国冬小麦分生育期冰雹灾害风险评价结果和分析

冬小麦冰雹灾害风险评价图谱（图3-46）。

a. 不同生育期冰雹致灾因子危险性分析

统计表明，冬小麦各生长阶段降雹概率由大到小依次为拔节—抽穗期（t_2）、抽穗—成熟期（t_3）、苗期—拔节期（t_1），并且 t_2 时段明显高于 t_1 和 t_3 时段，降雹概率分别为64.3%、26.6%和9.1%。从空间分布格局来看，冬小麦雹灾高危险区分布特点如下：t_1 阶段雹灾危险性普遍较低，没有高危险区。这是因为此期多处于9月到次年的3、4月，中国降雹较少。t_2 阶段一般处于4月月初到5月月初，中国降雹次数开始增多，高危险区主要集中在新疆、重庆等部分地区。t_3 阶段雹灾高危险区范围较 t_1 和 t_2 明显增加，高危险区出现连接成片现象，向西移动，主要分布在重庆、天津、河北和山西等部分地区，这主要是由于该时期处于6、7月，正值中国冰雹高发时期。总体来看，随着小麦生长阶段的变化，中国冬小麦雹灾高危险区范围呈现逐渐增加的趋势，区域上呈现向北移动的特点。

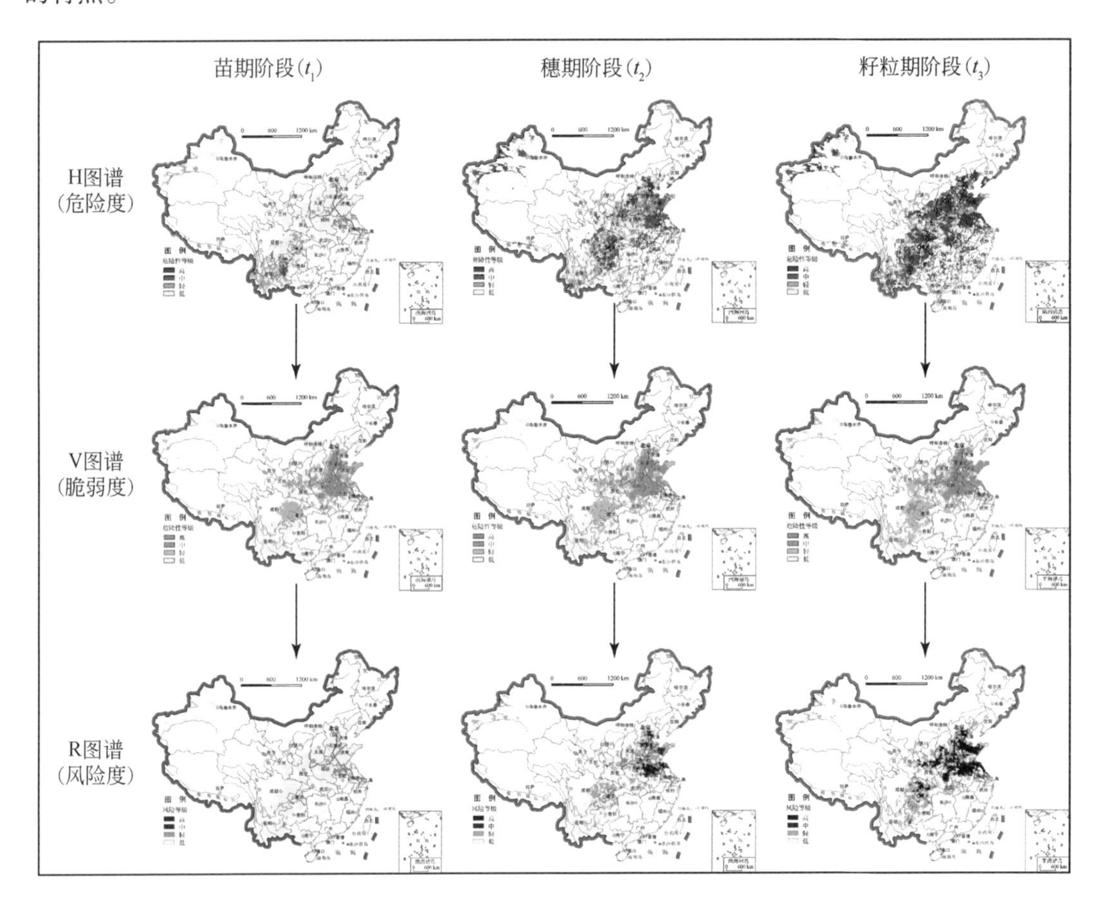

图 3-46 中国冬小麦雹灾风险评价图谱

b. 不同生育期冬小麦雹灾承灾体脆弱性分析

时间序列上雹灾脆弱度由高到低依次为 t_3、t_2 和 t_1。空间格局上看，t_1 冬小麦高脆弱区主要集中在河南南部、安徽北部以及河北南部和中部部分地区。t_2 和 t_3 时期高脆弱区以 t_1 为中心，范围逐渐扩大，主要集中在华北地区，河南中东部、安徽北部、河北南部、山东北部和西部以及江苏北部部分地区。新疆和南方地区冬小麦雹灾脆弱性较小。

c. 不同生育期冬小麦雹灾风险分析

从生育期序列来看，中国冬小麦雹灾高风险区范围由大到小依次为 t_3、t_2 和 t_1，雹灾高风险面积所占比例分别为 20.95%、4.15% 和 0%。可见，抽穗—成熟期是冬小麦雹灾高风险期，为重点防范期。

中国冬小麦三个生长阶段雹灾风险空间分布有以下特点（图 3-47、表 3-11）：t_1 雹灾风险比较低，大部分地区属于轻风险和低风险区，中风险区极少，没有高风险区；t_2 高风险区主要集中在河南南部和安徽北部、江苏北部等地；和 t_2 相比，t_3 高风险区范围向北扩展，安徽北部、河南东部、河北南部和江苏北部连接成片，并延伸到山东北部和中部、山西和陕西部分地区，该地区是抽穗—成熟阶段重点防范区域。

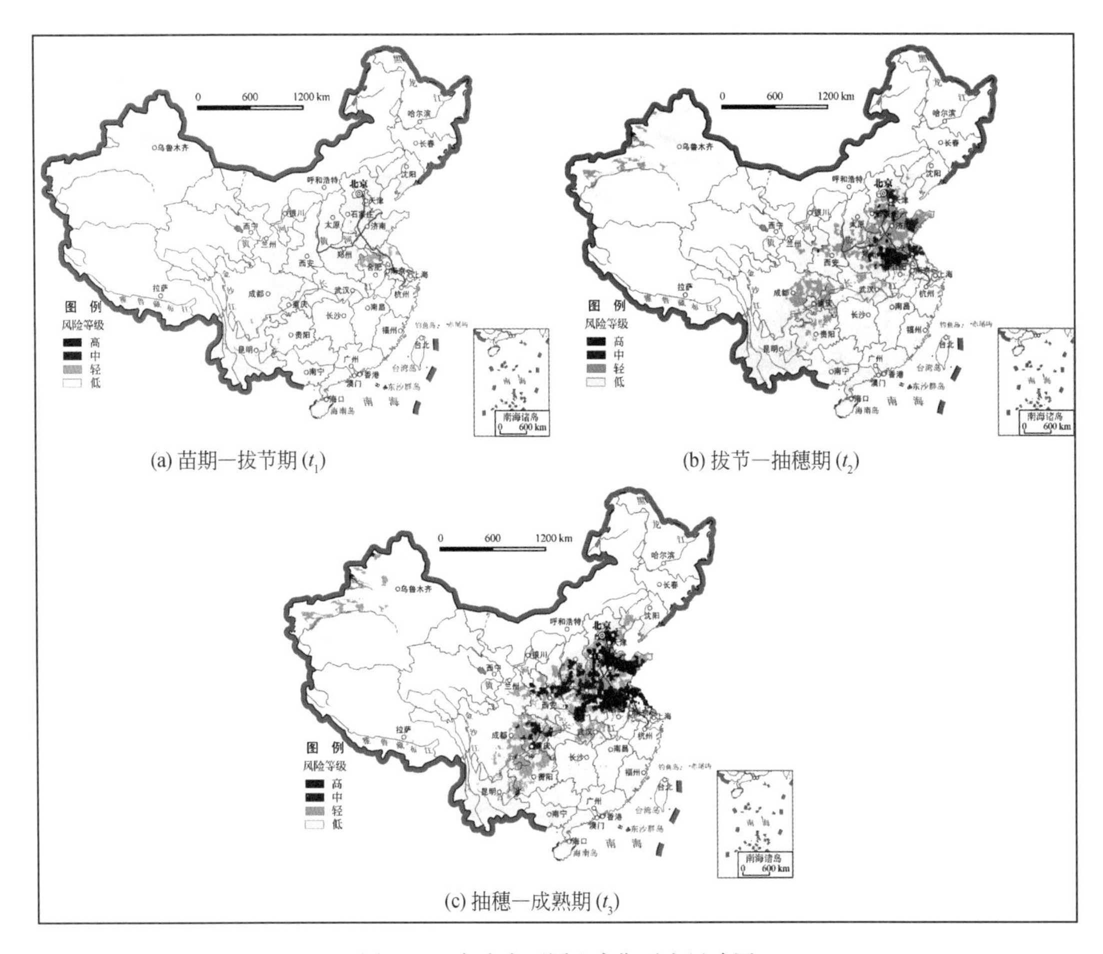

(a) 苗期—拔节期 (t_1)

(b) 拔节—抽穗期 (t_2)

(c) 抽穗—成熟期 (t_3)

图 3-47　冬小麦不同生育期雹灾风险图

基于以上分析，得出如下三个基本认识。

从时间序列看，冬小麦各生长阶段降雹概率由大到小依次为拔节—抽穗期（t_2）、抽穗—成熟期（t_3）、苗期—拔节期（t_1）。从空间分布格局来看，冬小麦雹灾高危险区 t_1 阶段雹灾危险性普遍较低，没有高危险区；t_2 阶段高危险区主要集中在新疆、重庆等部分地区；t_3 阶段高危险区出现连接成片现象，向西移动，主要分布在重庆、天津、河北和山西等部分地区。总体来看，随着小麦生长阶段的变化，中国冬小麦雹灾高危险区范围呈现逐渐增加的趋势，区域上呈现向北移动的特点。

时间序列上雹灾脆弱度由高到低依次为 t_3、t_2 和 t_1。从空间格局上看，冬小麦高脆弱区主要集中在河南南部、安徽北部以及河北南部和中部部分地区、山东北部和西部等。新疆和南方地区冬小麦雹灾脆弱性较小。

从生育期序列来看，中国冬小麦雹灾高风险区范围由大到小依次为 t_3、t_2 和 t_1。可见，抽穗—成熟期是冬小麦雹灾高风险期，为重点防范期。从空间格局上看，冬小麦雹灾高风险区主要集中在安徽北部、河南东部、河北南部、江苏北部、山东北部和中部、山西和陕西部分地区，该地区是抽穗—成熟阶段重点防范区域。

表 3-11 冬小麦不同生长阶段各风险等级所占面积比例

t	各风险等级所占面积比例/%			
	高风险	中风险	轻风险	低风险
t_1	0	0	4.99	95.01
t_2	4.15	7.95	37.96	49.4
t_3	20.95	11.49	33.93	33.63

2. 中国冰雹灾害综合风险评价结果和分析

中国冰雹灾害综合风险如图 3-48 所示。中国冰雹灾害致灾因子危险性东西差异明显，由东北向西南形成一个高值带，该地带是我国的干湿过渡带和地形过渡带，环境稳定性差，冰雹危险性高；冰雹灾害风险性空间格局为东高西低，中低风险区面积较大，约占全国的 70%；中高风险区集中在华北大部、东北平原和西南云贵川渝交界处。

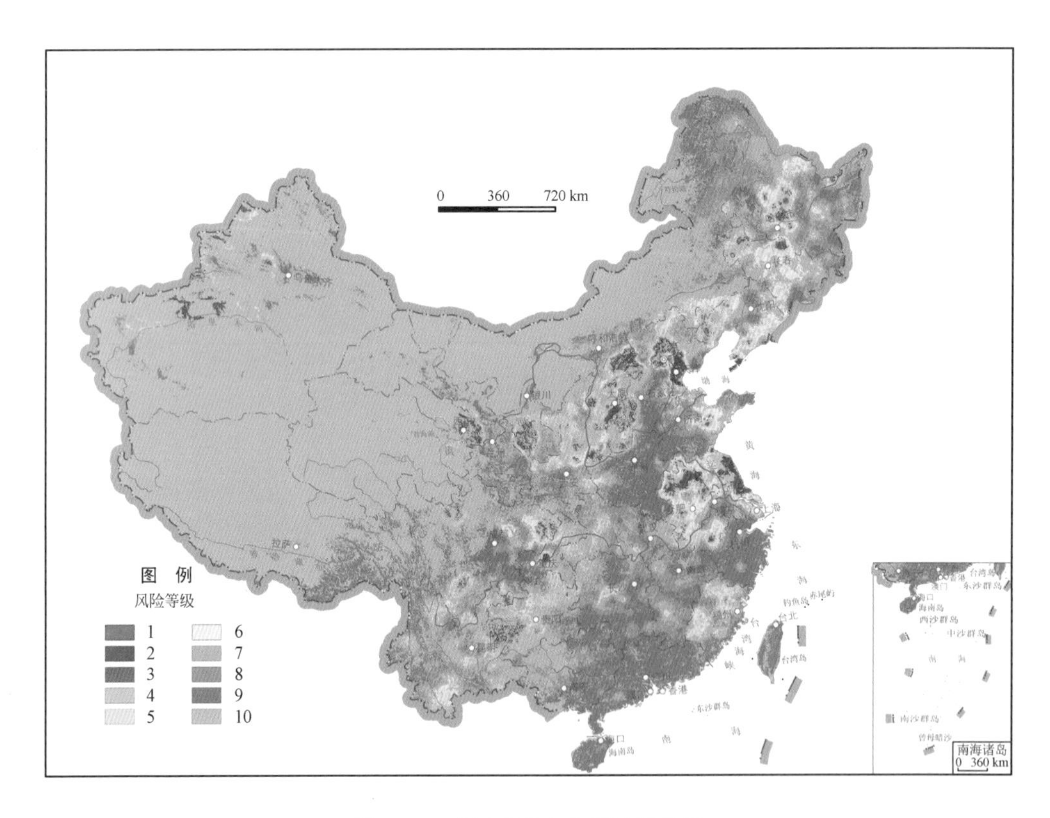

图 3-48 中国冰雹灾害风险评价图

3.4 霜冻灾害数据库与风险评估*

3.4.1 霜冻灾害研究进展综述

在气象学词典中，霜冻是夜晚土壤或植物株冠附近的气温短时降至0℃以下，体内水分发生冻结，使代谢过程被破坏，细胞被冰块挤压造成的危害（简令成，1980）。

霜冻灾害多发生在冬春和秋冬之交，此时冷空气突然入侵或地表骤然辐射冷却，土壤表面、植物表面温度降到0℃以下，植物原生质受到破坏，植物就会受害或者死亡（李茂松等，2005）。霜冻之所以会造成植物冻害，是因为当植物体温降到生物学最低温度以下时，作物细胞间隙水分结冰，并不断吸收细胞内部水分，细胞由于脱水导致原生质胶体物质的凝固。同时，冰晶不断增大，也会使细胞遭受机械损伤而受害。植物霜冻害是农业气象学概念，是一种农业气象灾害。霜冻灾害是由霜冻的孕灾环境、致灾因子和承灾体相互作用而形成的，灾情大小由三者共同决定，而霜冻灾害风险大小是由孕灾环境稳定性、致灾因子危险性与承灾体脆弱性所决定的。

从研究方法方面，张晓煜等（2003）利用NOAA（AVHRR）资料和当地霜冻灾害资料，建立了宁夏主要作物霜冻损失的遥感评估法。张雪芬等（2006a）利用WOFOST作物生长模型中各种生物量的变化，对冬小麦晚霜冻进行了定性和定量评估。余卫东和张雪芬（2007）根据冬小麦产量形成的阶段性原理，对气象产量进行逐级分离模拟。以返青—抽穗期无灾年产量为基点，利用拉格朗日插值方法，计算了理想条件下的理想产量和因灾害造成的产量损失率。在分析返青—抽穗期各种气象灾害发生程度和对产量影响权重的基础上，建立了晚霜冻产量损失评估模型。钟秀丽等（2007）利用黄淮地区及其周边地区的农业气象资料，根据拔节期和霜害温度出现的规律，建立了霜害的风险评估模式，给出了霜害风险度的地区分布，并指出利用模式中的参数值可以判断几种防御措施的有效性。

霜冻的时空分布方面。最近的一些研究对霜冻与气温变化关系的问题进行了初步探讨。例如，Heino和Coauthora（2009）发现，20世纪北欧的霜冻日数减小；Bonsal等（2001）发现加拿大也存在类似特征。Easterling（2002）的研究结果表明，美国霜冻日数的变化趋势有明显的区域差异。马柱国（2003）采用中国北方62个站的日平均气温，分析北方1951～2000年有霜冻（温度在零度以下）日数和强度变化趋势；同时给出了秋冬交替时霜日开始日期和冬春转换时霜日结束日期的变化趋势。陈乾金和张永山（1995）利用1953～1990年地面最低温度资料，并以≤0℃作为霜冻指标，定量地确定出现异常霜冻判别标准，研究了这一时期华北地区初霜冻、终霜冻异常的气候特征。陈芳等（2009）利用青海省22个地面气象站1961～2005年霜冻气候资料及日最低气温资料，采用日最低气温≤2℃作为霜冻指标，对东部农业区、柴达木盆地等地的霜冻气候变化特征以及对主要作物的影响进行研究。唐晶等（2007）以日最低气温≤0℃作为霜冻指标，选取宁夏具有

---

* 本节执笔人：北京师范大学的岳耀杰、苏筠、林晓梅、周瑶、沈鸿、王静爱等。

代表性的20个气象站1961～2004年4月15日至10月15日的日最低气温资料。对宁夏1961～2004年霜冻发生次数、霜期的变化特征进行了分析。

从研究对象上看，霜冻害作为中国重要的农业气象灾害之一，其主要承灾体为分布于西北、华北、东北、华东、中南和华南地区的冬小麦、棉花、玉米、水稻、甘薯、高粱及蔬菜、水果等（刘玲等，2003）。

1. 冬小麦霜冻风险研究

李茂松等（2005）以黄淮海平原地区6个站点为代表，分析2004～2005年冬小麦的霜冻灾害成因，认为冬小麦霜冻灾害的发生主要是由于播种后积温过高引起小麦提前生长，进入拔节期冷暖交替突变，麦苗抗寒锻炼不足等。张雪芬等（2006a）以河南为例，从构成晚霜冻害的最低温度和小麦发育期两个因素出发，提出了晚霜冻害指数构建方法，使晚霜冻害指标定量化，并从多年数据库中计算出多年晚霜冻害发生强度和发生天数，对计算出的近50年晚霜冻害资料进行EOF分析和Morlet小波分析，发现晚霜冻害的时空分布与多时间尺度变化规律。钟秀丽等（2008）根据黄淮地区及其周边地区1981～2000年农业气象资料，推导出计算小麦拔节后遭遇霜冻温度风险度的经验方程，以风险度为指标做出黄淮麦区小麦霜冻的农业气候区划。

2. 玉米霜冻风险研究

冯玉香和何维勋（2000）对中国玉米霜冻害的资料进行了分析，阐述了其发生频率的地区分布、年际变化趋势、秋霜冻害占的百分数。吴向东等（2007）通过对内蒙古东部地区秋霜冻的研究，认为由于秋霜冻发生在玉米的乳熟期，将直接严重影响玉米产量；并以2006年东部玉米为例，从气象条件估计全区粮食产量受霜冻影响损失约为10%。

3. 其他作物霜冻风险研究

乔江等（2002）在调查水稻生长发育物候期和黑龙江省粮库各年收购水稻商品品质的基础上，采用统计分析和灰色系统分析方法，研究了黑龙江省早霜冻的发生规律和对水稻商品品质的影响。王俊杰（2005）对中国甘肃省黄土高原区果树花期晚霜冻害进行了分析，并得到了结果。朱琳等（2003）对中国陕北仁用杏的花期霜冻气候进行了风险分析，并作出区划。李美荣等（2008）从苹果花期、幼果期冻害指标及损失程度，冻害发生的频率和各地苹果花期冻害风险灾损率方面对陕西苹果花期霜冻灾害进行了风险分析。

3.4.2 霜冻灾害数据库建立

1. 霜冻灾害数据库结构

依据灾害系统理论和灾害风险评价体系，对霜冻灾害风险评价数据库进行了总体设计（图3-49），形成了由基础信息到指标信息最后到数字地图信息的数据库系统。

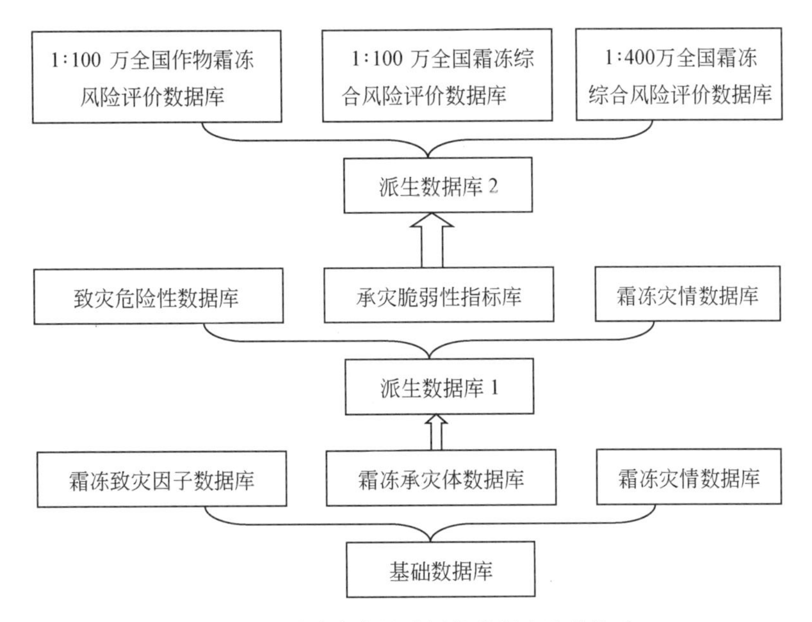

图 3-49　霜冻灾害风险评价数据库总体构建

2. 霜冻灾害致灾因子数据库建设

根据《作物霜冻害等级》（QX/T 88—2008）规定的主要粮食作物霜冻害温度指标、主要经济作物霜冻害温度指标、主要蔬菜霜冻害温度指标和北方主要果树花期霜冻害温度指标，制定了本研究涉及的主要作物霜冻灾害温度指标（日最低气温,℃）（表 3-12 至表 3-14）。

表 3-12　玉米和小麦霜冻灾害温度指标（日最低气温,℃）

作物	轻霜冻			中霜冻			重霜冻		
	苗期	开花期	乳熟期	苗期	开花期	乳熟期	苗期	开花期	乳熟期
玉米	-1.0 ~ -2.0	0.0 ~ -1.0	-1.0 ~ -2.0	-2.0 ~ -3.0	-1.0 ~ -2.0	-2.0 ~ -3.0	-3.0 ~ -4.0	-2.0 ~ -3.0	-3.0 ~ -4.0
冬小麦	-7.0 ~ -8.0	0.0 ~ -1.0	-1.0 ~ -2.0	-8.0 ~ -9.0	-1.0 ~ -2.0	-2.0 ~ -3.0	-9.0 ~ -10	-2.0 ~ -3.0	-3.0 ~ -4.0
春小麦	-3.0 ~ -4.0	-1.0 ~ -2.0	-2.0 ~ -3.0	-4.0 ~ -5.0	-2.0 ~ -3.0	-3.0 ~ -4.0	-5.0 ~ -6.0	-3.0 ~ -4.0	-4.0 ~ -5.0

表 3-13　油菜霜冻灾害温度指标（日最低气温,℃）

轻霜冻			中霜冻			重霜冻		
苗期	开花期	乳熟期	苗期	开花期	乳熟期	苗期	开花期	乳熟期
-1.0 ~ -2.0	0.0 ~ -1.0	-1.0 ~ -2.0	-2.0 ~ -3.0	-1.0 ~ -2.0	-2.0 ~ -3.0	-3.0 ~ -4.0	-2.0 ~ -3.0	-3.0 ~ -4.0

表 3-14　苹果霜冻灾害温度指标（日最低气温,℃）

生育期	霜冻等级		
	轻霜冻	中霜冻	重霜冻
花芽膨大期	-2.0 ~ -3.0	-3.0 ~ -4.0	< -4.0
花蕾期	-1.0 ~ -2.0	-2.0 ~ -3.0	< -3.0
初花期	-1.0 ~ -2.0	-1.5 ~ -2.5	< -2.5
盛花期	-0.5 ~ -1.0	-1.5 ~ -2.5	< -2.5
初果期	-0.5 ~ -1.0	-1.0 ~ -2.0	< -2.0

根据《作物霜冻害等级》（QX/T 88—2008）确定的不同霜冻等级的温度范围，取这些温度的上限作为临界值，低于该温度即认为符合霜冻发生的温度条件。从而筛选出主要作物生育期内霜冻害气象指标（表 3-15，表 3-16）。

表 3-15　作物霜冻灾害温度指标　（单位:℃）

作物	苗期	开花期	成熟期
冬小麦	< -7	<0	< -1
春小麦	< -3	< -1	< -2
玉米	< -1	<0	< -1
油菜	< -3	<0	< -2

表 3-16　苹果霜冻灾害温度指标　（单位:℃）

果树	花芽期	初花期	盛花期
苹果	< -2	< -1	< -0.5

作物物候期资料来源于国家地图集编纂委员会（1989）编绘的《中华人民共和国国家农业地图集》，包括其中的“主要农作物物候期（一）”中各作物“播种期”、“拔节期”、“开花期”、“收获期”4 幅图（1∶400 万）的读取。各作物物候期系列图是依据新中国成立后至 1989 年各地物候期观测资料得到的多年平均情况生成，如“全国主要小麦育种点及其气象条件和小麦物候期表”是各省、自治区、直辖市（港、澳、台除外）农业科学院提供的历年平均值。在此基础上，通过网络收集了不同区域作物物候期，将两种信息综合以后，获得了 4

种作物物候期。

根据小麦、玉米、油菜和苹果生育期内各阶段的霜冻气象指标，对地面气象观测数据根据日最低气温进行筛选，统计出春霜、秋霜和霜日数，从而构建了致灾因子数据库，作为评价致灾因子危险度的基础数据。

3. 霜冻灾害承灾体数据库建设

根据易受霜冻灾害影响的农作物类型，确定了中国霜冻灾害承灾体的类型，包括主要粮食作物小麦、玉米，主要蔬菜与油料作物油菜，主要果树苹果共4种。霜冻灾害综合风险的评价则选取了全国土地利用类型图斑作为承灾体（表3-17）。

表3-17 霜冻承灾体分布提取依据的数据源信息

名称	年份	信息描述	信息来源
中国土地利用图	2000	1：25万	中国科学院资源环境科学数据中心
中国农作物种植区划图	1989	4种农作物种植区划	国家地图集编纂委员会．中华人民共和国国家农业地图集．北京：中国地图出版社，1989

4. 霜冻灾害历史灾情数据库建设

霜冻灾害历史灾情数据库由《中国气象灾害大典》（1949～2000年）、中国气象局气象信息中心农气站数据（1978～2005年）以及相关书籍、网络文献、信息搜索等多种信息源整编而成（表3-18）。

表3-18 中国霜冻灾害历史灾情数据库数据来源

数据源	主要信息	数据来源
《中国气象灾害大典》	1949～2000年全国各县霜冻案例	温克刚．气象出版社，2006
农气站数据	1978～2005年全国各农气站作物生长发育信息	中国气象局气象信息中心
中国知网搜索	近年来全国各县霜冻案例数据	互联网
其他相关书籍	历年全国各县霜冻案例	《霜冻的研究》、《东北地区农作物低温冷害研究》、《中国农业气象灾害概论》

该数据库共设9个字段，包括省份、县域代码、县名、年、月、日、致灾强度、承灾体和受灾程度。其中承灾体字段包括各种主要粮食作物、经济作物和牲畜等对象，致灾强度包括气候变化情况、受灾面积、灾害持续时间和影响范围等内容，受灾程度字段包括各生育期受冻程度及具体描述、作物死苗率、植株冻死数、受损率、年减产量、年减产率和当年经济损失等内容。

3.4.3 霜冻灾害风险评估方法

1. 承灾体脆弱性评价方法

由于霜冻灾情案例较为缺乏，致灾强度与灾损率之间的定量描述样本太少，故本研究采用了两种方法来评价不同霜冻承灾体的脆弱性。

一是对于案例较完善的小麦，利用混合模糊神经元网络模型进行模拟，得出致灾强度和产量损失率的脆弱型曲线，获得小麦霜冻脆弱性方程；二是根据《作物霜冻害等级》（QX/T 88—2008）确定的主要粮食作物、经济作物的不同霜冻等级及由其减产率来确定的玉米、油菜和苹果的脆弱性。

小麦脆弱性评价应用基于信息扩散技术的混合式模糊神经元网络模型的方法，先由源样本生成因果性模糊关系，然后再近似推理，产生没有矛盾的模式，用这些模式去训练神经元网络。用训练好的网络对日最低气温与小麦减产率的关系进行估计，结果如图 3-50 所示。

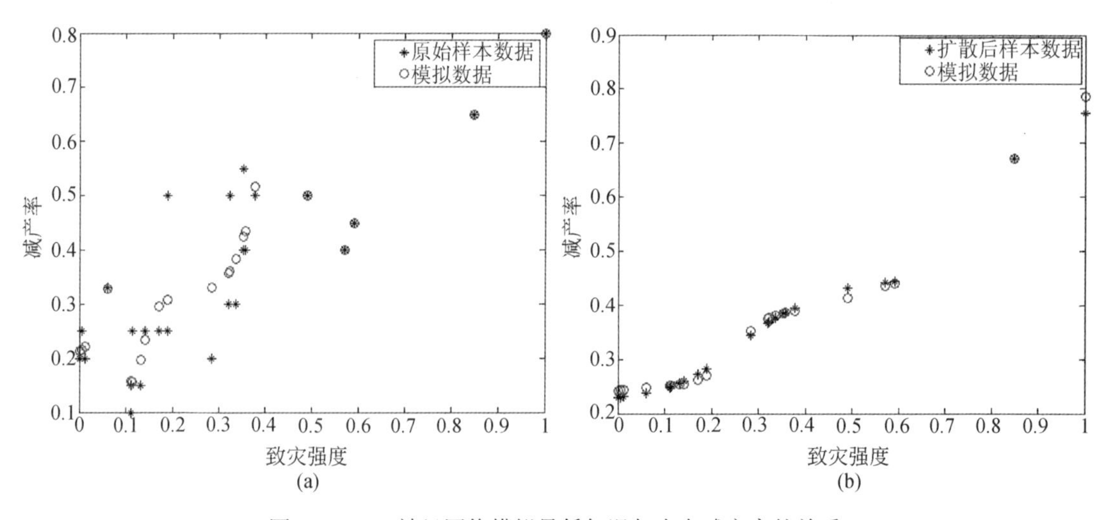

图 3-50 BP 神经网络模拟最低气温与小麦减产率的关系

（a）对原样本 $X(x,y)$ 模拟的结果；（b）对信息扩散后样本 $\tilde{X}(x,\tilde{y})$ 模拟的结果

由于原始样本数据分布离散且相互矛盾，因而单纯用 BP 神经网络模拟时，得到的输入—输出结果极不稳定，且无规律可言，无法正确地表达最低温度与减产率的关系［图 3-50（a）］。然而，经过信息扩散近似推理光滑化后的样本再经 BP 网络训练，可以得到良好的输入—输出关系［图 3-50（b）］。

玉米、油菜和苹果三种作物的脆弱性依据《作物霜冻害等级》（QX/T 88—2008）中规定的轻霜冻、中霜冻、重霜冻时各自的减产率来确定。该标准规定，根据日最低气温下降的幅度、低温强度及植物遭到霜冻灾害后受害和减产的程度，把植物霜冻灾害分为三级，即轻霜冻灾害、中霜冻灾害和重霜冻灾害。

（1）轻霜冻灾害。最低气温下降较明显，但低温强度不大，植株顶部、叶尖或少部分叶片受冻，受冻株率小于 30%，部分受冻部位可以恢复。其中粮食作物减产幅度一般在

5% 以内。

（2）中霜冻灾害。降温明显，低温强度较大，受冻株率为 30% ~70%，植株上半部叶片大部分受冻，且不能恢复；幼苗部分被冻死。其中粮食作物减产 5% ~15%。

（3）重霜冻灾害。降温幅度和低温强度都很大，受冻株率 70% 以上，植株冠层大部叶片受冻死亡或作物幼苗大部分冻死。其中粮食作物减产 15% 以上或绝收。

根据《作物霜冻害等级》（QX/T 88—2008）所构建的各承灾体脆弱性表，分别拟合玉米、油菜和苹果生育期脆弱性曲线。

2. 霜冻灾害风险评价方法

作物霜冻风险评价流程如图 3-51 所示。

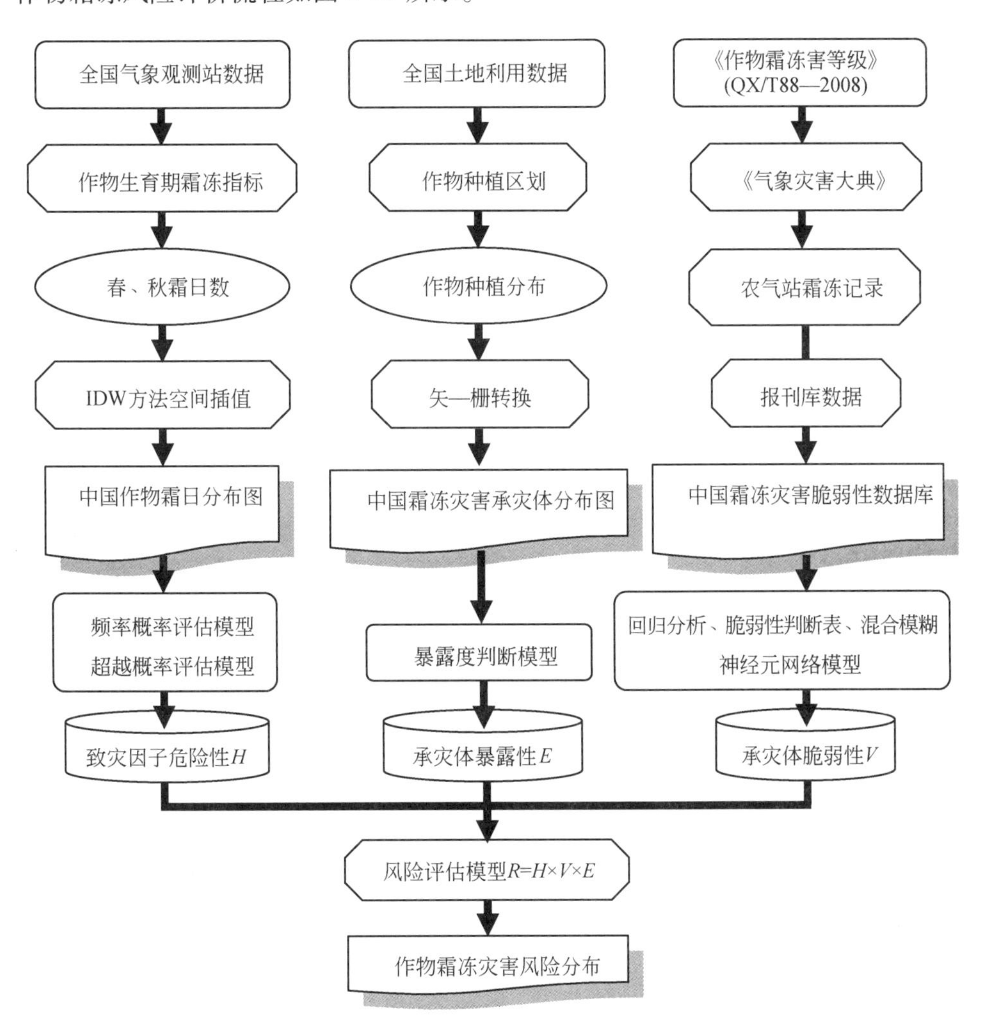

图 3-51　作物霜冻灾害风险评价技术流程

本研究将风险定义为灾害事件发生的可能性（致灾概率）及其遭受的期望损失（脆弱性）的集合。因此，霜冻灾害风险评价的关键是对霜冻发生的概率进行计算，以及评价不同霜冻害下作物可能遭受的损失大小。

a. 基于频率的玉米、油菜和苹果致灾概率评价方法。由于致灾因子是基于多年气象观测数据得来的，特别是霜日数具有统计学上的稳定性。故在计算致灾危险度时，仍采用概率的频率定义来计算霜冻发生的概率，即通过统计一定观测时段内霜冻发生的频率作为霜冻发生的多年平均概率。对任一气象站点，该站某承灾体霜冻灾害发生概率为

$$P_i = \frac{\sum_{i=1}^{n} D_i}{365 \times n} \times 100\%, i \in (1, n) \tag{3-20}$$

式中，P_i 为 i 站点某承灾体霜冻发生的概率；D_i 为 i 站点某承灾体年霜日数；n 为气象记录年数。通过反距离权重插值（IDW）法对 P_i 进行空间插值，即可得到某承灾体霜冻发生概率分布图。

b. 基于超越概率的小麦致灾概率评价方法。确定小麦生育期内平均日最低气温为小麦霜冻灾害致灾因子危险度评价指标。统计全国 752 个气象站点的 1966 ~ 2005 年每年小麦生育期平均日最低气温数据，应用 IDW 插值方法并用小麦承灾体分布进行裁切，得到全国 1km 网格小麦生育期平均日最低气温分布。对 1966 ~ 2005 年的小麦生育期平均最低气温数据进行运算，计算每个网格的超越概率。

c. 作物霜冻灾害风险评价模型。作物霜冻灾害风险评价的理论模型为

$$\text{霜冻风险度} = \text{致灾因子危险度} \times \text{承灾体脆弱度} \times \text{承灾体暴露度} \tag{3-21}$$

即作物的霜冻风险度等于致灾因子危险度与承灾体脆弱度和承灾体暴露度的乘积。

本研究中，定义致灾因子危险度为（一定强度）霜冻发生的概率；承灾体脆弱性定义为在一定强度霜冻下作物的损失；承灾体暴露定义为霜冻害下某一承灾体的分布，有承灾体分布的地方其暴露度为 1，无承灾分布的地方其暴露度为 0。将计算得到的某承灾体霜冻致灾因子危险度、提取的承灾体分布及其脆弱性曲线（或脆弱性判定表）代入式（3-21），即得某一作物霜冻灾害风险。

对于玉米、油菜和苹果来说，其霜冻灾害风险计算模型如下。

$$R = \sum_{i}^{n} f(T_i), T_i = \mathrm{Df}_i \times t_i, n \in [1,3] \tag{3-22}$$

式中，R 为作物霜冻风险，即作物在霜冻发生期间的累积减产率；T_i 为作物在某一霜冻等级下的多年平均累积温度，即某一霜冻等级多年平均霜日数（Df_i）与该霜冻等级平均气温指标（t_i）的乘积；i 为霜冻等级，共分轻、中、重三级；$f(T_i)$ 为玉米、油菜、苹果生育期脆弱性曲线。因此，作物霜冻风险为作物多年平均霜冻发生期间轻、中、重霜冻减产率的累积值。对于小麦霜冻风险来说，则是基于理论模型，将“不同风险水平的致灾强度（H）”代入脆弱性曲线方程 [$f(H)$]，得出不同风险水平下的损失风险。风险评价过程中，为了消除变量间的量纲关系，使数据更具有可比性，对统计得到的风险数据进行了标准化变换，使每组数据的最小值为 0，最大值为 1。标准化处理后，在抽样样本改变时仍然保持相对稳定性。根据《作物霜冻害等级》（QX/T 88—2008），将霜冻风险评价结果分成极重（减产率大于 30%）、重度（减产率 15% ~ 30%）、中度（减产率 5% ~ 15%）、轻度（减产率小于 5%）四个风险水平，用图示化的方式展现评价结果。

中国霜冻综合风险评价模型同式（3-21），式中霜冻致灾危险度通过统计全国各气象站点日最低温低于0℃的发生天数，记为霜日数（F），则某一站点在有气象记录时期内霜冻发生的概率记为 $P_i = F_i/D_i$，F_i 为 i 站霜日数，D_i 为 i 站有气象记录天数，i 为气象站编号。将各气象站霜冻发生的概率应用 IDW 方法进行空间插值，即可得到致灾因子危险度空间分布。以土地利用类型作为承灾体，构建了土地承灾体各土地利用类型霜冻灾害脆弱性成对比较矩阵，计算得到了不同土地利用类型承灾体脆弱性指数——耕地：0.45，林地：0.16，草地：0.26，城乡、工矿、居民用地：0.06，水域：0.04，未利用地：0.03，据此编制了 1∶400 万中国霜冻综合风险评价图。

3.4.4　霜冻灾害风险评估结果

1. 致灾因子系列图

图 3-52 至图 3-61 是霜冻致灾因子系列图，表达了冬小麦、春小麦、玉米、油菜和苹果等承灾体的春霜日和秋霜日分布，图 3-61 是中国霜冻日数分布，表达了霜冻致灾因子的时空格局。

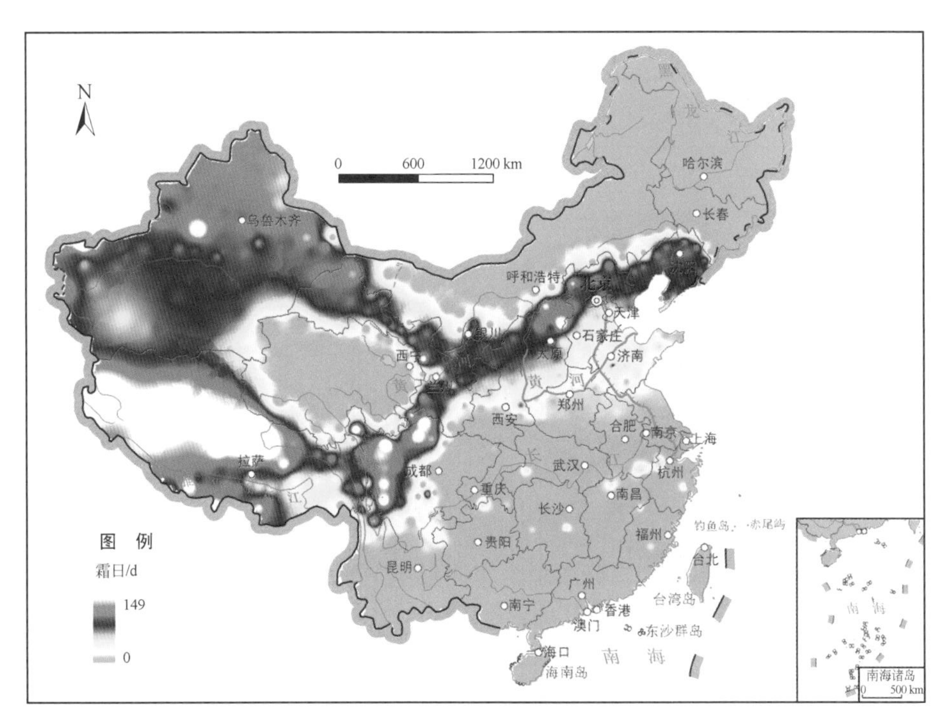

图 3-52　冬小麦春霜日数分布

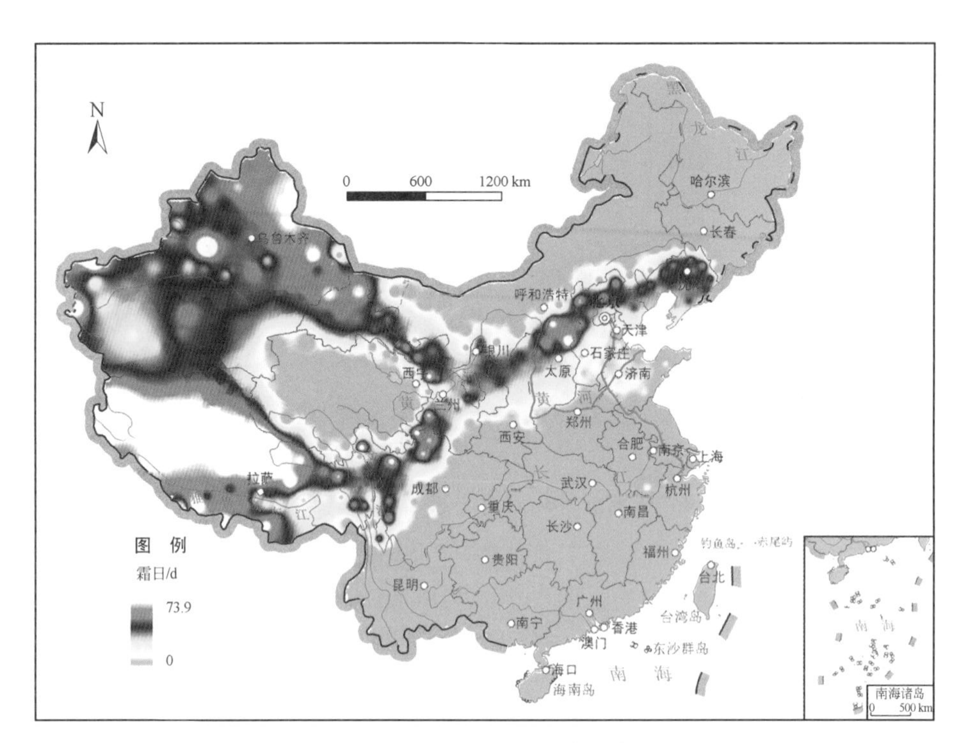

图 3-53　冬小麦秋霜日数分布

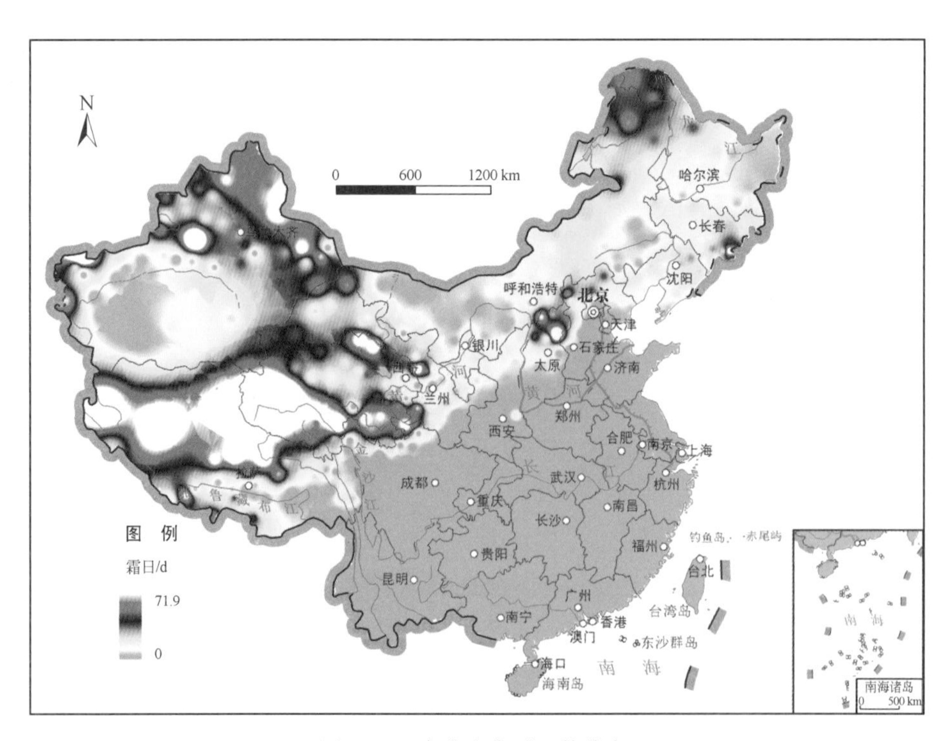

图 3-54　春小麦春霜日数分布

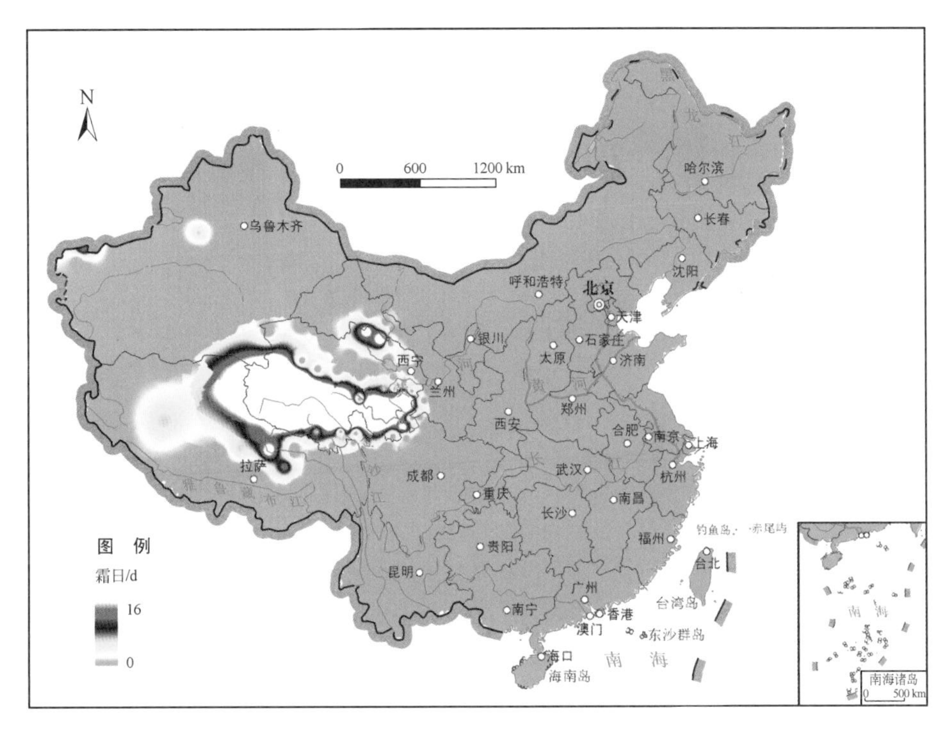

图3-55　春小麦秋霜日数分布

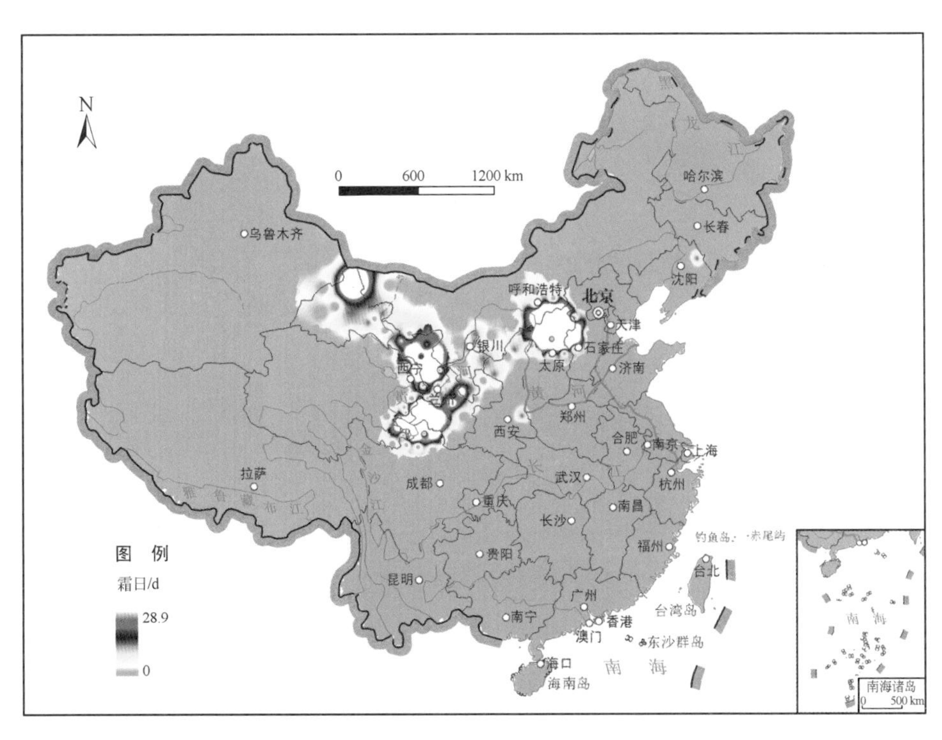

图3-56　玉米春霜日数分布

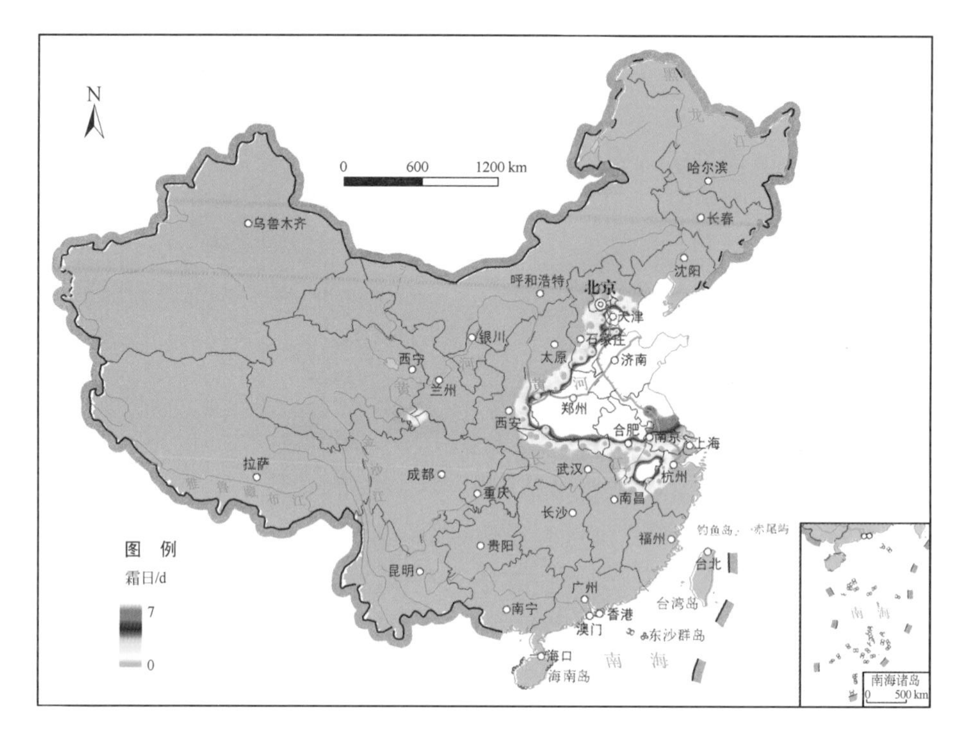

图 3-57　玉米秋霜日数分布

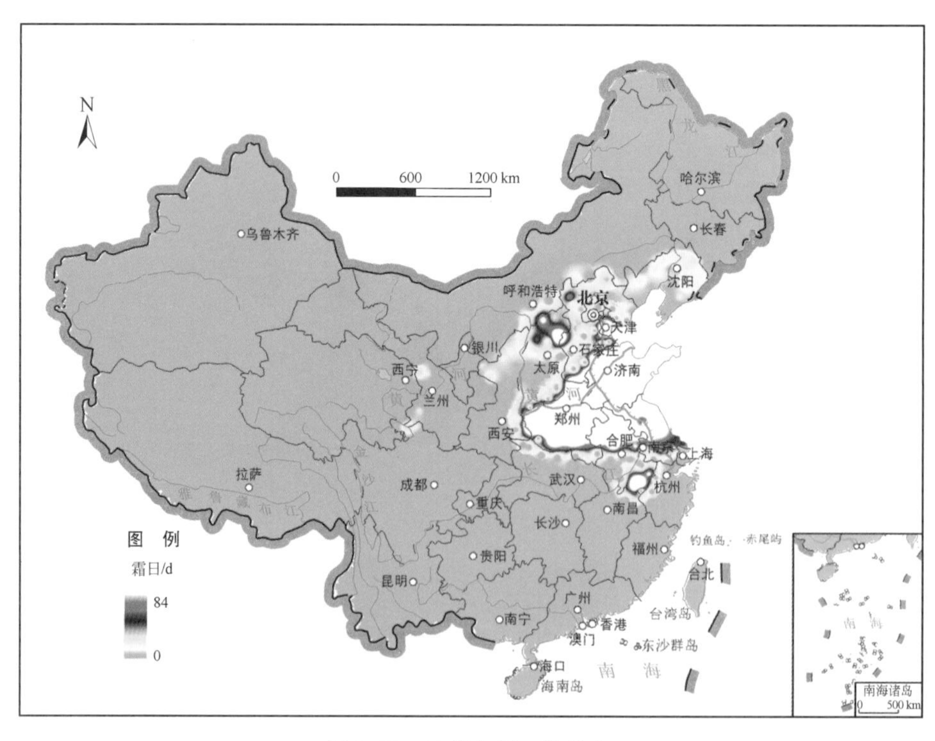

图 3-58　油菜春霜日数分布

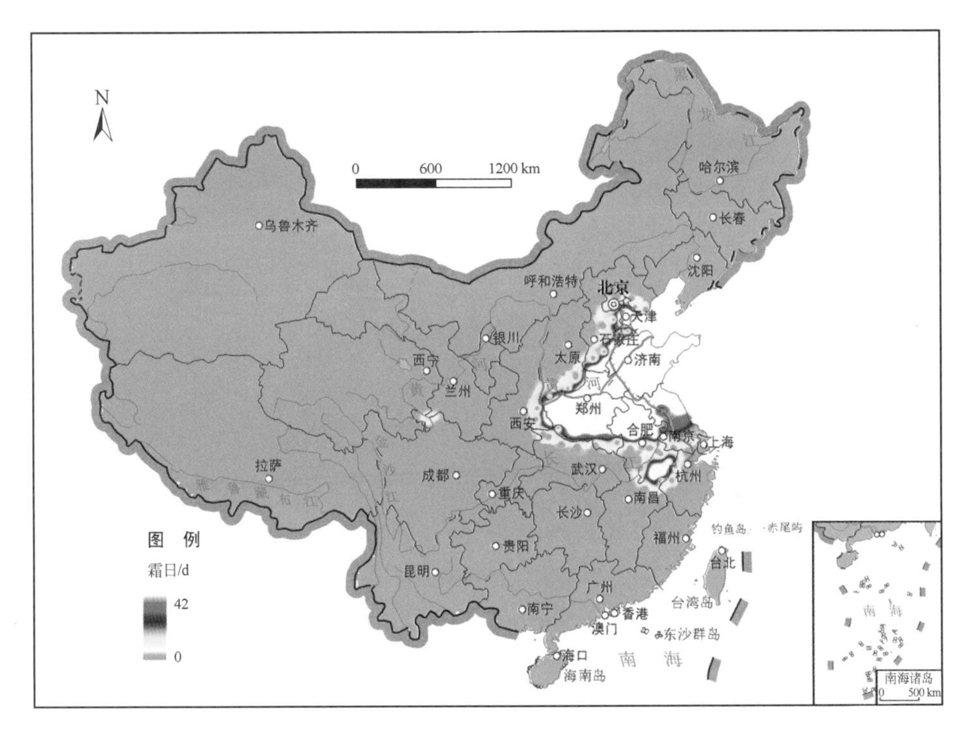

图 3-59　油菜秋霜日数分布

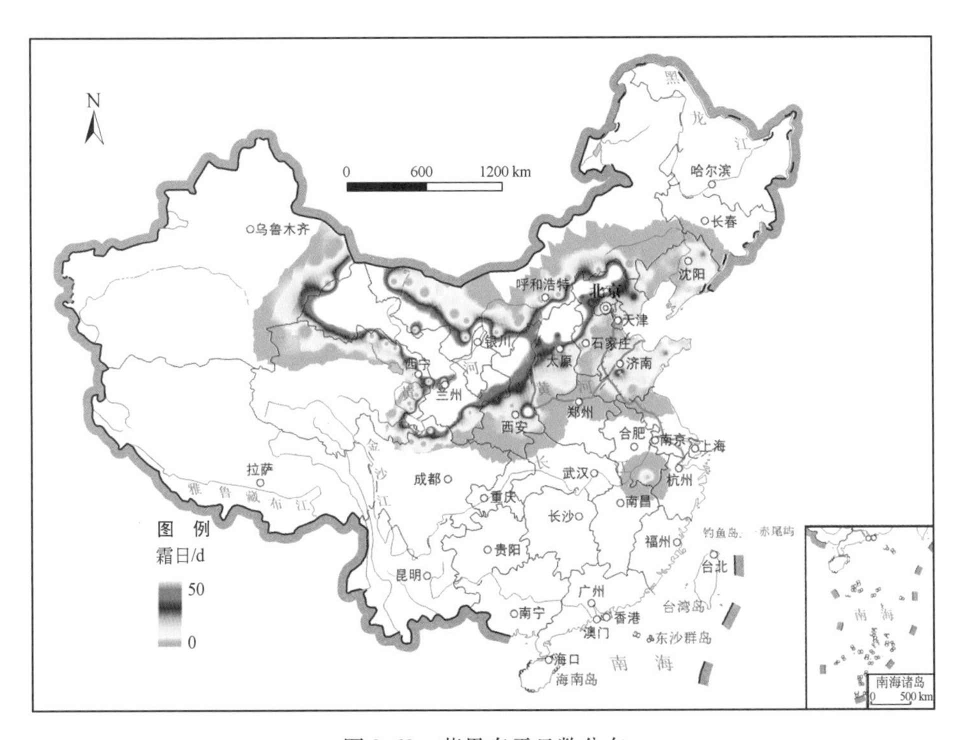

图 3-60　苹果春霜日数分布

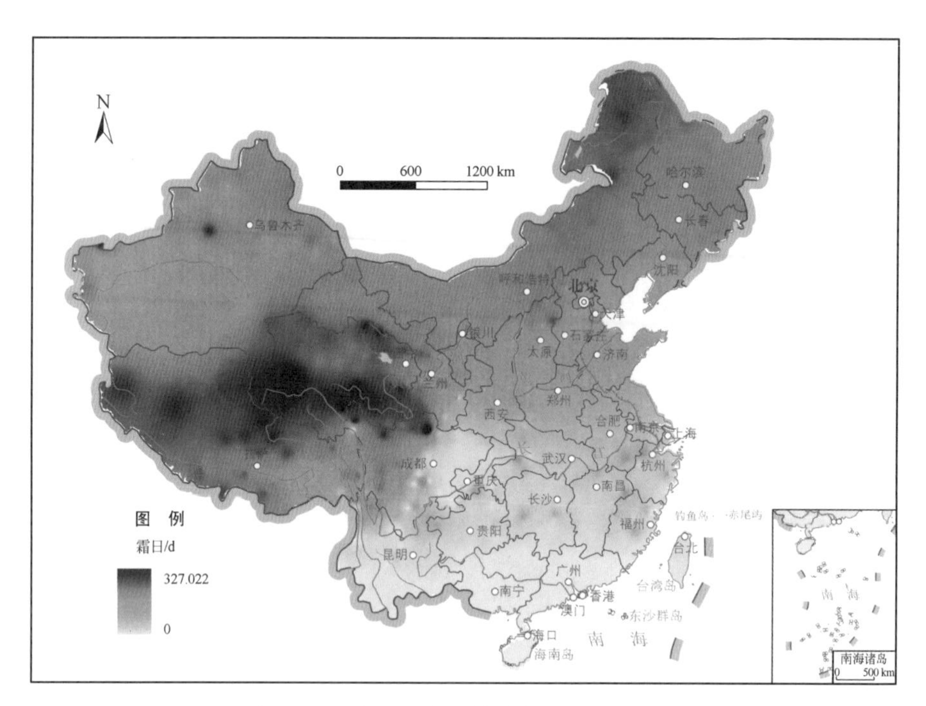

图 3-61　中国霜冻日数分布（小于 0℃）

2. 1∶100 万小麦、玉米、油菜和苹果霜冻风险系列图

图 3-62 至图 3-74 是霜冻灾害风险系列图，表达了春小麦、冬小麦、玉米、油菜和苹果等承灾体的风险水平，呈现了霜冻灾害风险的空间格局。

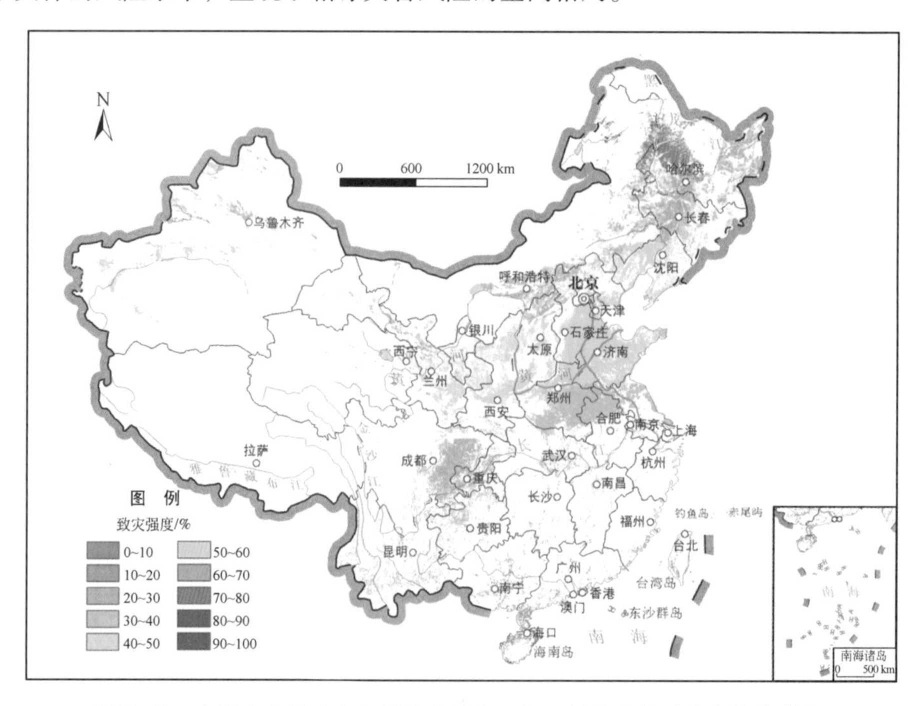

图 3-62　中国小麦霜冻灾害风险水平为 2 年一遇风险水平致灾指数分布

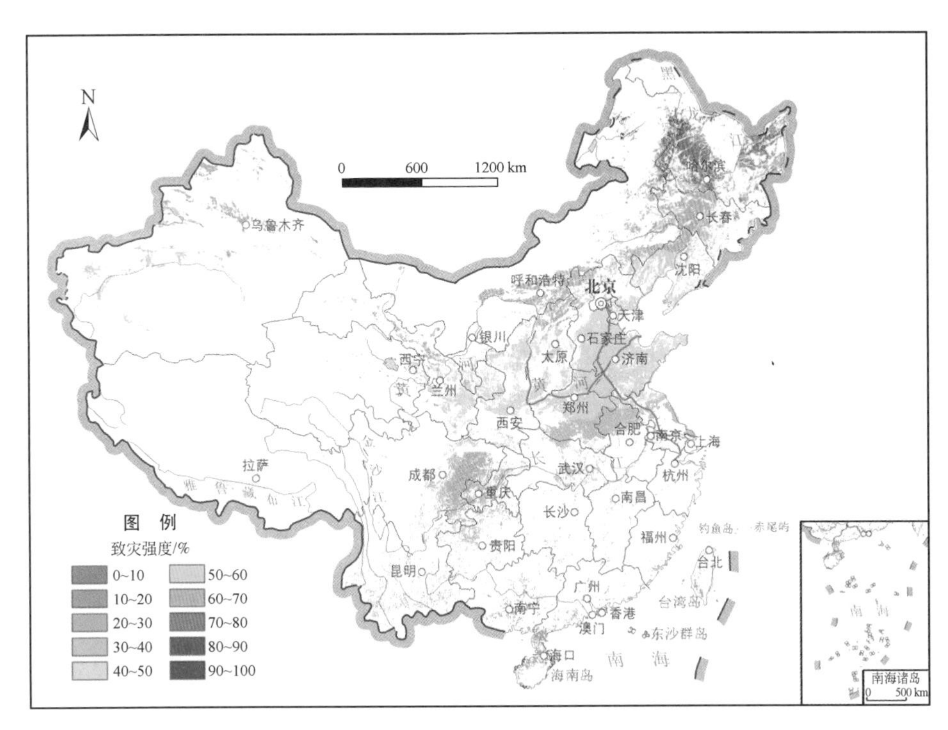

图 3-63　中国小麦霜冻灾害风险水平为 5 年一遇风险水平致灾指数分布

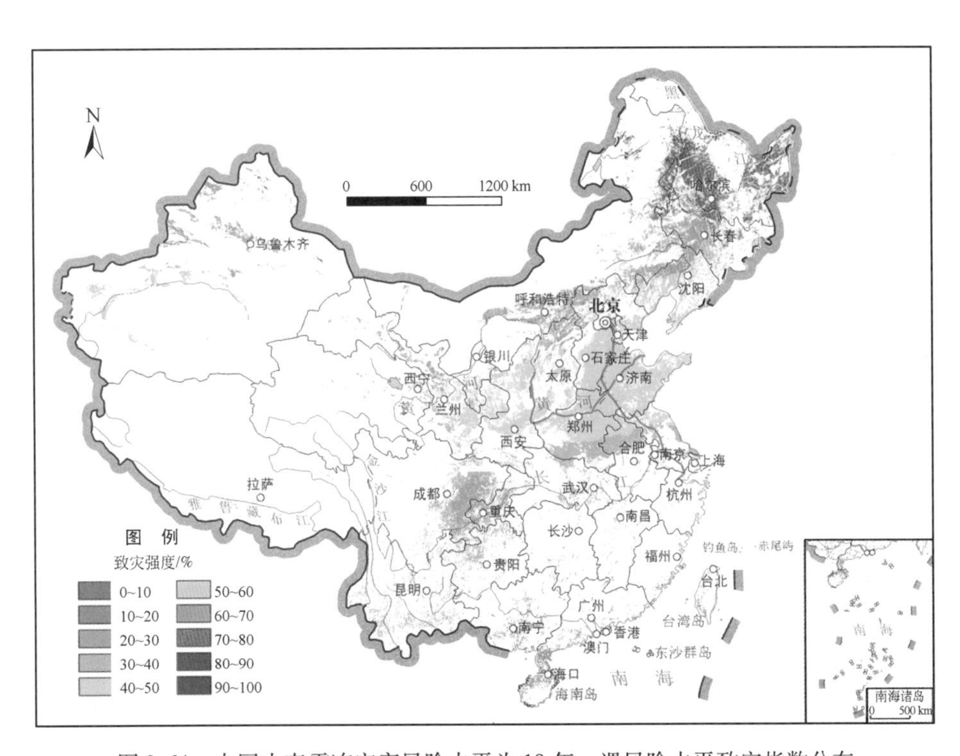

图 3-64　中国小麦霜冻灾害风险水平为 10 年一遇风险水平致灾指数分布

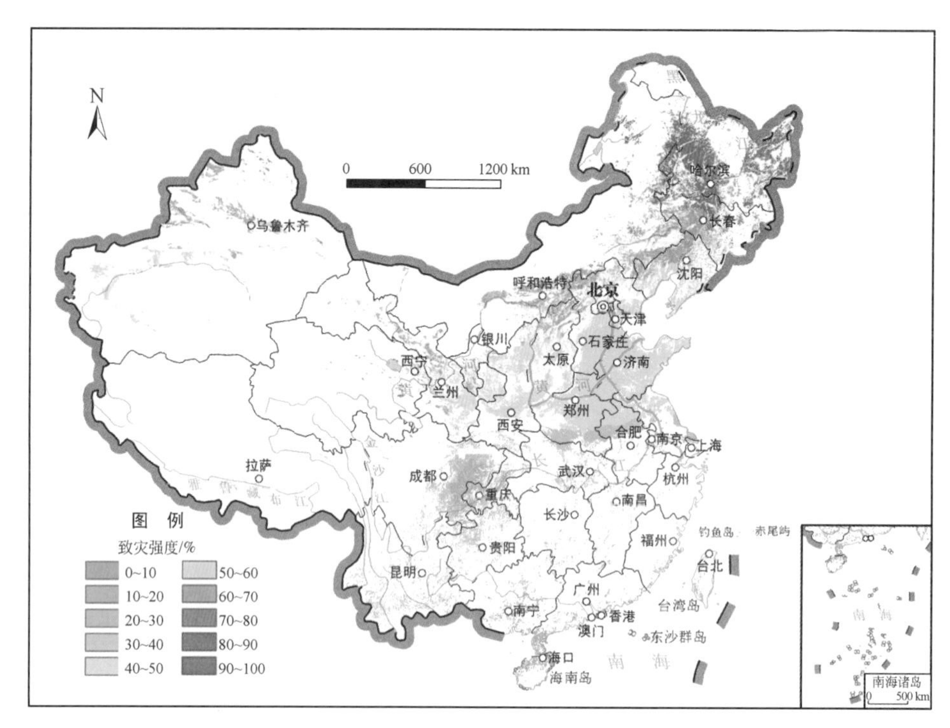

图 3-65 中国小麦霜冻灾害风险水平为 20 年一遇风险水平致灾指数分布

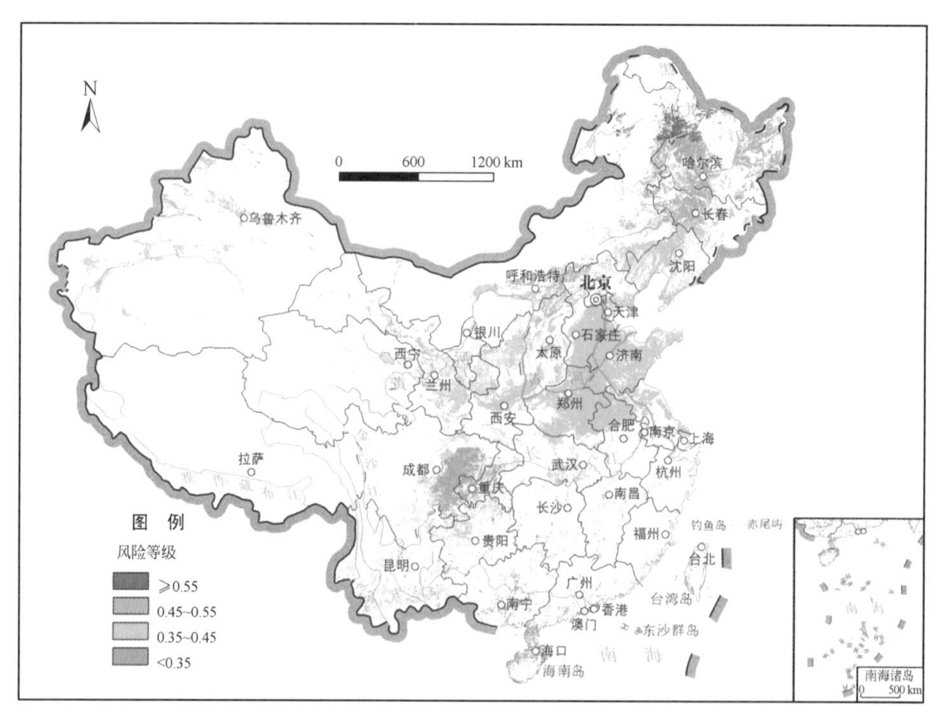

图 3-66 中国小麦霜冻灾害风险为 2 年一遇时减产损失率分布

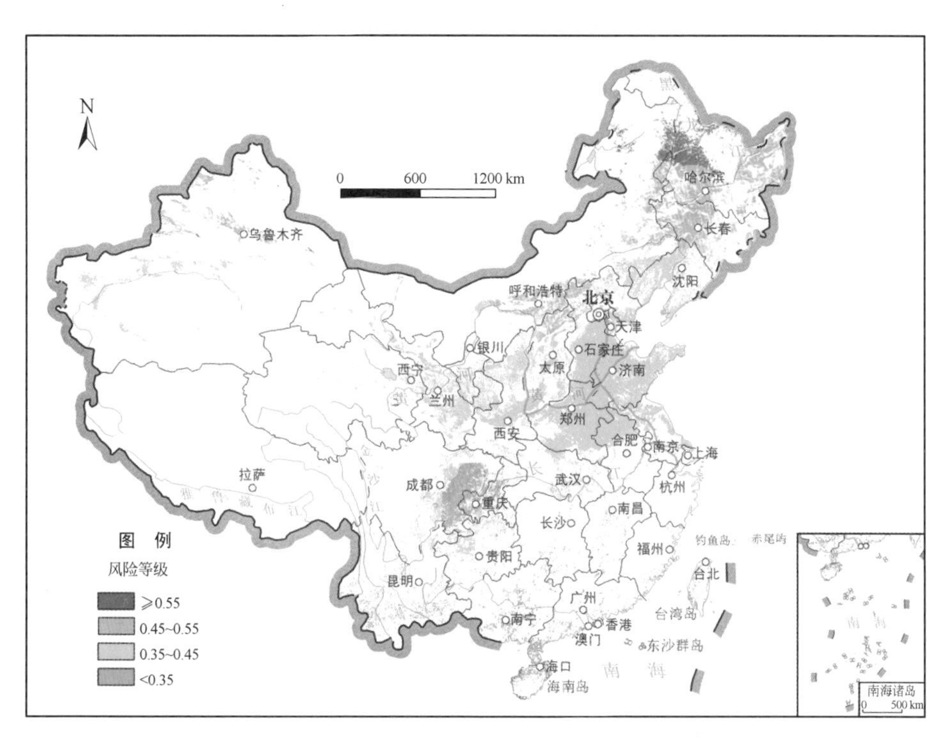

图 3-67 中国小麦霜冻灾害风险为5年一遇时减产损失率分布

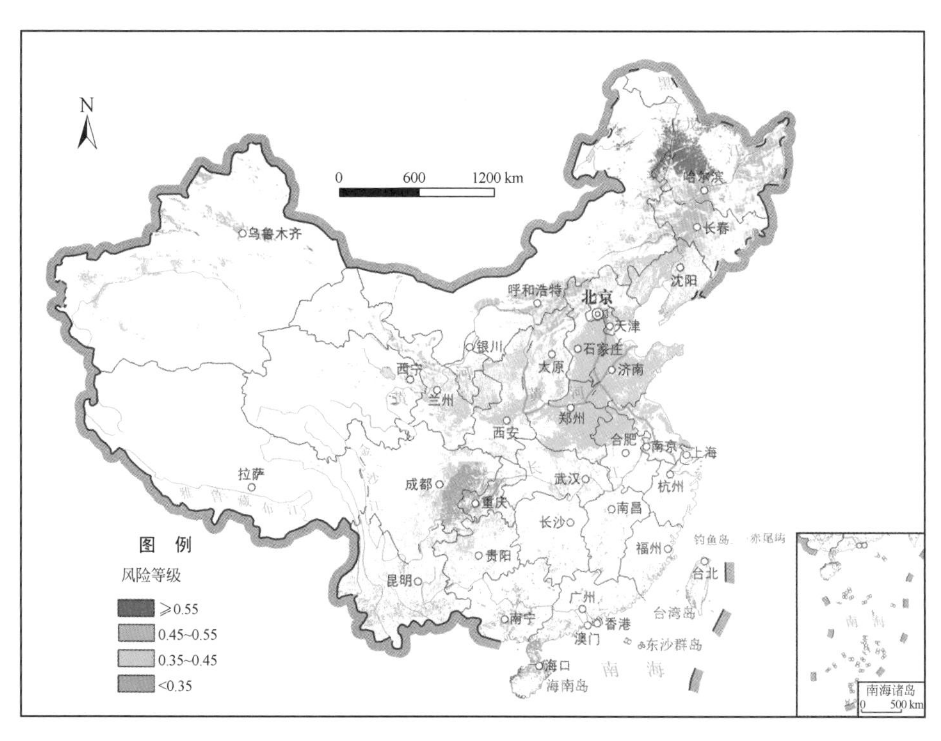

图 3-68 中国小麦霜冻灾害风险为10年一遇时减产损失率分布

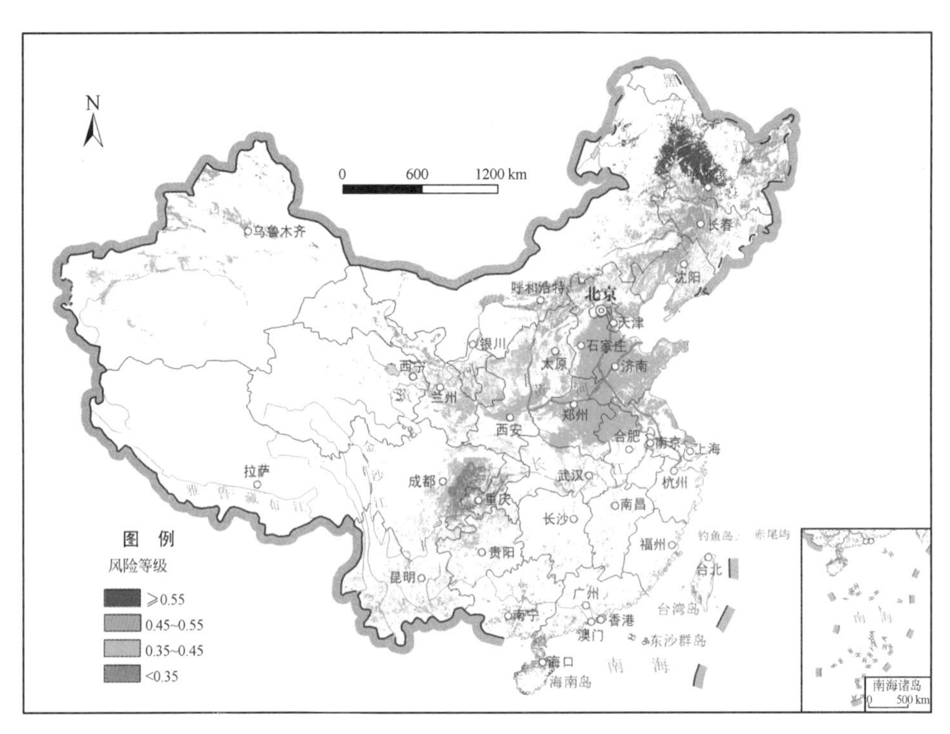

图 3-69　中国小麦霜冻灾害风险为 20 年一遇时减产损失率分布

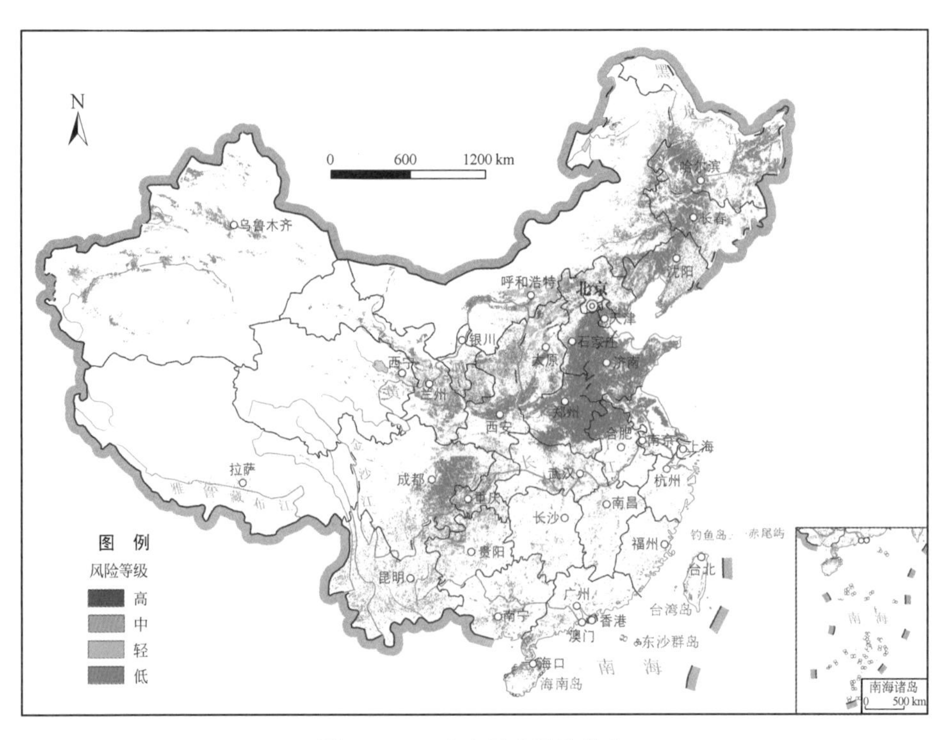

图 3-70　玉米春霜冻风险分布

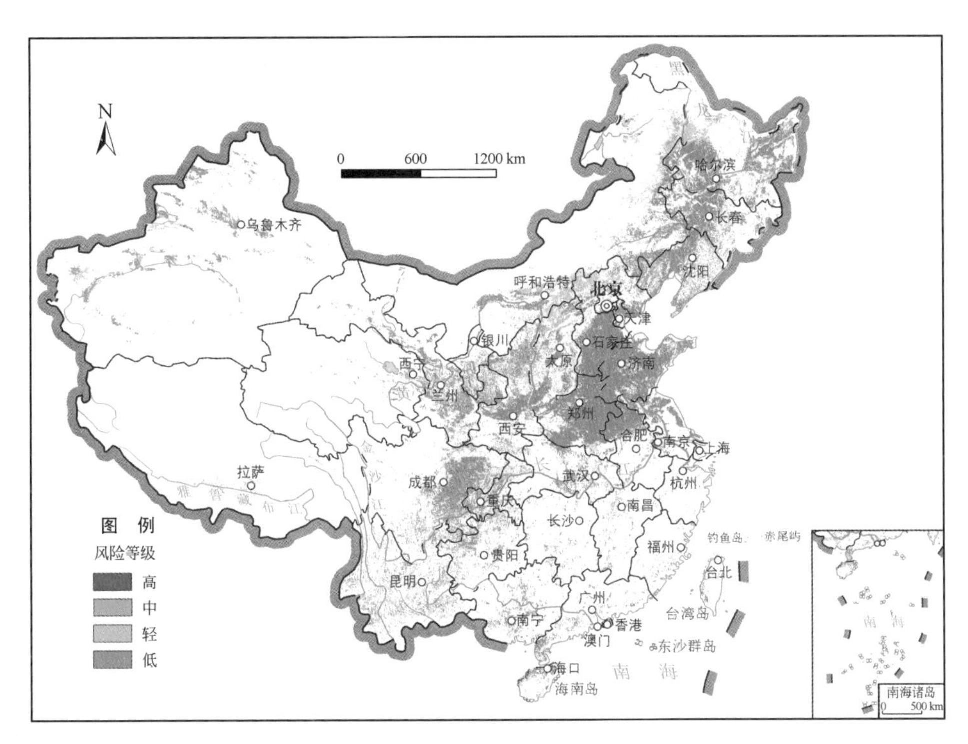

图 3-71　玉米秋霜冻风险分布

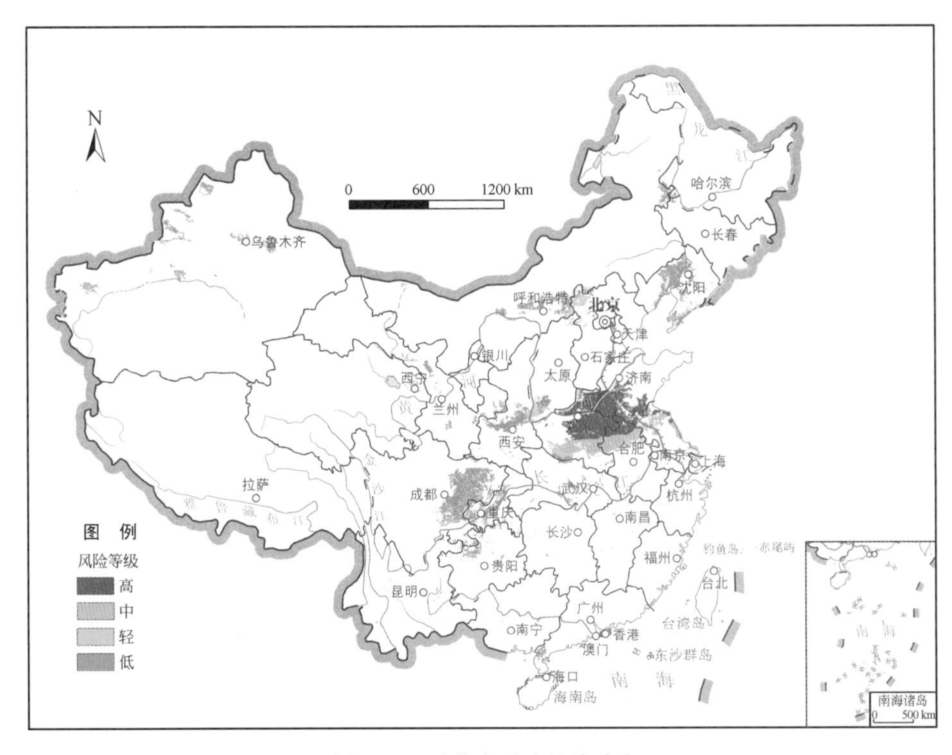

图 3-72　油菜春霜冻风险分布

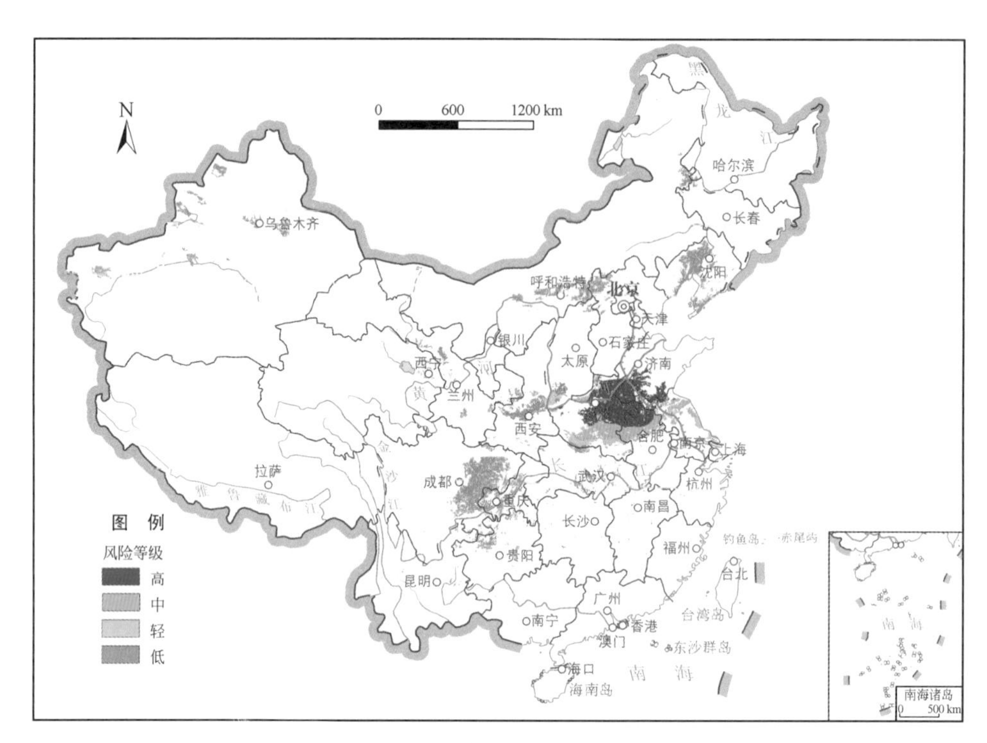

图 3-73　油菜秋霜冻风险分布

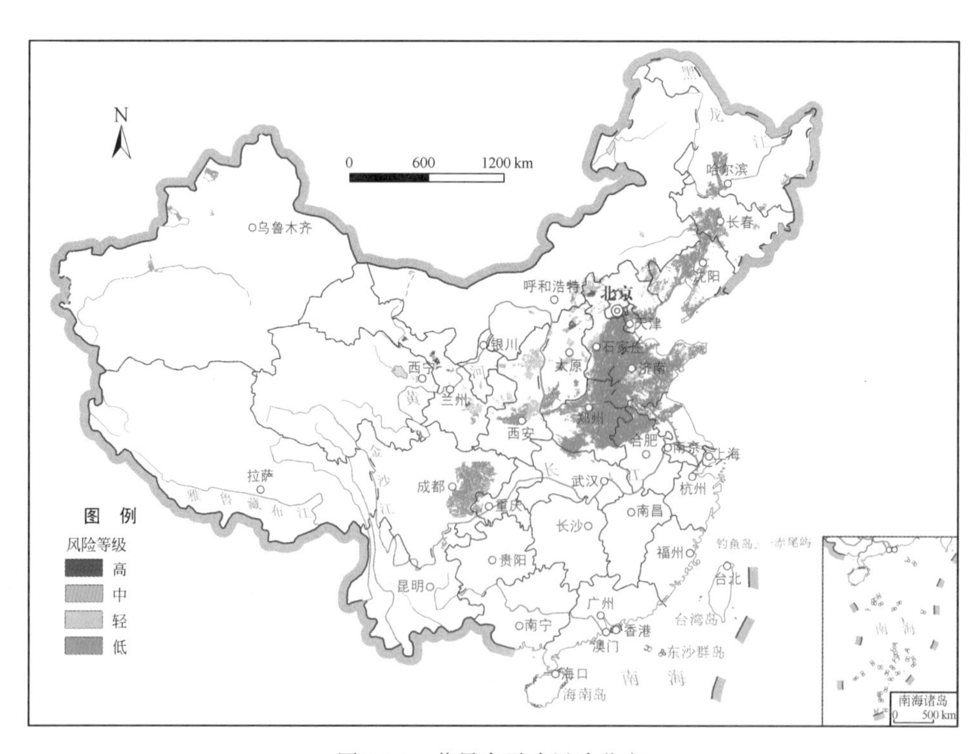

图 3-74　苹果春霜冻风险分布

3. 1∶400 万霜冻综合风险系列图

图 3-75 是中国霜冻灾害综合风险分布，表达了土地利用承灾体的风险水平和空间格局。

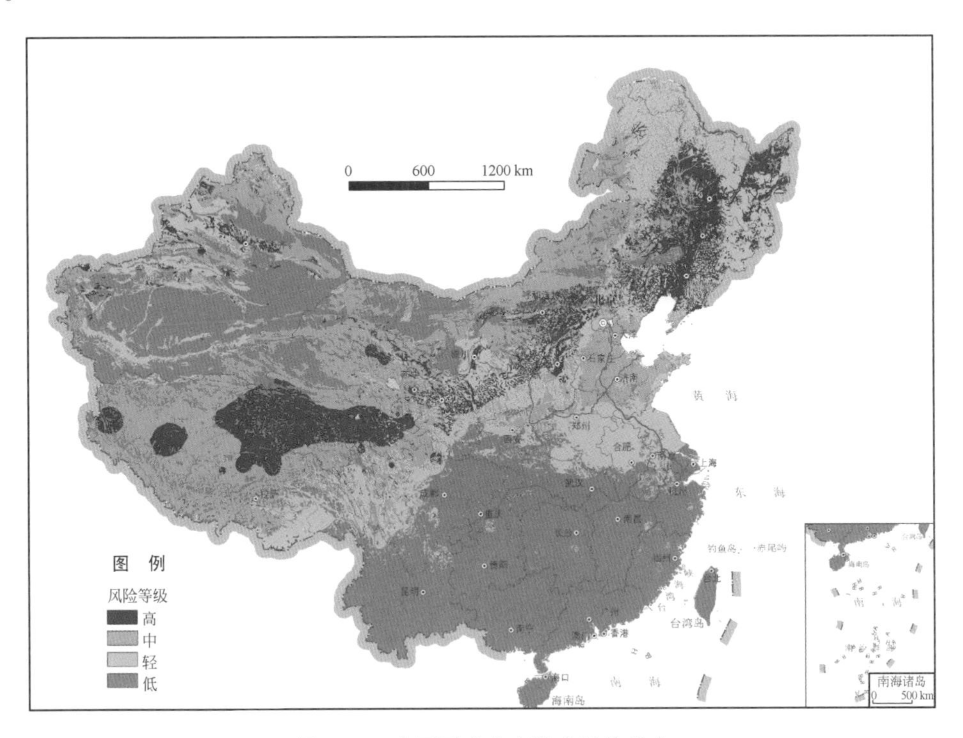

图 3-75 中国霜冻灾害综合风险分布

3.4.5 霜冻灾害风险评估结果分析

1. 霜冻灾害致灾因子危险度

冬小麦春霜日数分布和各日数段的面积比例见图 3-52 和图 3-76。中国除东北春麦区和南方亚热带气候区外，冬小麦春霜冻发生面积约占陆地区域的 85%，分布十分广泛。冬小麦春霜日数为 0～149 天，其中 0～20 天的区域占 40%，60～80 天的区域面积次之，约占 20%。

冬小麦春霜冻日数 60 天以上的区域从辽宁向西，沿内蒙古南部、冀北、京津、晋中北和陕西大部、直达宁夏呈连续的带状分布，在甘肃一支沿河西走廊折向西北，分布于内蒙古西部、北疆和天山南麓；另一支由甘南和川西北折向川西南，直至滇西北，并由此折向西藏，占据了西藏除山南地区外的绝大部分地区。

冬小麦春霜日数在 80 天以上的区域主要分布于北疆和西藏，在西藏中部地区最高可达 149 天。不过，除北疆有零星分布外，上述区域并不是中国冬小麦的主要种植区，实际

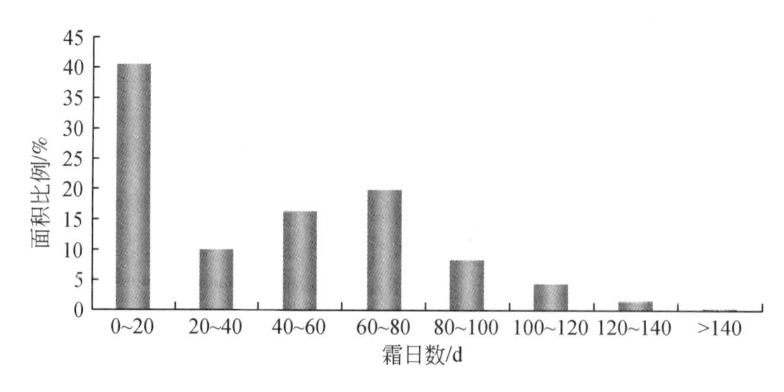

图 3-76 冬小麦春霜冻各日数段的面积比例

造成的霜冻灾害损失不大。真正危险的是辽、冀、京、津、晋、陕、宁、豫、鲁等省（自治区、直辖市）霜日数为 20～80 天的区域，这里是中国冬小麦的主要种植区，是霜冻风险的潜在分布区。

冬小麦秋霜日数为 0～74 天，具有和春霜日数相一致的带状分布空间格局（图 3-53、图 3-77），但分布区域较春霜略小，主要为 35°N～45°N。冬小麦秋霜日数 0～20 天的区域占 44.7%，20～40 天的占 41.18%，占据秋霜发生区域的绝大部分。霜日高值区域仍主要分布于北疆和西藏大部，但霜日数 0～40 天区域主要分布于内蒙古南部、辽、冀北、晋北、陕北、宁夏和甘肃河西走廊等地，秋霜冻可能会对冬小麦越冬产生危害。

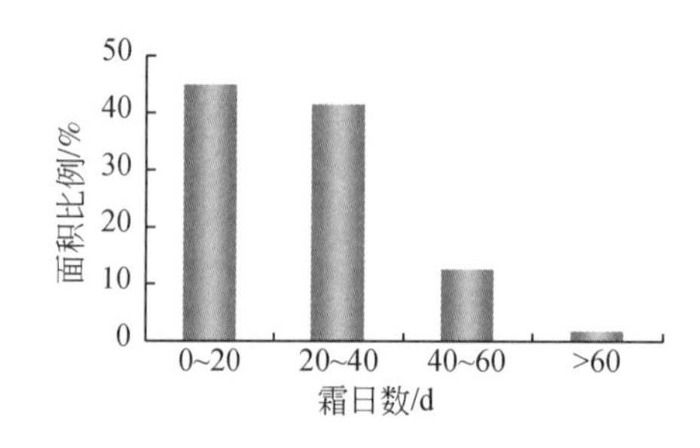

图 3-77 冬小麦秋霜冻各日数段的面积比例

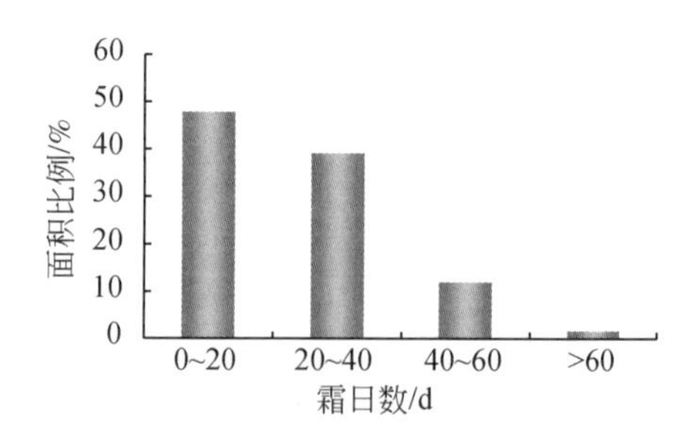

图 3-78 春小麦春霜冻各日数段的面积比例

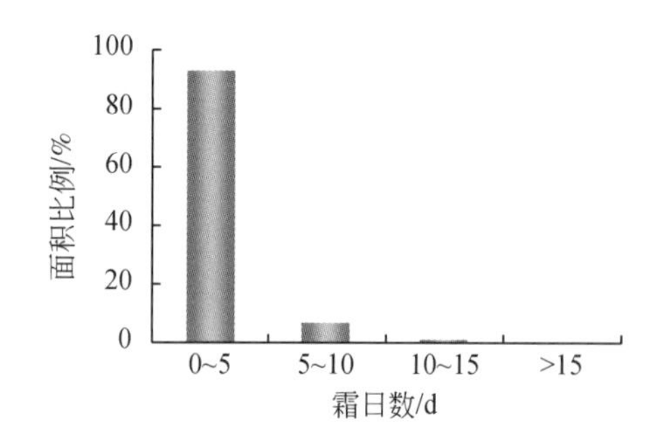

图 3-79 春小麦秋霜冻各日数段的面积比例

春小麦春霜日数分布和各日数段的面积比例见图 3-54 和图 3-78。春小麦春霜主要分布于中国 35°N 以北和 100°E 以西的区域，霜日数为 0～72 天，其中 0～20 天和 20～40 天的区域面积合计占 86.66%，霜日数高值区分布于北疆、西藏、内蒙古中南部、黑龙江与内蒙古的北部。

春小麦秋霜日数分布和各日数段的面积比例见图 3-55 和图 3-79。春小麦秋霜发生时间较短，最高仅 16 天。主要分布于中国 105°E 以西的区域，其中 5 天以下的区域面积占 92.67%，霜日数高值区分布于青藏高原和河西走廊。

玉米春霜日数分布和各日数段的面积比例见图3-56和图3-80。玉米春霜日数为0～29天，发生时间较短。分布区域十分集中，主要分布在中国的内蒙古中南部和西部、陕北、宁夏、甘肃大部、川西北和青海东部地区，其中5天以下的区域面积占93.79%。

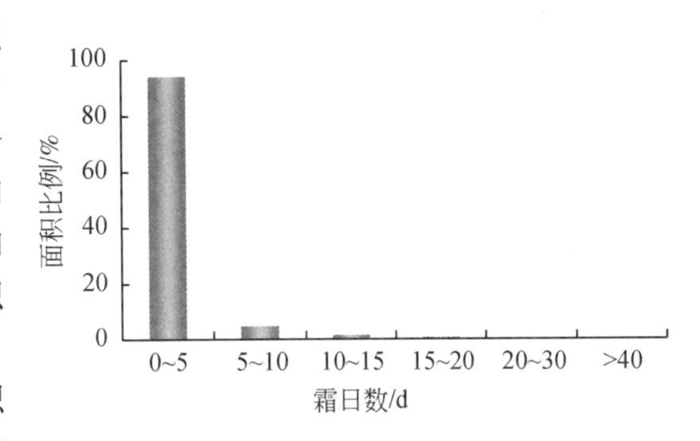

图3-80　玉米春霜冻各日数段的面积比例

玉米秋霜日数分布和各日数段的面积比例见图3-57和图3-81。玉米秋霜发生时间较短，最高仅7天。分布区域十分集中，主要分布于中国的内蒙古中南部和西部、晋北、陕北、宁夏、甘肃大部、川西北和青海东部地区，其中一天及以下的区域面积占90.16%。

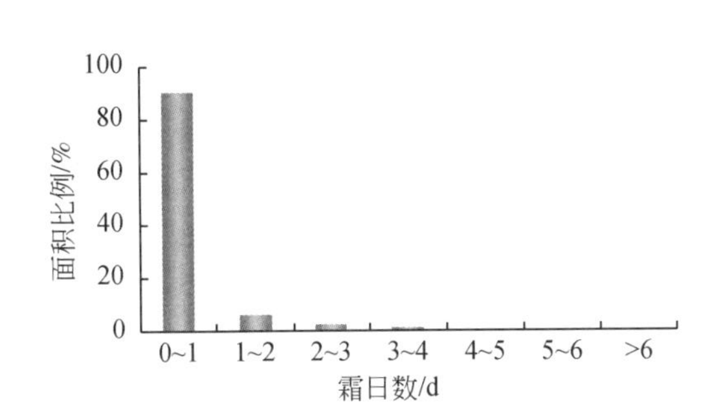

图3-81　玉米秋霜冻各日数段的面积比例

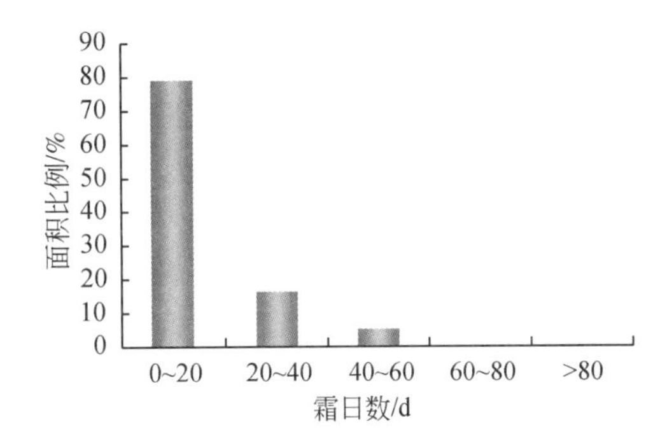

图3-82　油菜春霜冻各日数段的面积比例

油菜春霜日数分布和各日数段的面积比例见图3-58和图3-82。油菜春霜在中国发生面积较大，集中分布于105°E以东和30°N～45°N包围的区域，尤其是黄淮海平原地区的苏、皖、豫、鲁等省。霜日数为0～84天，有78.76%的区域霜日数为0～20天。霜日数大于等于20天的区域主要分布于黄淮海平原地区的苏、皖、豫和鲁等省。其中安徽和江苏两省油菜播种面积和产量均居全国前五位，因此春霜对这一区域的油菜生产具有极大的潜在危害性。

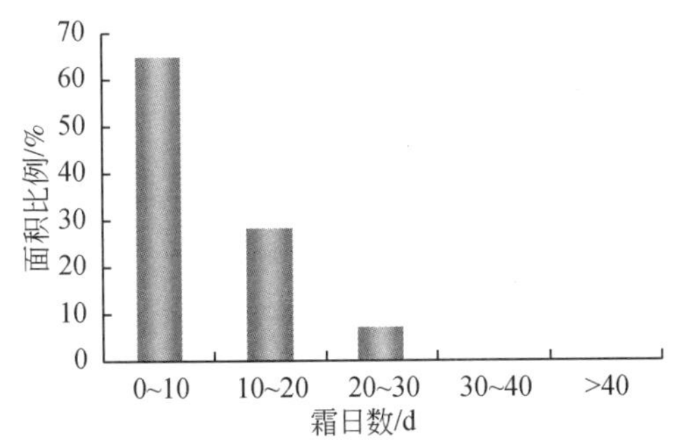

图3-83　油菜秋霜冻各日数段的面积比例

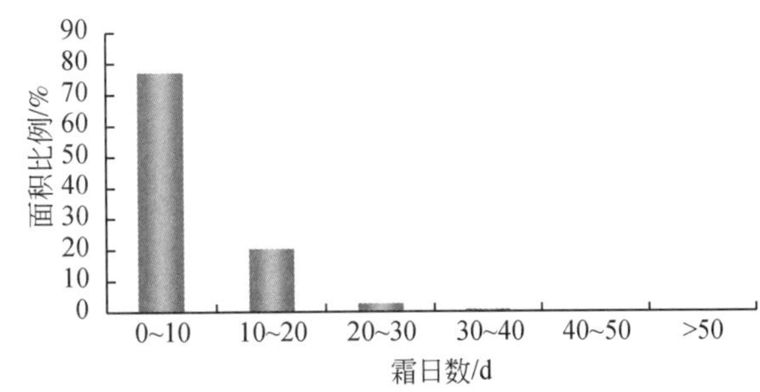

图3-84　苹果春霜冻各日数段的面积比例

油菜秋霜日数分布和各日数段的面积比例见图3-59和图3-83。油菜秋霜在中国发生面积较春霜略小，集中分布于110°E以东和30°N～40°N包围的区域，尤其是黄淮海平原地区的苏、皖、豫、鲁等省。霜日数为0～42天，有64.83%的区域霜日数为0～10天，28.09%的区域霜日数为10～20天。秋霜日数大于等于10天和春霜日数大于等于20天的区域分布极度一致，主要分布于黄淮海平原地区的苏、皖、豫和鲁等省，其中安徽和江苏两省油菜播种面积和产量均居全国前五位，因此春、秋霜对这一区域的油菜生产具有极大的潜在危害性。

苹果春霜日数分布和各日数段的面积比例见图3-60和图3-84。苹果春霜在中国发生面积较大，有霜日分布的区域占全国陆地面积的26.59%，集中分布于90°E以东和32°N～45°N包围的区域。霜日数为0～51天，绝大多数地方霜日数低于20天，占春霜分布的76.74%，10～20天的区域近20%。春霜日数在10天以上的区域主要分布于冀北、晋北、陕北、宁夏、甘肃大部和内蒙古西部。

全国霜冻日数分布和各日数段的面积比例见图3-61和图3-85。全国大致以淮河—秦岭—横断山脉为界，以南以东地区霜冻日数在50天以下，而以北以西地区霜日数在50天以上。其中，霜日数在200天以上的区域集中分布于东北的内蒙古东北部和黑龙江北部、青藏高原区大部，青藏高原中部霜日数最高可达327天。霜日数为100～200天的区域广泛分布于我国北部的东北平原和华北平原，以及西北的陕西、宁夏、甘肃和新疆地区。

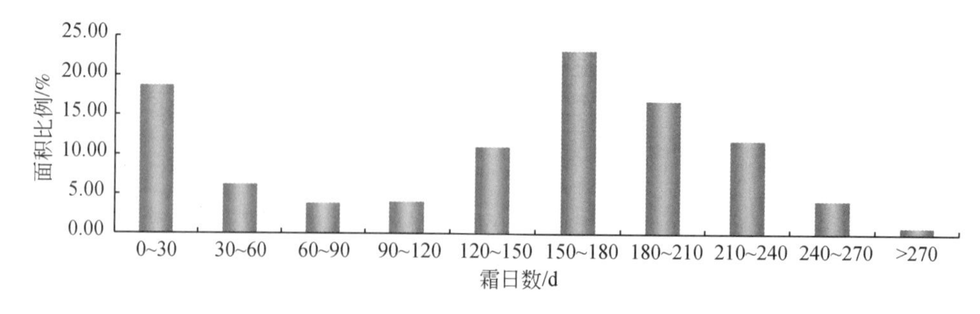

图3-85　全国霜冻各日数段的面积比例

2. 霜冻灾害风险分布

根据每个1km×1km网格评价单元上的小麦霜冻灾害致灾强度指数的概率分布，本研究在固定超越概率（在一定的风险水平下）不变的情况下，绘制了全国4个致灾强度水平下的小麦霜冻致灾概率分布图（图3-62至图3-65）。

小麦霜冻致灾高中风险区多集中在35°N以北，东北地区致灾风险为最高，新疆地区小麦霜冻风险指数也较高。从空间分布看，由2年一遇到20年一遇小麦霜冻致灾高中风险区有向南移动的趋势。南方小麦霜冻风险整体偏低。由统计数据（表3-19）可知，各年遇类型中致灾风险为30%～70%的面积所占比例都在80%以上。其中，面积比例最大的致灾风险为34%～50%，各年遇类型中所占比例大部分在25%以上，仅2年一遇所占比例为23.06%。其余致灾风险等级所占比例都较低。

表3-19　中国小麦霜冻灾害在不同风险水平下各致灾概率分布面积比例（单位:%）

致灾概率	风险水平			
	2年一遇	5年一遇	10年一遇	20年一遇
0~10	0.66	0.35	0.11	0.08
10~20	2.61	2.47	2.49	2.39
20~30	9.22	8.29	7.54	7.1
30~40	18.27	15.52	15.03	13.74
40~50	23.06	25.61	26.32	26.97
50~60	16.53	14.73	14.23	14.03
60~70	22.57	20.46	18.38	18.02
70~80	6.21	10.75	13.73	14.87
80~90	0.88	1.76	2.03	2.62
90~100	0.01	0.06	0.15	0.17

根据上述对小麦霜冻灾害致灾强度指数和小麦自然脆弱性曲线的分析，本研究在全国1km网格单元上1966~2005年春小麦和冬小麦的致灾强度指数，结合小麦的脆弱性，计算出中国小麦受霜冻灾害打击的产量损失率。在此基础上，绘制在全国不同致灾水平下（2年、5年、10年和20年一遇）的风险系列图（图3-66至图3-69）。

中国小麦霜冻高中风险区主要集中在40°N以北的地区；在40°N以南的地区，小麦霜冻高中风险区主要集中在青海、西藏和甘肃部分地区等。由2年一遇到20年一遇高中风险区面积逐渐增加，从空间格局上看，有向南移动的趋势。黄河流域、辽河流域和淮河流域的小麦霜冻风险相对较低；小麦霜冻低风险区主要集中在长江流域和珠江流域。从统计数据（表3-20）上看，各年遇类型中小麦霜冻风险所占面积比例最大的损失率为35%~45%，多在58%以上，最大的为2年一遇，其所占面积比为63.27%。

表3-20　中国小麦霜冻灾害不同风险下各减产损失率分布面积比例　（单位:%）

减产损失率	风险水平			
	2年一遇	5年一遇	10年一遇	20年一遇
0~35	12.64	11.21	10.31	9.71
35~45	63.27	60.71	59.54	58.6
45~55	21.34	23.73	24.11	24.18
55~70	2.75	4.35	6.04	7.51

玉米春霜冻风险分布和各风险等级的面积比例见图3-70和图3-86。玉米春霜冻以轻霜冻为主，占发生面积的91.93%。中度以上风险区主要集中在山西北部和内蒙古南部交界地带、内蒙古东部、甘肃中部地区。总体来看，全国大部分玉米种植区春霜冻风险以轻、中度为主。

玉米秋霜冻风险分布和各风险等级的面积比例见图3-71和图3-87。全国玉米种植区秋霜冻风险以轻、中度为主，合计占秋霜发生面积的98.77%。玉米秋霜冻的重和极重风险区极少，主要集中在黑龙江西北部、内蒙古东北部，以及新疆北疆部分地区。另外，在内蒙古中南部和山西北部有较大面积的中度风险区。

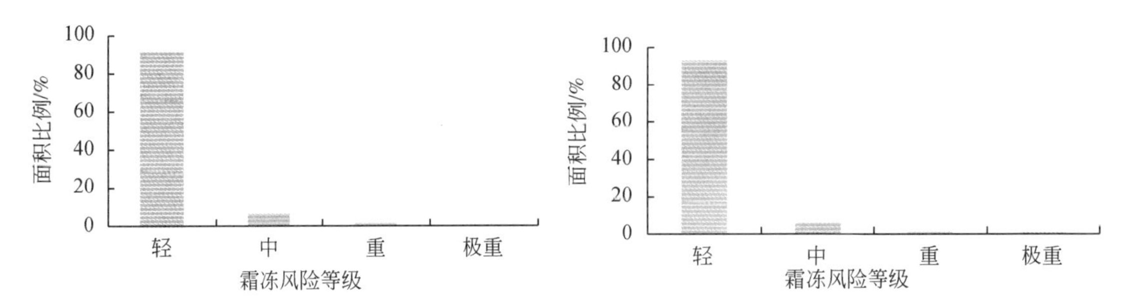

图 3-86 玉米春霜冻各风险等级的面积比例

图 3-87 玉米秋霜冻各风险等级的面积比例

油菜春霜冻风险分布和各风险等级的面积比例见图 3-72 和图 3-88。中国油菜春霜冻风险以轻度为主，面积比例为 51.24%。但重和极重度风险区面积也很大，合计达到 42.37%。重和极重度风险区集中分布在山东、河南、安徽和江苏四省交界处，为黄淮海平原核心区。其中，江苏和安徽在中国油菜种植面积和产量均居前五位，油菜春霜冻风险可能造成的损失很大。

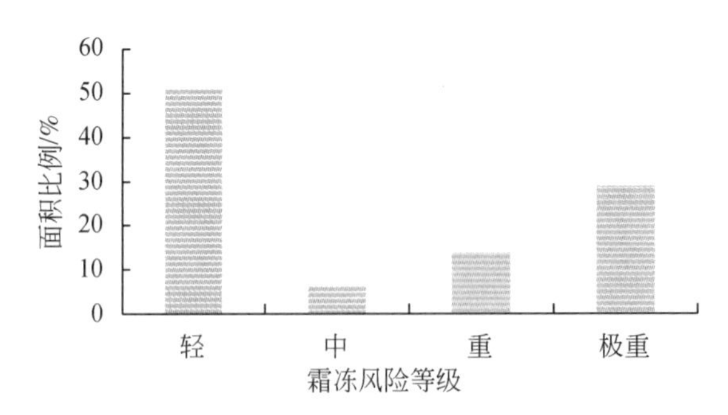

图 3-88 油菜春霜冻各风险等级的面积比例

油菜秋霜冻风险分布和各风险等级的面积比例见图 3-73 和图 3-89。中国油菜秋霜冻风险具有和春霜冻相同的空间分布规律，各风险等级的面积比例也十分接近。冻重和极重风险区集中分布在山东、河南、安徽和江苏四省交界处，分布范围较春霜冻有所减少，其余地区为中轻风险区。其中，轻风险区所占面积比例最大，为 53.91%。

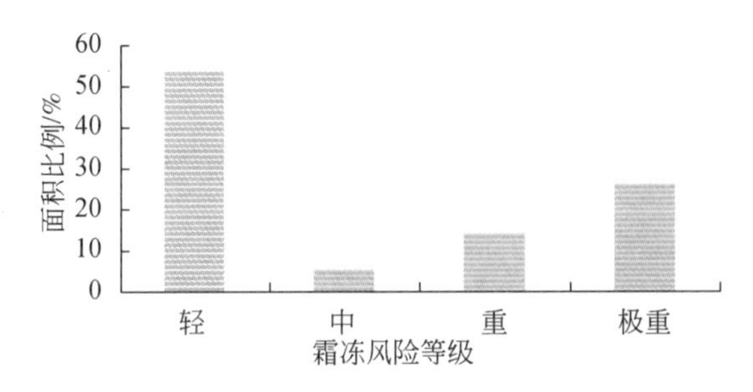

图 3-89 油菜秋霜冻各风险等级的面积比例

苹果春霜冻风险分布和各风险等级的面积比例见图 3-74 和图 3-90。中国苹果春霜冻风险以轻度为主，面积比例为 89.22%。中、重度约占 9.8%，主要分布在河北北部、山西和陕西北部以及宁夏和甘肃河西走廊，极重度风险区面积极小。

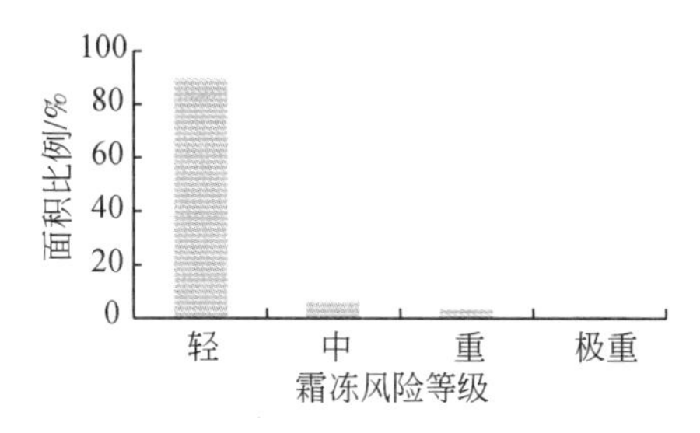

图 3-90　苹果春霜冻各风险等级的面积比例

中国霜冻综合风险分布和各风险等级的面积比例见图 3-75 和图 3-91。中国霜冻中度、重度和极重度风险区主要分布在秦岭—淮河一线以北，其中较高风险区集中分布在黑龙江、吉林、辽宁、内蒙古东部和中南部、山西、河北、北京、天津、鲁中山区、陕西北部、宁夏、甘肃东部、河西走廊、四川西北部和新疆部分地区。从面积比例上看，轻度风险和中度风险大致相当，分别为 43.04% 和 44.98%，重度风险面积也较大，达 11.93%，极重度风险区仅 0.04%。

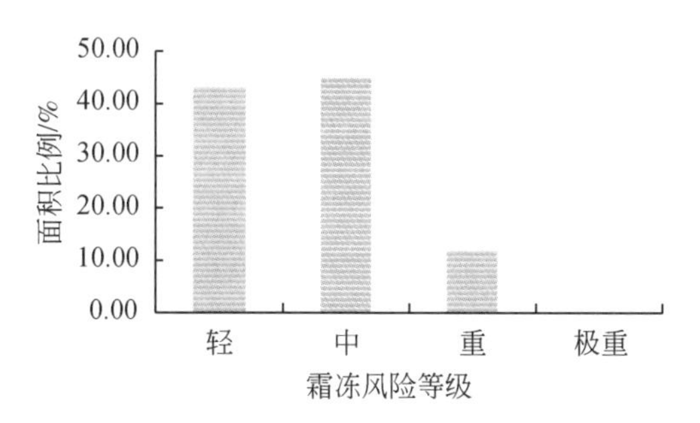

图 3-91　中国霜冻综合风险各等级的面积比例

3.5　雪灾数据库与风险评估*

3.5.1　雪灾研究进展综述

雪灾是由于大量的降雪与积雪，对牧业生产及人们日常生活造成危害和损失的一种气象灾害。雪灾是由雪灾的孕灾环境、致灾因子和承灾体相互作用而形成的，灾情大小由三者共同决定，而雪灾风险大小是由孕灾环境稳定性、致灾因子危险性与承灾体脆弱性所决定的。雪灾风险是在一定区域和给定时间段内，由于雪灾而引起的人民生命财产和经济活

* 本节执笔人：北京师范大学的王静爱、白媛、张建松、岳耀杰、潘东华、张化、周垠等。

动的期望损失值或损失率。

从全球范围看，雪灾主要发生在北欧、北美、俄罗斯等国家和地区。1947～1980年，这些地区因雪暴而死亡的人数排在世界自然灾害死亡人数的第五位。

北美地区关于雪灾的研究主要针对山区雪灾进行，研究的重点主要是积雪的流动性、雪崩、积雪深度对植被的干扰作用等。例如，Changnon（2005）利用历史雪灾资料分析了美国暴风雪灾害的时空分布；Jamieson等（2002）从防御系统、预警机制和爆破控制等几个方面探讨了加拿大地区的雪崩综合风险管理。Bocchiola等（2006）利用积雪深度创建了动态模型，并且应用于意大利地区雪崩风险制图。

在国内，关于雪灾风险评价始于20世纪90年代，早期的雪灾风险评价以单要素风险评价为主。周陆生等（2001）在雪深法的基础上，采用积雪持续时间和降水量、气温等要素，建立了青海省雪灾评估模式和气象指标。有学者通过分析积雪与牧草高度之间的关系对家畜采食的影响，提出了家畜膘情变化的数学模型，并结合牧草生长气候模型，分析了未来雪灾发生的可能条件（尹东和王长根，2002）。郝璐等（2003）从综合减灾和区域可持续发展的角度，建立了雪灾脆弱性评价指标体系及评价模型，并从雪灾区域孕灾环境敏感性以及区域畜牧业承灾体对雪灾的适应性两方面对内蒙古雪灾脆弱性进行了评价。随着GIS技术和气象预报技术的发展日益成熟，部分学者的研究开始从积雪、草地、牲畜等多个角度选择评价指标进行综合评价，探讨雪灾风险管理对策。刘兴元和梁天刚（2008）在分析北疆牧区畜牧业生产与雪灾分布特征的基础上，利用RS、GIS和地面监测资料，从草地抗灾力、家畜承灾体和积雪致灾力三个子系统中选择9个因素作为预警参评因子，用家畜死亡率作为风险评估因子，构建了一个在完全放牧状态下的牧区雪灾预警与风险评估体系和模式，采用多层次综合法和目标线性加权函数法，建立了雪灾预警分级模型、判别模型和风险评估模型。

综上所述，关于雪灾系统的大部分研究基于气象台站数据，从孕灾环境、致灾因子角度创建气象数值模型探讨雪灾气象特征、成因、成灾机制，以及从承灾体角度分析时空分异规律，而且局限于牧区雪灾，或者就单一气象因子、牲畜因子进行风险评价，基于灾害系统对区域雪灾进行综合风险评价的研究较少。由此，本研究将构建以1km网格为单元的雪灾数据库，包括致灾因子数据库、承灾体数据库和灾情数据库，以这些数据库构建区域雪灾风险评价模型，对雪灾综合风险进行评价和制图。

3.5.2 雪灾风险数据库的建立

雪灾风险数据库是在致灾因子数据库、承灾体数据库以及灾情数据库的基础上，通过构建雪灾风险评价模型，依次进行雪灾致灾因子危险性评价、承灾体暴露性分析和承灾体脆弱性曲线拟合，最后计算每个最小评价单元的雪灾风险，最终建立雪灾风险数据库。

1. 致灾因子数据库

致灾因子数据库的原始数据来自中国科学院寒区旱区环境与工程研究所遥感与地理信息科学研究室，利用被动微波遥感SMMR1（1978～1987年）和SSM/I2（1987～2005年）

亮度温度资料反演得到1978～2005年中国雪深长时间序列数据集。该数据集采用25km空间分辨率和EASE-GRID投影方式，提供逐日的全国范围的积雪厚度分布数据。

雪灾发生时段不同，承灾体类型和数量不同造成灾情严重程度不同。因此，把雪灾分为前冬雪灾（10月15日至12月31日）、后冬雪灾（1月1日至2月28日）和春季雪灾（3月1日至5月15日）三个时段。选取10cm的积雪深度为临界值，计算每个1km网格积雪深度≥10cm的概率，构建全国不同时段致灾积雪深度≥10cm概率分布数据。将该概率按降序排列，则排序第10位的积雪深度为2年一遇的致灾强度；提取第4位的积雪深度为5年一遇的致灾强度；提取第2位的积雪深度为10年一遇的致灾强度；提取第1位的积雪深度为20年一遇的致灾强度。由此，构建不同时段不同年遇类型（2年、5年、10年、20年一遇）致灾因子危险性数据库，数据库内容见表3-21。

表3-21　雪灾致灾因子危险性数据库

	前冬	后冬	春季
全国雪灾致灾指数分布数据库	有	有	有
全国雪灾致灾积雪深度≥10cm概率分布数据库	有	有	有
全国1km网格2年一遇雪灾的致灾强度数据库	有	有	有
全国1km网格5年一遇雪灾的致灾强度数据库	有	有	有
全国1km网格10年一遇雪灾的致灾强度数据库	有	有	有
全国1km网格20年一遇雪灾的致灾强度数据库	有	有	有

2. 承灾体数据库

雪灾承灾体数据库主要包括交通承灾体数据库和草地承灾体数据库两部分。

交通承灾体资料来源分为两部分：其一，中华人民共和国国家测绘局编制的1∶25万地形图；其二，中国地图出版社编制出版的《中国公路交通图集》(2008)。通过对1∶25万地形图中的交通数据进行提取，和《中国公路交通图集》数字化，构建了中国交通承灾体暴露性数据库，其中包括全国高速公路、国道、铁路、省道和机场1km×1km网格分布数据。

草地承灾体数据库是基于中国科学院地理科学与资源研究所1∶25万全国土地利用图应用GIS软件提取其中标识码为草地的多边形（polygon），再叠加网格化的中国畜牧业区划图，建立了中国1km×1km草地承灾体数据库。

3. 灾情案例数据库

雪灾灾情案例库数据由全国报刊灾害案例库、《中国气象灾害大典》、《中国气象灾害年鉴》、《中国减灾》和网络等多个信息源整编而成（表3-22）。时间跨度为1949～2008年，共417条灾情案例数据。

表 3-22 雪灾灾情案例数据库情况

数据库	数据源	主要信息	来源
中国雪灾灾情案例数据库	《中国气象灾害大典》	1949~2000 年全国各县雪灾案例数据	温克刚，中国气象局，气象出版社，2008
	《中国气象灾害年鉴》	2005~2007 年全国各县雪灾案例数据库	中国气象局，气象出版社，2006~2008
	《中国减灾》	2001~2004 年全国各县雪灾案例数据库	民政部国家减灾中心
	Google 搜索	2008 年全国各县雪灾案例数据库	互联网

4. 风险数据库

选取畜牧业和交通承灾体，建立雪灾风险数据库。交通承灾体选取高速公路和机场两种类型，截取后冬时节春运时间段，也是中国交通运输最为繁忙的时段，建立脆弱时段交通雪灾风险数据库（1986~2005 年）（表 3-23）。

表 3-23 雪灾风险数据库

	畜牧业雪灾				交通雪灾	
	全年	前冬	后冬	春季	高速公路	机场
雪灾损失风险平均值数据	有	有	有	有	无	无
2 年一遇损失风险数据	无	有	有	有	有	有
5 年一遇损失风险数据	无	有	有	有	有	有
10 年一遇损失风险数据	无	有	有	有	有	有
20 年一遇损失风险数据	无	有	有	有	有	有

3.5.3 雪灾风险评估方法

雪灾综合风险评估采用联合国 ISDR 的风险定义：

$$风险(R) = 致灾因子(H) \times 脆弱性(V) \tag{3-23}$$

ISDR 构建了“致灾因子危险性评价（hazard probability）—承灾体脆弱性曲线拟合（vulnerability curve）—风险性评价（risk）”的雪灾风险评价流程图 3-92。

1. 致灾因子危险性评估

雪灾致灾因子的危险性是指降雪事件发生的可能性，危险性评价就是从风险的诱发因素出发，研究降雪事件发生的可能性，即概率。危险性的评价即识别出某区域某强度降雪事件，计算某一强度降雪发生的概率。

影响雪灾危险度的因素主要有降雨频次和降雪强度等，其中降雪强度由降雪量、积雪深度、降雪持续时间、积雪覆盖面积等多因素综合决定。降雪强度的诸要素虽能准确地描述降雪致灾能力，但考虑资料的易获取性，本研究采用积雪深度作为雪灾风险的致灾因子。积雪深度是假定雪层均匀地分布在积雪地面上时，从雪层表面到雪下地面之间的垂直

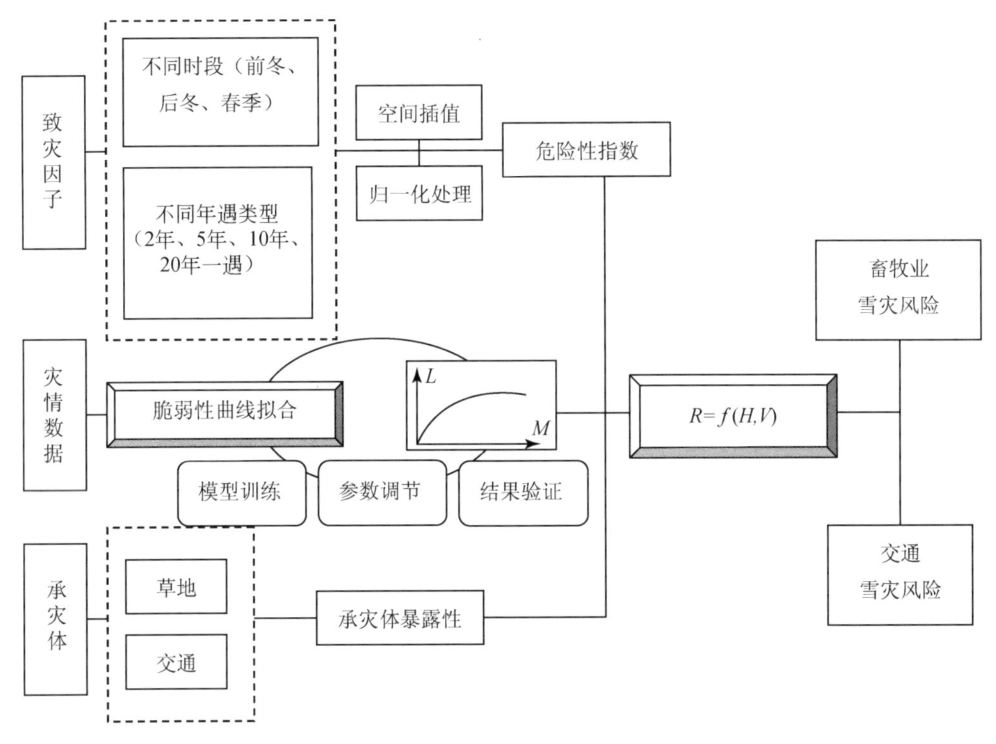

图3-92　雪灾风险评价流程

深度，其单位为cm。

以积雪深度作为致灾因子危险性评价指标，选取20年（1986～2005年）逐日积雪深度为数据源，按照前冬雪灾、后冬雪灾、春季雪灾，计算每个1km×1km网格在不同年遇水平之下的致灾强度，得到不同时段不同年遇水平雪灾致灾强度图谱。

2. 承灾体脆弱性评估

降雪之所以成灾与承灾体脆弱性是分不开的，脆弱性曲线评价就是研究雪灾强度与承灾体脆弱性之间的关系。所谓雪灾的脆弱性是指承灾体遭受不同强度降雪致灾的期望损失，通常用损失率来表示。

基于雪灾灾情案例数据库，选取积雪深度和牲畜死亡率两个指标，建立畜牧业雪灾脆弱性曲线。基于Data软件，采用最小二乘法。建立畜牧业雪灾脆弱性曲线（图3-93）和相应的函数方程：

$$V = 1 - 1/\exp(0.006\,438\,9 \times H)(R^2 = 0.808) \tag{3-24}$$

式中，V为畜牧业雪灾牲畜死亡率；H为积雪深度。

选取高速公路和机场承灾体，建立高速公路损失率、机场损失率指标作为交通承载体脆弱性指标，即高速公路损失率（%）=停运时间/降雪持续时间×100%，机场损失率（%）=关闭时间/降雪持续时间×100%，得到高速公路雪灾脆弱性模型［式（3-25）］以及机场雪灾脆弱性模型［式（3-26）］。

$$V_2 = 1 - 1/\exp(0.596\,828 \times H)(R^2 = 0.930) \tag{3-25}$$

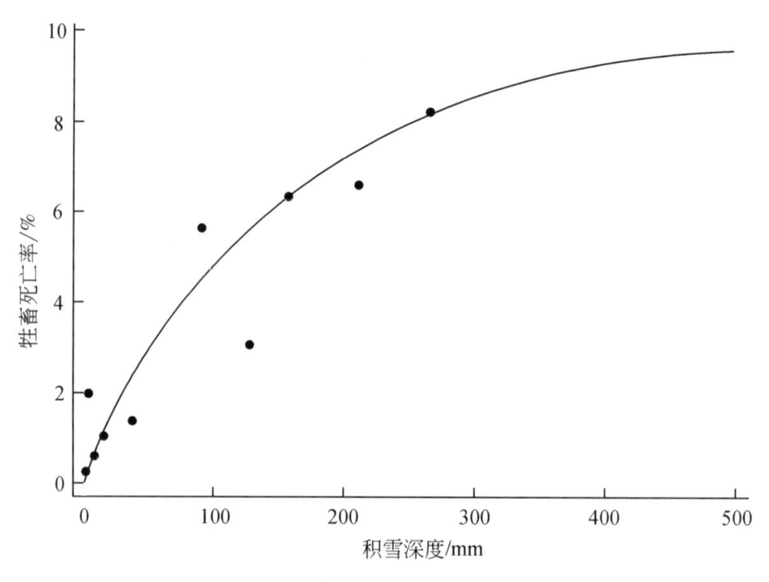

图 3-93　畜牧业雪灾脆弱性曲线

$$V_3 = 1 - 1/\exp(0.0613722 \times H)(R^2 = 0.940) \tag{3-26}$$

式中，V_2 为高速公路雪灾损失率；V_3 为机场雪灾损失率；H 为积雪深度。

3. 风险评估

根据雪灾风险评价概念模型，依次进行雪灾致灾因子危险性评价、承灾体暴露性分析和承灾体脆弱性曲线评价，最后根据式（3-27）来计算每一个最小评价单元的雪灾风险。

$$R = \sum_{i=1}^{m} H_{ni} \times V_{ni} \times E_i,\ m \in (1,\infty),n \in (1,4) \tag{3-27}$$

式中，m 为评价单元内承灾体的个数；H_{ni} 为降雪强度等级为 n 时的发生概率；V_{ni} 为降雪强度等级为 n 时的第 i 种承灾体的脆弱性等级；E_i 为第 i 种承灾体暴露的面积；而 R 为评价单元内承灾体的总风险度。按指数分级法，将风险度划分为高、中、轻、低 4 个级别。编制了雪灾风险评估图谱，该图谱编制的步骤：第一，基于不同时段不同年遇类型积雪深度，绘制出畜牧业 3 个时段 4 个年遇类型危险性图谱；第二，根据式（3-27）运算结果，绘制中国畜牧业 3 个时段雪灾风险图谱（图 3-94）。选取对于交通影响最为严重的后冬时段作为交通雪灾风险评价的脆弱时段，绘制高速公路和机场脆弱时段不同年遇类型雪灾风险图谱。

风险评价图谱的成因依据是区域雪灾灾害系统的结构以及雪灾风险的形成机制；基于自然区划理论，进行分区和分时段的雪灾风险评价；运用 GIS 技术和数字地图技术编制的分区风险评价图谱，体现的是地域间的风险差异；而分时段雪灾风险评价图谱，体现的是雪灾发生时段间的风险差异；“风险评价图谱”真正从成因机制、空间维度、时间维度以及时空耦合角度深刻理解雪灾风险，而且以形象、直观的方式来表达，使得雪灾风险评价的结果更加简洁和富有明辨性。

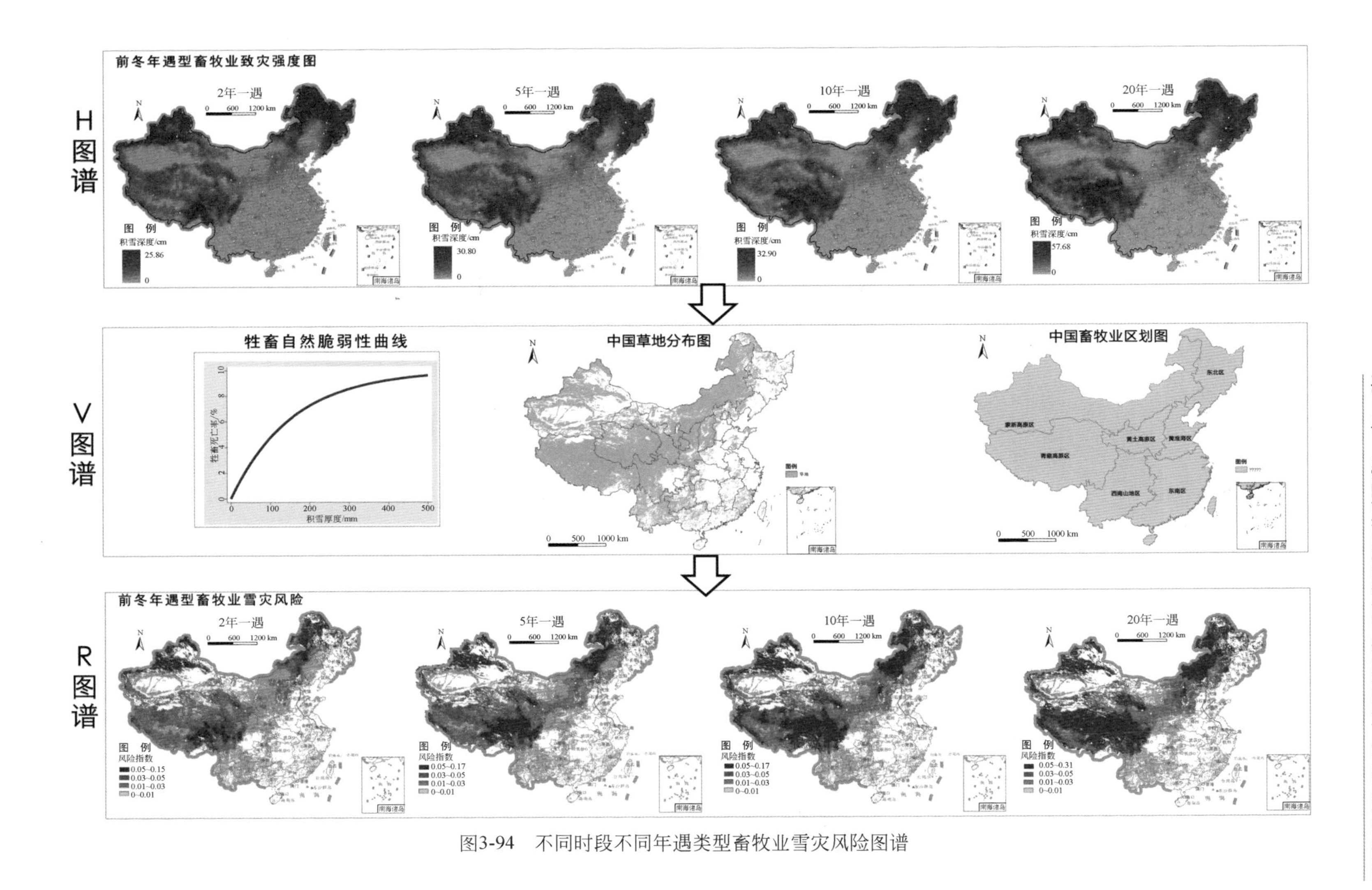

图3-94　不同时段不同年遇类型畜牧业雪灾风险图谱

3.5.4 雪灾风险评估结果与分析

1. 致灾因子危险性图谱及结果分析

中国雪灾致灾指数平均值空间分布格局（图 3-95），总体呈现出从西北、东北向东南方向递减的趋势。大部分雪灾致灾指数的 40 年平均值处于中度致灾雪灾（≥1）等级以上，高达全国总面积的 81.89%。而影响最为严重的重度、极端致灾雪灾区域（≥5）约占全国面积的 39.10%，大致分布在青藏高原东南部、北疆地区和天山一带，以及内蒙古大兴安岭以西、阴山以北地区。其中，极端致灾雪灾区域（≥10）位于黑龙江黑河地区、内蒙古呼伦贝尔地区、西藏昌都地区、新疆哈尔克山以及阿尔泰山地区。这种空间分布格局取决于大环流尺度下气候分异规律，并和中国高海拔、高纬度地区水汽来源密切相关。

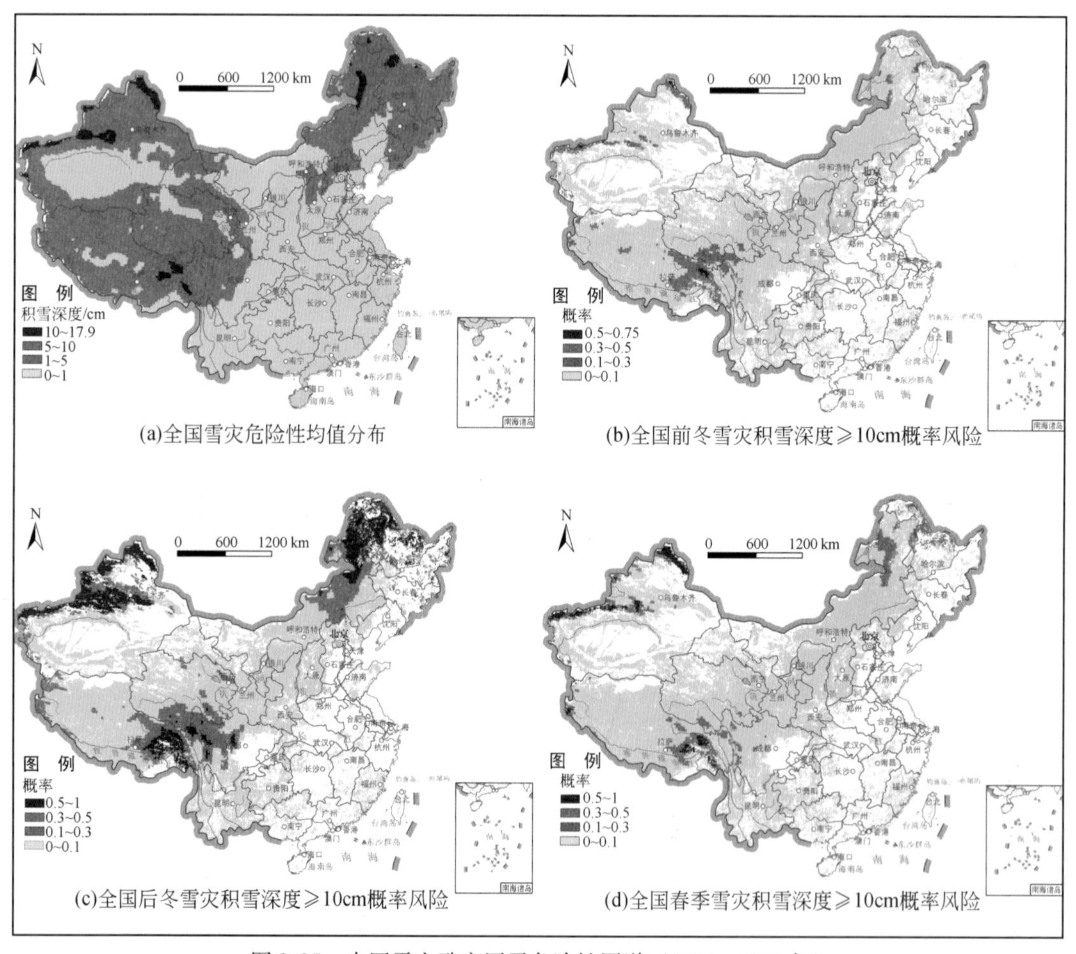

(a)全国雪灾危险性均值分布

(b)全国前冬雪灾积雪深度≥10cm概率风险

(c)全国后冬雪灾积雪深度≥10cm概率风险

(d)全国春季雪灾积雪深度≥10cm概率风险

图 3-95 中国雪灾致灾因子危险性图谱（1986～2005 年）

在不同时段，相同致灾强度水平下，和致灾强度平均值分布相似，高纬度高海拔地区是发生积雪深度≥10cm 的概率高值区。根据中国畜牧业区划，青藏高原区、蒙新高原区、东北区都是概率风险高值分布区域，而这一区域也是中国四大牧场分布地区，损失风险也非常大。

前冬时段概率高值分布区域最大，因此前冬时段是畜牧业雪灾防范的重要时段。其中前冬时段，西藏林芝、昌都地区，青海玉树地区都为极高概率等级区域，而发生致灾积雪深 10cm 以上雪灾的风险水平至少在 2 年一遇。前冬时段和春季时段三个高值区域概率上限都为 100%，这也就表明这些地区几乎每年都会遇到致灾积雪深度≥10cm 程度的雪灾影响。因此，对于这些地区应该采取一定的人工防灾措施来应对较高的雪灾致灾风险水平。

2. 畜牧业雪灾风险图谱及结果分析

如图 3-96 所示，1986～2005 年，中国畜牧业损失均值空间分布的整体格局呈现出从西北向东南方向递减的趋势，畜牧业损失率呈现出东部和南部地区整体损失较小，而西部和北部地区整体损失偏高的格局。损失率的高值区比较集中，主要分布在青藏高原东部地区和蒙新高原区的北疆地区、小兴安岭以西地区。高值区（畜牧业损失率平均值处于 4 等级）占全国面积的 5.36%，这些地区是雪灾成灾风险最大的区域。

由不同时段雪灾损失风险可以看出，前冬时段是畜牧业雪灾风险最高的时段，其高值区域占草地总面积的比例最大，达 38.6%，其次是春季雪灾，占 8.6%，后冬雪灾最低，为 3.7%。因此，前冬时段是雪灾风险防范最重要的时段。

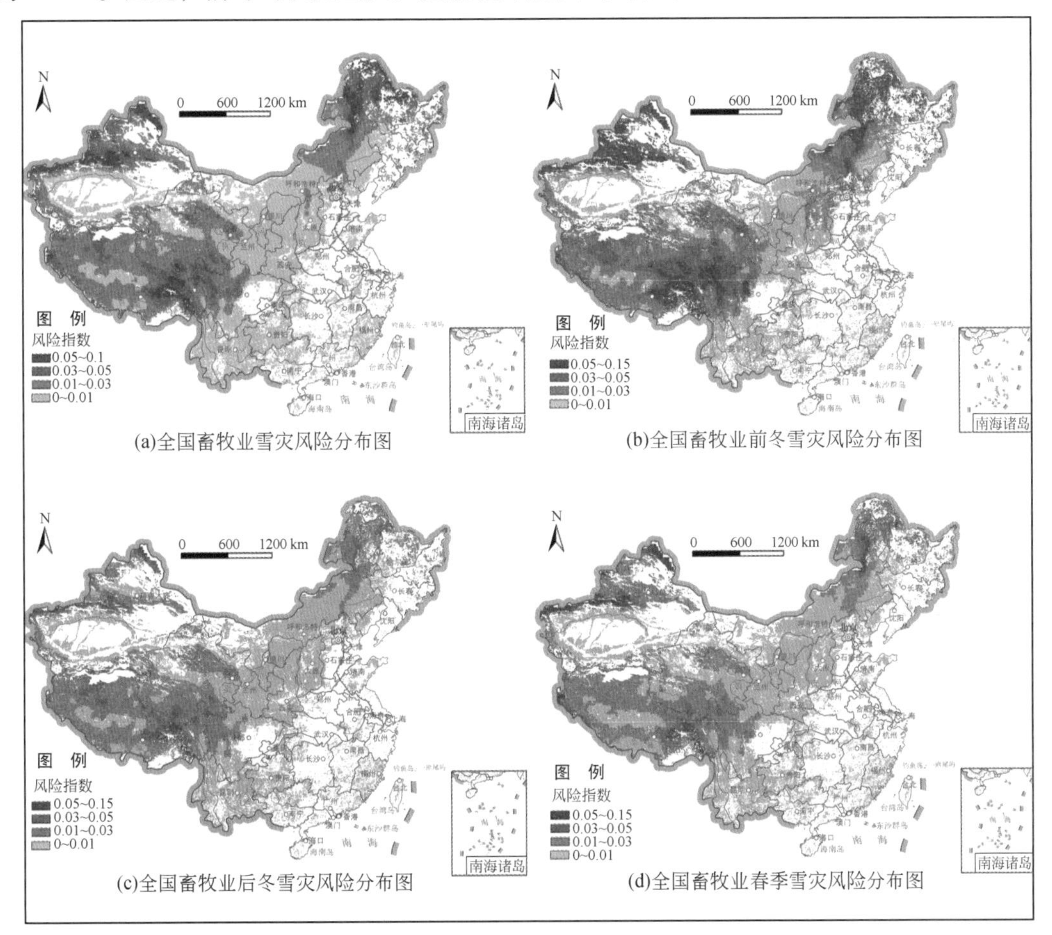

(a)全国畜牧业雪灾风险分布图　(b)全国畜牧业前冬雪灾风险分布图

(c)全国畜牧业后冬雪灾风险分布图　(d)全国畜牧业春季雪灾风险分布图

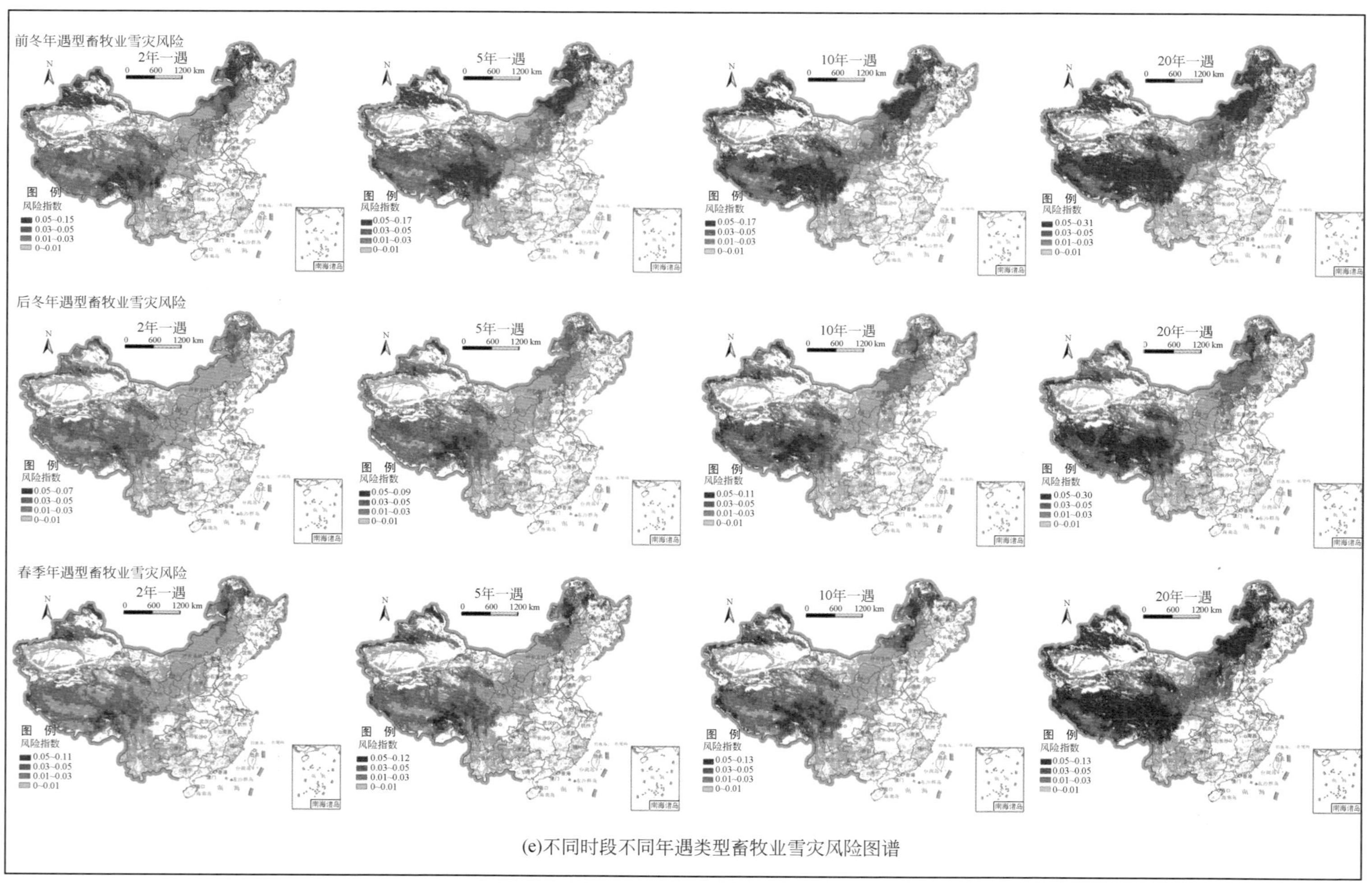

(e)不同时段不同年遇类型畜牧业雪灾风险图谱

图3-96　中国畜牧业雪灾风险图谱(1986～2005年)

全国畜牧业雪灾损失风险呈现从西北到东南递减的趋势，这由低温及水汽丰富的气候环境所导致。在 4 种风险水平下，占全国面积最大的畜牧业损失率值主要分布在（0.01 ~ 0.1）这个区间内，即都处于轻度损失等级水平下。以前冬时段为例，在 2 年、5 年、10 年、20 年一遇的风险水平下，轻微度产量损失率等级（0.01 ~ 0.1）的面积占全国草地总面积的比例分别为 54.53%、28.10%、19.80% 和 16.93%。

无论在哪个风险水平下，青藏高原区和蒙新高原区的雪灾损失率都是最高，达到 10% 以上损失率等级，甚至大部分损失率的范围都在 20% 以上。其次是东北区，损失率的上限也都达到 20% 以上。经统计，随着年遇型的增加，高风险等级（0.1 ~ 0.2）区域占全国草地区的比例是逐渐增加的，以前冬时段为例，从 2 年一遇的 4.81%、5 年一遇的 5.43%、10 年一遇的 5.81% 上升至 20 年一遇的 6.41%。而同样随年遇型的增加，低损失风险等级以下的区域（0 ~ 0.1）占草地分布区的比例从 2 年一遇的 83.27%、5 年一遇的 64.06%、10 年一遇的 52.12%，下降至 20 年一遇的 41.58%。

从损失风险高值区的动态分布来看，2 年一遇水平下的畜牧业损失风险高值区主要集中在青藏高原区和蒙新高原区附近。这与其致灾风险水平高是一致的。东北区致灾风险水平较高，而这个区的畜牧业损失风险却较低，大部分损失率在 0.1 以下，主要是由这个分区畜牧业脆弱性和暴露度的较低所导致的。随年遇型的增加，到了 20 年一遇水平，损失风险高值区也逐渐向青藏高原东南部、天山以北地区和小兴安岭以南区域扩展。

3. 交通雪灾风险图谱及结果分析

如图 3-97 所示，1986 ~ 2005 年，中国高速公路损失风险均值空间分布的格局总体呈现出从北向南递减的趋势，交通损失率呈现出华南地区损失较小，而西北和东北地区损失

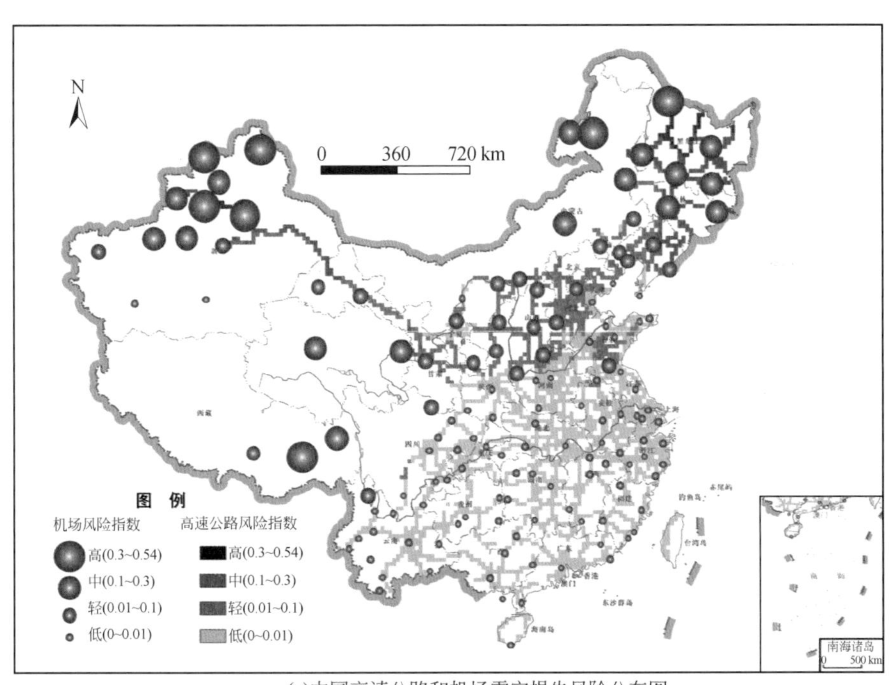

(a)中国高速公路和机场雪灾损失风险分布图

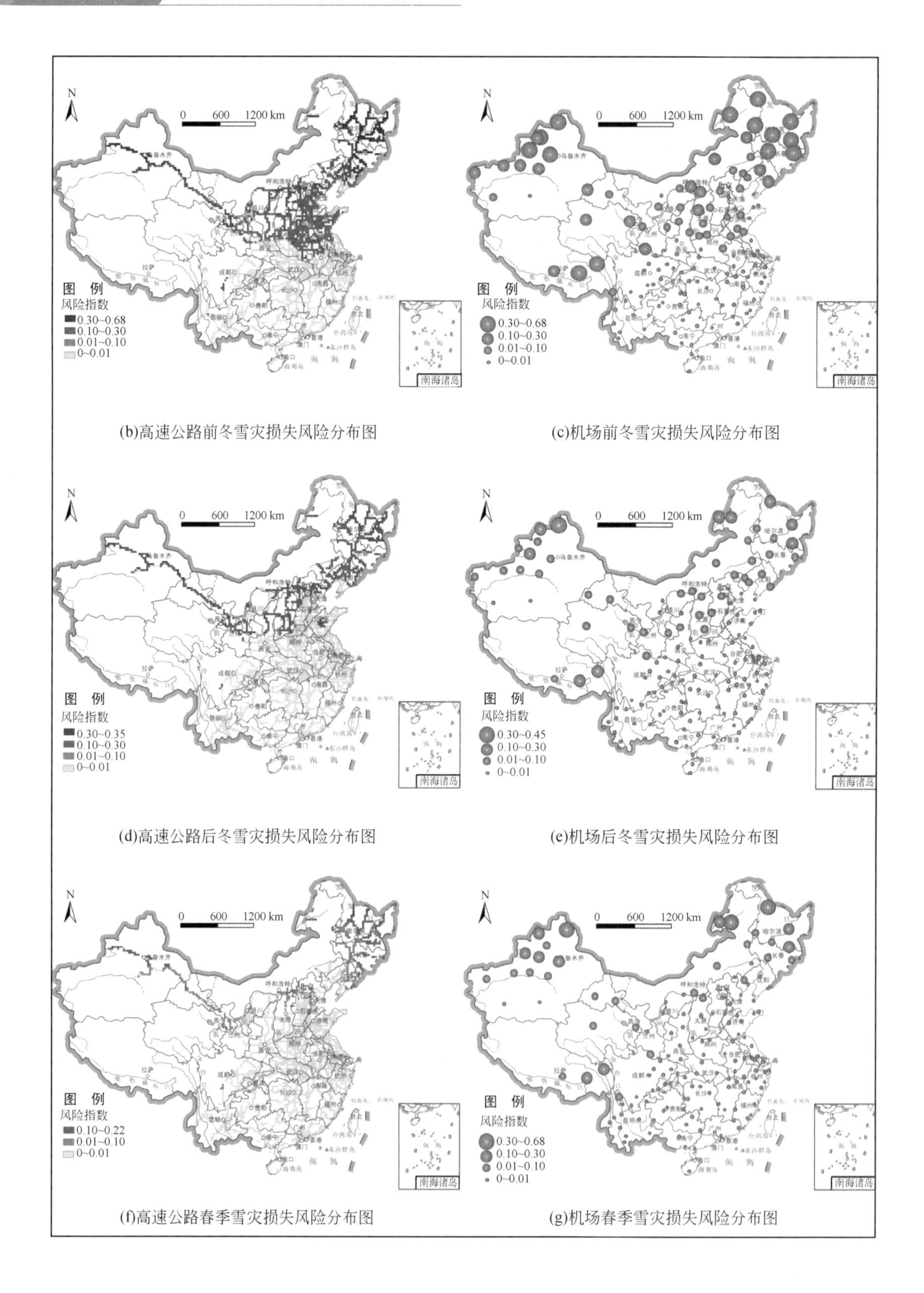

(b)高速公路前冬雪灾损失风险分布图

(c)机场前冬雪灾损失风险分布图

(d)高速公路后冬雪灾损失风险分布图

(e)机场后冬雪灾损失风险分布图

(f)高速公路春季雪灾损失风险分布图

(g)机场春季雪灾损失风险分布图

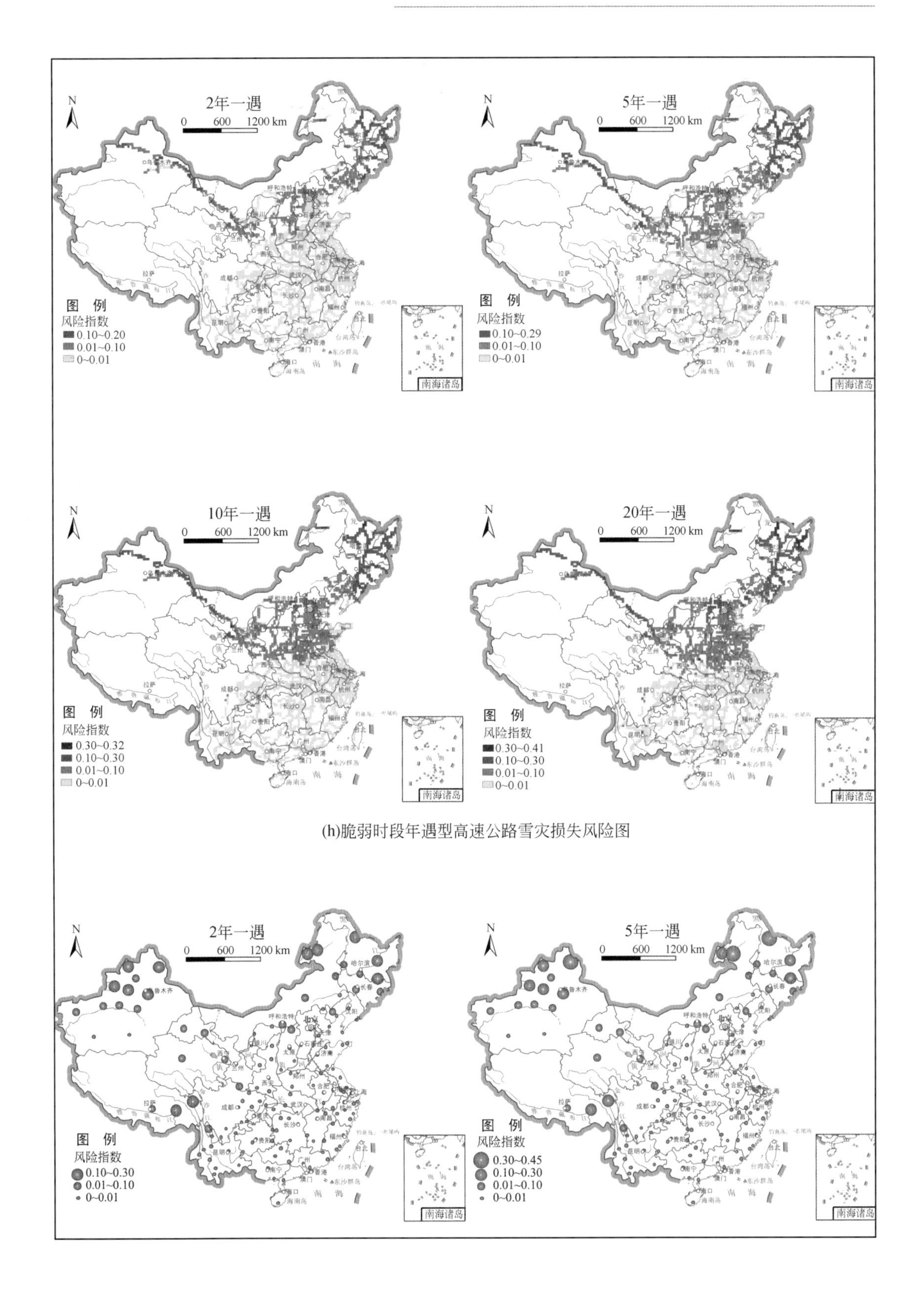

(h)脆弱时段年遇型高速公路雪灾损失风险图

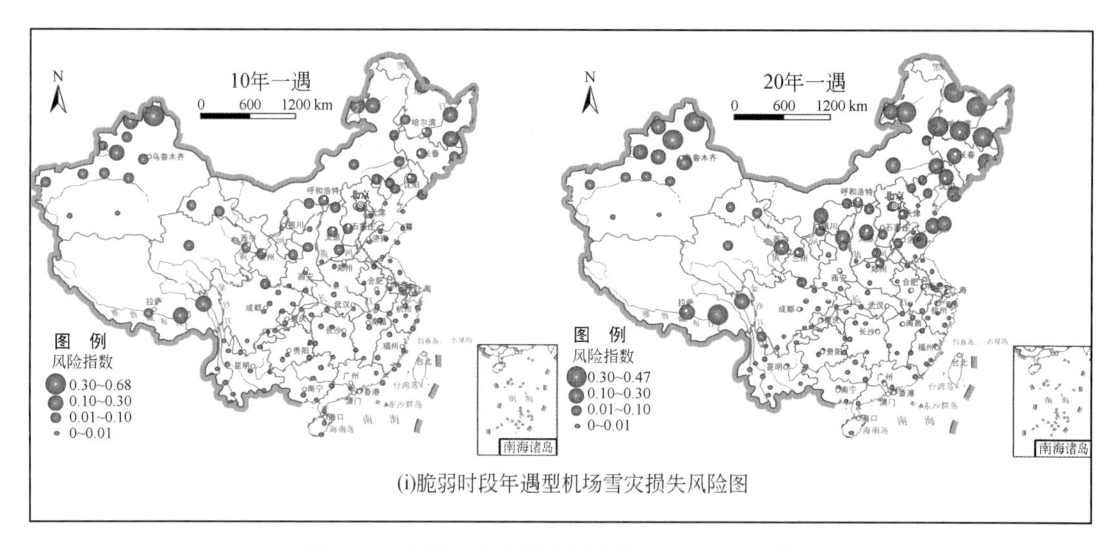

(i)脆弱时段年遇型机场雪灾损失风险图

图 3-97 中国交通雪灾风险图谱（1986～2005 年）

偏高的格局。损失风险的高值区比较集中，主要分布在黑龙江省大部分路段，其中包括哈大高速、哈同高速、沈哈高速等重要路段和吉林省部分路段，包括长吉高速、长营高速，以及新疆维吾尔自治区乌奎路段，都是承灾风险最高的路段。损失风险中、轻等级区域则位于中国京津地区、山西、陕西、辽宁、甘肃、山东等的大部分路段。由此可见，中国北方广大地区是高速公路雪灾损失风险相对较高的区域。

在 4 种风险水平下，影响全国高速公路里程最大的交通损失率值主要分布在 0.01～0.1 这个风险区间内，即都处于轻度损失等级水平下。在 2 年、5 年、10 年、20 年一遇的风险水平下，轻微度交通损失率等级（0.01～0.1）的长度占全国高速公路总里程的比例分别为 38.53%、28.10%、19.80% 和 13.93%。

无论在哪个致灾水平下，黑龙江省和新疆维吾尔自治区的高速公路损失率都是最高的，甚至大部分损失率的范围都在 20% 以上。其次是华北地区，损失率的上限也都达到 10% 以上。经统计，随着年遇型的增加，高风险等级（0.1～0.2）区域占全国高速公路总里程的比例是逐渐增加的，以脆弱时段为例，从 2 年一遇的 1.81%、5 年一遇的 5.43%、10 年一遇的 5.81% 上升至 20 年一遇的 8.41%。而同样随年遇型的增加，低损失风险等级以下的区域（0～0.01）占全国公路总里程的比例从 2 年一遇的 63.27%、5 年一遇的 64.06%、10 年一遇的 52.12%，下降至 20 年一遇的 41.58%。

从损失风险高值区的动态分布来看，2 年一遇水平下的高速公路损失风险高值区主要集中在黑龙江省、新疆维吾尔自治区和河西走廊附近，但小兴安岭、青藏高原地区致灾风险水平较高，而这些地区高速公路很少，雪灾风险非常低，这主要是由高速公路脆弱性和暴露度导致的。随年遇型的增加，到了 20 年一遇水平，损失风险高值区也逐渐沿河西走廊向西扩展，由黑龙江省向吉林、辽宁等省扩展。

中国机场损失风险均值空间分布的格局，总体呈现出从北向南递减的趋势，机场损失率呈现出华南地区损失较小，而西北和东北地区损失偏高的格局。损失风险的高值区比较集中，其中包括 9 个主要机场，分别为黑龙江省牡丹江机场、内蒙古自治区北部呼伦贝尔机场和满洲里机场、新疆的阿尔泰机场、乌鲁木齐机场、那拉提机场、伊宁机场，以及西藏自治区昌都和林芝机场，这都是承灾风险最高的机场。损失风险中轻等级机场则包括中国黑龙江省哈尔滨机场，吉林省延吉机场、长春机场，以及新疆的库车机场、阿克苏机场，青海省西宁机场、格尔木机场。轻等级机场则位于京津地区、山西、陕西、辽宁和甘肃等的大部分机场。由此可见，中国北方广大地区是机场雪灾损失风险相对较高的区域。

脆弱时段全国机场受雪灾影响损失风险呈现从西北、东北到东南递减的趋势。无论在哪个致灾水平下，黑龙江省、新疆维吾尔自治区和西藏自治区的机场损失率都是最高，甚至大部分机场率的范围都在 10% 以上。其次是华北地区，损失率的上限也都达到 20% 以上。经统计，随着年遇型的增加，高风险等级（0.1～0.2）机场数量是逐渐增加的，以脆弱时段为例，从 2 年一遇的 2 个机场、5 年一遇的 4 个机场、10 年一遇的 5 个机场上升至 20 年一遇的 11 个机场。而同样随年遇型的增加，低损失风险等级以下的机场（0～0.01）占全国机场总数的比例逐渐减少。

从损失风险高值区的动态分布来看，2 年一遇水平下的损失风险高值机场有西藏昌都机场和新疆库车机场。5 年一遇水平下的损失风险高值机场扩展到新疆阿尔泰机场，到 5 年一遇水平下内蒙古自治区的满洲里机场，随年遇型的增加，到 20 年一遇水平下的损失风险高值机场有内蒙古乌兰浩特机场、黑龙江哈尔滨机场、青海格尔木机场、新疆乌鲁木齐机场和西藏拉萨机场。这与其致灾风险水平高是一致的。但青藏高原东北地区致灾风险水平较高，而这些地区机场很少，雪灾风险非常低，这主要是由机场脆弱性和暴露度导致的。

4. 中国 1∶400 万基于土地利用的雪灾风险图及结果分析

如图 3-98 所示，中国雪灾损失空间分布的整体格局，总体呈现出从西北向东南方向

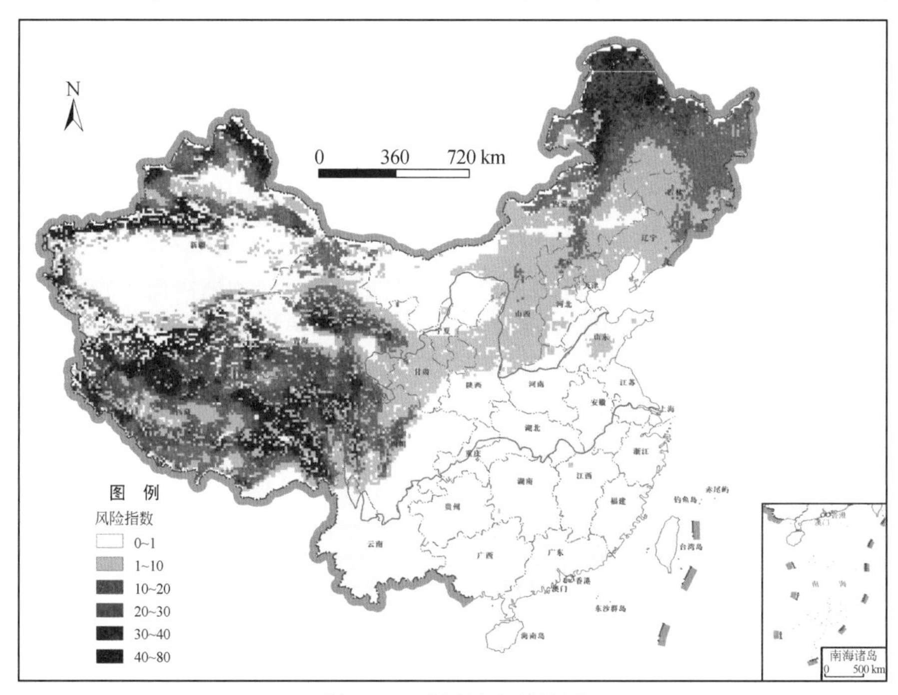

图 3-98　中国雪灾风险图

递减的趋势，风险呈现出东部和南部地区整体损失较小，而西部和北部地区整体损失偏高的格局。高值区比较集中，占总面积3%，主要分布在青藏高原东部地区和北疆地区、小兴安岭以西地区。风险中值地区占总面积的63.9%，位于高值区域周边，东北大部分地区、内蒙古东北地区、京津地区、河北省北部、山西地区、青藏高原大部分地区、甘肃省大部以及四川西部。总体来看，大部分雪灾风险的高值区是危险度高值区和脆弱度高值区相叠加的区域，这是由中国土地利用方式的区域特点所决定的。

3.6 台风暴雨灾害数据库与风险评估*

热带气旋是形成在热带或副热带洋面上，具有组织的对流和确定的气旋性地面风环流的非锋面性的天气尺度系统（伍荣生，1999）。中国从1989年起采用世界气象组织的标准，将热带气旋按近中心最大风力分级为热带低压、热带风暴、强热带风暴和台风。在北大西洋、墨西哥湾和加勒比海地区，风速达到12级以上的热带气旋也被称作“飓风”（hurricane）。考虑到传统习惯，本文统一把热带气旋都称作“台风”（typhoon）。

中国沿海，甚至一些内陆地区都受到台风灾害的巨大影响。台风灾害具有发生频率高、影响范围广、突发性强、破坏力大以及成灾面积广等诸多特点。台风灾害致灾因子主要有大风、暴雨及风暴潮等，同时可能诱发洪水、滑坡、泥石流等次生灾害（梁必骐等，1995）。西北太平洋和中国南海平均每年生成热带气旋34个，平均每年约有7.7次台风登陆（程鸿，2009）。频繁的台风灾害严重威胁着中国东南沿海地区人民的生命和财产安全。

3.6.1 台风暴雨灾害研究进展综述

1. 致灾因子研究进展

台风致灾因子的研究大致可分为两种：①动力学气候模式。此方法的优点在于从台风的机理过程着手，研究台风形成的原因、变化过程、台风的动力学和热力学，对每场台风变化过程进行模拟；即便如此，对于长时间尺度的台风变化以及短时间的台风预报仍然存在很大的偏差和不足。以目前有限分辨率的全球气候模式，还不能精细刻画出台风的某些结构（如台风眼、云墙等），加上模式自身的物理过程存在很大的局限性，导致模式模拟的台风不很真实（雷小途等，2007）。此外基于气候模式的台风研究计算量相当大，对计算机硬件要求也相当高。②统计模式。充分利用已有的历史观测数据，对台风致灾因子的强度和变化规律进行统计特征刻画、统计函数拟合以及模拟仿真，寻找台风的规律。统计方法的优势在于长时间尺度的台风变化和台风气候的研究，也适合对时空分布及变化规律进行研究。这种方法对数据的精确程度依赖性高，物理机制解释不足。两种方法都有各自的长处和不足。根据台风特征，台风致灾因子可分为台风中心路径、台风影响范围、台风大风分布和台风降水分布四部分。

---

* 本节执笔人：北京师范大学的方伟华、钟兴春、石先武、程鸿、徐宏、李颖、郑璟、乔阳、林伟等。

1）台风中心路径研究

台风中心路径就是台风中心随着时间移动的轨迹。台风外围环境场的作用力是影响台风移动路径的主要动力（周淑贞，1997）。关于西北太平洋台风中心路径的划分方法比较多，主要可以分为三条通道：①西行进入我国南海；②在海上北折转向；③朝西北移动登陆中国大陆（钮学新，1992）。在盛夏季节，西北太平洋台风西行路径更偏北，转向路径更偏西（伍荣生和王元，1999）。西北太平洋台风的生成频数随纬度呈单峰分布，峰值位于10°N左右，4°N以南、30°N以北地区很少有台风生成（雷小途和陈联寿，1992）。有学者认为西北太平洋暖池与台风中心路径有关，当西北太平洋暖池为暖年时，西北太平洋台风中心路径偏西，影响中国的台风偏多；当西北太平洋暖池为冷年时，西北太平洋台风中心路径偏东，影响中国的台风较少（黄荣辉和陈光华，2007），而对于台风中心路径的准确预报仍无法实现。

2）台风影响范围研究

台风影响范围尚未有明确定义，通常指台风风眼区、最大风速区和外区所覆盖的范围。台风的影响范围是台风强度的一种反映，受各种内因和外因影响，目前对台风影响范围的比较精确的方法是依据实时天气图人工判定，既可以通过外围风廓线确定，也可以通过外围闭合等压线来确定。此法的主观判断很强，并且不适合批量模拟。此外，可以通过理想状态下台风风场分布或者台风气压场分布来判定台风影响范围。比较经典的风场模型有Rankine风场分布模型（增田善信和笠原彰，1958）、Jelesnianski风场分布模型（Jelesnianski，1965）风速衰减模型等，经典的气压场模型有高桥公式、藤田公式（Shapiro，1983）、Schloemer气压模型。上述模型都对台风最大风速半径的数据有要求，现实情况中最大风速半径的数据是很少有记录的，因此Holland在1980年基于台风气压场分布提出了经验模型，很好地规避了对最大风速半径的要求，但是参数取值的主观性比较强。

3）台风大风分布研究

现阶段在台风机制研究领域，主要根据来自美国环境预报中心（National Centers for Environmental Prediction，NCEP）再分析资料、气象卫星资料和多普勒雷达资料的台风风场资料，分析某一时刻的台风风场分布和台风强度。这种方法虽然客观、准确，但要从数据获得性和以台风风险研究为目的两方面考虑，都不是合适的方法。计算台风风场主要有两个方法，一是风场模型。经典的台风风场的模型主要有Rankine模型、Jelesnianski模型、Miller模型、Chan&William模型和Meng Yan边界风场数值模型，前四个模型对数据要求都不高，模型假定的前提均是台风风场是理想圆对称分布，它们的差别主要在于台风外围风场衰减的速率和风速估计的差别。Meng Yan模型适合不对称、非圆结构的风场分布，但是对数据要求高，计算量大。除此之外，中国学者陈孔沫（1992，1994）提出了一种台风风场的计算方法，弥补了Rankine模式偏小、Jelesnianski模式偏大的缺陷，但其对数据要求也很高。二是依据气压模型，再利用梯度风方程获得台风风场（李岩等，2003；朱首贤和沙文钰，2002）。经典的气压模型主要有高桥气压模型、藤田气压模型、Myers气压模型和Holland气压模型等。

4）台风降水分布研究

台风灾害另一个主要的致灾因子是台风降水。中国的台风降水在时间上主要集中在每年5~11月，特别是6~9月。台风降水在空间上集中在长江以南大部分地区，以及长江以北的沿海地区（Fumin et al.，2002）。乐群和董谢琼（2000）利用观测资料和Γ分布建立了登陆中国台风的最大总降水量、日降水量的概率分布函数。登陆我国的台风在持续时间上对华东的影响比华南小，但是华东因台风形成的降雨并不比华南少（田辉等，1999）。中国台风暴雨频次存在很强的年际振荡和年代际的起伏，长期来看，频次和强度都呈现出上升的趋势（韩晖，2005），但台风降水对区域总降水量的贡献率存在一个下降的趋势（Fumin et al.，2002）。陈联寿（2007）认为水汽、边界层交换、地形作用、变性过程、台风内部中尺度强对流系统的生长、台风涡残与季风的相互作用都可能影响台风降水。目前国内外很缺乏对于台风降水的直接观测数据，这是由台风影响范围的界定尚不明确所导致的，台风降水主要是由人为主观判断地面气象站点监测数据来确定，客观分离台风降水的方法还很少。中国气候中心的任福民等（2001）提出了“原客观法”，能够较好地分离台风带来的降雨和自然雨带。但是由于台风范围大部分采用圆形计算，台风半径误差较大，因此台风降水的定量模型计算还不是非常完善。另外任福民等也提出了利用最大固定半径的方法计算台风降水。虽然在气象部门进行了实际应用，但是误差依然比较大。

风险存在的一个主要因素是不确定性，当历史数据比较少，或者说尚未达到统计所需的样本量时，如何来确定风险呢？台风数据看似比较齐全，但是对整个西北太平洋台风进行风险研究，历史数据还远远不够。蒙特卡罗方法解决了这一难题。基于蒙特卡罗方法的台风研究现有一定的进展，大多都是对台风中心路径、台风风场和风速极值的模拟（Russell，1971；Tryggvason et al. 1976；Fujii and Mitsuta，1992；Vickery et al.，2000）。Matsui将蒙特卡洛方法推广到台风剖面深度的模拟上（Dorman，1983），包括运用蒙特卡罗方法计算年均最大风速的超越概率。Yashi以Schloemer的梯度风压模型估算了台风最大风速半径（Matsui et al.，2002），将蒙特卡罗方法应用到对日本台风最大风速变化的时间估计上。国外部分学者已对台风路径进行模拟（Yasui et al.，2002），但主要是针对北大西洋台风的模拟，仅Rumpf对西北太平洋的台风路径进行蒙特卡罗模拟（Hall and Jewson，2007）。除学术研究人员以外，国际知名保险集团均已广泛应用蒙特卡罗模拟台风路径、风场及降水场，计算全球各地的台风灾害风险。在中国，目前蒙特卡罗的模拟主要集中在台风极值大风的模拟上（Rumpf et al.，2006；赵林等，2007）。总的来说，在台风领域基于蒙特卡罗方法研究针对路径或大风模拟的方法刚刚起步，具有很大的发展空间。

2. 易损性评估研究进展

台风承灾体易损性评价方法大致可以归结为两大类。

（1）结构工程模拟法，其原理是选取代表性的承灾体类别，主要是建筑类型，进行风洞试验、计算机模拟，形成台风大风与承灾体结构整体及各部分损失之间的关系。这一方法由于涉及风工程、结构可靠性研究等领域，试验及数据采集比较复杂，且成本很高。

结构工程模拟方法常将建筑物看作各构件的组合，根据构件的易损性，最终获得建筑物整体的易损性。根据风洞试验数据或计算机模拟结果，建筑物各构件的抗风性能的概率密度分布通常有Normal、Lognormal和Weibull等类型（Vickery et al.，2006）。风荷载大于建筑构件的抗风能力时，该组件便遭到破坏，经过大量计算机模拟，可计算出在不同风速条件下，构件处于不同的破坏水平的概率分布。根据构件重置成本和原始价值，即可计算构件的损失率（Vickery et al.，2006）。Lee 和 Rosowsky（2005）构建呈对数正态分布的易损性模型，计算了在不同风向的影响下五种类型屋顶覆盖层的易损性函数。Vickery 等（2006）和 Pinelli 等（2003）在各自的台风模型中，均对不同类型的屋顶、门窗、墙体等构件进行了工程易损性评估。

从构件的易损性评估整体易损性的方法包括：一是根据不同风速下各构件的破坏概率分布和损失率，建立描述结构整体破坏等级与各构件破坏等级的对应矩阵，计算建筑整体损失率与风速的关系。Vickery 等（2006）在 HAZUS 模型中以此方法模拟了住宅、商用建筑、工业建筑和高层建筑等多种建筑类型，并主要考虑墙体结构、屋顶样式和高度等因子，评估各类型建筑易损性，并在详尽的建筑物数据支持下计算各普查单元的飓风风险。二是根据各构件破坏重置成本，叠加计算建筑整体损失率与风速的对应关系。Pinelli 等（2004）据此开发了佛罗里达公共飓风模型，评估佛罗里达州住宅飓风易损性和风险。

（2）致灾强度—灾害损失率反演法，根据历史台风灾害损失数据和致灾因子强度，反推承灾体易损性曲线。其中，所选致灾因子指标主要有过程降水量、日最大降水量和最大风速等。该方法的核心是对历史台风灾害损失数据的获取，常见的有灾后调查数据、保险理赔数据和中国民政部门灾情统计数据等。

灾后调查数据往往仅针对一次或数次台风灾害事件，可以反映建筑物等承灾体，在遭受台风袭击后的真实状态，不仅能准确计算台风易损性参数，还可用于基于其他数据的模型进行检验和修正，使模拟结果更加符合实际情况，减少模拟过程中未计算或难以计算的影响因子带来的误差，如建筑质量差异、占用类型变化等。Liang（2001）根据美国 1992 年 Andrew 飓风灾后调查数据，建立符合对数正态分布的低矮木结构住房易损性概率模型，通过拟合得出了不同破坏状态下的易损性曲线，以研究低矮建筑结构在风灾中的可靠性。Vickery 等（2006）使用飓风 Andrew（1992）、Erin（1995）和 Fran（1996）的灾后调查数据对其损失模型进行验证。

台风灾害保险是自然灾害保险中发展较为成熟的险种，保险公司对台风灾害保险相关险种的历史赔付情况，如投保单数量、报案和理赔数量、赔付金额等数据，可反映台风灾害的实际损失。从台风灾害保险数据推定易损性曲线的方法，在北美、澳大利亚、日本等财产保险市场较为发达的国家和地区已得到有效应用（Lin，2004）。Walker 利用 20 世纪 80 年代前后澳大利亚北昆士兰州房屋飓风保险数据开发出的易损性模型，基于阵风极值风速和房屋破坏率的关系表征易损性曲线，在澳大利亚得到广泛应用和改进（Lin，2004；Harper，1999）。Huang 等（2001）利用飓风 Hugo（1989）和 Andrew（1992）造成的独户居民住房保险的保单和理赔数据，建立了保险赔付率（索赔数/保单数）同平均最大地面风速之间的双指数模型，以及保险损失率（赔付金额/保单金额）与地面风速的指数关系。

3. 台风灾害风险模型

灾害模型化初始于 20 世纪 70 年代。灾害模型是将灾害风险评估方法、数据模块化集成，结合现代仿真和信息技术，开发计算机软件系统，广泛应用于防灾减灾、风险管理、保险等领域（陈克平，2004）。地理信息技术和可视化技术的巨大进步，也极大促进了灾害模型化和软件开发。

台风灾害风险模型一般可分为气象单元、工程单元和损失评价单元三个主要模块，以及附加的经济损失评价单元、保险单元等。气象单元是基于历史台风记录、气象气候数据，模拟台风风场，获取风速、降雨等致灾因子的分布规律；工程单元是根据建筑物等承灾体的特性，结合工程模拟措施，如风洞试验和数值模拟，研究承灾体随致灾因子强度变化的破坏规律，研究获取承灾体易损性函数；损失评价单元则是根据致灾因子数据和承灾体分布数据，结合易损性函数，估算台风灾害期望损失，进行台风灾害风险评估。

现有比较完善的台风灾害模型主要有 HAZUS-MH Hurricane、FPHLM、CATRADER、USWIND、RISKLINK 和 CatFocus 等，其开发机构包括政府部门、独立模型公司、科研机构、保险及再保险公司等。上述台风灾害模型涉及学科领域广泛，包括气象、水文、地形地貌、建筑工程和保险等方面。数据源多样，收集和整合的难度都非常大，比如工程模拟数据需要专业工程人员的模拟技术，而保险数据，往往只能通过保险公司等客户反馈、监管部门统计汇总的形式获得。这一方面促进了台风灾害模型的商业化，另一方面也限制了模型研究的推广与应用。

3.6.2 台风暴雨灾害风险数据库建立

根据灾害系统和风险评估理论，台风灾害风险评估分为致灾因子评估、承灾体评估和易损性评估三个方面。台风灾害风险数据库，为台风灾害的风险评估提供数据支持，也相应分为致灾因子数据库、历史损失数据库和承灾体数据库三个子数据库，其中的历史损失数据库，可用于台风灾害承灾体易损性评估。

1. 致灾因子数据库

台风灾害致灾因子数据库，主要包含历史台风观测数据。

1）历史台风观测数据库（1949～2009 年）

历史台风观测数据来源，常见的有中国气象局上海台风所（Shanghai Typhoon Institute）、美国联合台风报警中心（Joint Typhoon Warning Center）和日本气象厅（Japan Meteorological Agency）等。

历史台风观察数据，一般包括台风名称、类型、强度、持续时间、登陆与否、中心位置、中心最大风速、中心气压、风圈等指标。不同机构的观测数据，在时间尺度上略有不同。

2）地面气象观测数据库（1951～2009 年）

全国 752 个地面气象站点的日观测数据，来自中国气象局，时间序列为 1951～2009 年。气象观测信息比较丰富，针对台风灾害而言主要数据指标是风、降水和气压的观测记录，具体指标包括日平均风速、日最大风速，风向、日极大风速及风向、日平均气压、最低气压和日降水量等。根据台风移动路径和台风影响的范围，对台风致灾因子进行分类，据此分别建立了大风数据库、降水数据库，以及与计算台风影响范围相关气压数据库。

2. 台风灾害历史损失数据库

中国台风灾害损失数据的来源，主要有民政、气象和水利部门的灾情统计数据和保险企业的承保理赔数据。其中灾情统计数据由政府部门收集，时间序列长，但是分类不够细，多以行政区划为单位统计；各商业保险公司承保和理赔数据的空间位置能精确定位到乡镇、村，赔付金额可准确反映标的实际损失，精度高，可用于对保险标的定量化的易损性评价，但保险数据获取难度较大，且由于当前中国大部分地区财产种类复杂、投保率较低，导致了承灾体和理赔数据的不足。

台风灾害历史损失数据库，包括了1985～2007年影响中国台风的省级灾情数据，包括受灾人口、死亡人口、转移安置人口、倒塌房屋、受灾面积、农作物绝收面积和直接经济损失等指标；浙江省1997～2006年民房倒塌数据、2007～2008年农村住房保险理赔数据；典型台风灾害案例损失数据，包括2009年莫拉克、莫拉菲、巨爵台风影响省区（浙江、江西、江苏、福建、广东和广西）的县级民政灾情统计数据等。

3. 台风灾害承灾体数据库

台风灾害承灾体主要包括人、房屋、生命线工程和农林牧渔业等诸多类别。根据历史损失数据指标，选取国内生产总值（GDP）分布数据、土地利用数据等，建立台风灾害承灾体数据库。

GDP分布数据，是全国1km网格上的GDP数值；全国1km土地利用数据，提供公里网格上25种土地利用类型的比例，包括耕地、建筑用地等主要台风承灾体类型。

3.6.3　台风暴雨灾害风险评估方法

1. 科学方法（计算方法、公式等）

1）致灾因子评估

本章根据基于历史损失数据的台风灾害易损性分析，选用了与历史损失相关性较好的最大日降雨量、台风累积降雨量和最大风速，作为台风灾害致灾因子指标。采用AM抽样的方法，利用Gumbel极值模型获得748个气象站点不同重现期的最大日降水量、台风累积降水量以及最大风速，再利用克里金插值方法，得到不同重现期的台风大风和降水在中国的区域分布情况。

a. 台风大风与降水界定

台风大风、台风降水定义如下。

空间上，对于每一气象站点，以气象站点地理位置为中心，如果台风前移过程中路径观测点距气象观测点经度和纬度都在5°范围内，则认为台风在这个时候对气象站点有影响。

时间上，对每一个气象站点，在台风影响期间的日降水、风速观测数据，被认为是该站点的受台风影响的降水和风速。台风影响期间日降雨量的累积值，作为该站点的过程降雨量（或累积降雨量）。

在上述定义的基础上，在地面气象观测数据集中，提取得到台风日降水和风速数据系列，并生成台风累积降雨量数据。

b. 极值理论模型

极端的天气现象更容易导致更强的自然灾害，甚至引发巨灾。极值理论是一种模拟极值事件分布情况的模型，特别是在水文气象极端事件中得到了非常广泛的应用，即根据历史事件样本分布情况，来模拟未来极端事件发生的可能性。

常用的极值理论模型有经典极值分布模型、广义极值分布模型和广义帕累托分布模型等。本章采用基于经典极值分布理论中的Gumbel模型（极值Ⅰ型），进行台风灾害大风和暴雨的极值分布研究。

（1）基本概念。

经典的数学统计分析中，往往比较关心累计概率。而往往在灾害风险评估时，超越某个极限发生的可能性是主要研究的对象，这种可能性称之为超越概率。根据经典概率论的定义，假定X为连续型随机变量，对于任意的实数x来说，小于的累积概率用$F(X)$表示，EP表示超越概率，则

$$\mathrm{EP} = 1 - F(X) = 1 - P(X < x) = 1 - \int_{-\infty}^{x} f(x)\,\mathrm{d}x \tag{3-28}$$

式中，$f(x)$为连续型随机变量X的分布密度。一般巨灾的发生是小概率事件，百年一遇甚至千年一遇，很多时候这种“百年一遇”被作为一种模拟未来的超越概率来预知未来极端事件发生的可能性。

“百年一遇”是超越概率的具体体现形式，其中的“百年”则表征为重现期（return period）。极值统计最重要的应用之一，是根据历史数据分布情况估计极端事件在多长极值序列中可能会发生，也即推算极端事件的重现期，重现期与超越概率紧紧关联。用RP表示重现期，对连续型随机变量，超过定值x则表示极端事件发生，根据式（3-28）可得

$$\mathrm{RP} = \frac{1}{\mathrm{EP}} = \frac{1}{1 - F(X)} \tag{3-29}$$

每一个重现期则对应一个极值分位数，表示极端事件的极值变量的数值大小。同时，对于给定重现期的情形，极值分位数越大，说明超越概率越小，极端事件发生的可能性也就越小。

（2）经典极值分布模型（丁裕国和江志红，2009）。

经典极值分布模型一般包括极值Ⅰ型、Ⅱ型和Ⅲ型三种渐近的分布模式，又分别依次称为Gumbel分布型、柯西分布型和Weibull分布型。本文采用的极值Ⅰ型的分布函数为

$$F(x) = P(X < x) = \exp[-\exp(-x)], \quad -\infty < x < \infty \tag{3-30}$$

该模型由Gumbel首次用于水文学的洪水极值计算，故又称之为Gumbel分布型。

经典极值分布模型中参数估计的方法有很多，常用的有矩法、最小二乘法和极大似然法等，近年来又发展了概率加权矩法、L-矩估计法等。

以Gumbel模型为例，介绍经典矩法和最大似然法，这也是应用最为广泛的两种方法。假设有N个极值样本，按从小到大排列：

$$x_1 \leqslant x_2 \leqslant \cdots \leqslant x_M \leqslant \cdots \leqslant x_N, M = 1,2,\cdots,N \tag{3-31}$$

为应用方便将 Gumbel 分布函数式改写为

$$F(x) = \exp\{-\exp[-\alpha(x-u)]\} \tag{3-32}$$

式中，α，u 为待估计的参数。参数的矩估计法为

$$\begin{cases} \hat{\alpha} = \dfrac{\pi}{\sqrt{6}}\dfrac{1}{\sigma_M} \\ \hat{u} = \mu_M - c\dfrac{\pi}{\sqrt{6}}\sigma_M \end{cases} \tag{3-33}$$

式中，μ_M 为极大值样本的期望值；σ_M 为极大值样本的标准差；$c=0.5772$，为欧拉常数。根据最大似然法原理，可得以下似然方程：

$$\begin{cases} \alpha\left[-n + \sum_1^n \alpha(x_i-\sigma) - \sum_1^n \alpha(x_i-\sigma)e^{-\alpha(x_i-\sigma)}\right] = 0 \\ \alpha\left[n - \sum_1^n e^{-\alpha(x_i-\sigma)}\right] = 0 \end{cases} \tag{3-34}$$

由此似然方程采用迭代法，然后展开可以得到参数的估计值。

(3) 重现期分位数。

极值理论用于极端气候的核心作用在于推算出极端气候的重现期，极端气候所导致的巨灾风险，是当前风险评估领域关注的重点。通过重现期和极值分位数更容易直观理解极值理论及其应用，对于 Gumbel 估计联合

$$\mathrm{RP} = \frac{1}{\mathrm{EP}} = \frac{1}{1-F(X)}$$

和

$$F(x) = \exp[-\exp(-\alpha(x-u))]$$

可求得 N 年一遇重现期分位数 Z_N

$$Z_N = u - \frac{\ln\left(-\ln\left(1-\frac{1}{\mathrm{RP}}\right)\right)}{\alpha} \tag{3-35}$$

(4) 基于经典极值理论的台风灾害致灾因子评估。

①台风降水概率分析——以浙江温州站为例。现以浙江省温州站为例，介绍基于 Gumbel 极值理论的台风日降水极值分布方法，开展台风灾害致灾因子评估。

步骤一：Gumbel 估计

采用年极值抽样［AM 抽样，即在每一段时间（如每一年）抽取一个极大或极小值］获得浙江温州站点（站点编号：58659）1951～2005 年各年遇水平受台风影响降水的极大值，每年获得一个极大值样本，共获得 52 个极大值样本，如图 3-99 所示。

以此作为极值样本利用 Gumbel 极值模型，采用式（3-33）矩法估计可以求得相应参数。累计概率分布图如图 3-100 所示，三角形为样本实测累计概率分布情况，实线为 Gumbel 模型估计所得。从图 3-100 中可以看出，曲线大致可以反映样本累计分布情况，在估计日极值降水量小于 150mm 的累计分布时，估计值比实际测出来的累积概率稍大，随着日极值降水量的增大，实测值基本在实线左右徘徊。

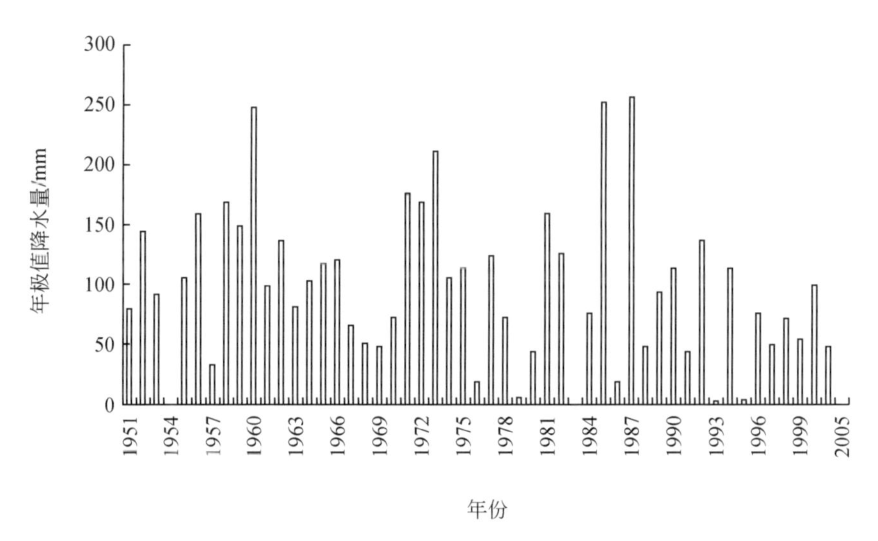

图 3-99 浙江温州站点 Gumbel 估计极值样本

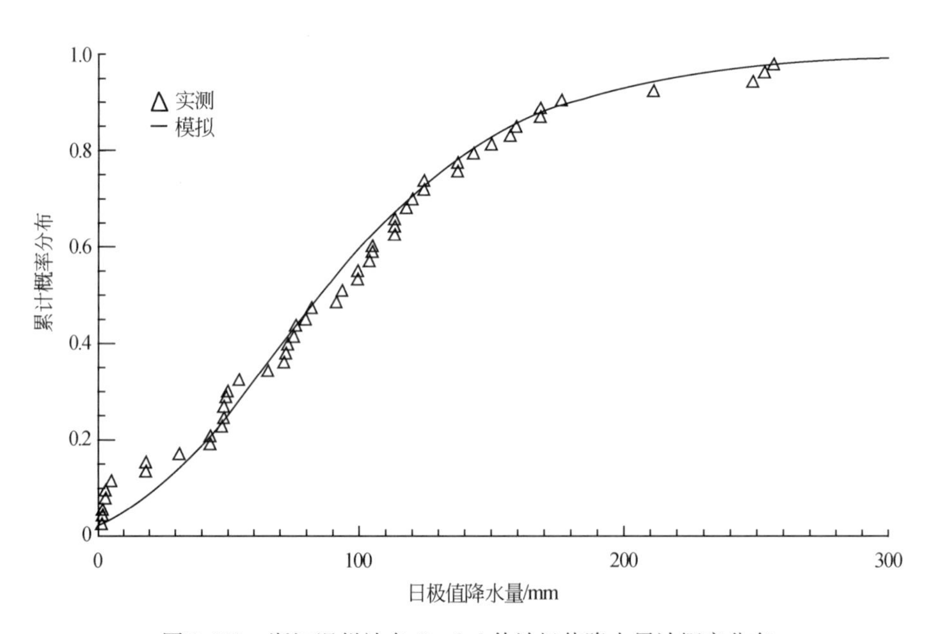

图 3-100 浙江温州站点 Gumbel 估计极值降水累计概率分布

步骤二：重现期分位数计算

用 Gumbel 估计得到的浙江温州站点 25 年、50 年、100 年一遇台风极值降水重现期分位数如表 3-24 所示。

表 3-24 Gumbel 重现期分位数 （单位：mm）

	Z_{25}	Z_{50}	Z_{100}
Gumbel	227.896	0.30	0.20

步骤三：Gumbel 估计检验

从 Gumbel 模型计算得到的累积概率分布图可以看出，模型得到的累积概率分布大致可以反映实测数据分布。利用 Gumbel 估计检验中的经验分布函数计算得到 Gumbel 估计的概率对比图和分位数对比图如图 3-101 所示。

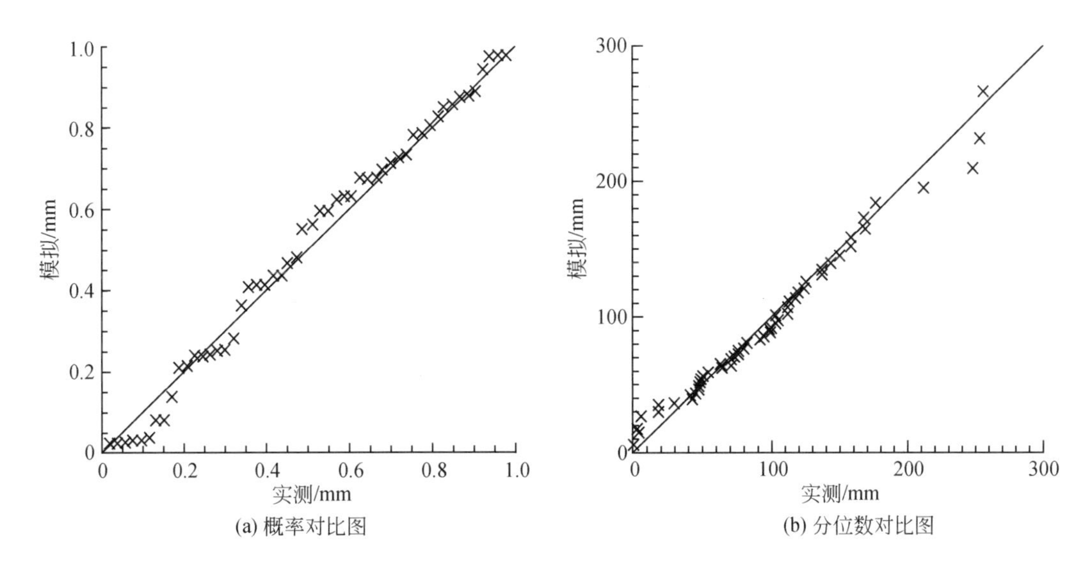

图 3-101　浙江温州站点 Gumbel 估计概率对比图和分位数对比图

从检验对比图可以反映出，累计概率处于中间段时，Gumbel 估计得到的累积概率稍大，而反算得到的极值分位数较小，这与前面累积概率图分析结果保持一致。在分位对比图中可以发现，有三个点较为偏离，估计数据和实测数据存在一定偏差。总体上，概率对比图和分位数对比图实测数据和由模型计算出来的数据总体上分布在回归线左右。

②全国范围台风灾害致灾因子评估。

步骤一：选取台风最大日降雨量、累积降雨量和最大风速三个气象数据指标，作为台风灾害致灾因子指标；

步骤二：根据地面气象观测数据和历史台风观测数据，提取出全国 748 个气象站点台风日降水量、累积降雨量和风速数据系列；

步骤三：利用上述 Gumbel 分布模型，计算全国 748 个气象站点的各重现期的台风极值降水/风速分位数；

步骤四：利用步骤三中各站点各重现期的台风极值降水/风速分位数，进行克里金插值，得到全国范围 1km 分辨率、不同重现期的台风极值降水/风速分布图，完成台风灾害致灾因子评估。

2）承灾体易损性评估

采用“致灾强度—灾害损失反演法”进行台风灾害承灾体易损性评估，在中国现有的台风灾害数据、技术条件下，是更为可行的办法。该方法结合承灾体数据情况，选取县级倒塌房屋、农作物受灾面积和直接经济损失三个指标，结合县级地面气象观测数据，拟合出“致灾因子—损失率”易损性方程。基于台风灾害累积降雨量、最大日降雨量和最大风速三个致灾因子指标，利用民政灾情数据、保险理赔数据和台风灾害典型承灾体数据，开发了台风灾害承灾体易损性的指数方程，形式为

$$LR = ae^{bI} \tag{3-36}$$

式中，LR 为承灾体损失率（loss ratio）；I 为致灾因子强度；a、b 为参数。

3）风险评估

常用的风险评估模型为

$$R = H \times V \times E \tag{3-37}$$

式中，R 为台风灾害风险；H 为致灾因子；E 为承灾体；V 为承灾体易损性。

风险的概念广泛而多样，在本文中，定义台风灾害风险为“由于台风灾害致灾因子作用，而导致的承灾体损失的可能性”。这种损失的不确定性，可使用承灾体损失的超越概率和期望值来表征。

台风灾害风险评估均是基于1km 网格进行。下面分别介绍计算承灾体损失期望值和超越概率的方法步骤。

a. 承灾体损失期望值计算

步骤一：根据致灾因子评估结果，提取全国所有网格 2 年一遇至 1000 年一遇的所有重现期致灾因子的强度值，则风险评估的致灾因子强度范围应为［0，$H(1000)$］［H（1000）为 1000 年一遇的致灾因子强度，下同］，且对于第 k 个网格，可得到致灾因子强度数组 H_k（x）,x 为重现期分位数；

步骤二：对于第 k 个网格，致灾因子强度 H 落在连续区间［H_k（100），H_k（101）］内的概率为 P_k（100）＝（1－1/101）－（1－1/100），从而可得到第 k 个网格的致灾因子概率分布 P_k（x）；

步骤三：若对于第 k 个网格，其承灾体价值为 E_k，对应易损性方程为 V（x），则该网格上台风灾害损失期望为 R_k 为

$$R_k = \sum_{i=1}^{1000} P_k(i) \times V_k[H_k(i)] \times E_k \tag{3-38}$$

步骤四：重复步骤二、三，循环计算全国每个网格承灾体损失的期望值，完成全国1km 空间分辨率的风险评估。

b. 承灾体损失重现期计算

对一定大小的承灾体损失，其重现期的倒数，即为该强度损失的超越概率。现以计算100 年一遇承灾体损失为例，介绍承灾体损失重现期的计算方法。

步骤一：根据致灾因子评估结果，获取 100 年一遇致灾因子强度数据，对于第 k 个网格，其 100 年一遇致灾因子强度为 H_k（100）；

步骤二：对于第 k 个网格，若其承灾体价值为 E_k，对应易损性方程为 V_k（x）则 100 年一遇的损失 R_k（100）为

$$R_k(100) = V_k[H_k(100)] \times E_k \tag{3-39}$$

步骤三：重复步骤二，循环计算全国每个网格 100 年一遇的损失值，即完成全国 1km 空间分辨率的 100 年一遇承灾体损失评估。

2. 技术路线

其流程图见图3-102。

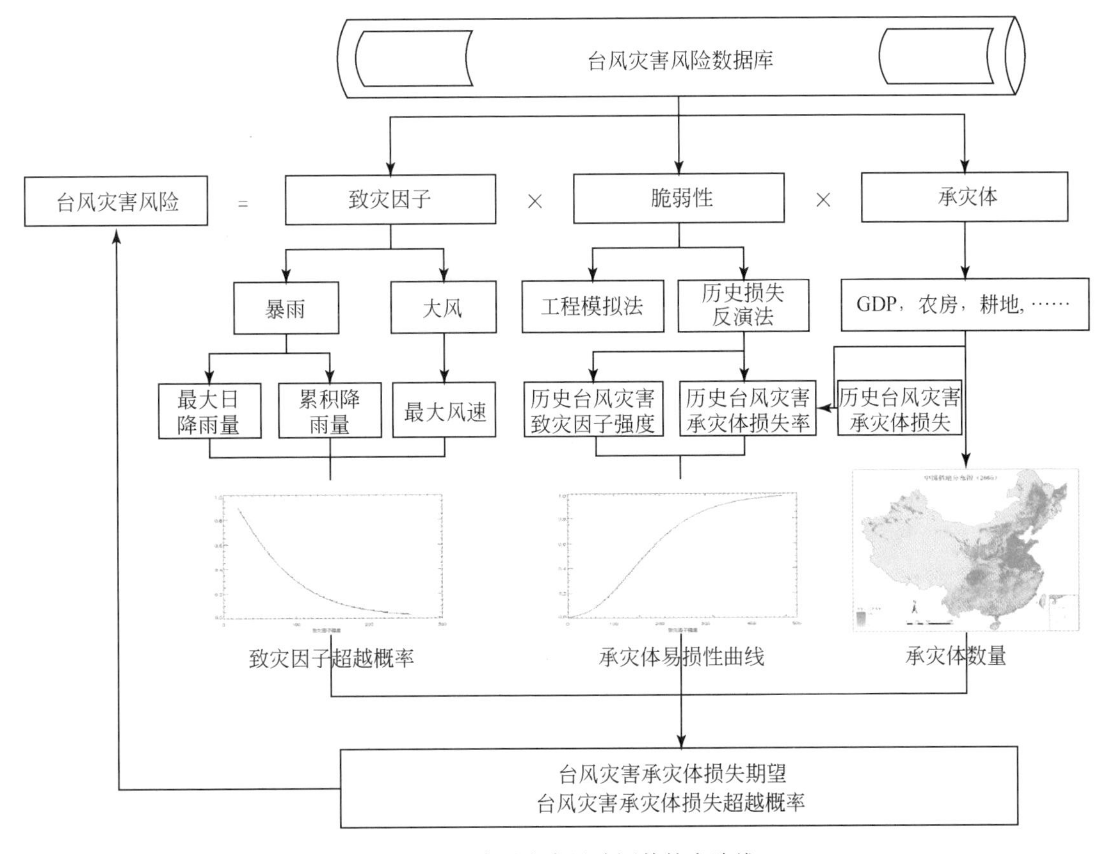

图3-102　台风灾害风险评估技术路线

3.6.4　台风暴雨灾害风险评估结果与分析

1. 评估结果

1）致灾因子评估

台风大风和降水是台风最主要的致灾因子，由此产生的极端事件会导致重大自然灾害，甚至是巨灾，通过极值理论模型模拟台风降水和大风的极值分布情况，给我们提供了一种有效地评估台风致灾因子的理论方法。

从站点尺度，通过浙江温州站点案例中可以发现，K-S检验结果以及经验分布函数的概率对比图和分位数对比图表明利用极值模型中的Gumbel分布可以有效地模拟台风暴雨、风速的极值分布，模拟数据和观测数据具有非常高的相关性。对全国748个站点利用AM抽样获取极值样本时，由于历史台风观测数据有限，以及在非台风影响区域可能将其他天气系统引起的降水、风速作为极值样本等因素，在极值样本直接决定极值模型参数的情况下，极值样本存在的偏差会导致模拟结果产生较大不确定性。因此在致灾因子评估过程中，首先通过 K-S 检验以及设置一定的极值样本个数门槛值对站点进行选取，以保证评估结果的客观性和准确性。

获取有效站点典型重现期的台风日最大降水、台风累积降水、台风最大风速极值分位数后，利用克里金插值方法可以将台风暴雨、风速分布由站点扩散到整个区域空间，由此得到各种典型重现期的台风日最大降水、台风累积降水、台风最大风速的全国区域分布图（图 3-103 至图 3-105）。

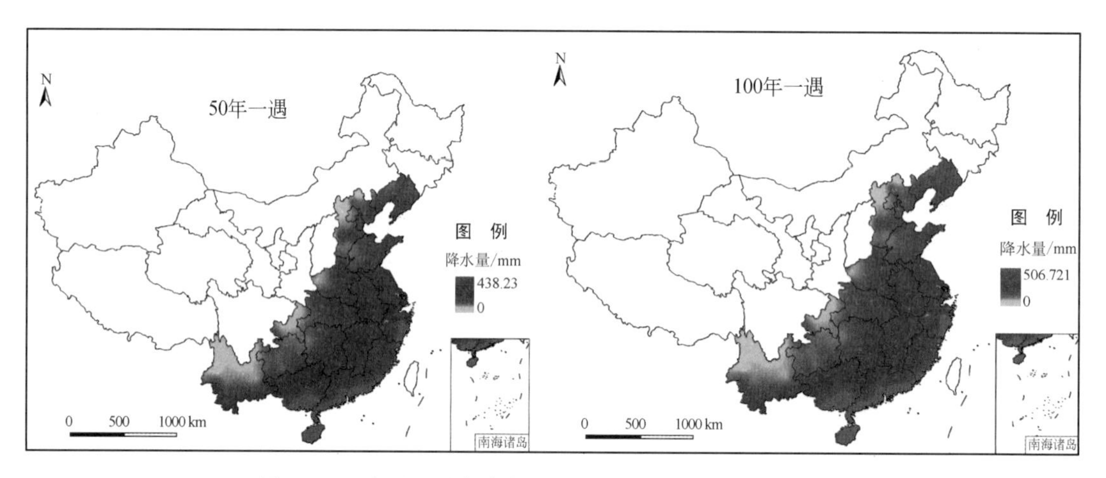

图 3-103　台风日最大降水量分布图（50 年、100 年一遇）

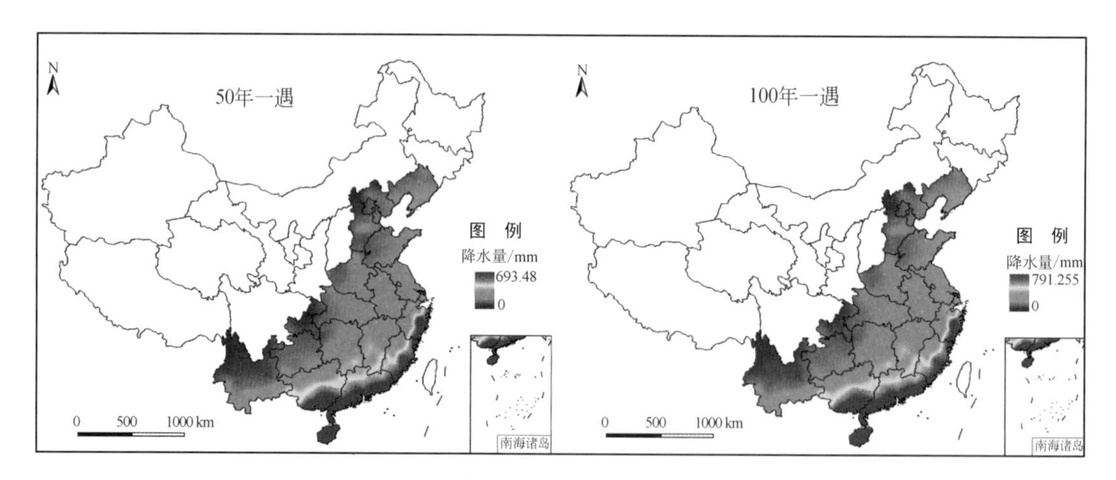

图 3-104　台风累积降水量分布（50 年、100 年一遇）

台风降水在中国的分布从东南到西北逐渐减小，台风最大风速分布也呈现类似的规律；台风致灾因子最强区域为海南、广东沿海，福建、浙江沿海地区次之；随着超越概率越小，重现期越大，台风极值降水、风速越大，且影响区域向西、向北扩大到内陆省市，如云南、贵州、重庆、河南、辽宁等，这些地区台风设防水平较低，一旦有小超越概率的强台风袭击，可能造成极大的巨灾损失。同时，中国的东北地区，也常受台风影响。台风

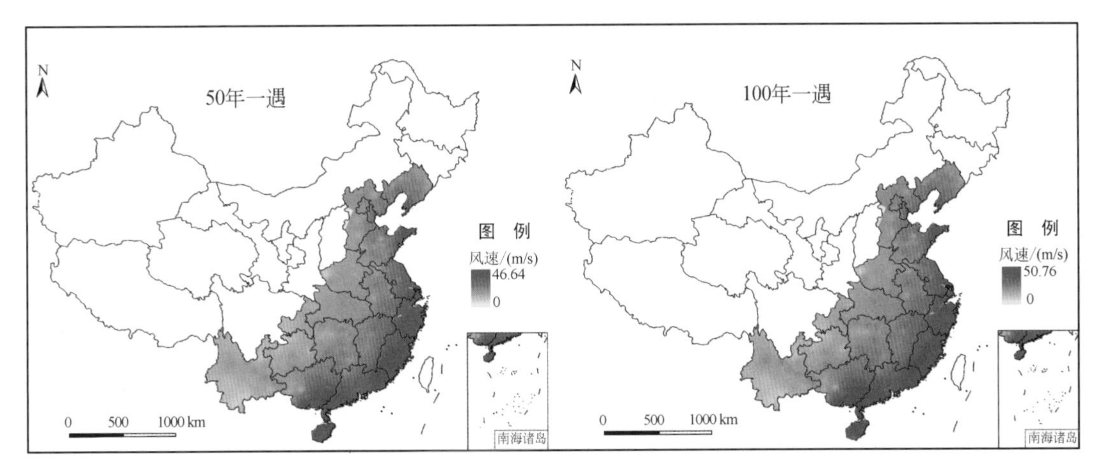

图3-105 台风最大风速重现期分布图（50年、100年一遇）

极值降水、风速分布与台风登陆点、台风路径、台风强度等因素存在直接关联。

2）承灾体易损性评估

a. 基于过程降雨量的易损性评价

中国台风灾害承灾体损失与降雨致灾指标相关性较好，尤其是过程降雨量与直接经济损失、倒塌房屋和耕地损失，均有很好的相关性。这表明在中国台风灾害的致灾原因中，暴雨的影响要大于大风，原因可能是中国基础设施、农村住房、耕地等承灾体更容易受暴雨、次生洪水、滑坡泥石流的破坏，对大风的易损性相对较高。中国东南沿海农村地区房屋质量差异较大，且更新换代快，易损性也不断变化，是台风灾害风险评估的难点。

在累积降雨量超过100mm后，承灾体损失率开始出现明显上升。浙江省沿海县市和内陆县市的区域易损性（过程降雨量与GDP损失率的关系）研究表明，沿海地区易损性在致灾强度较小时，与内陆地区差别较小，当致灾强度超过一定水平（过程降水量>250mm），内陆地区GDP损失率急剧增大，沿海地区GDP损失率相对上升速度较缓。

图3-106是基于过程降水量的GDP易损性曲线。

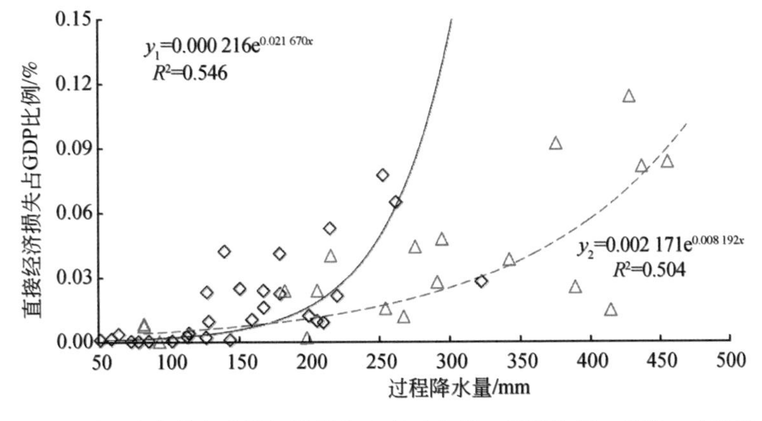

图3-106 过程降水量与直接经济损失比率（虚线：沿海地区；实线：内陆地区）

图 3-107 是基于过程降水量的农村房屋易损性评价（民政灾情统计数据）。

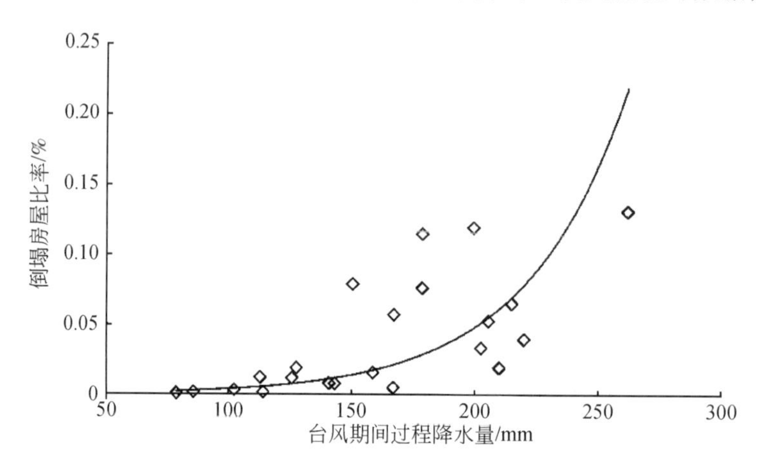

图 3-107 过程降水量与农村房屋倒塌比率

图 3-108 是基于过程降水量的农村房屋易损性评价（保险理赔数据）。

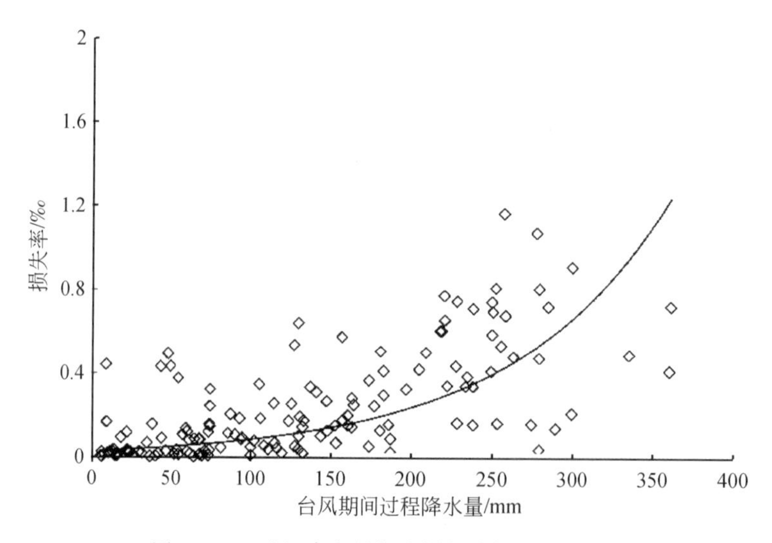

图 3-108 过程降水量与农村住房保险损失比率

图 3-109 是基于过程降雨量的耕地易损性曲线。

b. 基于最大日降雨量和最大风速的易损性评价

台风最大日降雨量、台风大风与承灾体的损失率相关性不高。尤其是台风大风与损失相关性较差，分析原因可能是中国沿海地区基础设施抗风性能强，农村住房也多为砖木、砖混结构，易受暴雨、洪水破坏，而不易被刮倒。农作物也多由洪水或内涝造成歉收、绝收。因此在研究中国台风灾害风险时，需要着重考虑台风降雨的区域差异，大风分布作为辅助因素。

图 3-110 是基于最大日降水量的 GDP 易损性曲线。

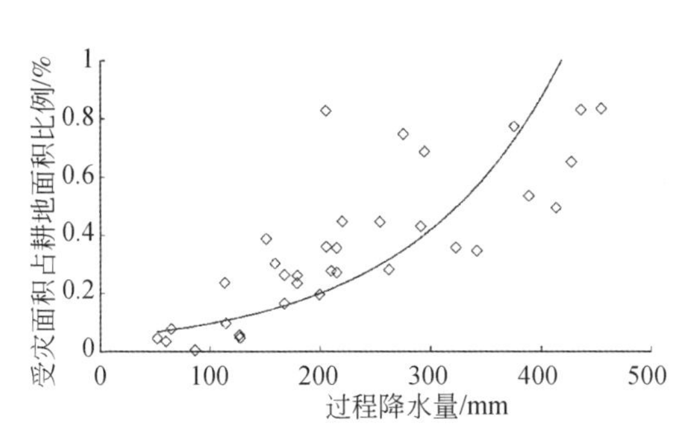

图 3-109　过程降水量与耕地面积受灾比率

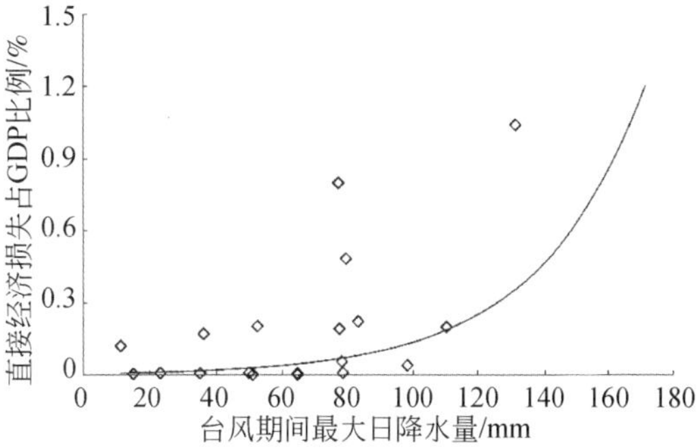

图 3-110　最大日降水量与直接经济损失比率

图 3-111 是基于最大日降水量的农村房屋易损性曲线（保险理赔数据）。

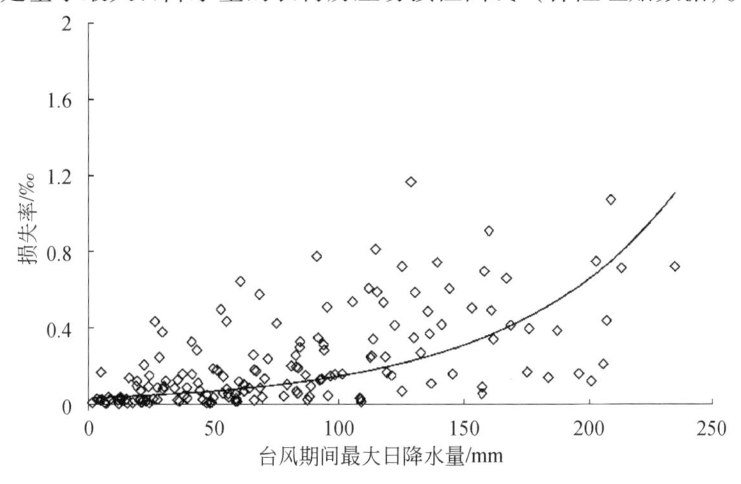

图 3-111　最大日降水量与农村住房保险损失比率

图 3-112 是基于最大风速的 GDP 易损性曲线。

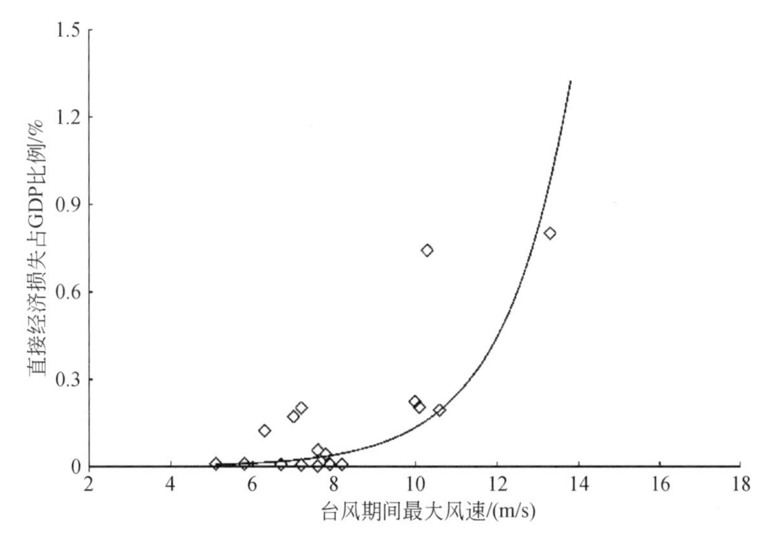

图 3-112　最大风速与直接经济损失比率

3）损失风险评估

a. 直接经济损失风险

以台风灾害直接经济损失期望值和各种年遇的台风灾害直接经济损失量化台风灾害风险。中国台风灾害主要影响区域，在江苏省北部连云港市到广西壮族自治区西部百色市一线以东、以南；“连云港市—百色市”以西、以北地区，少数年份也会遭受台风灾害影响，但总体来说造成的年均期望损失较小。台风灾害风险最高的区域，是珠江三角洲，广东湛江、汕头地区、福建厦门等经济发达城市次之；长江三角洲，包括沪宁杭等地区，其经济发展水平与珠三角相当，但其期望损失较珠三角要小（图 3-113）。分析表明强度不大（以累计降雨作为强度指标），但年发生频次高的台风，是造成珠三角台风灾害风险较高的主要原因。

10 年一遇的台风灾害直接经济损失高值分布区，集中于东南沿海的狭窄地带，广东、福建沿海较高，海南、广西、浙江次之，表明短重现期（超越概率低）强度相对较弱的台风，是造成台风灾害期望损失的主要原因。

随着重现期不断增大，其相应的台风强度也不断增强（以累计降水作为强度指标），台风灾害的影响范围持续向西、向北扩张，最远的影响地可以达到云南、四川、重庆、陕西、河北、辽宁、吉林、黑龙江等，大致在胡焕庸线以东、以南，这表明中国沿海甚至内陆许多省份，都存在遭受超越概率高、重现期大的强台风、超强台风袭击的风险。即台风巨灾风险。对于诸多设防水平较低的内陆省份，一旦遭受台风灾害影响，损失将极为巨大（图 3-114）。

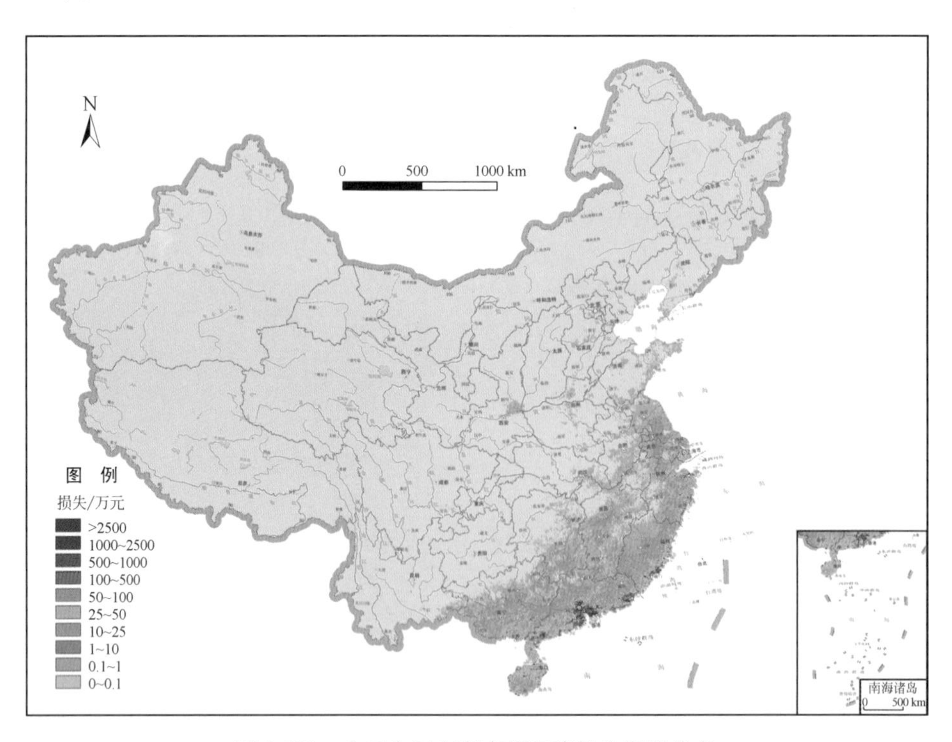

图 3-113　中国台风灾害直接经济损失期望分布

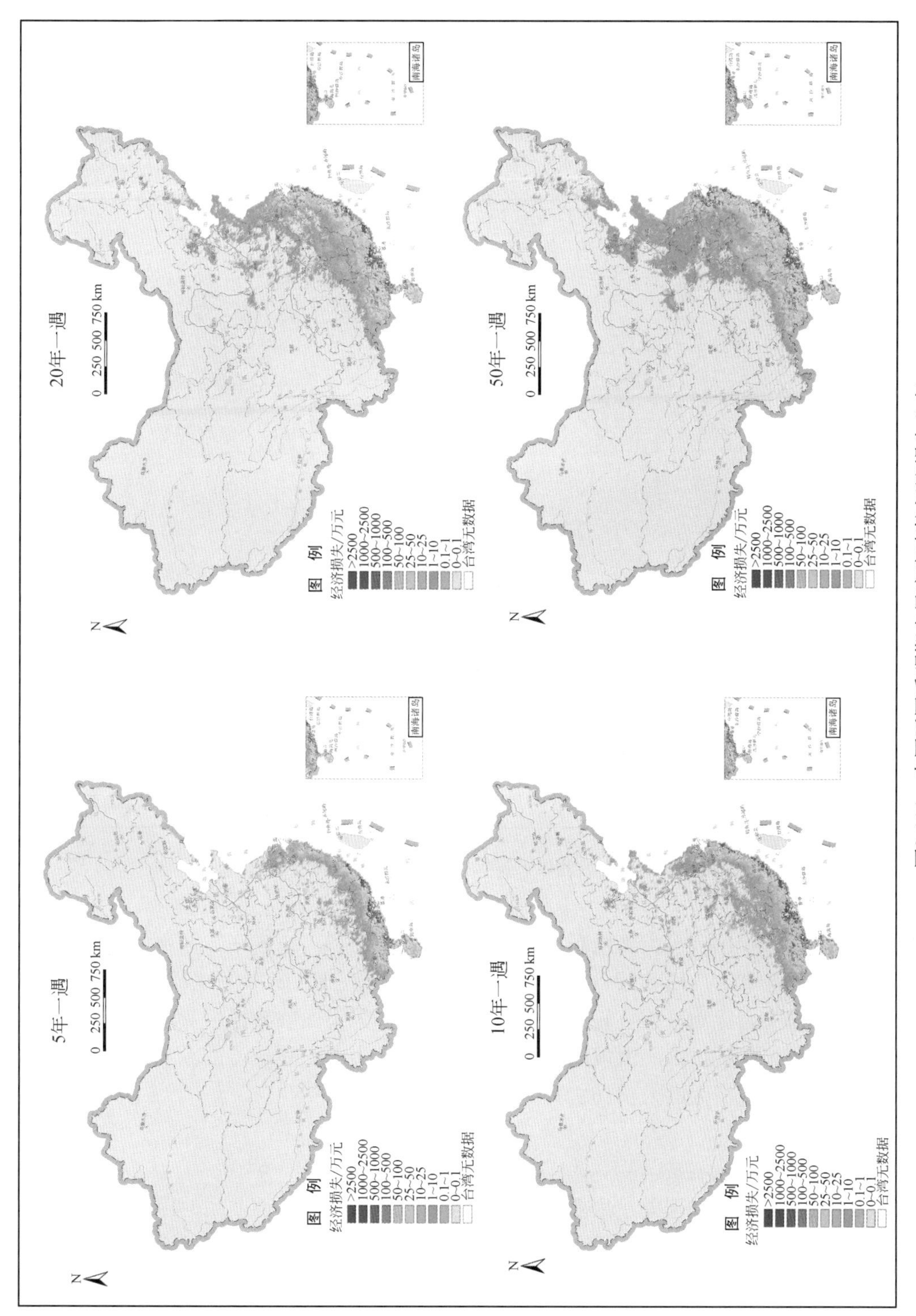

图3-114　中国不同重现期台风灾害直接经济损失分布

b. 农村住房损失风险

以台风灾害农村住房损失期望作为台风农房损失风险的量化指标。中国农村住房的高风险区在广东沿海及雷州半岛、广西沿海区域、海南岛，福建、浙江沿海次之。需要注意的是，广西南部的广大农村区域，由于经济落后、农房抗台风性能差、台风影响频率高，也是农房损失的高风险区（图 3-115）。

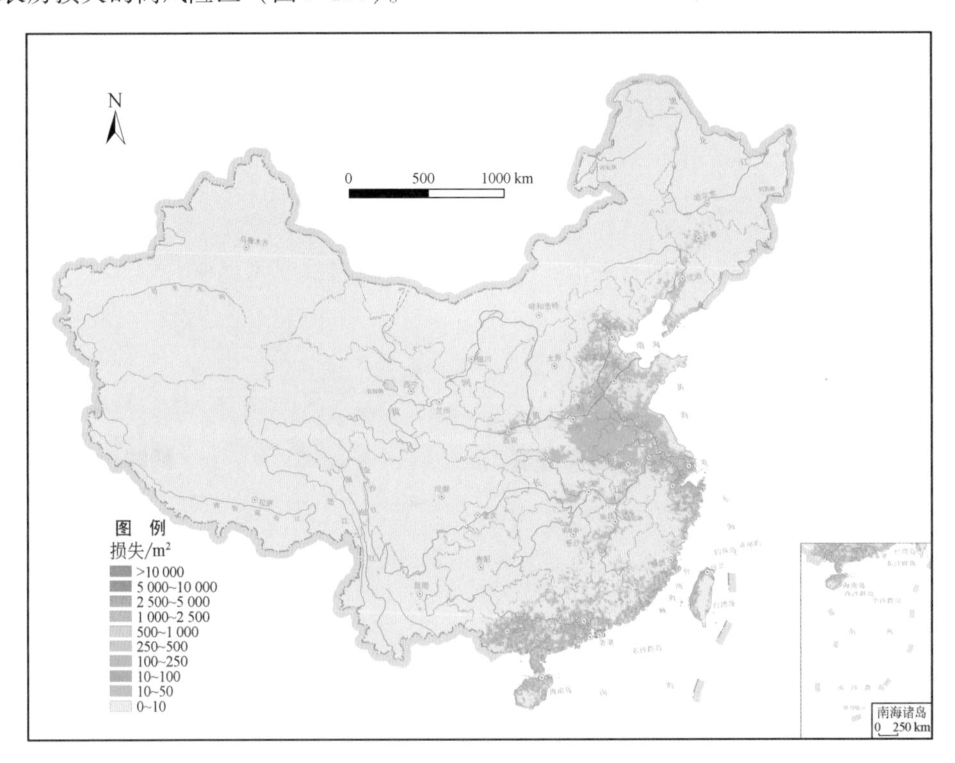

图 3-115 中国台风灾害农村住房平均损失期望分布

总体上分析，中国台风灾害最高风险区为珠江三角洲和广东省东、西部沿海地市，其次是海南岛和福建省、广西壮族自治区沿海县市，再次是浙江省沿海地市和长江三角洲；内陆地区受台风灾害影响可能性较低，损失期望较小，但仍面临台风巨灾风险，一旦出现深入内陆的台风，伴随洪水、滑坡泥石流等次生灾害，由于内陆较差的承灾体易损性和低设防水平，可能造成巨大的人员伤亡和财产损失。

2. 误差分析

台风灾害风险评估的误差，主要来源于致灾因子插值和易损性曲线的区域差异。

（1）致灾因子误差。由于中国气象站点数量有限，可用数据站点约为 748 个，在完成各站点致灾因子极值分布计算之后，必须进行空间插值，以获取每个公里网格上的致灾因子概率分布。本文所用的克里金插值法，是较为常用的气象数据空间插值方法，但其插值过程中仍无法避免出现误差。

（2）承灾体易损性误差。台风灾害承灾体易损性的误差来自于其空间异质性不足。受限于现有历史台风灾害损失数据和气象数据，本节只能对沿海少数省份的台风灾害承灾体易损性进行评估，并推广到全国范围。一般说来，内陆地区承灾体的易损性比沿海地区弱，因而这会导致内陆地区台风灾害风险被高估。

（3）“致灾强度—损失率反演法”的局限性。采用基于历史损失数据的“致灾强度—损失率反演法”得出的易损性方程进行风险评估，有其本身固有的局限性。历史承灾体的损失情况，并不能完全反映未来台风灾害损失风险，因而将产生不确定性。

（4）致灾因子难以周全考虑。研究中主要采用基于过程降雨量的易损性曲线进行风险评估。尽管分析认为台风累积降雨量和历史损失的相关性更佳，但未考虑大风可能导致的损失，将使评估存在误差。后续研究中，可进一步采用综合致灾指数开展台风灾害风险评估，综合考虑台风降雨、大风的共同作用。

（5）承灾体数据滞后。中国科研领域数据共享机制匮乏，各类承灾体变化速度快，承灾体数据往往不能及时更新，这对风险评估的结果有一定影响。

3.7　洪水灾害数据库与风险评估*

3.7.1　洪水灾害研究进展综述

根据国际灾害数据库（EM-DAT）的统计资料，世界各国逐年的水灾损失都有持续增长的态势，无论是发展中国家还是发达国家概莫能外。20世纪末，联合国发起的“国际减灾十年”活动及21世纪后续的“国际减灾战略”行动，充分说明防灾、减灾问题引起了世界各国高度的重视。2000年3月在海牙召开的第二次世界水大会上发布的部长宣言《21世纪的水安全》中确定将“风险管理”（针对洪水、干旱、污染及其他与水相关的灾害）列为七个挑战领域之一。在同年8月联合国组织启动的“世界水评价计划”中，“风险管理”也被列为重点领域之一。2002年关于可持续发展的世界政府首脑峰会（WSSD）的执行计划提出：为了减轻重大水灾的影响，需要有计划地给予援助。在2003年3月第三次世界水大会上，部长宣言的题目就定为《减灾与风险管理》。同年，得到众多国际组织支持的国际洪水网络（IFNet）宣告成立。与此同时，联合国教育、科学及文化组织（UNESCO）为了响应全球加强风险管理的行动，与世界气象组织联合制定了国际洪水计划，继而筹建了国际水灾害与风险管理中心，该中心设在日本的土木研究所。当前，国际水旱灾害风险问题研究的趋向是“人类社会必须学会与风险共存”，在具体管理过程中综合考虑水灾的自然和社会属性，在水灾风险研究的基础上，从降低区域脆弱性水平、提高社会的恢复力和加强区域综合减灾能力建设等角度出发提出具体的减灾策略。

1. 洪水灾害风险评价研究现状

洪水灾害风险是在20世纪80年代起才逐步引入中国的概念。在研究过程中，不同学

* 本节执笔人：北京师范大学的徐宗学、史培军、袁艺、周洪建、庞博、杜士强、俞淞、李林涛等。

科专家从不同视角给出了用途不一的定义与评价方法。从社会经济学的角度看，风险是损失的可能性，而从工程安全的角度看，风险是各种工程事故发生的概率与可能造成的恶果。随着风险评价理论的发展，联合国提出的自然灾害风险表达式为“风险 = 危险性 × 脆弱性”，自然灾害风险应该考虑致灾因子的危险性、区域承载体的脆弱性。可以认为，在自然灾害风险分析中，危险度是前提，脆弱性是基础，风险则是结果。这一方法在中国水旱风险评价与损失评估系统的研发以及工程安全评价等项目中已得到广泛的应用。

1）洪水灾害危险性研究

目前，中国对洪水危险性的研究较为深入。20 世纪 80 年代中期起，中国已经开展了洪水风险区划与防洪工程方案的评价等研究。其后，针对洪水的区域特征，很多学者开发出不同的洪灾危险性评价方法。根据具体的研究手段，可以分为地貌学方法（杨秀春和朱晓华，2002；马宗伟等，2005）、水文水力学模型（程晓陶等，2005）和系统仿真模拟方法（Christopher et al.，2004；Solaimani et al.，2005）、基于历史灾情数据的方法（刘新立和史培军，2001；史培军，2003；黄崇福，2005）、基于水灾史料和古洪水调查的方法（Benito，1998，2003）和 RS 与 GIS 方法（Sanyal et al.，2005；唐川和师玉娥，2006）等，形成了较为成熟的研究方法与技术手段。

2）洪水灾害脆弱性研究

对危险性的研究仅仅考虑了水灾事件的自然因素方面，而人类经济社会自身存在的脆弱性在灾害中也起到了重要的作用。Cannon 和 Wisner（2005）等提出“脆弱性是灾害形成的根源，致灾因子是灾害形成的必要条件，在同一致灾强度下，灾情随脆弱性的增强而扩大”。

美国、德国、法国等发达国家在洪灾承灾体的脆弱性方面进行了较多的研究（Wisner et al.，2005；Carey，2005；Fedeski and Gwilliam，2007）。通过研究各种承灾体的工程与材料特性，建立了各种承灾体基于洪水风险要素的损失率模型，并据此建立脆弱性评价体系。这种方法具备较高的精确度，缺陷在于对资料条件的要求较高。在中国，李纪人等（2003）通过历史大洪水的调查分析建立了不同致灾条件下的灾损率推算公式，通过取得某一地区几次分行业洪涝灾害损失值和对应的固定资产和产值等，建立回归分析方程，得到分行业的损失率推算公式。高吉喜等（2004）基于层次分析法，构建了目标层为区域洪水易损性，准则层为致灾因子、孕灾环境、承灾体和社会救灾能力，指标层为降水、地形、植被、生命、环境与经济等要素的区域洪水灾害易损性评价模型与评价方法。

目前中国洪水灾害承灾体脆弱性的研究仍处于起步阶段。考虑到数据统计的现实性，通常选用一些常见的社会经济统计指标值等来评价社会经济易损性，这种方法简化了易损性评价的众多因子，难以反映承灾体的工程材料特征和空间分布特征。近年来，GIS 和空间分析技术的发展使承灾体分类的细化和数据的空间化成为可能，将有力地推动承灾体脆弱性研究。

3）洪水灾害风险评价方法研究

洪水灾害风险评价是对整个洪灾系统进行风险评估，建立在灾害危险性、暴露性以及区域的脆弱性的综合研究基础上。多年以来，国际上的专家、学者在水旱灾害综合风险分析和对应的风险管理策略方面做了很多研究（Sipke et al.，2007；Kenyon，2007；Carter et al.，2009）。Norio 等（2002）在对灾害形成机制的理解基础上，建立了综合灾害风险管理的“结构—系统”动力学模型，模型由生态系统和人文系统两个系统交叉组成，阐述了灾害问题的四个核心问题和九个交叉领域，详细分析了灾害的影响因素（土地利用与覆盖变化、经济全球化等）及其对整个地球表层系统的影响。

在国内，洪水灾害的综合风险分析的研究仍处于起步阶段。周成虎等（2000）在分析洪灾形成的各主要因子的基础上，提出了基于 GIS 的洪灾风险区划指标模型，并结合辽河流域具体情况，以降雨、地形和区域社会经济易损为主要指标，得出辽河流域洪灾风险综合区划。刘敏等（2002）在湖北省洪涝灾害孕灾环境、致灾因子、承灾体密度、经济发展水平以及承灾体的抗灾能力的综合分析的基础上，对湖北省洪涝灾害地域差异进行了评价和风险度分区。谭徐明等（2004）在历史水灾分析的基础上，综合评价了全国区域自然、社会以及防洪工程背景下的洪灾风险，并进行了风险度分区。

2. 洪水灾害风险图研究现状

由于洪水灾害的风险性有着明显的地域差异和动态变化特征，因此，为了制定减灾规划、土地利用规划和科学确定保险费率，必须编制灾害风险区划图。在 1994 年举行的世界灾害大会上，大家已共同认识到要在单类灾害风险图的基础上，采用综合与系统分析方法，依据一定的原则和指标体系，编制综合风险图，进行自然灾害综合区划，进而提出各区综合减灾对策。在 1994 年由国家计委和中国国际减灾委员会编制的《中国减灾规划》与由国家科学技术委员会和中国科学院编制的《中国减灾科技规划》中，均将编制灾害区划图列为重点项目之一。所有这些都表明，自然灾害风险区划是当前国际减轻灾害领域的一个研究前沿及挑战问题，其研究具有强烈的紧迫性和现实意义。

国内外近几年的发展也表明，可以通过在科学研究的基础上实施风险区划等措施，大幅度降低处于风险中的社会的易损性和有效防止自然致灾因子形成灾害。美国和日本都先后完成了全国洪涝灾害风险图的编制。中国科学技术部、国家发展和改革委员会、国家经济贸易委员会全国自然灾害综合研究组与中国人民保险公司合作进行了地震、洪水、部分地质灾害、部分气象灾害的风险区划。上海市防汛信息中心近几年开展了“防汛风险图”等重大项目的研究。

在单灾种风险地图研究中，洪水风险图的绘制发展的最早也最完备。欧美等的发达国家从 20 世纪 70 年代开始采用水文、水力学数值模拟方法绘制全国洪水风险图。美国的洪水风险图的主要应用目标是开展洪水保险，因此“洪水保险风险区”是风险地图的主要内容，主要用于确定某一社区内财产的保险费率，也被称为“保险费率精算区”和“洪水保险等级区”。除美国外，其他一些国家的政府部门也根据自身需要编制了洪水风险图，如日本、韩国和挪威等。除国家管理部门外，一些研究所和公司也组织编制了洪水风险图，例如，由斯坦福大学巨灾风险管理公司（RMS）制作完成的欧洲洪水风险图就主要应用于保险业。

中国于 20 世纪 80 年代初开始进行这方面的工作。中国的洪水风险地图类型主要分为流域洪水风险地图、城市洪水风险地图、水库洪水风险地图和蓄滞洪区洪水风险地图。但中国洪水风险地图的制作注重于分析洪水的自然属性（致灾因子和孕灾环境），即危险性，以洪水的危险性大小作为洪水的风险大小，忽略或轻视了承灾体，没有考虑灾害发生地域的脆弱性水平。一些学者在小范围内对风险地图的编制进行了探讨。

洪水淹没风险图的编制是洪灾危险性评估的重要组成部分，2004 年国家防汛抗旱与指挥部办公室组织完成了《洪水风险图编制导则》，界定了洪水淹没风险图编制的技术路线、计算方法、边界条件与技术参数选取，为中国洪水淹没风险图编制工作科学化、规范化奠定了基础。2005 年，中国着手在全国范围内统一规划、统一组织地开展洪水淹没风险图的编制工作，并在全国七大江河流域——黑龙江省、河北省、江苏省、湖南省、浙江省、广东省以及广西壮族自治区的防洪重点区、段开展洪水淹没风险图编制试点，基本形成了中国洪水淹没风险图制作的规范模式。

3.7.2 洪水灾害风险数据库的建立

对洪水风险的时空分布规律及其形成机制的研究建立在大量的洪水风险数据基础上。洪水风险数据对于理解洪灾系统的相互作用机制有着重要的作用，是洪水风险分析的基础工作。建立洪水风险数据库，主要依据洪灾形成原理，分别构建孕灾环境、致灾因子、承灾体和灾情子数据库，在此基础上形成洪水风险数据库的基本结构。本节在以往自然灾害数据库研究的基础上，对洪水风险数据库进行了分类，刻画了洪水风险数据库的基本功能，以绘制洪水风险图为目标，构建了洪水灾害风险数据库。

1. 数据来源

洪水灾害风险数据库的数据可分为两种，即属性数据和空间数据。

洪水灾害属性数据采集是依据洪灾形成原理设置的，其中，洪水灾害致灾因子的雨情数据来源于全国 738 个国家气象站点自建站以来的月最大降水数据，中国年最大 24h 点雨量均值数据来源于水利部门的调研；洪水灾害承灾体的人口经济数据主要来源于人口统计和经济统计，以及土地测量等部门；历史灾情数据来源于水利部门等的有关报告和文献整理，其中 1840 ~ 1992 年中国水灾年表来源于同时历史洪水数据，还参考了遥感监测部门对洪水的适时监测，以及各种专业性报刊对洪水的报道和描述。

空间数据中 DEM 数据来源于美国太空总署官方网站，气候分区数据来源于水利部水利水电规划设计总院报告及河海大学有关文献。空间数据被统一处理为栅格数据，各空间位置的属性数据被赋予到每一个像元。采用栅格叠加的方法进行数据处理，即在统一空间参考系条件下，将同一地区、同一比例尺的两组或两组以上的不同洪灾属性数据叠加在一起，在图层的相应位置上产生新的属性值。

2. 数据库结构

依据洪灾形成原理，考虑到风险数据库的要求和数据的特点，洪水风险数据库分成四大部分，即孕灾环境数据库、致灾因子数据库、承灾体数据库和灾情数据库四个数据库。各数据库的主要内容如下文所述。

1）孕灾环境数据库

孕灾环境数据库主要包括地形与气候数据。由于地貌和地势对气候、河流发育以及江河洪水的形成过程有着重要影响，因此，选取中国1∶25万DEM空间数据作为地貌因素引入孕灾环境数据库，同时为了体现东部季风区、西北干旱半干旱区及青藏高原高寒区等不同气候区下洪灾形成过程的差异，将中国气候分区空间数据作为气候因素引入孕灾环境数据库。

2）致灾因子和承灾体数据库

暴雨和连续性降水是洪水灾害的主要致灾因子。因此，综合降水的高强度及连续性两个特征，选取全国738个国家气象站点自建站以来的月最大降水数据（其中664个站点的观测数据不少于30年）作为致灾因子数据库的主要内容。同时收录了中国年最大24h点雨量均值等值线图等空间数据作为补充。

承灾体数据库主要包括：中国1km×1km网格土地利用数据库、中国1km×1km网格GDP数据库和中国1km×1km网格人口数据库。

3）灾情数据库

灾情数据库主要包括历史灾情统计数据。其中属性数据主要包括1840～1992年中国水灾年表；空间数据主要包括中国七大流域历史典型洪水淹没数据，以及最大洪水淹没数据等。

3. 数据库精度处理

良好的基础数据精度是进行风险分析的基础，反之将得到谬误的结果。因此，数据库精度处理是数据库建立的重要组成部分。

1）数据库精度处理的主要对象

（1）数据不完备。因为中国幅员辽阔，水文站点的确很难覆盖全部疆域；同时洪水风险评价涉及的数据众多，很难保证收集到所有区域的全部数据。因此，在数据处理过程中需要研究数据不完备时的处理方法。

（2）数据不一致。由于搜集数据来源广泛，其中包括各个部门各个口径的数据，因为数据采集和统计方法的不同，不同来源的数据有可能存在不一致的现象。因此，如何在不一致的数据中进行选择也是数据处理的重要任务。

2）数据库精度处理方法

（1）数据不完备处理方法。在确保属性数据存在空间连续性的条件下，可以采用空间插值等方法对已有的信息在空间上加以扩散，产生衍生数据库。以月最大降雨数据为例，原始数据仅包括全国738个国家气象站点的月最大降水数据。为了得到全国范围内的月最大降雨数据，采用Kriging插值方法对月最大降水数据进行空间插值，得到全国范围内的多年平均月最大降水量的空间数据。

（2）数据不一致的处理方法。首先注意数据的权威性。水文数据以水利部门的公布数据为准，社会经济数据以国家统计局的公布数据为准。其次选择实测数据和遥感数据。最后选择报刊和调查数据。另外，在数据权威性一致的情况下，进行时间和空间上的校验。例如，降雨等存在空间连续性的数据，可以用相邻区域或者相邻站点的权威数据对数据真实性进行校验。

3.7.3 洪水灾害风险评估方法

1. 洪水成因分析

中国位于东亚季风气候区，受太平洋和印度洋季风的影响，冬春季雨量稀少，气候干旱，而夏秋季又湿热多雨，洪涝灾害频繁。洪水一旦发生，会对人民的生命财产和国民经济建设构成严重威胁，影响社会、经济的稳定和发展。为了使决策者在总体上了解我国洪水灾害风险的空间分布，为防洪规划和防洪投资提供参考意见，对我国洪灾风险进行区划研究就显得尤为必要。

目前洪灾风险评价与区划的方法主要有地貌学方法（Haruyama et al.，1996）、水文水力学模型与系统仿真模拟方法（程晓陶等，1996）、基于历史灾情数据的方法（谭徐明等，2004）、基于水灾史料和古洪水的方法（Benito et al.，2003）、GS 与 GIS 方法（丁志雄等，2004；Joy and Lu，2005）、基于洪灾形成机制的系统分析方法等（张行南等，2000）。然而以洪水形成机制分析为指导，综合气候、地貌和河流水系等多种影响因子进行洪水风险分析并以历史洪水资料予以验证的研究工作却尚不多见。

本节采用成因分析方法分析了洪水形成的影响因子并结合层次分析法确定各影响因子的权重，然后基于 GIS 平台，采用栅格计算的方法将各影响因子叠加在同一图层上，从而制成了洪水风险区划图。在洪水风险分析中，并不将历史洪水资料作为洪水发生的影响因素，而是作为一个综合指标对由成因分析法生成的洪水风险图进行验证。最后以人口和 GDP 作为社会经济指标，分析由洪水造成的社会经济损失，据此制作了中国洪灾风险区划图。

洪水是一种自然现象，其形成的机制很复杂，目前学术界认为其形成和特性主要取决于所在流域的气候、地貌和河流水系等自然地理条件（李健生等，1999；Ellen，2008）。本书力求从这三个方面分析其对洪水形成的影响作用，并挑选出在某种程度上可以量化的指标进行分析。

1）气候因素

中国位居欧亚大陆的东部、太平洋西岸以及印度洋的东北部，加上青藏高原的影响，使得季风气候异常发达，这是中国气候的一个基本特点。季风的进退使得盛行的气团在不同的季节产生了各种天气现象，其中与洪水关系最为密切的是降水，尤其是暴雨和连续性降水（李健生等，1999）。

导致大江大河洪水陡涨的暴雨，往往历时较长，由几场强烈暴雨组成。在这类降水中，不但总降水量大，同时短时间内的降水强度也很大。这种长时间的大暴雨又称为连续性暴雨，一次连续性暴雨过程历时可持续 3 ~ 7 天，或者更长的时间。历时短的暴雨虽然强度大，但是由于总雨量较小，一般难以形成大洪水（张行南等，2000）。所以在研究可能构成洪水（尤其是流域性大洪水）的暴雨时，往往选取历时长的暴雨。

力求综合降水的高强度及连续性两个特征，选取全国 738 个国家气象站点自建站以来的月最大降水数据（其中 664 个站点的观测数据不少于 30 年）作为气象因素的基本资料，气象站点数据来自中国气象科学数据共享服务网。首先利用 VB 编写程序算出各站点多年平均月最大降水量，再通过 GIS 中的 Kriging 插值方法对月最大降水数据进行空间插值，得到中国多年平均月最大降水量的空间分布图。

根据中国气候的特点，可以将中国大致划分为东部季风区、西北干旱半干旱区及青藏高原高寒区三个气候区（李健生，1999）。其中西北干旱半干旱区多深居内陆，气候干燥少雨，洪水灾害相对较少；青藏高原高寒区的冰川径流是中国西部地区的一种宝贵水资源，偶尔会形成洪水；东部季风区降水量大且地势相对平坦，洪水问题比较突出。

2）地貌因素

中国大陆地势总体是西高东低，呈三级阶梯状分布。青藏高原是第一级阶梯，平均海拔在 4000m 以上，南端的喜马拉雅山是来自印度洋暖湿气流北上的巨大障碍。青藏高原以北、以东至大兴安岭、太行山、巫山和雪峰山为第二级阶梯，其间高原与盆地相间分布，是中国众多河流的发源地。第二级阶梯东缘和云贵高原东缘以东至滨海为第三级阶梯，其间丘陵和平原由西向东交错分布，江河湖泊众多，是中国洪水泛滥致灾最为严重的地区。

中国是一个多山的国家，山地面积约占全国面积的 33%。众多的山脉影响了高空水汽的输送，使中国降水呈现大尺度带状分布的特点。例如，东西走向的秦岭是长江与黄河的分水岭，也是中国南方暖湿气候与北方干冷气候的分界线；南北走向的贺兰山和六盘山阻碍夏季风西进，东侧降水明显多于西侧；鲁、浙、闽、粤沿海山脉一线，临近海洋，迎风坡使气流抬升，雨量增多，往往形成暴雨中心地区，成为暴雨洪水的易发地区。

总而言之，中国复杂的地貌、起伏多变的地势对中国的气候特点、河流发育以及江河洪水的形成过程有着深远而复杂的影响（李健生等，1999），而且这种互相影响的机制具有随机性和必然性，目前还难于量化。一般认为，地貌对洪水形成的影响主要表现在两个方面：海拔高程和地形坡度。高程越低，地形变化越小，越容易发生洪水（田国珍等，2006）。

鉴于以上分析，本项目选取中国 1∶25 万 DEM 图作为地貌因素对洪水影响的基本资料，DEM 数据来自美国太空总署官方网站。本项目对数据的处理方法如下。

（1）利用全国 1∶25 万 DEM 图，运用 GIS 空间分析模块中的 Slope 子模块分析各网格内地表的海拔高程变化率，从而得到中国坡度图。

（2）利用全国 1∶25 万 DEM 图，在 GIS 软件中，对各网格的高程进行分类，得到中国地形高程图。

3）流域水系因素

洪水是按照流域水系形成的，水系的分布情况在一定程度上反映了中国洪水的地区分布特点（李健生等，1999）。流域水系对洪水形成的影响主要表现在（张行南等，2000；田国珍等，2006；钟晋阳，2009）：大江大河的中下游地区和湖泊周围地区，除受到因本地降水而引起的洪涝威胁外，还受到由过境洪水因下渗、漫堤、溃堤等因素形成的洪涝威胁。所以这部分地区的洪水危险程度较其他地方要大，本研究中称这部分地区为缓冲区。

缓冲区分析是根据已设定的距离，以选中的点、线或多边形要素为基础，建立一定宽度的缓冲区多边形图层，实现对该要素在空间上的扩展信息分析。缓冲区是地理目标或工程规划项目的一种影响范围或服务范围（邻近度问题），是地图信息检索与综合处理和GIS空间分析的重要功能。

本研究利用GIS软件中的缓冲区分析工具对河流、湖泊建立了缓冲区。为避免重复，缓冲区宽度不再考虑河流所处的地貌特征及其所处的气候区，而只考虑河流的级别——1级河流缓冲区宽度设为20km、2级为10km，为避免所得洪水风险图杂乱，更高级别的河流缓冲区不计。湖泊缓冲区设为20km。得到河流、湖泊的缓冲区后，利用GIS软件的数据转换功能将多边形数据转换为栅格数据。

2. 洪水风险评估的指标分析模型

1）指标分析模型

指标分析法是洪水风险区划方法的一种，它着重从洪水形成的机理上，通过对影响洪水形成的各种因子的分析，赋予各指标一定的权重，并通过指标分析模型将各影响指标综合在一起，以此来推求研究区总的洪水风险。本文建立的指标分析模型如下：

$$R(\text{洪水风险}) = f(\text{月最大降水量,气候分区,坡度,高程,河湖缓冲区}) \tag{3-40}$$

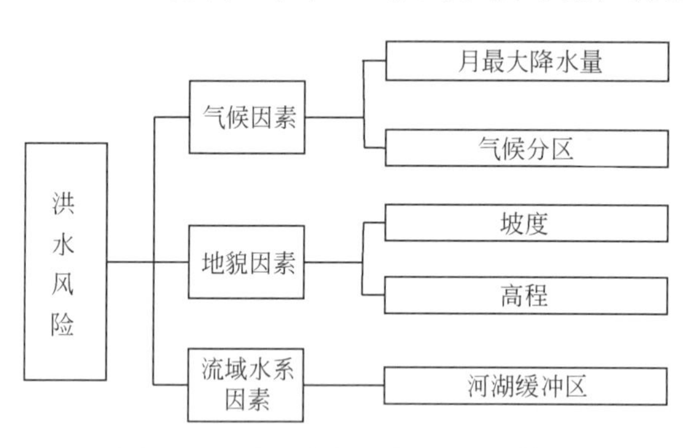

图3-116　全国洪水风险评价指标体系

在这个方程中，所有右边独立因子可以通过一定的方法赋予一定的数值。各因子间的组合关系可以是线性的，也可以是非线性的。考虑到R的空间特征和地理信息系统的能力，可以将各种因子在统一的空间框架中，借助于空间叠加分析功能，综合各影响因子，从而可得到综合影响因子图。在常规的计算中多采用均匀格网作为空间框架，从而达到对每一格网点（像元点）进行分析，其空间综合则转化为多维矩阵的地图代数运算。

本研究中，各影响因素及其评价指标如图3-116所示。

2）数据的标准化处理

由于研究中不同评价指标的量纲不同且取值范围变幅较大，因此需要对数据进行标准化处理，数据的标准化通过以下标准化公式法实现：

$$x_i' = 100\left(\frac{x_i - x_{\min}}{x_{\max} - x_{\min}}\right) \tag{3-41}$$

式中，x_i为各格点原始数据系列；$x_{\max}$和$x_{\min}$分别为其中的最大和最小值；x_i'为标准化以后的值，为0～100。

3）栅格数据的叠加分析

栅格数据是一种空间数据结构，将地面按照一定大小的网格进行划分，每个网格作为一个像元，并且每一个像元都有一定的属性值。栅格数据的叠加分析是指在统一空间参考系条件下，将同一地区、同一比例尺的两组或两组以上的栅格数据层叠加在一起，在图层的相应位置上产生新的属性值的分析方法。本项目的研究中主要利用 GIS 软件的栅格计算来实现栅格数据的叠加分析。

4）运用层次分析法确定因子权重

栅格计算的过程中，各影响因子权重的确定采用层次分析法。层次分析法（analytic hierarchy process，AHP）是美国匹兹堡大学教授 Saaty 于 20 世纪 70 年代提出的一种系统分析方法（Saaty，1990）。AHP 的理论核心是通过分析复杂系统的各相关要素及其相互关系，将系统简化为有序的递阶层次结构，使这些要素归并为不同的层次，在每一层次上不把所有因素放在一起比较，而是用 1 ~9 比较尺度法两两相互比较并赋值，以构造多因子成对比较的判断矩阵。然后对于每一个成对比较矩阵计算最大特征根及对应特征向量，利用一致性指标、随机一致性指标和一致性比率做一致性检验。最后计算组合权向量并做组合一致性检验，若检验通过，则可按照组合权向量表示的结果进行决策，否则需要重新考虑模型或重新构造那些一致性比率较大的成对比较矩阵。

将影响洪水发生的五个因子月最大降水量（X_1）、气候分区（X_2）、地形坡度（X_3）、地形高程（X_4）、河湖缓冲区（X_5）用 1 ~9 标度法两两比较，建立如表 3-25 所示的判断矩阵，并利用一致性、随机一致性指标和一致性比率作一致性检验。最后用方根法求出五个影响因子的权重系数分别为 0.2702、0.1607、0.2042、0.2042 和 0.1607，并通过一致性检验。

表 3-25　中国洪水风险影响因子比较矩阵

	月最大降水量	气候分区	坡度	高程	缓冲区
月最大降水量	1	4	2	2	4
气候分区	1/4	1	1/2	1/2	1
坡度	1/2	2	1	1	2
高程	1/2	2	1	1	2
缓冲区	1/4	1	1/2	1/2	1

将权重系数代入式（3-40），得到洪水风险 R 的计算公式：

$$R = 0.2702X_1 + 0.1607X_2 + 0.2042X_3 + 0.2042X_4 + 0.1607X_5 \quad (3\text{-}42)$$

3.7.4　洪水灾害风险评估结果分析

1. 风险制图的结果

1）洪水风险程度区划

得到上述五个影响因子的图层之后，运用 GIS 空间分析的栅格计算模块，将各影响因子及其权重带入公式（3-42）进行栅格计算。将栅格计算结果由人工进行非线性分级，得到如图 3-117 所示的中国洪水风险区划图。图中危险程度值为相对值，数值越大，表示危险程度越高。

2）洪灾风险程度区划

防洪的主要目的是将洪水灾害损失减少到最低限度（阿瓦克扬，1991）。洪灾损失评估是一个不可回避的问题，是一个非常复杂的课题（傅湘和纪昌明，2000；冯民权等，

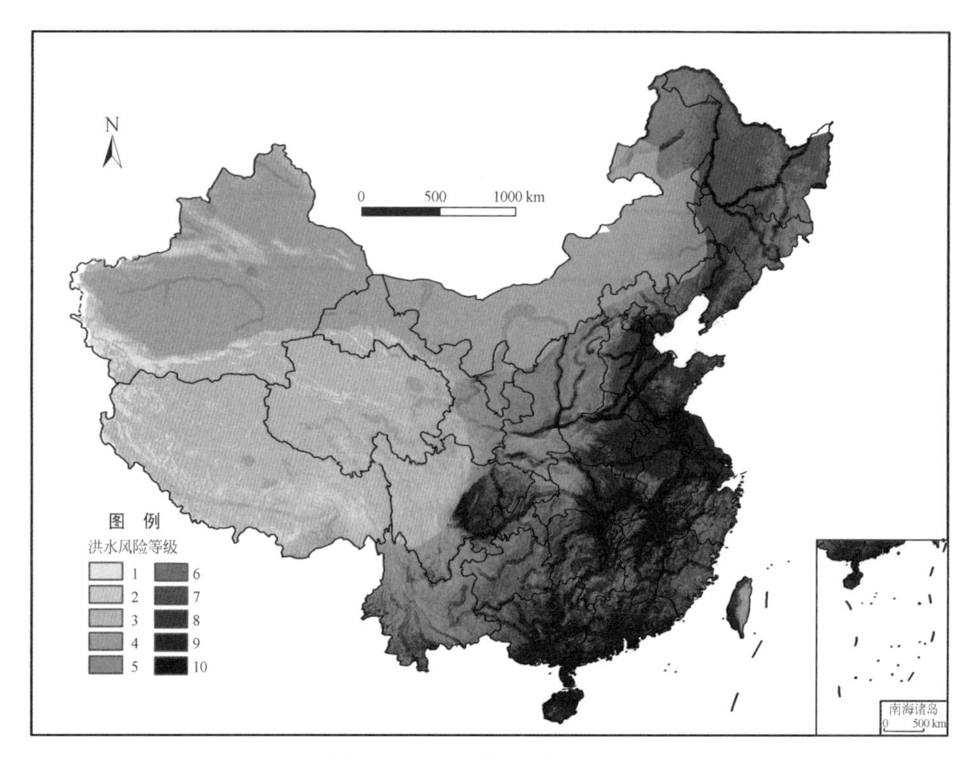

图 3-117 中国洪水风险区划图

2002），根据评估的目标、资料的完备性、实现算法的可能性以及研究区特点等因素，洪灾损失评估可以分为精细尺度、中尺度和大尺度三种评估模式。由于本项目的研究区域较大，所以在精度上要求不宜过高，而只能在宏观上作总体的把握。

鉴于以上分析，本项目研究选用人口和 GDP 指标来定量表示发生洪水时将产生的社会经济损失，研制洪灾风险区划图。首先将各指标的属性值标准化，再利用 GIS 空间分析的栅格计算模块将洪水风险图层和社会经济指标图层进行叠加分析，最后得到如图 3-118 所示的中国洪灾风险区划图。图中危险程度值意义见图 3-117。

2. 对风险评估成果的分析

1）洪水风险程度区划结果分析

从图 3-118 中可以看出，中国洪水风险较高的几个地区为辽河中下游地区、京津唐地区、淮河流域（江苏及安徽北部）、山东南部地区、长江中游（江汉平原、洞庭湖区、鄱阳湖区以及沿江一带）、四川盆地、广东广西南部沿海地区、海南省及台湾省的西部地区。这些地区在地理特征上有共同点：①它们的海拔较低，容易同时遭受主水和客水的影响；②它们所处地形的坡度都很小，这会导致洪水排泄不畅；③这些地区要么靠近海岸，要么在大型湖泊附近，从而能有充足的水汽形成降水。四川盆地虽然深居内陆，但其西部背靠青藏高原，盆地边缘恰好是迎风坡，降水量同样很大。因此，本洪水风险区划图所确定的洪水发生高风险区在地理分布上是合理的。

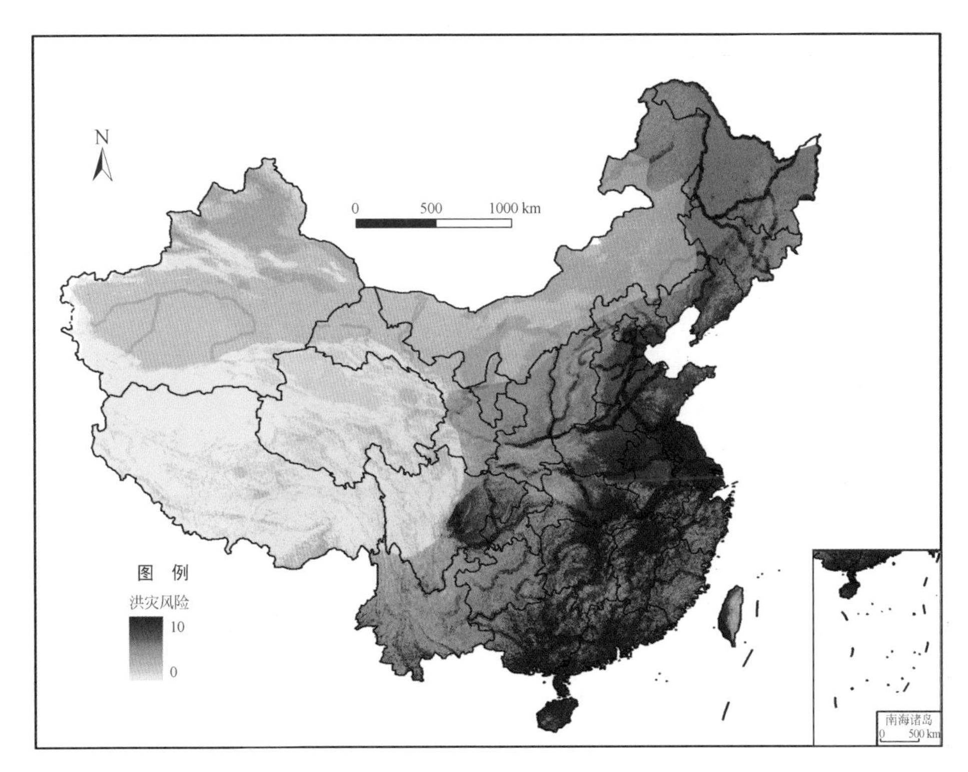

图 3-118　中国洪灾风险区划图

根据 1900～2010 年的洪水资料记载，上述地区都发生过较为严重的洪水灾害。如 1995 年江南地区梅雨期间（6 月 12 日至 7 月 10 日），由于降水持续偏多、时段集中、雨势猛、雨量大，造成江河湖库水位猛涨，鄱阳湖、洞庭湖水系及长江下游干流发生大洪水（进入鄱阳湖洪量超过大水之年的 1954 年和 1983 年，为新中国成立以来的第一位，洞庭湖入湖水量仅次于 1954 年，为新中国成立以来第二位洪水），湘北、浙西北、赣北、鄂东南、皖南、苏南及闽西北、黔东北等地发生了不同程度的外洪内涝灾害。据不完全统计，受灾农田数千万亩，被洪水围困数百万人，死亡 2000 多人，伤数万人，倒塌房屋 100 多万间，损坏房屋数百万间，直接经济损失 600 亿元左右；辽河中下游地区于 1949 年、1951 年、1953 年、1954 年、1960 年、1962 年、1986 年、1995 年和 1998 年共计发生了九次大范围的洪水；珠江流域 1902 年、1949 年和 1982 年发生特大洪水；1954 年长江、淮河发生百年不遇的全流域性特大洪水；海河北系 1939 年、南系 1963 年发生了特大洪水。上述历史洪水的发生间接验证了该洪水风险区划结果的合理性。

2）洪灾风险程度区划结果分析

从图 3-118 的区划图可以看出，中国洪水灾害风险较高的地区包括：辽河中下游地区，京津唐地区，淮河流域，长江中游（江汉平原、洞庭湖区、鄱阳湖区以及沿江一带），四川盆地，广东广西南部沿海地区，海南省及台湾省的西部地区。其空间分布特征与中国洪水风险的空间分布高度一致。为探其原因，特将中国人口和 GDP 分布情况独立出来并单独制图（图 3-119、图 3-120）。

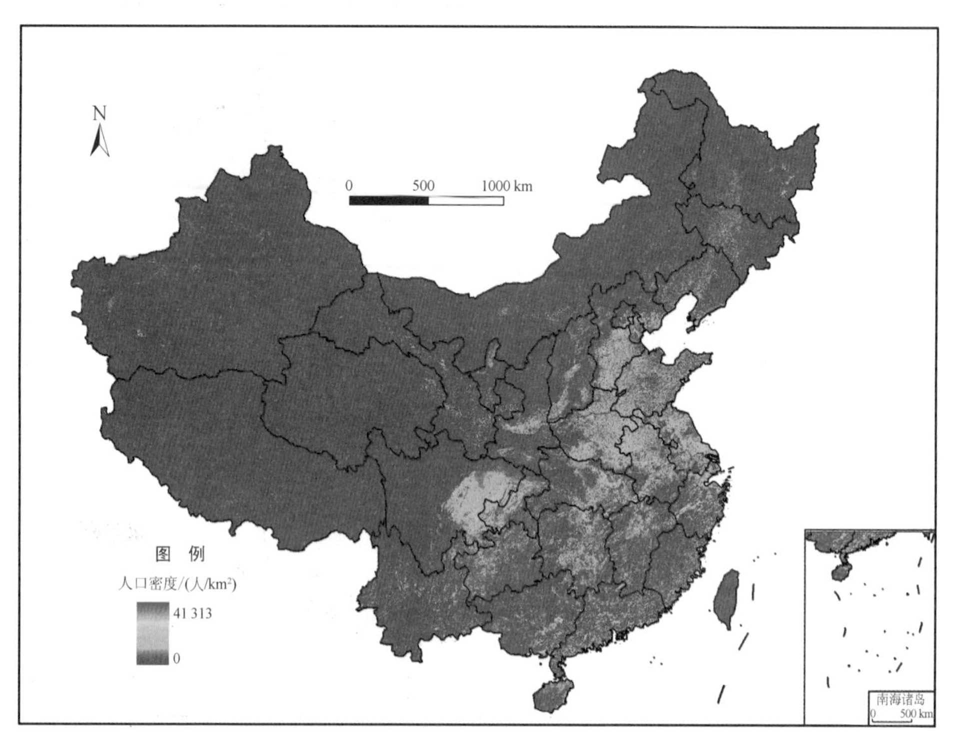

图 3-119　中国人口分布图

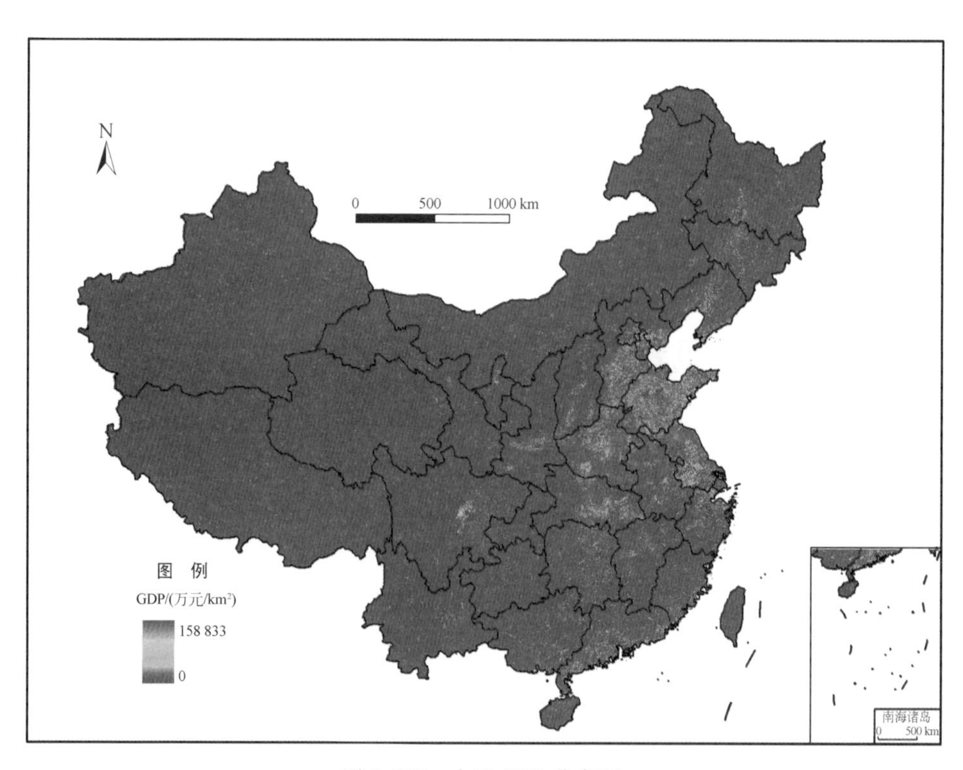

图 3-120　中国 GDP 分布图

观察图3-119中国人口分布图可以看出，中国绝大部分的人口都集中分布在东部季风区。其中又以海河南系、淮河流域、四川盆地、长江中下游以及珠江三角洲等地区分布最为密集。这些地区几乎具备了洪水发生的一切条件：首先，从气候的角度来看，它们都位于东部季风区，年降水量大，这样一来洪水的产生就具备了必要条件；其次，从地貌的角度来看，中国人口分布集中的地区要么是平原，要么是盆地，这类地区高程低、坡度小，容易同时遭受主水和客水的影响且行洪不畅；最后，从流域水系的角度来看，这些地区河网密集、坡降小，在汛期容易遭受槽蓄洪水因下渗、漫堤、溃堤等因素而造成的洪涝威胁。可见，中国人口主要集中在洪水风险较高的地区。

从图3-120中国GDP分布图可以发现：中国的GDP分布比人口分布更加集中，而且同样集中在洪水风险较高的地区。这就解释了中国洪灾风险的空间分布与中国洪水风险的空间分布高度一致的原因。

3.7.5 结论与讨论

本节在分析中国洪水形成的自然地理背景的前提下，采用成因分析方法探讨了洪水形成的影响因子并结合层次分析法确定各影响因子的权重，然后在GIS平台上制作了洪水风险区划图，最后以人口和GDP作为社会经济指标，分析洪水造成的社会经济损失，进而制作了中国洪灾风险区划图。区划结果表明中国人口和GDP分布的特征决定了中国洪水和洪灾风险程度高的地区分布特征具有一致性：辽河中下游地区，京津唐地区，淮河流域，长江中游（江汉平原、洞庭湖区、鄱阳湖区以及沿江一带），四川盆地，广东广西南部沿海地区，海南省及台湾省的西部地区是洪水和洪灾高风险区。由于洪水形成的机制复杂，影响因子众多，要准确地分析洪水风险目前还存在困难，本节研究中所使用的成因分析法、指标模型法只是对此问题所做的初步探索。

另外，由于资料条件所限，本节所考虑的影响因子还比较单一，对于局部洪水如西部内陆河流域的突发性洪水灾害等还不能真实地、客观地再现出来，这些都是今后继续深入研究和探讨的问题。

3.8 风暴潮灾害数据库与风险评估*

风暴潮灾害是中国最严重的海洋灾害，为了了解及防御风暴潮灾害，通过对历史风暴潮灾害资料的搜集、整理、统计计算和分析，建立了风暴潮灾害统计数据库，分析计算了沿海风暴潮概率分布特征和风暴潮危险性分布特征，同时以人口、经济为承灾体分析了沿海的脆弱性分布，在此基础上，利用建立的风暴潮灾害风险评估方案对中国江苏、上海、浙江、福建四省市风暴潮灾害风险分布进行了研究，绘制了风暴潮灾害风险评估图。

---

* 本节执笔人：国家海洋环境预报中心的董剑希、于福江、侯京明、王培涛、付翔等。

3.8.1 数据库建设

风暴潮灾害居中国海洋灾害之首，从南到北均有发生，几乎遍及中国沿海，其中尤以浙江、福建、广东沿海为重。每年均有发生并且成灾率较高，造成的人员和经济损失惨重。一次风暴潮来袭，沿海动辄转移数十万，甚至上百万居民，大量房屋、农田、海水养殖和海塘堤防被淹或损毁，直接经济损失可达数百亿元，风暴潮灾害已经成为中华民族的心腹之患。“十五”期间，中国共发生风暴潮灾害 27 次，死亡（含失踪）377 人，占全部海洋灾害死亡（含失踪）人数的 32%，造成直接经济损失 610.82 亿元，占全部海洋灾害损失的 96%。

面对日益严重的风暴潮灾害，防灾减灾是各级政府重要的工作之一。因此开展风暴潮灾害研究，提高风暴潮预报预警技术尤为重要，而历史风暴潮灾害数据是开展中国沿海风暴潮灾害研究的基础资料，对于掌握沿海风暴潮概况、分析风暴潮灾害的时空分布特征以及对中国社会经济的影响等是必备的资料。

笔者搜集整理了 1990 ~2006 年影响中国沿海的典型风暴潮灾害数据，并对这些灾害过程进行了认真的校核，建立了风暴潮灾害统计数据库。数据库主要数据内容包括：引起风暴潮的台风名称及编号或温带天气系统编号；风暴潮灾害发生时间段；成灾地点；风暴潮影响区域内各验潮站的风暴增水、最大风暴潮、最高潮位超过当地警戒潮位值；风暴潮灾害影响主要地区、受灾人口；转移人口；死亡人数；受伤人数；堤防、路桥损坏情况；农田淹没面积；倒塌房屋间数；船只损坏数量；鱼塘虾池冲毁面积；受风暴潮影响停产、半停产企业数量；风暴潮灾害造成的直接经济损失及间接经济损失。为了详细了解风暴潮灾害过程特点及造成的影响，数据库对每次灾害过程均给出了灾情总体描述，从自然灾害到造成的社会、经济损失情况均进行了详细地描述，并对灾害程度进行了灾度等级评估。

为了保证建立的风暴潮灾害数据库的准确性，对得到的潮位数据、灾害损失数据及其来源进行了认真的核对，对每次风暴潮灾害过程都找出与之相对应的台风或温带天气系统，分析风暴增水过程，从而保证每次风暴潮过程数据准确无误。数据校验中存在较大困难的是风暴潮灾害损失数据的确定。

首先，风暴潮灾害是由台风引起的，台风灾害主要包括风灾和由暴雨造成的灾害及其次生灾害，大风直接作用造成的灾害主要是对建筑物和各种设施造成破坏或损害；台风的到来往往伴随暴雨，连续暴雨不仅可能会造成严重的洪涝灾害而且会诱发其他次生灾害如山洪暴发、泥石流等灾害。

其次，风暴潮灾害主要是由异常的风暴增水使得潮位大幅升高而导致海水漫滩而形成的灾害，致灾因子不仅包括风暴潮，还包括天文大潮、近岸浪及其三者之间的耦合作用，形成的灾害不仅包括港口、码头、堤坝等遭受毁损，还包括堤坝被冲垮后，海水漫滩使得房屋、农田、海水养殖等受淹而发生的灾害。因为重大灾害往往是由风暴潮和近岸浪共同作用造成的，因此在灾害数据统计中，风暴潮灾情包括了近岸浪灾害，一般表示为风暴潮（含近岸浪）灾害，主要的难点在于风暴潮灾害和台风灾害数据的分离。在灾情统计中，沿海地区要把这种群发性灾害造成的全部损失分别统计为台风灾害和风暴潮灾害，在实际操作中较难实施。因此，如何界定及划分风暴潮灾害损失在灾情统计中很重要，有利于风暴潮灾害的评估，对风暴潮灾害风险评估也非常有利。但是迄今为止，灾情统计尚没有统一的标准，使得历史上不同时间、不同系统（单位）灾情统计资料的可比性较差；此外灾情调查中的另一个基本问题是实际调查中灾情资料的可靠性问题。在调查中同一部门的不同人员（有时甚至同一部门的相同人员在不同时间）或不同部门的人员对同一灾情进行调查时，有关人员（部门）提供的灾情资料（如财产损失）就有相当大的差异。产生这个问题原因除了统计方法不规范外，还有提供资料的部门和人员的思想观念或意识问题（乐肯堂，1998）。

国家海洋环境预报中心从1989年起每年末发布一期《中国海洋灾害公报》，对当年发生的风暴潮、海浪、海冰等海洋灾害进行汇总评估。经过20余年的海洋灾害统计，对于各类灾害统计数据的来源、统计内容、资料审核、各灾种损失界定形成了一套较为成熟的模式，为了解海洋灾害提供了宝贵的数据。本研究部分灾害数据便来源于《中国海洋灾害公报》。表3-26为数据库字段元数据。

表3-26　数据库字段元数据

显示用字段名称	字段描述	数据类型	字段单位
风暴潮灾害编号	台风编号或温带系统的日期	文本型	
台风登陆强度	台风登陆时强度	数字型	hpa
台风登陆地点	台风登陆地点	文本型	
登陆风速	登陆风速	数字型	m/s
灾害位置	灾害发生位置	文本型	
灾害发生日期	灾害发生月日		
灾害结束日期	灾害结束月日		
致灾原因	引起灾害的原因	文本型	
影响范围	受影响县市乡镇	文本型	
参考验潮站	影响范围内的有代表性验潮站	文本型	
受灾人口	影响区域内的常住人口	数字型	万人
淹没农田面积	潮水淹没农田面积	数字型	km^2
海水养殖损失	海水养殖损失面积或数量	数字型	km^2（t）
潮灾毁损房屋	潮灾毁损房屋	数字型	万间
损毁海塘堤防	冲毁海塘堤防	数字型	km
损毁海洋工程	冲毁海洋工程	数字型	座
损毁船只	损毁船只	数字型	艘
死亡人数	死亡人数（含失踪）	数字型	人
直接经济损失	直接经济损失	数字型	亿元
灾情总体描述	灾情总体描述	文本型	

3.8.2 风险评估方法

本节风暴潮风险评估采用的方法为历史统计法。首先搜集历史数据，分析沿海风暴潮危险性并对其进行分级，采用 1km × 1km 栅格社会人口、GDP 数据进行承灾体脆弱性分析，综合考虑沿海地区的风暴潮危险性和承灾体脆弱性，利用 GIS 技术对风暴潮灾害进行风险评估；利用历史风暴潮灾害损失数据，构建了灾害指数因子，并分别在各海区与直接经济损失建立了相关方程，用以计算风暴潮灾害期望损失。

1. 致灾因子评估

1）资料收集整理

为了获取中国沿海风暴潮灾害数据，掌握风暴潮灾害危险性分布，选取中国沿海 60 个典型的、具有长时间序列潮位资料的验潮站，这些潮位站分布在沿海的各个省市，大部分验潮站的资料时间序列在 30 年以上，部分站的资料时间序列在 50 年以上，基本可以代表全国沿海的风暴潮及灾害情况。

收集了每个验潮站、每年的风暴潮过程数据，并进行整理、分析和校核，对每次风暴潮过程均找出引起此次风暴潮过程的台风或温带天气系统，并将最大风暴潮出现的时间和值与天气系统影响时间相对应，确保每次风暴潮过程数据的准确性。

2）风暴潮灾害危险性分析

新中国成立后几乎每年都有潮灾发生，成重灾者平均每两年一次，也有一年中多次受灾（1989 年一年中发生 8 次潮灾）。严重的风暴潮灾往往造成多个省（自治区、直辖市）同时遭灾（9216、9711 风暴潮灾害，其影响范围南到福建、北到辽宁）。据不全统计，新中国成立后（1949～2007 年）共发生黄色以上级别的台风风暴潮 217 次，橙色以上级别的 118 次，黄色以上级别温带风暴潮 63 次，橙色以上级别的 12 次。

为了突出橙色以上风暴潮灾害级别的重要性，在风暴潮灾害的统计中我们引入了风暴潮灾害灾度的概念。灾度就是灾害程度，是将灾害级别（红、橙、黄）乘以灾害权重；灾害级别是以一次过程的高潮位超过当地警戒潮位的数值来划分的。

$$D_g = W_R \times 10 + W_O \times 5 + W_Y \times 1 \tag{3-43}$$

式中，D_g 为灾度；W_R 为红色级别；W_O 为橙色级别；W_Y 为黄色级别。

根据式（3-43）按照每个验潮站各灾害级别出现的次数以及各级别灾害权重，计算出每个验潮站的灾度，并依据灾度值划分为 4 级，分别表示风暴潮灾害危险性，其中红色为 4 级，表示危险性最高。具体划分原则是：将各验潮站的灾度值进行归一化处理，$0 \leqslant D_g < 0.25$ 为蓝色级别；$0.25 \leqslant D_g < 0.5$ 为黄色级别；$0.5 \leqslant D_g < 0.75$ 为橙色级别；$0.75 \leqslant D_g \leqslant 1$ 为红色级别。在此基础上利用 GIS 编制了风暴潮灾害危险性分布图，为风暴潮灾害风险评估提供依据。

绘制风暴潮灾害危险性图时，考虑到风暴潮作用于不同的沿海海岸带地质环境时可能会产生不同的灾害后果，造成不同的影响。因此，依据沿海海岸带的地质环境，主要分为基岩海岸和松散沉积海岸。基岩海岸往往由坚硬岩石组成，风暴潮侵袭时，深入内陆距离较短，一般考虑海岸线向陆地方向10km范围为可能影响范围。松散沉积质海岸往往比较平坦，特别是淤泥质海岸滩涂宽广，地势平坦，坡度在0.5%左右，发生风暴潮时，海水淹没陆地范围大，往往发生严重风暴潮灾害，因此一般考虑海岸线向陆地方向20km范围为可能影响范围。

沿海风暴潮灾害危险性分布图的绘制主要是运用GIS技术，将各验潮站的灾度等级划分结果差值后，进行缓冲区分析，得到所需图件。选取中国江苏、上海、浙江和福建为研究区域，分析、绘制了风暴潮灾害危险性分布图。

3）中国沿海不同重现期台风风暴潮分布

风暴潮作为风暴潮灾害的致灾因子，了解其在中国沿海的分布情况及其量值对于分析沿海的风暴潮灾害必不可少。本研究利用历史数据统计计算了沿海36个验潮站不同重现期的台风风暴潮，利用GIS技术绘制沿海台风风暴潮分布图。

选取的验潮站分布在沿海各省市，每一个站的风暴潮资料序列均在30年以上，所记录的风暴潮基本可以反映中国沿海风暴潮分别状况。采用龚贝尔Ⅰ型极值分布方法计算不同重现期重现期风暴潮。

中国部分省市海岸线较为曲折，众多港湾深入内陆，而风暴潮对于复杂的微地形特别敏感，呈喇叭口形状的海岸带和河口地区的风暴潮均较大，如渤海湾、莱州湾、长江口、杭州湾、珠江口和雷州半岛等沿海。1980年7月22日，广东省海康县的南渡站，记录到最大台风风暴潮为5.94cm，为世界第三位。在绘制中国沿海不同重现期风暴潮分布图时，着重考虑了地形对风暴潮的影响，每处河口地区均选取了有代表性的验潮站，以准确反映我国沿海风暴潮情况。

2. 脆弱性评估

脆弱性是自然和社会的综合问题。在灾害学中，脆弱性可概括为以下几种：①强调承灾体易于受到侵害的性质。脆弱性指承灾体对破坏和伤害的敏感性。②强调人类自身抵御灾害的状态。脆弱性指人类易于或敏感于自然灾害破坏与伤害的状态。③综合定义。脆弱性指人类、人类活动及其场地的一种性质或状态。脆弱性可以看成是安全的另一方面。脆弱性增加，安全性降低。脆弱性越强，抵御灾害和从灾害影响中恢复的能力就越差（商彦蕊，2000b）。

脆弱性包括自然脆弱性和社会脆弱性。自然脆弱性主要包括致灾因子发生的强度、频率、持续时间、空间分布、风险区的分布、人类和经济生产在风险区的分布情况，以及因风暴潮灾害事件的发生而导致的人员伤亡率等。

脆弱性描述的是人类生命财产遭受到自然界的威胁时人类和社区应对这些威胁的能力。脆弱性分析是指外界致灾因子（暴露风险）的分析、系统本身适应能力（社会属性）的脆弱性分析及两者相互作用的分析，其应用范围广泛，小至社区、大至全球，脆弱性研究对区域减灾、减灾投资以及灾害风险管理等有着极为重要的意义。

在沿海风暴潮灾害脆弱性评估中主要考虑的方面是人口和经济分布，虽然沿海防潮能力对脆弱性评估很重要，但这方面数据、资料主要由水利部门来管理，获取难度大；二是在风暴潮危险性分析中，从警戒潮位的角度考虑了当地防潮能力。因为确定某一验潮站警戒潮位时，当地防潮能力是必须考虑的一个方面，所以其在风暴潮危险性分析中体现了防潮能力的作用，并最后应用于风暴潮风险评估中。因此在脆弱性评估中只使用了 2002 年中国沿海分辨率为 1km 的人口和 GDP 的栅格数据进行脆弱性评估。

目前，防灾减灾的目的是保护人民生命财产安全，特别是保护生命安全，因此在处理人口和 GDP 栅格数据时，人口和经济数据被赋予不同的权重，其中人口所占权重为 0.6、经济所占权重为 0.4。将得到的数据进行归一化处理，并分为四级，表示承灾体脆弱性等级。并在此基础上绘制了风暴潮灾害脆弱性分布图。

3. 风险评估

依据分析得到的风暴潮灾害危险性和脆弱性结果进行风暴潮风险评估。目前，国际上通用的风险评估一般采用下面的公式：

$$R = H \times V \tag{3-44}$$

式中，R（risk）为风险；H（hazard）为危险性；V（vulnerability）为脆弱性。

将风暴潮的四种危险性级别与四种脆弱性级别进行综合考虑，按照上述公式，一共得到十六级台风风暴潮灾害风险评估结果，在此基础上绘制了风暴潮灾害风险图。

3.8.3 风险制图

1. 不同重现期沿海台风风暴潮分布图

在计算的沿海 36 个验潮站不同重现期的台风风暴潮的基础上，利用 GIS 技术绘制了沿海台风风暴潮分布图（图 3-121 至图 3-129）。

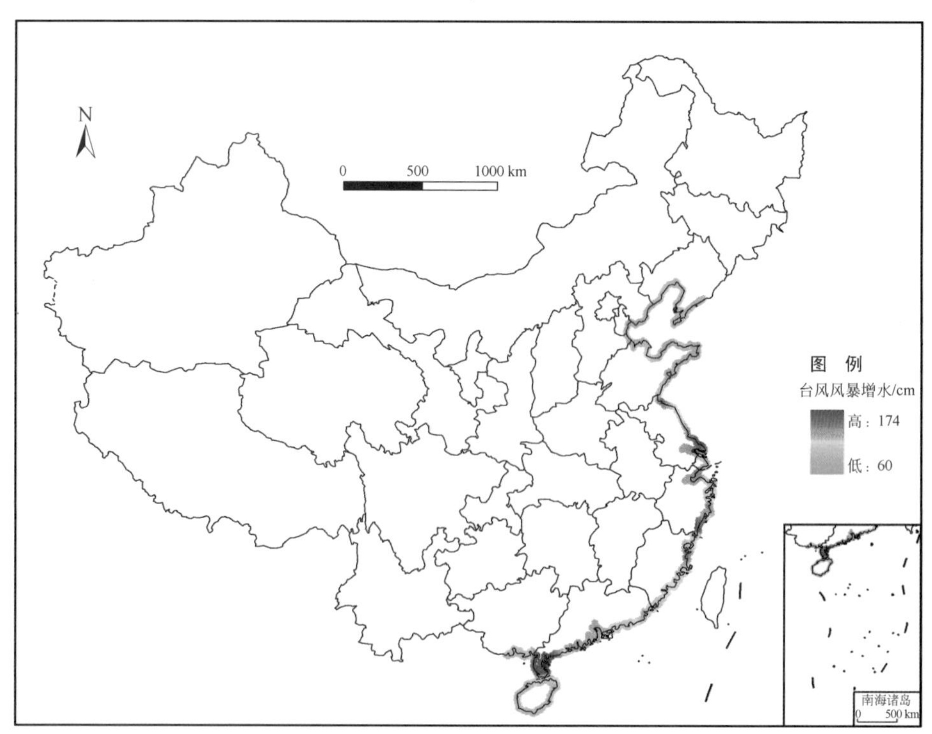

图 3-121　2 年一遇沿海风暴潮分布

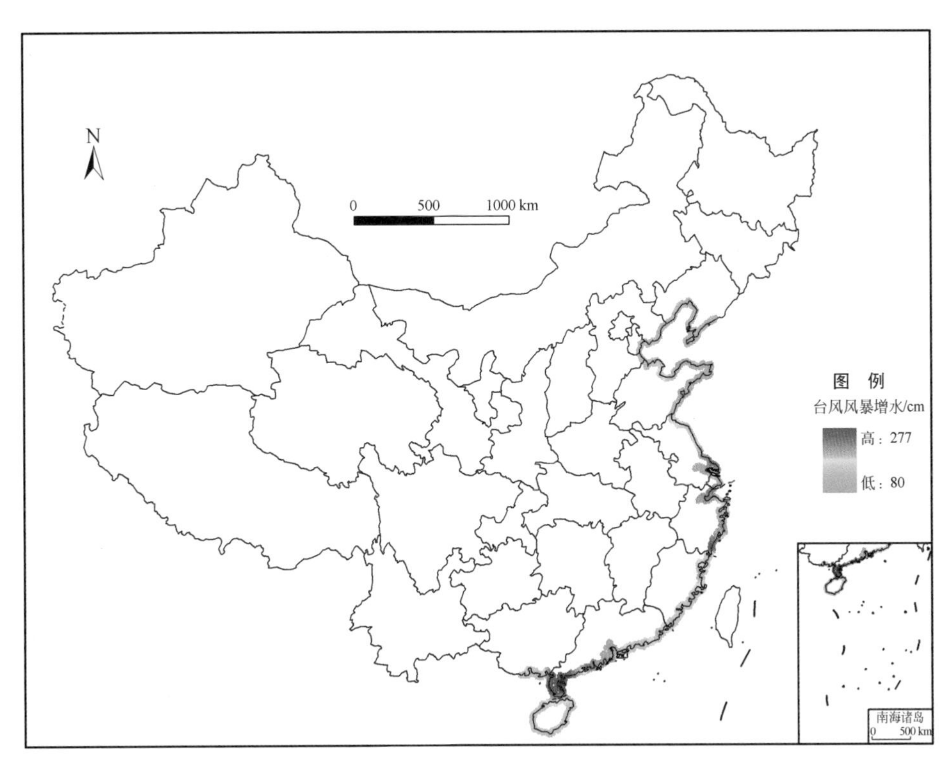

图 3-122　5 年一遇沿海风暴潮分布

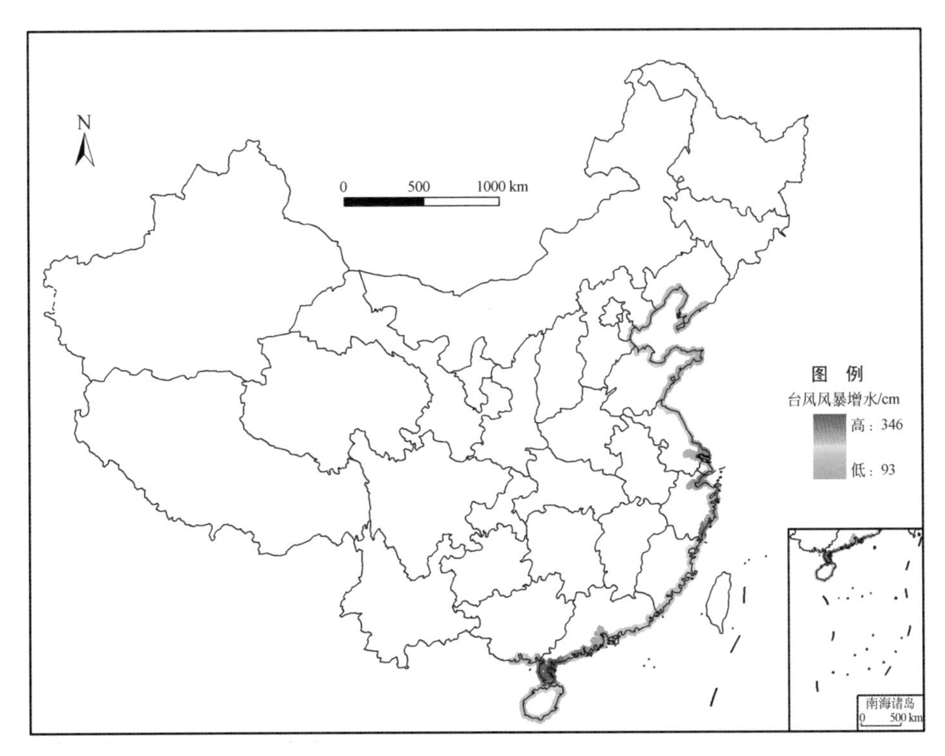

图 3-123　10 年一遇沿海风暴潮分布

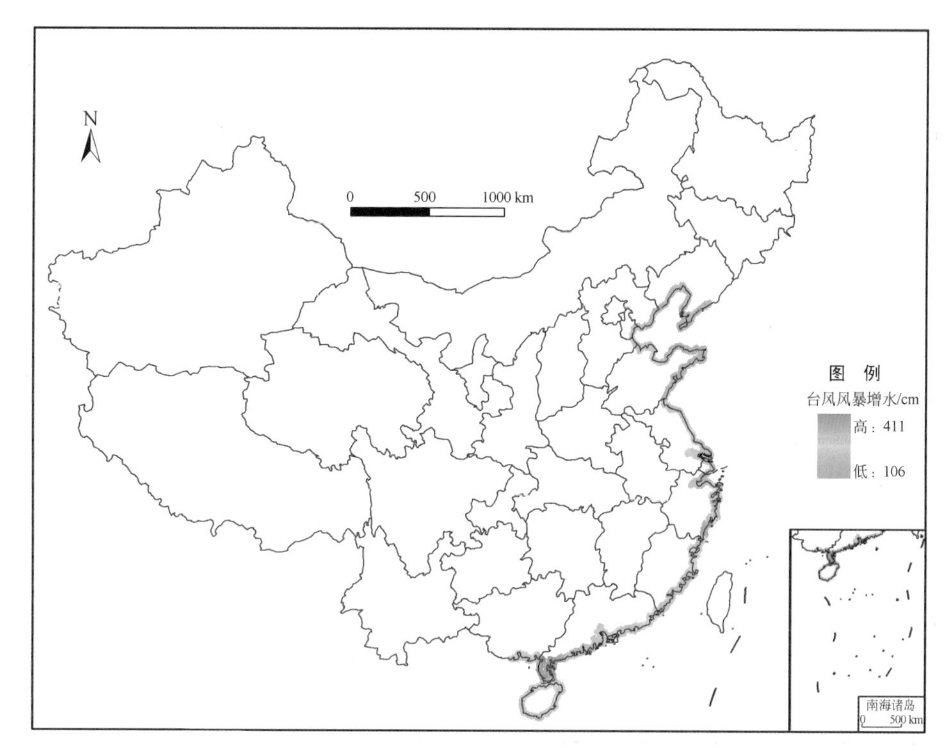

图 3-124 20 年一遇沿海风暴潮分布

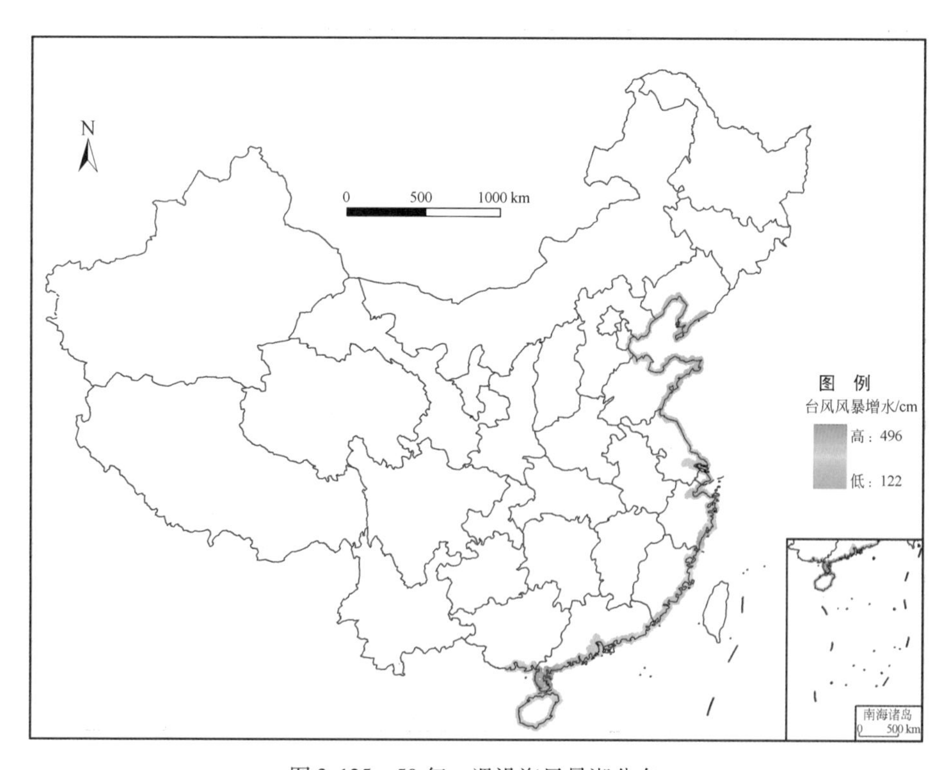

图 3-125 50 年一遇沿海风暴潮分布

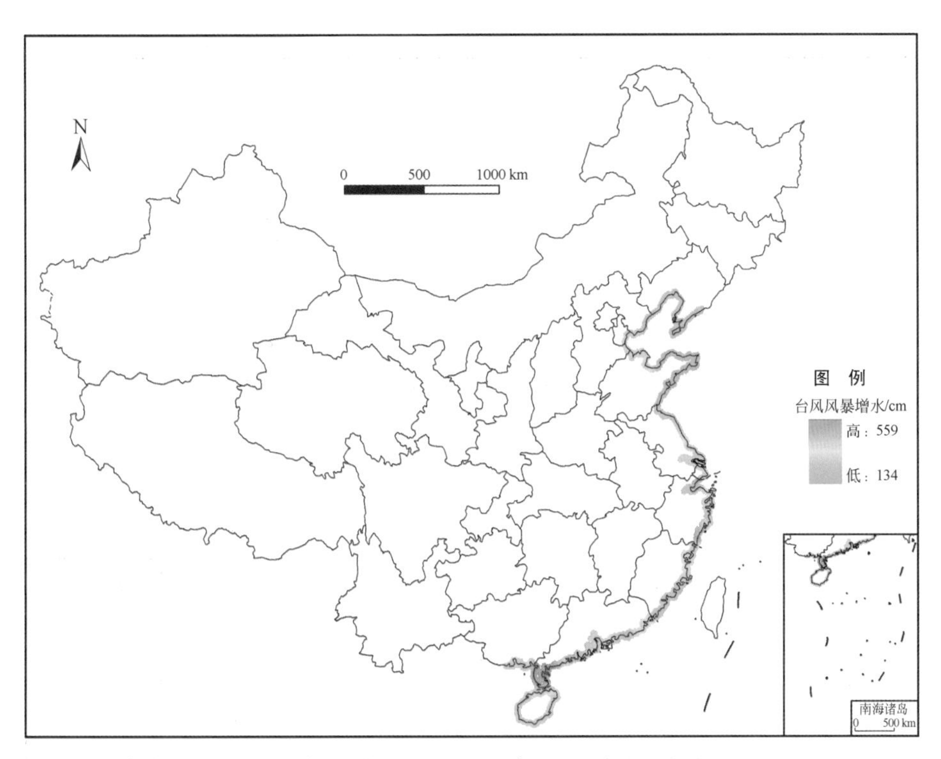

图 3-126　100 年一遇沿海风暴潮分布

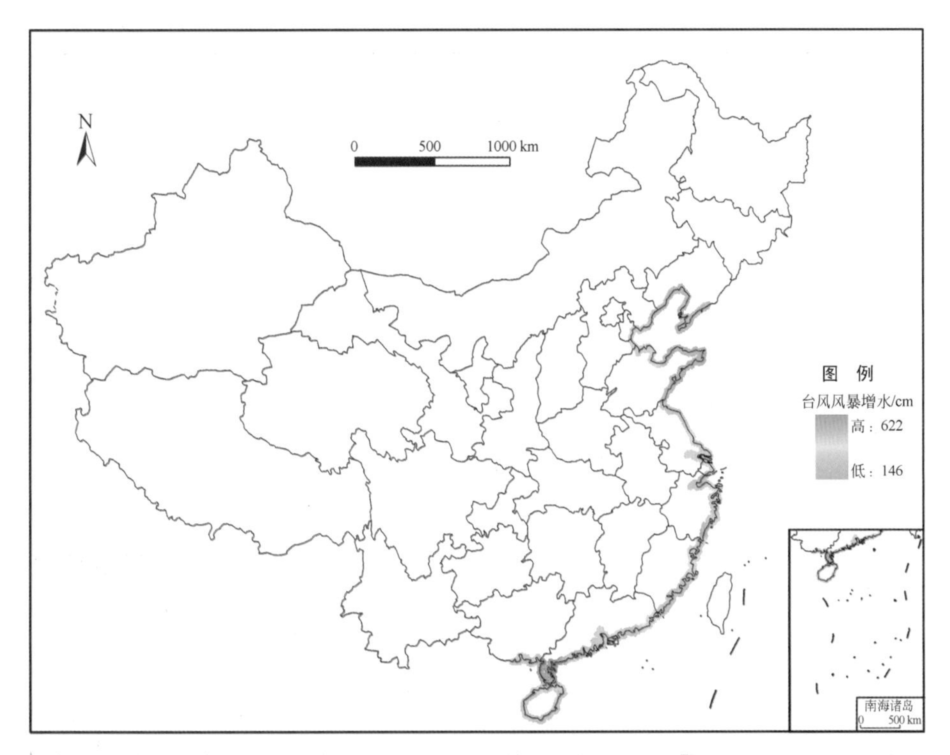

图 3-127　200 年一遇沿海风暴潮分布

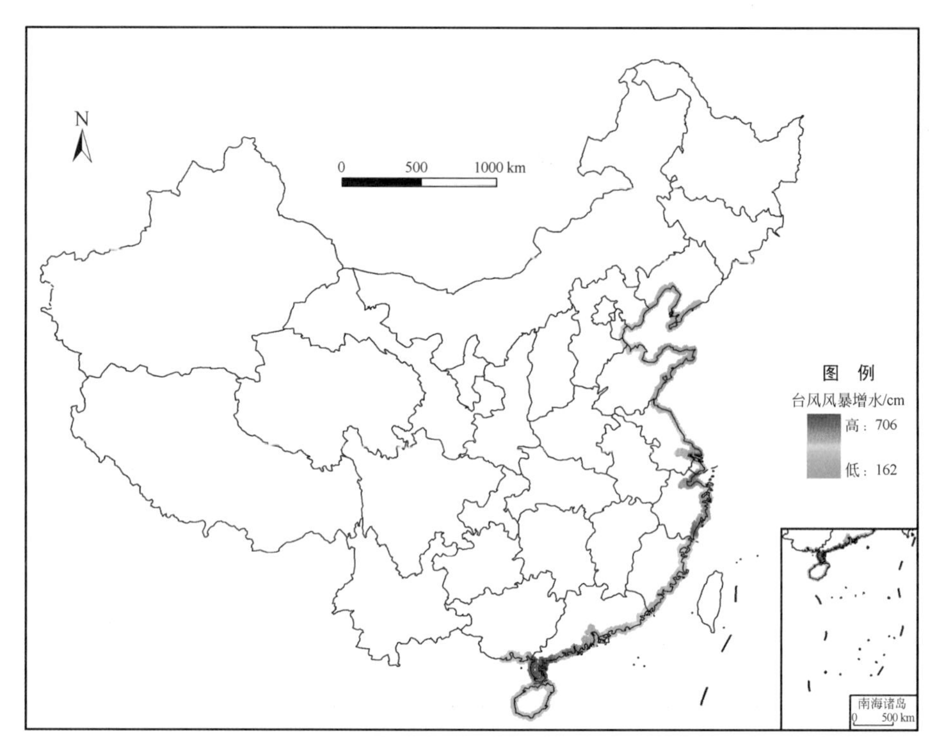

图 3-128　500 年一遇沿海风暴潮分布

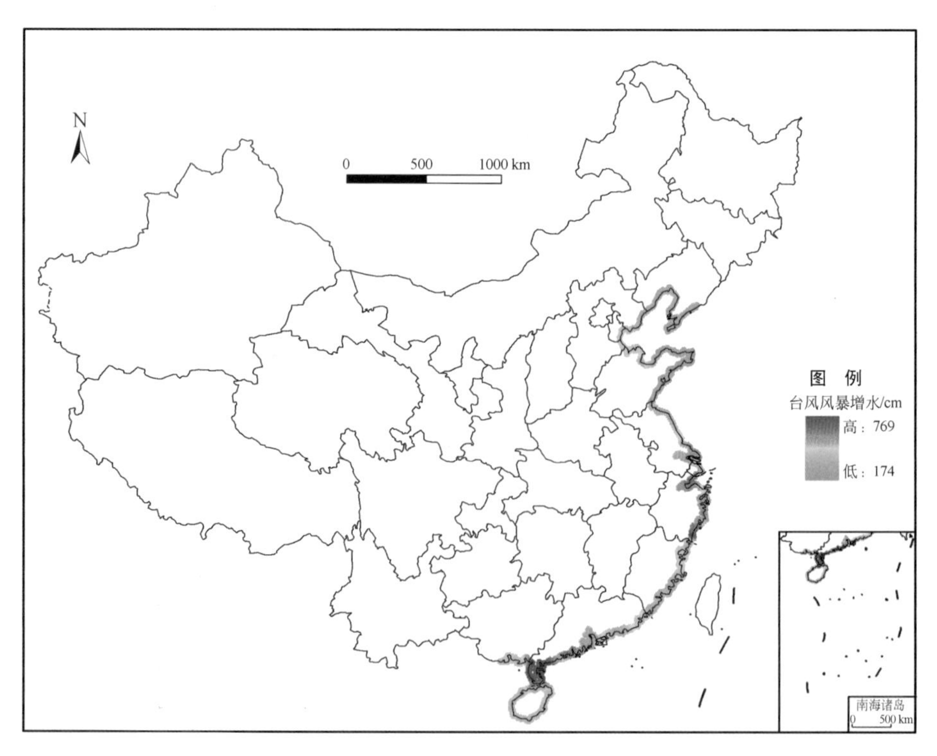

图 3-129　1000 年一遇沿海风暴潮分布

2. 沿海风暴潮灾害危险性分布图

沿海风暴潮灾害危险性分布图的绘制主要是运用GIS技术，将各验潮站的危险性等级划分结果差值后，进行缓冲区分析，得到所需图件。图3-130为江苏、上海、浙江和福建四省市风暴潮灾害危险性分布图。

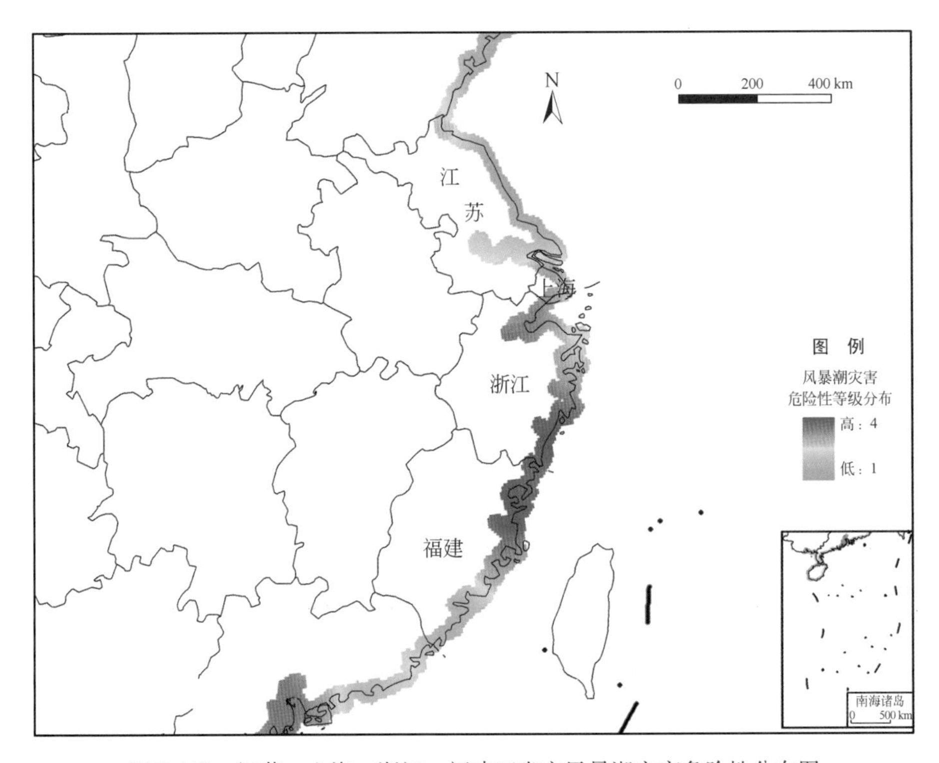

图3-130　江苏、上海、浙江、福建四省市风暴潮灾害危险性分布图

风暴潮灾害危险性分布图中用红、橙、黄、绿四种颜色分别代表Ⅳ级、Ⅲ级、Ⅱ级、Ⅰ级风暴潮灾害危险性级别。本图仅根据风暴潮自然变异绘制，不包括人员伤亡和财产损失及其他衍生灾害情况。从图中可划分出风暴潮灾害的多发区及严重区为以下几个岸段：①长江口；②浙江杭州湾、台州、温州；③福建宁德、闽江口。

从四省市沿海各岸段风暴潮灾害空间分布图中可以看出：江苏沿海为Ⅰ级危险区，长江口为Ⅲ级危险区，浙江省杭州湾、台州沿岸为Ⅲ级危险区，浙江省温州和浙江南部为Ⅳ级危险区，福建北部为Ⅲ级危险区，福建闽江口为Ⅳ级危险区，福建中部为Ⅱ级危险区，福建南部为Ⅰ级危险区。

3. 沿海风暴潮灾害脆弱性分布图

采用2002年GDP和人口的栅格数据，分辨率都是1km。在处理人口和GDP栅格数据时，人口和经济数据被赋予不同的权重，其中人口所占权重为0.6，经济所占权重为0.4，将得到的数据分为四级，表示承灾体脆弱性等级。海州湾、长江口和闽江口地势平坦，是风暴潮影响较重岸段，缓冲区距离岸线20km，其余岸段距离海岸线10km。本研究在此基础上绘制了江苏、上海、浙江和福建四省市风暴潮灾害承灾体脆弱性分布图（图3-131）。

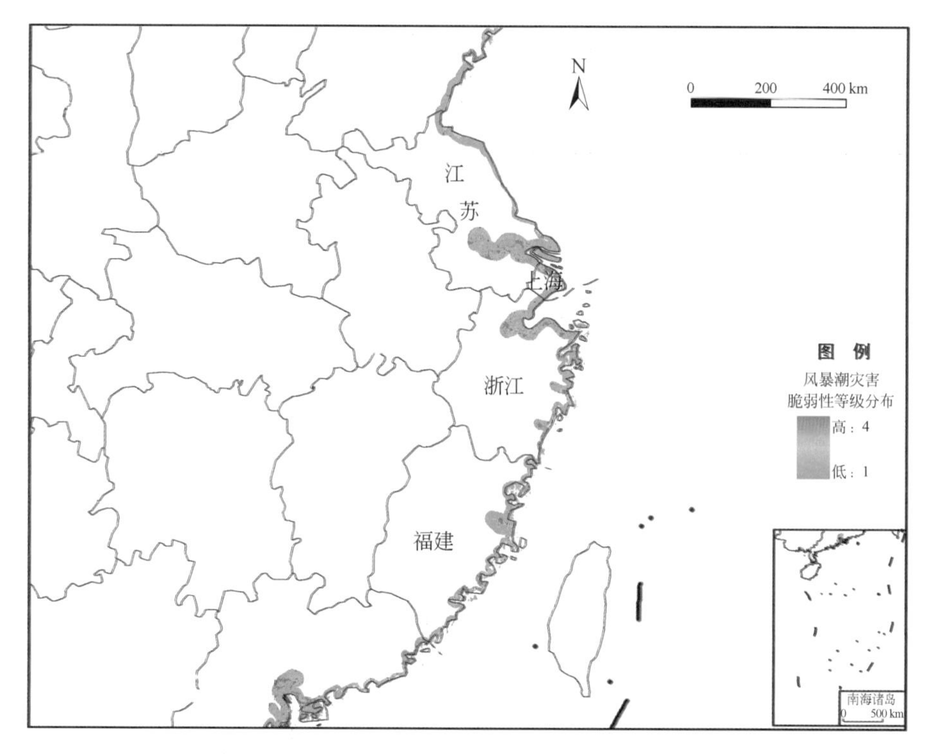

图3-131　江苏、上海、浙江、福建四省市风暴潮灾害承灾体脆弱性分布图

4. 沿海风暴潮灾害风险分布图

依据分析得到的风暴潮灾害危险性和脆弱性结果进行风暴潮风险评估，并绘制了风暴潮灾害风险图（图3-132）。

从图中可以看出，江苏、上海、浙江、福建四省市风暴潮灾害高风险区分别为：海州湾沿海，长江口，浙江杭州湾、台州、温州沿海，福建宁德、闽江口沿海。

3.8.4　直接经济损失评估

每次风暴潮灾害均造成不同程度的经济损失，包括造成的直接经济损失和间接经济损失。其中直接经济损失包括灾区的物质财产损失，如养殖、农业受灾产量，堤坝、桥梁、道路损毁、船只损毁、房屋倒塌等；间接经济损失主要是由于风暴潮灾害导致正常的社会经济活动受到影响而产生经济损失，涉及的因素很多，历史数据也很少，评估难度很大。相比之下，直接经济损失能直接反映一次灾害的严重程度，历史统计数据也较丰富，通过对历史灾害数据的统计分析进行了风暴潮灾害直接经济损失评估，通过致灾指数和直接经济损失的关系建立了评估方程，以期计算风暴潮灾害期望损失。

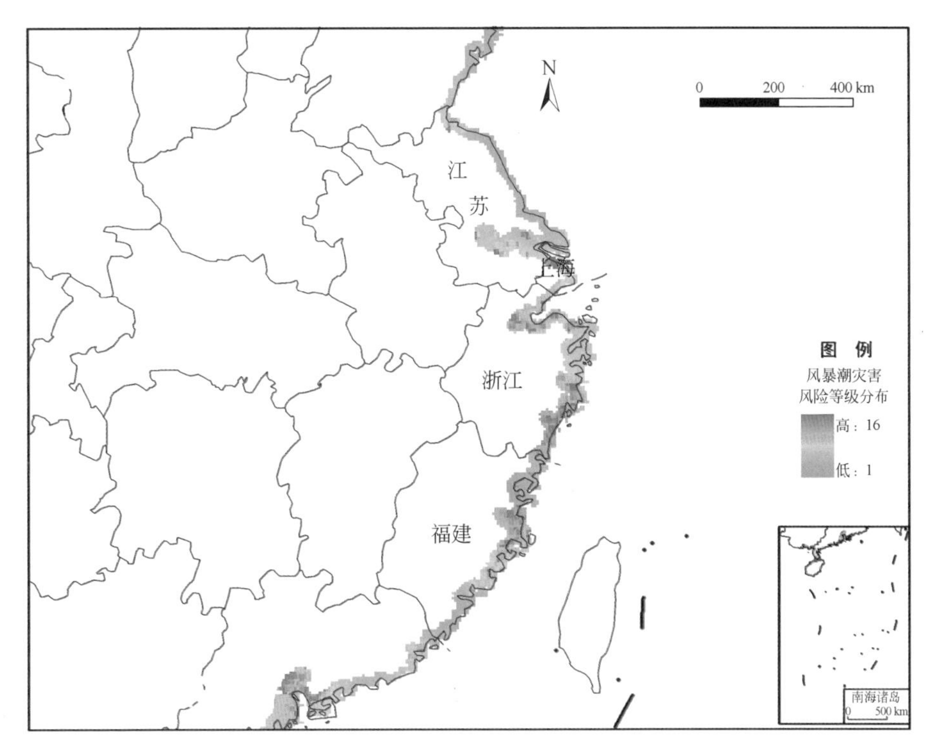

图3-132　江苏、上海、浙江、福建四省市风暴潮灾害风险分布图

1. 资料处理

中国自1989年起开始每年发布《中国海洋灾害公报》。本研究搜集整理了1990～2009年的风暴潮灾害数据。考虑到中国沿海的三个海区北海、东海和南海所遭受的风暴潮灾害有所不同，北海区以温带风暴潮灾害居多，而东海和南海则主要是台风风暴潮，此外，三个海区的灾害防御能力不同，东海和南海区是灾害的频发区和严重区，灾害防御能力较北海区偏强；同时由于三个海区经济发展不同，相同的致灾因子可能导致的灾害不同。因此，在北海、东海和南海三个海区分别进行风暴潮灾害资料统计。

2. 灾害指数建立

风暴潮灾害损失不仅与风暴潮强度有关，和风暴潮是否和高潮位叠加以及风暴潮影响范围大小更加密切。9417号台风风暴潮影响期间，浙江瑞安站最大增水294cm，最高潮位超过当地警戒潮位126cm，影响福建、浙江、上海两省一市，直接经济损失142.6亿元。受2006年“桑美”台风风暴潮影响，浙江鳌江站最大增水401cm，最高潮位超过当地警戒潮位62cm，主要影响福建北部和浙江南部，直接经济损失70.17亿元。

考虑高潮位超过当地警戒潮位（反映风暴潮强度以及是否和高潮位叠加）、影响范围等因素与直接经济损失的密切关系，采用灾害指数来进行表达，并与直接经济损失建立相关关系。在高潮位超过当地警戒潮位的情况下，超过值的大小直接关系到损失程度，为了反映这种关系，将超过值的大小划分为四级，并给予不同的权重，影响验潮站的数量则反映了影响范围的大小。基于以上各种考虑，分析计算了每次灾害过程的灾害指数。此外，为了准确反映风暴潮灾害的影响范围，对每个海区选择了各自的代表站，每次统计均以这些站是否受影响为标准，其中北海区 11 个代表站，东海区 21 个代表站，南海区 13 个代表站。

3. 建立相关方程

将建立的灾害指数和直接经济损失进行拟合研究，建立近似的相关方程。图 3-133 至图 3-135 分别为北海、东海和南海的灾害指数与直接经济损失相关关系图。

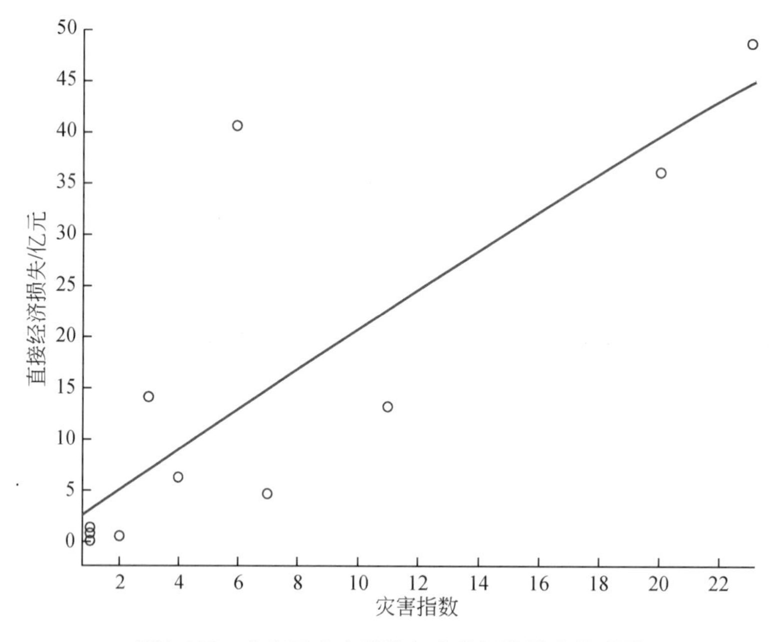

图 3-133　北海区灾害指数与直接经济损失关系图

从表 3-27 中可以看出，北海和东海灾害指数与直接经济损失的相关系数较高，南海区则相对较低。从南海的灾害数据来看，可能与灾害损失统计有关，台风引起的灾害主要包括风灾、洪水灾害及风暴潮灾害。在灾害统计时，分离由各种因素引发的灾害损失较难，这可能造成灾害损失的偏大或偏小。但建立的方程基本上反映了灾害指数与直接经济损失的关系，在风暴潮灾害评估时，具有一定的参考价值。

表 3-27　灾害指数与直接经济损失相关方程

海区	相关方程	相关系数	均方根误差
北海	$Y=-0.005\ 711X^2+2.026X+1.201$	0.815 5	11.64
东海	$Y=0.023\ 09X^2-0.209\ 5X+21.11$	0.825 0	22.82
南海	$Y=0.033\ 79X^2+1.381X+8.728$	0.633 3	33.23

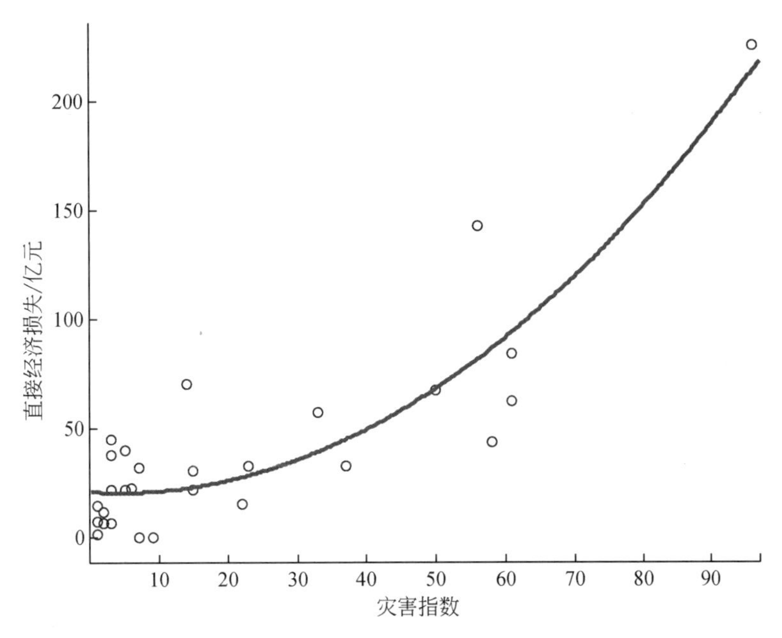

图3-134 东海区灾害指数与直接经济损失关系图

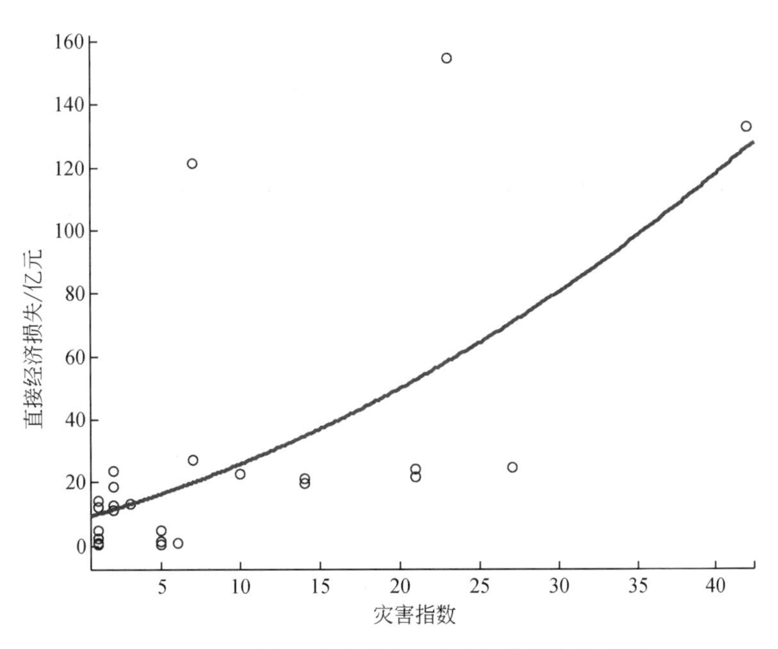

图3-135 南海区灾害指数与直接经济损失关系图

4. 不同重现期下风暴潮灾害期望损失评估

为了对不同重现期风暴潮灾害损失进行评估，首先要得到不同重现期沿海验潮站可能的最高潮位。通过不同重现期风暴潮叠加19年平均天文潮高潮值来计算得到可能的最高潮位，其中19年平均天文潮高潮为验潮站19年天文潮每天高潮的平均值。对不同重现期下风暴潮灾害期望损失进行评估时，利用得到的高潮位（不同重现期风暴潮叠加天文潮）

与相应的警戒潮位对比，并判断可能的影响范围，根据建立的各海区风暴潮灾害损失评估方程进行评估。图 3-136 至图 3-144 分别为沿海不同重现期高潮位分布。

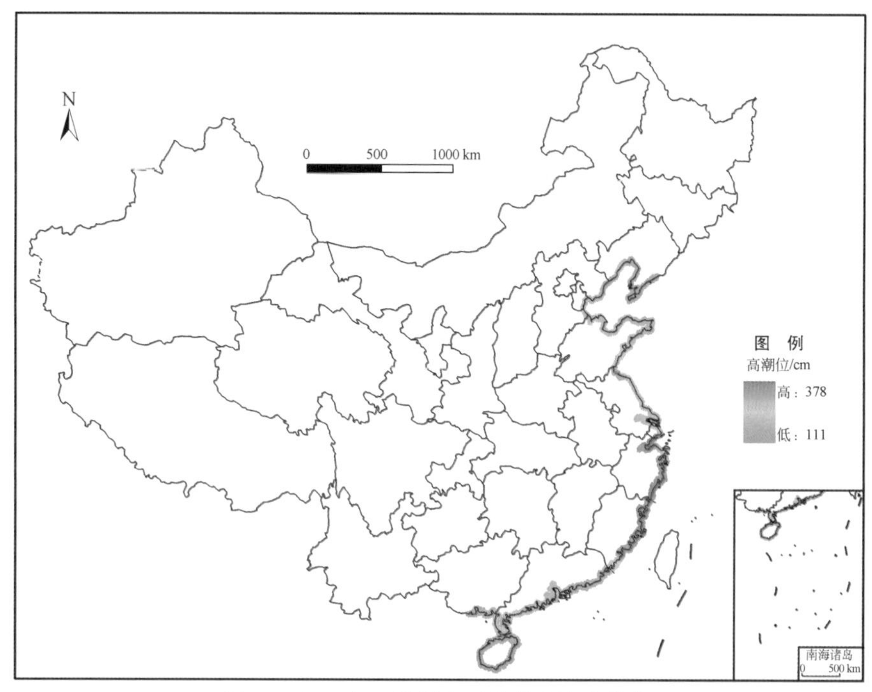

图 3-136　2 年一遇沿海可能最高潮位分布

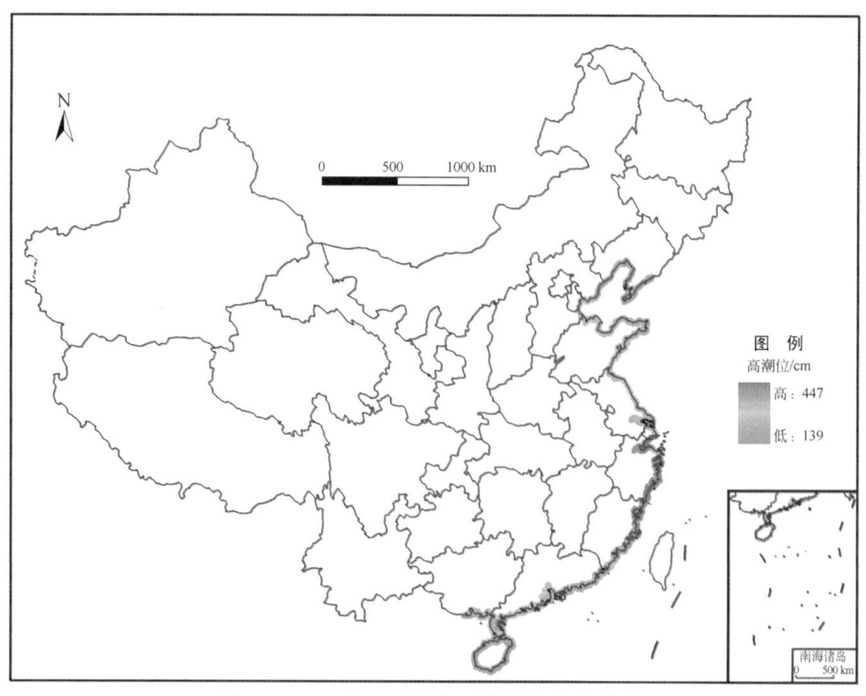

图 3-137　5 年一遇沿海可能最高潮位分布

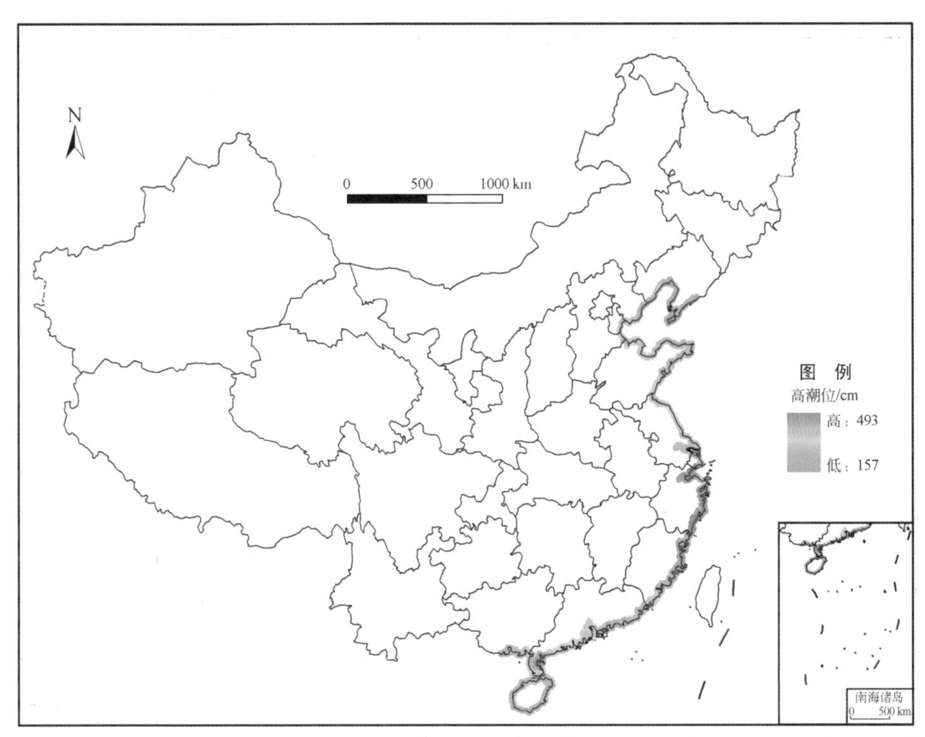

图3-138　10年一遇沿海可能最高潮位分布

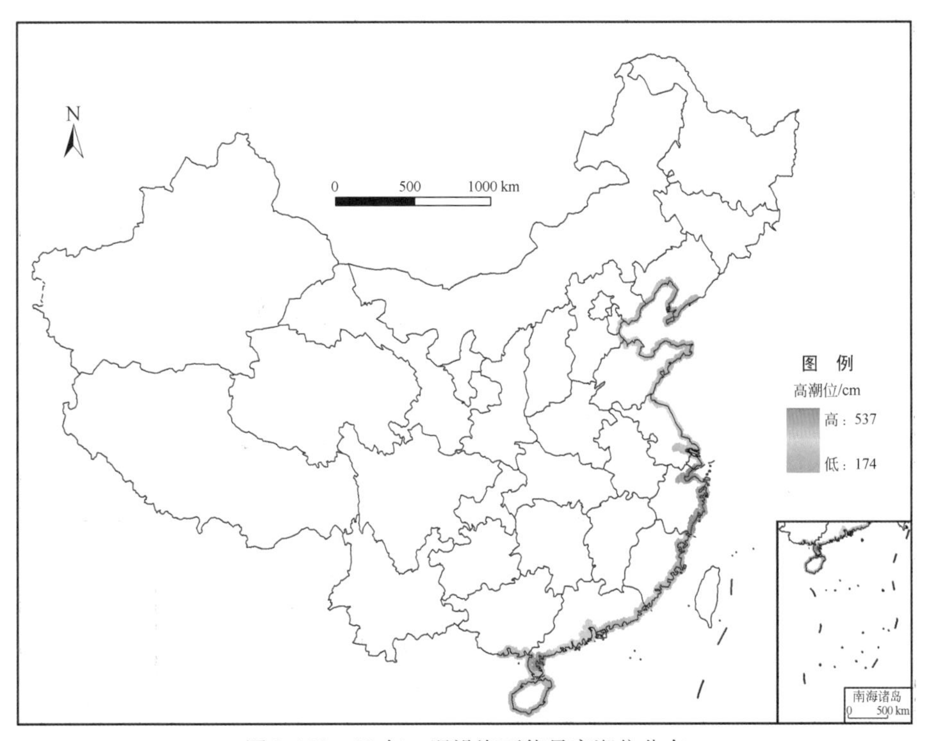

图3-139　20年一遇沿海可能最高潮位分布

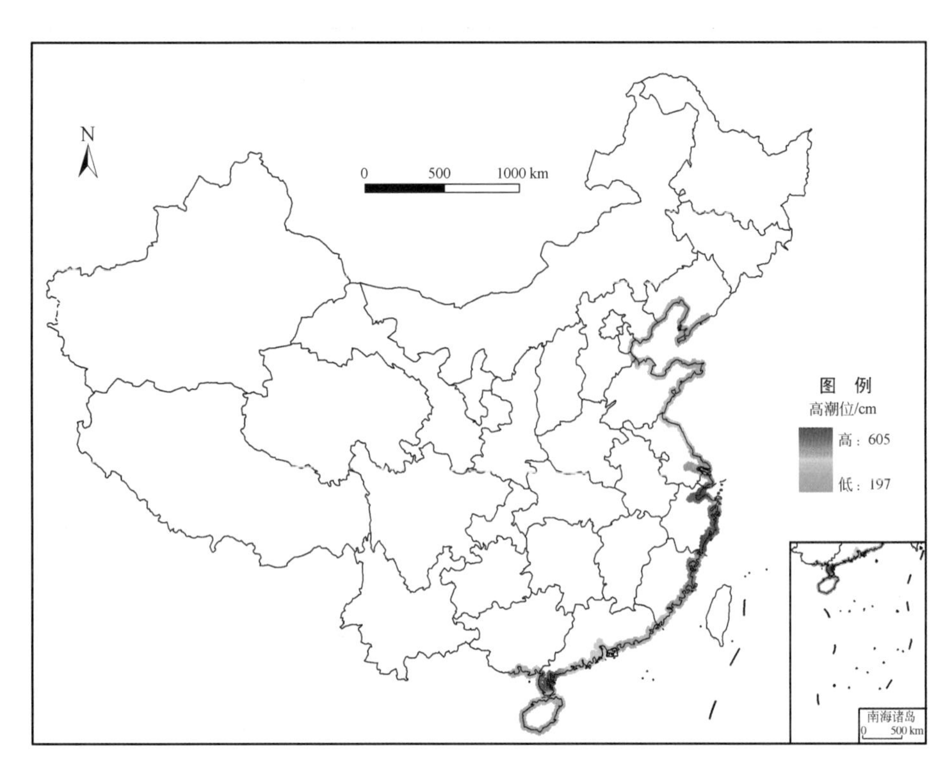

图 3-140　50 年一遇沿海可能最高潮位分布

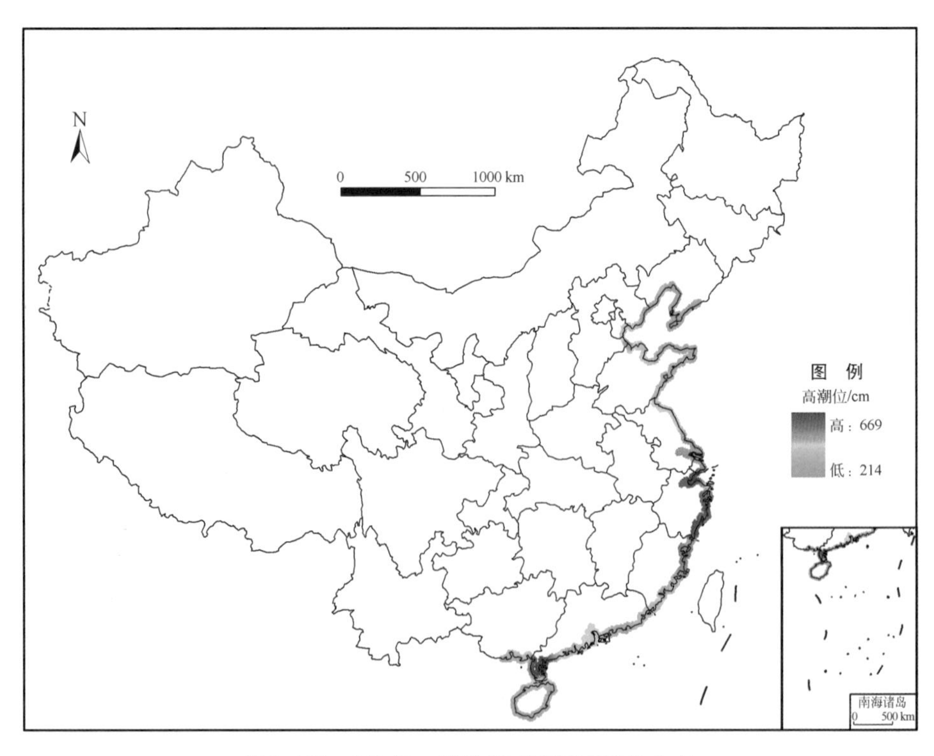

图 3-141　100 年一遇沿海可能最高潮位分布

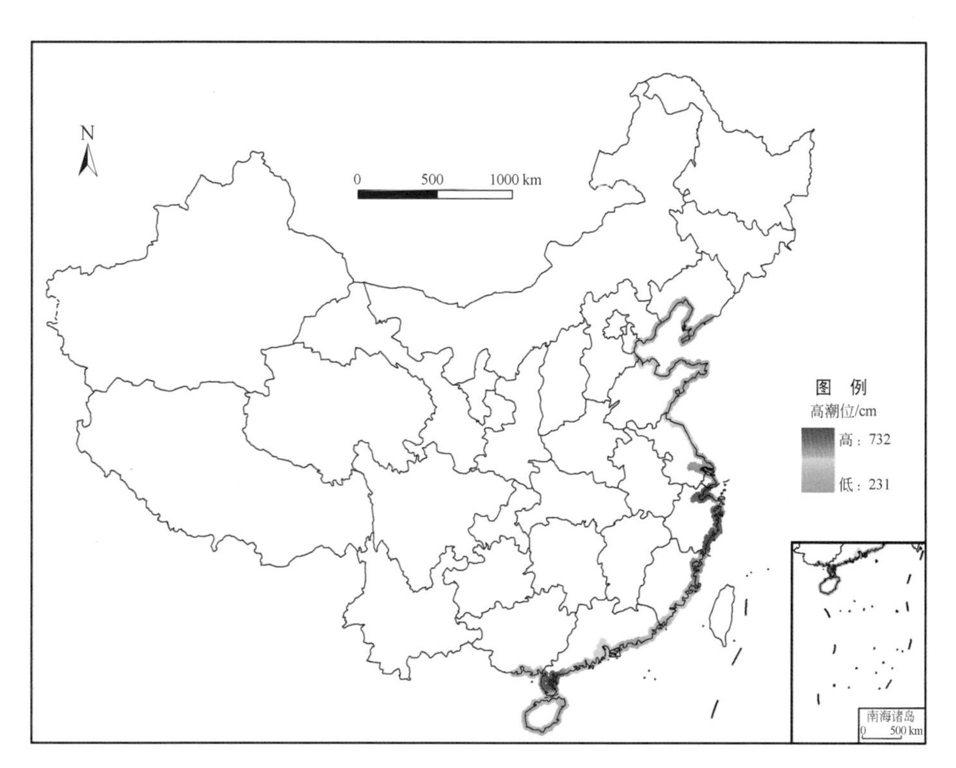

图 3-142　200 年一遇沿海可能最高潮位分布

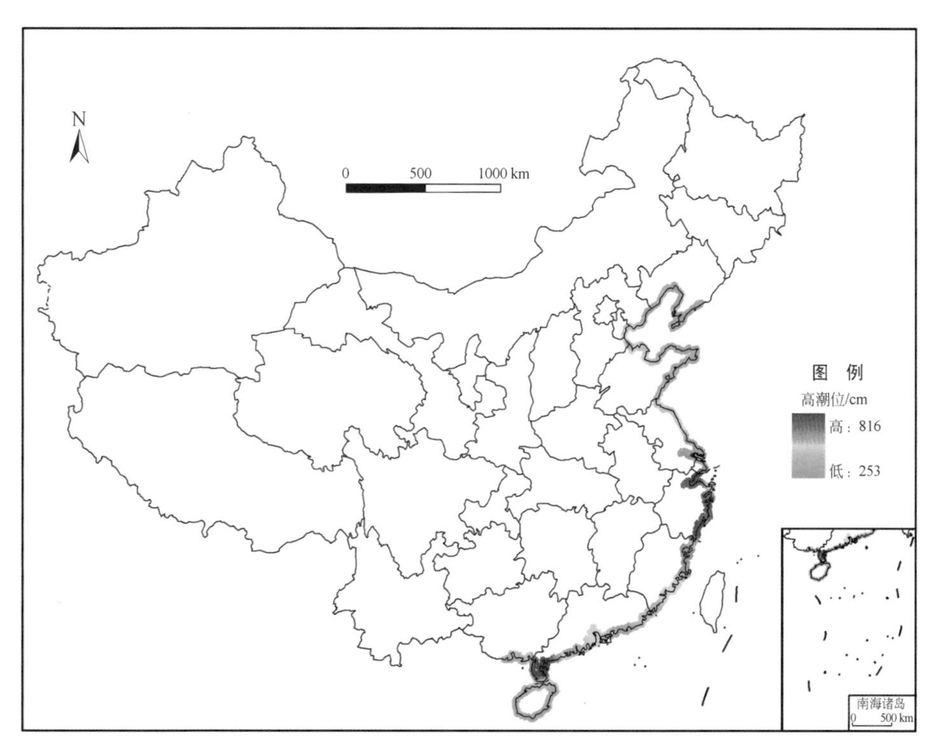

图 3-143　500 年一遇沿海可能最高潮位分布

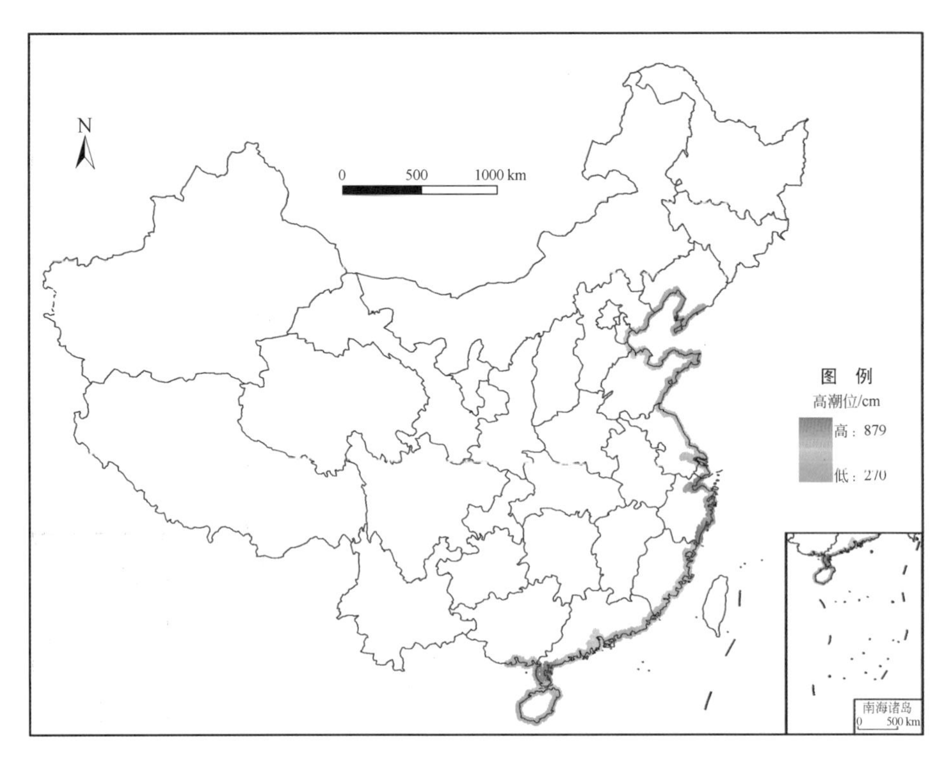

图 3-144　1000 年一遇沿海可能最高潮位分布

需要指出的是，直接经济损失和风暴潮强度、影响范围等有密切关系，同时和防灾设施条件、灾区地形地貌以及灾害的防灾减灾措施的实施等也有很大关系。一次灾害来临，准确的风暴潮预报、高效的防灾措施将在很大程度上减轻灾害损失。因此，直接经济损失与人为活动的关系密切，而这种人为活动是不可预估的，也难以定量化研究。因此风暴潮灾害期望损失评估是一项复杂的同时也很有意义的工作，值得进一步深入研究。

3.8.5　结果分析

从江苏、上海、浙江和福建四省市风暴潮灾害危险性分析中可以看出，大部分沿海省市均有部分岸段受风暴潮灾害影响较大，主要分布在河口地区：长江口，浙江杭州湾、台州、温州，福建闽江口。在江苏、上海、浙江、福建四省市风暴潮灾害风险图中，综合考虑了风暴潮灾害的危险性和承灾体脆弱性，沿海高风险区分别为：海州湾沿海，长江口，浙江杭州湾、台州、温州沿海，福建宁德、闽江口沿海。风暴潮灾害高风险区的分布基本和高危险区相对应，原因是河口地区地势平坦、开阔，易于风暴潮灾害，历史上严重风暴潮灾害基本上都发生在这些区域，同时由于地理位置优势，这些地区也经济高速发展区，重要生命线工程、大型企事业单位等集中，人口非常密集，虽然高标准防潮设施的修筑在一定程度上降低了灾害发生的频率，但是受高标准堤防保护的地区往往有着更密集的人群和更发达的经济，因此一旦发生灾害，损失将不可估量。

3.8.6 结论与讨论

本研究统计、计算、分析中国沿海风暴潮灾害危险性分布和风暴潮灾害承灾体脆弱性分布，并据此分析计算了中国沿海地区风暴潮灾害风险，给出了不同沿海区域的风暴潮灾害风险等级。

风暴潮灾害风险评估中的两个重要因子是风暴潮灾害危险性评估和承灾体脆弱性评估，比较薄弱的环节是后者，在沿海各区域对风暴潮灾害的承受能力以及响应能力等方面进行的研究较少，这方面涉及的因素也很多，如社会、经济、防灾工程设施、非工程设施等，都影响着承灾体的脆弱性。科学评估承灾体脆弱性，建立一套行之有效的评估标准是非常必要的。

在风暴潮灾害损失评估中，两方面问题比较突出，第一是灾害损失统计，目前尚没有统一的灾情统计标准，影响灾情统计的规范性，制订灾情统计规范标准势在必行；第二是在灾害损失评估中，涉及多种不确定因素如防灾措施的实施等，难以量化，如何通过研究找到其中规律，尽最大可能使评估结果接近实际情况十分必要。此外，在风暴潮灾害损失评估中，间接经济损失的研究相对很少，而由灾害所造成的间接损失往往对社会经济影响也较大，加强此方面的研究也是今后的研究方向之一。另外，如何获取最新基础数据也比较重要，所使用的 GDP、人口数据为 2002 年的，相对近年来沿海地区的高速发展，数据稍偏旧。

在今后的风暴潮灾害风险评估研究中，为了使评估结果更具参考价值，应在沿海市、县级开展风暴潮灾害风险评估，绘制风暴潮灾害风险评估图和应急疏散图，减轻风暴潮灾害风险，更好地服务于当地防灾减灾和社会经济发展。

3.9 地震灾害数据库与风险评估*

在灾害风险定义的基础上，结合地震灾害的特点，给出了地震风险的定义、分类、定量评价指标、分析流程和计算模型；依据中国分省土地利用分区、县级行政单元社会经济人口数据、省级行政单元房屋类型比例数据等，确定了不同类型承灾体的数量及空间分布；依据中国历史震害调查数据，并在前人工作的基础上，给出了不同房屋类型的易损性曲线和震害矩阵；综合考虑地震危险性、承灾体数量及空间分布、承灾体易损性等，给出了中国分省地块地震风险系列图和中国县级行政单元地震风险系列图。

3.9.1 地震灾害研究进展综述

中国是世界上遭受地震地质灾害最严重的国家之一，近年来先后发生了汶川 8.0 级地震和玉树 7.1 级地震两次重大地震灾害，人员伤亡惨重，经济损失巨大。

---

* 本节执笔人：防灾科技学院的徐国栋；北京师范大学的方伟华。

为减轻地震灾害，世界各国都非常重视地震危险性的研究，为确定建筑物的抗震设防水平和规划社会经济发展提供基础数据。地震危险性分析的结果通常用地震危险性区划图来表示。中国先后有四个版本的全国地震区划图。

（1）1957 年，李善邦教授编制中国第一代地震区划图，给出了全国最大地震影响烈度的分布。

（2）1977 年出版了第二版中国地震区划图，区划图是用中长期地震预测的方法编制的，给出未来 100 年内场地可能遭遇的最大地震烈度。该区划图正式被抗震设计规范所采用。

（3）1990 年颁布了第三版全国地震区划图，编图采用了概率分析方法，给出了 50 年超越概率 10% 的烈度值。该图被建筑抗震规范和其他抗震设计规范所采用。

以上三个版本的地震区划图均采用地震烈度作为编图参数。

（4）2001 年颁布了新的全国地震动参数区划图（图 3-145、图 3-146），比例尺为 1∶400万。由于抗震设计进入反应谱设计阶段，用单一的烈度参数难以构成设计反应谱，因此中国也采用了地震地面运动参数（包括峰值加速度 PGA 和场地特征周期 Tg）进行地震区划。

中国地震动峰值加速度区划图（图 3-147）的危险水平为 50 年超越概率 10% 的地震动峰值加速度值，划分为七个分区，依次为七区（PGA≥0.40g），六区（PGA = 0.30g），五区（PGA = 0.20g），四区（PGA = 0.15g），三区（PGA = 0.10g），二区（PGA = 0.05g），一区（PGA < 0.05g）。

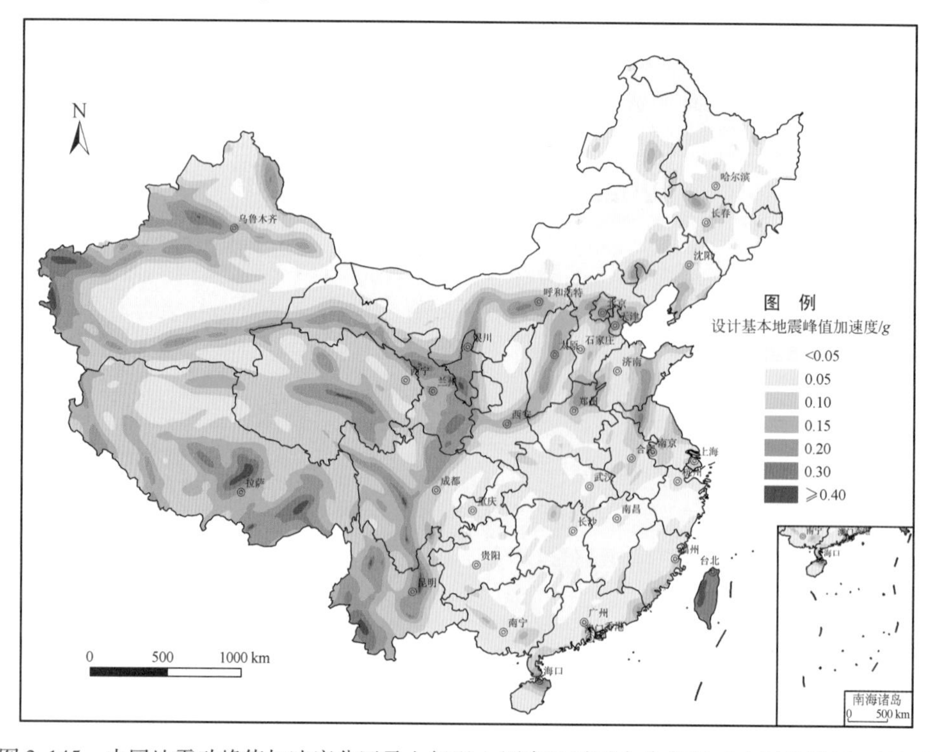

图 3-145　中国地震动峰值加速度分区及七级以上历史地震震中分布图（中国地震局，2001）

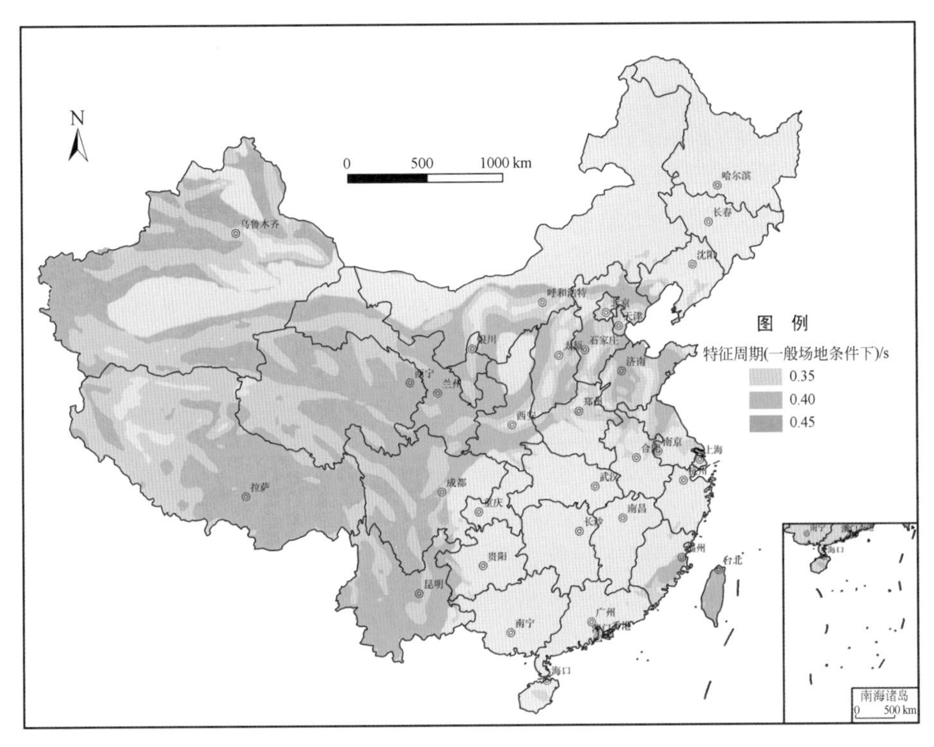

图 3-146　中国一般场地条件下的地震动特征周期分区图（中国地震局监测预报司，2001）

中国地震动特征周期区划图（图 3-146）规定了一般场地条件（Ⅱ类场地）下的地震动特征周期分区，分为三个区，依次为一区（0.35s），二区（0.40s），三区（0.45s）。

中国地震动参数区划图有以下假设：①地震动峰值加速度不受局部场地条件的影响；②场地条件对设计地震动的影响主要反映在特征周期上；③中国地震动特征周期区划只对一般场地（Ⅱ类场地）条件下的特征周期进行了规定，实际工作中还要根据地质勘察资料对特征周期按场地类别进行调整。

由于对地震孕育及发生条件认识水平的不足、地震中长期预测方法的局限等，我国目前还习惯于根据历史地震活动水平来估计未来的地震危险性，地震危险性工作成果与实际大地震发生情况还有较大出入，而且这种情况在短期内难以解决，如唐山地震、汶川地震、玉树地震等都发生在原先认为的地震活动性水平较低的地区，说明了目前地震危险性研究工作还不成熟。

为满足社会经济发展对防震减灾的需要，世界上的发达国家除了依然重视地震危险性研究，还更加重视承灾体地震易损性研究和地震风险水平研究等工作，把降低地震灾害风险水平、地震灾害风险长流程管理过程与方法等作为防灾减灾工作的重要内容。

在世界范围内，“国际减灾十年”（IDNDR）和“国际减灾战略”在推动防灾减灾观念和战略上的转变作出了重大贡献：①推动观念上的转变，从减轻灾害到减轻灾害风险，将风险预防战略全面纳入可持续发展活动中，促进从抗御灾害向风险管理转变；②强调将灾害风险管理纳入可持续发展的主流规划中；③强调灾害风险的长流程管理，推动了灾害管理机制的改革，以提高国家和全球的减轻灾害风险能力为目标，将灾害风险管理纳入发展规划之中。

在地震灾害风险管理方面，美国比较重视城市工程设施的易损性分析，美国应急管理厅（FEMA）建立了美国地震区主要城市的工程设施数据库，并采用专门软件（HAZUS）进行实时易损性分析（Kircher et al.，2006；FEMA，2003）。HAZUS 地震损失评估模块能对场景地震下某一地区的各种损失情况提供预测和评估；也可根据真实地震动大小及分布情况迅速评估一个地区震后的人员伤亡和经济损失情况，为政府及相关部门的减灾备灾措施、灾害应急预案编制、灾后救援及重建计划等提供决策和技术支持。近年来 HAZUS 地震损失评估模块主要在四个方面进行了改进和提高：①改进了建筑工程模块，允许用户构造单体建筑或某种特定建筑的能力谱及易损性函数（Chopra et al.，1999；Fajfar et al.，1999），用于评估单体建筑或某种特定建筑的损失情况；②根据真实地震动大小及分布情况（由美国地质调查局根据强震仪记录资料提供地震加速度大小及分布，一般为 GIS 数据格式），对震后的人员伤亡及经济损失进行快速评估，为震后救援和重建提供决策支持，基于真实地震动记录进行损失评估获取的结果比采用设定地震具有更高的准确性；③把重要设施、公共基础设施、生命线工程等损失评估纳入建筑工程分析模块中，并提供了大量的承灾体数据库，这些数据库包括每个州的建筑物数据和人口经济数据，用这些数据就可以进行初步的地震损失评估；④地震地面运动采用定量的峰值加速度和反应谱，不再采用修正的 Mercalli 地震烈度图，可以快速评估一个地区的震后损失情况，还可以评估地震灾害对一个地区经济状况的长期影响。

在地震危险性水平难以准确评估、难以人为降低和干预的情况下，更加重视承灾体易损性和地震灾害风险的研究工作，提高工程设施乃至一个国家和地区的防震减灾能力，降低整个国家和地区的地震易损性、地震风险水平等，是中国在推进防震减灾能力建设中值得借鉴和重视的。

3.9.2 地震灾害风险数据库建立

地震灾害数据库主要有三部分数据组成：①地震致灾因子数据库；②承灾体数据库；③地震灾害风险水平数据库。

1. 致灾因子数据库

建立了中国地震动峰值加速度空间分布数据库（图 3-145）、中国历史地震数据库与中国活动构造分布数据库（图 3-147）。这些数据库数据主要来源于中国地震局发布的相关数据（中国地震局监测预报司，2001；邓起东，2007）。

2. 承灾体数据库

建立了中国 31 个省级行政区（不包括台湾省、香港和澳门特别行政区）承灾数据库的建设工作，主要包括土地利用数据库、人口数量及密度数据库、房屋数量及分布数据库。

这里以北京市为例，给出承灾体数据库，图 3-148 至图 3-150 分别是北京市土地利用分区图、北京市人口密度分区图、北京市房屋资产分布图。

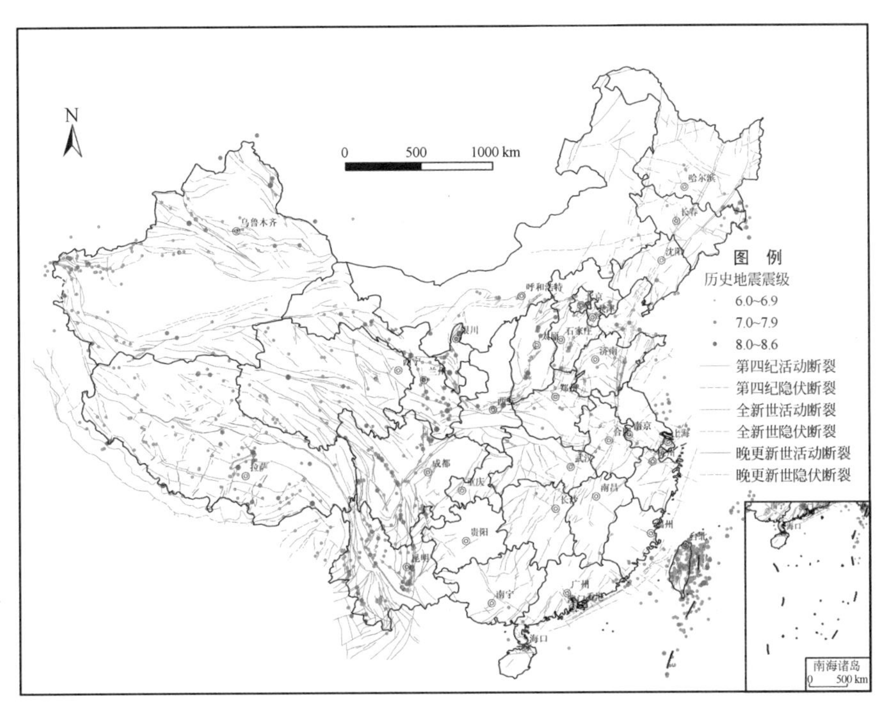

图 3-147　中国活动构造及历史地震（邓起东，2007）

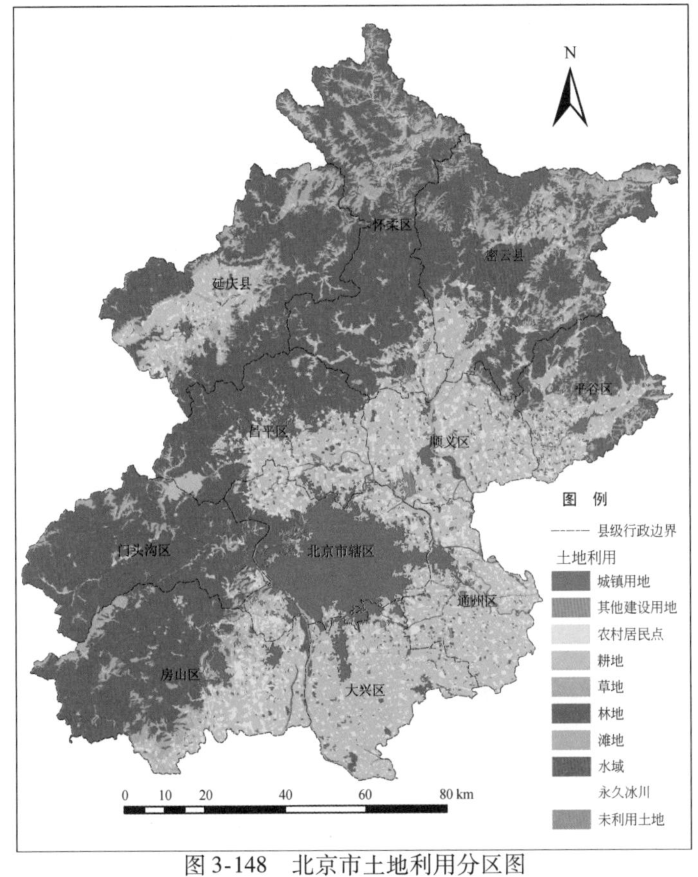

图 3-148　北京市土地利用分区图

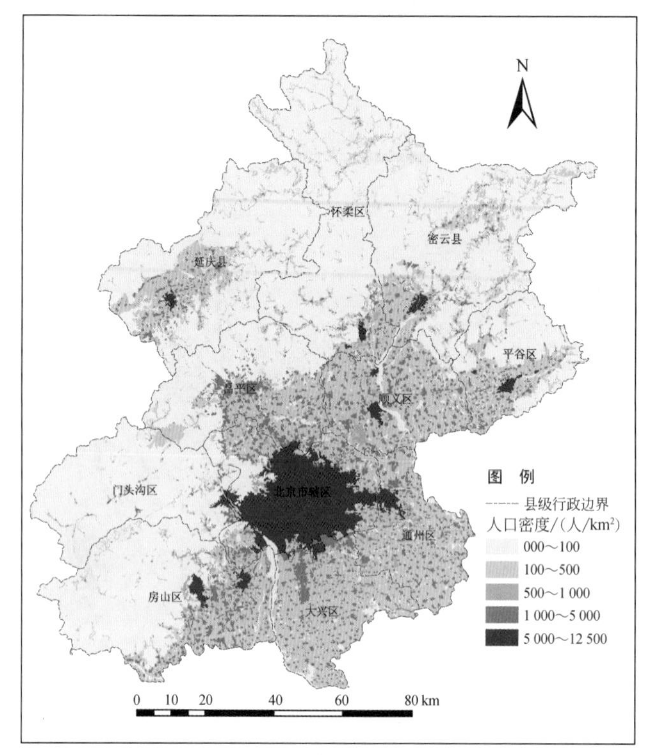

图 3-149 北京市人口密度分布图

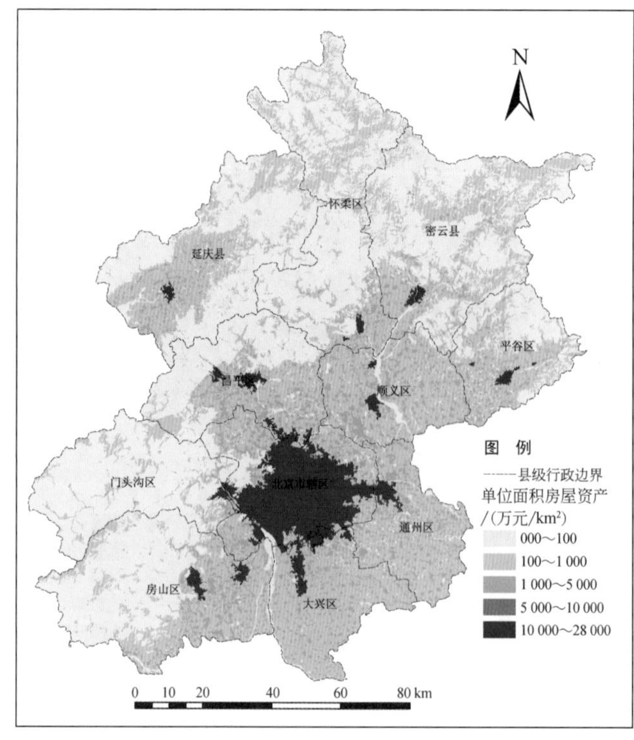

图 3-150 北京市单位面积房屋资产分布示意图

3. 地震风险数据库

地震风险数据库包括地块地震风险评估数据库和县级行政区地震风险评估数据库。其中地块地震风险数据库是一个包括地块利用数据、地块地震危险水平数据、地块承灾体数据、设计基本地震峰值加速度作用下的损失数据、地震风险数据为一体的综合数据库。

表3-28给出了地震风险数据库中的主要字段及含义。

表3-28　地震风险评估数据库主要字段

字段分类	字段名称	字段类型	字段单位	字段说明
地块属地情况	行政编码	long		地块所在县级行政区的行政编码
	县级名称	text		地块所在县级行政区的名称
	所属地区	text		地块所在地市级行政区的名称
	所属省份	text		地块所在省级行政区的名称
地块数据情况	土地利用号	int		
	土地利用	text		土地利用名称
	地块面积	double	km^2	
	地块人口	double	人	
	人口密度	double	人/km^2	地块上的人口密度
	PGA	text		设计基本地震加速度大小，如0.20g，g为重力加速度
	pga_ code	int		PGA分区号，从1～7分别表示加速度值 $<$ 0.05g、0.05g、0.10g、0.15g、0.20g、0.30g、≥0.40g
县行政区社会经济数据	年份	Text		人口数据的年份
	年末总人口	double	万人	
	城市人口	double	万人	
	乡村人口	double	万人	
	城人房面积	double	m^2	城市人口的人均住房面积
	乡人房面积	double	m^2	乡村人口的人均住房面积
	县域面积	double	km^2	县级行政区面积
县级行政区土地利用数据耕地	耕地	double	km^2	县级行政区耕地面积
	林地	double	km^2	县级行政区林地面积
	草地	double	km^2	县级行政区草地面积
	水域	double	km^2	县级行政区水域面积
	城镇	double	km^2	县级行政区城镇用地面积
	农居	double	km^2	县级行政区农居用地面积
	其他用地	double	km^2	县级行政区其他用地面积
	未利用土地	double	km^2	县级行政区未利用土地面积
房屋情况	A类房屋	double	m^2	地理单元内A类房屋的面积
	B类房屋	double	m^2	地理单元内B类房屋的面积
	C类房屋	double	m^2	地理单元内C类房屋的面积
	D类房屋	double	m^2	地理单元内D类房屋的面积
	总资产	double	元	地理单元内住房的总资产，用人民币表示地理单元内住房的总造价

续表

字段分类	字段名称	字段类型	字段单位	字段说明
设计基本地震峰值加速度作用下的损失情况	基本完好	double	m^2	在设计基本地震动作用下，地理单元内基本完好的房屋面积
	轻微破坏	double	m^2	在设计基本地震动作用下，地理单元内轻微破坏的房屋面积
	中等破坏	double	m^2	在设计基本地震动作用下，地理单元内中等破坏的房屋面积
	严重破坏	double	m^2	在设计基本地震动作用下，地理单元内严重破坏的房屋面积
	完全破坏	double	m^2	在设计基本地震动作用下，地理单元内完全破坏的房屋面积
	总损失	double	元	在设计基本地震动作用下，地理单元内的住房损失
	无家可归人	double	人	在设计基本地震动作用下，地理单元内无家可归人数
	单位损失	double	万元/km^2	在设计基本地震动作用下，单位面积上的经济损失
	人均损失	double	元/人	在设计基本地震动作用下，人均经济损失
	损失比	double	无量纲	总经济损失/总资产
	破坏指数	double	无量纲	在设计基本地震动作用下，地理单元的总体破坏程度
风险指标	期望损失	double	元/年	地理单元内的年期望损失
	单位期望损失	double	万元/（km^2·a）	地理单元内的单位面积年期望损失
	人均期望损失	double	元/（人·a）	地理单元内的人均年期望损失
	风险量度	text	无	地理单元的地震风险等级，分为高、较高、中、低、很低五个等级

3.9.3 地震灾害风险评估方法

地震风险综合了地震危险性、承灾体易损性和暴露度，是未来一定年限内，某一地区可能遭遇到的地震损失。地震风险评估，是利用某一地区的地震危险性评估结果、承灾体易损性分析结果，对这一地区的承灾体在一定年限内可能遭受的地震损失进行评估（徐国栋，2009）。

地震风险的大小主要取决于地震危险性、承灾体易损性和暴露度这三个因素。地震危险性分析是研究一个地区在未来一定时间内发生超过给定强度地震的概率。承灾体易损性是指在确定地震强度的作用下，发生某种破坏程度的概率或可能性。暴露度则是指在某一地震强度下可能受到安全威胁的承灾体数量或百分比。

这里所指的承灾体是一个比较广泛的概念，包括工业与民用建筑、基础设施（如道路桥梁、市政管线、通信网络和河堤大坝）、人等，不同类型的承灾体有不同的易损性分析方法。

根据地震风险的定义，地震风险评估结果有以下三种。

（1）绝对风险：某一地区在一定年限内可能遭受的地震损失大小，包括经济损失和人员伤亡，评估结果显示了某一地区地震风险总的大小。

（2）相对风险：某一地区在一定年限内，单位面积（或人均，或单位资产）可能遭受的地震损失大小，包括经济损失和人员伤亡，评估结果显示了某一地区单位面积地震风险的相对大小。

（3）单体风险：某一地区某一个承灾体（可以是建筑物也可以是人）在某一年限内可能遭受到的地震损失，评估结果可以为这一地区某一承灾体的保险费率提供数据支持。

下面对地震致灾因子、承灾体易损性、承灾体数量及空间分布的确定、地震风险评估流程等方面分别进行论述。

1. 致灾因子评估

中国地震危险水平按50年超越概率10%的地震动峰值加速度值大小，可划分为七个设计基本地震动抗震设防分区，依次为七区（PGA $\geqslant 0.40g$），六区（PGA $=0.30g$），五区（PGA $=0.20g$），四区（PGA $=0.15g$），三区（PGA $=0.10g$），二区（PGA $=0.05g$），一区（PGA $<0.05g$）。

根据中国华北、西北和西南地区地震发生概率的统计分析，50年内超越概率约为63%的地震烈度为众值烈度，规范取为第一水准烈度；50年超越概率约10%的烈度为地震基本烈度（也是中国地震动参数区划图规定的设计基本地震峰值加速度），规范取为第二水准烈度；50年超越概率为2%～3%的烈度为罕遇烈度，规范取为第三水准烈度。不同水准地震动的50年超越概率、重现期和峰值加速度见表3-29。

表3-29　三水准地震动概率水平的重现期和峰值加速度值

地震动水准	50年超越概率/%	重现期/年	峰值加速度/g					
第二水准烈度（抗震设防烈度）	10	475	6度	7度		8度		9度
第一水准（多遇地震峰值加速度）	63	51	0.018	0.036	0.054	0.086	0.108	0.144
第二水准（设计基本峰值加速度）	10	475	0.050	0.100	0.150	0.200	0.300	0.400
第三水准（罕遇地震峰值加速度）	2～3	1642～2475	0.120	0.225	0.324	0.405	0.540	0.630

注：g为重力加速度

2. 易损性评估

按照《地震现场工作第4部分：灾害直接损失评估》（GB/T 18208.4－2005），将住宅房屋的破坏程度分为五种：基本完好、轻微破坏、中等破坏、严重破坏和完全破坏。

按房屋抗震能力（尹之潜和杨淑文，2004），将房屋类型分为A类（主要为钢筋混凝土结构）、B类（主要为砖混结构）、C类（主要为砖木结构）、D类（主要为生土结构和块石干砌结构）。

对A类和B类建筑物，不同的设计基本地震动抗震设防分区（共七个区）的抗震性能有所差别，因此A类和B类建筑又分别按抗震分区划分为七个小类。

用地震动地面峰值加速度 S_a 作为随机变量，来描述结构的易损性特征；并假定房屋易损性曲线是地震动地面峰值加速度 S_a 对数［ln（S_a）］的正态分布函数，每种破坏状态 d_s 都有相应的易损性曲线（Cao and Mark，2006；尹之潜等，2003；王瑛等，2005）。

设某一破坏状态下地震动地面峰值加速度 S_a 的均值为 E（S_a），方差为 Var（S_a），则地震动地面峰值加速度 S_a 对数的均值 μ 和方差 σ^2 分别为

$$\mu = \ln[E(S_a)] - \frac{1}{2}\ln\left(1 + \frac{\mathrm{Var}(S_a)}{[E(S_a)]^2}\right) \tag{3-45}$$

$$\sigma^2 = \ln\left(1 + \frac{\mathrm{Var}(S_a)}{[E(S_a)]^2}\right) \tag{3-46}$$

某一破坏状态 d_s 下易损性曲线的表达式为

$$P[d_s \mid S_a] = \Phi\left[\frac{\ln(S_a) - \mu}{\sigma}\right] \tag{3-47}$$

式中，Φ 为标准正态分布累积概率曲线。

某一破坏状态下易损性曲线上的点表示建筑物在某个地震动地面峰值加速度 S_a 作用下，达到或超过某一破坏状态的概率。某一破坏状态下的易损性曲线由谱位移均值 E（S_a）和方差 Var（S_a）确定。易损性曲线的方差表述了易损性曲线的变化范围，方差越大，易损性曲线越平缓，方差越小，易损性曲线越陡陗。建筑物的易损性曲线如图3-151所示。

3. 承灾体数量及空间分布

根据2005年全国1%人口抽样调查数据，结合当地的实际情况，确定每个省级行政单元A、B、C、D类房屋的比例。

根据中国2000年人口普查数据，确定县级单元人口数（包括城市人口和农村人口）和相应的人均建筑面积。

根据土地利用性质，将人口、建筑物分配到相应的地块中。

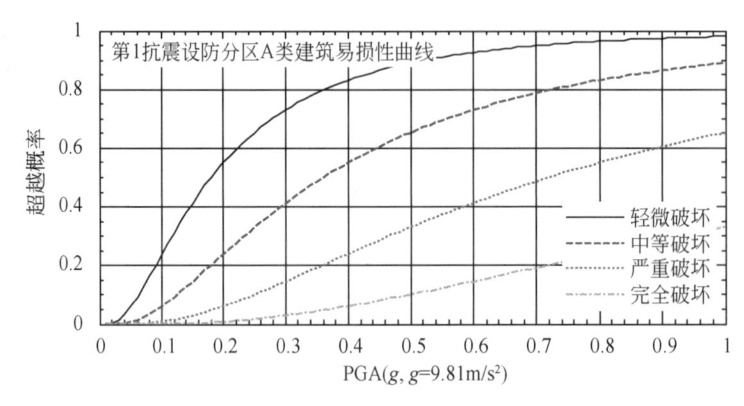

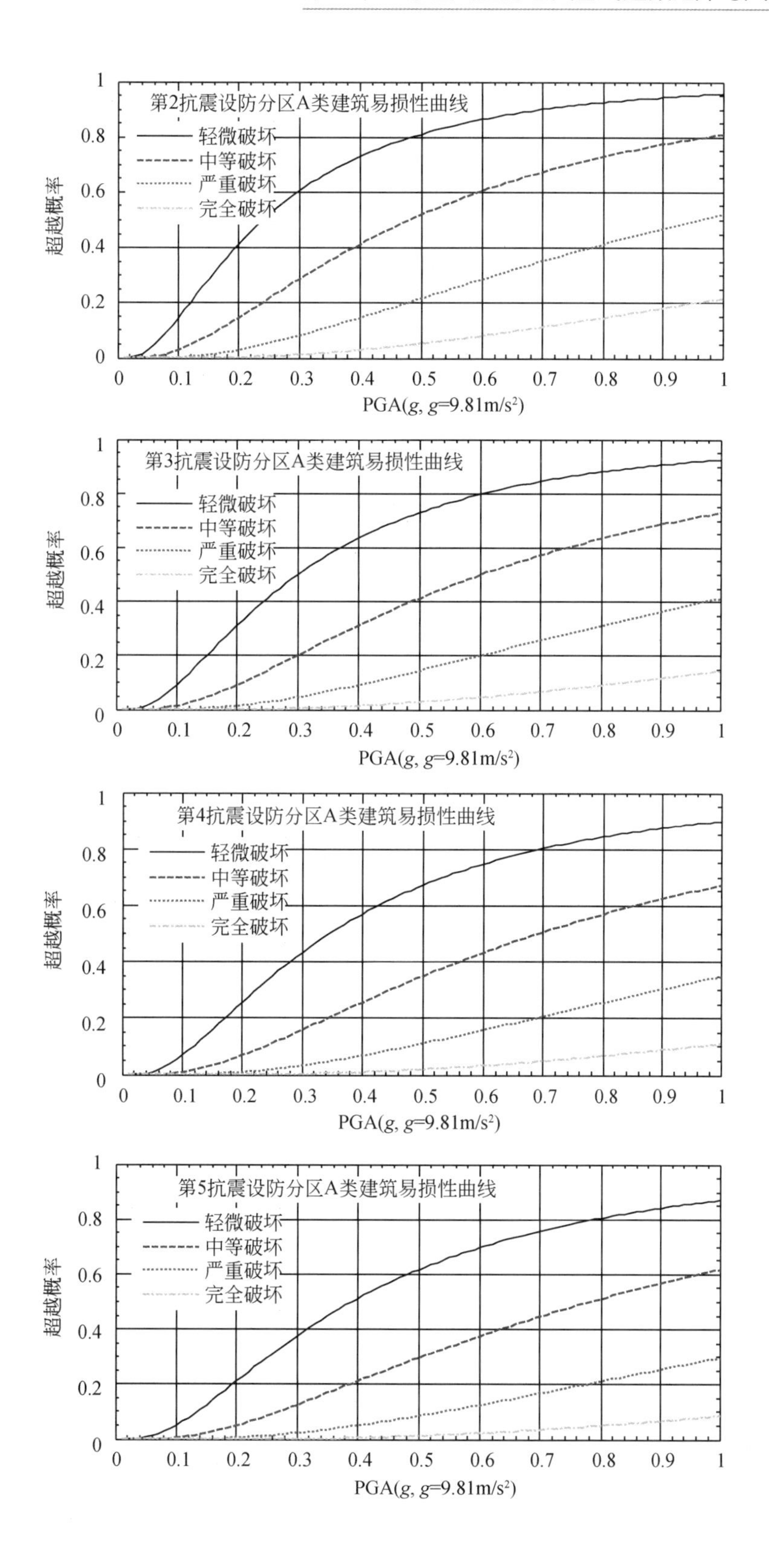

第2抗震设防分区A类建筑易损性曲线
轻微破坏
中等破坏
严重破坏
完全破坏
超越概率
PGA(g, g=9.81m/s²)
第3抗震设防分区A类建筑易损性曲线
轻微破坏
中等破坏
严重破坏
完全破坏
超越概率
PGA(g, g=9.81m/s²)
第4抗震设防分区A类建筑易损性曲线
轻微破坏
中等破坏
严重破坏
完全破坏
超越概率
PGA(g, g=9.81m/s²)
第5抗震设防分区A类建筑易损性曲线
轻微破坏
中等破坏
严重破坏
完全破坏
超越概率
PGA(g, g=9.81m/s²)

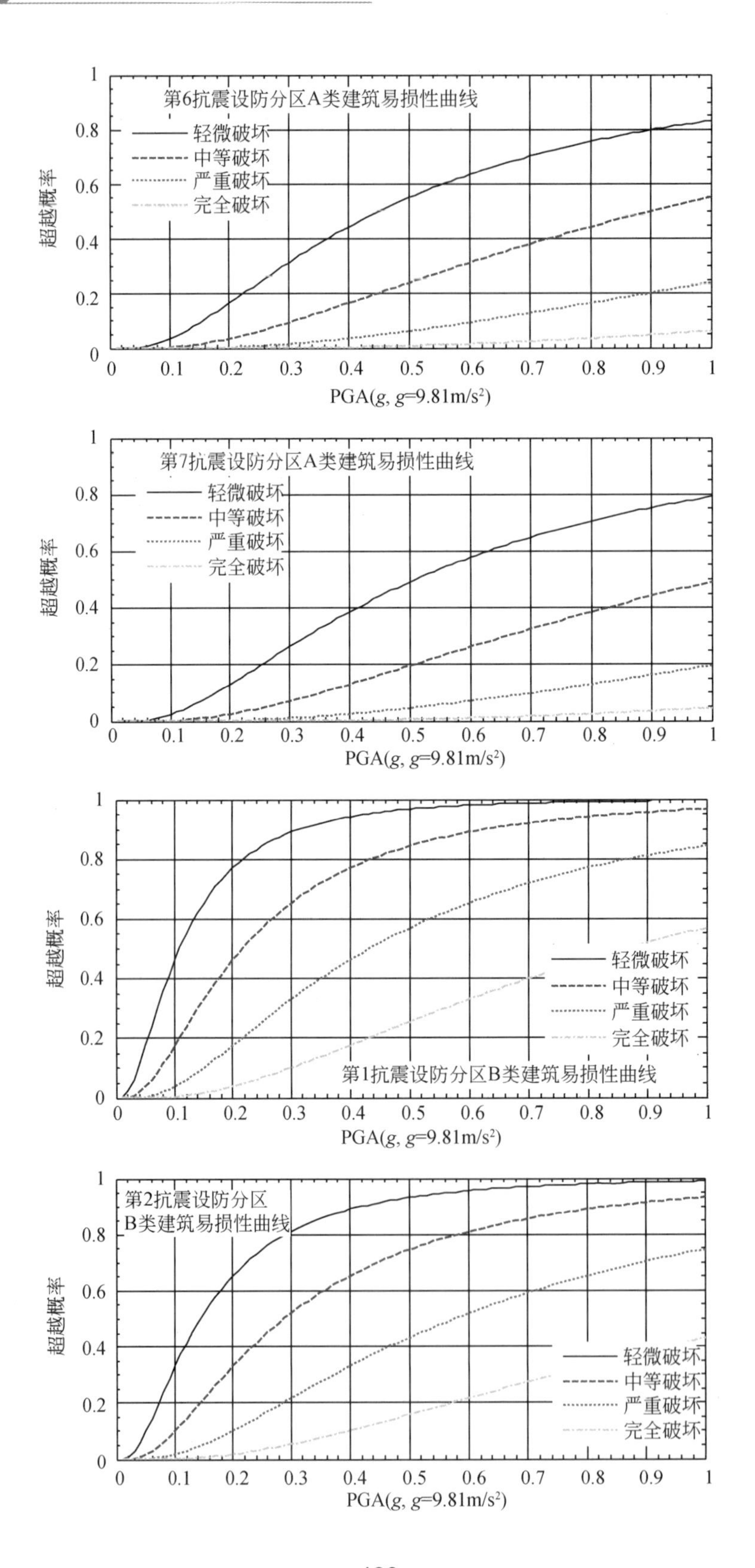

第6抗震设防分区A类建筑易损性曲线
轻微破坏
中等破坏
严重破坏
完全破坏
超越概率
PGA(g, g=9.81m/s²)
第7抗震设防分区A类建筑易损性曲线
第1抗震设防分区B类建筑易损性曲线
第2抗震设防分区
B类建筑易损性曲线

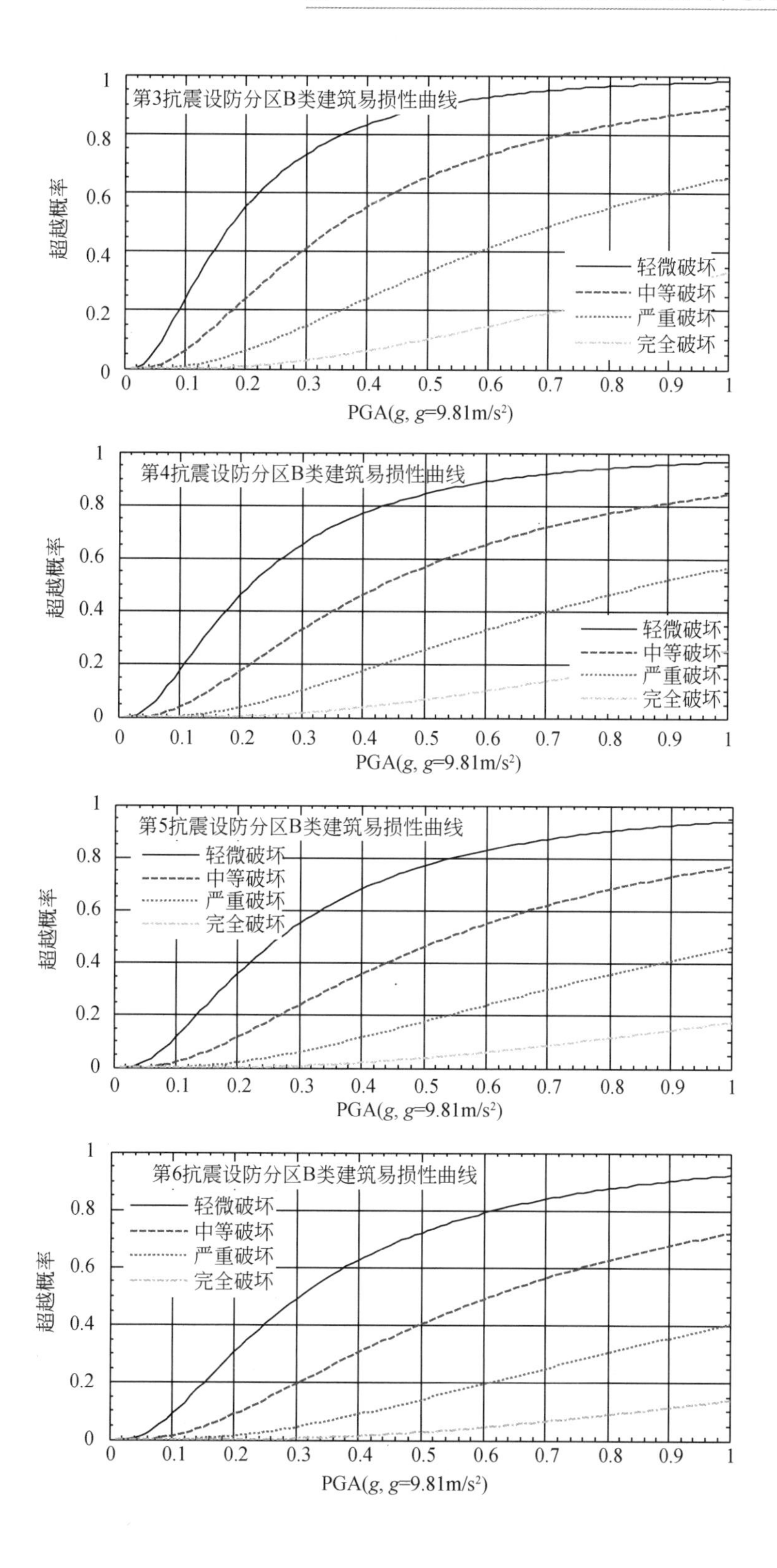
第3抗震设防分区B类建筑易损性曲线
第4抗震设防分区B类建筑易损性曲线
第5抗震设防分区B类建筑易损性曲线
第6抗震设防分区B类建筑易损性曲线
轻微破坏
中等破坏
严重破坏
完全破坏
超越概率
PGA(g, g=9.81m/s²)

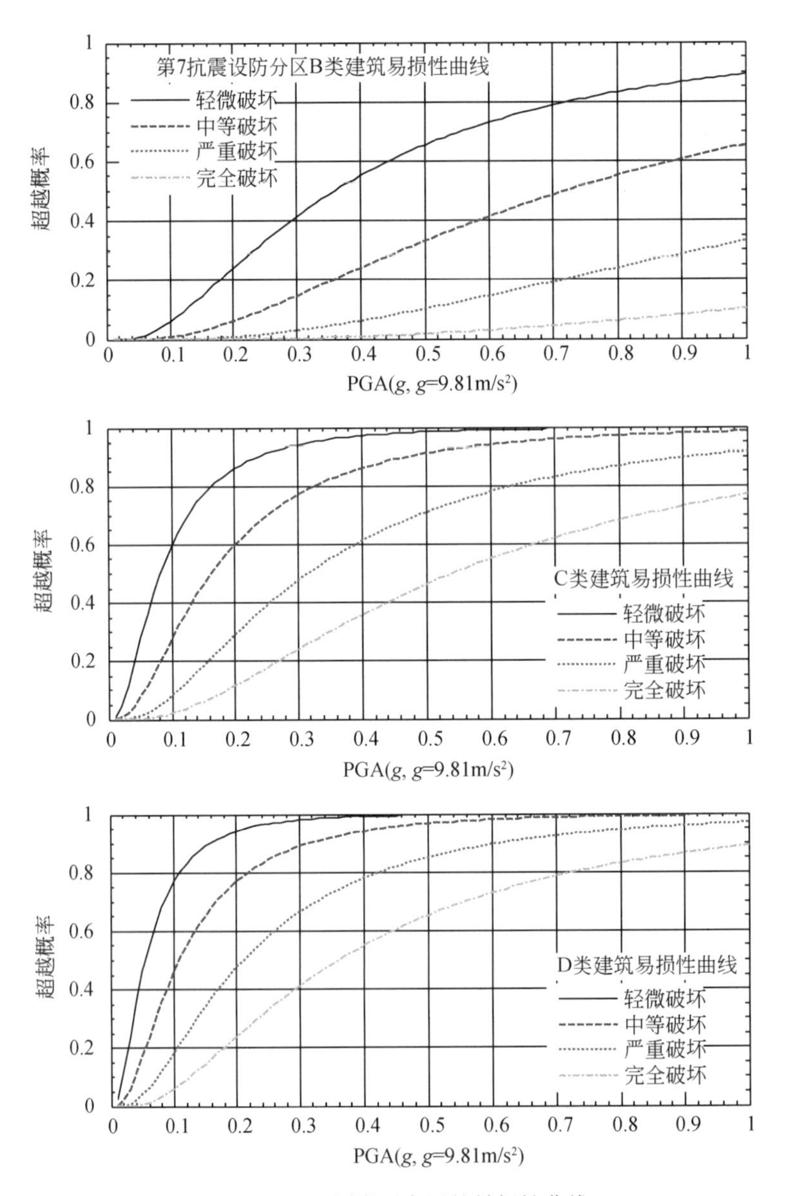

图 3-151　不同类型房屋的易损性曲线

4. 风险评估

地震风险评估的技术流程见图 3-152 所示，详细步骤如下。

（1）确定每类承灾体数量及空间分布。可以根据县级行政区划、土地利用分区、人口及组成情况、不同房屋类型的比例、人均住房面积等确定地块中的人口数量、不同房屋类型的数量等。

（2）确定不同重现期下的地震动参数（峰值加速度或地震烈度）。中国地震动峰值加速度区划图提供了 50 年超越概率为 10% 的地震动峰值加速度（中震，重现期为 475 年）区划；根据表 3-28 可以确定大震（50 年超越概率为 2% ~3%，重现期为 1642 ~2475

年）、小震（50年超越概率为63%，即重现期为51年）的峰值加速度。用三水准的地震动峰值加速度来描述地震危险性。

（3）确定房屋类型及其易损性曲线，详见本节易损性评估部分。

（4）根据房屋易损性曲线、三水准地震动峰值加速度，确定某类房屋的年均期望地震损失率；再根据不同类型房屋的造价，结合承灾体数量及空间分布，确定地块上的地震风险大小。

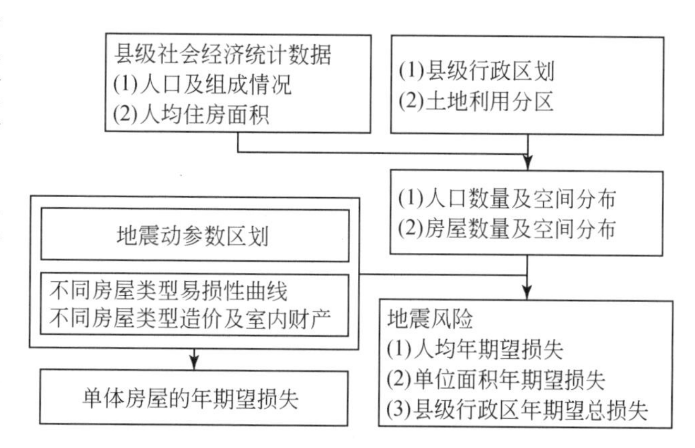

图3-152　地震风险评估技术流程

如用县级行政单元每年可能遭受的住房经济损失来量度年期望地震风险大小，则计算公式为

$$R = \sum_{p}\left(C_p \times \sum_{j=I-1}^{I+1}\frac{L_{pj}}{Y_j}\right) \tag{3-48}$$

式中，R 为县级行政单元每年可能遭受的住房经济损失（元/年）；p 为住房类型，按抗震性能划分为A类（主要为钢筋混凝土结构）、B类（主要为砖混结构）、C类（主要为砌木结构）和D类（主要为生土结构和块石干砌结构）；C_p 为 p 类住房的总造价；I 为设计基本设防烈度，$I-1$、I、$I+1$ 分别为小震、中震、大震对应的三个烈度等级；Y_j 为烈度等级 j 的重现期，可根据50年内大震（$I+1$）、中震（I）、小震（$I-1$）的超越概率进行计算；L_{pj} 为烈度等级 j 下 p 类住房损失率。L_{pj} 计算公式为

$$L_{pj} = \sum_{d_s=1}^{5}\mathrm{DM}_j(d_s) \times \mathrm{LR}(d_s)\,(j = I-1,\ I, I+1) \tag{3-49}$$

式中，d_s 为破坏状态（$d_s=1$，2，3，4，5，分别相应于基本完好、轻微破坏、中等破坏、严重破坏和完全破坏状态）；LR（d_s）为破坏状态为 d_s 时的损失比，可按表3-30取值；**DM** 是震害矩阵，DM_j（d_s）是 j 级烈度下破坏程度为 d_s 的比例。房屋的造价可根据表3-31按房屋类型的不同进行选取。

表3-30　房屋不同破坏程度的损失比平均值

建筑破坏程度	基本完好	轻微破坏	中等破坏	严重破坏	完全破坏
损失比平均值	0.00	0.15	0.40	0.70	1.00

表3-31　不同房屋类型的造价

房屋类型	A类	B类	C类	D类
单位造价/（元/m^2）	2200	1600	1000	600

图3-153是以北京市为例说明地震风险图的编制过程。

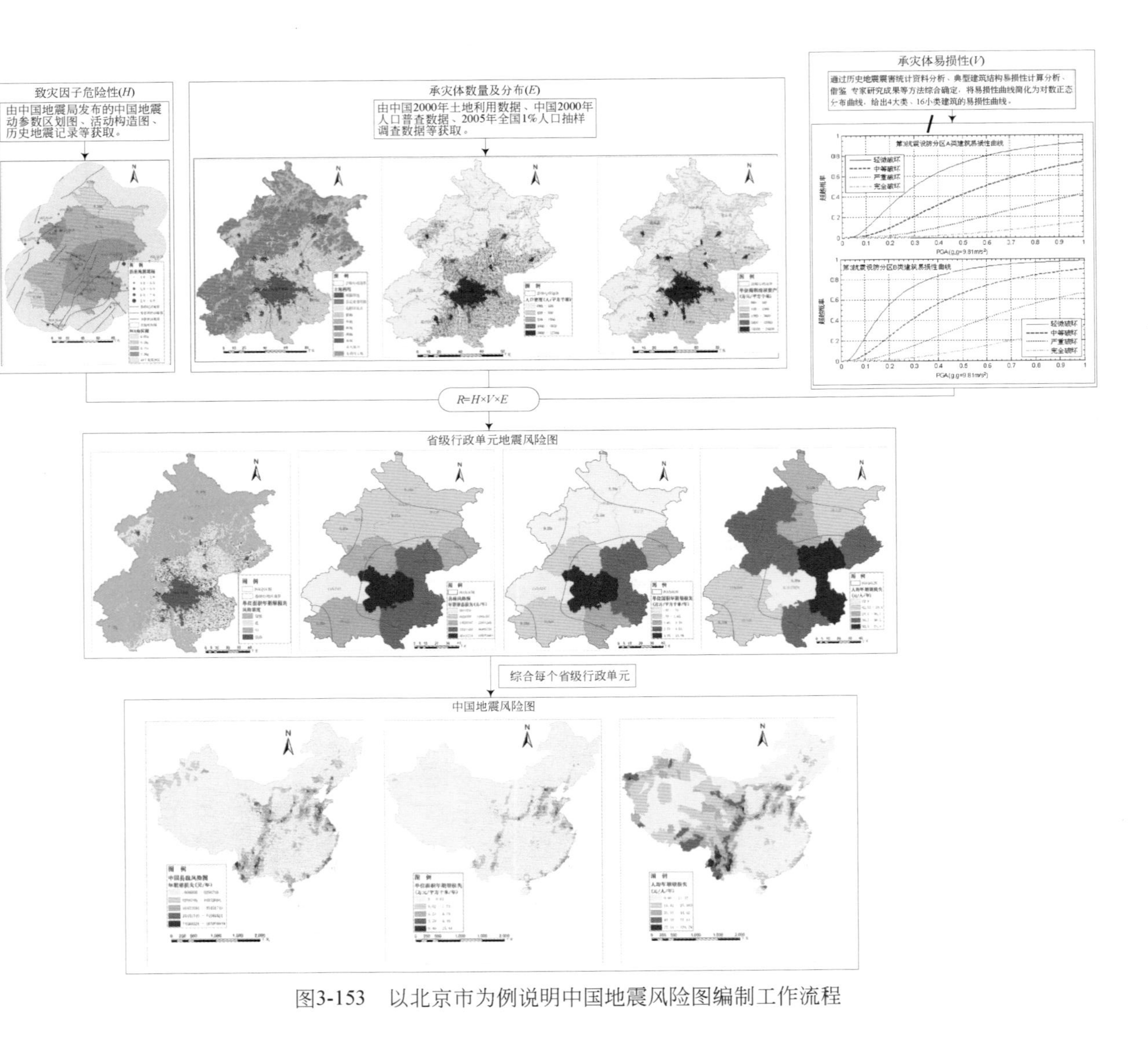

图3-153　以北京市为例说明中国地震风险图编制工作流程

3.9.4　中国县级行政单元地震风险编图

根据土地利用、县级社会经济数据、地震致灾因子分析和房屋易损性曲线等，编制中国每个省级行政单元的地块地震风险图（1∶1 万），再将每个地块的地震风险指标按县级行政单元分区进行累加，最终编制出中国县级行政单元地震风险图，见图 3-154 至图 3-156。

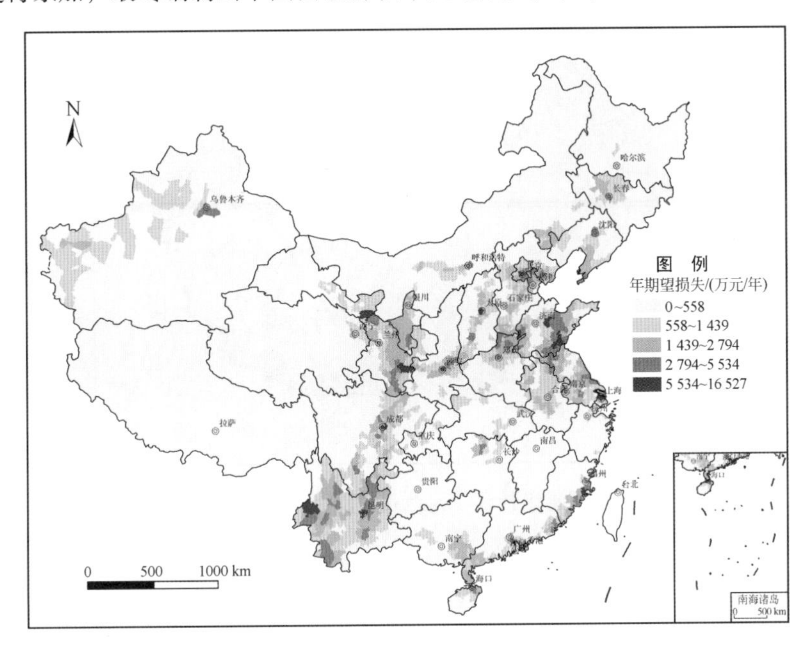

图 3-154　中国县级行政单元地震风险图——年期望总损失

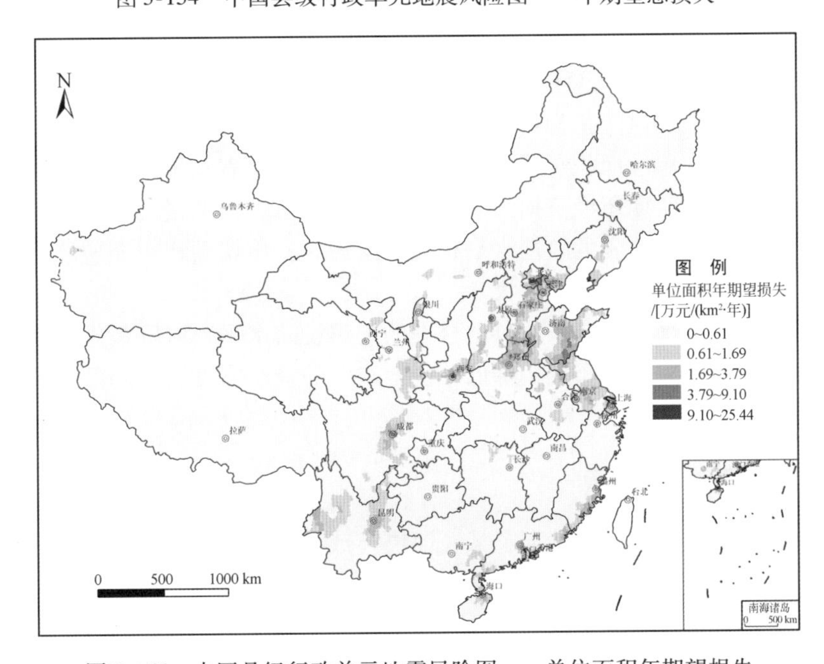

图 3-155　中国县级行政单元地震风险图——单位面积年期望损失

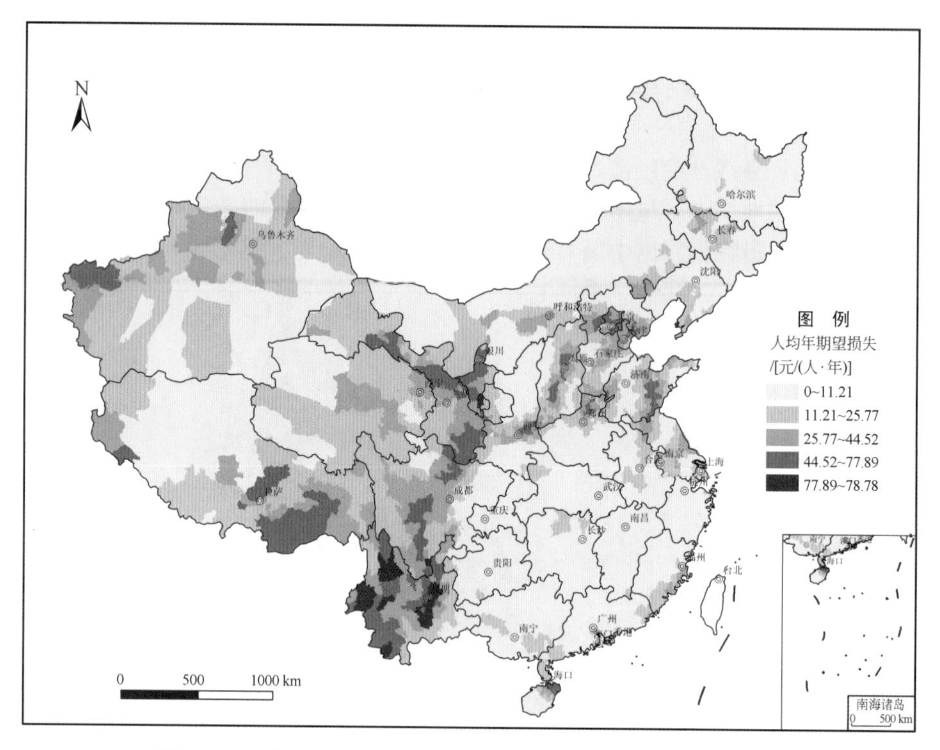

图 3-156 中国县级行政单元地震风险图——人均年期望损失

3.9.5 地震灾害风险结果分析

地震风险综合考虑了地震危险性、承灾体数量及空间分布、承灾体的易损性等多个因素。地震风险的表达指标也有多种，如绝对地震风险指标、相对地震风险指标和单体地震风险指标。不同类型的地震风险指标有相应的适用范围，因此在比较地震风险大小的时候，应注意区别不同地震风险指标的物理意义。本书选取县级行政单元年期望经济损失、人均年期望经济损失、单位面积年期望经济损失三个指标来表示地震风险的大小。分析结果显示，县级行政单元年期望经济损失与县级行政区内承灾体总量的相关程度最大；人均年期望经济损失与本地的地震危险性水平相关程度最大；单位面积年期望经济损失与单位土地面积上承灾体密度的相关程度最大。

从风险管理的角度来看，应采取科学合理的抗震设防水平，以降低人均年期望经济损失；采取合理的经济发展规划布局，降低单位地块上的资产密度，以降低单位面积年期望经济损失。

1. 人均年期望经济损失

人均年期望经济损失指标，标定了某一地块（或某一行政区）在未来一定年限内由地震作用造成的每个人的平均经济损失，为便于和由其他灾种引起的经济损失进行比较，用人均年期望经济损失指标来量度人均地震风险。

人均年期望经济损失与本地的地震危险性水平相关程度最大。表 3-32 列出了中国县级行政单元人均年期望经济损失大小的排序情况，可以看出人均年期望经济损失较高的县级行政单元主要分布在云南、四川、山东和宁夏等省（自治区）。

提高建筑的抗震设防水平，是降低人均年期望经济损失的有效途径。

2. 县级行政单元年期望经济损失

为表示某一地区在未来一定时期内总的地震风险，用某一地区的年期望经济损失指标来表达某一地区总的地震风险大小。一个地区的年期望经济损失除了和该地区的地震危险性水平有关，还与这个地区的人口和房屋数量、房屋总体抗震水平等有密切关系。行政单元的年期望经济损失表达了一个行政单元总的（或绝对的）地震风险大小，这个指标受行政单元人口总量、房屋资产总量的影响较大。本书以县级行政单元作为年期望损失的计算单元。县级行政单元年期望经济损失与县级行政单元内承灾体总量的相关程度最大。表3-33给出了部分大中城市辖区范围总的年期望经济损失（按从大到小排序），表3-34给出了县级行政区总的年期望经济损失（按从大到小排序）。

3. 单位面积年期望经济损失

在地震危险性水平相同、房屋总体抗震能力相似的条件下，如果一个地区的人口数量和房屋数量越多，这个地区总的地震风险也就越大，为更好地比较不同地区地震风险的相对大小，用行政区的面积对年期望经济损失进行归一化，即用单位面积年期望经济损失这个指标来表示一个地区地震风险的相对大小。

单位面积年期望经济损失与单位土地面积上承灾体密度的相关程度最大。表3-35给出了部分地区的单位面积年期望损失（按从大到小排序）。

降低人口和固定资产的密度，提高建筑的抗震能力，是降低单位面积年期望经济损失的有效途径。

表3-32　县级行政单元人均年期望损失由大到小排序（前50个）

序号	行政编码	县级名称	所属省份	年末总人口/万人	城市人口/万人	乡村人口/万人	人均年期望损失/[元/(人·年)]	年均期望损失/(元/年)	单位面积年均期望损失(/[万元/(km^2·年)]
1	530523	龙陵县	云南省	28	3	25	178.78	50 058 610	1.791
2	530127	嵩明县	云南省	35	3	32	141.13	49 396 345	3.695
3	533221	玉龙纳西族自治县	云南省	21	1	20	123.48	25 930 465	0.346
4	530125	宜良县	云南省	41	4	37	121.23	49 704 171	2.640
5	530522	腾冲县	云南省	83	25	58	120.44	99 967 664	1.753
6	530129	寻甸回族彝族自治县	云南省	52	4	48	105.23	54 717 584	1.408

续表

序号	行政编码	县级名称	所属省份	年末总人口/万人	城市人口/万人	乡村人口/万人	人均年期望损失/[元/(人·年)]	年均期望损失/(元/年)	单位面积年均期望损失/[万元/(km²·年)]
7	533122	梁河县	云南省	16	1	15	100.03	16 004 124	1.411
8	530121	呈贡县	云南省	16	3	13	99.55	15 928 686	3.415
9	530422	澄江县	云南省	16	2	14	99.52	15 923 989	2.133
10	532930	洱源县	云南省	28	2	26	98.64	27 620 126	0.960
11	532822	勐海县	云南省	30	5	25	96.61	28 982 406	0.542
12	530122	晋宁县	云南省	28	6	22	93.92	26 297 234	2.138
13	530521	施甸县	云南省	33	2	31	93.47	30 846 473	1.580
14	530424	华宁县	云南省	21	3	18	93.39	19 611 993	1.601
15	530421	江川县	云南省	27	2	25	92.81	25 058 263	3.059
16	530423	通海县	云南省	28	4	24	92.76	25 972 373	3.635
17	532931	剑川县	云南省	17	1	16	92.75	15 767 173	0.703
18	533103	潞西市	云南省	35	7	28	91.80	32 129 816	1.097
19	513427	宁南县	四川省	17	0.4	16.6	91.66	15 581 697	0.930
20	532525	石屏县	云南省	30	3	27	91.47	27 441 940	0.910
21	532932	鹤庆县	云南省	27	2	25	89.74	24 231 113	1.047
22	533222	永胜县	云南省	39	3	36	89.53	34 915 432	0.712
23	533522	凤庆县	云南省	43	4	39	89.31	38 401 380	1.068
24	532926	南涧彝族自治县	云南省	22	1	21	87.02	19 145 323	1.093
25	642221	原州区	宁夏回族自治区	50.8	8.4	42.4	86.56	43 973 346	1.132
26	532524	建水县	云南省	51	7	44	85.76	43 735 358	1.149
27	530426	峨山彝族自治县	云南省	15	3	12	85.52	12 827 690	0.665
28	530502	隆阳区	云南省	85.84	12.16	73.68	85.06	73 017 301	1.512
29	530321	马龙县	云南省	20	3	17	80.06	16 012 716	0.923
30	653121	疏附县	新疆维吾尔自治区	34.7	3.3	31.4	77.90	27 029 771	0.737

续表

序号	行政编码	县级名称	所属省份	年末总人口/万人	城市人口/万人	乡村人口/万人	人均年期望损失/[元/(人·年)]	年均期望损失/(元/年)	单位面积年均期望损失/[万元/(km^2·年)]
31	532729	澜沧拉祜族自治县	云南省	48	9	39	77.15	37 030 931	0.431
32	530524	昌宁县	云南省	34	3	31	76.42	25 981 607	0.686
33	371122	莒县	山东省	109.8	10.2	99.6	76.40	83 889 139	4.324
34	640121	永宁县	宁夏回族自治区	18.5	3.4	15.1	74.95	13 866 234	1.580
35	371329	临沭县	山东省	61.8	7.8	54	74.69	46 156 080	4.241
36	131024	香河县	河北省	30.9	3.5	27.4	74.19	22 925 658	5.149
37	622323	古浪县	甘肃省	39	2.2	36.8	72.05	28 099 184	0.556
38	510726	北川县	四川省	16.1	0.3	15.8	71.07	11 442 637	0.399
39	513401	西昌市	四川省	55.6	18	37.6	71.02	39 489 300	1.487
40	640221	平罗县	宁夏回族自治区	26.1	6.4	19.7	69.80	18 216 944	0.881
41	640322	中宁县	宁夏回族自治区	25.8	4.9	20.9	69.19	17 849 770	0.721
42	510727	平武县	四川省	18.8	2.4	16.4	68.85	12 944 188	0.217
43	640122	贺兰县	宁夏回族自治区	18.3	3.6	14.7	68.74	12 578 908	1.023
44	131082	三河市	河北省	45.7	11.8	33.9	68.31	31 219 231	4.855
45	532927	巍山彝族回族自治县	云南省	31	3	28	67.50	20 926 139	0.958
46	532923	祥云县	云南省	46	2	44	67.24	30 928 887	1.271
47	533528	沧源佤族自治县	云南省	16	2	14	66.90	10 704 132	0.440
48	640321	沙坡头区	宁夏回族自治区	33.1	7.2	25.9	66.30	21 945 768	0.485
49	530126	石林彝族自治县	云南省	24	3	21	65.23	15 654 514	0.929
50	532924	宾川县	云南省	33	3	30	65.01	21 453 286	0.844

表 3-33 大中城市辖区的年期望损失由大到小排序（前 11 个）

序号	行政编码	大中城市辖区	年末总人口/万人	城市人口/万人	乡村人口/万人	年均期望损失/（元/年）	单位面积年均期望损失/［万元/（km^2·年）］	人均年期望损失/［元/（人·年］
1	110100	北京市辖区	733.5	695	38.5	165 272 865	12.01	22.53
2	610101	西安市辖区	393.5	243.5	150	111 187 117	13.13	28.26
3	310000	上海市辖区	1 022.9	1 022.9	0	91 330 680	3.73	8.93
4	530101	昆明市辖区	181.2	143.6	37.6	83 080 671	3.49	45.85
5	510101	成都市辖区	335.9	222.7	113.2	64 997 718	4.70	19.35
6	140101	太原市辖区	233.2	185.6	47.6	62 988 662	4.42	27.01
7	370301	淄博市辖区	268.5	114.1	154.4	60 335 287	2.02	22.47
8	130201	唐山市辖区	162.5	118.6	43.9	60 077 606	7.72	36.97
9	350301	莆田市辖区	194.6	106.8	87.8	58 235 241	2.77	29.93
10	440301	深圳市辖区	823	823	0	49 181 465	1.58	5.98
11	120100	天津市辖区	226	107.6	118.4	45 271 091	25.44	20.03

表 3-34 县级行政区的年期望损失由大到小排序（前 30 个）

序号	行政编码	县级行政区	所属省份	年末总人口/万人	城市人口/万人	乡村人口/万人	年均期望损失/(元/年)	单位面积年均期望损失/［万元/(km^2·年)］	人均年期望损失/［元/(人·年)］
1	530522	腾冲县	云南省	83	25	58	99 967 664	1.75	120.44
2	371122	莒县	山东省	109.8	10.2	99.6	83 889 139	4.32	76.40
3	371301	临沂市	山东省	182.9	52.9	130	74 254 644	4.24	40.60
4	530502	隆阳区	云南省	85.84	12.16	73.68	73 017 301	1.51	85.06
5	371522	莘县	山东省	95.3	9.8	85.5	60 672 317	4.36	63.66
6	370301	淄博市	山东省	268.5	114.1	154.4	60 335 287	2.02	22.47
7	371327	莒南县	山东省	99	10.5	88.5	58 318 029	3.32	58.91
8	620501	天水市	甘肃省	119.4	32.7	86.7	58 301 022	1.00	48.83
9	622301	武威市	甘肃省	99.2	20.4	78.8	57 658 977	0.96	58.12
10	371322	郯城县	山东省	96.8	7.9	88.9	55 348 956	4.23	57.18
11	530129	寻甸回族彝族自治县	云南省	52	4	48	54 717 584	1.41	105.23
12	370784	安丘市	山东省	109.9	11.7	98.2	54 412 479	2.68	49.51
13	350582	晋江市	福建省	158.7	73.95	84.75	53 853 897	6.40	33.93
14	371323	沂水县	山东省	111.7	11.2	100.5	53 653 742	2.22	48.03
15	530523	龙陵县	云南省	28	3	25	50 058 610	1.79	178.78

续表

序号	行政编码	县级行政区	所属省份	年末总人口/万人	城市人口/万人	乡村人口/万人	年均期望损失/(元/年)	单位面积年均期望损失/[万元/(km² · 年)]	人均年期望损失/[元/(人 · 年)]
16	530125	宜良县	云南省	41	4	37	49 704 171	2. 64	121. 23
17	530127	嵩明县	云南省	35	3	32	49 396 345	3. 69	141. 13
18	370401	枣庄市	山东省	202. 9	54. 5	148. 4	48 224 719	2. 04	23. 77
19	530326	会泽县	云南省	95	8	87	47 724 201	0. 81	50. 24
20	371329	临沭县	山东省	61. 8	7. 8	54	46 156 080	4. 24	74. 69
21	370724	临朐县	山东省	86. 7	8. 1	78. 6	44 833 634	2. 37	51. 71
22	642221	原州区	宁夏回族自治区	50. 8	8. 4	42. 4	43 973 346	1. 13	86. 56
23	532524	建水县	云南省	51	7	44	43 735 358	1. 15	85. 76
24	141024	洪洞县	山西省	71. 2	11. 1	60. 1	42 458 695	2. 84	59. 63
25	350583	南安市	福建省	146. 8	59. 6	87. 2	42 430 334	2. 12	28. 90
26	320382	邳州市	江苏省	155. 6	18. 6	137	42 406 829	2. 05	27. 25
27	410522	安阳县	河南省	112. 7	4. 9	107. 8	42 391 965	2. 87	37. 61
28	460304	琼山市	海南省	68. 8	18. 5	50. 3	42 313 664	2. 06	61. 50
29	610501	渭南市	陕西省	85. 4	17. 9	67. 5	41 948 146	3. 35	49. 12
30	130221	丰润县	河北省	71. 6	9. 9	61. 7	41 593 131	3. 42	58. 09

表 3-35 县级行政单元单位面积年期望损失由大到小排序（前 40 个）

序号	行政编码	县级行政区	所属省份	年末总人口/万人	城市人口/万人	乡村人口/万人	单位面积年均期望损失/[万元/(km² · 年)]	年均期望损失/(元/年)	人均年期望损失/[元/(人 · 年)]
1	120100	天津市辖区	天津市	226	107. 6	118. 4	25. 44	45 271 091	20. 03
2	653101	喀什市	新疆维吾尔自治区	34	24	10	18. 45	12 591 348	37. 03
3	610101	西安市	陕西省	393. 5	243. 5	150	13. 13	111 187 117	28. 26
4	460101	海口市	海南省	57. 4	44. 5	12. 9	12. 51	28 673 612	49. 95
5	110100	北京市辖区	北京市	733. 5	695	38. 5	12. 01	165 272 865	22. 53
6	130501	邢台市	河北省	53. 6	45. 3	8. 3	11. 76	6 510 596	12. 15
7	410701	新乡市	河南省	75. 4	61. 9	13. 5	10. 86	20 500 155	27. 19
8	130601	保定市	河北省	90. 3	64. 9	25. 4	9. 10	12 761 649	14. 13
9	411002	魏都区	河南省	36. 1	28. 1	8	8. 66	4 575 173	12. 67

续表

序号	行政编码	县级行政区	所属省份	年末总人口/万人	城市人口/万人	乡村人口/万人	单位面积年均期望损失/[万元/(km^2·年)]	年均期望损失/(元/年)	人均年期望损失/[元/(人·年)]
10	320401	常州市	江苏省	88.3	62.8	25.5	8.51	15 790 828	17.88
11	321201	宿迁市辖区	江苏省	59.9	26.5	33.4	7.98	7 673 709	12.81
12	130201	唐山市	河北省	162.5	118.6	43.9	7.72	60 077 606	36.97
13	410501	安阳市	河南省	72.4	51.3	21.1	7.62	17 047 504	23.55
14	350582	晋江市	福建省	158.7	73.95	84.75	6.40	53 853 897	33.93
15	440583	澄海市	广东省	83.4	8.6	74.8	6.10	28 731 255	34.45
16	321001	扬州市	江苏省	53.6	40.7	12.9	5.96	8 581 774	16.01
17	440501	汕头市	广东省	137	137	0	5.47	18 386 402	13.42
18	510501	泸州市	四川省	136.9	29.2	107.7	5.29	9 588 849	7.00
19	410721	新乡县	河南省	42.5	4.7	37.8	5.27	27 516 660	64.75
20	131024	香河县	河北省	30.9	3.5	27.4	5.15	22 925 658	74.19
21	430781	津市市	湖南省	25.8	11.9	13.9	5.09	4 432 699	17.18
22	130101	石家庄市	河北省	197.1	172.9	24.2	5.07	16 431 345	8.34
23	131082	三河市	河北省	45.7	11.8	33.9	4.86	31 219 231	68.31
24	510101	成都市	四川省	335.9	222.7	113.2	4.70	64 997 718	19.35
25	350501	泉州市辖区	福建省	130.3	97.99	32.31	4.68	26 056 534	20.00
26	130401	邯郸市	河北省	133.1	106.6	26.5	4.44	19 164 856	14.40
27	140101	太原市	山西省	233.2	185.6	47.6	4.42	62 988 662	27.01
28	371522	莘县	山东省	95.3	9.8	85.5	4.36	60 672 317	63.66
29	371122	莒县	山东省	109.8	10.2	99.6	4.32	83 889 139	76.40
30	371329	临沭县	山东省	61.8	7.8	54	4.24	46 156 080	74.69
31	211301	朝阳市	辽宁省	46.3	30.8	15.5	4.24	6 091 619	13.16
32	371301	临沂市	山东省	182.9	52.9	130	4.24	74 254 644	40.60
33	371322	郯城县	山东省	96.8	7.9	88.9	4.23	55 348 956	57.18
34	610126	高陵县	陕西省	23.3	2.5	20.8	4.22	12 313 058	52.85
35	350201	厦门市辖区	福建省	183.78	180.9	2.88	4.21	24 062 033	13.09
36	110112	通州区	北京市	63.7	28.6	35.1	4.06	36 448 735	57.22
37	321101	镇江市	江苏省	62.5	51.9	10.6	4.02	9 999 669	16.00
38	131028	大厂回族自治县	河北省	11.3	2	9.3	4.01	6 956 459	61.56
39	350128	平潭县	福建省	35	6.63	28.37	3.99	11 663 314	33.32
40	510124	郫县	四川省	47.1	6.8	40.3	3.97	17 422 382	36.99

3.10　滑坡与泥石流灾害数据库与风险评估*

泥石流和滑坡灾害是全球泛生型突发性地质灾害，在高山、中山和广大低山丘陵区广泛发生。在具备地形和松散固体物质的条件下，短历时、强降雨即可触发泥石流。因此，泥石流和滑坡灾害既有随机性，又有重复性，从而决定了其发生具有区域性。泥石流和滑坡灾害往往造成重大生命和财产损失。例如，1998 年长江流域发生特大洪水，其间由泥石流和滑坡灾害造成的死亡人数为 1157 人，受灾人数超过 1 万人（殷坤龙和朱良峰，2001）。由此可见，泥石流和滑坡灾害的预防和减轻，是一项关系到国计民生的重大公益性事业，而风险分析则是防御和减轻泥石流和滑坡灾害的有效手段之一。

3.10.1　滑坡与泥石流灾害研究进展综述

以往的泥石流和滑坡研究，偏重于单沟泥石流和单体滑坡的防治对策，忽视了泥石流和滑坡灾害点群的区域特征。当今国际减灾战略发生转变，从过去场地尺度工程性“硬”措施已转向区域土地规划限制等“软”措施，即通过土地利用规划手段来限制土地开发行为，这是防范地质灾害最为重要的手段（张丽君，2009）。地质灾害危险性评价和风险区划结果，又是土地利用规划和地质灾害防治规划的依据和监测预警系统建设的基础。

联合国人道主义事物协调办公室（OCHA）1992 年 12 月发布了自然灾害风险的定义（United Nations，1992）：风险是在一定区域和给定时段内，由特定的自然灾害而引起的人们生命财产和经济活动的期望损失值，并定量表达为风险度（R）＝危险度（H）×易损度（V）。这一得到多数人认同的风险定义已收录在《英汉灾害管理相关基本术语集》中，于 2005 年由中国标准出版社出版（黎益仕等，2005）。

史培军对灾害系统的理论与实践进行了系列探讨，并于 1991 年提出了“灾害是由孕灾环境、致灾因子、承灾体与灾情共同组成的地球表层之异变系统”和“灾情是孕灾环境、致灾因子、承灾体相互作用的产物”的观点（史培军，1991），后来又对这一观点进行了补充和完善：孕灾环境包括孕育产生灾害的自然环境和人文环境（史培军，1996）。承灾体脆弱性（fragility）等同于易损性（vulnerability）。根据孕灾环境可以分出自然灾害和人为灾害两大类，这是灾害二级分类的理论依据。2002 年史培军发表的《三论灾害研究的理论与实践》（史培军，2002），明确提出了灾害构成的三要素——孕灾环境、致灾因子和承灾体，成为灾害研究的科学基础。其还将灾害科学分为基础灾害学、区域灾害学和应用灾害学，应用灾害学主要研究灾害评估（包括危险性评估、易损性评估、风险评估和灾情评估）和灾害预测预报，并将灾害风险评估分为广义评估和狭义评估。

自然灾害（包括地质灾害）的“风险度（R）＝危险度（H）×易损度（V）”这一国际公认的表达式与灾害构成的三要素“灾害＝孕灾环境×致灾因子×承灾体”是相互呼应的。研究灾害，就是要研究孕灾环境的稳定性（只有不稳定的环境才会孕育灾害）、致灾因

---

* 本节执笔人：中山大学地理科学与规划学院的刘希林。

子的危险性（致灾能力的大小）和承灾体的易损性（潜在损失的大小和抵抗灾害的能力）。孕灾环境和致灾因子共同构成了危险度的组成部分，这也是为什么在危险度评价指标中要包含致灾因子（灾害规模和发生频率）和孕灾环境因子（灾害形成的环境条件）的原因。

广义的灾害风险评估，是在对孕灾环境、致灾因子和承灾体分别进行评估的基础上，对灾害系统进行的风险评估；狭义的灾害风险评估则主要针对致灾因子进行评估，即从对危险（danger）的识辨，到对危险性（hazard）的认识，进而开展风险（risk）评估，通常表达为风险（risk）=灾害概率（probability）×灾害后果（consequences）。广义风险评估等同于定量风险评估（QRA）；狭义风险评估相当于概率风险评估（PRA）。吴树仁等（2009）将区域地质灾害风险评估分为三个层次，即地质灾害易发程度评价、危险性评价和风险评价区划，其中的易发程度评价是指对区域地质、地貌、斜坡结构、工程岩组和水系背景条件的分析与评价。易发程度评价与孕灾环境稳定性评价本质上是相同的。因此，地质灾害的风险评估（以泥石流为例），其危险性包含对孕灾环境和致灾因子的评估，其易损性指的是对承灾体的评估。显然，“风险度（R）=危险度（H）×易损度（V）”是以“灾害=孕灾环境×致灾因子×承灾体”这一灾害表达通式为基础的。刘传正认为，风险评估也是地质灾害应急响应技术路线中的重要一环（刘传正等，2010）。本节中的风险评估是在对泥石流和滑坡灾害危险度和易损度评估基础上实现的广义风险评估。

国内灾害制图方面较早的工作是1988年仇家琪开展的天山公路沿线雪崩灾害手工制图（仇家琪，1988），1993年殷坤龙率先开展了滑坡灾害预测分区的计算机制图（殷坤龙，1993），2001年殷坤龙等将滑坡灾害空间区划与GIS制图相结合，在汉江流域进行了应用（殷坤龙和朱良峰，2001）。国际上，以Aulitzky为代表的奥地利和以Carrara为代表的意大利的灾害制图工作开展得较早较深入（Aulitzky，1994；Carrara，1995）。近年来，泥石流滑坡灾害风险制图得到了重视，Anbalagan等（1996）在印度兴都库什—喜马拉雅山区开展了滑坡灾害风险制图的成功实践，Espizua等（2002）在阿尔及利亚中部山区开展了滑坡灾害风险区划与制图的实际应用，Petrascheck（2003）综合评述了瑞士山区灾害评估与风险制图取得的成果。中国在1991年分别出版过1∶600万泥石流和滑坡灾害分布和分区图（中国科学院水利部成都山地灾害与环境研究所，1991）。本节在充分利用原有泥石流和滑坡灾害资料以及研究成果的基础上，运用GIS制图技术与分析功能，实现宏观意义上的1∶100万中国泥石流和滑坡灾害风险制图，初步完成中国第一代泥石流和滑坡灾害危险度图、易损度图和风险图。

3.10.2 滑坡与泥石流灾害风险数据库建立

1. 中国泥石流沟点数据库

依据《中国泥石流编目》（1998年8月）、《小江流域泥石流编目》（2002年10月）和《南水北调西线一期工程泥石流灾害预测及其对工程影响评价资料图件》（2005年10月）等文本资料，经过创建Excel表格、导入GIS数据库、可视化操作和图幅整饰等数据处理步骤后，建立起中国泥石流沟点数据库。该库共有泥石流沟点数据6249条，分布在四川、辽宁、北京、重庆、云南、西藏、新疆、甘肃、河南、河北、陕西、山西、吉林和黑龙江14个省（自治区、直辖市）（图3-157）。

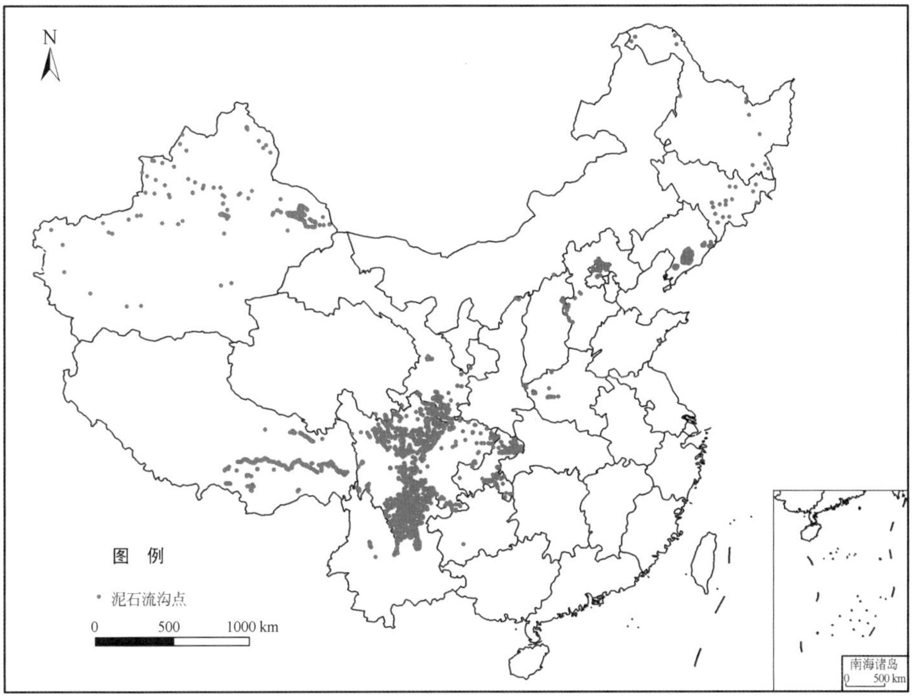

图3-157　中国泥石流沟点分布图（1∶100万）

资料来源：中国科学院—水利部成都山地灾害与环境研究所

2. 云南小江流域滑坡灾害点数据库（1∶10万）

依据《小江流域滑坡编目》（2002年10月）等文本资料，同样经过创建Excel表格、导入GIS数据库、可视化操作和图幅整饰等数据处理步骤后，建立起云南小江流域滑坡灾害点数据库。该库共有滑坡灾害点数据176条，分布在云南省东北部的小江流域（图3-158）。

3. 中国泥石流和滑坡灾害危险度数据库（1∶100万）

依据《1∶600万中国泥石流分布及其灾害危险区划图》和《1∶600万中国滑坡灾害分布图》（中国科学院—水利部成都山地灾害与环境研究所，1991年11月第1版）等纸质地图资料，经过地图数字化（矢量化）、空间信息提取、属性数据赋值后，建立起中国泥石流灾害危险度数据库和中国滑坡灾害危险度数据库。

之后再经过二者的图层叠加和属性值重分类等数据处理过程后，最终建立起中国泥石流滑坡灾害危险度数据库。该库不仅包括中国泥石流和滑坡灾害各自相应的危险区分布信息，还包含二者综合性的灾害危险分布信息。

4. 中国泥石流和滑坡灾害易损度数据库（1∶100万）

依据中国1km网格人口数据库、中国1km网格GDP数据库和中国1km网格土地利用类型数据库等数据信息（中国科学院，2000），经过数据格式的转换和统一后，按照易损

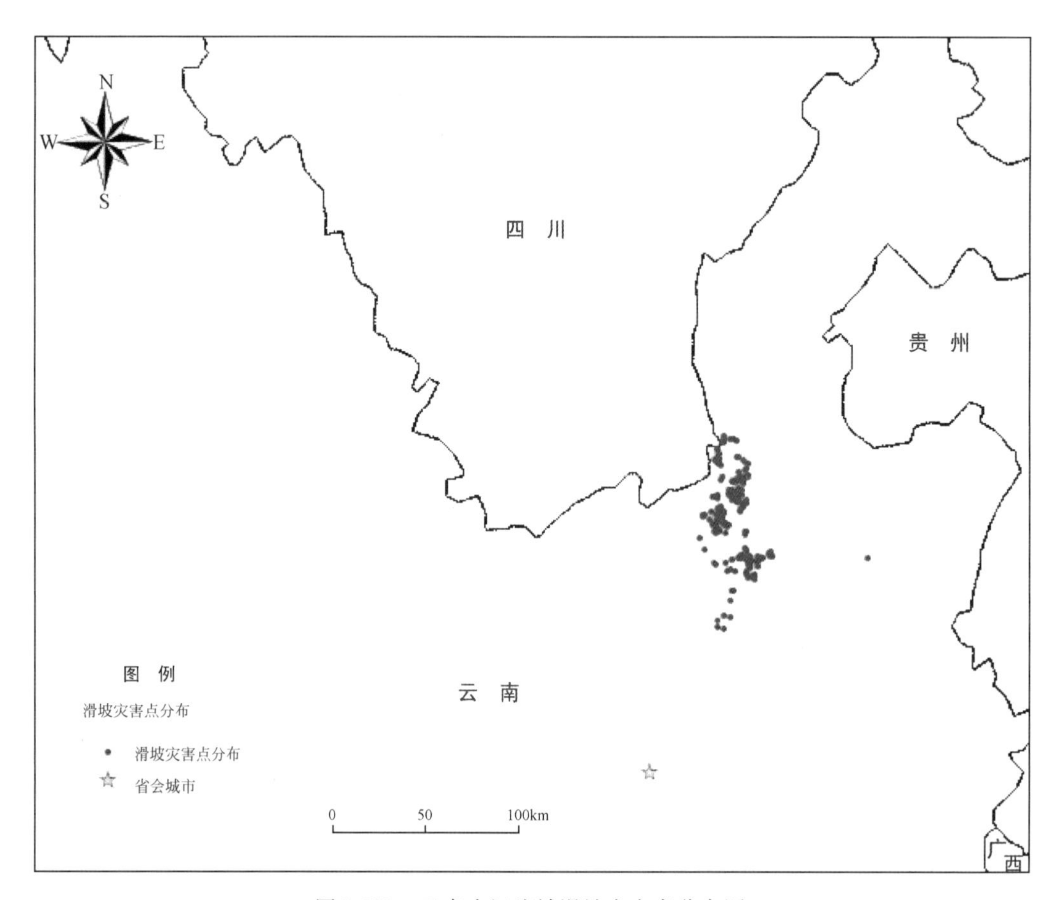

图 3-158 云南小江流域滑坡点灾害分布图

资料来源：中国科学院—水利部成都山地灾害与环境研究所

度评价模型进行空间信息叠加和属性数据重分类等操作，建立中国泥石流和滑坡灾害易损度数据库。该库包括中国人口密度、GDP 和土地利用三大类空间和属性信息，以此综合评判遭受泥石流和滑坡灾害后的社会经济易损程度。

5. 中国泥石流和滑坡灾害风险度数据库（1∶100 万）

依据前期数据处理所得的中国泥石流和滑坡灾害危险度数据库和中国泥石流和滑坡灾害易损度数据库等数据资料，进行数据格式转换和统一后，按照泥石流和滑坡灾害风险评价模型及其数学表达式，进行空间叠加分析和属性信息变换等数据操作，建立起中国泥石流和滑坡灾害风险度数据库。该库包括中国泥石流和滑坡灾害综合风险的分布和程度，以此便于各地有针对性地开展避灾防灾和减灾等工作，并为区域经济社会可持续发展相关决策提供理论支持。

3.10.3 滑坡与泥石流灾害风险评估方法

危险度是前提，易损度是基础，风险度是结果（刘希林和莫多闻，2003）。本节中泥石流和滑坡灾害风险制图采用如下评估流程（图 3-159）。

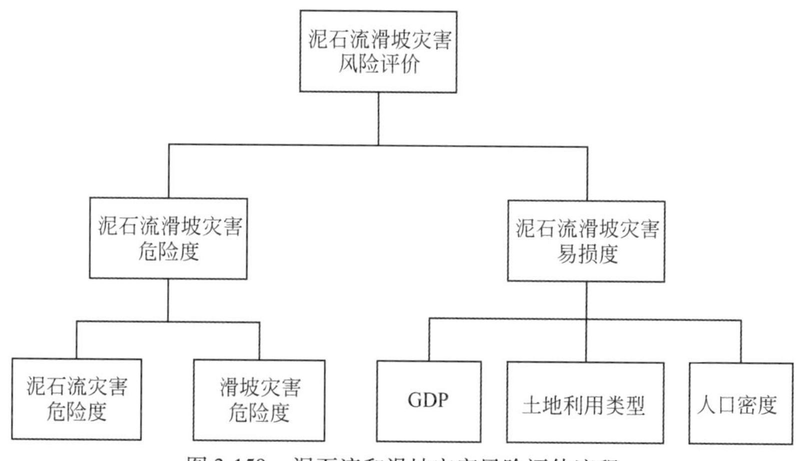

图 3-159　泥石流和滑坡灾害风险评估流程

1. 科学方法

1）危险度评估方法

泥石流和滑坡两种灾害的危险度采用泥石流和滑坡灾害危险度相加而成。运用 GIS 软件对泥石流和滑坡灾害危险度进行叠加的前提，必须先将纸质地图进行数字化处理，技术流程如下（图 3-160）。

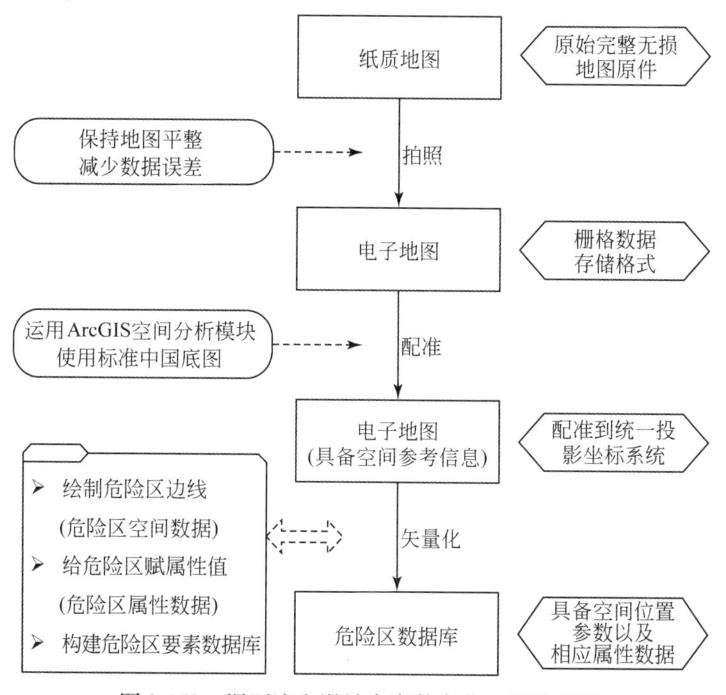

图 3-160　泥石流和滑坡灾害数字化地图流程图

由唐邦兴等国内首次编制、1991 年成都地图出版社出版发行的《中国泥石流分布及其灾害危险区划图》(1:600 万)，将全国泥石流灾害划分为“微弱或无危险、较危险、中等危险、最危险”四个大区，区划原则主要是在泥石流灾害分布集中范围内，重点按大江的干流流域的不同地质、地貌单位的地表结构稳定程度的差异，并按所在流域流入海洋范围的气候影响的泥石流类型、频率、活动程度进行一级区划，每一大区内又按一级支流流域考虑泥石流特征和人类活动集聚程度综合特点进行二级区划，共分为 15 个亚区，微弱或无危险的有两个亚区，它们是“新疆、西藏、内蒙古的内流微弱或无泥石流区”和“额尔齐斯河微弱泥石流区”。有人提出“东北平原、华北平原、长江中下游平原、四川盆地东部等地形平坦地区，不会发生泥石流”。在中国唐邦兴等老一辈泥石流学家的上述代表性成果中，将松花江辽河（即东北平原，笔者注）划定为较危险泥石流区；将黄、淮、海（即华北平原，笔者注）和长江（包括中下游地区和四川盆地，笔者注）划定为中等危险泥石流区；将珠江（包括珠江三角洲，笔者注）划定为较危险泥石流区。本节中的《中国泥石流分布及其灾害危险区划图》即为原纸质地图的真实写照，分区边界和危险区划等级未作任何改变，文中将其数字化后转换成了电子地图并建立相应数据库。

由中国科学院—水利部成都山地灾害与环境研究所已故滑坡专家刘新民等编制、1991 年成都地图出版社出版发行的《中国滑坡灾害分布图》(1:600 万)，将全国滑坡灾害划分为“无危害、微弱、较轻、次较严重、较严重、严重、最严重”七个大区，分区以滑坡灾害形成的自然和人为两个因素为原则，然后按区域地貌类型组合，进一步划分出 28 个亚区。

为将危险度等级转换成危险度值，将每一个等级区域赋予一个数值。为使数值的取值域相同，泥石流灾害四个等级区域分别赋值为 0、2、4、6（表 3-36）；滑坡灾害七个等级区域分别赋值 0、1、2、3、4、5、6（表 3-37）。数字化后的相关信息，包括空间信息（危险区位置、范围和大小）和属性信息（危险区等级）等，均以矢量数据形式储存于中国泥石流和滑坡灾害危险度数据库中。

表 3-36　中国泥石流灾害危险度数据库属性值

数据源等级	微弱或无危险	较危险	中等危险	最危险
等级赋值	0	2	4	6

表 3-37　中国滑坡灾害危险度数据库属性值

数据源等级	无危害	微弱	较轻	次较严重	较严重	严重	最严重
等级赋值	0	1	2	3	4	5	6

泥石流危险度和滑坡危险度相加，实际上是各自的等级赋值相加，结果值为 0 ~ 12。为了与“极高危险、高度危险、中度危险、低度危险、极低危险”五级划分相一致，将 0 ~ 12 的数值作五级划分。考虑分级的正态分布，即“两头小中间大”，极高危险和极低危险的数值变幅为 2，高度危险、中度危险、低度危险的数值变幅为 3。为了与易损度和风险度取值范围一致，将 0 ~ 12 的取值归一化后约束在 0 ~ 1，结果见表 3-38。

表 3-38　泥石流和滑坡灾害危险度等级划分及其赋值

危险等级	微弱或无危险	轻度危险	中度危险	高度危险	极度危险
等级赋值	0 ~ 1	2 ~ 4	5 ~ 7	8 ~ 10	11 ~ 12
危险度值	0.0 ~ 0.084	0.166 ~ 0.334	0.416 ~ 0.584	0.666 ~ 0.834	0.916 ~ 1.0

2）易损度评估方法

泥石流和滑坡同属突发性地质灾害并有共生关系，且孕灾环境和承灾体基本相同。因此，泥石流和滑坡灾害易损度可以使用相同的评价方法。泥石流易损度数值模型由多因子复合函数构成（刘希林和唐川，1995），由于评价因子较多以及获取资料较难，本节仅选取最具代表性的中国 GDP、中国土地利用类型和中国人口密度三大指标，构成易损度评价的简化模型

$$V = \sqrt{\frac{(G + L)/2 + D}{2}} \tag{3-50}$$

式中，V 为易损度（0 ~ 1）；G 为 GDP；L 为土地利用类型；D 为人口密度。G、L、D 均为归一化后的取值（0 ~ 1）。

易损度评价简化模型主要基于以下考虑：GDP（G）表示经济易损性，土地利用类型（L）表示环境易损性，人口密度（D）表示人口易损性；G 和 L 构成财产易损性，D 代表生命易损性，三者以平方根模型组合，这与笔者在前期工作中所取得的“区域易损度评价因子选择和模型构建”的研究成果在本质上是相同的，不同的只是指标的修正方式和归一化处理方法不同。G、L、D 数据采集时间均为 2000 年，来源于中国地理基础数据库。

GDP 和人口密度指标均为 1km × 1km 栅格数据，GDP 单位为万元/km^2，人口密度单位为人/km^2。土地利用类型指标为分省统计的 Coverage 格式数据。为便于 GIS 后续处理，需对土地利用类型原数据进行预处理，流程如下（图 3-161）。

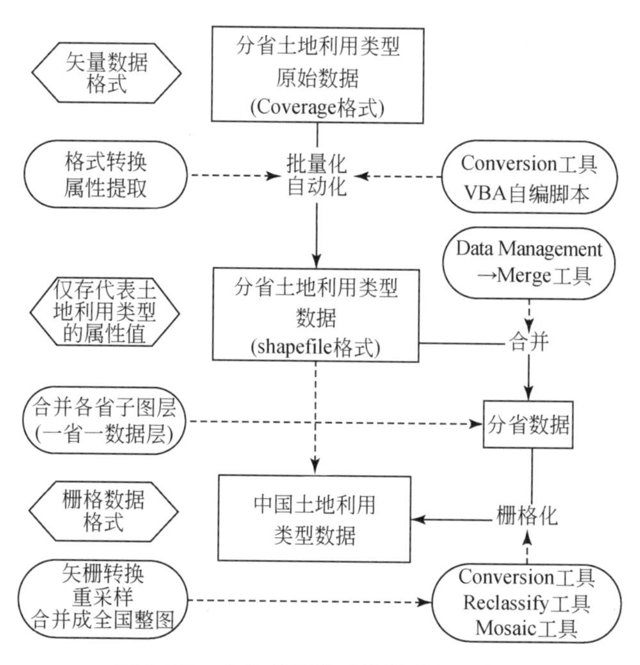

图 3-161　土地利用类型数据预处理流程

由于 GDP、土地利用类型和人口密度各自量纲不同，需作归一化处理而使其无量纲化。GDP 和人口密度指标的归一化采用极差变化方法

$$W_i = \frac{X_i - X_{min}}{X_{max} - X_{min}} \tag{3-51}$$

式中，W_i 为参评指标归一化后的值（0～1）；X_i 为参评指标的值，取值范围为原数据值；X_{max} 为 X_i 的最大值；X_{min} 为 X_i 的最小值。

土地利用类型指标用赋值方法进行归一化处理。土地利用类型是分类数据，本节根据不同土地利用方式承灾体损失价值的大小，由大到小赋值。损失最大的城乡工矿居民用地赋值为1，损失几乎为零或是损失极小的如荒地等未利用土地赋值为0（表3-39）。

表3-39 土地利用类型数据赋值表

土地利用类型	城乡工矿居民用地	耕地	林地	草地	水域	未利用土地
属性赋值	1	0.8	0.6	0.4	0.2	0

3）风险度评估方法

采用联合国对自然灾害风险的定义及其数学表达式（United Nations，1992），泥石流和滑坡灾害风险度表达为

$$R = H \times V \tag{3-52}$$

式中，R 为风险度（0～1）；H 为危险度（0～1）；V 为易损度（0～1）。

为使泥石流和滑坡灾害危险度和易损度数据能够进行乘法运算，两者的数据格式必须相同，这就要求将矢量数据格式的危险度数据（包括空间信息和属性信息）整体转换成与易损度数据相同的1km×1km网格的栅格数据格式，转化流程如下（图3-162）。

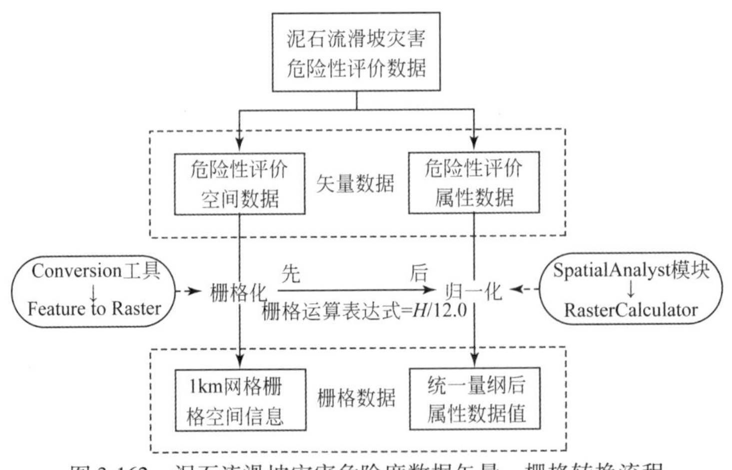

图3-162 泥石流滑坡灾害危险度数据矢量－栅格转换流程

2. 技术路线

综上所述，本节为进行中国泥石流滑坡灾害危险度、易损度和风险度分析所采用的数据经过采集、处理、转换和空间叠加、属性运算等技术流程，可归纳总结为如图3-163所示的综合技术路线。

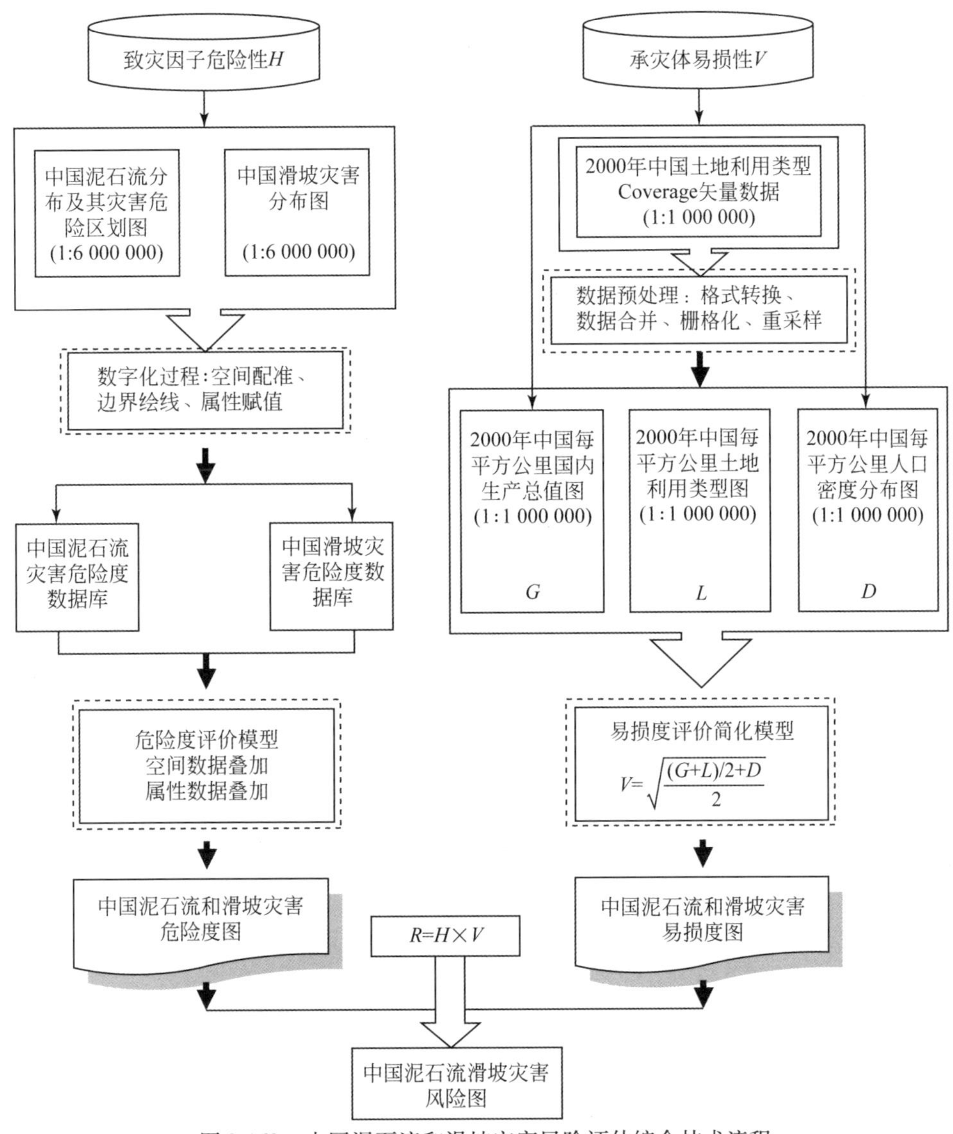

图 3-163　中国泥石流和滑坡灾害风险评估综合技术流程

3.10.4　滑坡与泥石流灾害风险评估结果与分析

1. 评估结果

1）危险度评估结果

运用 GIS 空间分析功能进行泥石流危险度和滑坡危险度的空间信息叠加和属性信息转换，生成 1∶100 万泥石流滑坡灾害综合危险度数据图层，包括泥石流滑坡的空间分布及灾害程度，之后经过图幅整饰并输出 1∶100 万中国泥石流滑坡灾害危险度图。

建立危险度图层后，对表征危险等级的属性值进行五级划分（表 3-40）。

表 3-40 中国泥石流滑坡灾害危险度等级表

叠加图层后的危险度属性值	11～12	8～10	5～7	2～4	0～1
危险等级	极度危险	高度危险	中度危险	轻度危险	微弱或基本无危险

2）易损度评估结果

将GDP、土地利用类型和人口密度三大评价指标的基础数据利用GIS的栅格运算功能进行叠加运算分析。按照易损度模型中的运算公式计算后输出1km×1km网格的中国泥石流和滑坡灾害易损度图。同时对运算后得到的属性数据，采用布拉德福定律，以0.2为公差对易损度数值进行五级划分（表3-41）。

表 3-41 泥石流滑坡灾害易损度分级

易损度值	0.8～1.0	0.6～0.8	0.4～0.6	0.2～0.4	0.0～0.2
易损等级	极高易损	高度易损	中度易损	低度易损	极低易损

3）风险度评估结果

同样运用GIS软件中的栅格数据空间分析模块，对泥石流滑坡灾害的危险度和易损度的栅格数据层进行相乘运算处理，输出新的结果图层，即中国泥石流和滑坡灾害风险图（图3-164）。又因危险度和易损度取值范围均为0～1，且根据区域泥石流风险评价的分级建议（刘希林，2000），故对风险等级进行如下的五级划分（表3-42）。

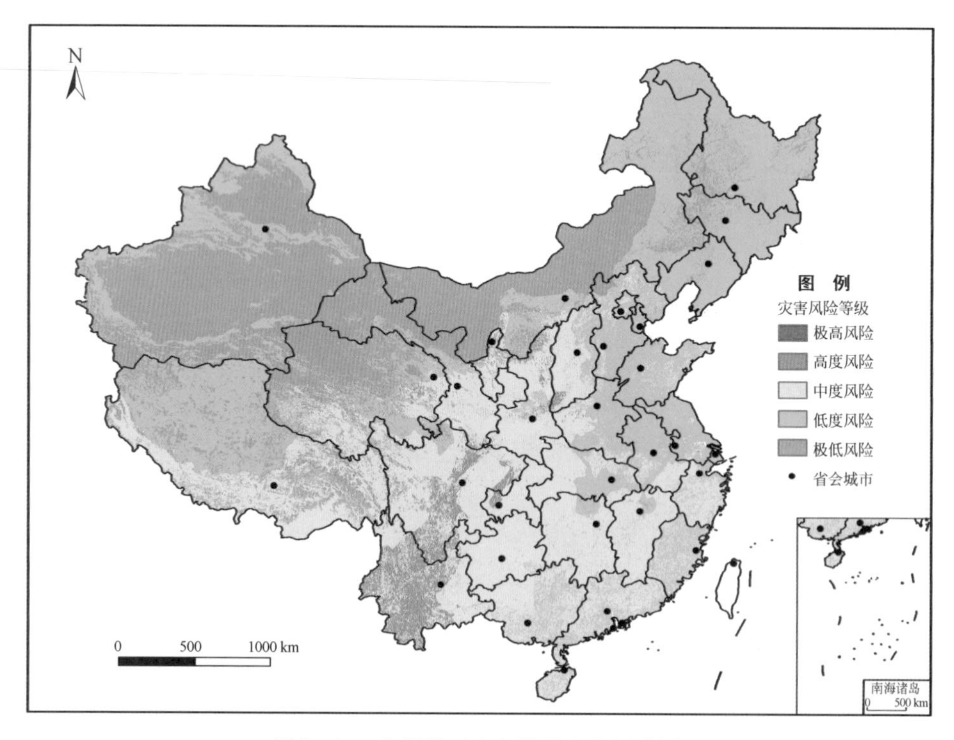

图 3-164 中国泥石流和滑坡灾害风险图

表 3-42　泥石流和滑坡灾害风险分级

风险等级	极低风险	低度风险	中度风险	高度风险	极高风险
风险度值	0.00 ~ 0.04	0.04 ~ 0.16	0.16 ~ 0.36	0.36 ~ 0.64	0.64 ~ 1.00

2. 结果分析

1）危险度分析

GIS 软件统计出各危险等级的国土面积为极高危险区 519 185km²、高度危险区1 995 599km²、中度危险区 1 687 421km²、低度危险区 3 902 732km²、极低危险区1 346 125km²。如图 3-165 所示，全国共有约 52 万 km² 的区域处于泥石流和滑坡灾害的极高威胁之中，占国土总面积的 5.49%；占国土面积比例最大的是低度危险区，为 41.29%；极低危险（包括无危险）区域占 14.24%。由此可见，中国有约占总面积 44.46% 的国土处于泥石流和滑坡灾害的中度及以上危险之中（轻度危险及以下等级可视为不设防危险等级）。

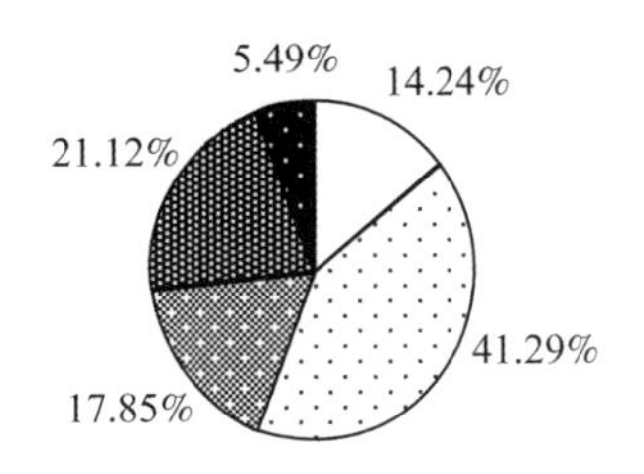

图 3-165　中国泥石流和滑坡灾害危险度分析

对全国 30 个省级行政单元（未含天津、上海、澳门和台湾，下同）的危险度数据作进一步分析（图 3-166），云南、四川、陕西三省泥石流和滑坡灾害极高危险区的面积比例列全国前三位，云南为全国之首，泥石流和滑坡极高危险区面积约占 70%。极高危险的泥石流和滑坡灾害给云南、四川和陕西三省的决策者们敲响警钟，在大力发展经济的同时，更要结合当地自然地理区域特征，监测人类活动条件下区域自然环境的变化和响应，高度重视避险防灾和应急措施，切实贯彻环境与经济协调发展的科学发展观，保证山区经济建设的持续、健康发展。

部分危险度评价等级相对较低或危险度等级较为单一的省（自治区、直辖市、特别行政区），如吉林、辽宁、黑龙江、内蒙古、新疆、福建、广西、广东、海南和香港等，在量化评价体系中之所以评价等级较低或结构较为简单，是由其整体自然地理环境条件所决定的，但不能说不存在个别可能活跃着的自然地理灾变因素。如广东和香港，经济发展充分而迅速，为满足发展需要，资源开发以后必然会由平地向山区丘陵地带发展，这些地区的坡地资源受气候、地形、岩性等因素的影响极其脆弱，稍微开发不当即会导致出现一系列斜坡破坏过程，进而引发泥石流和滑坡灾害。虽然灾害规模不大，但对经济发达地区造成的经济损失较大。另外，内蒙古和新疆等内陆省份，整体危险度较小，主要是由于处于极端干旱或半干旱气候条件下，年平均降水量始终处于无效降水状态，加之地表水匮乏，即便地面风化碎屑物质在内陆气候影响下较为丰富，也较难触发灾害性泥石流和滑坡。在

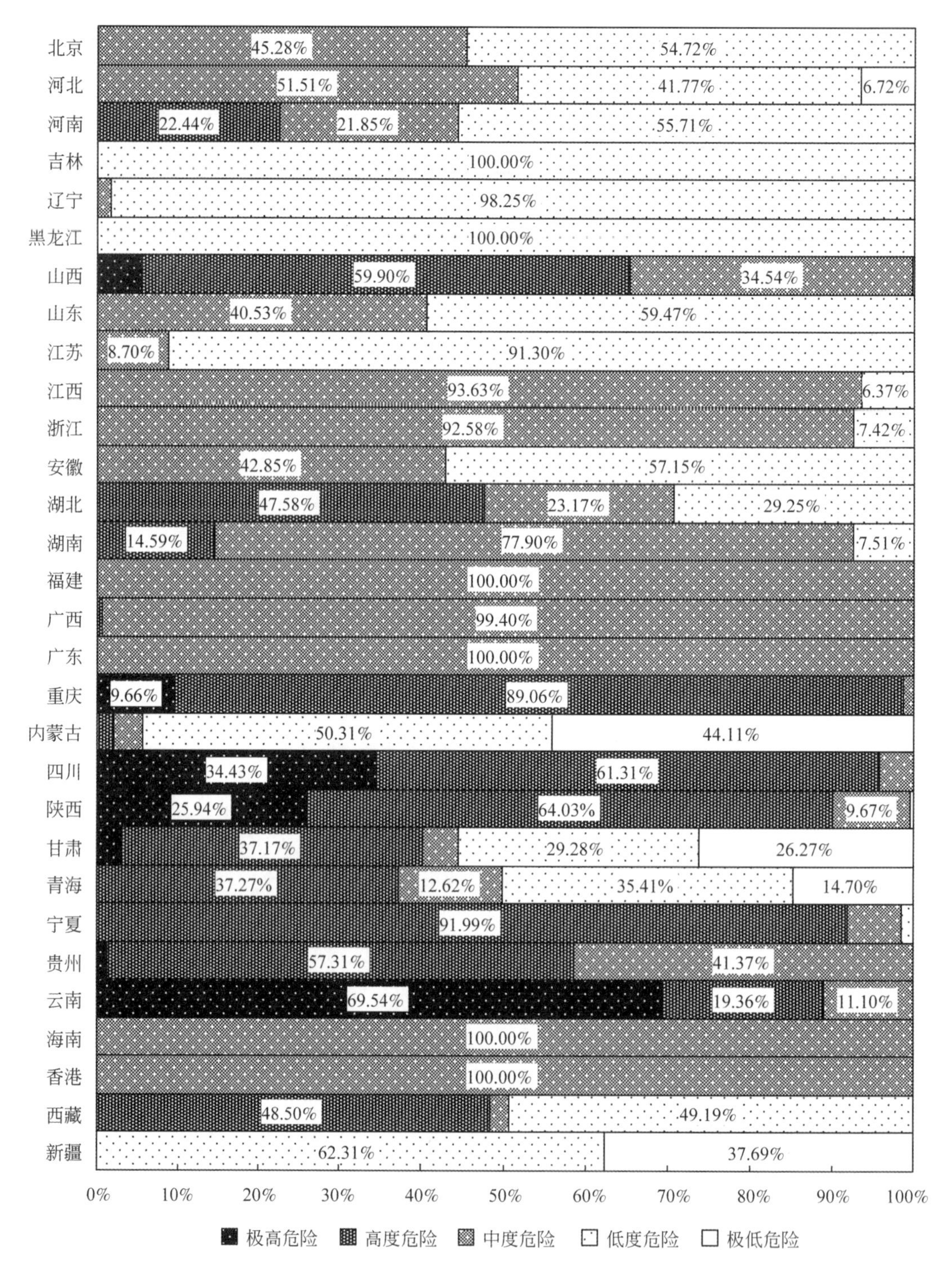

图 3-166 中国泥石流滑坡灾害分省（自治区、直辖市）危险度分析

生态高度脆弱区域，局部地区如天山山麓，由于气候和地貌的特殊性，也可由冰雪融水产生泥石流。东北三省的危险度整体上较低，是因为该地区整体上森林植被较好、地表风化

程度低、土地开发利用持续稳定。福建、广西和海南虽处沿海，但区内山地丘陵众多，具备泥石流和滑坡成灾条件，处于中等危险等级范围。天津和上海的土地面积有限，又是沿江沿海地带，缺乏泥石流和滑坡灾害的孕灾环境。

在极高危险和极低危险的两个极端之间，还有许多处于高度危险或是危险等级结构复杂的省份（自治区、直辖市），如北京、河北、河南、山西等其余各省（自治区、直辖市）。这些省份区域内地貌结构复杂、气候因素多变、人类活动剧烈而广泛，易于触发泥石流和滑坡灾害。加之它们并不处于传统的泥石流和滑坡高发地带，人们对它们的关注较少，政府部门容易忽视，因此其导致的灾难性后果往往更为严重。对这些地区应加强防灾减灾意识、加大对灾变因子的监测力度、努力降低泥石流和滑坡灾害危险度。

2）易损度分析

GIS 软件统计出各易损等级国土面积为：极高易损区为 1113km²、高度易损区为 12 411km²、中度易损区为 903 247km²、低度易损区为 6 518 668km²、极低易损区为 2 012 425km²。如图 3-167 所示，全国共有 90. 3% 的国土面积处于极低易损和低度易损区。中度及以上易损区不到 10%。这也较好地反映了 2000 年当时全国的经济、社会和人口发展的实际情况。

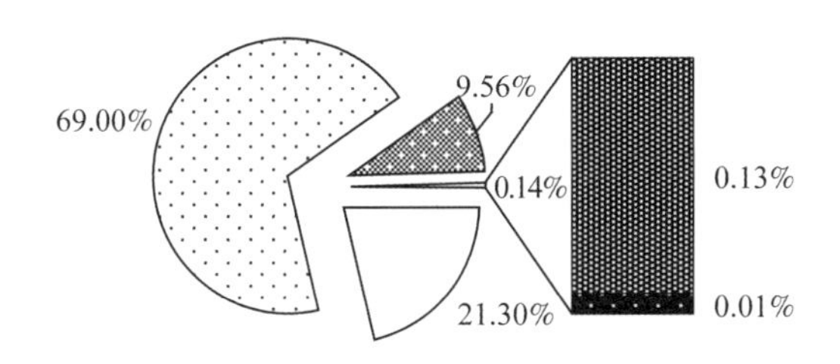

图 3-167　中国泥石流和滑坡灾害易损度分析

以代表区域发展较高水平的省会城市来进行区域易损度分析（表 3-43）。省会城市是该区经济、社会发展中心，也是人口高度集中的区域。通过数据提取发现省会城市的区域内部，易损度变化为 0. 2 ~ 0. 8，其中又以 0. 4 ~ 0. 8 居多（天津和上海因未有危险度，故而不分析其易损度）。产生城市内部易损度分化的主要原因是城市化程度的差异，亦即城市内部出现了经济、社会和人口发展的不平衡。占据优势资源的城区得到优先发展，易损度相应提高；城市化较晚的城乡结合部或逐渐衰落的老城区易损度下降。

表 3-43　中国 30 个省会城市（直辖市、特别行政区）泥石流和滑坡灾害易损度分析

省会城市（直辖市、特别行政区）	易损度范围	省会城市（直辖市、特别行政区）	易损度范围	省会城市（直辖市、特别行政区）	易损度范围
北京	0. 2 ~ 0. 8	福州	0. 4 ~ 0. 8	成都	0. 4 ~ 0. 8
石家庄	0. 4 ~ 0. 8	南昌	0. 2 ~ 0. 8	重庆	0. 2 ~ 0. 8
太原	0. 4 ~ 0. 8	济南	0. 4 ~ 0. 8	贵阳	0. 4 ~ 0. 8

续表

省会城市（直辖市、特别行政区）	易损度范围	省会城市（直辖市、特别行政区）	易损度范围	省会城市（直辖市、特别行政区）	易损度范围
呼和浩特	0.2～0.8	郑州	0.4～0.8	昆明	0.4～0.6
沈阳	0.2～0.8	武汉	0.2～0.8	拉萨	0.2～0.8
长春	0.2～0.8	长沙	0.2～0.8	西安	0.4～0.8
哈尔滨	0.2～0.8	广州	0.4～0.8	兰州	0.2～0.8
南京	0.4～0.8	香港	0.4～0.8	西宁	0.4～0.8
杭州	0.4～0.8	南宁	0.4～0.8	银川	0.2～0.6
合肥	0.4～0.8	海口	0.2～0.8	乌鲁木齐	0.2～0.6

为了辨别极高易损区分布的相对位置，在GIS平台中调用红色符号标注极高易损区，发现极高易损区并非与省会城市重合，而是分布在附近，有的甚至远离省会城市。产生这种现象的原因主要是省会城市在各个领域得到优先发展，广泛的经济交流和社会进步促进了城市防灾减灾功能的增强。由此，其他次级经济发展区就成为灾害的极高易损区。

3）风险度分析

自然灾害风险评价结构图（图3-168）较好地解释了为什么危险度最高的地方风险度不一定最高，易损度最高的地方风险度也不一定最高，而只有危险度和易损度都高的地方才是风险度最高的地方（刘希林，2000）。

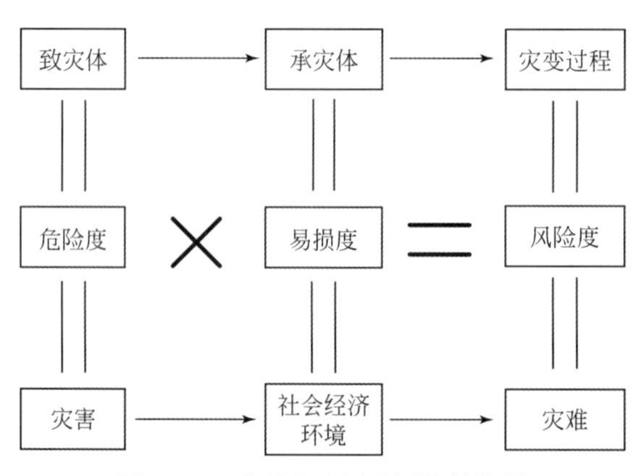

图3-168 自然灾害风险评价结构图

当危险度一定时，易损度的变化大体可以分为两个阶段。第一阶段是易损度的前期快速增长阶段，区域经济社会的不断发展使得易损度不断增大，风险度也相应增大；第二阶段是易损度的后期平稳发展阶段，当区域经济社会发展到一定水平后，或者说当经济社会发展的量化指标超过某一阈值时，就可能有足够的资金投入到灾害的科学研究和防灾减灾的技术开发中，以增强区域抵抗灾害的能力，从而使区域易损度缓慢增长或保持平稳状态，使得风险度亦随之不再增大。因此，评判区域易损度对风险度大小的贡献，需要结合当地实际情况，不仅要依据经济社会发展的硬性指标，也要评估经济社会发展与防灾抗灾能力以及灾害损失之间的不同组合关系。如何具体评估区域抗灾能力，仍需我们进一步研究。

根据GIS软件的统计结果，全国范围内各风险等级国土面积分别为：极高风险区为104km^2、高度风险区为283 008km^2、中度风险区为3 161 815km^2、低度风险区为3 299 604km^2、极低风险区为2 681 709km^2。如图3-169所示，全国共有36.546%的国土面积处于中度以上风险区。全国有28.449%的区域属于极低风险区（包括无风险区）。极低风险属于可忽略风险，可忽略风险当然属于可接受风险的范围。此外，还有一部分低度风险也应该是可以接受的。高度风险和极高风险区占国土总面积约3%，只有高度及以上的风险才是必须有效减轻及合理规避的。因此，中国虽然属于泥石流和滑坡灾害较高危险的国家（高度和极高危险区占26.61%），但总体而言，并非属于泥石流和滑坡灾害的高风险国家（高度和极高风险区仅占3%），这是因为中国泥石流和滑坡灾害高危险区和高易损区较少有重叠的缘故。

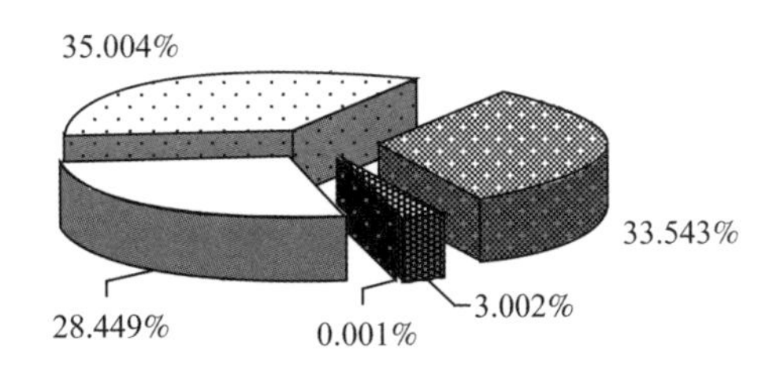

图3-169　中国泥石流和滑坡灾害风险分析

中国尚属发展中国家，随着经济社会进一步发展和人口进一步增加，灾害易损度无疑会进一步加大，特别是西部大开发的逐步推进和东西部经济差距的逐渐缩小，高易损区和高危险区的重叠面积会越来越大。因此总的来说，在未进入中等发达国家和人口数量开始下降之前，中国泥石流和滑坡灾害风险还会慢慢增高，高风险区域也会不断扩大。

泥石流和滑坡灾害风险度是危险度和易损度的结合，因而使每个省份的风险构成变得更加复杂，至少由两个以上风险等级组成。除北京、香港、重庆以外，其余各省份均有极低风险区（包括无风险区），同时每个省份都或多或少包含有低度和中度风险区。此外具有高度风险和极高风险的省（自治区、直辖市）有七个，分别是山西、四川、重庆、贵州、云南、陕西、宁夏。重庆是全国泥石流和滑坡灾害风险最高的地区，市内没有极低风险区（表3-44）。北京和香港经济社会发达，易损度高，高的易损度导致其没有极低风险区；而泥石流和滑坡灾害虽然规模较小但分布较为广泛，不高的危险度则导致了其没有高度风险和极高风险区。

表3-44　中国各省（自治区、直辖市、特别行政区）的泥石流滑坡灾害风险统计

省（自治区、直辖市、特别行政区）	极低风险	低度风险	中度风险	高度风险	极高风险
北京	\	○	○	\	\
河北	○	○	○	○	\
山西	○	○	○	○	○
内蒙古	○	○	○	○	\

续表

省（自治区、直辖市、特别行政区）	极低风险	低度风险	中度风险	高度风险	极高风险
辽宁	○	○	○	\	\
吉林	○	○	○	\	\
黑龙江	○	○	○	\	\
江苏	○	○	○	○	\
浙江	○	○	○	○	\
山东	○	○	○	\	\
安徽	○	○	○	○	\
河南	○	○	○	○	\
江西	○	○	○	○	\
湖北	○	○	○	○	\
湖南	○	○	○	○	\
福建	○	○	○	○	\
广东	○	○	○	\	\
香港	\	○	○	\	\
海南	○	○	○	\	\
四川	○	○	○	○	○
重庆	\	○	○	○	○
广西	○	○	○	○	\
贵州	○	○	○	○	○
云南	○	○	○	○	○
西藏	○	○	○	○	\
陕西	○	○	○	○	○
甘肃	○	○	○	○	\
宁夏	○	○	○	○	○
青海	○	○	○	○	\
新疆	○	○	○	\	\

注：○代表存在该等级风险区；\ 代表不存在该等级风险区

4）结论与讨论

运用 GIS 技术结合目前能够获取到的相关数据资料和已有成果，采用简化后的易损度评价模型进行 1∶100 万中国泥石流和滑坡灾害风险度制图。同时从危险度、易损度、风险度多角度和全国、省（自治区、直辖市）、省会城市多层次较为详细地阐述和分析了数据处理的技术流程和风险评价的定量结果，从二维空间上得出了全国范围内泥石流和滑坡灾害风险分布状况及其等级构成，明晰了泥石流和滑坡灾害的风险防范重点区域，初步实现了中国泥石流和滑坡灾害风险制图的目的。

本次完成的 1∶100 万中国泥石流和滑坡灾害风险度图为中国第一代泥石流和滑坡灾害综合风险图（2000 年），有电子地图和纸质地图两种形式，同时配有 1∶100 万中国泥石流和滑坡灾害危险度图（2000年）、1∶100万中国泥石流和滑坡灾害易损度图（2000年），电子地图分辨率可达1km×1km，纸质地图共76幅，是“十一五”国家科技支撑计划重点项目“综合风险防范关键技术研究与示范”研究成果中的组成部分。

无论国内和国外，也无论何种自然灾害，风险图必须定期更新才能被决策者使用，因为灾害风险与经济社会发展和人口状况紧密相关。参照国际惯例和中国国情，建议自然灾害风险图以10年为周期进行更新较为合适。本次完成的1∶100万中国泥石流和滑坡灾害风险度图基于20世纪90年代初完成的泥石流和滑坡灾害危险度区域等级，以2000年全国第五次人口普查资料作为人口密度依据，相应地，土地利用类型和GDP资料也采用的是2000年的数据。因此，待国家统计局2010年全国第六次人口普查资料刊布、国土资源部国土资源大调查700个县市地质灾害调查成果以及土地资源监测调查资料整编后，有必要立即开展中国第二代，即2010年泥石流和滑坡灾害风险图的编制工作。

本次编制的泥石流和滑坡危险度图是以20世纪90年代初的定性分区和分级为基础的，而非严格意义上的由区域危险度定量计算后得到的危险度分区和分级结果。易损度采用的是简化后的评价模型，并非前期研究成果中提出的真正意义上的区域易损度的分区和分级。这些不足，需要在第二代风险制图中加以完善。第一代风险图是解决从无到有的问题，第二代风险图则要求达到从有到更好的目的。因此，对某些评价因子的选择和量化方式应加以改进，如区域危险度评价中的大于等于25°坡耕地面积比例这一指标如何寻找新的替代指标；又如区域易损度评价中的经济指标15年累计固定资产投资可调整为10年累计值，以便与风险图更新周期相一致；再如土地资源价值的估算需随土地价格的变化而调整基价，并参照新的土地使用权年限70年而非50年来计算等，都是今后需要做的工作。

3.11　森林火灾灾害数据库与风险评估*

利用全国1∶100万森林植被分布、全国森林火灾案例记录等数据，综合地考虑各种可能影响森林起火频率和火灾蔓延面积的各种因素，根据森林单元、起火频率、程度概率和超越概率，综合计算森林火灾年均期望损失与损失的超越概率，制作了森林火灾历史频次图、森林火灾程度概率图、森林火灾年均期望损失图和各种年遇的森林火灾损失分布图。

3.11.1　数据库建设

森林火灾统计数据库，包括全国1∶100万森林植被分布数据（张新时，2007），全国省级1987～2007年的森林灾害数据（火灾次数、面积和经济损失等），全国1954～2007年森林火灾案例记录（时间、地点、受害面积、灾害等级和起火原因等）。森林承灾体数据来自于张新时院士主编的《中华人民共和国植被图1∶1 000 000》，研究对象限定于中国境内的针叶林、阔叶林、针阔混交林，不包括灌木和草地，如图3-170（a）所示。承灾体

* 本节执笔人：北京师范大学的汪明、赵玮婷、刘敏。

基本单元基于1∶100万植被图中的第四级基本单元（植被代码）产生［图3-170（b）］，同时结合行政边界切割或合并，形成新的基本单元，生成的基本单元为898个，如图3-170（c）所示。

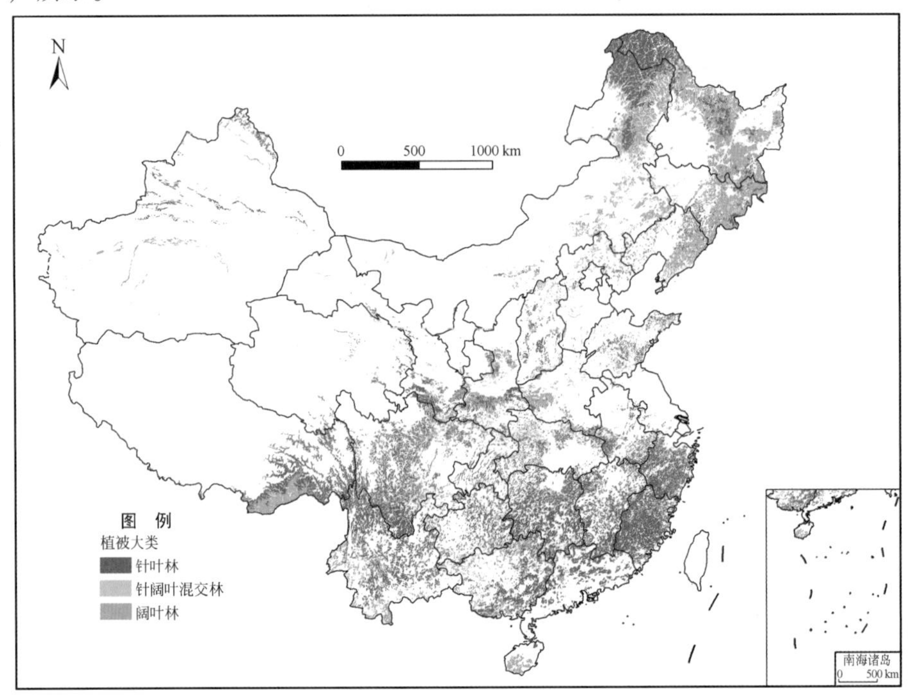

(a) 按植被大类显示

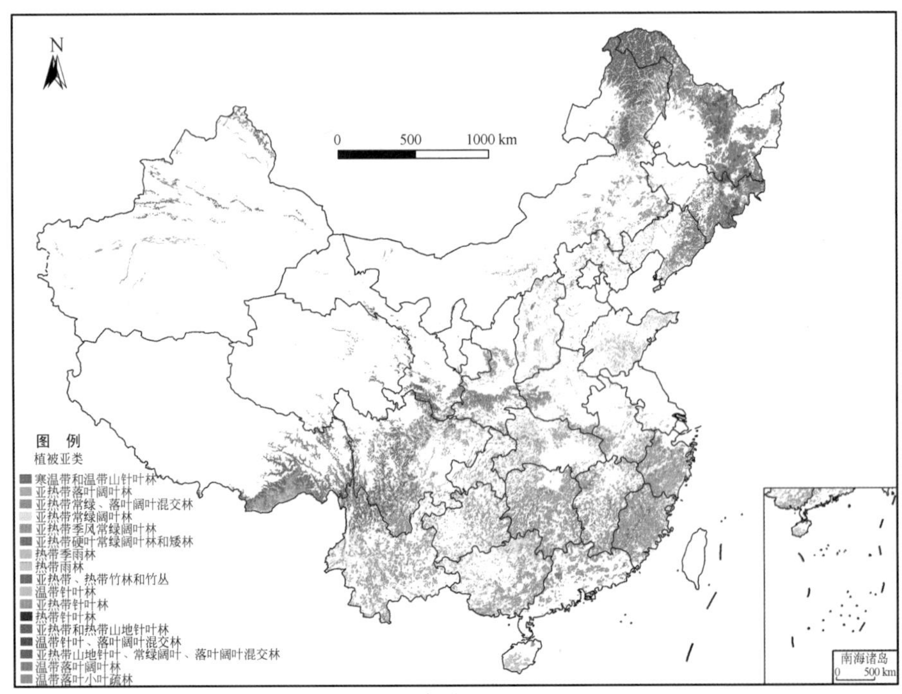

(b) 按植被亚类显示

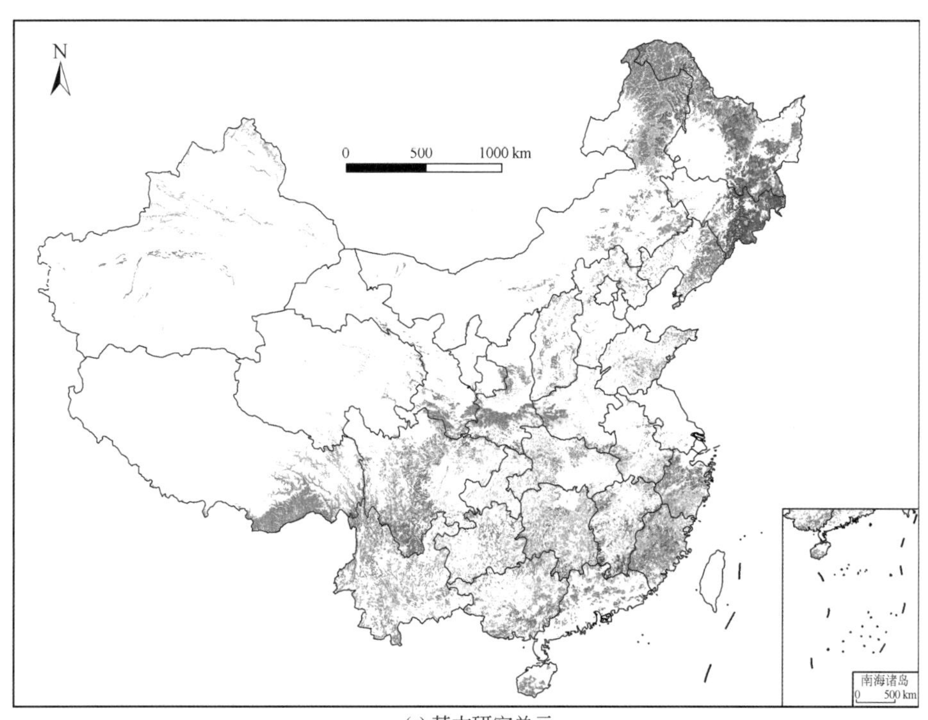

(c) 基本研究单元

图 3-170　中国森林承灾体基本单元

3.11.2　风险评估方法

1. 基本评估思路

各省（自治区、直辖市）森林火灾发生次数呈不均匀分布，发生森林火灾的总次数与发生重大森林火灾的次数之间并无直接关系，而且森林火灾在各省（自治区、直辖市）造成的经济损失也与火灾次数、火场面积没有明显的关系。在评价各区域的森林火灾风险时，必须综合地考虑各种可能影响森林起火频率和火灾蔓延面积的因素，如森林植被特性、面积、地形、气候和人口密度等，而这些因素综合的作用会反映在各区域的起火频率、易损性等方面。

各区域的风险等级定义为该区域森林火灾的年均期望损失，各区域的森林火灾风险可用年损失的超越概率来表示。如图 3-171 所示，森林火灾风险由承灾体、出险频率、程度概率、易损性四个方面来确定。承灾体给出被研究对象的特征值，如森林面积或经济价值等；出险频率反映区域内发生不同程度火灾的可能性，即频率；程度概率给出某区域内一旦发生火灾，该次火灾演变为不同程度火灾的概率；易损性在这里反映某区域火灾的损失分布，即超过某一损失程度的概率，表现为一条或多条损失的超越概率曲线。

各地森林火灾年均期望损失由承灾体研究单元面积、出险频率、程度概率和易损性四

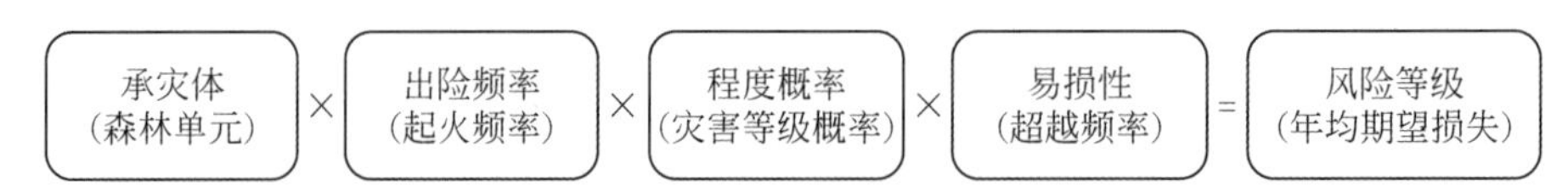

图 3-171 森林火灾风险评估思路

因子的乘积来确定；年遇型风险评估由蒙特卡罗仿真生成大量样本后，通过对各承灾体单元的可能发生事件的统计分析，计算出森林火灾的年遇型风险。

2. 森林火灾分类体系

由于不同类别、不同等级的森林火灾在出险频率、程度概率方面存在着巨大差异，因此在评估过程中有必要对森林火灾进行分类。一般来说，依据的标准不同，森林火灾分类的结果也多种多样，如表 3-45 所示。

表 3-45 森林火灾分类体系

分类标准	类别	特征
按照林火蔓延特点的分类	非连续型蔓延（飞火）	主要依赖飞火，不能用通常的蔓延公式计算蔓延速度
	连续型蔓延（辐射）	可按火灾蔓延公式计算蔓延速度
按照林火蔓延速度的分类	慢速火	蔓延速度 2m/min 以内
	中速火	蔓延速度 2.1～20m/min
	快速火	蔓延速度 20m/min 以上
按照火灾燃烧森林部位和程度的分类	树冠火	地表火遇强风或遇到针叶幼树群、枯立木或低垂树枝，烧至树冠，并沿树冠顺风扩展，又分为速进树冠火和稳进树冠火
	地表火	火从地表面及近地面根系、幼树、树干下皮层开始燃烧，并沿地表蔓延，又分为速进地表火和稳进地表火
	地下火	火在林内根系土壤表层有机质及泥炭层燃烧，蔓延速度慢，温度高，持续时间长，破坏力极强，又分为泥炭火和腐殖质火
按照火强度和火焰高度的分类	轻度火	火焰高 50cm 以内，强度 75kW/m 以内
	低度火	火焰高 50～150cm，强度 75～750kW/m
	中度火	火焰高 150～350cm，强度 750～3 500kW/m
	高度火	火焰高 350～600cm，强度 3 500～10 000kW/m
	强度火	火焰高 600cm 以上，强度 10 000kW/m 以上

续表

分类标准	类别	特征
按照受害森林面积大小的分类	火警	受害森林面积在 $1hm^2$ 以下或者其他林地起火的
	一般森林火灾	受害森林面积在 $1hm^2$ 以上 $100hm^2$ 以下的
	重大森林火灾	受害森林面积在 $100hm^2$ 以上 1 $000hm^2$ 以下的
	特大森林火灾	受害森林面积在 1 $000hm^2$ 以上的

为了便于将森林火灾的分类结果与风险指标相联系，这里选取 2008 年重新修订的《森林防火条例》第四十条作为森林火灾分类的根据，即按照受害森林面积大小进行分类。

3. 出险频率

出险频率指森林起火频率，单位为“次/（年 · hm^2）”，某林地出险频率即定义为每年每公顷面积发生火灾的次数。中国植被区域的起火频率可用全国省级（1987～2007 年）的森林灾害总况数据推导出来。

各研究单元的起火频率（γ_i）可由式（3-53）决定

$$\gamma_i = \frac{\sum_{j=1}^{n} N_j}{nA_i} \tag{3-53}$$

式中，N_j 为第 j 年在区域 i 发生森林火灾的次数；n 为统计的总年数；A_i 为区域 i 的植被面积。

在真实的森林系统中，森林火灾的起火频率常受到复杂的外界因素影响，其中森林优势种的植被类型就是一个重要的影响因素。为了能够确定不同植被类型对森林火灾起火频率的影响系数，本节依据《林火生态与管理》（胡海清，2005）将所有植被类型的燃烧特性划分为难燃（A）、中等（B）、易燃（C）三类，根据每个森林单元相应的植被名称及植被分类，参考该书中可燃物类型划分依据表，确定其可燃物类型。对同一省份内同一可燃物类型的森林面积进行统计，得到全国各省份不同可燃物类型占森林总面积的百分比，运用统计分析工具库将其与起火频率进行相关性分析，得到相关系数如表 3-46 所示。

表 3-46　燃烧特性与起火频率的相关系数

分类	A	B	C
起火频率	-0. 2077	-0. 3426	0. 5558
一般火灾起火频率	-0. 2073	-0. 3424	0. 5551
重大火灾起火频率	-0. 1816	-0. 2700	0. 4550
特大火灾起火频率	-0. 2245	0. 5759	-0. 3872

由表 3-45 可知，起火频率与 C 类可燃物类型相关性较大，故决定给予 C 类植被 1. 5 的起火频率系数，A、B 类植被 1 的起火频率系数，同时不区分一般火灾、重大火灾和特大火灾。

由图 3-172 可知，湖南、浙江、福建等地的森林起火频率相对较高，但基本为一般火

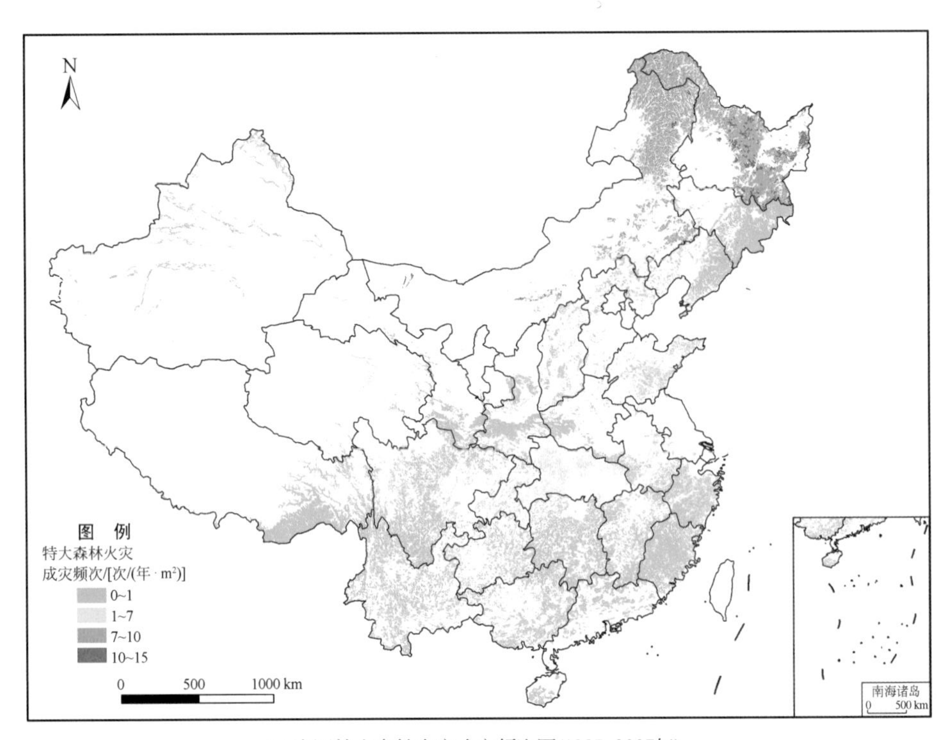

(a) 中国特大森林火灾成灾频次图(1987~2007年)

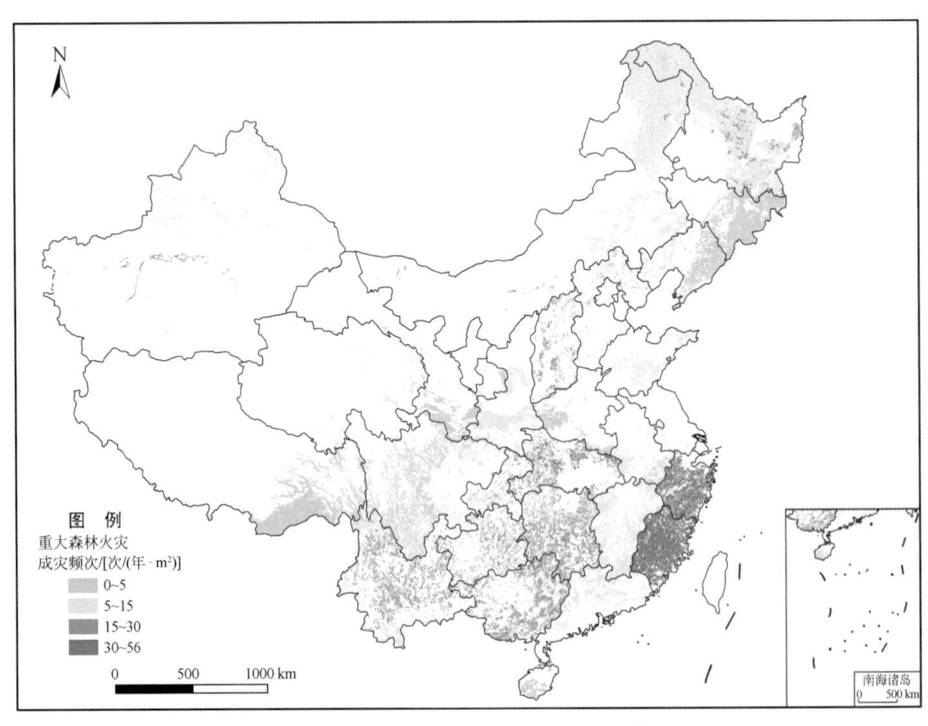

(b) 中国重大森林火灾成灾频次图(1987~2007年)

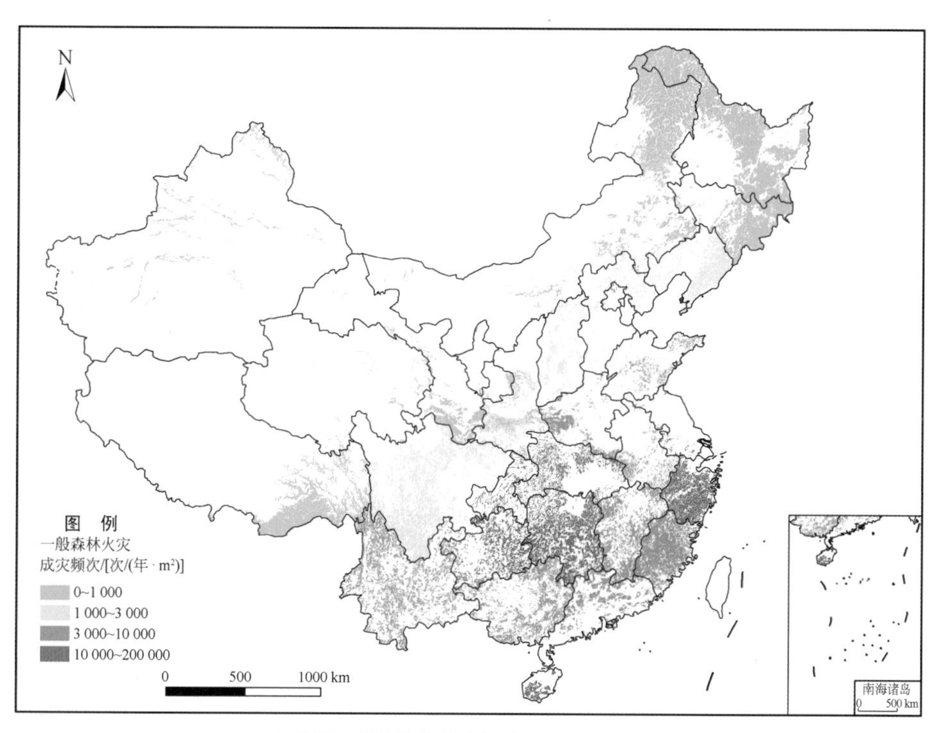

(c) 中国一般森林火灾成灾频次图(1987~2007年)

图 3-172　全国森林火灾成灾频次图

灾；而中国东北地区，虽然总的起火频率并不高，但发生重大和特大火灾的频率较高。由此也说明，评估某区域森林火灾的风险时，不仅要考虑火灾发生的频率，也要考虑发生何种程度的火灾。

4. 程度概率

依据统计数据，程度概率，即一旦发生火灾，该火灾最终形成某一程度的火灾（如一般火灾、重大火灾和特大火灾）的概率［P_i（S）］通过式（3-54）得到：

$$P_i(S) = \frac{\sum_{j=1}^{n} N_{j,S}}{\sum_{j=1}^{n} N_j} \tag{3-54}$$

式中，$N_{j,S}$为第j年在区域i发生程度为S的森林火灾的次数；S对应一般火灾、重大火灾和特大火灾；N_j为第j年发生的总次数。

类似出险频率，本节依据森林优势种的植被类型对程度频率也进行了修正。参考《林火生态与管理》（胡海清，2005）将所有植被类型的蔓延速度划分为蔓延快、中等、蔓延慢三类，根据每个森林单元相应的植被名称及植被分类，参考该书中可燃物类型划分依据表，得到蔓延特性与程度概率的相关系数，如表 3-47 所示。

表 3-47 蔓延特性与程度概率的相关系数

分类	蔓延快	蔓延中等	蔓延慢
进入一般火灾状态的概率	-0.2226	-0.3037	0.3937
进入重大火灾状态的概率	0.1467	0.2405	-0.2955
进入特大火灾状态的概率	0.2911	0.3372	-0.4613

由于蔓延速度的快慢与受害森林面积的大小有较强的相关性，蔓延快的植被类型更容易发生重大或特大森林火灾；相反，蔓延慢的植被类型进入重大或特大火灾状态的概率较小。故在原始统计数据计算结果的基础上，对蔓延快的植被进入一般火灾状态的概率进行适当减小，而进入重大、特大火灾状态的概率进行适当增加，同理处理中等和蔓延慢的程度概率。

中国达到重大、特大森林火灾状态的概率如图 3-173 所示，从结果可知，西南、华中地区的火灾大多为一般火灾，重大火灾较少，几乎没有特大火灾；而东北黑龙江等地、内蒙古东北部森林由于多为油松林等蔓延速度较快的植被类型，重大、特大森林火灾的比例明显高出一般火灾。由于重大、特大森林火灾造成的经济损失与一般火灾差异很大，这也进一步证明了在风险评估体系中分等级探讨风险损失（受害森林面积）的必要性。

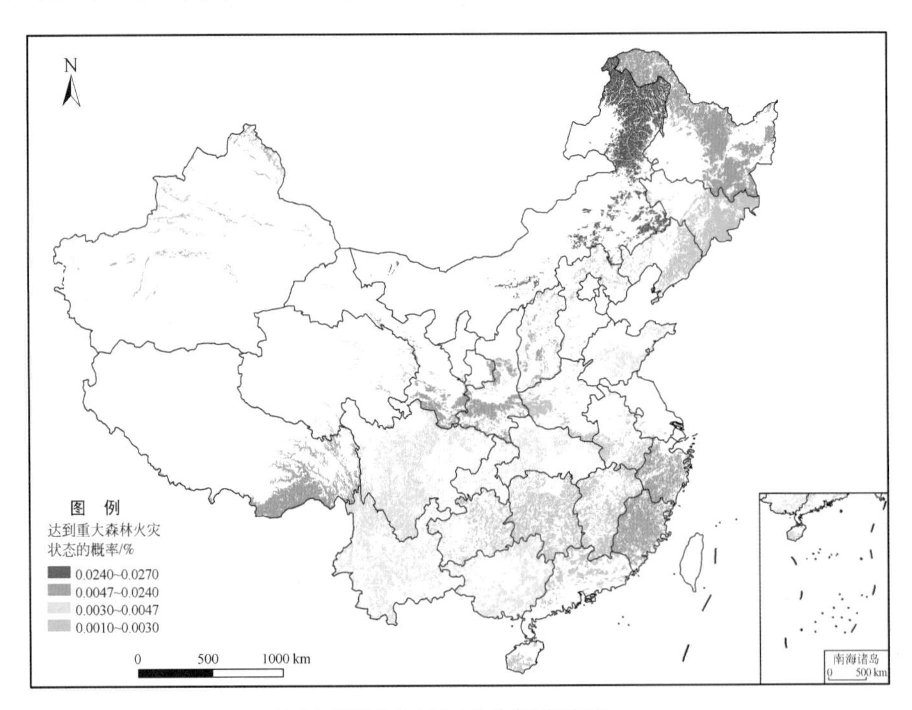

(a) 中国达到重大森林火灾状态的概率图

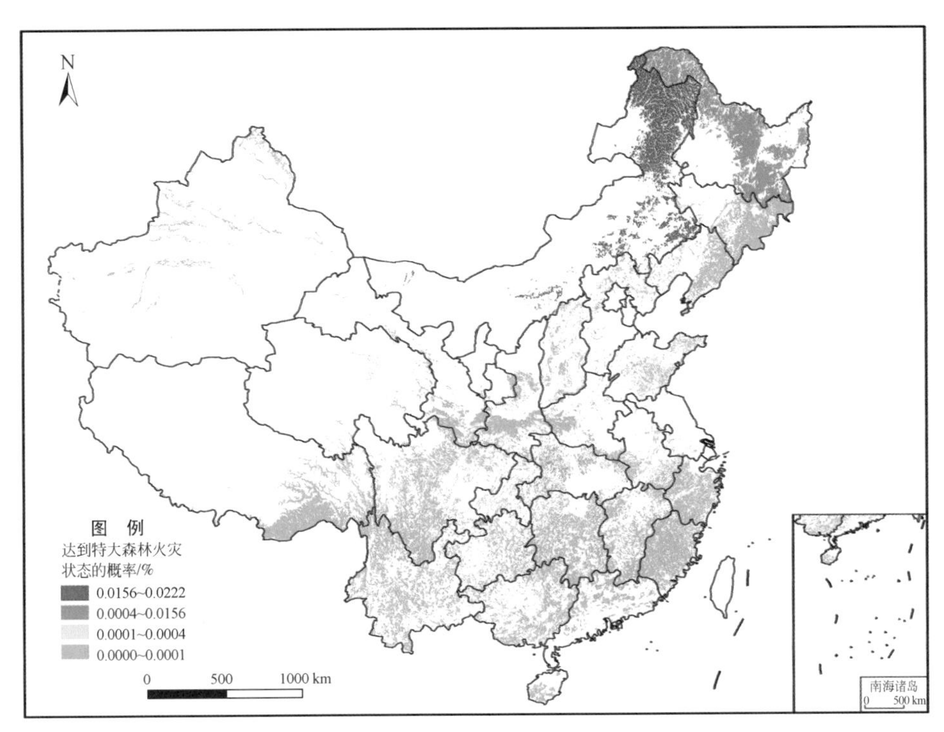

(b) 中国达到特大森林火灾状态的概率图

图 3-173　中国森林火灾程度概率

5. 易损性超越概率

目前国内外评价承灾体易损性的方法主要有工程模拟、灾害案例损失、保险损失反演法等。本节的易损性超越概率通过全国 1954 ~ 2007 年森林火灾案例记录分析得到。基于某个区域所有的案例记录，可分析出该区域一旦发生火灾，该火灾有多少概率达到一定的受害面积。该超越概率曲线的可靠性取决于历史案例数据记录的数量和准确性。

因为中国森林分布地域差异大，易损性曲线考虑地区差异。但受案例数据数量的限制，仅按东北、华北、西南、东南、华中和西北六区域来计算，个别区域存在案例数据过少的问题，故现阶段，将用全国平均数据来替代。

图 3-174 给出了不同灾害等级（一般、重大和特大）下的森林火灾易损性超越概率曲线。由重大火灾易损性超越概率曲线可知，我国东南地区发生一场重大森林火灾的平均受害森林面积最小，东北地区最大。由特大火灾易损性曲线可知，我国发生一场特大森林火灾的平均受害森林面积呈现由西南向东北递增的趋势。

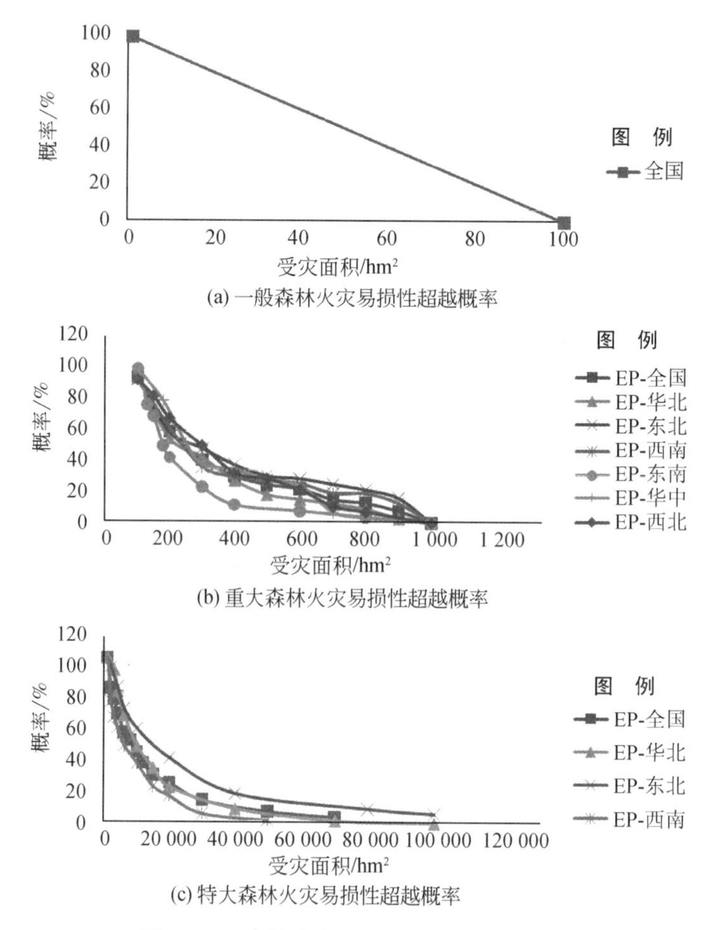

(a) 一般森林火灾易损性超越概率

(b) 重大森林火灾易损性超越概率

(c) 特大森林火灾易损性超越概率

图 3-174 森林火灾的易损性超越概率曲线

6. 风险等级（年均期望损失）

各区域的风险等级定义为该区域森林火灾的年均期望损失，各区域的森林火灾风险用年损失的超越概率来表示。年均期望损失通过承灾体面积、出险频率、程度概率以及一场火灾的期望损失（通过易损性超越概率计算）四项数值相乘计算得到。

图 3-175 给出全国森林火灾风险图。

7. 年遇型风险评估

在对各地森林火灾的年均期望损失进行评估的同时，也要对不同年遇型水平下的损失进行评估，从而更加系统地反映各森林单元的风险大小。这里，利用蒙特卡罗仿真生成大量随机样本，从而弥补历史数据不足的缺陷，绘制出年遇型森林火灾风险图。

蒙特卡罗仿真的流程如下。

步骤一：利用聚类泊松分布得出各省份 1000 年森林火灾发生的次数。

步骤二：针对重大、特大森林火灾，运用各省份所属地区的易损性超越概率曲线的转置生成随机样本点，得出各省份每年各次重大、特大森林火灾造成的受害森林面积。

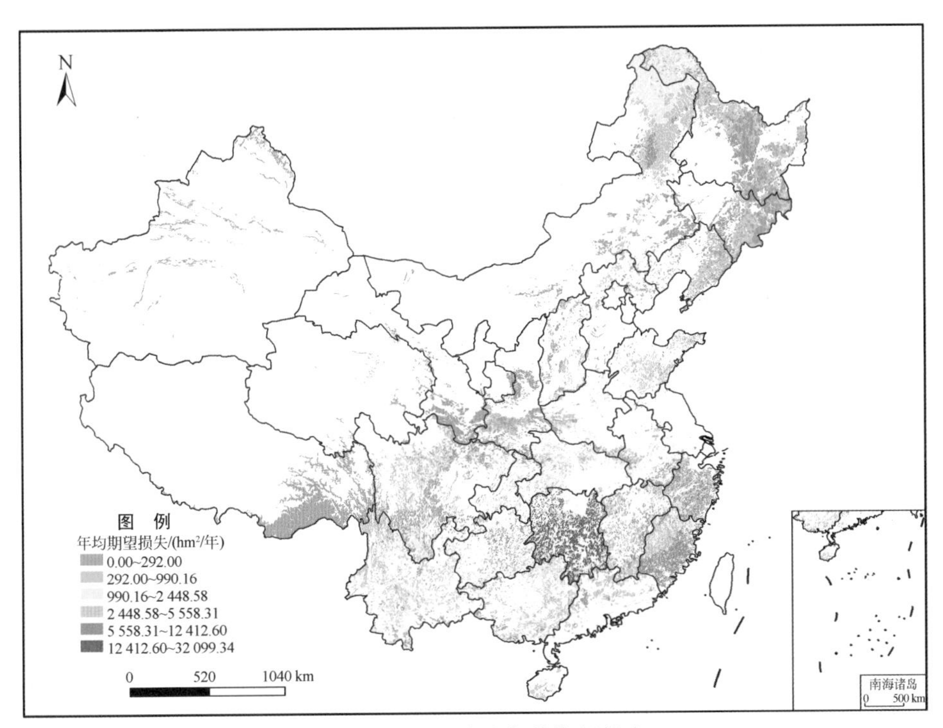

图 3-175　森林火灾年均期望损失

步骤三：针对重大、特大森林火灾，利用各单元所占对应省份森林面积的百分比（含权重），将步骤二中产生的样本事件分配至各单元。

步骤四：针对一般森林火灾，利用各单元所占对应省份森林面积的百分比（含权重），将步骤一中产生的 1000 年中每年的一般森林火灾次数分配至各单元。

步骤五：统计各单元 1000 年中每年的总受害森林面积。

步骤六：运用步骤五中的随机事件，计算各单元的损失超越概率曲线。

通过对由蒙特卡罗仿真生成的大量样本事件进行统计，能够得出各承灾体单元期望损失的超越概率。图 3-176 显示了 884 号单元的损失超越概率曲线，所有 898 个森林单元均有一条损失超越概率曲线来描述其风险。

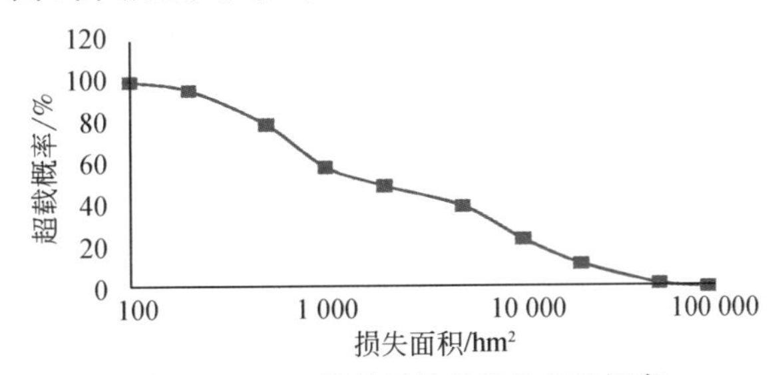

图 3-176　884 号单元的易损性超越概率

3.11.3　风险制图

反映中国森林火灾风险水平的图件主要是各年遇型风险图（图 3-177）。

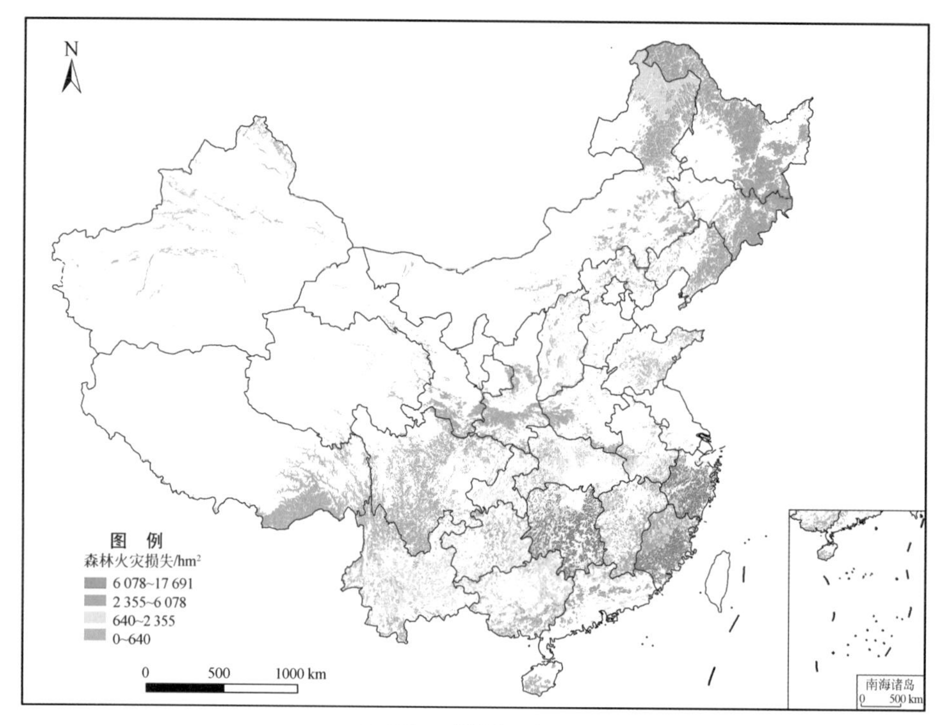

(a) 两年一遇损失分布图

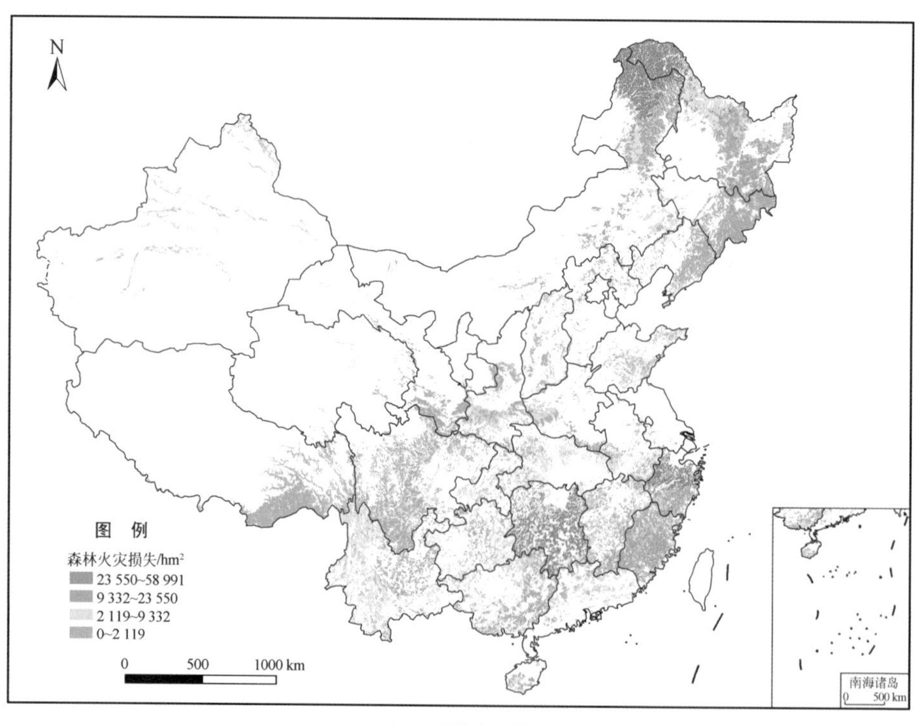

(b) 25年一遇损失分布图

图 3-177 各地森林火灾年遇型风险图

3.11.4　结果分析

从全国森林火灾的起火频率可以看出，一旦发生森林火灾，该火灾演变成特大火灾的可能性在内蒙古和黑龙江最高。一旦发生森林火灾后，该火灾造成不同损失面积的概率也表现出显著的区域差异。

年均期望损失结合年遇型损失能较全面地描述各研究单元的森林火灾风险大小以及全国森林火灾风险的空间格局。从总体上来看，中国湖南、浙江、福建一带森林火灾期望损失最高，而黑龙江、内蒙古多发重大、特大森林火灾，重现期短的火灾年损失相比其他省份并不高，而重现期长的火灾年损失相比其他省份则非常高。

基于 1987 ~ 2007 年的全国省级森林灾害总况数据，我们对森林火灾的出险频率、程度概率进行分析，结合全国 1954 ~ 2007 年森林火灾部分案例数据分析得出的森林火灾易损性超越概率曲线，开展了全国森林火灾风险的定量研究。同时，运用蒙特卡罗仿真方法模拟出 1000 年各承灾体单元的灾害事件，进而绘制出各地森林火灾年遇型风险图。

由于时间和数据的限制，以下问题需要在未来的研究工作中进一步完善。

（1）植被可燃物类型与森林火灾出险频率、程度概率之间存在着一定的相关性，需深入研究使得相应修正系数更加科学合理；

（2）单一因子（如植被可燃物类型）对模型的修正有限，应综合考虑多种孕灾环境如气候条件、地形等对模型的影响；

（3）历史损失数据可有效地用于承灾体易损性的评价，应不断完善案例库。

需考虑各承灾体单元间的空间相关性，使蒙特卡罗仿真的过程更加合理。

3.12　草原火灾灾害数据库与风险评估*

3.12.1　草原火灾灾害研究进展综述

1. 研究背景

自然火灾（wildfire，包括森林火灾和草原火灾）是生态系统演替过程的自然现象，对区域生态系统、全球气候系统和社会经济具有重要影响，主要表现为：①植被生物量燃烧以及造成的土壤泥炭层燃烧（Schimel and Baker，2002；Page et al.，2002）向大气中排放大量的温室气体（CO_2、CO、CH_4 和 NO_x）和气溶胶，不仅改变大气化学成分，而且可能直接影响辐射平衡和全球气候系统（Crutzen and Andreae，1990；Westerling et al.，2006）；②破坏区域生态系统的生产功能并导致动物栖息地和生物多样性的减少（Lovejoy，1991），改变植被演替方式（Christensen，1993）和生物营养循环（Menaut et al.，1993）；③草原火灾后增加了裸露地表面积，使得土壤呼吸作用增强并释放出土壤中的有机碳（Santos et

---

* 本节执笔人：北京师范大学的曹鑫、国志兴。

al., 2003)；④人为控制或适当的火灾可减少可燃物积累并降低较大火灾的风险，维持动物栖息地的质量，以及促进森林和草原植被的再生（Bowman et al., 2009)；⑤自然火灾可造成重大的人员伤亡和巨大的经济损失。例如，在中国草原区域，近60年来累计火灾面积2亿 hm^2，造成1800多人的人员伤亡和600多亿元经济损失（张继权等，2007）。

最近研究表明，自然火灾的发生频率和燃烧面积有增加的趋势（Westerling et al., 2006; Running, 2006; Balshi et al., 2009)，结合全球变暖及气候变化的背景，有学者提出了自然火灾对气候变化的正反馈作用（Randerson et al., 2006)。气候变化是当前最引人关注的环境问题，在过去100年（1906～2005年）中，全球陆地平均气温升高了0.74℃，到21世纪末可能上升0.6～4.0℃（IPCC, 2007)。一方面，气候变化对自然火灾的气象因素有重要影响。例如，春季雪融日期提前及春夏季气温升高使火险期延长（Westerling et al., 2006; Running, 2006; Groisman et al., 2007)，极端天气（如高温、干旱）频发使重大火灾更加频繁（Westerling et al., 2006；田晓瑞等，2006；赵凤君和舒立福，2007；Bowman et al., 2009）等。另一方面，国内外研究结果表明，不同气候变化情景（CO_2 浓度上升、气温和降水增加等）将可能造成草原生态系统的净初级生产力（net primary product, NPP）下降（牛建明，2001; Shaw et al., 2002）或上升（Zavaleta et al., 2003)，即分别减少或增加草原可燃物累积并导致火灾风险发生相应变化。综上所述，气候变化带来的气象因素及可燃物的变动将增加草原火灾风险在时间和空间上的不确定性。因此，在当前气候变化背景下，研究草原火灾的起火概率、扩散危险性及火灾风险的模型及制图具有重要的科学和社会意义。

2. 国内外研究现状及进展

1）火灾起火概率模型

火灾起火概率是指由于自然或人为等影响因素的诱发，在某一区域内发生火灾的可能性的大小。起火概率的评估和研究对火灾的消防规划、自然资源管理、火灾风险评估与管理等具有重要的科学意义。

在国外已有的研究成果中，野火起火概率的主要评估方法有核密度估计方法（de la Riva et al., 2004; Amatulli et al., 2007)、多元回归方法（Kalabokidis et al., 2007; Martinez et al., 2009; Vasconcelos et al., 2001; Filipe et al., 2009; Pew and Larsen, 2001; Zhang et al., 2010)。

核密度估计方法主要是将历史火点数据利用核密度插值技术进行空间信息的插值或扩散，算法相对简便，不能反映出火灾和各种起火影响因素之间的关联。该方法的关键是核密度函数中带宽（bandwidth）h 的选择，h 选择的不同直接影响核密度估计的结果。Koutsias等（2004）分析了核密度函数中带宽的选择，认为 h 的选择越接近已知历史火点的平均最邻近距离，核密度估计的精度越高。同时，注重分析火点影响范围的空间不确定性，使得核密度估计方法评估野火起火概率的结果精度更高、更加合理（de la Riva et al., 2004; Amatulli et al., 2007)。

多元回归方法根据火灾发生区域的历史火灾数据和与起火的各种影响因素建立响应变量和解释变量的指标体系，使用多元 Logistic 回归或人工神经网络方法得到起火的主要影响因素，建立起火概率模型。国内外较多研究者利用多元回归方法在不同国家的区域森林、草原区对起火概率进行评估，分析不同主要起火影响因素对起火概率的影响（Kalabokidis et al.，2007；Chou et al.，1993）；同时，随着人类活动的加剧，人为起火成为火灾发生的主要因素，部分研究者分析了人为起火概率及与各种孕灾环境变量的关系。例如，Pew 和 Larsen（2001）对加拿大温哥华岛温带雨林区人为起火概率进行评估，Martinez 等（2009）对西班牙森林区的人为起火概率进行评估，Zhang 等（2010）对中国内蒙古呼伦贝尔地区的人为起火概率进行评估。

同时，现有研究者也使用人工神经网络的非线性回归方法评估野火的起火概率（Vasconcelos et al.，2001；Vasilakos et al.，2007），并对两种方法的起火概率的评估结果进行分析，认为人工神经网络方法的模拟精度较高，但不能解释每个影响因素对起火的贡献水平，而 Logistic 回归模型可以清晰地获得每个影响因素对起火的贡献水平（Vasconcelos et al.，2001）。

2）火灾风险模型

不同国家和地区根据区域植被类型分布特征、地理特性和气候条件建立了相应的野火蔓延模型。模型主要是为了进行火灾危险的评价，实现火灾发生的实时监测以及火行为预测，为火管理机构指挥灭火和灾情评估等提供科学决策和依据。而利用野火蔓延模型对自然火灾风险进行评估的研究较少。

自然火灾属于自然灾害，而利用灾害风险评价原理对自然火灾风险进行评估的研究很少。火灾风险评估是火灾预防的重要组成部分，随着人类对自然火灾风险研究的重视，火灾风险评估的方法和理论日益系统和完善。在国内外已有的研究中，火灾风险的评估主要注重火险监测和蔓延潜在风险评估研究，主要基于以下四种方法。

（1）建立火险指数评估火灾致灾风险。例如，Gonzalez-Alonso 等（1997）利用 NOAA/AVHRR 的 1B 数据使用最大值合成法（MVC）合成每周最大 NDVI 数据，以西班牙 Castile-La Mancha AC 地区的干燥气候影响植被的生长状况的 NDVI 值的变化特征作为森林火灾风险的识别阈值，监测该地区的火灾风险；Burgan 等（1998）基于遥感数据和地面观测数据创建了一个从国家到区域尺度评估潜在火的方法，即火灾潜在指数（fire potential index）模型，对美国的内华达州和加利福尼亚州林区潜在火进行评估；Lopez 等（2002）使用气象数据、遥感数据和可燃物图，利用火灾潜在指数（fire potential index）模型，对欧洲的森林火风险进行评估；Peng 等（2007）基于火点燃烧前热能的物理概念创建了一个新指数，即火敏感指数（fire susceptibility index，FSI），利用 ASTER 数据使用 FSI 对马来西亚半岛的森林火灾风险进行评估。此类方法适于对宏观区域火险进行评估且时效性较强。

（2）基于起火影响因素评估火灾致灾风险。预测野火事件的影响因素和理解火动态行为是野火管理至关重要的方面。例如，Jaiswal 等（2002）选择起火的主要影响因素（植被类型、坡度、居民点分布和距道路的距离），利用 GIS 空间分析功能为不同的影响因素的不同种类赋权值，探索森林火风险图的制作方法；Xu 等（2005）基于 RS 和 GIS

技术，选择影响火灾发生的因子（地形、植被、土地利用、人口和居民点信息）对其主观赋值来评价森林火险。此类方法因对不同影响因素赋权值来评定等级，故其评估结果主观性较强。

（3）基于历史火灾火点数据使用蔓延模型评估野火蔓延风险。此类方法主要根据历年火点数据的空间分布特征随机产生火点，利用野火蔓延模型，模拟火迹，产生潜在过火区域（potential burned area），进行火灾风险评估。例如，Mbow 等（2004）在非洲西部的尼奥科洛科巴国家公园随机产生起火点，利用 FARSITE 软件模拟火蔓延，得到潜在火蔓延区域，分析该地区的火灾风险；Carmel 等（2009）根据以色列卡梅尔山区 1983～2003 年历年火灾发生的火点数据的空间分布特征，使用蒙特卡罗技术随机模拟 500 个火点，利用 FARSITE 软件对这 500 个火点进行火蔓延模拟，绘制了潜在火蔓延频率分布图，对该地区火灾风险进行评估。此类研究目前很少，主要是在小尺度范围进行火灾风险评估。

（4）野火综合灾害风险评估。野火风险评估不仅是简单地对火灾点燃或者蔓延潜在风险的评估研究，也应对火灾潜在危害进行综合评估。Tong 等（2009）基于自然灾害风险模型建立草原火灾综合风险评估模型，模型主要由致灾因子、承灾体、脆弱性、应急反应和恢复能力四部分组成，根据以上四部分建立草原火灾风险评估指标体系，利用加权综合评分法和层次分析法对中国吉林西部草原火灾风险进行评估；Chuvieco 等（2010）基于 RS 和 GIS 技术提出森林火灾风险综合评估框架。火灾风险评估模型包括火灾的综合危险和脆弱性两部分。综合危险主要由蔓延危险和火点燃危险构成，火点燃的危险是由人为因素和自然因素以及可燃物的湿度引起的。脆弱性的评价主要由社会经济指标、潜在退化指标和景观指标构成。

此外，以可燃物模型和气象指标为基础，欧美各国及地区分别建立了自然火灾危险性评价系统，如火行为预测与可燃物模型系统（fire behavior prediction and fuel modeling system，BEHAVE）（Burgan and Rothermel，1984）、国家火险评价系统（national fire danger rating system，NFDRS）（Bradshaw，1983）、加拿大森林火险评价系统（Canadian forest fire danger rating system，CFFDRS）（Canadian Forest Service，1992）、火灾过火面积模拟器（fire area simulator，FARSITE）（Finney，2004）等。

3.12.2 草原火灾风险数据库建立

中国草原火灾风险评估数据库包括基础数据库、火灾数据库及火灾损失数据库三个子数据库。表 3-48 列出了各个子数据库的数据构成、格式及描述。数据库采用集中储存形式，数据类型包括空间矢量数据库（植被类型数据、行政边界数据），气象数据，空间栅格数据库（基础遥感数据、火点数据和火灾迹地数据），观测和统计数据库（草原植被实地测量数据、火点数据、草原火灾损失数据和社会经济统计数据）等。下面将对一些重要的数据进行详细说明。

表 3-48　中国草原火灾数据库

子数据库	数据名称	数据格式	数据描述
基础数据库	植被类型数据	矢量	中国植被类型图，包括11个主要植被类型及57个植被亚类
	气象数据	文本	726个气象站点记录的气温、降水、相对湿度等气象数据
	草原植被实地测量	文本/矢量	2001～2007年草原植被生物量、含水量、覆盖度等实地测量数据
	MODIS 1km 反射率数据	栅格	2000～2009年8天合成 MODIS 中国陆地 1km 反射率数据
火灾数据库	火灾历史记录数据	文本	各地林业部门提供的草原火灾起火点数据
	MODIS 1km 火点数据	栅格	2000～2009年8天合成 MODIS 中国陆地 1km 火点数据
	MODIS 1km 火灾迹地数据	栅格	2000～2009年月合成 MODIS 中国陆地 1km 火灾迹地数据
火灾损失数据库	草原生物量数据	栅格	由2000～2006年中国陆地植被 NPP 数据推算
	草原火灾损失数据	文本	各地林业部门提供的草原火灾损失数据
	社会经济统计数据	文本	中国各省份人口、农业、畜牧业、工业等统计数据

1. MODIS 1km 反射率数据

数据来源于 MODIS 8 天合成地表反射率数据产品 MOD09A1（MODIS/Terra Surface Reflectance 8-Day L3 Global 500m SIN Grid，https：//wist. echo. nasa. gov），时间范围为2000～2009年（其中2009年为1～6月），覆盖范围为中国陆地主体。MOD09A1 产品的空间分辨率为500m，包括了 MODIS 的 1～7 波段（表 3-49），并已经进行了大气纠正（Justice et al.，2002a）。为了覆盖中国陆地区域，每期 MOD09A1 产品由 31 幅图像构成，使用 IDL 语言编写程序，对总共 420 期共 13 020 幅图像进行拼接、投影转换和裁剪，最终得到2000～2009年8天合成 MODIS 中国陆地 1km 反射率数据（图 3-178）。

表 3-49　MODIS 1～7 波段特征

波段	光谱范围/nm	信噪比	主要用途
1	620～670	128	陆地/云边界
2	841～876	201	—
3	459～479	243	陆地/云性质
4	545～565	228	—
5	1230～1250	74	—
6	1628～1652	275	—
7	2105～2155	110	—

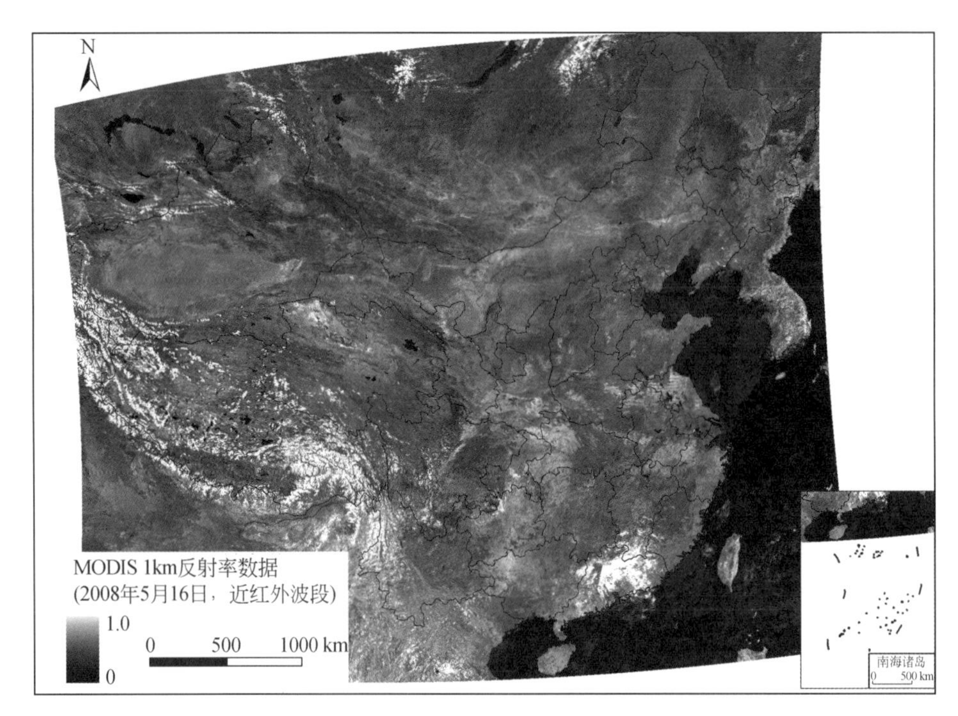

图 3-178 MODIS 8 天合成中国陆地 1km 反射率数据

注：以 2008 年 5 月 16 日为例，不包含中国南海海域及南海诸岛，下同

本书主要利用 MODIS 1km 反射率数据，结合地面测量的草原可燃物的载量和含水量信息，获取草原植被的生长状况信息，反演可燃物的丰度和含水量，并辅助提取火灾迹地面积。

2. 历史草原火灾记录

1）呼伦贝尔草原火点数据

数据来源于呼伦贝尔市森林草原防火办公室，时间范围为 1986 ~ 2008 年，共计收集草原火事件数据 679 例，其中重、特大火灾为 137 例，占火灾总数的 20.18%。其主要数据指标为：单位、起火地点、经度、纬度、起火日期、灭火日期、起火原因、草原过火面积和火灾等级等。

2）全国重特大草原火灾案例数据

数据来源于农业部草原监理中心草原防火指挥部办公室，主要有如下数据：①2002 年、2003 年和 2006 年特、重大火灾案例（18 例）；②1998 ~ 1999 年特、重大火灾案例（16 例）；③1996年特、重大火灾案例（14 例）；④1958 ~ 1994 年特大火灾案例（10 例）。共收集 58 个草原特、重大火灾案例，主要的数据指标同上。

3. MODIS 火点数据

MODIS 提供了热异常及火点（MODIS/Terra Thermal Anomalies/Fire）每日产品 MOD14A1 及 8 天合成产品 MOD14A2（Justice et al.，2002b）；收集了 2000 ~ 2009 年（其中 2009 年为 1 ~ 6 月）中国陆地区域的 8 天合成的 MODIS 火点产品数据（MODIS/Terra Thermal Anomalies/Fire 8-Day L3 Global 1km SIN Grid)，按照 MODIS 1km 反射率数据的处理方法对图像进行拼接、投影转换和裁剪，最终得到了 2000～2009 年 8 天合成 MODIS 中国陆地 1km 火点数据。利用该数据，辅以各地林业部门提供的火灾记录数据，通过搜寻相邻区域和先前时期是否存在火点的方法判断起火点，建立中国草原火灾起火点数据库（包括起火点经度、纬度和火灾发生日期等信息）。

4. MODIS 火灾迹地数据

MODIS 提供了每月合成的火灾迹地（MODIS/Terra + Aqua Burned Area Monthly）产品 MCD45A1。收集 2000～2009 年（其中 2009 年为 1～6 月）中国陆地区域的月合成的 MODIS 火灾迹地产品数据（MODIS/Terra + Aqua Burned Area Monthly L3 Global 500m SIN Grid)，按照 MODIS 1km 反射率数据的处理方法对图像进行拼接、投影转换和裁剪，最终得到了 2000～2009 年月合成 MODIS 中国陆地 1km 火灾迹地数据。根据 QA（quality assurance）数据选择最高可信度的火灾迹地像元，数据有效值（1～366）代表的含义为燃烧发生的大致日期（儒略日天数）。图 3-179 显示了 2003 年 5 月发生于中蒙边境的草原火灾的 MODIS 火点图像和火灾迹地图像。

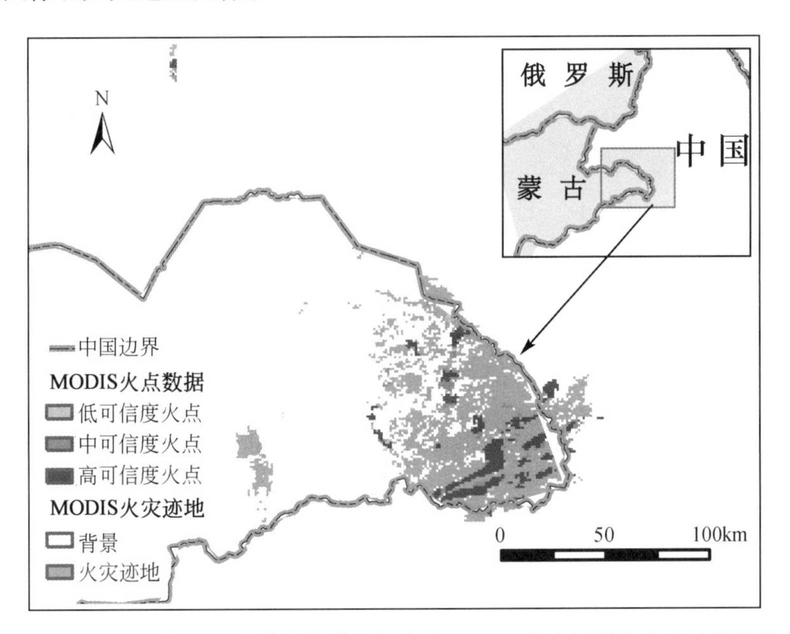

图 3-179　2003 年 5 月中蒙边境草原火灾的 MODIS 火点图像和火灾迹地图像

5. MODIS NPP 数据

NPP 遥感数据来自美国 NASA EOS/MODIS 2000～2006 年的 MOD17A3 数据，空间分辨率为 1km×1km，该数据利用 BIOME-BGC 模型估算陆地生态系统年 NPP，该模型已在全球和区域 NPP 与碳循环研究中得到广泛应用。利用 MRT（MODIS reprojection tool）软件选取中国区域部分。根据植被生物量与畜牧业载畜量之间的正相关关系，NPP 可用来代表中国草原区域承灾体分布。

3.12.3　草原灾害风险评估方法

1. 草原火灾起火概率评估

草原起火主要受自然因素和人为因素的制约，诸如天气条件、地形、可燃物类型和人类活动等。因此，分析草原火灾起火的机制必须结合起火的自然因素和人为因素，然而这必然涉及多源空间数据的集成问题。多元 Logistic 回归方法属于概率性非线性模型，是研究二分类结果与影响因子之间关系的一种多变量分析方法，在解释变量是连续和类别变量的混合模式时或响应变量取两类值等的情况下处理结果更为合理（葛咏，2006）。在火点起火概率的预测中，将起火点和未起燃点作为响应变量，影响起火的环境因素和人为因素作为解释变量进行多元 Logistic 回归分析。

令响应变量 y 服从二项分布

$$y = \begin{cases} 1 \\ 0 \end{cases} \tag{3-55}$$

式中，1 为草原火点；0 为随机选取的未起燃点。则 Logistic 回归模型为

$$P_{y=1} = \frac{1}{1 + e^{-(\beta_0 + \sum \beta_i X_i)}} \tag{3-56}$$

式中，$P_{y=1}$ 为火点起火的概率；β_i 为 Logistics 模型的回归系数；X_i 为解释变量。

1）响应变量的选择

起火点数据主要来自 MODIS 1km 火点数据产品，选择中国草地（草原和草甸）区域内的起火点数据，共 5066 个。

未起燃点空间分布是在研究区域内随机产生的。但为了避免未起燃点的选择与已有草原火点的位置重复或在相近的区域，且使草原火点和未起燃点的空间分布符合随机分布特征，本节根据草原火点的平均最邻近距离选择距草原火点 3000m 以外的区域随机产生，共选择未起燃点 5000 个，如图 3-180 所示。

2）解释变量

草原起火主要受自然因素和人为因素的制约，本节草原火灾起火概率评估选择的解释变量有：人类活动（距道路的距离），气象因素（年平均温度、年相对湿度和年降水量），地形因素（高程、坡度和坡向），年均 NPP。同时，基于 GIS 空间分析功能建立研究中国草原火灾起火概率解释变量的地理信息栅格数据库。

2. 草原火灾蔓延脆弱性评估

采用 Logistic 回归模型来模拟草原火灾扩散风险，以火灾扩散的风险作为草原火灾蔓延脆弱性评价的基础。Logistic 回归分析主要用于分析二元响应变量，其多元 Logistic 回归模型形式如式（3-56）所示。

1）响应变量

对于响应变量 y，给定火灾迹地区域的火灾扩散概率为 1，随机选取未发生火灾的区域火灾扩散概率为 0。考虑到中国境内草原火灾迹地面积较少，即样本数较少，而蒙古和

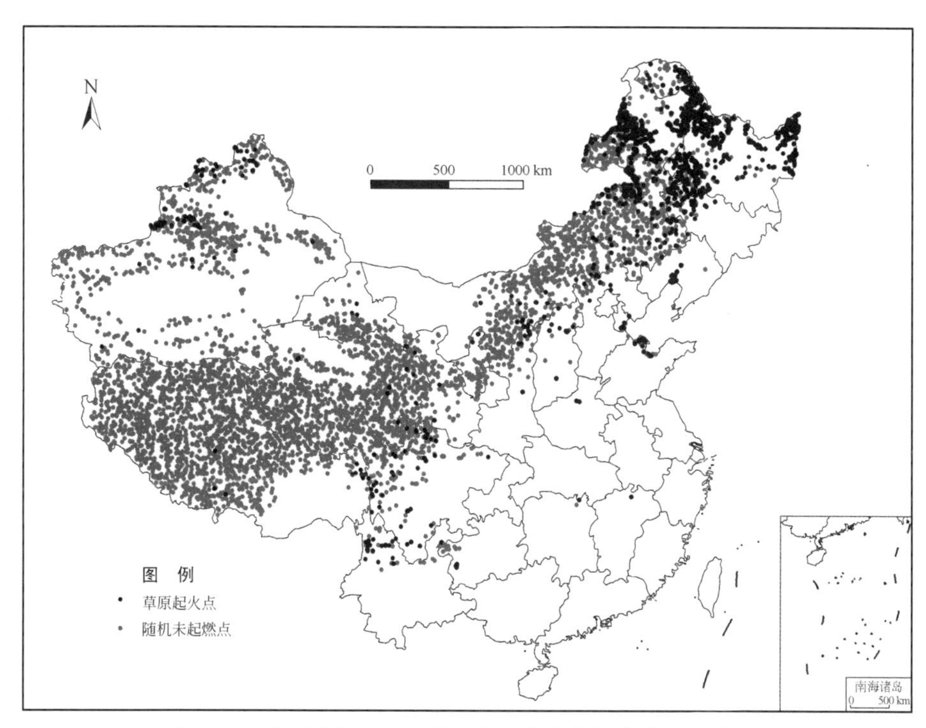

图 3-180　中国草原火点和随机产生的未起燃点的空间分布图

俄罗斯境内的草原火灾扩散面积较大（图 3-181），因此在建立模型时也包括了境外的草原

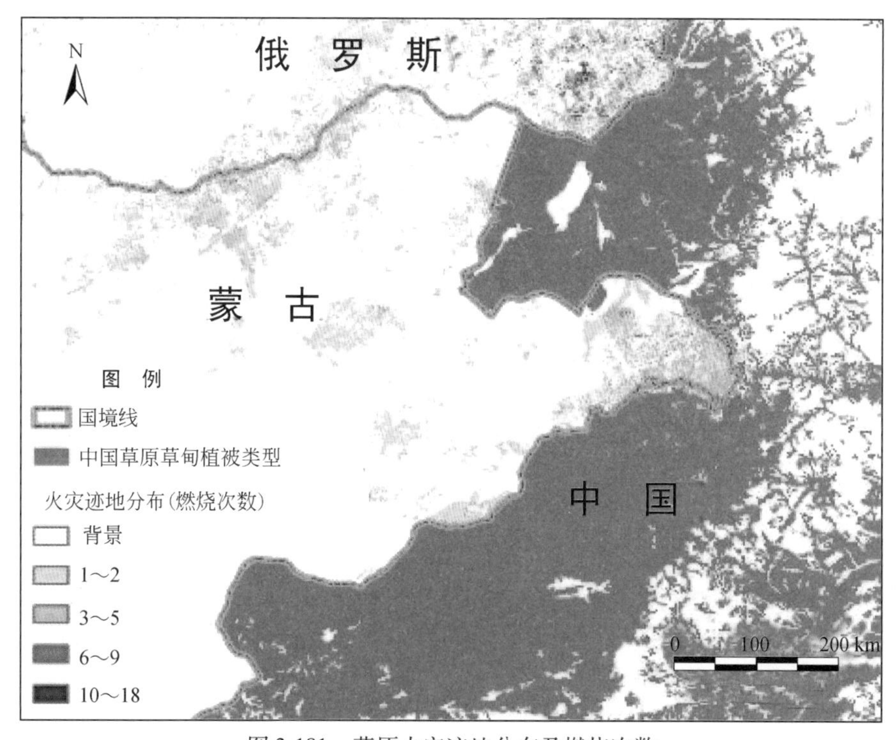

图 3-181　草原火灾迹地分布及燃烧次数

区域，以获得较多的样本数量进行 Logistic 回归。中国草原火灾 2000 ~ 2009 年过火次数统计图如图 3-182 所示。

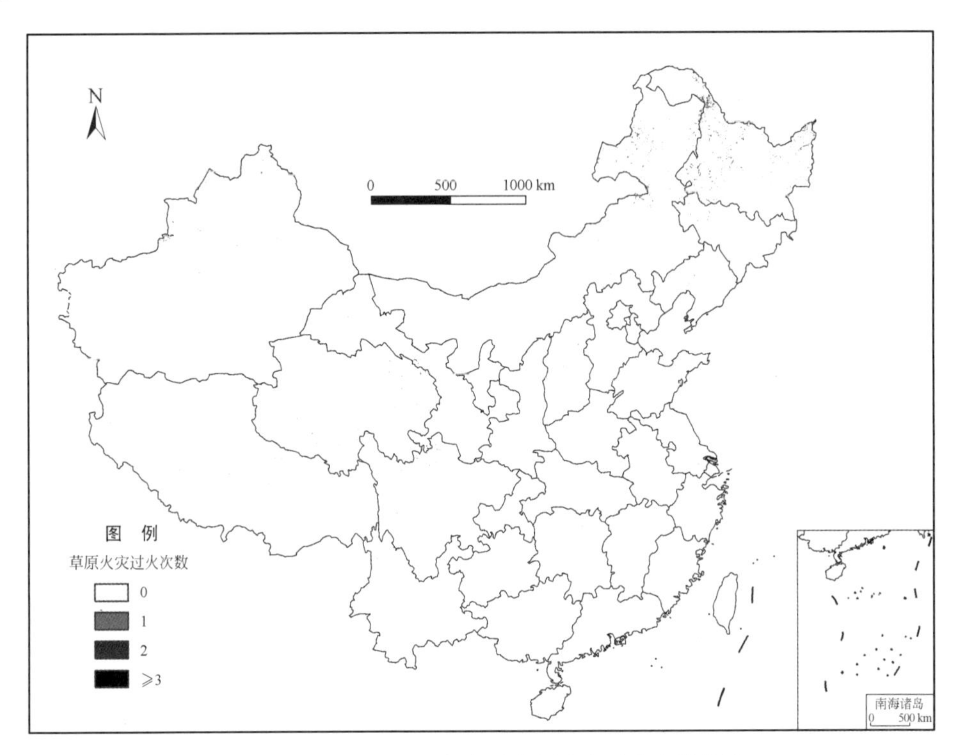

图 3-182 2000 ~ 2009 年中国草原火灾过火次数统计

2）解释变量

对于评价草原火灾扩散风险的指标，主要考虑可燃物的性质及地形因素，利用 MODIS 中国陆地 1km 反射率数据和 DEM 数据，选取并计算以下指标作为评价草原火灾扩散风险的自变量。需要指出的是，这里使用的可燃物性质是由 MODIS 遥感数据计算出的植被指数来代表，而非遥感反演的具有明确物理意义的可燃物性质的指标。

（1）鲜活可燃物载量（fuel load）：NDVI 和 OSAVI。

（2）鲜活可燃物含水量（fuel moisture content，FMC）：GVMI 和 MSI。

（3）枯死可燃物比例（覆盖度）：DFI。

（4）地形：DEM 高程、坡度（Slope）和坡向（Aspect）。

3）可燃物参数反演

在草原火灾蔓延过程中，动态的影响因素是气象条件，包括风速和风向、降水、气温和相对湿度等，其变化周期在数秒至 1 天；相对动态的影响因素是可燃物的性质，即鲜活/枯死可燃物的载量、高度和含水量等，其变化周期在 10 天左右；而地形因素，包括高程、坡度和坡向等，对火灾扩散而言是静态参数。本研究建立的草原火灾蔓延脆弱性评估模型未考虑气象要素，主要是由于风速和风向等影响火灾蔓延的速度和方向，但在理论上不能影响蔓延的范围；降水、气温及相对湿度等可能影响可燃物含水量，因此可通过基于遥感建立动态的可燃物模型来包括这些气象要素的影响。本研究利用 MODIS 遥感数据，对可燃物的载量、可燃物含水量及枯死可燃物的相对覆盖度分别建立经验模型来估算以上可燃物参数。

a. 鲜活可燃物的载量

可燃物载量的制图方法包括可燃物模型制图法、生物物理模型法及利用遥感数据直接估算的方法。利用各种遥感数据反演植被生物量的研究已开展了很多，本研究使用的植被指数及计算公式如表3-50所示。

表3-50　估算可燃物载量的植被指数

指数	参考文献
$NDVI = (NIR - R)/(NIR + R)$	Anderson 等（1993） Wessels 等（2006）
$RVI = R/NIR$	Pearson 和 Miller（1972）
$SWVI = (NIR - SWIR)/(NIR + SWIR)$	Di Bella 等（2004）
$SAVI = \frac{NIR - R}{NIR + R + L} \times (1 + L)$，其中 $L = 0.5$	Huete（1988）
$MSAVI = [2NIR + 1 - \sqrt{(2NIR + 1)^2 - 8(NIR - R)}]/2$	Qi 等（1994）
$OSAVI = (NIR - R)/(NIR + R + 0.16)$	Rondeaux 等（1996）
$GEMI = \eta(1 - 0.25\eta) - (R - 0.125)/(1 - R)$ $\eta = (2(NIR^2 - R^2) + 1.5NIR + 0.5R)/(NIR + R + 0.5)$	Pinty 和 Verstraete（1992）
$EVI = \frac{G(NIR - Red)}{NIR + C_1 \times R - C_2 \times Blue + L}$	Huete 等（2002）
其中 $G = 2.5, C_1 = 6, C_2 = 7.5, L = 1.0$	Kawamura 等（2005）

我们在2001～2007年于内蒙古草原实地测量的绿色植被生物量（及鲜活可燃物载量）的样本数是312个。利用这些实测样本，使用线性回归模型来挑选最佳的植被指数以反演可燃物载量。线性回归的结果如表3-51所示。所有的植被指数都与实测生物量显著相关（$p < 0.001$），其中NDVI和OSAVI的相关系数最高，分别为0.369和0.368。NDVI和OSAVI与实测生物量的散点图见图3-183。

表3-51　实测的生物量与MODIS计算的植被指数之间的线性回归结果（$N = 312$）

植被指数（x）	模型：$y = ax + b$（y：生物量）		R^2	遥感估算的标准差
	a	b		
RVI	41.153	102.357	0.283	159.338
NDVI	604.369	−37.508	0.369	149.445
SWVI	1018.076	207.720	0.351	151.664
SAVI	871.023	−39.840	0.355	151.102
MSAVI	808.791	−8.762	0.347	152.045
OSAVI	843.881	−42.813	0.368	149.613
GEMI	877.926	−296.057	0.334	153.528
EVI	896.545	44.256	0.354	151.309

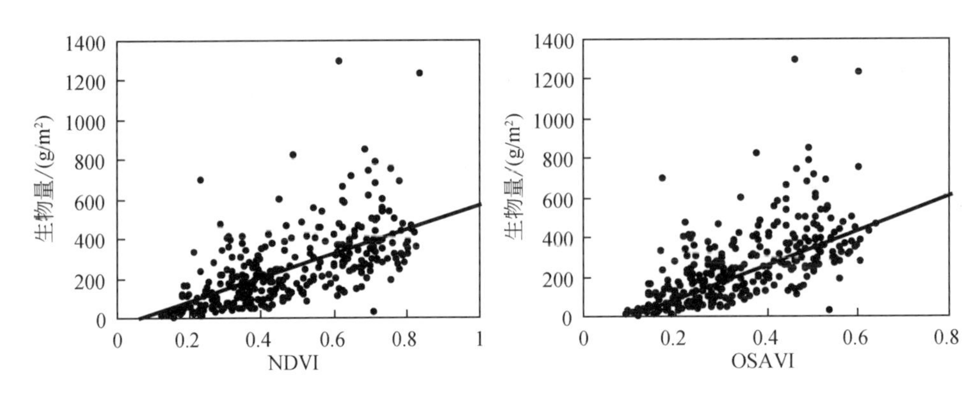

图 3-183　实测的生物量与 MODIS 计算的植被指数之间的散点图

b. 鲜活可燃物的含水量

在可见光到短波红外（SWIR）范围，反射率光谱提供了植物的叶绿素含量、NDVI 及植被含水量等生化信息。其中，0.9～2.5μm 的光谱范围的光谱特征主要受植物水分含量的控制，同时也受到其他生化组分的影响。短波红外波段（1.1～2.5μm）对等效水厚度（EWT）非常敏感。植被指数也被用于估计可燃物含水量（FMC）或 EWT，如 NDVI、归一化差值水分指数（normalized difference water index，NDWI）、水分胁迫指数（moisture stress index，MSI）、简单比指数（simple ratio，SR）以及全球植被含水量指数（global vegetation moisture index，GVMI）。表 3-52 列出了本研究为估算 FMC 使用的植被指数及计算公式。

表 3-52　估算可燃物含水量的植被指数

指数	参考文献
NDVI	Rouse 等（1974） Chuvieco 等（2004）
$NDWI=\frac{NIR_{0.86\mu m}-SWIR_{1.24\mu m}}{NIR_{0.86\mu m}+SWIR_{1.24\mu m}}$	Gao（1996） Chen 等（2005）
$NDWI_{1640}=\frac{NIR_{858nm}-SWIR_{1640nm}}{NIR_{858nm}+SWIR_{1640nm}}$	Chen 等（2005）
$NDWI_{2130}=\frac{NIR_{858nm}-SWIR_{2130nm}}{NIR_{858nm}+SWIR_{2130nm}}$	Chen 等（2005）
MSI = SWIR/NIR	Hunt 和 Rock（1987） Ceccarto 等（2001）
SR = NIR/R	Jordan（1969）
$GVMI=\frac{(NIR+0.1)-(SWIR+0.02)}{(NIR+0.1)+(SWIR+0.02)}$	Ceccarto 等（2002a，2002b）

通过实测样方内植被生物量的鲜重及干重（样本数量为 265 个），我们计算了三种植物含水量的指标：①绝对水分含量（AWC），即鲜重减去干重；②FMC_F，即 AWC 除以鲜

重；③FMC_D，即 AWC 除以干重。表 3-53 给出了含水量与植被指数的回归结果。其中，GVMI 与 AWC 的相关系数最高（$R^2=0.4235$，$p<0.01$）。这里计算的 GVMI 使用了未纠正的 NIR 反射率，而非蓝光波段校正的 NIR 反射率。所有的植被指数与 FMC_F 和 FMC_D 的相关系数都很低，只有 MSI、NDWI 和 GVMI 与 FMC_F 具有统计上的显著性。在这些指数中，我们选择了 GVMI 和 MSI 来代表 FMC，其中 GVMI 对 EWT 的变化敏感，而 MSI 则与植物的相对水分含量线性相关。

表 3-53 实测水含量与 MODIS 计算的植被指数统计关系（$N=265$）

指数	AWC		FMC_F		FMC_D	
	R^2	RMSE/(g/m²)	R^2	RMSE/%	R^2	RMSE/%
NDVI	0.4100*	156.8180	*0.0077*	55.9412	*0.0024*	144.0830
NDWI	0.2891*	153.0490	0.0468*	56.5146	*0.0107*	144.7380
$NDWI_{1640}$	0.4115*	157.3050	0.0426*	56.4128	*0.0059*	144.5670
$NDWI_{2130}$	0.4171*	157.2760	0.0241**	56.1813	*0.0004*	144.2720
MSI	0.4099*	156.5750	**0.0486***	55.5351	*0.0079*	143.7140
SR	0.3040*	149.1130	*0.0073*	52.6953	*0.0009*	140.8470
GVMI	**0.4235***	157.6420	0.0406*	56.3112	*0.0050*	144.4530

* 表示 $p<0.01$，** 表示 $p<0.05$，斜体表示 $p>0.05$（相关性不显著），粗体表示最佳的 R^2

c. 枯死可燃物

由于枯死可燃物与土壤背景的光谱性质具有很高的相似性，随着枯死可燃物的分解其光谱性质也会发生变化，而且在草原火灾季节一般会同时存在一定量的绿色植被，即鲜活可燃物，因此很难利用遥感数据识别枯死可燃物从而估算其覆盖度或载量。目前，已有一些方法可以识别枯死可燃物或作物秸秆（这些都表现为没有光合作用的地表生物量），如 CAI（cellulose absorption index）指数、NDI（normalized difference index）指数、SACRI（soil adjusted corn residue index）指数、CRIM（crop residue index multiband）指数及混合像元分解技术（spectral mixture analysis，SMA）。这些方法主要针对“枯死可燃物—土壤”二元混合问题或高光谱遥感数据，而不适用于“枯死可燃物—鲜活可燃物—土壤”三元混合像元及 MODIS 等多波段遥感数据。最近，已有研究者通过光谱测量、分析及模拟实验，基于 MODIS 波段构建枯死可燃物指数（dead fuel index，DFI），可从“枯死可燃物—鲜活可燃物—土壤”三元混合像元中识别出枯死可燃物，并与枯死可燃物的覆盖度具有很好的线性关系。DFI 指数的定义为

$$\mathrm{DFI} = 100 \times \left[\left(1 - \frac{B_7}{B_6}\right) \times \frac{B_1}{B_2}\right] \tag{3-57}$$

式中，B_1、B_2、B_6、B_7 分别为 MODIS 的第 1、2、6、7 波段。尽管目前还未证明 DFI 与枯死可燃物载量有关，但 DFI 可用于估计枯死可燃物与鲜活可燃物的相对比例。

表 3-54 给出了多元 Logistic 回归模型的输出参数的例子。

表 3-54 多元 Logistic 回归输入参数：相应变量及解释变量

响应变量	解释变量							
燃烧（1）/未燃烧（0）	NDVI	GVMI	MSI	OSAVI	DFI	DEM	Slope	Aspect
1	0.21	-0.03	1.48	0.14	24.02	692	1.23	199.7
1	0.07	0.34	0.61	0.05	18.01	853	0.06	153.43
0	0.14	-0.01	1.28	0.11	8.61	930	0.51	141.84
0	0.15	-0.03	1.4	0.11	3.74	977	0.31	338.2

最终，从 2000～2009 年 8 天合成的 MODIS 数据中，总共选取了 714 248 个像元作为 Logistic 回归模型的样本，其中燃烧样本数目为 233 672 个，未燃烧样本数目为 480 576 个。图 3-184 给出的箱体图显示了根据燃烧与未燃烧样本对输入的解释变量进行统计的对比结果。从图 3-184 可以直观地判断各个解释变量（NDVI、GVMI、MSI、OSAVI、DF、DEM、

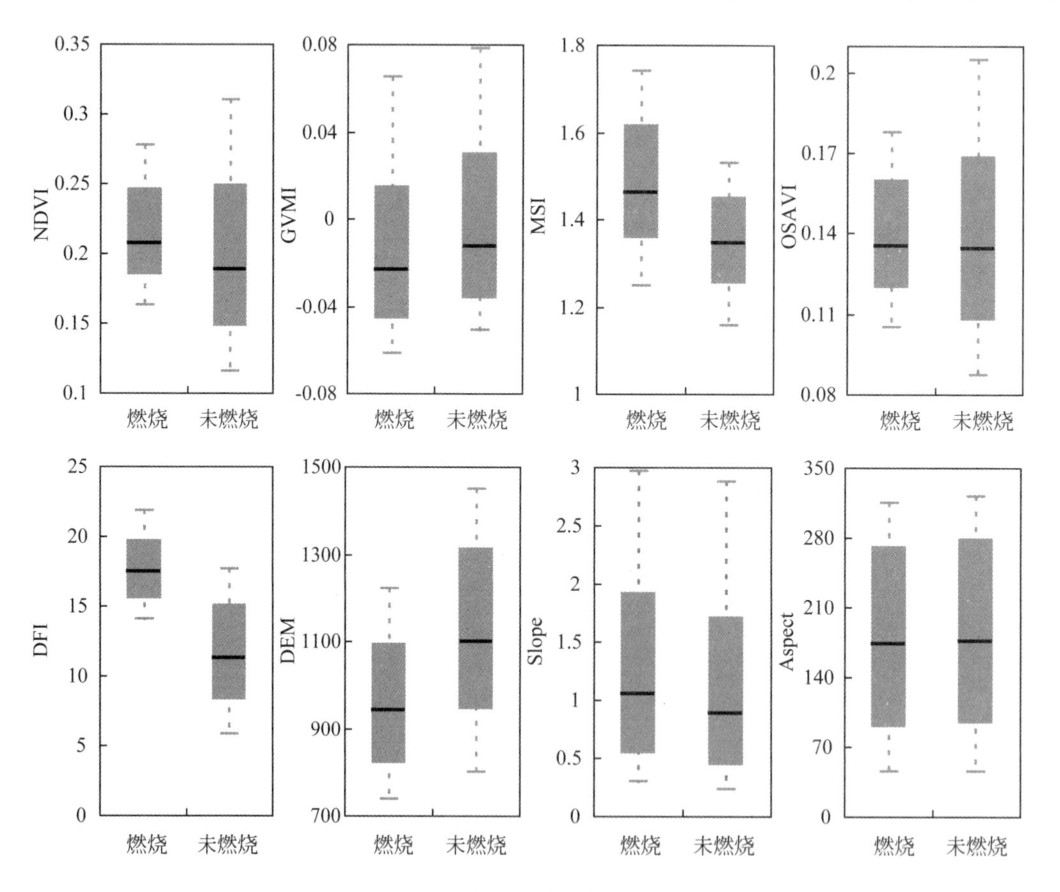

图 3-184 二值燃烧/未燃烧样本的统计箱体图

解释变量包括 NDVI、GVMI、MSI、OSAVI、DF、DEM、Slope 及 Aspect。箱体图从下至上分别表示下 1.5 倍四分位距（虚线下端）、下四分位数（箱体下端）、中位数（箱体中黑线）、上四分位数（箱体上端）和上 1.5 倍四分位距（虚线上端）

Slope 及 Aspect）对燃烧与未燃烧的分离度。在所有解释变量中，DFI 具有最好的分离性，其燃烧像元的中位数为 17.5、上下四分位距为 15.5～20.0，而未燃烧像元的中位数为 11.0、上下四分位距为 8.0～15.0。MSI 及 DEM 也可较好地分离燃烧与未燃烧像元。其他变量由于重叠区域较大，很难直观地区别燃烧与未燃烧像元。

3. 草原火灾承灾体

考虑到草原火灾中主要的损失为畜牧业损失，而载畜量与草原的生物量有直接的关系，因此将遥感获取的 NPP 指数作为草原火灾潜在损失的代替参数。本节选择 NASA EOS/MODIS 2000～2006 年的 MOD17A3 数据作为草原火灾风险评估的承灾体。根据 MODIS 提供的 2000～2006 年中国年均 NPP，利用 GIS 空间分析功能计算得到 7 年中国草原平均 NPP 分布图（图 3-185）。

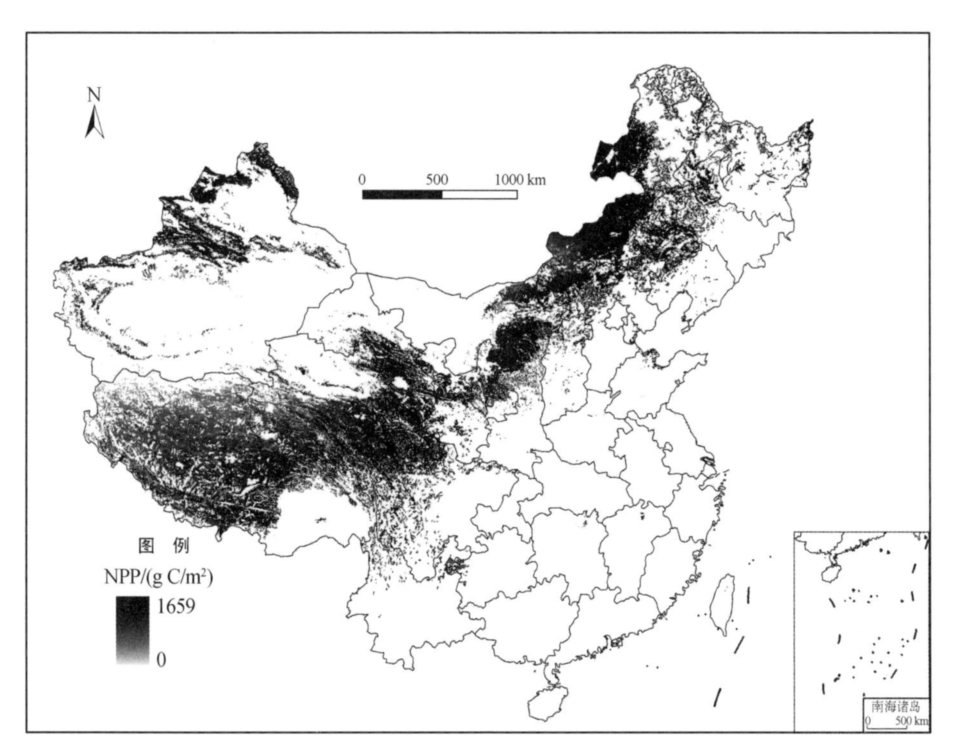

图 3-185　2000～2006 年中国草原平均 NPP 分布图

4. 草原火灾风险评估

通过以上草原火灾起火概率模型和蔓延脆弱性评估模型，分别得到中国草原火灾起火概率图和蔓延危险性图。在风险评价的框架下，将以上结果作为草原火灾风险分析的输入，构建草原火灾风险模型：

$$R = H \times V \times E \tag{3-58}$$

式中，R 为草原火灾风险；H 为草原火灾起火概率；V 为草原火灾蔓延概率；E 为草原火灾潜在的损失或 NPP。草原火灾风险评估流程图如图 3-186 所示。

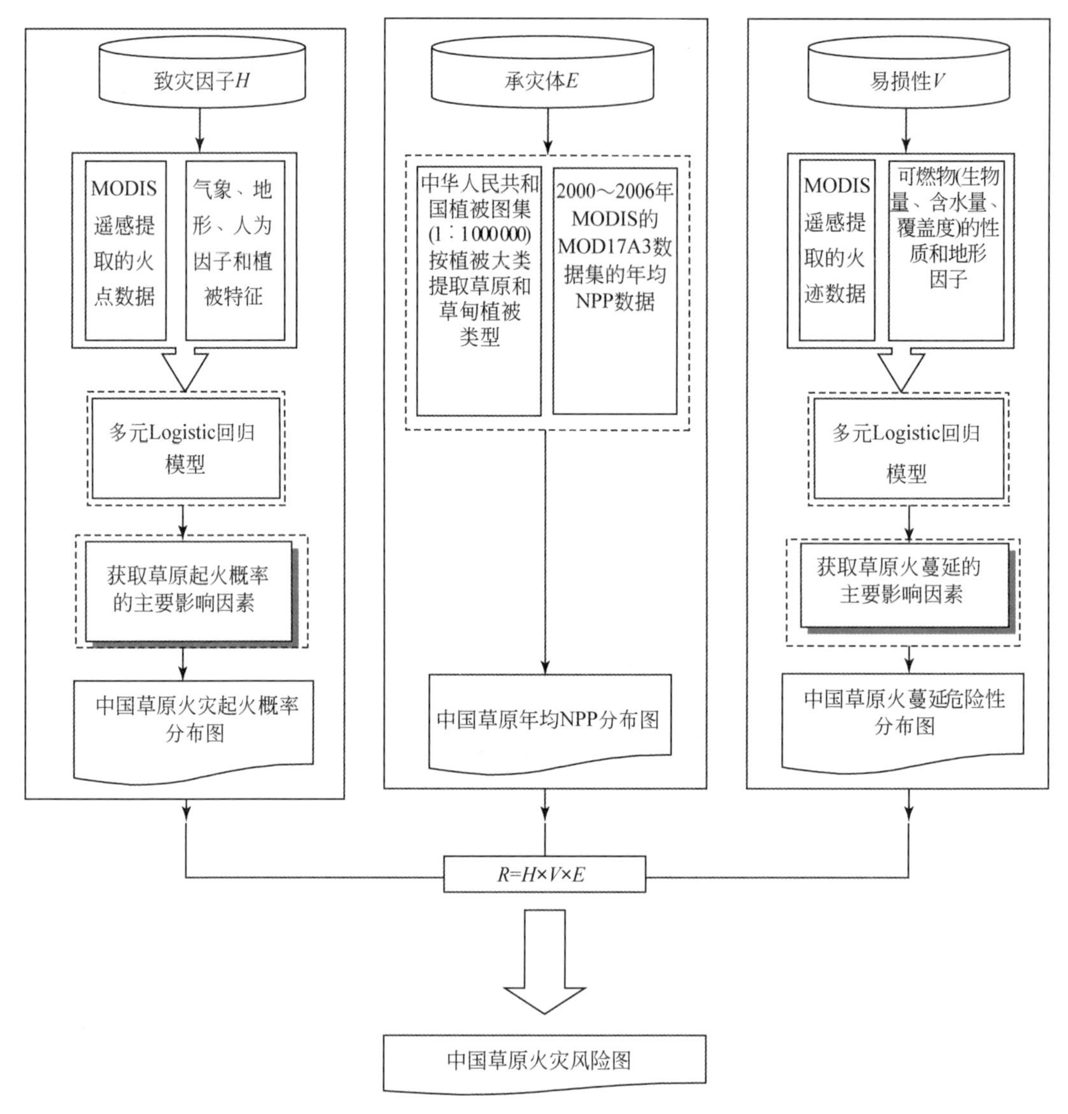

图 3-186　草原火灾风险评估流程图

3.12.4　草原灾害风险评估结果分析

1. 草原火灾起火概率的模拟

利用 MODIS 1km 火点数据提取的 2000～2008 年草原火点数据，按照规定的限制条件生成随机分布未起燃点，建立模型的响应变量，同时根据草原火的起火主要影响因素建立解释变量，实现利用二元 Logistic 回归模型预测呼伦贝尔草原火灾起火概率。从表 3-55 中可以看出：Logistic 回归模型预测结果的总体分类精度为 89.8%，对草原火点预测的精度为 94.2%，对未起燃点预测的精度为 85.3%。

表 3-55　Logistic 回归模型的预测分类统计表

观测值	预测值		预测精度/%
	未燃（0）	火点（1）	
未起燃控制点（0）	4 264	736	85.3
火点（1）	293	4 773	94.2
总精度	—	—	89.8

从表3-56中可以看出，对中国草原火灾起火概率贡献率较大的解释变量分别为高程和年均 NPP，其 Wald 值分别为854.85 和820.77，其显著性水平都达到 $P<0.01$。其中高程对火灾起火概率呈现负影响，其回归系数为 -0.001 356 003，即在高程较低的区域，火灾起火概率较大；年均 NPP 对火灾起火概率呈现正影响，其回归系数为0.000 795 997，即草原植被年均 NPP 较高的区域，火灾起火概率较大。

表 3-56　Logistic 模型回归各解释变量的拟合参数

解释变量	B	S. E.	Wald	Sig.
年均 NPP	0.000 795 997	2.78E-05	820.77	1.6E-180
坡度	-0.059 160 809	0.018 506	10.22	0.001 39
高程	-0.001 356 003	4.64E-05	854.85	6.4E-188
坡向	0.043 427 504	0.012 409	12.25	0.000 466

注：B 为 Logistic 回归模型中各解释变量的回归系数；S. E 为 Logistic 回归模型中各解释变量回归系数的标准差；Wald 为 Logistic 回归模型中各解释变量在其他变量都同时存在的情况下，该变量的重要程度；Sig. 为 Logistic 回归模型中各解释变量对应的 P 值，表示其检验水平

基于多元 Logistic 回归模型建立的中国草原火灾起火概率的评估模型，对中国草原地区进行基于像元的起火概率评估，如图3-187 所示。由图3-187 可以看出，中国东北大兴安岭北部地区、三江平原草地起火概率较大，内蒙古中北部地区和新疆西北部地区草原起火概率次之，西藏、青海地区草原起火概率最小。

2. 草原火灾蔓延脆弱性模拟

对于各个解释变量在多元 Logistic 回归模型中的重要性指标，我们选取了 SAS Institute Inc.（1995）提供的标准化 logit 系数 β：

$$\beta_i = \frac{B_i \times \sigma_i}{\frac{\pi}{\sqrt{3}}} \approx \frac{B_i \times \sigma_i}{1.8138} \tag{3-59}$$

式中，i 为第 i 个变量；B 为未标准化的 Logistic 回归系数；σ 为标准差；$\pi/\sqrt{3}$为标准 Logistic 分布的标准差，约等于1.8138。虽然 SAS 的标准化 logit 系数 β 只是部分标准化，然而 β 的绝对值可用于对解释变量的重要性进行排序。

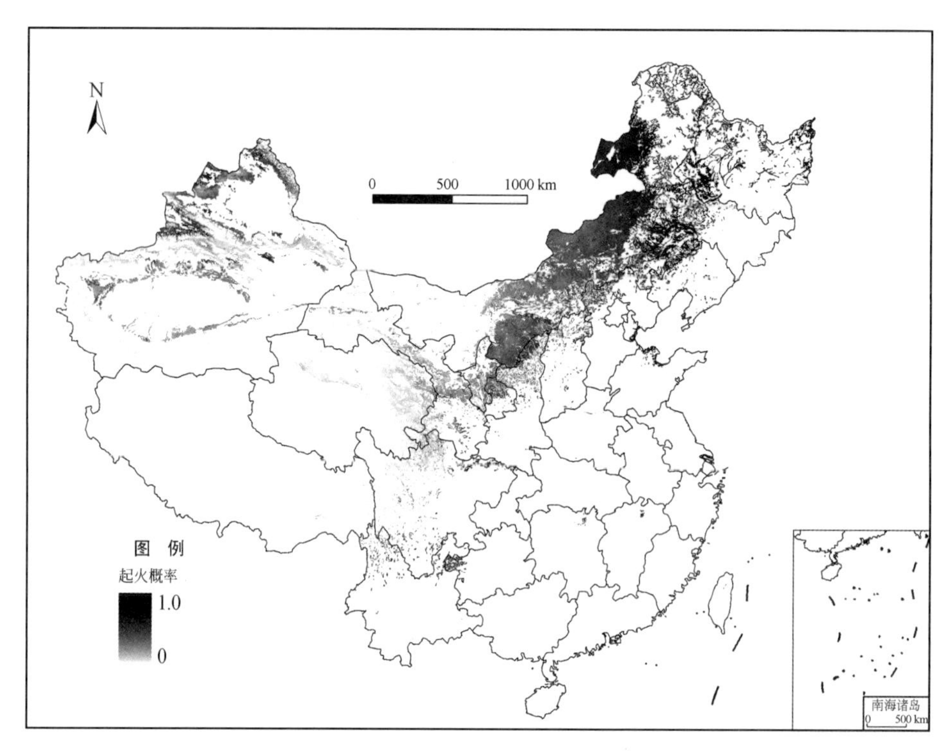

图 3-187　中国草原火灾起火概率分布图

1）模型 1：所有解释变量进行 Logistic 回归

将所有解释变量进行 Logistic 回归成为模型 1。回归结果见表 3-57 及表 3-58。表 3-57 显示了模型 1 的分类表及总体精度。其中，模型得到的预测概率阈值为 0.5，即大于 0.5 的像元归为燃烧，而小于 0.5 则归于未燃烧。模型 1 的总精度为 79.45%，表明绝大多数燃烧和未燃烧的观测结果都能准确预测，其中燃烧的生产者精度为 87.13%，未燃烧的生产者精度略低，为 63.66%。

表 3-57　模型 1 的分类表（阈值为 0.5）及总体精度

观测值	预测值		精度/%
	未燃烧（0）	燃烧（1）	
未燃烧（0）	418 709	61 867	87.126
燃烧（1）	84 914	148 758	63.661
总精度	—	—	79.450

表 3-58　模型 1 的回归结果及各变量的回归参数

变量	B	β（排序）	S. E.	Wald	σ
NDVI	4.700	0.249（5）	0.252	348.686	0.096
GVMI	-1.728	-0.073（6）	0.154	125.944	0.077

续表

变量	B	β（排序）	S. E.	Wald	σ
MSI	4.564	3.241（2）	0.051	7 981.102	1.288
OSAVI	-8.155	-0.328（4）	0.407	401.247	0.073
DFI	0.270	6.534（1）	0.001	97 795.951	43.893
DEM	-0.002 32	-0.348（3）	0.000	23 197.539	271.862
坡度	0.070 2	0.069（7）	0.002	1 027.836	1.777
坡向	-0.000 281	-0.016（9）	0.000	81.885	105.560
常数	-8.826	—	0.077	13 191.585	—

表3-58给出了模型1的统计结果及各个解释变量的回归参数。所有的变量在模型1中都具有很高的显著性（$p<10^{-13}$）。回归参数B值表明，NDVI、MSI、DFI和坡度对火灾蔓延具有正向影响，而GVMI、OSAVI、DEM、坡向具有负向影响。Wald指标表明每个自变量在其他变量存在时的重要性。S. E. 是标准误差，σ是变量的标准差，β是标准化logit系数。根据β的绝对值大小，对解释变量的重要性进行了排序，其重要性按从大到小的顺序排列依次是：DFI、MSI、DEM、OSAVI、NDVI、GVMI、坡度和坡向。

2）模型2：具有代表性的4个最重要的变量

根据模型1中对解释变量进行的重要性排序，我们选择其中4个最重要的变量（DFI、MSI、DEM和OSAVI）重新构建Logistic回归模型，即模型2。这4个变量分别对应枯死可燃物的比例、鲜活可燃物的含水量、高程及鲜活可燃物的载量。表3-59显示了模型2的分类表及总体精度，表明模型2的总精度为79.432%，与模型1相比，精度上高度接近，且由于只包括了4个变量而简化了计算，因此模型2将用于估算草原火灾蔓延危险性。

表3-59 模型2的分类表（阈值为0.5）及总体精度

观测值	预测值		精度/%
	未燃烧（0）	燃烧（1）	
未燃烧（0）	419 039	61 537	87.195
燃烧（1）	85 370	148 302	63.466
总精度	—	—	79.432

表3-60给出了模型2的统计结果及各个解释变量的回归参数。在解释变量中，MSI与DFI对火灾蔓延具有正向影响，而OSAVI与DEM具有负向影响。各解释变量的重要性排序依次为DFI、MSI、DEM及OSAVI，表明在模型2中DEM比OSAVI对火灾蔓延的影响更大。

表 3-60 模型 2 的回归结果及各变量的回归参数

变量	B	β（排序）	S. E.	Wald	Exp（B）	SD
MSI	5. 237	3. 719（2）	0. 018	82 056. 652	188. 038	1. 288
OSAVI	-0. 546	-0. 022（4）	0. 054	103. 262	0. 579	0. 073
DFI	0. 276	6. 679（1）	0. 001	125 381. 204	1. 317	43. 893
DEM	-0. 002 06	-0. 309（3）	0. 000	24 960. 811	0. 998	271. 862
Constant	-10. 082	—	0. 035	82 074. 531	0. 000	—

根据蔓延脆弱性模型，模拟了中国典型草原区域火灾季节的草原火灾蔓延脆弱性，通过统计各年各月的平均蔓延脆弱性，制作了平均草原火灾脆弱性图（图 3-188）。由图 3-188 可以看出，总的来说，中国境内的草原火灾扩散风险与可燃物的丰度高度相关，呈由东北向西南减弱的趋势。

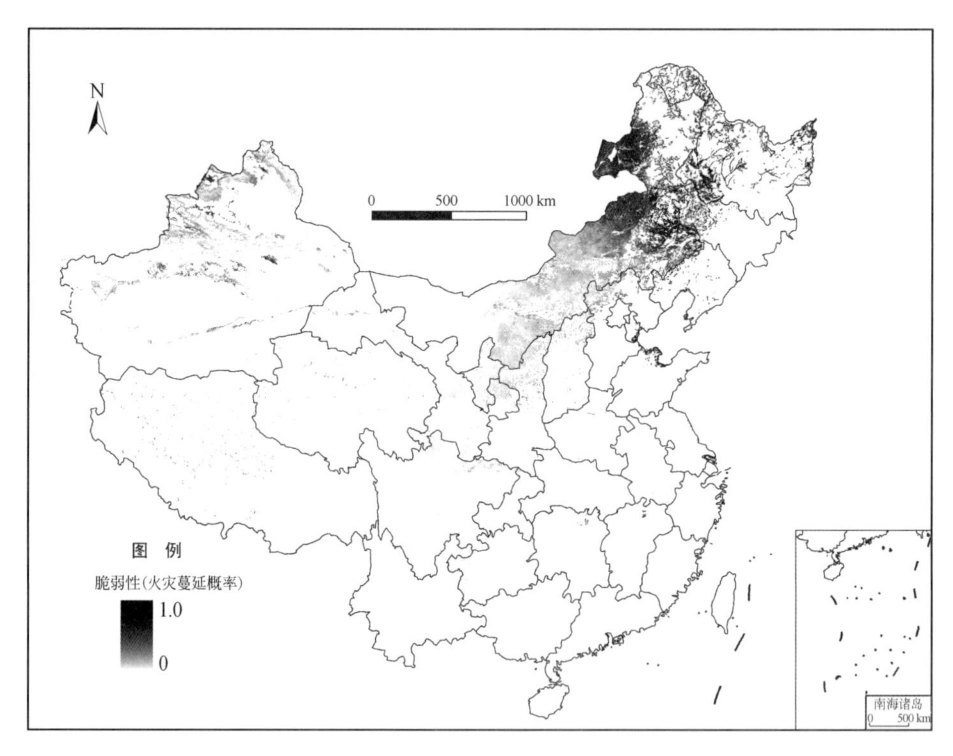

图 3-188 中国草原和草甸火灾蔓延脆弱性分布图

3. 草原火灾风险评估

本节利用灾害风险评价原理，建立中国草原火灾起火概率模型、草原火灾蔓延脆弱性模型，最终建立中国草原火灾风险评估模型，实现对中国草原火灾风险的评估。通过上述风险模型计算，并将结果进行归一化处理，最终得到中国草原火灾风险图（图 3-189）。

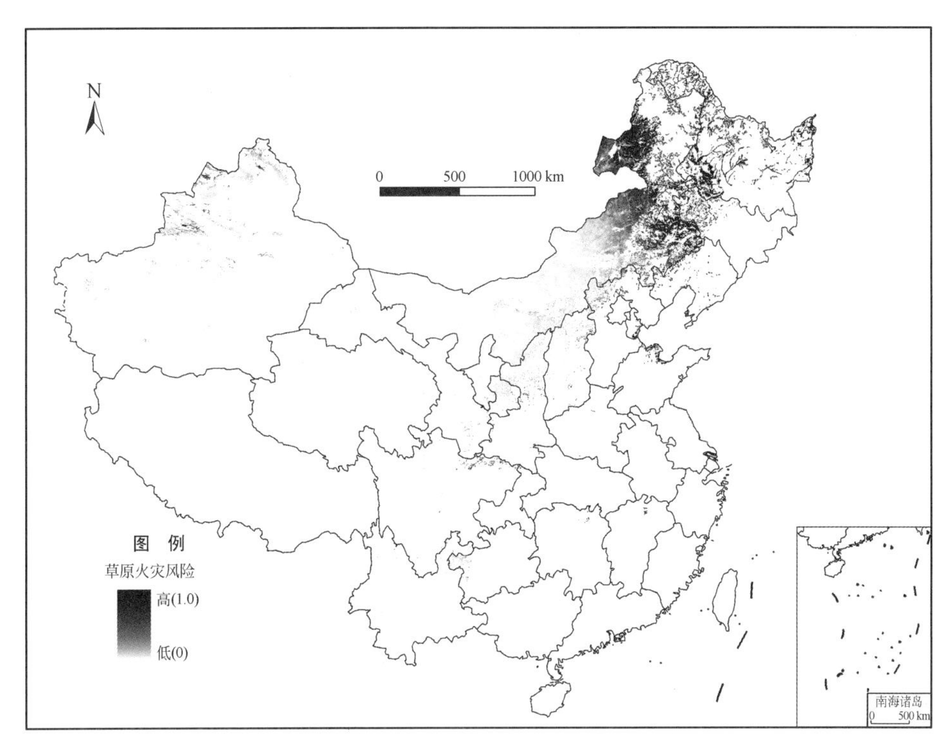

图3-189　中国草原火灾风险图

图3-190为草原火灾风险图的统计柱状图，按0.01步长统计该区间像元的频率。从图3-190可看出，草原火灾风险的面积由低自高呈指数下降的趋势，风险指标值大于0.52的面积可忽略不计。风险评估结果表明，中国草原火灾高风险区域主要分布在我国内蒙古北部草原区，以及我国东北地区的草原与森林的交错区。中国草原火灾风险图可以为草原火灾防范、火灾管理、灭火指挥及风险规划等提供决策支持和依据。

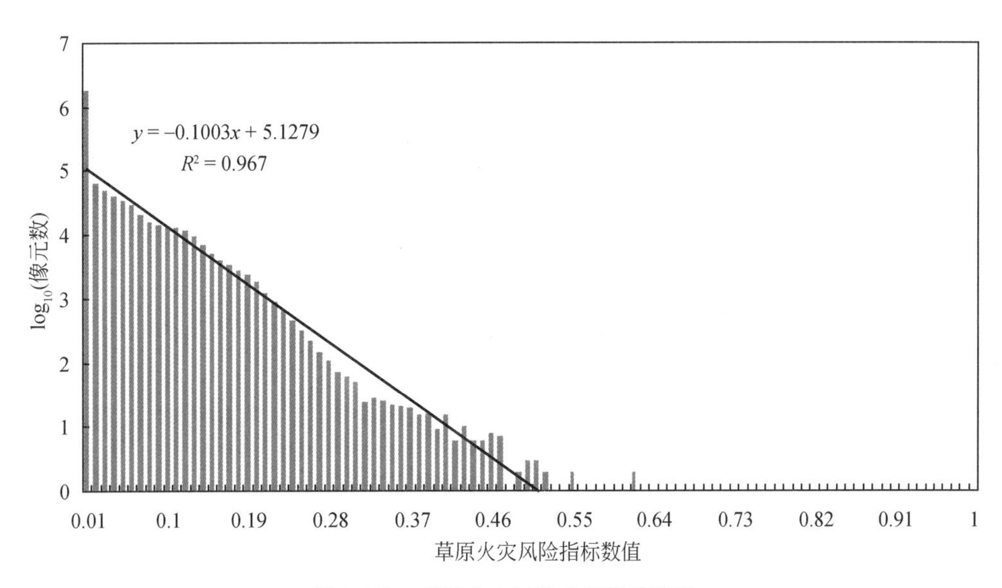

图3-190　草原火灾风险指标数值统计

本草原火灾风险评估的方法较为新颖、合理。但在研究过程中，也发现了一些问题和不足：①MODIS 火产品数据的时间序列较短，草原火灾风险评估的结果精度有待进一步提高；②由于缺乏详细的草原火灾统计数据，难以对草原火灾风险图进行验证，只能从致灾因子及脆弱性两个方面分别进行一定的验证工作，在一定程度上保证结果的准确性；③模型的建立充分依赖于遥感数据，而未能全面结合气象数据，例如，在火灾蔓延危险性模型中，风速和风向的因素将有助于理解火灾蔓延的动态并分析其危险性。若解决以上问题，将进一步完善中国草原火灾风险模型，并准确地分析和评估草原火灾的动态风险。

3.13　环境事故灾害数据库与风险评估*

3.13.1　环境事故研究进展综述

凡是造成较大空间范围内人或生态较大损失的都属于环境灾害研究的范畴。由于环境灾害的概念由承灾体（人群或生态系统）定义，它可以包括各种不同性质的触发事件造成的环境灾害。《国家突发环境事件应急预案》（国务院，2006）中指出“突发环境事件”包括突发环境污染事件、生物物种安全环境事件、辐射环境污染事件。不过，从中国及国际上的实践看，通常意义上的环境事件主要指的是有化学物质参与其中，并由于化学物质本身的性质（如易燃易爆性、化学反应活性、毒性和生态毒性等）造成大范围人群或生态损失的事件。

环境灾害中的一大类是所谓自然灾害技术灾害，系指由自然灾害引发技术事故（Natech），并最终导致有害物质意外泄漏的灾害事件（Showalter and Myers，1994；Young et al.，2004；Krausmann and Cruz，2008），各种自然灾害都可能对化工企业造成严重的影响和破坏（吴春荣，2002；黄毅，2007；贾涛，2009）。其中，破坏性地震不仅会使建筑物、构筑物或基础设施破坏倒毁，而且经常伴随发生次生灾害，有时，地震次生灾害带来的人员伤亡与经济损失要远大于地震本身（余世舟等，2002，2003；赵振东等，2002；贾培宏等，2008）。

Young 等（2004）对 2003 年及之前学术期刊或新闻报告记录在案的 Natech 事故进行了综述。地震导致的有害物质泄漏事故影响了与地震有关的发病率和死亡率。回顾历史事件也可以为估算潜在威胁、评估当前及未来灾害的预防、减灾方式、开发改进策略提供框架。

Cruz A. M. 研究组对多种自然灾害引发的化学工业事故进行了分析，并提出了用于区域 Natech 风险识别的快速评估方法（Cruz and Laura，2005；Cruz and Krausmann，2008，2009；Cruz and Okada，2008；Krausmann and Mushtaq，2008；Cruz et al.，2009）。

2008 年的汶川地震对灾区石油和化工行业造成了严重的损害，引起部分化学品的泄漏和释放，如磷肥企业硫酸储罐、液氨储罐的泄漏。化学品泄漏可能引起水、空气等污染，给当地居民在地震灾害的基础上又带来更大的损伤（徐琦，2008；刘国林，2008；邓民等，2008；Krausmann et al.，2009；叶宏等，2009；陈明，2009）。

---

* 本节执笔人：北京师范大学的孟耀斌。

由于破坏性地震的突发性和破坏性，Natech 研究主要集中在地震引发的环境灾害领域。本章的环境灾害风险分析示例也是基于地震引发的环境事故。

1. 地震中设备破坏的研究方法

设备破坏与烈度或地震动参数密切相关，相关研究从20世纪中叶以来就在缓慢积累。1996年Seligson等发表了根据当时已有地震与四种典型化工设备——卧式储罐、反应釜、进料泵、控制设备破坏之间关系的研究成果。在上风险评估中，以烈度（modified mercalli intersity，MMI）作为表征地震动的参数，而设备破坏水平则分为“无”、“轻微”、“中等”、“严重”、“全部”五级。每个破坏水平并不对应着确定的破坏比例，笔者提供了泄露的下限、上限和中间值（表3-61）（Seligson，1996）。

表3-61　设备破坏水平所对应的破坏比例（百分点）

破坏水平 / 破坏比例	下限	上限	众值
无	0	0.05	0
轻微	0.05	1.25	0.3
中等	1.25	20	5
严重	20	65	30
全部	65	100	100

笔者根据以往数据，给出对于上述四种主要化工设备在地震中达到某种破坏水平的概率与地震烈度之间的关系矩阵，并用来表示设备的地震破坏脆弱性（表3-62、表3-63）（Seligson，1996）。

表3-62　卧式储罐的地震破坏矩阵

破坏水平 / 破坏比例	6	7	8	9	10
无	0.91	0.8	0.55	0.25	0.1
轻微	0.08	0.15	0.32	0.4	0.2
中等	0.01	0.015	0.125	0.25	0.36
严重	0	0.005	0.02	0.09	0.28
全部	0	0	0.005	0.01	0.06

表3-63　反应釜的地震破坏矩阵

破坏水平 / 破坏比例	6	7	8	9	10
无	0.93	0.81	0.5	0.25	0.1
轻微	0.07	0.15	0.35	0.35	0.2
中等	0	0.04	0.14	0.3	0.44
严重	0	0	0.01	0.09	0.21
全部	0	0	0	0.01	0.05

除 Seligson 外，Salzano 研究组也对地震对化工设备的破坏进行了深入研究（Salzano et al.，2003；Iervolino et al.，2003；Fabbrocino et al.，2003，2005；Campedel et al.，2008；Salzano，2009），他们的研究纳入了更多具体的信息，如设备是常压还是加压、设备中物质的充满度、是否有设备固定设施等，而且提出了三种风险状态——“无泄漏”、“中等泄露”、“大量泄漏”，并给出了设备的各风险状态与地震动峰值加速度（peak ground acceleration，PGA）关系的 Probit 回归关系式。

PGA 易于测量，且几乎所有历史数据库都用其表示地震严重程度，并可根据衰减关系从地震强度的震级中直接转换，所以一般选用 PGA 来表示地震的严重程度（Campedel et al.，2008b）。

历史数据表明大型常压容器、加压存储容器、长管道及大管径管道等设备更易遭受地震的损坏，在风险评估中应作为关键设备予以考虑（Fabbrocino et al.，2005；Antonioni et al.，2007；Campedel et al.，2008）。

地震造成工业设备破坏的事故场景主要由化学物质的性质和数量来决定。破坏概率用 Y 表示，地震严重程度用 V 表示，则损害概率与强度之间的压力—反应函数可以式（3-60）表示（Salzano et al.，2003；Fabbrocino et al.，2005；Antonioni et al.，2007；Campedel et al.，2008a，2008b；Antonioni，2009；Salzano，2009）：

$$Y = k_1 + k_2 \ln V \tag{3-60}$$

在地震活动的定量风险评估主体框架下，V 对应于 PGA，而损害发生的概率 Y 则对应于失控概率或储罐等设备遭受结构性破坏的概率，即 DS 状态的概率。系数 k_1、k_2 的值依赖于设备的类型和破坏状态（Campedel et al.，2008b；Antonioni，2009）。

廖旭等对国内外地震灾害中石化企业的各种设备破坏状况进行了较好的综述。通过对多个地震中石化立式储罐破坏情况的总结分析，廖旭等发现烈度 8 度以上部分立式储罐会发生象足、溢流和破裂等破坏，而在 7 度烈度下立式储罐的破坏则限于软弱地基上的储罐。7 度或 8 度震害中塔炉类设备、球罐、卧式储罐、气柜等的破坏主要是地脚螺栓、拉杆、支座等的破坏，设备本身结构不会破坏。管线管架和电气设备在地震中主要不是直接破坏，而是由建筑物的倒塌导致破坏，在 8 度烈度下这种破坏比较明显（廖旭等，1997）。

2. 大气扩散模型

泄漏和扩散后，其结果能造成区域水平污染的化学物质主要是气态危险化学品，泄漏后的扩散根据物质的性质和破坏状态可以用重气模型［如 DEGADIS（张建文等，2008）］或烟羽模型模拟。考虑到环境灾害主要关注较大空间范围的扩散，气态化学物质经过充分稀释后采用烟羽模型模拟是合理的。目前已有一些成熟有效的模型可以模拟化学物质在区域大气中的扩散。其中，ADMS、CALPUFF 和 AERMOD 大气扩散模型用途较为广泛，在国内研究区已经有不少成功应用的案例（王海波，2006；杨洪斌，2006；丁峰等，2007；沙维奇，2007；胡刚等，2007；陶俊等，2007；王繁强等，2008；王红磊等，2008；肖杨，2008；邹旭东等，2008）。

3. 地震次生灾害的模拟系统

廖旭等（2003）对化工厂内有可能引起地震次生灾害的有毒物源按其属性进行毒性分

级，并将次生毒气泄漏概率用矩阵表示为

$$P = R \times H \tag{3-61}$$

式中，P 为震时毒气泄漏概率；R 为毒气源分类级别；H 为设备破坏级别。

国内许多学者提出了大量对于地震次生灾害的应急响应与管理方法（黄毅，2007，2008；唐世荣等，2008；徐琦，2008；徐应明等，2008；刘国林，2008；刘武等，2009；叶宏等，2009；陈明，2009）。赵振东等（2002）对地震次生毒气泄漏与扩散进行了数值模拟与动态仿真，并对数值模拟过程的参数进行了分析（余世舟等，2002）。数值模拟工作也可以在GIS下进行（余世舟等，2003；钟江荣等，2003）。贾培宏等（2008）开发了基于GIS的油罐地震次生灾害预评估系统。

3.13.2　环境事故灾害数据库建立

1. 化学物质指标标准数据库的建立

环境事故灾害数据库收集了我国安全生产、环境保护以及美欧日等国家和地区相关的数据库。数据表包含：①车间有害物质指标标准，根据卫生部颁发的《工业企业设计卫生标准》（TJ36—1979）录入；②大气污染物指标标准，根据GB9137—1988录入；③地表水环境质量标准，根据GB3838—2002录入；④工业企业土壤环境质量标准，根据HJ/T25—1999录入；⑤国家土壤环境质量标准，根据GB15618—1995录入；⑥国家饮用水卫生标准，根据GB5749—2006录入；⑦国家环境空气质量标准，根据GB3095—1996录入；⑧食用农产品产地环境质量标准，根据HJ332—2006录入；⑨室内空气质量标准，根据GB/T18883—2002录入；⑩渔业水质标准，根据GB11607—1989录入。

2. 中国石化企业数据库的建立

依据中国化工企业协会主编的《中国石油和化工商务手册》整理，数据表包含：①中国石化企业名称及地址，根据《中国石油和化工商务手册》录入；②中国石化企业地理位置，根据Google地图录入。

1）中国化工产品企业产量统计数据库的建立

该数据库根据《中国化学工业年鉴》录入，数据表包含各省（自治区、直辖市）化工产品产量统计、天然原油、天然气、汽油、煤油、柴油、润滑油、燃料油、石油沥青、液化石油气、煤气和硫酸、浓硝酸、盐酸、氢氧化钠（烧碱）、离子膜法烧碱、碳酸钠（纯碱）、电石、合成氨、农用氮磷钾化学肥料总计（折纯）、氮肥、尿素、磷肥、钾肥、磷酸铵肥、化学农药原药、杀虫剂原药、杀菌剂原药、除草剂原药、乙烯、纯苯、精甲醇、冰醋酸以及涂料（油漆）、建筑涂料、油墨、颜料、染料、初级形态的塑料（塑料树脂及共聚物）、聚氯乙烯树脂、聚乙烯树脂、聚丙烯树脂、合成橡胶、顺丁橡胶、合成纤维单体、己内酰胺、彩色照相胶卷、橡胶轮胎外胎、子午线轮胎外胎和橡胶靴鞋各企业产量，共50个数据表。

2）环境事故记录分析数据库的建立

该数据库对新中国成立以来（截至2009年3月）公开报道、网站搜索和公开出版物记载的环境灾害事故进行了收集和分析。主要对环境灾害事故的触发事件——环境灾害链中造成化学物质进入环境的前事件、所涉及的化学物质、造成的后果（死、伤、中毒、转移、生态和经济损失等）等进行了收集和分析。数据表包括：①环境事故记录分析，根据公开报道，网站搜索和公开出版物录入；②环境事故地理位置，根据 Google 地图录入。

3.13.3 环境事故风险评估方法

1. 科学方法（计算方法、公式等）

1）收集的环境灾害事故数据库的启示

环境灾害事故数据库对新中国成立以来（截至 2009 年 3 月）公开报道的环境灾害事故进行了收集分析，由于大多数记录没有足够的定量信息，很难对一个事故的发展过程以及造成的后果作出准确的判断。不过，这些环境事故灾害数据仍然在以下几方面提供了非常重要的信息，也是环境灾害风险评估中对相关参数进行设定的基础和依据。

a. 触发事件分类

环境事故灾害多见于交通事故中，或者由于管理不善而引起。原因不明的情况，基本上也可归结为管理不善。自然灾害、违法排污、人为事故、废品处理不当等所占的比例均较小，但由自然灾害引起环境事故灾害的情形尚未引起广泛的注意，针对此种情形的研究也较少（图 3-191）。

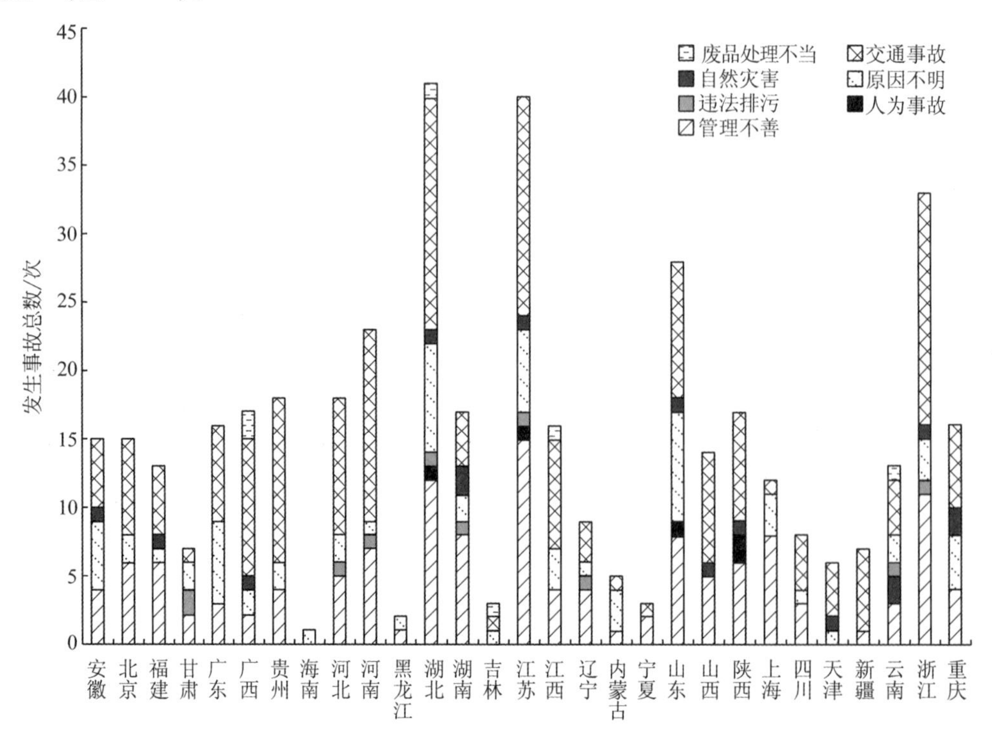

图 3-191 导致环境事故灾害的触发事件分类

b. 涉及的化学物质

如图 3-192 所示，在环境事故中出现频次高的污染物，都是常见的化学物质。

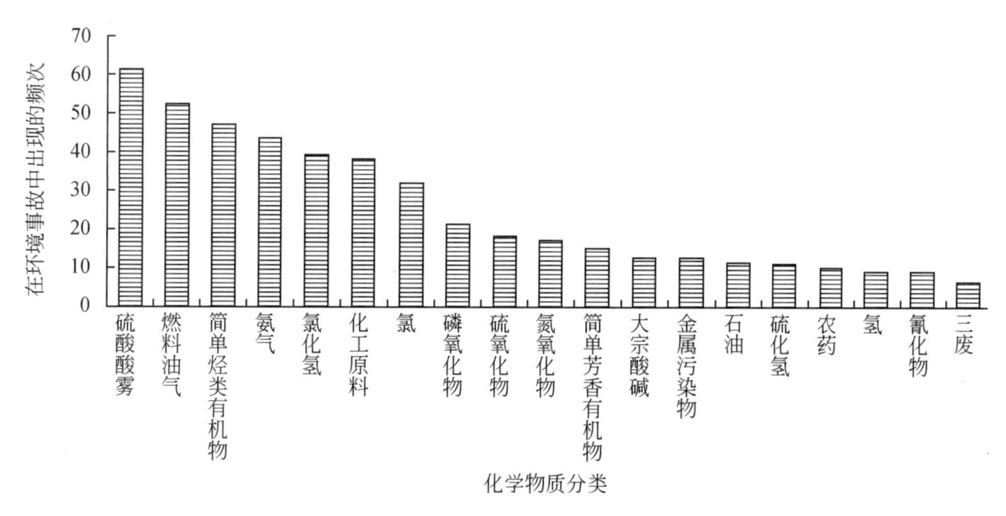

图 3-192　环境事故中涉及的化学物质出现的频次

c. 事故的空间影响范围（图 3-193）

在估计平均影响面积时，“管理不善”“违法排污”导致的影响面积和人口数量最大，比其他类别要高近一到两个量级；“废品处理不当”和“人为事故”可估算面积仅 1 次和 2 次，可靠性差；“自然灾害”类事件均不是严格意义上的大型自然灾害，结果缺乏可靠性；“原因不明”者，基本上可归结为“管理不善”，宜合并考虑；“交通事故”类虽然频次很高，但影响面积往往很小（图 3-193）。

需要指出的是，自然灾害作为触发事件可收集到的公开信息很少，但这并不意味着自

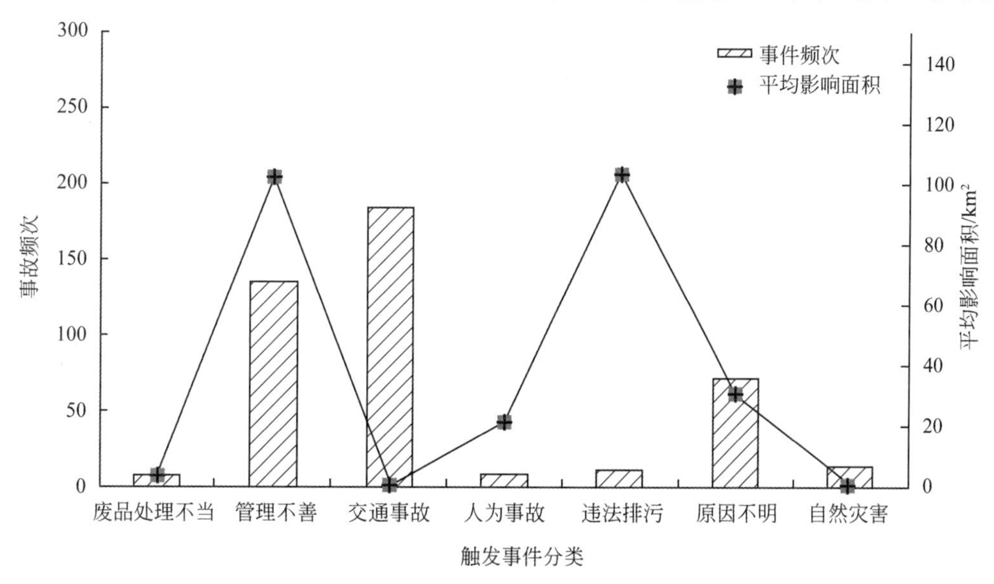

图 3-193　环境事故的影响范围

然灾害引发环境事故灾难的风险低，恰恰相反，其他触发事件，如交通、违法排污和管理不善等就中国而言都是与中国快速发展时期的特点紧密相连的，可以相信，随着法制的完善和社会安全意识的提高，这些事件对环境事故的触发频次会越来越低，而自然灾害将成为环境灾害的主要触发事件，这正是 Natech 在发达国家逐渐引起重视的原因（Krausmann and Cruz，2008；Krausmann and Mushtaq，2008；Krausmann et al.，2009）。

2）化工企业的信息收集

化工企业信息来自中国石化企业数据库，包含企业的名称、地址、产品和产量等。以氨作为案例研究物质，设定氨作为产品或原料的仓储周期为均为 1 周。其在各企业作为产品时，以直接的产量数据推算储量；作为原料时，其储量根据企业产量，应用由石油和化学工业规划院提供的《化工产品消耗定额数据库》推算其用量。

3）地震参数的设定

全国地震动参数区划图（全国地震区划图编制委员会，2001）是针对全国的量大面广的一般建设工程，是在考虑平均场地条件下对全国范围内的地震安全环境的区域划分，它给出的是大范围内地震危险的平均估计。地震动区划图反映的是“中震”水平，即 50 年超越概率为 10% 时所对应的地震动参数（如 PGA），这是一种“少遇”地震，既不是“小震”（50 年超越概率为 63%），也不是“大震”（50 年超越概率为 2% ~3%）（胡聿贤，1999）。

每个空间位置上不同超越概率水平对应不同的 PGA 值（李金臣等，2007），但对每个空间位置的 PGA 分布积分也许是不必要的——国家抗震设计相关规则均以 50 年超越概率 10% 所对应的地震作为防震抗震设计规范的基础。地震致灾因子的设定与国家相关规范保持一致具有易于理解、便于执行的优点。

因此，以下分析结果，都是在“50 年超越概率为 10% 的地震（即少遇地震）”条件下才成立。最终的风险也应表述为“50 年超越概率为 10% 的地震（即少遇地震）”下的风险，如以人口密度为承灾体时，风险应表述为“50 年超越概率为 10% 的地震（即少遇地震）所导致的每平方公里死亡人数”。

4）地震——设备破坏环节的脆弱性表征

风险评估中采用 Seligson H. A. 的研究成果来表征地震与设备破坏之间的脆弱性关系，不过，“轻”、“中”、“重”等破坏水平还必须表达为破坏比例才可以建立 PGA 与破坏以及泄漏之间的数量关系（Seligson，1996）。表 3-61 提供了泄漏的上下限和中间值，因此采用三角分布来表征该数量关系：分别将表 3-61 中的上下限和中间值设定为三角分布中的上下限和众值。

采用蒙特卡罗抽样（样本数为 2000）模拟各烈度下可导致的破坏比例的分布范围，然后将这些样本转化为 Probit，用 Probit 数与烈度进行线性回归，得到烈度与破坏概率之间的关系。图 3-194 分别表示了烈度与卧式储罐破坏比例、烈度与反应釜破坏比例之间的关系，其中实线和虚线分别表示最佳回归关系和 95% 双边预测范围。该数值关系可表示为

$$\text{卧式储罐:Probit} = 0.805(\pm 0.0024)\ln \text{PGA} + 3.967(\pm 0.021) \tag{3-62}$$

$$\text{反应釜:Probit} = 0.879(\pm 0.0029)\ln \text{PGA} + 3.929(\pm 0.026) \tag{3-63}$$

不过，由于（Seligson，1996）中采用 MMI 烈度作为地震动表征，需要采用 Trifunac 方

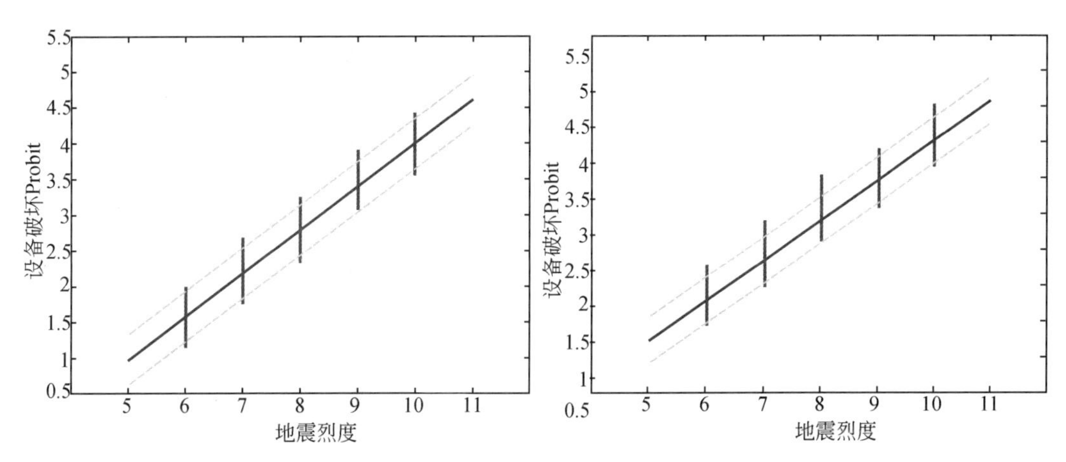

图 3-194　地震烈度（MMI）与卧式储罐（左）或反应釜（右）破坏的关系（Seligson，1996）

程转换为地震动参数 PGA：

$$\log_{10}\mathrm{PGA} = 0.014 + 0.3\mathrm{MMI} \tag{3-64}$$

式中，PGA 单位为 cm/s^2。如果将 PGA 单位转换为重力加速度 g，则式（3-64）又可表示为

$$\log_{10}\mathrm{PGA} = -3.0 + 0.3\mathrm{MMI} \tag{3-65}$$

根据该公式计算的结果与目前中国采用的 PGA 与烈度关系是一致的（胡聿贤，1999；《全国地震区划图》编制委员会，2001）。这样，设定设备破坏水平的概率可以用 PGA 来表达。相应的，PGA 与卧式储罐或反应釜破坏之间的关系可表示为图 3-195。

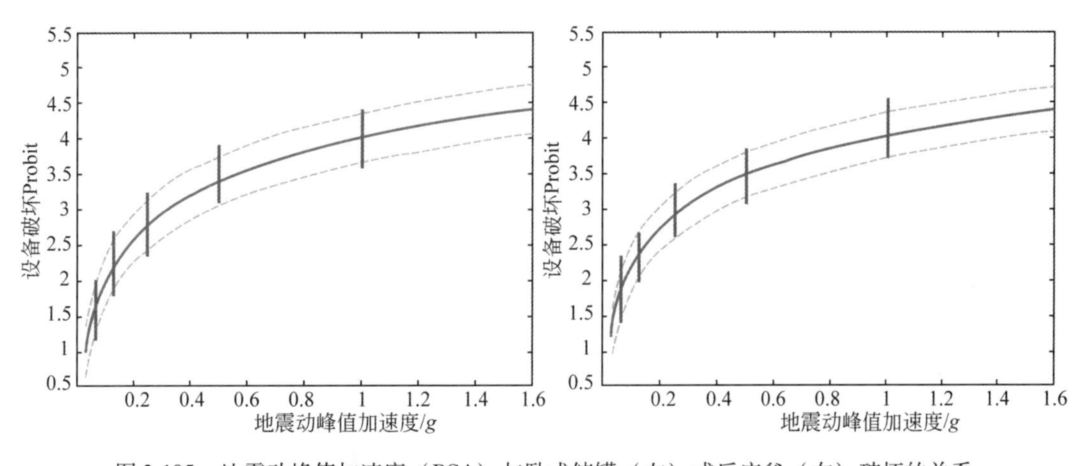

图 3-195　地震动峰值加速度（PGA）与卧式储罐（左）或反应釜（右）破坏的关系

5）地震导致的氨气致死概率

地震导致化工设备破坏，进而引发化学品的泄漏，使其扩散到空气中，最终作用于风险受体。此风险评估中选用人口作为最终的风险受体。

地震导致的化工设备破坏概率用卧式储罐和反应釜的破坏概率，即式（3-62）和式（3-63）来表征，并以二者的平均值作为地震导致的化工设备破坏概率。

泄漏后的氨气扩散到空气中，其浓度对人口致死概率的剂量—反应关系用式（3-66）表示：

$$Y = -28.33 + 2.27\ln(C^{1.36}t) \tag{3-66}$$

式中，Y 为致死概率；C 为浓度（ppm，百万分之一浓度，下同）；T 为暴露到浓度 C 中的时间（min）（Perry and Articola，1980）：。

地震导致的氨气致死概率计算方式为：地震导致的化工设备破坏概率 × 氨气的致死概率。

6）基于聚类分析的蒙特卡罗抽样设定地面气象条件

气象条件是决定化学物质发生泄漏后空间扩散状况的关键因素。根据 AERMET 模块的要求，风速、风向、气温（干球温度）、湿度、降水、总云、低云等均对扩散模型参数的确定有影响。不过，考虑到 AERMOD 的地面性质参数（地表反照率、BOWEN 率、地表粗糙度及大气稳定度如 Manning-Obukhov 长度）的取值均随季节变化，而且 AERMOD 确定边界层（机械混合和/或对流混合）参数时必须根据当地时间按照昼夜分别考虑（EPA，2004，2009），在设定 AERMOD 地面参数输入时按照不同季节以及昼夜差别分别开展。

（1）收集过去 10 年的气象数据。利用中国气象科学数据共享服务网（中国气象中心，2006）提供的数据，根据每个潜在泄漏源所在地，确定最近的 2000 ~ 2009 年地面气象时值数据有效的气象站。

（2）预处理气象数据。将各气象站的时值参数按照季节、昼夜（中国气象局，2003）分组；将风速和风向转换为东西向和南北向风速；将干球和湿球温度转换为气温（干球温度）和相对湿度。

（3）气象参数聚类分析。按照季节和昼夜将数据集分为 8 个子集。以欧几里得距离为基础，采用 ward 方法构建传统的层状聚类树，通过调整距离阈值，最终使每个子集拥有若干类。实际聚类结果显示，每个子集的聚类数介于 2 ~ 41 个，但绝大多数子集的聚类数为 3 ~ 8 个类。为每个类内六个参数（东西向风速、南北向风速、气温、湿度、总云、低云）计算均值和标准偏差。

（4）蒙特卡罗抽样。从根据季节和昼夜划分的 8 个子集中分别抽样 50 个，按照各类包含样本数占子集样本数的比例分配到各个类，然后从每个类中抽取样本——其中每个参数均根据聚类分析所得各自的均值和标准偏差独立地从正态分布中抽取。最后生成 400 个地面气象条件样本。

（5）反处理气象样本。将抽样所得 400 个地面气象样本，按照与（2）相反的方式处理，即变换得到风速和风向，干球和湿球温度。

（6）降水数据来源。降水不影响大气扩散模型 AERMOD 中扩散参数，但对湿沉降（即“洗脱”作用）有一定的影响。由于地面气象数据缺少降水时值数据，所以采用不同城市的暴雨强度公式（张中和，2004）作为基础，对邻近地区的降水强度进行设定。暴雨强度公式一般采用式（3-67）：

$$q = \frac{167A_1(1 + C\log_{10}P)}{(t + b)^n} \tag{3-67}$$

式中，q 为设计降雨强度［$L/(s \cdot hm^2)$］；P 为设计降雨重现期（年）；A_1 为重现期为 1

年时的设计降雨雨力；C 为雨力变动参数；t 为降雨历时（min）；b 为参数；n 为指数。A_1，C，b，n 四个参数则按照城市暴雨公式设定。

（7）降水强度抽样。考虑到雨强越大湿沉降越明显，化学物质的环境浓度越低，为保守估计，不应设定较大雨强。因此设定最大的雨强 q_m 为重现期 $P=0.25a$ 的雨强；降雨历时与破坏泄漏时间一致 $t=60\text{min}$。据式（3-67）计算得到最大雨强 q_m 后，在0与 q_m 之间按均匀分布抽样，得到降水强度样本。

（8）降水强度与其他地面气象参数的匹配。由于地面气象参数和降水强度是从不同数据来源抽样，它们之间的相关性被忽略。实际上，由于降水往往是在湿度较大、云量较多时出现，因此，降水强度仅在相对湿度 RH＞80%且低云＞5时按式（3-67）设定，其余样本则设定降水强度为零。

7）氨气泄漏后在大气中的扩散

氨气在大气中的扩散情形用美国国家环保局联合美国气象学会组建法规模式改善委员会（AERMIC）开发的AERMOD模式系统来模拟，该模式系统也为中国新版大气导则所推荐。该系统以扩散统计理论为出发点，假设污染物的浓度在一定程度上服从高斯分布，可用于多种排放源（包括点源、面源和体源），也适用于乡村和城市环境、平坦和复杂地形、地面源和高架源等多种排放扩散情形的模拟和预测。AERMOD系统包括AERMOD扩散模式、AERMET气象预处理和AERMAP地形预处理模块。在AERMOD扩散模式运行前，首先要进行AERMAP地形预处理和AERMET气象预处理。AERMOD模式运行流程如图3-196所示（环境保护总局环境工程评估中心环境质量模拟重点实验室，2009）。

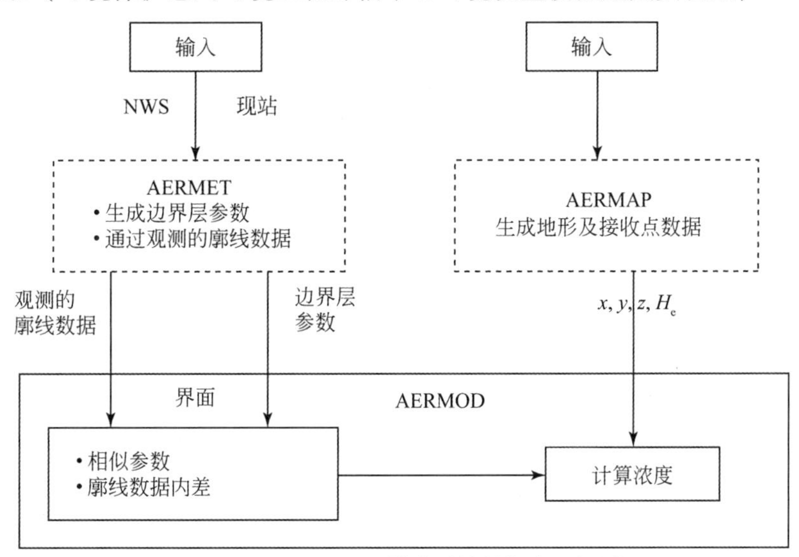

图3-196　AERMOD模式系统数据流程框图

AERMAP地形预处理的作用是生成AERMOD扩散模式所需格式的地形及接收点数据，所用的原始地形数据为90m的DEM数据（Information，2009）。对环境灾害事故数据库中数据的分析结果表明化学品泄漏后，影响的最大范围为距离事发点24km处，而AERMOD模式系统的有效评价范围小于等于50km，所以我们选择的最大接收点距离40km既能完全覆盖事故的影响范围，又能被AERMOD所有效评价。接收点以极坐标形式表示，设置36

个均匀分布的接收角度，每个角度上设置 23 个不同距离的接收点，分别是 100、200、300、500、800、1500、2500、3500、5000、8000、10 000、12 000、15 000、18 000、20 000、22 000、25 000、28 000、30 000、32 000、35 000、38 000、40 000m，接收点的总数为 828 个。AERMAP 生成的 REC（接收点信息）文件供 AERMOD 使用。

AERMET 气象预处理的作用是生成 AERMOD 所需的逐时气象参数数据。气象数据分为地面气象数据和探空气象数据。所必需的地面气象数据内容包括降水量、海平面压力、测点压力、云层高度、总云量、低云量、水平可见度、干球温度、湿球温度、露点温度、相对湿度、风向和风速等，其中风向、风速、干球温度、露点温度、总云量和低云数据来自基于聚类分析的蒙特卡罗抽样方法所设定的 400 个地面气象条件；降水量数据由式（3-67）计算得出，对其进行的抽样后与地面气象参数匹配；海平面压力、测点压力、云层高度、水平可见度来自对过去 10 年地面气象数据中同一季节的昼/夜数据取众数的结果；其他数据取默认值。探空气象数据包括大气压、高度、干球温度、露点温度、风向和风速等，共设 14 层，每层数据都来自对过去 10 年的探空气象数据按季节和昼/夜数据取众数的结果。AERMET 是按照当地的时区来处理数据的，所以要将探空气象数据中的世界时间改为当地时间，并将地面气象数据和探空气象数据处理为 AERMET 所识别的格式。因缺少现站补充观测数据，采用当地气象台站数据。指定输出风向在 10°范围内随机选择，当地气象站地面测风高度为 10m。

进行预处理的气象数据还包括当地的地表反照率、BOWEN 率、地表粗糙度三个地表参数。将 0°~360°均分为 4 个扇区，按季度确定地表参数，每季 4 组参数，故同一扇区同一季度地表参数相同。每个站点所处地区的干湿情况由 40 年（1961~2000 年）平均降水量决定，年平均降水量≤200mm 的地区设定为干燥地区，200 < 年平均降水量≤800mm 的地区设为中等湿度地区，>800mm 的地区设为湿润地区。地表参数的取值由地表覆盖类型决定，不同地表覆盖类型的地表反照率、BOWEN 率、地表粗糙度取值不同（EPA，2004）。

每个气象站点的地表粗糙度值为方圆 1km 以内不同地表覆盖类型的地表粗糙度值的反距离加权几何平均数；BOWEN 率的值为 10km×10km 范围内不同值的距离加权几何平均数，地表反照率的值为 10km×10km 范围内不同值的距离加权算术平均数。

AERMET 生成 AERMOD 所需要的地面气象数据和探空气象数据文件供其使用。

AERMOD 扩散模式为 AERMOD 系统的主体部分，它将泄漏源信息与地形和气象预处理的结果一起作为输入信息，预测污染物的扩散浓度并输出结果。

以氨气作为研究物质，其半衰期为 7h。将全国范围内具有完整信息的 154 个存储氨气的化工企业作为潜在的泄漏源，这些企业既包括以氨为产品的企业，也包括以氨为原料的企业。氨气的存储量以一周的产量或所需原料量来计算，储罐大小设定为 1000t、500t、200t、100t 四种规格，高与直径比设定为 2。154 个存储氨气的化工企业为潜在的体源，其初始边维大小的确定方式见表 3-64，初始垂向维的确定方式见表 3-65。

表 3-64 初始边维的确定方式

单个体源	初始边维 = 边长/4.3
线形放置的相邻体源	初始边维 = 边长/2.15
线形放置的不相邻体源	初始边维 = 中心距离/2.15

表3-65　初始垂向维的确定方式（EPA，2004）

地面源	初始垂向维＝源的垂向维/2.15
在建筑物上或与其相邻的高架源	初始垂向维＝建筑物高度/2.15
不在建筑物上或不与其相邻的高架源	初始垂向维＝源的垂向维/4.3

假定储罐一旦遭到破坏，其所存储的氨将在1h内全部泄漏完，由此可计算出其体积排放率。氨的排放高度设为其所存储氨高度的一半。对于每个气象条件，氨气的排放时间在满足气象条件要求的情况下，可任意选择1h，即在该小时内排放比例为1，一天中的其他时间排放比例为0。

氨气在空气中的干沉降与季节有关。季节分为五类，具体分法如下：①植被茂密的盛夏；②农田尚未收割的秋季；③收割后降霜的晚秋或没有下雪的冬季；④积雪覆盖的冬季；⑤部分植被覆盖或一年生植物生长的春季。

154个潜在泄漏源地点所处的季节从1～12月都依次设置为：3、3、5、5、5、1、1、1、2、2、3、3。

干沉降也与土地利用情况有关，按照以下分法将土地利用情况分为九类：①无植被覆盖的城市用地；②农业用地；③牧场；④森林；⑤草地覆盖的郊区；⑥森林覆盖的郊区；⑦水面；⑧荒芜的土地，主要是沙漠；⑨湿地。

将潜在泄漏源周围均匀分为四个区，土地利用情况按逆时针方向依次设定为4、7、1、2。

与干沉降有关的氨气在空气中的扩散系数、水中的扩散系数、叶表面的吸收阻力、亨利定律常数分别为2.00×10^{-1}，1.07098×10^{-5}，1.00×10^{7}，649.56。

影响氨气在大气中扩散情形的地形数据使用AERMAP处理的结果，气象站点选择离潜在泄漏源最近的站点，气象数据使用AERMET处理的结果，温度势剖面基准标高设为257m。AERMOD扩散模式分别预测400个地面气象条件下每个接收点上的小时最大氨气浓度值，并保存到文本文件中。

取每个潜在氨气泄漏源的每个接收点在400个地面气象条件下的最大浓度值的中值，用克里金插值法生成最大浓度值中值的连续空间分布图，即为设备破坏导致的氨气浓度中值空间分布图。

8）人群的避灾行为

人们在面对灾害的时候，总会努力去避免或减轻其所受到的损伤，这种行为称为避灾。避灾的能力及其影响由人群到泄漏源的距离或污染物扩散到人群所需的时间决定，具体如下所示：

$$a=\begin{cases}1 & d<d_0\\ \exp(-\lambda(t-t_0)^{1.5}) & d_0\leqslant d\leqslant d_r(t)\\ 0 & d>d_r(t)\end{cases}\tag{3-68}$$

式中，d为到泄漏源的距离；t为烟羽从源出发的扩散时间；d_0为无避灾能力的距离；d_r为完全避灾的距离；λ为避灾时间标量。

工业安全工程的经验表明，灾发地点500m范围内的人群几乎没有机会躲避灾难，所

以 d_0 值取 500m。

地震救援的实践表明，外部救援力量能够在 3h 内到达，假定外部救援到达后，人们拥有完全的避灾能力。故 d_r 值取 180min 烟气的扩散距离。

中国法律规定，灾发后 1 ~2h 内必须报告，因此避难警报也会在 1 ~2h 内（甚至更早）发出，基于此，假定 60min 内，50% 的人口能够采取有效的避灾行为，即 λ 值取 0.0015。

d_0，d_r，λ 三个参数确定后，避灾方程如图 3-197 所示。

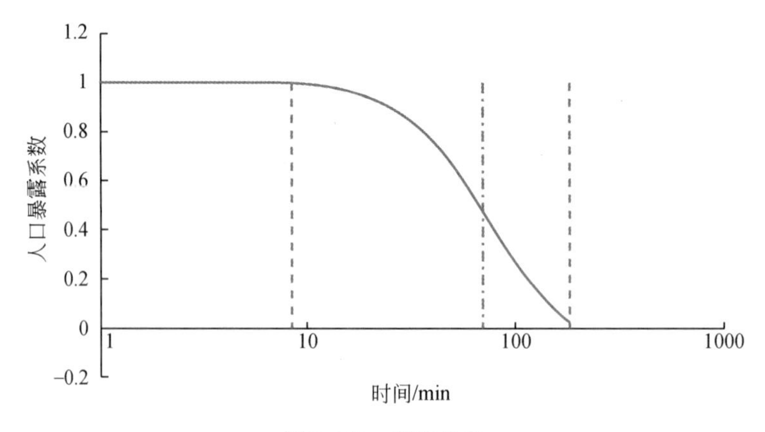

图 3-197 避灾方程

取每个潜在泄漏源周围 250km 的范围，计算每个泄漏源在 400 个不同地面气象条件下位于 0.5km、1km、1.5km、2km、2.5km、3km、3.5km、4km、4.5km、5km、6km、7km、8km、9km、10km、11km、12km、13km、14km、15km、17km、19km、21km、24km、27km、30km、33km、36km、40km、45km、50km、55km、60km、65km、70km、75km、80km、85km、90km、95km、100km、110km、120km、130km、140km、150km、170km、190km、210km、220km、250km 处的人口暴露系数，绘制人口暴露系数分布图。将每个潜在泄漏源的 400 个不同的人口暴露系数分布图与中国人口密度图（2002 年）相乘，即得到每个潜在泄漏源在其 400 个不同地面气象条件下的暴露人口。

2. 基于设定条件下地震—环境灾害链的风险分级

1）采用不同标准的氨气空间风险分级方法

关于氨气的健康危害浓度，《危险化学品使用手册》（美国国立职业安全卫生研究所，2005）中指出，氨气的 IDLH（immediately dangerous to life or health）浓度为 300ppm（210mg/m^3），ST 浓度（short-term exposure limit）为 35ppm（27mg/m^3），而中国《车间有害物质指标标准》（卫生部等，1979）设定氨的工作环境浓度限值为 1mg/m^3。以氨气中值浓度 C 与地震导致设备破坏概率 P 的乘积（以 CP 表示）作为风险分级的依据，其分级阈值分别采用 IDLH、ST 和我国的工作环境浓度限值，并增加氨的 ST 浓度与其工作环境浓度限值的几何平均数 5.2mg/m^3 为另一个分级阈值，即①CP≥210mg/m^3，极高风险；②CP≥27mg/m^3，高风险；③CP≥5.2mg/m^3，中等风险；④CP≥1mg/m^3，低风险；⑤其余为无风险。

2）以单位面积上的致死人口密度作为风险表达终点的风险分级

以人口作为风险评估的终点，即地震导致的环境灾害（氨气）风险 = 地震导致的氨气致死概率 × 暴露人口。

采用致死人口密度作为风险终点时，主要根据其所对应的社会实际需求来决定分级。当地震导致的环境灾害耗尽省内资源时，可设定为高风险，而医院床位数这一公共卫生资源适合作为地区资源指标。《中国卫生年鉴（2009）》（卫生部等，2010）表明，截至2008年年底，北京、上海、天津每千人口拥有的床位数分别为6.99、7.01和4.72张（图3-198）。在世界来看，医疗卫生建设最好的欧洲，每千人口拥有的床位数为6.3张，高收入国家平均拥有5.9张，日本和美国分别拥有13.8张和3.1张（OECD，2010）。合理估计，京、津、沪三市目前的医疗水平是中国各地的卫生建设可能达到的较高水平。根据北京、上海和天津的人口密度，可以计算得到每平方公里拥有的床位数分别为5.8、、18.5和4.2。将4.0作为"合理预见卫生建设高水平"下的每平方公里床位数，并以此为基准设定风险为人口密度时的等级阈值。中国目前卫生床位使用率平均为30%～70%，以50%计算，则合理估计卫生建设到较高水平后，灾害事故中有可能用于救治伤员的床位为每平方公里 4 × 1/2 = 2 张。

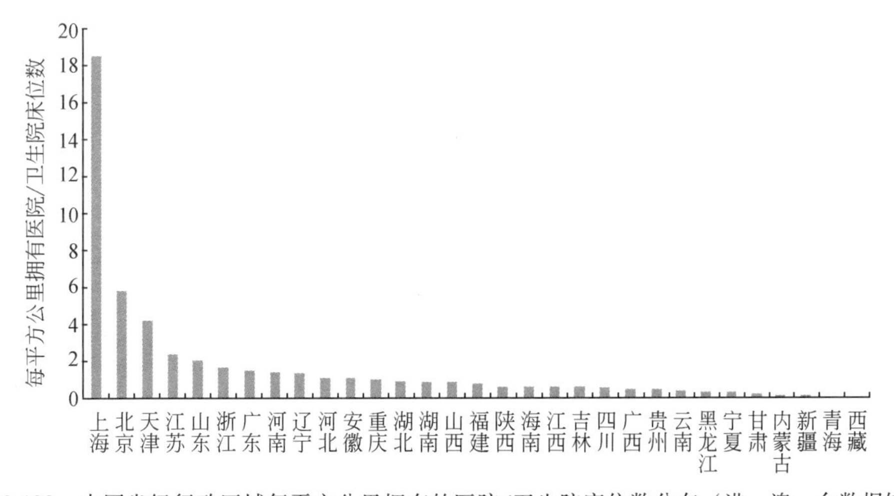

图3-198　中国省级行政区域每平方公里拥有的医院/卫生院床位数分布（港、澳、台数据缺）

不过事故中需要救治的人数要明显超出最终死亡的人数。从文献（Mannan，2005）中提取11次环境事故灾难事故中死亡人数与受伤人数之比的变化范围较大，几何平均值为8.9，中值10.2。应当注意到，"受伤"或"中毒"的严重程度差异可能很大，这可能是受伤人数与死亡人数比例变化较大的原因之一。例如，迄今最严重的工业事故——1984年印度博帕尔异氰酸甲酯泄漏事故，导致直接死亡约4000人，重伤3900人，而受伤者则高达56万（Wikipedia，2010）。造成受伤人数与死亡人数比例变化较大的另一个原因则可能与涉及的具体化学物质有关。从所收集的灾害事故损失信息分析，在最终死亡的情况下，受伤与中毒的人数与死亡人数的比值呈现较大的变化幅度，中值为1.3，75%分位点和90%分位点分别为3.0和9.7。尽管由于中国环境灾害事故数据量有限，这些数据有一定不确定性，但每平方公里需要救治人数（N）可以按照每平方公里死亡人数（D）的倍数

(a) 来设定如下：①设 $a=1$，致死风险人数 >2 (2/a) 设定为极高风险；②设 $a=2$，致死风险人数 >1 (2/a) 设定为高风险；③设 $a=10$，致死风险人数 >0.2 (2/a) 设定为中风险；④其余为低风险。

环境灾害风险分析的一般技术路线图如图 3-199 所示。本章所针对的地震—环境灾害中以氨为示例物质的风险分析流程图见图 3-200。

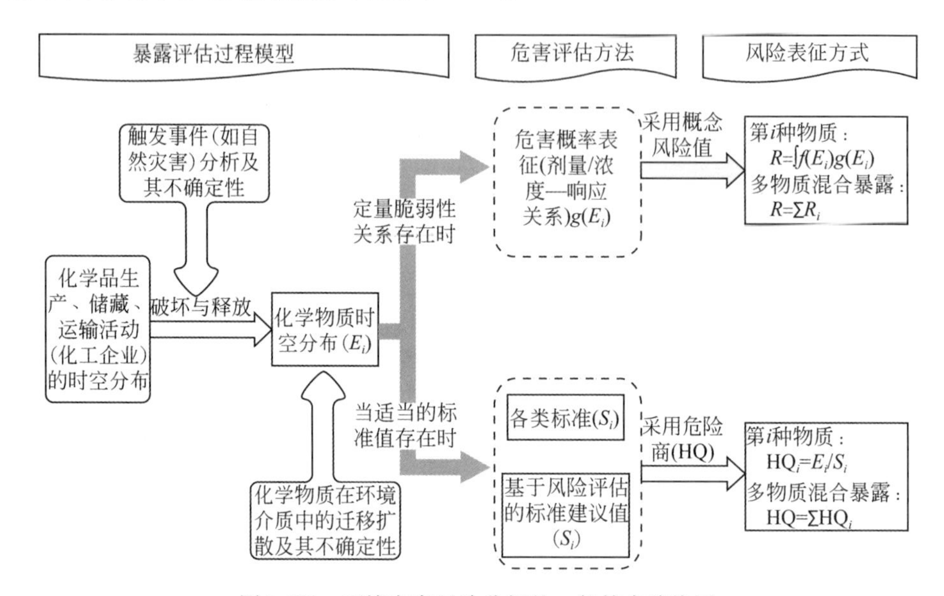

图 3-199 环境灾害风险分析的一般技术路线图

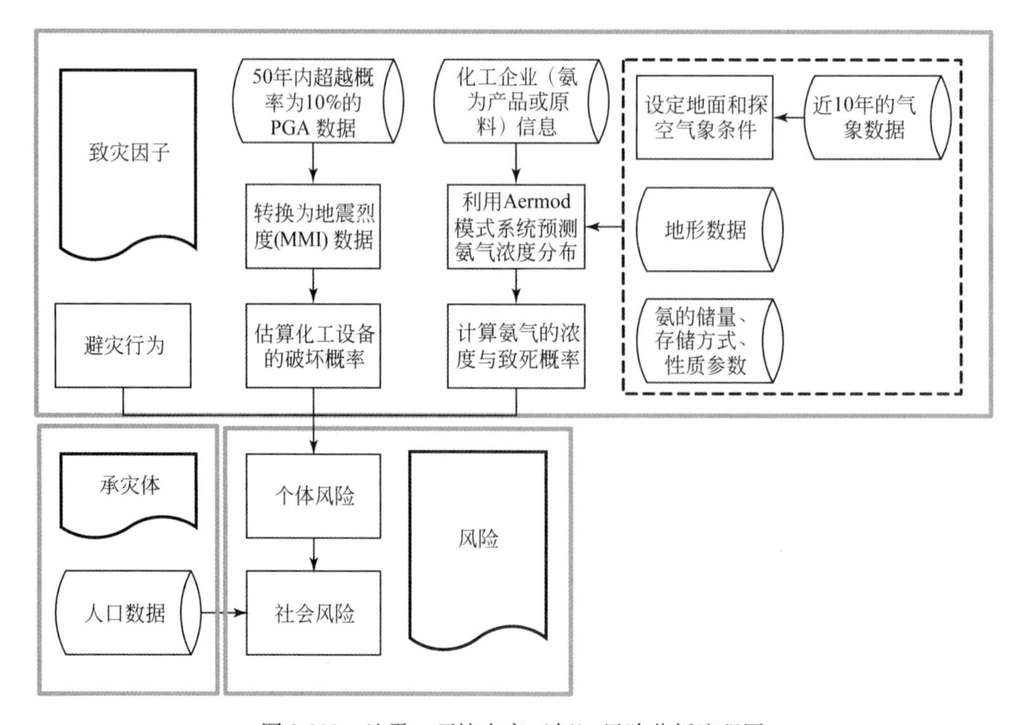

图 3-200 地震—环境灾害（氨）风险分析流程图

3.13.4 评估结果与分析

1. 评估结果

地震中由于化工设备的破坏而导致的氨气浓度中值空间分布如图 3-201 所示。

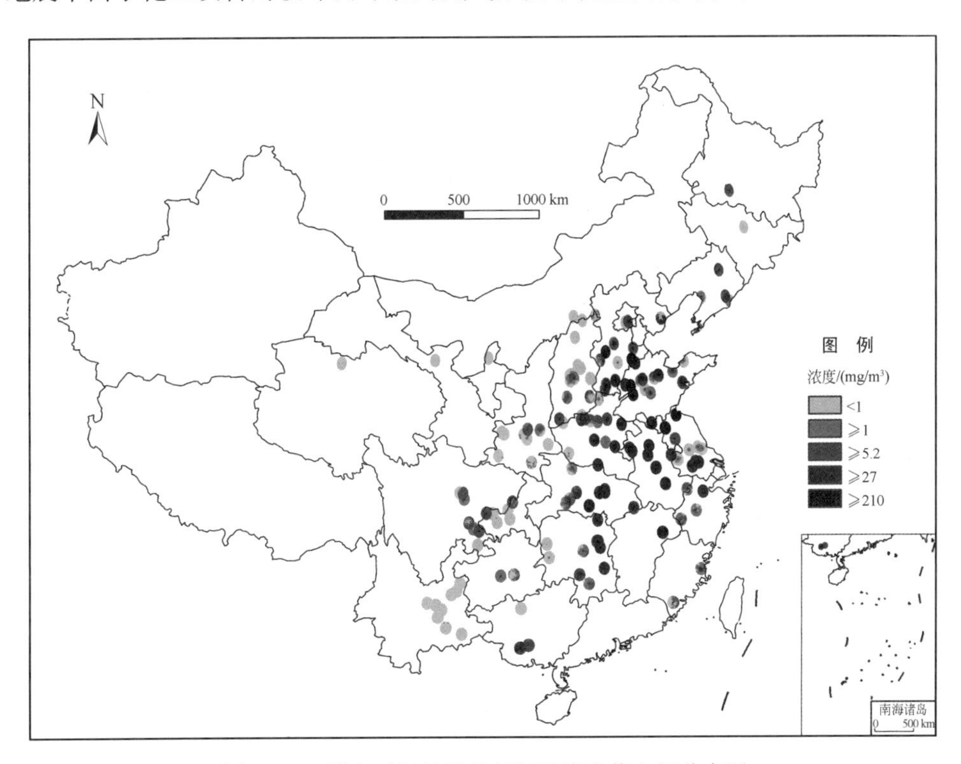

图 3-201 设备破坏导致的氨气浓度中值空间分布图

采用不同标准的氨气空间风险分级方法所得到的氨气空间风险分布如图 3-202 所示。

地震导致化工设备破坏，进而引发化学品的泄漏，使其扩散到空气中，最终作用于人口的风险分布如图 3-203 所示。

2. 结果分析

1）地震——氨泄漏环境灾害风险的空间分布特征

由图 3-202 可以看出，氨气浓度高的地区主要集中在其储量大的华北平原和长江中下游平原地区，因该地区地形平坦且化工企业集中，氨气一旦泄漏，十分容易扩散。

由图 3-202、图 3-203 可以看出，由于潜在泄漏源从全国范围来看是按点状分布来考虑的，而人群主动避灾的特点导致灾害不可能在相当远的地区还有影响，所以高风险地区呈现零星不连续的空间分布情形。高风险地区的出现主要是因为氨气储量高、地震概率大或者人口密度高。如华北平原和长江中下游平原地区，氨气的产量或所需原料量很大，所以风险很高；内蒙古包头地区所在地地震概率很大，风险也随之很高；山西省长治地区的

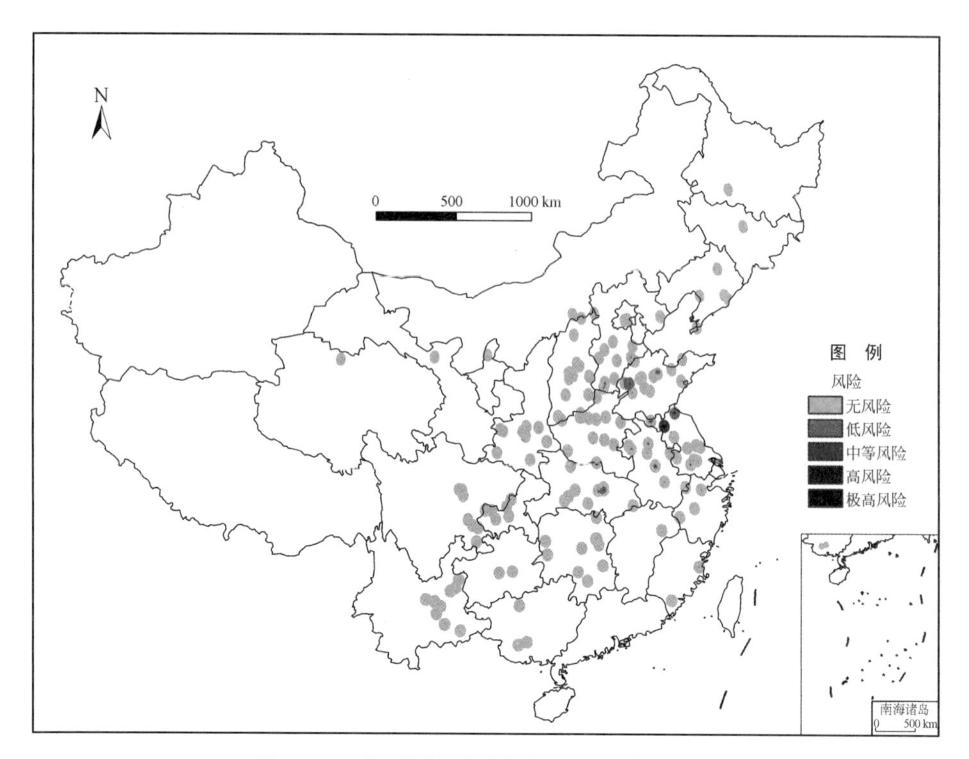

图 3-202　依不同标准的氨气空间风险分布图

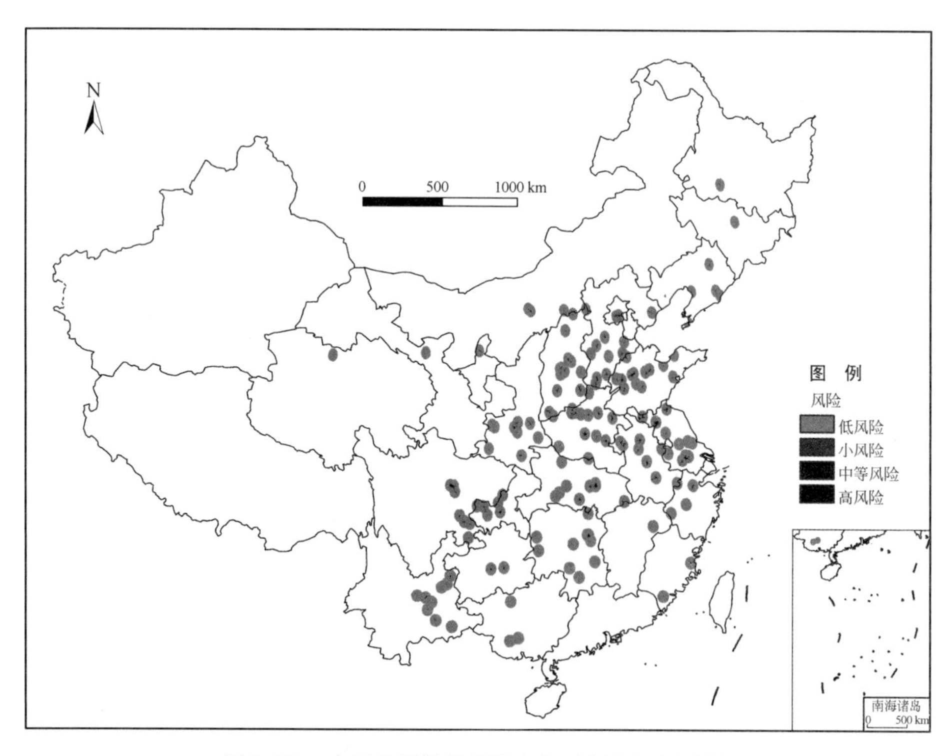

图 3-203　中国地震导致环境灾害（氨气）风险图

人口密度很大，所以也呈现高风险状态。

2）环境灾害链分析方法中的不确定性

a. 地震发生的不确定性

该风险评估中援引国家标准《全国地震动参数区划图》作为地震—环境灾害链中地震致灾因子的空间分布数据，尽管这样做与国家相关规范保持一致，使其具有易于理解、便于执行的特点，但是应当认识到，特定空间的地震都服从一定的概率分布。例如，对于罕遇地震其对应的PGA值可能达到少遇地震的1.8倍甚至更高，而且这一倍数呈现明显的空间特异性。因此，如果设定的地震概率不同，则最终的环境灾害风险也会有明显差异。

b. 设备破坏的不确定性

此评估中对设备在地震中的脆弱性的表征主要引用自现有文献，如前所述，地震对化工设备的破坏与加固措施、工程场地、运行状况均有关系。此评估中由于数据不足和空间尺度定位，对这些具体的工程状况信息未予采用，但以下所列不确定性因素仍然应引起注意。

（1）空间地震动参数如PGA的数值与场地性质有明显关系，廖旭等（1997）对1989年美国洛马普里埃塔地震中油罐破坏与场地性质的关系进行了总结，发现与岩石场地相比，淤泥场地的地面运动含较多的长周期分量，持续时间较长，在海湾淤泥地基的自由场上测得的加速度峰值平均为岩石上峰值的2.8倍，为冲积土的2.6倍。该风险评估中没有考虑PGA数值的场地依存性，主要是考虑到与评估中的空间范围、采用的地震动参数图来源保持一致，即仅考虑平均场地情况下一般企业项目所处的PGA参数，这与具体的项目地震安全性评价以及大比例尺城镇规划的空间尺度是不同的。不过，认识到这一潜在的不确定性很有必要。

（2）现有文献是对国外20世纪以来典型化工设备在地震中破坏状况的总结，但随着安全工程特别是机械和材料工程技术的发展，化工设备对于地震的耐受性会逐步提高。因此，评估过程中采用的设备破坏概率可认为是偏高的，相应的风险评估结果则是站在保守侧面的。

（3）式（3-64）、式（3-65）表示的烈度与PGA的关系虽然是普遍采用的，但它本质上是一个相关关系，具有明显的不确定性。应当注意到，现有文献所总结的烈度与破坏水平之间的关系（如表3-61、表3-62）所表示的范围在一定程度上反映了烈度与PGA之间的不确定性，如果我们可以认为PGA是与破坏水平更直接相关的地震动参数的话，这种不确定性可以通过95%预测范围来加以表达（图3-194、图3-195）如果将这里的不确定性反映到最终风险（每平方公里死亡人数）上，则风险分级会表示为图3-203所示的情形。

c. 污染物扩散的不确定性

污染物扩散的不确定性主要由地面气象条件设定的不确定性引起。尽管设定地面气象条件较好地考虑了气象条件随季节、时间各种参数的变化，但其中的若干假定可能是欠妥当的。

（1）气候变化体现在比气象大得多的时间尺度上，用历史气象数据分析未来风险本身具有不合理性，因此该评估结果只在有限的未来具有合理性；此外，使用10年历史气象资料对气象变化的谱特征代表性也值得注意。

（2）尽管通过聚类分析对每个气象站的地面气象参数的特征进行了整体分析，但应当意识到，聚类分析结果与选定的距离表征和链接方法有关，而每个类中样本的大小也影响到聚类结果的可靠性（黄嘉佑，2004）。

（3）在蒙特卡罗抽样中隐含了两个假定，其一，每类中每个参数都服从以平均值和标准偏差表征的正态分布；其二，同一个类内各参数之间没有相关关系。第一个假定显然是主观性很强的假定，而各参数之间的相关关系虽然通过聚类可以得到弱化，但不能简单认定类内各参数之间就不再相关。此外，蒙特卡罗抽样 400 个可能是不够的，因为各季节昼夜只有 50 个样本，这对于捕捉参数分布的主要规律是可以接受的样本数，但对于相对离群的样本或许代表性不足。

（4）降水强度与其他气象条件之间肯定具有相关性，这里采用的简单化处理可能对这些相关关系造成一些扭曲。

（5）采用城市暴雨公式代表邻近地区的降雨强度分布也显然会导致不确定性，因为局部小气候对降雨分布影响明显，在数据更充足可得的情况下应当采用更有效的方法。

d. 危害的不确定性

风险评估中采用了如式（3-66）的氨气致死概率。实际上，研究者对于氨气的健康危害浓度有不同的看法，如《危险化学品使用手册》中指出，氨气的 IDLH 浓度为 300ppm，ST 浓度（short-term exposure limit）为 35ppm，而中国《车间有害物质指标标准》设定氨的工作环境浓度限值为 $1mg/m^3$。应该说，这些不同的标准，实际上可以直接作为风险的分级阈值。但是，与很多化学品类似，健康危害不仅与浓度有关，而且与暴露的时间有关。式（3-66）是较好地包括了浓度和暴露时间的一个经验公式。尽管如此，个人差异是健康风险评估中应当考虑的不确定性，由式（3-66）计算得到的致死概率必然存在一定的置信区间。风险评估中为简洁计，没有对致死概率本身的不确定性进行量化，但应当认识到这一点。

第 4 章　中国综合自然灾害风险的区域差异*

提高中国综合防灾减灾能力，首先需要了解中国综合灾害风险的时空分异规律。在“综合风险防范关键技术与示范”项目的支持下，我们在过去近 20 年工作的基础上，继完成《中国自然灾害地图集》（中英文版）（1992 年）、《中国自然灾害系统地图集》（中英文对照版）（2003 年）之后，我们又完成了《中国自然灾害风险地图集》（即将由科学出版社出版）。从致灾因子到灾害，从灾害到风险，我们不断加深对中国灾害风险时空分异规律的理解，逐渐掌握了中国自然灾害形成与发展的规律。

4.1　中国灾害风险图编制的基础

在由北京师范大学环境演变与自然灾害教育部重点实验室建设的中国自然灾害数据库、中山大学地理与规划学院、北京师范大学水科学研究院、中国科学院地理科学与资源研究所、北京大学城市与环境学院、中国农业大学资源与环境学院、武汉大学经济与管理学院、民政部国家减灾中心等单位的大力支持下，我们进一步完善了中国自然灾害数据库。在此基础上，我们从宏观的角度，编绘了中国自然灾害风险地图集。编绘本图集的基础有以下三个方面。

4.1.1　基于区域灾害系统的原理

区域灾害风险主要是由区域致灾因子、承灾体与孕灾环境决定的。区域致灾因子决定区域灾害的危险性、区域承灾体决定区域灾害的脆弱性、区域孕灾环境决定区域灾害的稳定性。据此基本原理，中国灾害风险地图的编制，针对所获取的区域灾害系统各要素资料的详尽程度，分成三类：第一类是完全依据脆弱性曲线计算绘制的单灾种风险，如台风、地震、风暴潮和主要作物（小麦、玉米等）旱灾；第二类是基于致灾因子的不同强度（年遇型），并考虑承灾体（如人口、GDP 和土地利用等）对致灾因子的敏感性程度，绘制的部分自然灾害风险等级图，如洪水、雪灾、森林与草原火灾等风险图；第三类是基于致灾因子的相对强度，考虑承灾体与孕灾环境对致灾因子的敏感程度，绘制的部分自然灾害风险相对等级图，如霜冻、冰雹、滑坡与泥石流、风沙灾害风险图。在绘制这些自然灾害风险图的过程中，我们始终坚持按国际规范，把致灾与成害作为两个关键因素，即致灾因子与脆弱性对灾害风险大小的决定性作用。与此同时，针对中国的自然地理格局，我们

---

* 本章执笔人：北京师范大学的史培军、王静爱、杜士强、聂建亮、杨文涛。

在绘制洪水、冰雹等灾害风险图时，特别考虑了地形与地貌因素对灾害风险的影响程度。

4.1.2　基于已有的相关数据

编制中国灾害风险地图，需要大量的灾害数据，我们充分利用了过去 20 多年收集到的中国灾害数据，并得到民政部国家减灾中心的大力支持。然而，我们对一些致灾因子脆弱性定量数据的掌握仍相当有限，难以得到可绘制不同年遇型的部分灾害风险地图。为此，我们充分利用了中国主要致灾因子形成的灾情（区域灾害系统各要素共同作用的结果）数据，并依据气象、海洋、水利、地震、国土等部门提供的有关致灾因子数据，建立了半定量的灾害风险模型，据此绘制了一些灾害风险的等级图和相对等级图，以填补中国部分自然灾害风险图的空白。

4.1.3　基于对重大自然灾害灾情评估的实践

在执行“十一五”国家科技支撑项目“综合风险防范关键技术研究与示范”期间，我们利用已有的初步研究成果，对 2008 年年初南方雨雪冰冻灾害、汶川地震灾害，2009 年华北旱灾、东北与内蒙古旱灾以及 2010 年青海玉树地震、甘肃舟曲山洪泥石流灾害与西南旱灾、海地地震等重大自然灾害的灾情进行了快速的评估。这些工作，一方面使我们更加理解了重大自然灾害形成过程的复杂性，特别是对由重大自然灾害引发的灾害链有了深刻的认识；另一方面，也使我们建立的灾害评估模型更加接近实际，特别是对灾害链形成的灾情有了新的评估模型。据此对国内外广泛开展的“多灾种风险”评估模型提出了我们自己的看法，即“多灾种风险评估模型”与“灾害链风险评估模型”有本质的区别。这一发现使我们对已有的、所谓的单灾种风险模型，诸如美国 FEMA（Federal Emergency Management Agency）开发的地震、台风与洪水灾害风险评估模型（FEMA，2003，2009），以及美国阿姆斯公司（RMS）开发的一些用于保险公司评估风险的灾害风险模型产生了怀疑，特别是针对巨灾的风险评估其准确性程度是否客观？我们认为这些灾害风险评估模型大多都低估或高估了巨灾造成的风险水平。

解决这些问题的关键是要有针对性地对巨灾形成过程中孕灾环境的“放大”或“缩小”灾情的作用予以高度关注。例如，近期发生在中国四川、甘肃的暴雨山洪滑坡与泥石流灾害造成的重大损失。一方面是强降水致灾因素；另一方面，也是主要的方面，就是 2008 年发生在这一地区发生的 8 级大地震，使这一地区的山体，在强降水的动力下，更加容易形成各类地质灾害。这也是这一地区孕灾环境所起的特殊“放大”灾情的作用。这一事实，在目前的各种灾害风险评估模型中都没有考虑。

4.2　中国综合自然灾害风险

为了全面地了解中国综合自然灾害风险，必须编制中国综合自然灾害风险地图。为此，我们需要考虑的关键问题是如何定量地计算各主要自然灾害在综合自然灾害中的贡献。我们依据近年对前述重大自然灾害进行快速灾情评估的实践，把定量计算各主要自然灾害的权重作为突破点。

4.2.1　对各主要自然灾害权重的选择

在分析已有的相关文献和工作基础上，我们选用了由郑功成主编的《多难兴邦——新中国60年抗灾史诗》（郑功成，2009）一书中所附录的1949～2009年中国重大自然灾害简录表中的相关数据，计算了中国主要重大自然灾害发生的频次，并依次确立了这些主要自然灾害在中国综合自然灾害风险评估中的权重（表4-1）。从表4-1中可以看到，就发生重大自然灾害的频次来看，洪水、台风等在1949～2009年中，对中国综合自然灾害灾情贡献最突出；从造成的人员伤亡来看，则地震与洪水灾害最为突出；从造成的房屋倒塌、直接经济损失及转移安置人数来看，洪水、地震、台风和干旱最为明显。

表4-1　1949～2009年各灾种人员、财产损失以及安置情况一览表

灾种	台风	地震	洪水	森林火灾	干旱	冰雹	雪灾	霜冻	滑坡、泥石流	沙尘暴	合计
死亡总人数/人	22 276	357 223	142 611	193	6 220	3 692	4 286	314	2 668	127	539 610
统计频次	71	18	151	1	4	43	11	1	19	1	320
死亡人口比例/%	4.13	66.20	26.43	0.04	1.15	0.68	0.79	0.06	0.49	0.02	100
经济损失/亿元	3 605.815	8 850.45	8 353.58	4	1 143.22	625.453	70.875	0	181.57	2.7	22 837.66
统计频次	56	18	102	1	12	41	9	0	11	1	251
经济损失比例/%	15.79	38.75	36.58	0.02	5.01	2.74	0.31	0.00	0.80	0.01	100
倒塌房间数/万间	1 057.622	2 513.198	9 035.747	0	0	269.782 3	86.949 2	0	50.078 3	0.05	13 013.43
统计频次	59	17	131	0	0	41	6	0	10	1	265
倒塌房屋比例/%	8.13	19.31	69.43	0.00	0.00	2.07	0.67	0.00	0.38	0.00	100
转移、安置人口/万人	1 512.76	1 533.3	2 979.985	0	17.9	2.28	0	0	136.626 2	0	6 182.851
统计频次	15	2	23	0	2	3	0	0	7	0	52
转移、安置人口比例/%	24.47	24.80	48.20	0.00	0.29	0.04	0.00	0.00	2.21	0.00	100
总频次	201	55	407	2	18	128	26	1	47	3	888
频次比例	0.226	0.062	0.458	0.002	0.020	0.144	0.029	0.001	0.053	0.003	1

注：（1）摘自《多难兴邦——新中国60年抗灾史诗》附录一。原书对改革开放前只选录少数重要灾害，是一种不完全统计。

（2）统计的直接经济损失按灾害发生当年的可变价格计算；房屋损失只统计倒塌间数，其他单位的房屋损失忽略。

（3）书中洪水、洪涝、山洪、水灾统一为洪水灾害；书中冰雹和风雹统一为冰雹灾害。其他灾害严格依照原书名称计算。

（4）复合灾害，假设各灾种致灾影响相同划分。例如，复合灾台风洪水中的损失分配上，按照洪水、台风各造成1/2的损失计算。

（5）灾害损失比例为每个灾害占表格统计的总体灾害损失。

4.2.2 对综合自然灾害风险等级的划分

近年来，学术与产业界对单灾种的灾害风险等级划分做了大量工作，而对于区域综合灾害风险等级的划分还刚刚起步。为此，我们从中国先后公布的全国地震烈度区划图得到启示。既然地震灾害可用12级烈度图表示其空间的差异，我们也可以利用“区域综合自然灾害风险等级”表示特定时期区域综合灾害风险的空间差异。为此，我们提出了中国综合自然灾害风险等级划分标准，即“10级区域综合自然灾害风险等级”（可简称为10级综合自然灾害风险度标准）。在这一分级中，首先考虑了区域致灾因子的种类、频率与强度，即主要考虑了综合自然致灾因子的多样性，即区域自然灾害多度；区域综合自然致灾因子的危险性，即区域自然灾害相对强度；区域综合自然灾害的频发性，即区域自然灾害被灾指数。其次考虑了区域综合自然灾害造成的转移安置人数，即区域综合自然灾害造成的转移安置人口率（区域当年因灾转移人口数占上年相同区域人口数的比例）。再次考虑了区域自然致灾因子造成的人员遇难数量，即区域综合自然灾害造成的遇难人口率（区域当年因灾遇难人口数占上年相同区域人口数的比例）。最后考虑了区域综合自然灾害造成的直接经济损失，即区域综合自然灾害造成的直接经济损失率［区域当年因灾直接经济损失占上年该区域国内生产总值（GDP）的比例］。

在确定区域综合灾害风险等级划分的具体数值时，我们主要考虑了某个县域发生的自然灾害种类数占全国发生的自然灾害种类数的比例，依据专业部门确定的指标划分各种自然致灾因子的相对强度及其发生频次。同时我们着重考虑了中国过去20年中，各主要自然灾害造成的遇难人数、直接经济损失占上一年全国人口总数的比例和上一年全国国内生产总值的比例。据此，我们把第十级区域综合自然灾害风险度的遇难人口率确定为大于25/100 000，是2008年全国因灾死亡率的40%左右；直接经济损失率确定为大于3.0%，相当于2008年全国因灾直接经济损失率的70%左右。

4.2.3 全国综合灾害风险等级图的内涵

从全国综合自然灾害风险等级图（图4-1）上，我们可以看到中国高风险等级区域（8～10级三个等级）主要分布在京津唐地区、长江三角洲地区、珠江三角洲地区、汾渭平原地区、两湖平原地区、淮河流域、四川盆地及其西部边缘山区、云南高原地区、东北平原地区、河西走廊和天山北坡地区等。这些地区综合自然灾害风险等级高值区比例相对较高，一方面显示其自然致灾因子的种类多、频次高、相对强度大；另一方面也显示由于这些地区人口密度和地均财富相对较高，如果对自然灾害设防水平不高，则因灾造成的遇难人数较多或直接经济损失量较大。为了能够从内涵上了解全国综合自然灾害风险等级的实质，我们利用对自然灾害损失评估的“重置方法”，即从民政部统计数据知，最近20年中国因自然灾害造成的多年平均直接经济损失约为1888.2亿元（不包括2008年的全国自然灾害损失）或为2381.4亿元（包括2008年的全国自然灾害损失）（表4-2～表4-4）。

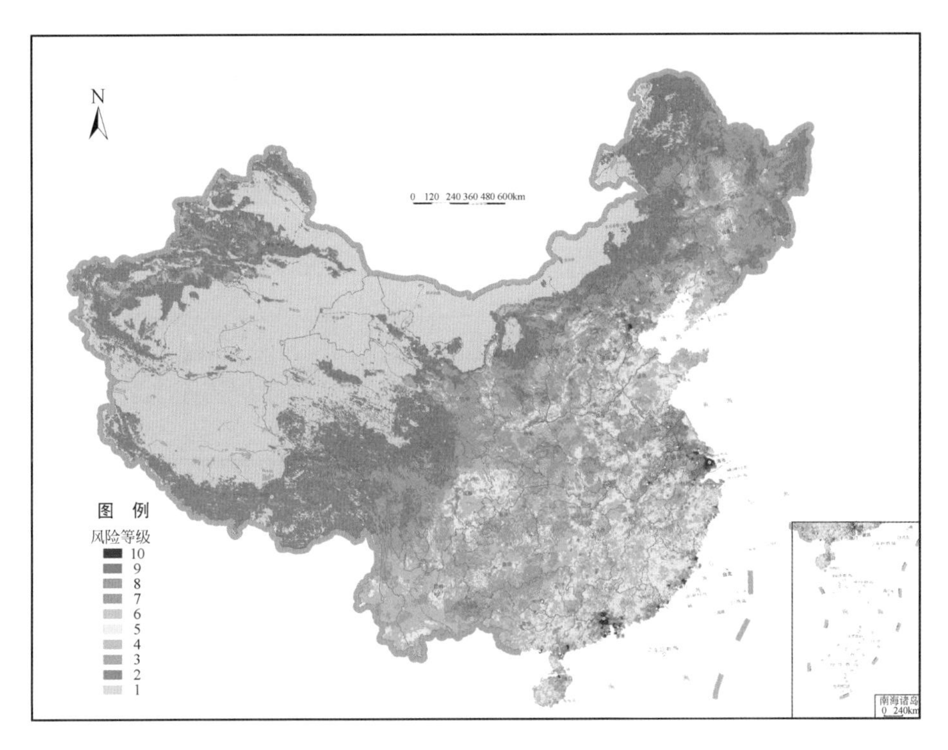

图 4-1　中国综合自然灾害风险等级图（不考虑设防投入水平）

表 4-2　中国灾害风险等级表

主要特征值	1（极低）	2（很低）	3（较低）	4（低）	5（中下）	6（中）	7（中上）	8（高）	9（较高）	10（很高）	备注
受灾人数比/%	<18.0	18.0~21.0	21.0~23.0	23.0~25.0	25.0~28.0	28.0~31.0	31.0~34.0	34.0~37.0	37.0~40.0	>40.0	C
遇难人口率/10^{-6}	<1.0	1.0~4.0	4.0~7.0	7.0~10.0	10.0~13.0	13.0~16.0	16.0~19.0	19.0~22.0	22.0~25.0	>25.0	C
直接经济损失率/%	<0.25	0.25~0.35	0.35~0.45	0.45~0.55	0.55~0.65	0.65~0.75	0.75~0.85	0.85~0.95	0.95~1.05	>1.05	C
致灾因子多度	<1.0	1.0~2.0	2.0~3.0	3.0~4.0	4.0~5.0	5.0~6.0	6.0~7.0	7.0~8.0	8.0~9.0	>9.0	A
	<0.04	0.04~0.06	0.06~0.08	0.08~0.10	0.10~0.12	0.12~0.14	0.14~0.16	0.16~0.18	0.18~0.20	>0.20	B
致灾因子相对强度	<1.0	1.0~2.0	2.0~3.0	3.0~4.0	4.0~5.0	5.0~6.0	6.0~7.0	7.0~8.0	8.0~9.0	>9.0	A
	<1.0	1.0~4.0	4.0~7.0	7.0~10.0	10.0~13.0	13.0~16.0	16.0~19.0	19.0~22.0	22.0~25.0	>25.0	B
被灾指数	<2.0	2.0~3.0	3.0~4.0	4.0~5.0	5.0~6.0	6.0~7.0	7.0~8.0	8.0~9.0	9.0~10.0	>10.0	B

注：(1) 受灾人数比：当年受灾人数占上一年末人口的比例。

(2) 遇难人数比（10^{-6}）：当年遇难人数（死亡与失踪一个月以上的人数）占上一年末人口的比值；

(3) 直接经济损失率（%）：当年灾害造成的直接经济损失占上一年国内生产总值的比例；

(4) 致灾因子多度：指自然致灾因子在一定区域内的群聚性程度；

(5) 致灾因子相对强度：自然致灾因子造成的相对破坏或毁坏能力的程度；

(6) 被灾指数：各种致灾因子影响面积的比例；

(7) 灾害：由自然因素引起，在自然与人文因素的相互作用下，造成的人员伤亡、财产损失、资源和生态环境破坏的总体状况，在中国也称其为“灾情”；

(8) 灾害风险：在相近的社会经济条件下，特定地理区域（自然单元和人文单元），未来一定时期灾情的状况，通常可取 10 年、20 年、50 年或百年一遇的水平；

(9) 灾害风险等级：未来一定时期，特定地理区域（自然单元和人文单元）灾情大小的相对等级，级数越大，灾害风险越大，反之，级数越小，灾害风险等级越小；

(10) A：以科技部“综合风险防范关键技术研究与示范”《中国自然灾害风险地图集》所选择的自然灾害种类计算；

(11) B：以《中国自然灾害系统地图集》（史培军，2003）中的数据计算；

(12) C：以各级统计和民政部门公布的相关辖区数据计算。

表 4-3 中国自然灾害灾情特征值统计表（不含汶川地震年份）

年份	人口总数/10 万人	遇难人口数/人	遇难人口率/10^{-6}	受灾人口/万人	受灾人口比例	GDP/亿元	直接经济损失/亿元	年损失比例/%
1989	11 119					16 992		
1990	11 433	7 338.0	6.6	29 348	0.257	18 668	616.5	3.63
1991	11 582	7 315.0	6.4	41 941	0.362	21 781	1 215.5	6.51
1992	11 717	5 741.0	5.0	37 174	0.317	26 923	853.9	3.92
1993	11 852	6 125.0	5.2	37 541	0.317	35 334	994.3	3.69
1994	11 985	8 549.0	7.2	43 799	0.365	48 198	1 876.0	5.31
1995	12 112	5 561.0	4.6	24 213	0.200	60 794	1 863.0	3.87
1996	12 239	7 273.0	6.0	32 305	0.264	71 177	2 882.0	4.74
1997	12 363	3 212.0	2.6	47 886	0.387	78 973	1 975.0	2.77
1998	12 476	5 511.0	4.5	35 216	0.282	84 402	3 007.4	3.81
1999	12 579	2 966.0	2.4	35 319	0.281	89 677	1 962.4	2.33
2000	12 674	3 014.0	2.4	45 652	0.360	99 215	2 045.3	2.28
2001	12 763	2 538.0	2.0	37 256	0.292	109 655	1 924.2	1.94
2002	12 845	2 840.0	2.2	37 842	0.295	120 333	1 717.4	1.57
2003	12 923	2 258.7	1.8	49 746	0.385	135 823	1 884.2	1.57
2004	12 999	2 250.0	1.7	33 921	0.261	159 878	1 602.3	1.18
2005	13 076	2 475.0	1.9	40 654	0.311	184 937	2 042.1	1.28
2006	13 145	3 186.0	2.4	43 453	0.331	216 314	2 528.1	1.37
2007	13 213	2 325.0	1.8	39 778	0.301	265 810	2 363.0	1.09
2009	13 347	1 528.0	1.2	47 934	0.359		2 523.7	0.80
总额	248 442	82 005.7		740 976		1 844 884	35 876.4	
平均值	12 422	4 316.1	3.5	38 999	0.312	97 099	1 888.2	1.66

资料来源：民政部国家减灾中心，1989～2009

表 4-4 中国自然灾害灾情特征值统计表（含汶川地震年份）

年份	人口总数/10 万人	遇难人口数/人	遇难人口率/10^{-6}	受灾人口/万人	受灾人口比例	GDP/亿元	直接经济损失/亿元	年损失比例/%
1989	11 119					16 992		
1990	11 433	7 338	6.6	29 348.0	0.257	18 668	616.5	3.63
1991	11 582	7 315	6.4	41 941.0	0.362	21 781	1 215.5	6.51
1992	11 717	5 741	5.0	37 174.0	0.317	26 923	853.9	3.92
1993	11 852	6 125	5.2	37 541.0	0.317	35 334	994.3	3.69
1994	11 985	8 549	7.2	43 799.0	0.365	48 198	1 876.0	5.31
1995	12 112	5 561	4.6	24 213.0	0.200	60 794	1 863.0	3.87
1996	12 239	7 273	6.0	32 304.9	0.264	71 177	2 882.0	4.74

续表

年份	人口总数/10万人	遇难人口数/人	遇难人口率/10^{-6}	受灾人口/万人	受灾人口比例	GDP/亿元	直接经济损失/亿元	年损失比例/%
1997	12 363	3 212	2.6	47 886.0	0.387	78 973	1 975.0	2.77
1998	12 476	5 511	4.5	35 215.5	0.282	84 402	3 007.4	3.81
1999	12 579	2 966	2.4	35 318.8	0.281	89 677	1 962.4	2.33
2000	12 674	3 014	2.4	45 652.3	0.360	99 215	2 045.3	2.28
2001	12 763	2 538	2.0	37 255.9	0.292	109 655	1 924.2	1.94
2002	12 845	2 840	2.2	37 841.8	0.295	120 333	1 717.4	1.57
2003	12 923	2 259	1.8	49 745.9	0.385	135 823	1 884.2	1.57
2004	12 999	2 250	1.7	33 920.6	0.261	159 878	1 602.3	1.18
2005	13 076	2 475	1.9	40 653.7	0.311	184 937	2 042.1	1.28
2006	13 145	3 186	2.4	43 453.3	0.331	216 314	2 528.1	1.37
2007	13 213	2 325	1.8	39 777.9	0.301	265 810	2 363.0	1.09
2008	13 280	88 928	67.3	47 795.0	0.360	314 045	11 752.4	4.42
2009	13 347	1 528	1.2	47 933.5	0.359		2 523.7	0.80
总额	261 731	170 934		788 771		2 158 929	47 628.8	
平均值	12 463	8 547	6.9	39 438.6	0.314	107 946	2 381.4	2.21

资料来源：民政部国家减灾中心，1989～2009

如果按1∶1或1∶1.2的重置费对这些主要自然灾害造成的直接经济损失进行“修复”，这就是投入相近于因灾直接经济损失的费用，对因灾造成的直接经济损失所包括的各类财产进行自然灾害风险防范，以实现“抵消”全国主要自然灾害造成的风险。事实上，不仅由于全国各县市区的综合灾害风险水平有差异，还由于全国各县市区以及其以上的各级政府对每个县市区的防灾减灾投入不同，则其占其国内生产总值的比例也就不一，从而使全国各县市区“消减”综合自然灾害的风险水平也就有明显的差异，这也正是图4-1所显示的全国综合自然灾害风险图呈现明显区域差异的根源。基于这些理解，我们以2007年的直接经济损失（2363亿元）为基数（相当于过去20年全国年平均直接经济损失2383亿元），绘制了相当于“中国综合自然灾害风险等级图”的“中国因自然灾害造成的国内生产总值损失率期望图”，即全国大部分地区在0.55%以下，处在高风险（年损失率在0.85%以上）地区的面积为全国陆地面积的2.14%（图4-2），处在中风险（年损失率为0.55%～0.85%）地区的面积为全国陆地面积的11.62%。基于同一认识，我们在“全国综合自然灾害风险等级图”（相当于近20年的全国平均情况）的基础上，绘制了如增加全国防灾减灾投入达到全国GDP的1%［相当于2007年全国的因灾直接损失率（1.09%）］（表4-3）及0.5%［相当于近20年全国的因灾直接损失率（1990～2009年全国平均因灾损失率为2.21%）的23%］（表4-4），可使全国综合灾害风险水平降到相当低的程度，即高级别综合灾害风险已不存在，全国只有0.16%的陆地面积处在极低风险（小于0.25%）区域，全国99.84%的面积为几无风险区域（图4-3）；或全国只

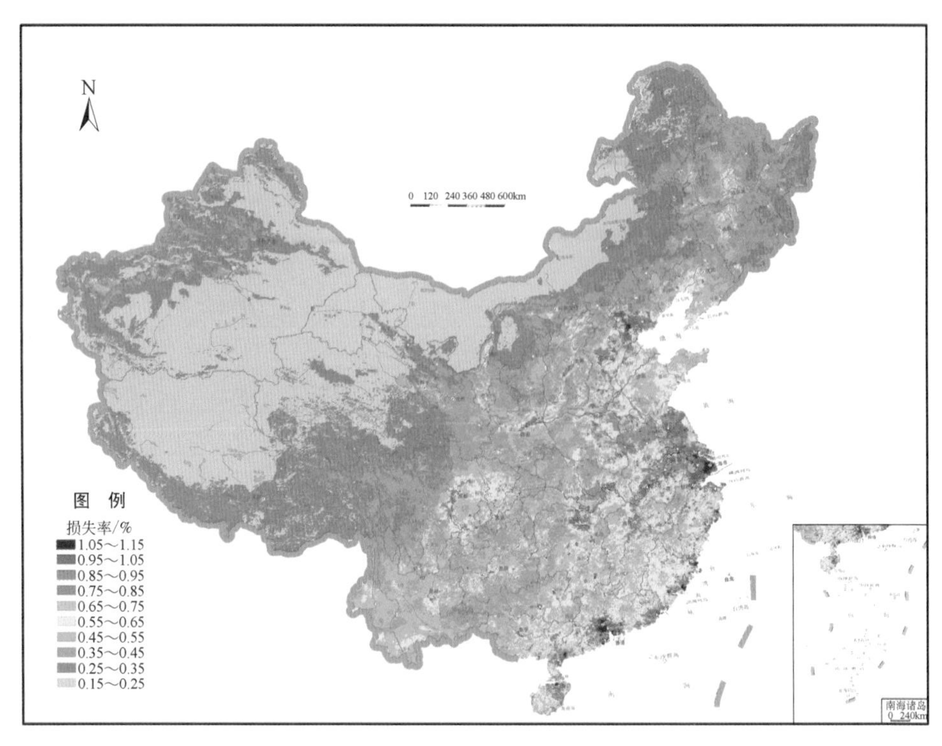

图 4-2 中国因自然灾害造成的国内生产总值损失率期望图

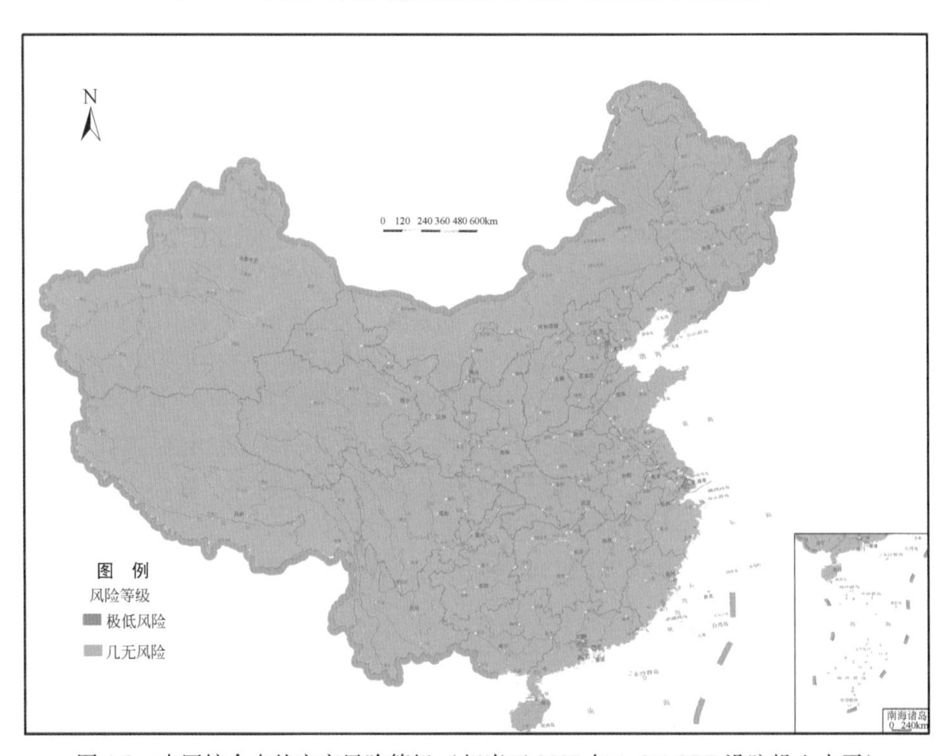

图 4-3 中国综合自然灾害风险等级（相当于 2007 年 1.0% GDP 设防投入水平）

有0.16%的陆地面积为中下风险区域（0.55% ~0.65%），全国13.61%陆地面积为低风险区域（0.25% ~0.55%），全国86.24%的陆地面积为几无风险区域（图4-4）。与现状全国综合自然灾害风险高级别区（2.14%）相比，两个设防水平下高级别风险区域都已不存在，中等风险区域减少了11.46%的陆地面积，低等风险区域减少了72.63%的陆地面积（表4-5）。此外我们依据图4-5，还可以通过因灾遇难人口比例与因灾造成的直接经济损失率间的相关关系式，对因灾造成的直接经济损失量进行快速评估。近年汶川地震、玉树地震的因灾遇难人口比与其相应的直接经济损失率的相互关系，也佐证了图4-1的结果是可靠的。

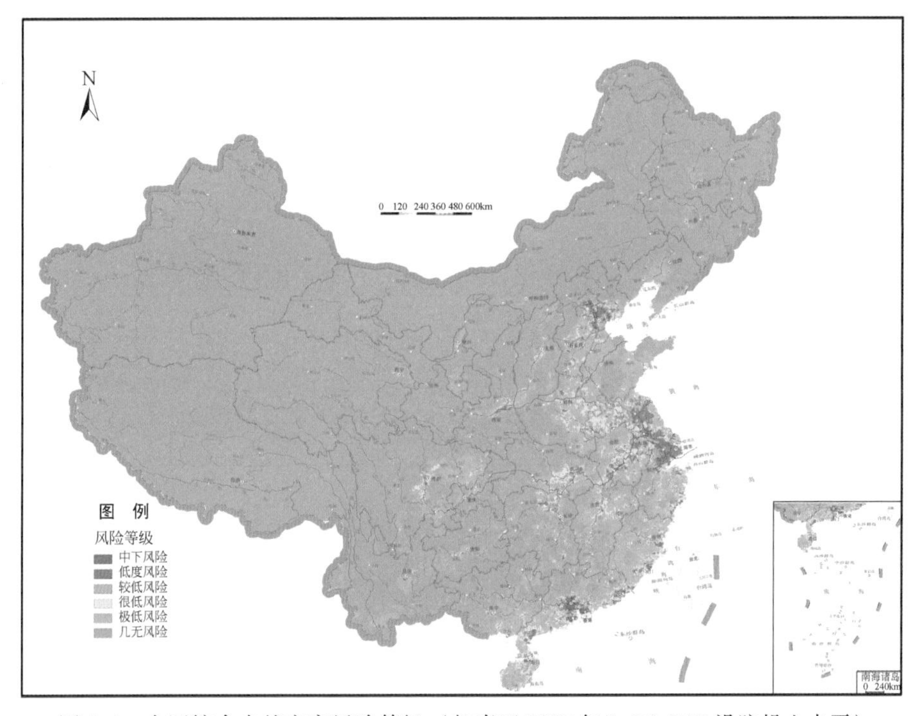

图4-4 中国综合自然灾害风险等级（相当于2007年0.5% GDP设防投入水平）

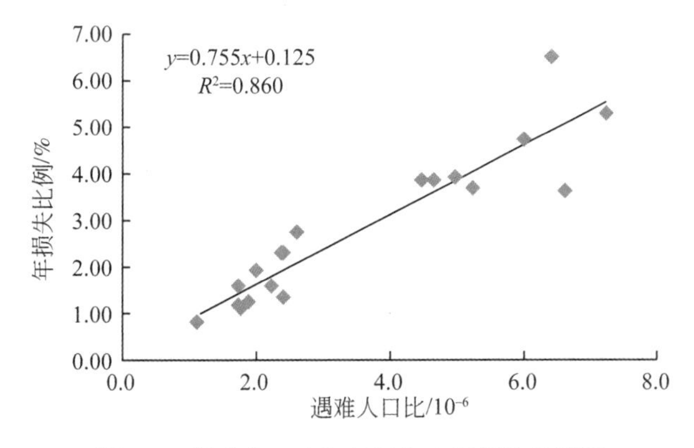

图4-5 遇难人口比与年损失比例相关分析图

全国综合自然灾害风险等级图的绘制，为中国从宏观角度制定发展的空间布局提供了新的依据，为制定全国防灾减灾规划、确定综合自然灾害风险纯费率提供了科学的依据，为实现全国综合风险防范提供了科技支撑，为全国重大自然灾害灾情快速评定提供了参考依据。

表 4-5 全国灾害风险等级统计表

灾害风险等级	单位面积损失率/(GDP/km^2)	各级综合灾害风险面积比例/%	0.5% 投入后综合灾害风险面积比例/%	1.0% 投入后综合灾害风险面积比例/%
几无风险	0 ~ 0.01	0.00	86.24	99.84
极低风险	0.01 ~ 0.25	32.41	9.77	0.16
很低风险	0.25 ~ 0.35	23.02	1.86	0.00
较低风险	0.35 ~ 0.45	18.13	1.19	0.00
低度风险	0.45 ~ 0.55	12.68	0.79	0.00
中下风险	0.55 ~ 0.65	6.86	0.16	0.00
中度风险	0.65 ~ 0.75	2.90	0.00	0.00
中上风险	0.75 ~ 0.85	1.86	0.00	0.00
较高风险	0.85 ~ 0.95	1.19	0.00	0.00
高度风险	0.95 ~ 1.05	0.79	0.00	0.00
很高风险	>1.05	0.16	0.00	0.00
小计		100.00	100.00	100.00

第5章　综合风险防范行业专题数据库与信息系统*

风险转移、灾害救助、全球环境变化、全球化、能源与水风险、生态与食物安全等领域涉及保险企业、民政部门和地方政府部门等，建立符合这些行业需要的综合风险防范行业专题数据库，并研发符合各行业特点的信息系统，对行业综合风险防范示范有着重要的引领作用。

5.1　灾害保险数据库与信息系统**

保险公司是经营风险的企业，保险的实质是对风险的管理与管控。如何应用先进的信息技术和通信技术，减少保险标的损失，是众多保险机构追求的目标。以人保财险湖南省分公司为例，探讨灾害保险数据库与信息系统建设的理论与方法。

5.1.1　财产保险信息系统建设

1. 业务处理系统

财产保险业务处理系统实现财产保险业务的日常事务处理，主要包括投保、保单、批改和理赔等处理等功能。

投保处理、保单处理、批改处理、理赔管理是财产保险业务处理系统的基本功能，保险业务的基础数据都是通过这4个模块输入系统。

投保处理和保单处理是获取承保数据的主要途径。投保单主要来自于保险公司的展业人员，因此投保数据主要在保险公司的销售柜台输入到业务处理系统中。随着技术的发展和保险销售渠道的拓展，有部分数据通过其他途径进入业务系统，如电子商务、银保通和手机等。

批改的过程就是对保单数据的修改，但这种修改必须经被保险人同意。

理赔管理系统是理赔基本数据的唯一来源，包括两个部分，一是客户报案受理平台；二是赔案流转处理平台。

客户出险后拨打95518电话报案，95518接线员输入客户报案信息。图5-1为95518坐席报案信息输入画面。报案处理完成后，进入赔案流转处理系统。赔案流转系统接收

---

* 本章统稿人：北京师范大学的方伟华、史培军。

** 本节执笔人：北京京师安泰减灾与应急管理技术研究中心的聂文东；中国人民财产保险股份有限公司的乔阳。

95518 报案系统的任务，继续完成立案、赔款计算书的编制等赔案处理的其他任务。图5-2为赔案流转系统基本功能。

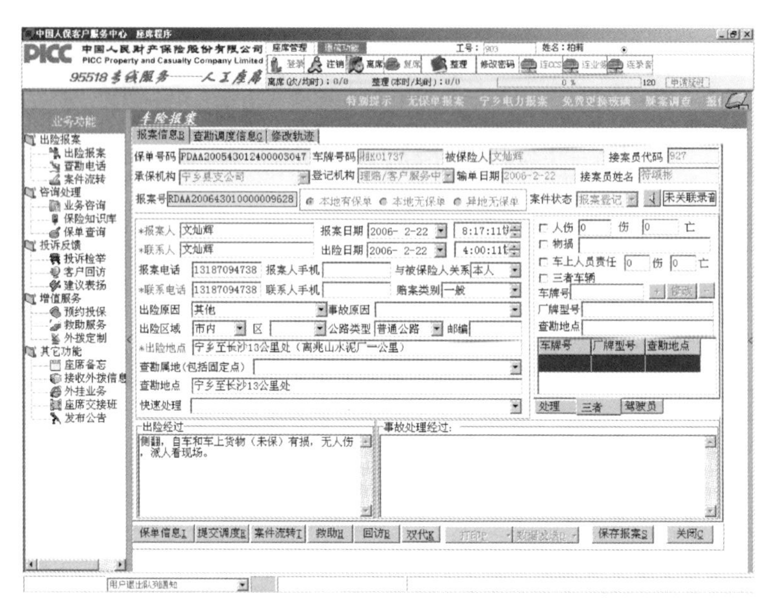

图 5-1　95518 人工坐席报案信息输入画面

图 5-2　赔案流转系统基本功能

2. 收付费系统

收付费系统是业务处理系统和财务系统之间的桥系统。业务处理系统收集整理部分承保、批改、理赔等保险业务数据并传送到收付费系统，收付费系统根据业务处理系统传送过来的数据进行收费或付费处理，并将部分信息反馈到业务处理系统。收付费系统还为账务系统生成临时凭证。业务处理系统、收付费系统、财务系统之间的关系见图5-3。

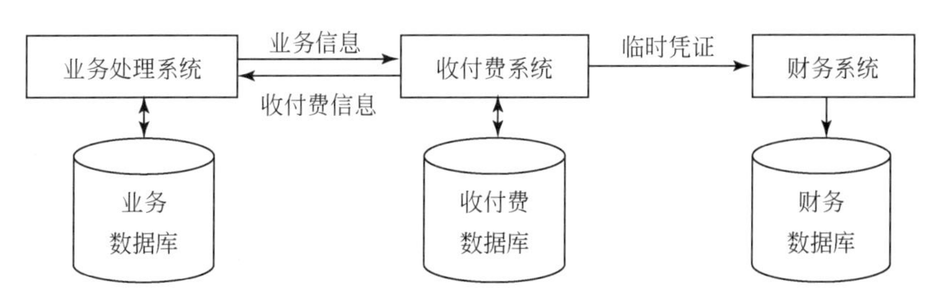

图5-3　收付费系统数据流程图

收付费系统的基本功能见图5-4。

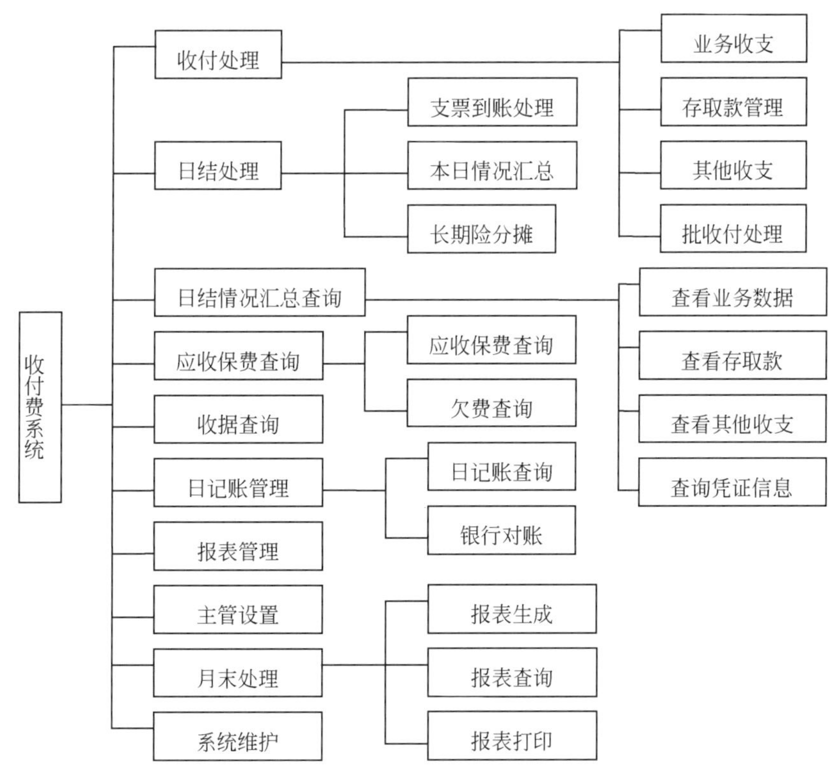

图5-4　收付费系统

3. 财务系统

财务系统包括账务管理、出纳管理、固定资产管理、报表管理4个功能模块，见图5-5。

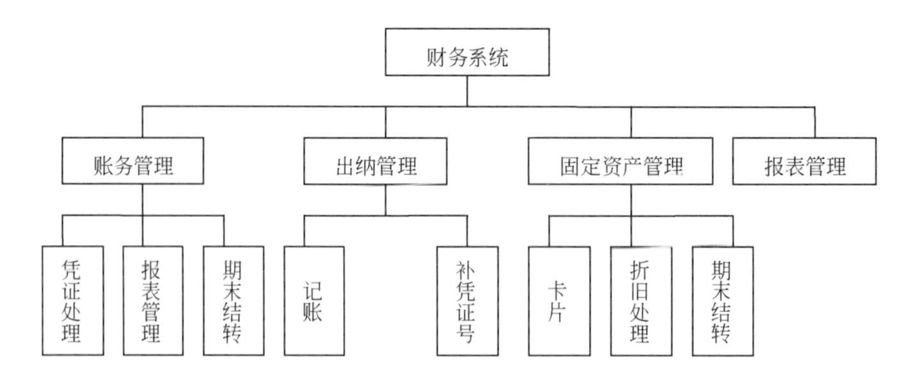

图 5-5 财务系统

4. 统计报表系统

根据业务和管理等多方面的需要，生成业务月报、季报、年报以及各种类型的分析报表，系统功能见图 5-6。

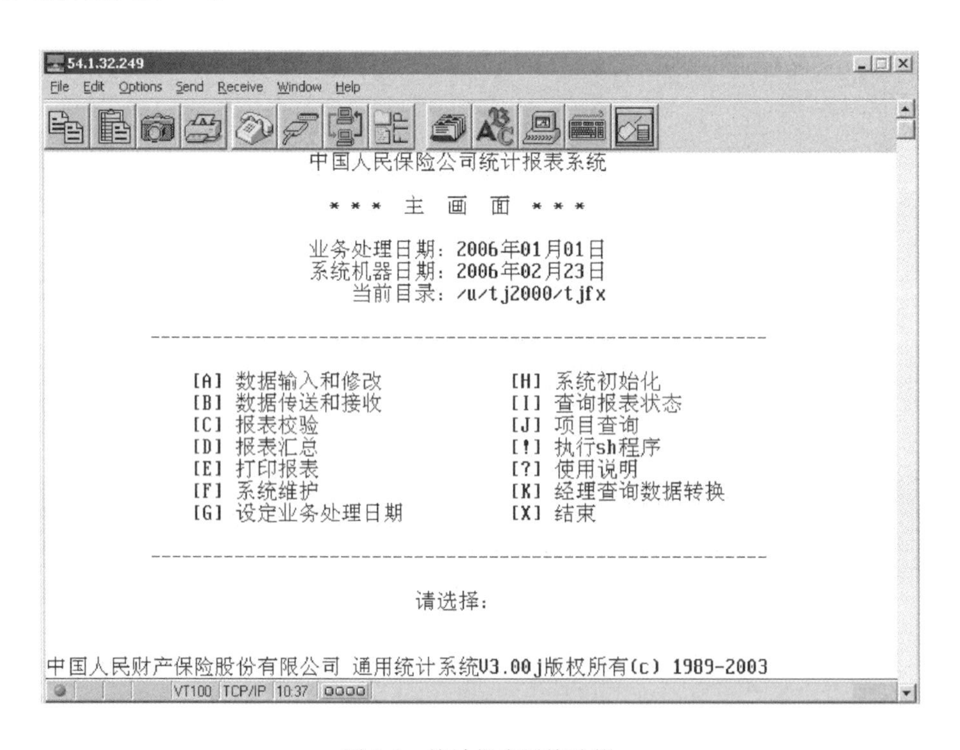

图 5-6 统计报表系统功能

5.1.2 灾害保险数据库设计

1. 灾害保险数据和信息

数据由原始事实组成，代表了客观世界的事务，如保险单的被保险人、保险标的、保费、保额，保险赔案的出险时间、出险原因、受损标的、赔付金额等。信息是事实的组合，它们按照一定的方式组织起来，如承保信息、理赔信息等。信息比数据具有更大的价值，对保险公司来说，每月的保费收入、承担的风险（保额）、总赔款金额、不同出险原因损失情况等信息，比单张保险单、单个保险赔案的数据更能满足保险管理的需要。

信息的类型取决于已有数据间定义的关系。比如，将保单号、被保险人、保险标的、保额、费率、保费、起保日期、终保日期等承保信息，加入赔案号、出险时间、出险原因、受损标的、赔付金额等赔案信息，按照一定的关系进行定义，就可以创建对保险公司业务发展、防灾防损等工作有帮助的灾害保险数据库。

2. 基于E-R的数据库设计

数据库是信息系统的一部分。信息系统由一系列相关的元素和组件构成，它们输入、处理、输出数据和信息，并且提供反馈机制以达到一个目标。灾害保险业务主要分为承保、批改、理赔三个部分。

根据灾害保险功能分析和数据流程，提出简化的承保E-R图（图5-7）、批改E-R图（图5-8）和理赔E-R图（图5-9）。

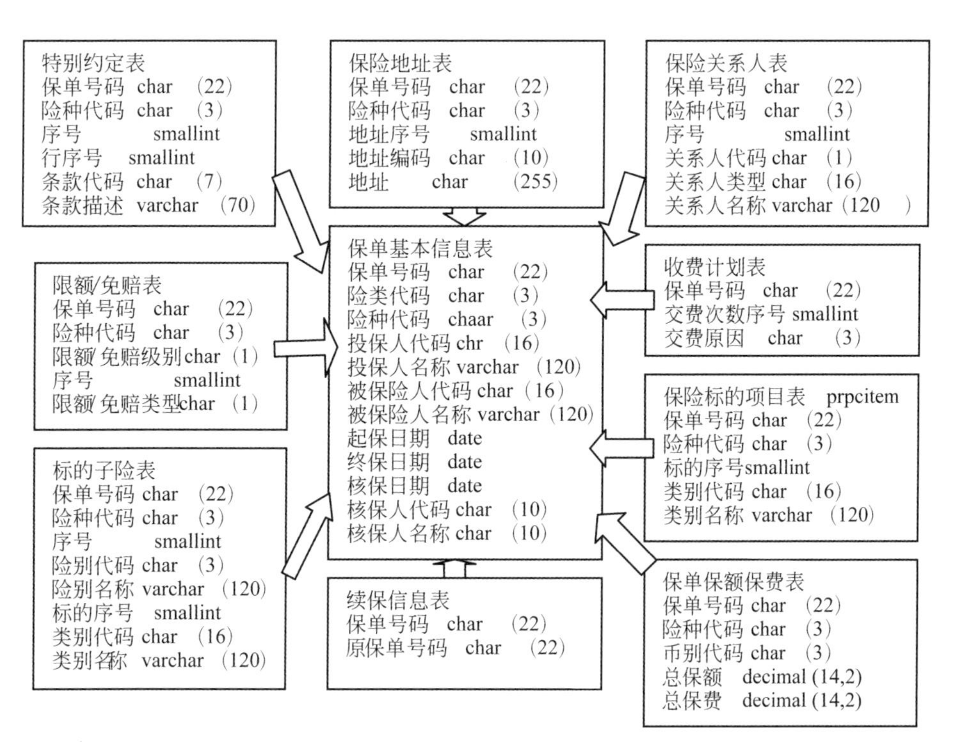

图5-7 承保E-R图

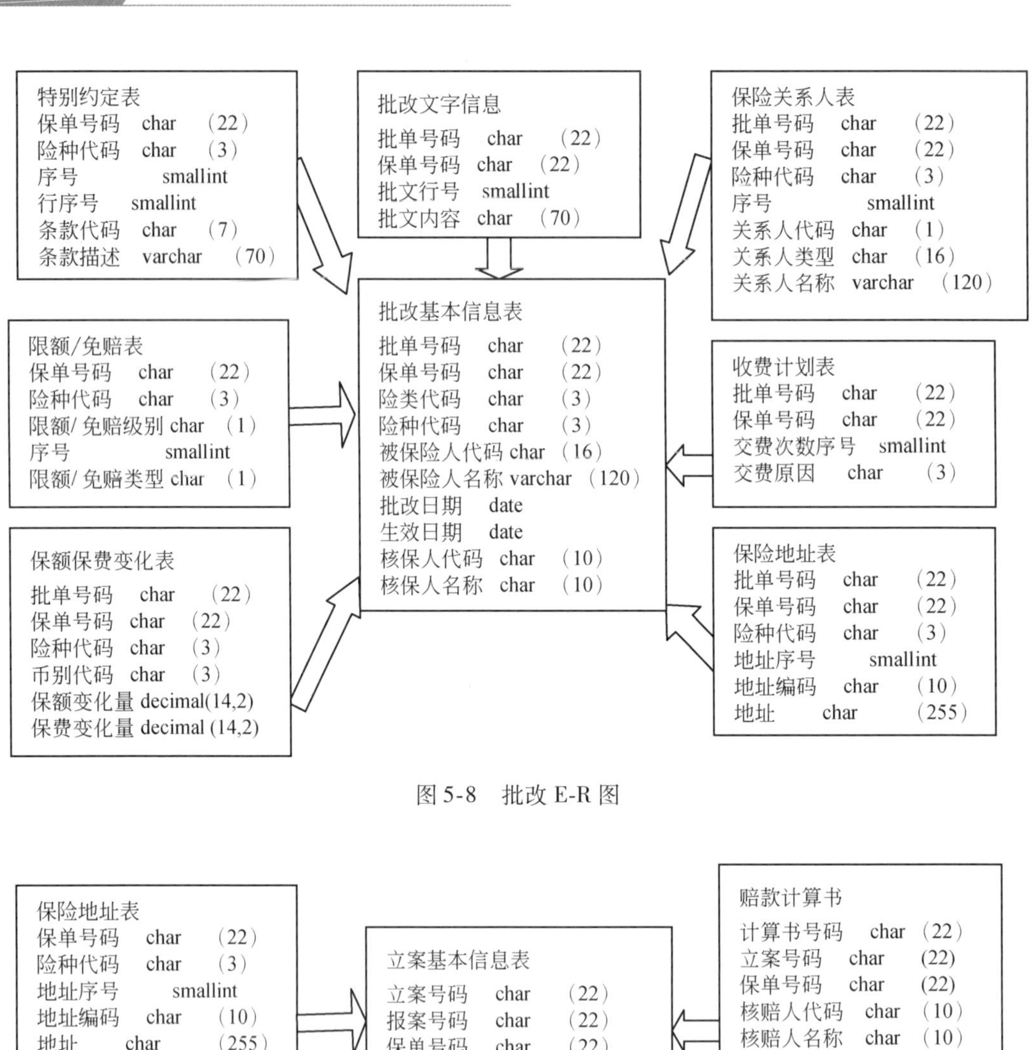

图 5-8 批改 E-R 图

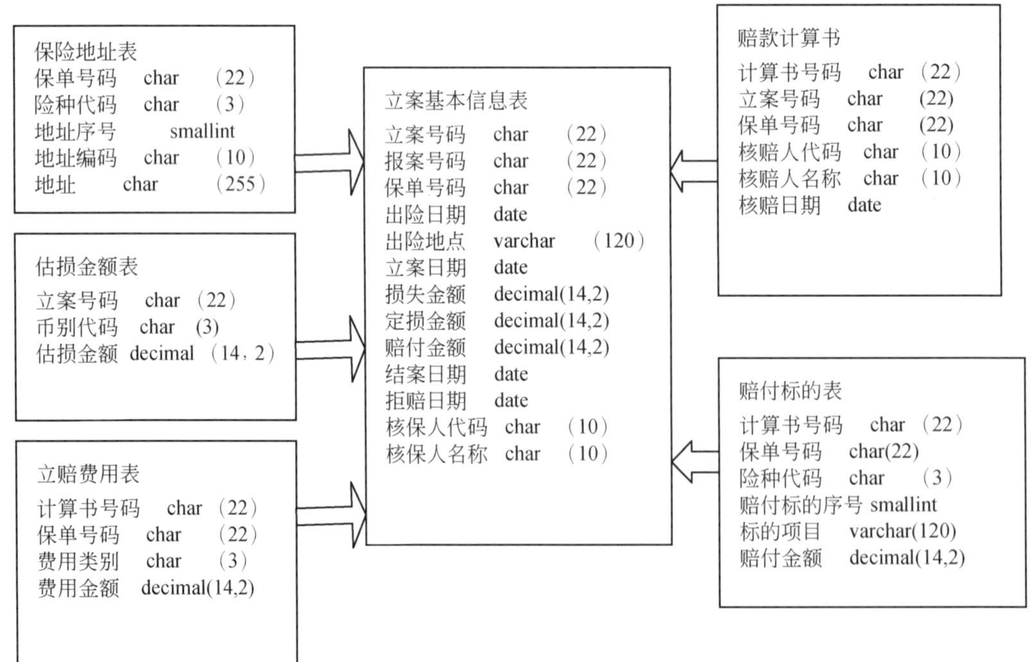

图 5-9 理赔 E-R 图

5.2　灾害救助数据库与信息系统*

基于综合风险防范救助保障研究的需要，建立了综合灾害风险救助数据库，内容体系主要由灾害基础数据库、决策知识和模型库、综合灾害风险防范救助保障产品数据库、灾害救助区域示范数据库和元数据等几大子库组成。在数据库的基础上建立了综合灾害风险防范救助保障数据库管理系统，包括数据的组织、存储、浏览、查询、更新和删除等，以及对基础数据的挖掘、处理，并对由数据生成的相关成果进行整理、转换、集成、输出和共享等。

5.2.1　综合灾害风险救助保障数据库介绍

1. 灾害基础数据库

包括孕灾环境/致灾因子数据库、承灾体数据库、灾情数据库、救灾工作数据库、灾害图片数据库和灾害视频数据库共六个数据库。其中，孕灾环境/致灾因子数据库主要是对来源于气象、水利、地震、国土资源和测绘等几大部门的数据进行全面的收集整理和分析处理，并有选择地入库，包括DEM数据、地质隐患点、地面气候、水文、台风和地震等相关数据；承灾体数据库主要包括行政区划、区域特征、社会经济综合、人口、建筑物、农业生产等数据，主要来源于统计局出版的统计年鉴及相关资料；灾情数据库主要包括年/月/日灾情数据库、灾害案例库、因灾死亡人口库和灾害信息产品库等，数据主要来源于民政部及各级民政部门。救灾工作数据库主要是从中央层面上出发的救灾工作，包括国家减灾和民政部启动应急响应、下派工作组、救灾物资调拨、资金下拨、灾害现场核查数据以及其他相关涉灾部门和地方民政部门救灾工作信息；灾害图片数据库主要包括新灾应急、防灾备灾、恢复重建和典型图片四部分灾害图片信息，数据均来源于民政系统，其中新灾应急又包括现场应急、现场评估和其他三类图片信息；灾害视频数据库与灾害图片数据库大体相似，主要包括新灾应急、防灾备灾和恢复重建三部分灾害视频信息，数据均来源于民政系统。

2. 决策知识和模型库

决策知识和模型库主要指的是与灾害救助决策相关的知识、专家经验、数理模型、决策方案和报告等。这些数据既有最基本的数据记录，也有用定量方式表述为数学模型或者其他形式的模型。此库主要针对重点相关术语、法律法规、预案、国家/行业标准和灾害相关评估模型等进行收集整理和入库工作，共整理主要灾害种类和灾害统计指标等相关术语1000余条，自然灾害、事故灾难、公共卫生事件和社会安全事件共4类灾害相关法律法规文本200余件，国家总体预案、专项和部门预案文本300余件，风险评估、灾害损失

* 本节执笔人：民政部减灾中心的邹铭、袁艺。

评估、救灾工作评估等评估模型上百个。

3. 综合灾害风险防范救助保障产品库

综合灾害风险防范救助保障产品库指的是研究各专题产生的各类产品集合，主要包括综合灾害风险监测预警和风险评估产品、应急救助预案优化、应急救助资源配置和调度、灾民转移和安置救助保障以及灾害风险转移分担等的方案，以及方案成果的可视化模拟产品。

4. 灾害救助区域示范数据库

灾害救助区域示范数据库是在以上各数据库的基础上建立的，具体包括三部分：一是在已建成的全国灾害数据库的基础上，进一步建立了示范区孕灾环境/致灾因子数据库、承灾体数据库、灾情数据库和救灾工作数据库等原始数据库；二是采用洪水淹没范围、示范区降水数据、台风风速等指标和超限洪水理论等构建暴雨洪涝台风危险性数据库，构建典型灾害过程致灾因子和灾害损失数据库，以及基于模糊数学和 BP 模型构建的台风暴雨洪涝灾害脆弱性数据库；三是在已建成的决策知识和模型数据库的基础上，进一步构建风险监测预警评估等的概念模型，并编制一系列示范区洪涝/台风灾害风险图。

5. 元数据库

元数据库是由综合灾害风险防范救助保障数据库中所有数据库、数据表和字段组成的，包括数据库元数据库、数据表元数据库和字段元数据库三部分。其主要包括数据库、数据表和字段的编码、名称、内容、说明、信息来源、时间、分辨率、更新周期、数据格式、数据范围、各类信息的获取情况以及进一步获取计划等。

5.2.2 综合灾害风险救助保障数据库管理系统

综合灾害风险防范救助保障数据库管理系统采用分布式网络结构，以网络数据库为基础，门户网站（主站）为形式，系统采用 B/S 结构设计，用户通过 Internet 进行浏览、查询等数据操作，系统运行环境为国家减灾中心局域网，体系结构是以数据库为核心的管理综合体系，包括信息管理、用户管理、检索管理、安全管理、应用管理和数据维护等，视条件成熟状况，未来的基本用户包括民政系统、国家减灾委成员单位、国际减灾机构、媒体与公众、其他等用户。数据库管理系统的界面如图 5-10 所示。

数据库管理系统的一个重要功能就是实现对数据库中数据的操作和处理，包括数据的组织管理、抽取使用、监控管理、查询统计等操作，对基础数据的挖掘、处理，并对由数据生成的相关成果进行整理、转换、传输和集成，以及数据的共享等。

综合灾害风险防范救助保障数据库管理系统主要包括以下七个功能模块。

1. 数据浏览

数据浏览是综合灾害风险防范救助保障数据库管理系统中最基本的功能，主要是满足

图 5-10　综合灾害风险防范救助保障数据库管理系统

对数据库中各子数据库中相关数据的在线浏览，通过目录树方式点击进入即可，浏览界面有文档、表格和文件等形式。

2. 数据采集

随着时间的推进和灾害救助相关工作的开展，综合灾害风险防范救助保障数据库中多数的数据是需要更新的，有些需要增加，有些则需要删除或替代，因此系统中预留了数据采集的接口，主要满足对数据库中数据的录入、上传、修改和删除等功能。

3. 数据查询

综合灾害风险防范救助保障数据库中的数据种类多、信息量大，要想在庞大的数据中找寻某个特定的数据是非常困难的，因此数据查询功能必不可少。其主要是对系统信息的查询检索，包括对数据结构的查询、对单表信息的查询及表间关联信息的查询。

4. 数据统计

数据库管理系统的一大重要职责是对数据进行挖掘和处理。综合灾害风险防范救助保障数据库可以根据不同用户需求提供不同的任务，对数据库中各数据表的单个或多个字段进行分类、汇总以及其他各种统计，为用户提供救助保障方面翔实的信息。

5. 数据关联

综合灾害风险防范救助保障数据库中各子数据库相对独立，但需要派生出来的数据则跨越多个子数据库而生成，因此数据库设计了数据关联的功能，主要是对数据库中不同数据表间的数据分别进行提取，进而关联在一起形成一个独立的数据表，如重大灾害案例数据库就可以在孕灾环境、致灾因子、灾情、救灾工作、灾害图片、灾害视频、决策知识和模型以及产品等数据库分别提取相关信息，形成一个重大灾害案例的独立数据库。

6. 数据输出

为了方便不同用户进一步的需要，综合灾害风险防范救助保障数据库还设计了数据输出的功能模块，主要是对数据浏览、检索和统计后形成的数据进行输出保存。

7. 数据共享

综合灾害风险防范救助保障数据库是要服务于广大的灾害救助决策研究对象的，数据共享可有效解决此问题，从而提高数据的利用效率，降低数据重复采集、数据库重复建设的成本。本数据库的数据共享大致有几种技术途径：一是通过数据浏览、查询或统计等打印在纸质介质上提供给用户；二是通过局域网络供整个局域网内部的成员查询浏览使用；三是数据文件的传递和交换，由数据库管理人员专人操作；四是通过公共网络或专用网络将数据集成到各种数据库应用系统中。

5.3 全球环境变化风险数据库与信息系统*

基于全球变化综合风险研究的需要，建立了全球变化综合风险专题数据库与信息系统，其中专题数据库主要包括风暴潮数据库、高温灾害风险等级动态变化、洪涝灾害风险等级动态变化、干旱灾害风险等级动态变化、综合气象灾害风险等级动态变化5个基础数据库；数据库信息管理系统则包括了数据的组织、存储、查询、更新、删除等操作（高洪主和刘娟，2010；高月秋，2010）。

5.3.1 基础数据库介绍

1. 风暴潮基础数据库

风暴潮数据库的数据来源主要是广东省各市统计年鉴、珠江水利委员会及广东省气象局提供的潮位站和灾情数据以及相关的遥感影像资料。根据以上数据资料整理生成了珠江三角洲地区社会经济、风暴潮潮位及灾情数据，可对全球变化不同情景下珠江三角洲地区的风暴潮风险进行模拟。数据来源主要包括以下五个方面。

（1）1957～1988年风暴潮最高潮位，根据珠江水利委员会提供的潮位站数据录入生成，数据已经过校正。

（2）1984～2006年广东省灾情普查，根据广东省气象局提供的灾情普查数据录入生成。

（3）2006年珠江三角洲地区社会经济数据，根据珠江三角洲地区各县市统计年鉴录入生成。

（4）珠江三角洲地区的基础地理信息数据，包括珠江三角洲地区的地形、水系、土地

---

* 本节执笔人：中国科学院地理科学与资源研究所的吴绍洪。

利用等数据，根据国土资源部1∶25万基础地理信息图及1∶5万地形图和1∶10万土地利用图生成。

（5）珠江三角洲地区风暴潮风险评价。珠江三角洲地区风暴潮风险评价成果主要包括风暴潮的危险性、易损性等，主要运用风暴潮数据模拟计算生成。

该数据库主要包括以下具体内容：①受灾人口；②死亡人口；③受伤人口；④农作物受灾面积；⑤损坏房屋；⑥倒塌房屋；⑦公路损失；⑧电力损失；⑨市政损失；⑩农业经济损失等。

2. 高温灾害风险等级动态变化

高温风险主要根据栅格数据统计生成，数据覆盖范围在空间上包括了全国；在时间上，高温灾害风险等级动态变化数据库包括了1961～2008年各时段高温风险、各等级县域个数及所占全国面积比例等方面。

高温灾害风险等级动态变化数据库主要包括如下两个方面的数据：①高温危险性等级、各等级高温危险性对应危险度值范围、各等级高温危险性面积比例等；②高温风险等级、各等级高温风险面积比例以及各等级高温风险县域个数等。

3. 洪涝灾害风险等级动态变化

洪涝灾害风险等级动态变化数据库包括了中国1961～2008年洪涝危险性等级动态变化和洪涝灾害风险等级动态变化两个方面的数据，反映了各时段洪涝危险性各等级所占全国面积比例以及洪涝风险各等级县域个数及所占全国面积比例。

与高温灾害风险等级动态变化数据库相似，洪涝灾害风险等级动态变化基础数据库也包括两方面的数据：①洪涝危险性等级划分、各时段各等级洪涝危险性对应危险度值范围、各等级洪涝危险性面积比例；②洪涝风险等级划分、各等级洪涝风险面积比例以及各等级洪涝风险县域个数等。

4. 干旱灾害风险等级动态变化

干旱灾害风险等级动态变化数据库是根据中国1961～2008年相关灾害数据制成的，对中国各县域在不同时段的干旱危险性等级动态变化、干旱灾害风险等级动态变化进行了分析，计算了各时段干旱危险性各等级所占全国面积比例、干旱风险各等级县域个数及其所占全国面积比例等。

干旱灾害风险等级动态变化数据库具体包括：①干旱危险性等级划分、各时段各等级干旱危险性对应危险度值范围、各等级干旱危险性面积比例；②干旱风险等级划分、各等级干旱风险面积比例以及各等级干旱风险县域个数等。

5. 综合气象灾害风险等级动态变化

综合气象灾害风险等级动态变化基础数据库是根据中国1961～2008年的有关气象数据，制作生成年均高温日数、年均热浪日数、年均暴雨日数、年均最大日降水量，结合期间的极端天气事件记录，计算或采用情景模拟方法得到了高温、洪涝、干旱及综合灾害风险，包括综合灾害风险等级划分、各研究时段各等级综合灾害风险面积比例以及各等级综合灾害风险县域个数等。

具体包括以下数据：①1961～2008 年全国年均高温、降水事件；②1961～2008 年高温、洪涝和干旱致灾危险性；③1961～2008 年高温、洪涝和干旱承灾体易损性；④1961～2008 年高温、洪涝、干旱及综合灾害风险；⑤各时段综合灾害风险、各等级县域个数及所占全国面积比例。

5.3.2 数据库信息系统

数据库信息管理系统的一个重要功能就是实现对数据库中数据的操作和处理，包括数据的组织、存储、查询、更新、删除等操作，对基础数据的挖掘、处理，并对由数据生成的相关成果进行整理、转换、传输和集成，以及数据的共享等。下面简要介绍全球变化风险数据库的信息管理系统的逻辑架构与功能设计（李宏丽和徐卫英，2009；孔令春，2009）。

全球变化风险数据库信息管理系统分为五个模块。

1. 数据的组织

全球变化综合风险数据库中数据种类多，信息量大，数据组织的好坏是系统成败的关键所在。基于数据库技术对各类空间数据进行组织管理，不同种类数据存储于不同的表空间。这种数据组织方式可保证对数据快速和高效率地访问，极大地提高在海量数据环境下的数据库系统性能。

2. 数据的存储

利用集中存储和分布存储两种方式，将目前分散在各专题的专业数据统一进行整合，确保数据的真实、全面、综合。利用数理统计、分析、挖掘等手段，在一定条件下为各利益相关方提供数据资源服务，提高数据的利用率。

3. 数据的管理：查询、更新、删除

数据的查询、更新、删除是数据库的基本功能。一是要考虑与外部数据接口，以实现数据共享与兼容，其措施为采用统一的数据库表结构、统一的数据接口和统一的字段标识符项目编码等；二是对数据进行预处理，提高辅助决策的效率，要求进行实时数据交换和计算的程序能够实时连续工作，不需要人的干预，服务器与外部数据库之间建立数据管道，由触发器程序定时或人工实现数据的更新；三是对历史数据进行归类处理，避免数据占满有限的磁盘空间。

4. 数据的挖掘与处理

数据库信息管理系统处于整个系统的核心位置，它的主要职责是对数据进行挖掘和处理。全球变化风险数据库信息管理系统按照不同用户的需要，可充分利用现有数据及其衍

生成果，逐步进行多角度、深层次的数据分析与加工，为不同用户提供方便、快捷的服务，同时也使数据的采集和利用处于良性循环状态。

5. 数据的共享

全球变化综合风险数据库的基本数据无法靠一个专题或者某一机构解决全部数据来源，数据共享是建设、维护信息系统，保持数据有效、完整的必由之路。数据共享也是降低数据采集、更新成本最根本的途径。本专题数据库的数据共享大致有四种技术途径：①打印、印刷、复制在纸介质上提供给用户；②通过网络查询、显示；③数据文件传递、交换（由数据库管理人员专人操作）；④通过专用网络、公共网络将数据集成到各种应用系统中。

5.4 全球化风险数据库与信息系统*

基于全球化贸易风险研究的需要，建立了贸易与区域经济风险等级动态变化等基础数据库。数据库信息管理系统则包括了数据的组织管理、抽取使用、监控管理、查询统计等操作，以及对基础数据的挖掘、处理，并对由数据生成的相关成果进行整理、转换、传输和集成，以及数据的共享等。

5.4.1 基础数据库介绍

1. 贸易与区域经济风险等级动态变化

贸易与区域经济风险等级动态变化数据库包括了全国各省（自治区、直辖市）不同时期的贸易与区域经济风险等级数据，以及广东省各地级市不同时期的贸易与区域经济风险等级数据。数据主要来源于《中国统计年鉴》及《广东省统计年鉴》。通过对省（自治区、直辖市）级和地市级经济、贸易、就业和产业数据的整理和分析，特别是在贸易与经济和就业经典回归模型的基础之上，形成对于区域经济外向性及贸易变化对区域经济和就业影响的风险程度的基本判断。可以对全球经济环境变化情形下各省（自治区、直辖市）及广东省各地市级经济所受影响程度进行模拟，并根据设定的临界值提供预警信息，便于相关政府部门及时制定调整政策，避免贸易带来的风险及冲击。数据来源具体包括：

（1）1992～2009年中国各省（自治区、直辖市）（不包括台湾、香港和澳门地区，因无法获得相应的数据）贸易、经济与就业数据。根据《中国统计年鉴》相关省（自治区、直辖市）数据整理，经过校正，以便省（自治区、直辖市）之间及不同年份之间加以比较分析。受数据所限，无法就各个行业进行分析，只能就三大产业的产值结构和就业结构加以分析和比较。

（2）2002～2008年广东省地市级贸易、经济与就业数据。根据《广东省统计年鉴》

---

* 本节执笔人：中国科学院地理科学与资源研究所的戴尔阜。

相关地市数据整理，经过校正，以便不同地市之间及不同年份之间加以比较分析。由于地级市的数据更受限制，无法进行分行业的分析和比较，同样也只能就三大产业的产值结构和就业结构加以分析和比较。

2. 贸易与区域经济风险数据说明

1）主要指标的定义

贸易依存度：对外贸易总额/国内生产总值，表明对外贸易在国民生产总值中的地位。

出口依存度：出口贸易额/国内生产总值，表明出口贸易在其中的地位。

进口依存度：进口贸易额/国内生产总值，表明进口贸易在其中的地位。

FDI 增长指数：在中国当前的经济形势下，FDI 的主要目的在于推动出口的增长。外商直接投资分成合同外资和实际利用外资，考虑到其现实性，通常采用实际利用外资来代表 FDI。

出口增长指数：出口在不同时期的增长情况显然要影响到当地经济，尤其是会对就业形成一定的影响。出口增长指数在很大程度上反映了外部经济对国内产品和服务的需求程度。

进口增长指数：与出口增长指数相对应，进口增长指数则反映了国内对于外部经济产品的需求程度。

就业增长指数：这一指数衡量的是就业的变动情况，它比就业的绝对数量更能够说明就业的变化。

GDP 结构指数：是指在 GDP 的构成中不同产业所占的比例。考虑到农业在出口的份额已经明显降低，采用的是第二产业和第三产业在 GDP 构成中的比例。

2）全国区域贸易风险

其主要数据来源于《中国统计年鉴》历年相关各省（自治区、直辖市）统计数据，如进口总值、出口总值、进出口总值、地区生产总值、GDP 分产业数据、各产业就业人数、外商直接投资额和固定资产投资总值等。数据起止年限为 1992 ~2009 年。

为了便于年度之间及地区之间的比较，相关数据均作了调整，如地区生产总值采用 GDP 缩减指数加以调整，进出口相关数据根据历年汇率加以换算等。GDP 产业结构及就业结构数据根据相关统计数据加以计算。

按照五级分类法，将贸易风险值按照由低到高分为五类，用不同颜色标出，浅色代表低风险、深色代表高风险。

5.4.2 贸易与区域经济风险信息系统介绍

贸易与区域经济风险信息系统融合了地理、经济、人口和就业数据，分成全国各省（自治区、直辖市）贸易与区域经济风险信息系统和广东省贸易与区域经济风险信息系统，且全国及广东省的贸易经济风险信息可供查询、分析及出图之用。

数据库信息管理系统的一个重要功能就是实现对数据库中数据的操作和处理，包括数据的组织管理、抽取使用、监控管理、查询统计等操作。

贸易与区域经济风险信息系统分为四个模块。

1. 数据管理

贸易与区域经济风险信息系统是一个动态信息系统，需要随时更新最新的数据以便更好地分析比较，同时做出风险预测。数据库从一开始就着眼于长远的数据管理更新功能，故而预留了良好的数据接口，格式统一，以便随时更新。

2. 数据抽取使用

根据不同的需求，可以从信息系统中抽取相关的数据。例如，就某个地区或者某个年份的特定几类数据的提取，都可以很方便地从数据库中获得。

3. 监控管理

根据事先设定的临界值，当某些指标接近或者达到临界值时，信息系统将以一定的方式（如以标明不同深浅程度的颜色色块的地图方式）直观地给出预警信息，以便相关部门及时做出政策调整，避免贸易变化给地区经济与就业带来冲击。

4. 查询统计

贸易与区域经济风险信息系统是一个基于贸易与区域经济变动为核心的数据库系统。因此，可以就某个专题或者指标提供查询统计服务。例如，区域经济发展或者产业结构的动态变化趋势等，可以以地图或者统计图的方式给出查询统计结果。

5.5　能源与水资源风险数据库与信息系统*

为满足综合风险评估和防范要求，需要进行风险数据库的建设和行业信息系统的构建。综合能源与水资源保障风险指在一定时空范围内，发生无法持续、稳定、及时、足量和经济地获取能源资源（如煤炭或石油资源）和水资源的可能性。能源与水资源的保障受诸多因素的影响，既包括影响供给的各个因素（如区域资源量、外调资源量及其保证率等），又涉及承险体及其需求变化等因素，且各因素间相互影响。因此，这种由影响供需平衡各因素而致的风险实质上是一种系统性的综合风险。能源与水资源保障风险综合评价研究的目的主要是要在建立能源与水资源保障风险的识别、分类与综合评价的指标体系基础上，构建综合评价模型，评估能源保障风险发生的可能性及其影响程度，并编制相应尺度的风险图，识别高风险区，进而有针对性地提出不同区域的能源风险防范技术体系，从而为不同层面、不同部门的风险综合管理预案编制及风险防范提供科学依据。

能源保障综合风险受多方面因素的影响，本研究从资源、生产、运输、市场及消费等方面构建了能源保障综合风险的评价指标体系以及相应的风险评价模型，并完成了中国能源保障综合风险的评估，识别出中国潜在的能源高风险区域，并有针对性地构建了能源风险防范关键技术及措施。最后，以长江三角洲地区为例，对本研究中所构建的能源风险综

---

* 本节执笔人：中国科学院地理科学与资源研究所的郑景云、吴文祥。

合评价指标体系、评价模型及风险防范技术进行了示范研究。

在中国能源保障综合风险评价过程中，本研究收集和整理了与能源保障风险有关的数据，建立了煤炭与石油保障风险综合风险数据库，中国可再生能源资源（风能、太阳能及生物质能）数据库及长江三角洲地区能源保障综合风险数据库等。在水资源保障综合风险评价过程中，构建了水资源保障综合风险数据库、大型跨区域水资源调配与跨境水资源分配数据库以及华北京津唐示范区综合水资源保障风险的综合防范技术数据库。

5.5.1　能源保障综合风险数据库

1. 煤炭与石油保障风险综合风险数据库

本研究从资源（资源保障状况、资源储备状况、区外资源依存状况和外调资源能力）、生产（生产弹性系数和生产事故状况）、运输（运输方式及结构状况、运输距离和运输事故）、市场（价格波动状况、替代产品发展状况）及消费（消费弹性系数、消费排污情况）五个方面构建煤炭资源保障综合风险评价指标体系，各指标数据库主要内容如下。

（1）基础地理信息数据库：收集了1∶25万及1∶100万的基础地理信息，包括各级行政区界、居民点、交通、水系、山峰、冰川和沙丘等。

（2）专题基础信息数据：包括煤炭资源的地理分布，主要信息有已探明煤炭资源分布、预测的煤炭资源分布、煤矿点和矿业公司（集团）等；石油资源的地理分布，主要信息有含油气盆地和大中型油田等地理分布。这些信息源于有关部门的内部资料，原始资料均为纸质图件，其中煤炭资源的地理分布图件按省份分幅，比例尺为1∶75万至1∶800万不等，多数省份的比例尺大于1∶400万；石油资源的地理分布图件为全国一幅，比例尺为1∶400万。对这些纸质图件进行了矢量化处理，进而形成了矢量数据。

（3）专题数据：专题数据主要包括煤炭（石油）生产量、煤炭（石油）消费量、煤炭（石油）购进量、人口、GDP、交通路线程度、运输量（铁路、航运和公路等）等数据。煤炭与石油保障综合风险专题数据库主要内容见表5-1。

表5-1　煤炭与石油保障综合风险评价指标及数据库主要内容

评价指标	指标计算方法	资料来源
煤炭（石油）资源保证年限	区域内煤炭（石油）资源剩余探明可采储量/年开采量	中国能源统计年鉴（1986～2008）；中国统计年鉴（1981～2008）
煤炭（石油）储备天数	区域内储备煤炭（石油）资源量/每日消费量	中国能源统计年鉴（1986～2008）；中国统计年鉴（1981～2008）
煤炭（石油）资源依存度	区外调入煤炭（石油）资源量/煤炭（石油）消耗总量	中国能源统计年鉴（1986～2008）；中国统计年鉴（1981～2008）
人均GDP	GDP总量/总人口	中国统计年鉴（1981～2008）
煤炭（石油）生产弹性系数	生产量增长率/GDP增长率	中国能源统计年鉴（1986～2008）；中国统计年鉴（1981～2008）
重大生产事故发生率	重大生产事故死亡人数/产品总量	中国工业交通能源50年统计资料汇编；中国统计年鉴（1981～2008）

续表

评价指标	指标计算方法	资料来源
运输方式综合风险指数	各种运输方式的运输量/运输总量×各运输方式的风险	中国工业交通能源50年统计资料汇编；中国统计年鉴（1981~2008）
运输距离风险指数	运输距离×运输风险系数	中国工业交通能源50年统计资料汇编；中国统计年鉴（1981~2008）
运输事故发生率	根据运输事故的发生状况来分析	中国工业交通能源50年统计资料汇编；中国统计年鉴（1981~2008）
进口煤炭（石油）产品比率	进口能源产品数量/该产品总消耗量	中国能源统计年鉴（1986~2008）；中国统计年鉴（1981~2008）
煤炭（石油）价格波动系数	（评价时段内最高价格－评价时段内最低价格）/评价时段内平均价格	中国能源统计年鉴（1986~2008）；中国统计年鉴（1981~2008）
替代能源产品比重	替代能源消耗量/区域能源消耗总量	中国能源统计年鉴（1986~2008）；中国统计年鉴（1981~2008）
煤炭（石油）消费弹性系数	能源消费量增长率/GDP增长率	中国能源统计年鉴（1986~2008）；中国统计年鉴（1981~2008）
人均SO_2排放量	能源消耗的SO_2排放量/总人口	中国能源统计年鉴（1986~2008）；中国统计年鉴（1981~2008）；中国环境统计年鉴

2. 中国可再生能源资源评估数据库

本研究主要对中国主要可再生能源（风能、太阳能和生物质能）的资源潜力进行了评估，其中风能资源潜力评估采用平均风速、风功率密度、有效风时数和有效风功率密度及威布尔分布的双参数等指标进行评估；太阳能资源采用太阳总辐射、日照时数来评价太阳能资源的丰富程度，采用各月中日照时数大于6h的天数来评价太阳能资源的可利用价值，采用一年中各月中日照时数大于6h的天数的最大值与最小值之比来评价太阳能资源的稳定程度；生物质能资源潜力评价主要采用秸秆资源量和粪类资源量两个重要的指标来评估。研究中所建立的基础地理信息数据库及专题数据库见表5-2。

表5-2　中国可再生能源资源数据库内容

子数据库名称		数据内容	数据来源	数据年份
专题数据库	地面气象站观测数据库	752个气象站点的降水量、气温、辐射、风速、相对湿度、日照时数及日照百分率等日值数据	中国国家气象局信息中心	1961~2005
	地面辐射站观测数据库	122个辐射站点的总辐射、净辐射、散射辐射、直接辐射和反射辐射等日值数据	中国国家气象局信息中心	1961~2005
	生物质资源量数据库	全国各省（自治区、直辖市）稻谷、小麦、玉米、豆类、薯类、油料、棉花等主要农作物粮食产量及人口、牲畜数量等数据	中国统计年鉴、中国农业统计年鉴、中国畜牧业年鉴、新中国60年农业统计资料汇编	1987~2007

续表

子数据库名称		数据内容	数据来源	数据年份
基础地理信息数据库	中国土地利用图	1:100万土地利用数据，包括水田、旱地、林地、草地等主要土地利用类型	中国科学院地理科学与资源研究所	2000
	中国地形地图	1:25万政区、居民点、铁路、河流等要素	中国科学院地理科学与资源研究所	2000

3. 长江三角洲地区能源保障综合风险数据库

本研究基于中国煤炭、石油资源保障综合风险评估的关键技术，构建了示范区综合能源保障风险评价指标体系及相应的数据库（包括基础地理信息数据库、专题基础信息数据库及专题数据库）。以江苏省为例，采用煤炭与石油资源综合保障风险评价的关键技术对长江三角洲地区综合能源保障风险进行了示范研究，各子数据库主要内容见表5-3。

表5-3　江苏省能源保障综合风险子数据库内容

子数据库名称		数据内容	数据来源	数据年份
专题数据库	地面气象站观测数据库	江苏14个气象站点的降水量、气温、辐射、风速、相对湿度、日照时数及日照百分率等日值数据	中国国家气象局信息中心	1960～2007
	生物质资源量数据库	江苏及13个地区稻谷、小麦、玉米、豆类、薯类、油料、棉花等主要农作物粮食产量及人口和牲畜数量等数据	江苏及各地区统计年鉴、中国农业统计年鉴、中国畜牧业年鉴	2000～2007
	江苏工业、交通及能源资源数据库	江苏及各地区能源生产量、消费量、购进量、GDP、人口、产业增加值、公路线路里程、铁路运输里程、内河航道里程和铁路运输密度等	江苏及各地区统计年鉴、数字看徐州30年巨变、江苏改革开放30年、江苏交通统计年鉴	2000～2007
基础地理信息数据库	江苏省土地利用图	1:100万土地利用数据，包括水田、旱地、林地和草地等主要土地利用类型	中国科学院地理科学与资源研究所	2000
	江苏地形图	1:25万政区、居民点、铁路和河流等要素	中国科学院地理科学与资源研究所	2000
专题基础信息数据库		江苏省主要火电厂、煤矿点、风电场（含已建、在建和拟建）分布及含油气盆地分布	相关行业（部门）内部资料	截至2008年年底

5.5.2　水资源保障综合风险数据库

1. 水资源保障综合风险数据库

在水资源保障风险数据库方面，建立的数据表包括以下两个方面。

（1）水资源投入产出数据库，包括行业中间使用量、最终使用量、生产量、总产出和投入量等；

（2）水资源评价因素分级指标数据库，包括水资源短缺风险、风险性、易损性、可恢复性、重现期和风险度等。

2. 大型跨区域水资源调配与跨境水资源分配数据库

在大型跨区域水资源调配与跨境水资源分配数据库方面，建立的数据表有以下三个方面。

（1）总干渠沿线实测暴雨洪水径流系数数据库，包括水系、河名站、集水面积、面雨量、径流深和径流系数等；

（2）华北地区干渠邻近河流冰情统计数据库，包括河名、统计年数、平均初冰日期、平均终冰日期、封冻日期和封冻天数等；

（3）受水区不同水平年供需平衡统计数据库，包括省（自治区、直辖市）需水量、可供水量和缺水量。

3. 华北京津唐示范区综合水资源保障风险的综合防范技术数据库

项目组选取华北京津唐为示范区，构建综合水资源保障风险的综合防范技术数据库，具体包括以下两个方面。

（1）华北地区水资源亏缺状况数据库，包括水资源量、用水量、耗水量和盈亏量（%）等；京津冀综合水资源风险数据库，包括地区、年份及综合缺水风险值；

（2）示范区各业用水保证率赋值数据库，包括年份、地区、生态用水保证率和生活用水保证率等。

5.5.3 行业信息系统的设计与实现

1. 行业信息系统的设计方法

行业信息系统的设计方法有三种，包括结构化程序设计、原型化设计方法和面向对象的设计方法（吴信才，2009）。其中，原型化方法是较为常用的行业信息系统传统开发方法，面向对象的设计方法是近年发展起来的一种新的设计技术，适合于智能化和专家系统需求不断增加的行业信息系统的决策支持开发与设计。

（1）结构化程序设计方法是利用一般软件系统工程的结构概念，采用自顶向下、逐层分解的结构化程序设计基本思想，进行地理信息系统设计的一种方法。结构化软件设计的特点是软件结构描述比较清晰，便于掌握系统全貌，是一种使用相对广泛，较为成熟和完善的系统分析方法。但结构化分析仅适合静态的需求，能源和水资源行业信息系统经常面临动态变化的境况，不适合采用结构化程序设计方法进行信息系统的开发与设计。

（2）原型化的设计方法是较为常用的地理信息系统开发方法。该方法在开发初期不强调全面系统地掌握用户的需求，而是根据对用户需求的大致了解，由开发人员快速生成一个初始系统原型。随着用户和开发者对系统理解的加深，不断对原型系统进行修正、补充和细化，采用快速迭代的方法建立最终的系统，并提交用户使用。原型化方法带有一定的盲目性，但适用于非专业人员和小规模系统设计，而且像能源和水资源行业信息系统具有一定的探索性，一开始不可能取得完整的认识，这种专门化的系统也不一定需要十分复杂的设计。因此，用户及时介入系统设计中，不断迭代、调整完成系统设计的总体目标，可减少后期维护费用，对于较复杂和不确定的系统目标具有较强的实用性。

（3）面向对象的设计方法是近年发展起来的一种新的软件设计技术。其基本思想是将系统所面临的问题，采用封装机制，按照自然属性进行分割，建立数据和操作行为，封装在仪器的模块化解耦故，从而使系统很容易重组。面向对象的设计方法，更接近于对问题而不是对程序的描述，软件设计有智能化的性质，便于程序设计人员与应用人员的交流，软件设计具有更普遍意义，尤其是能源和水资源行业信息系统对于智能化和专家系统决策支持具有较高要求，面向对象的软件设计是实现系统快速开发、设计的有效途径。

2. 能源保障风险区划与能源需求预测系统的设计与实现

石油能源行业 GIS 的开发应用工作由来已久。地质学家使用 GIS 来对现有或者未来的石油和天然气储量进行大范围的区域性调查，帮助他们在世界范围内发现潜在的商业机会；能源行业工程师使用 GIS 来规划和实施野外操作，如海上钻井的定位，或者沙漠中的基础设施维护；环境学家利用 GIS 监测研究区的废气排放、环境污染；规划师可以利用 GIS 技术进行管线布置和检查、天然气站的选址和管网规划、岸上和外海风力电厂的选址和服务区规划。

本研究以示范区江苏省为例，开发了能源保障风险区划与能源需求预测系统（EERZ&EDFS）。该系统是基于 Microsoft Visual C++6.0 面向对象的二次开发环境，调用 GIS 行业的领头军——美国 ESRI 公司的最新产品 ArcGIS Engine 9.3 开发包，自主开发 ESRIMAPS.dll 控件，将 view 界面和 layout 界面的信息无缝集成并实现实时动态无损显示；采用 Visual C++从底层编程实现地图缩放等基本功能，增加了程序运行的稳定性和可移植性；通过 MapControl 和 TOC Control 控件技术实现图层 attribute 属性和 view/layout 界面实时交互，灵活实现 GIS 行业客户自定制的专业方案以解决行业面临的各项难题。EERZ&EDFS 系统实现能源分布数据的缩放查看、地理位置查询、历史能源需求状况查询、能源分布数据图形颜色更改、能源分布数据的信息管理等常规功能；同时，通过组件技术实现能源需求增长率的计算、能源保障风险的区划、能源需求的预测等特色功能，为能源管理机构摸清区域能源总体供需情况，科学管理能源资源，高效利用能源资源，为科学决策支持提供数据支撑和技术保障。

EERZ&EDFS 系统开发技术路线如图 5-11 所示。

EERZ&EDFS 系统的主界面包括文件、编辑、查看、查询、区划和帮助六个部分，工具栏主要包括新建、打开、保存、数据视图、版式视图、打印、放大、缩小、全图显示、平移、恢复默认、选择要素、清除选择要素、版式视图的放大、缩小和平移。

EERZ&EDFS 系统的功能主要包括以下五个模块：地图的基本操作、属性信息的基本操作、查询功能、能源需求预测功能、能源的保障风险区划功能。

3. 水资源管理信息系统

GIS 技术在水资源高效管理和调度、防汛减灾、水资源监测、水土流失治理和水利工程规划中得到很好的应用。例如，水资源管理信息系统、水资源调度管理系统、水资源综合管理决策支持系统、水资源实时监控信息系统、水务信息系统、水利工程规划信息系统、防汛抗旱及水资源指挥调度系统和水资源保障风险管理信息系统等均为水资源行业信息系统成功应用的典范。

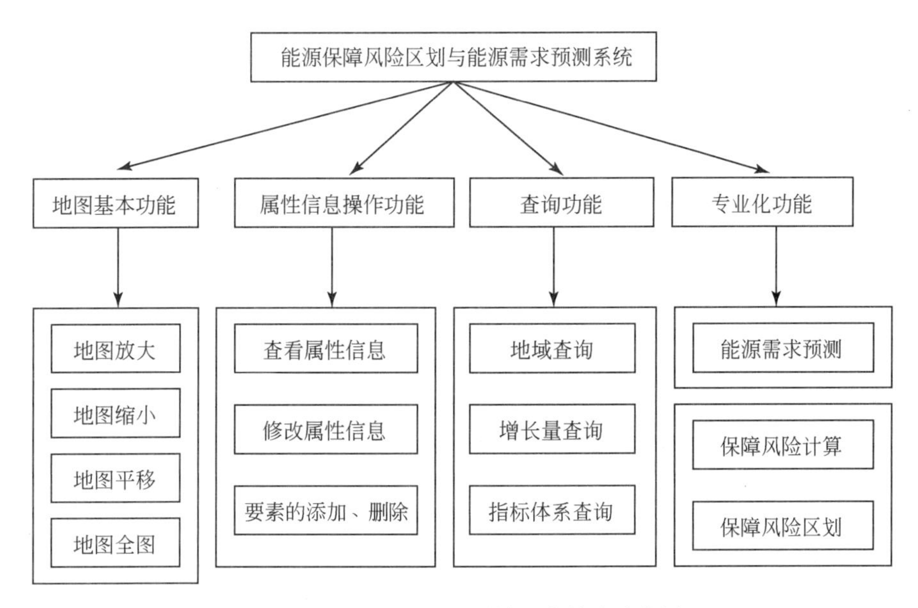

图5-11　EERZ&EDFS系统开发技术路线图

水资源具有区域分布不平衡和动态变化的特点。在综合管理过程中涉及大量气象、水文、地质、水文地质、环境、土地利用及社会经济等多方面的信息资料，数据的管理是水资源保障风险得以科学分析的基础。因此，本部分重点介绍水资源管理信息系统、水资源调度管理系统、水资源综合管理决策支持系统三个信息系统。

1）水资源管理信息系统

水资源管理信息系统采用以客户服务器体系（C/S）结构为主，以浏览器/服务器（B/S）结构为辅的一种结构。在Windows XP环境，通过数据库、GIS、水资源管理专业模型三者间的紧密集成，使其具有用户权限管理、数据管理、GIS分析、数值计算、动态管理、网络通信、成果Web发布等功能，能在单机或局域网内运行。水资源管理信息系统是利用网络数据库技术，对水资源管理所涉及的有关气象、水文地质、社会经济、环境和工程等方方面面的数据进行统一、综合管理，利用数值模拟技术对重点研究区域的地表水系统、地下水系统进行仿真，结合GIS技术和多媒体技术动态显示地表水流动、地表污染源扩散、地下水埋深、地下水流场、污染物扩散变化过程，为管理决策者提供辅助决策信息；其次，通过计算机网络为公众提供水资源管理方面的信息服务。基于WEBGIS的水资源管理信息系统结构见图5-12（李元红等，2010）。

2）水资源调度管理系统

水资源调度管理系统以GIS技术为平台，以Visual Studio 2008为手段，开发水资源调度管理系统，拟在示范区推广应用先进的水资源管理技术，提高水资源管理水平，促进水

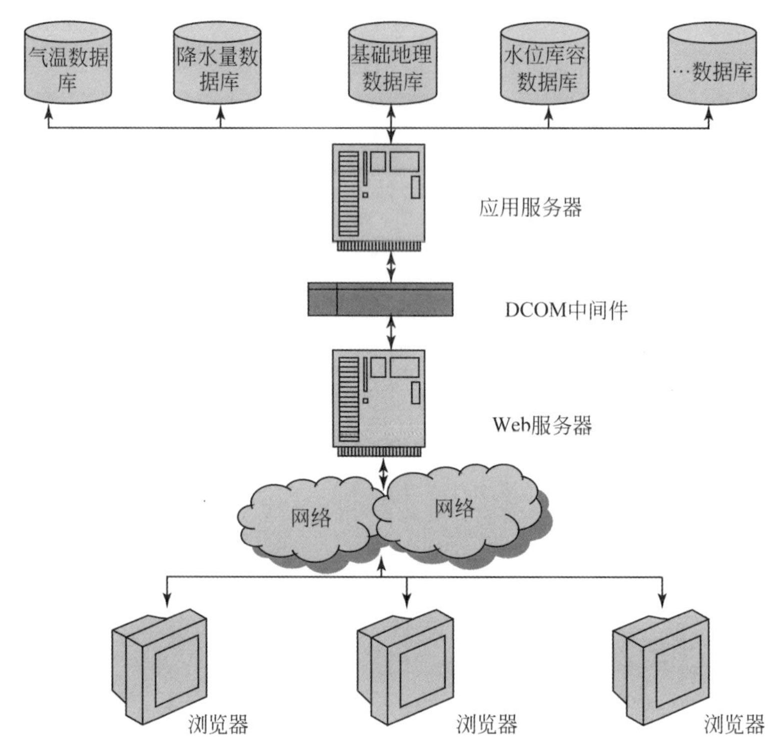

图 5-12　基于 WEBGIS 的水资源管理信息系统结构图

资源合理开发利用。水资源调度管理系统的模型框架如图 5-13 所示（田丰等，2010）。

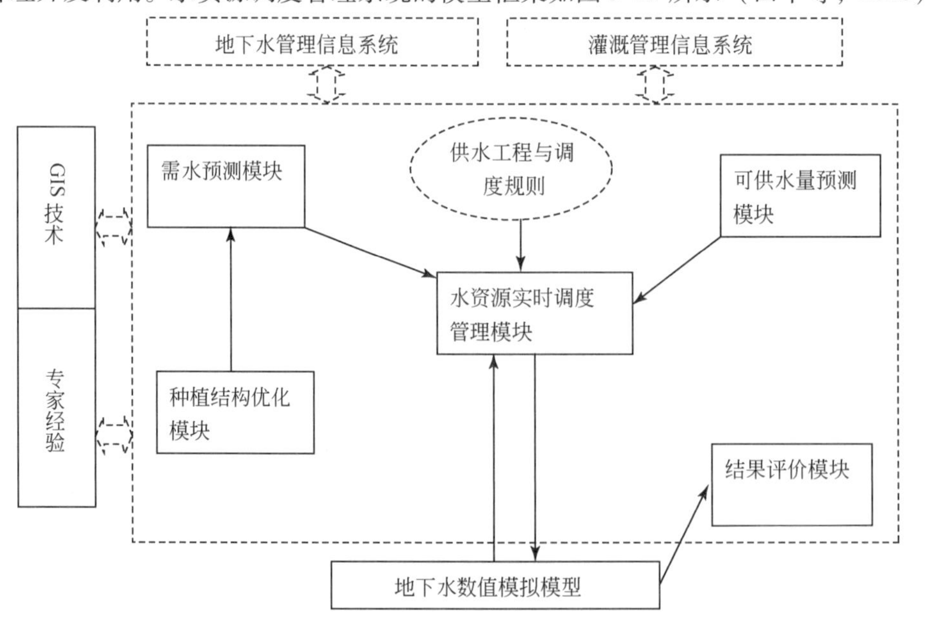

图 5-13　水资源调度管理模型结构

水资源调度管理系统由五个子模块组成，核心模块是水资源实习调度模型，另外，还包括种植结构优化、需水预测、可供水量预测和结果评价四个预测子模块。

3）水资源综合管理决策支持系统

水资源综合管理决策支持系统是在 Microsoft Windows XP 平台上，采用 Microsoft Visual Basic 6.0 开发语言，调用 MapX5.0 GIS 控件二次开发并实现。

水资源综合管理决策支持系统的设计目的为辅助和支持决策者进行决策，使决策更科学化、规范化和标准化。因此，系统的主要功能应以数据查询和数据分析为主体，另外为使系统功能更强大，还提供了地图操作、数据查询、数据分析、数据维护和输出等其他辅助功能，系统总体框架见图5-14（赵岩和缪琴，2009）。

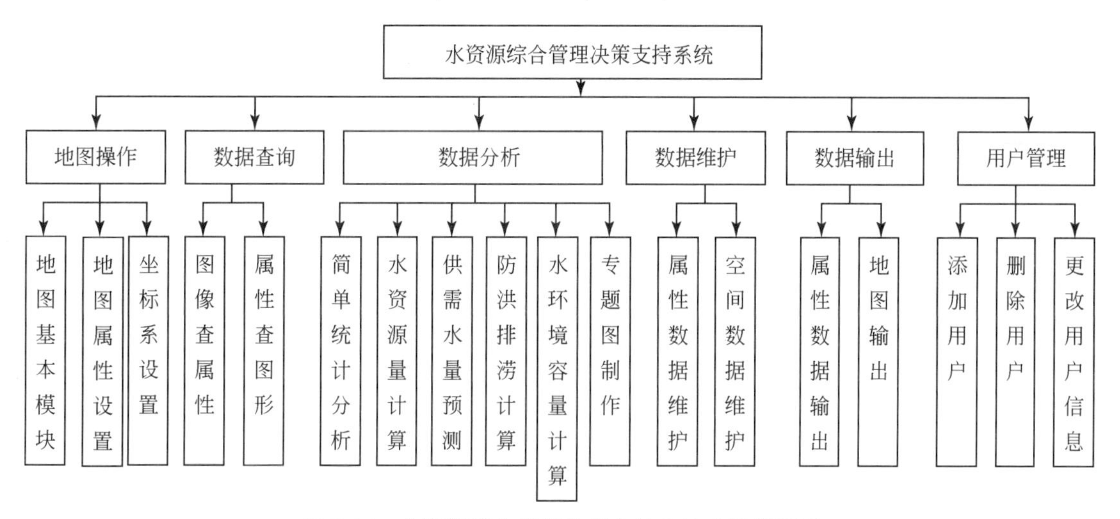

图5-14 水资源综合管理决策支持系统功能框架图

5.6 生态与食物安全数据库与信息系统*

5.6.1 综合生态风险数据库

1. 全国综合生态风险统计数据库

中国综合生态风险数据库和风险评估研究工作分为三部分。一是依据区域生态风险分析理论及方法，识别并建立中国生态系统主要风险源（主要指突变性自然致灾因子）数据库、中国生态环境脆弱性数据库、中国生态风险受体及其潜在损失数据库。二是分别基于因子权重的相对风险评价模型（RRM），建立了中国生态环境脆弱性评价指标体系并评价出了脆弱性等级。在脆弱性评价的基础上，从单风险源角度，进行了各单风险源生态风险评价（共10种）。在此基础上，进行了中国综合生态风险评价。三是编制了中国生态环境脆弱性图和一系列生态风险图，具体包括基于因子权重的1:400万中国生态环境脆弱性图（1km×1km网格）1张，基于RRM的1:400万中国单风险源生态风险评价图（1km×1km网格）10张，1:400万中国综合生态风险评价图（1km×1km网格）1张，1:100万

* 本节执笔人：北京大学的王仰麟、蒙吉军。

北京幅综合生态风险评价图（1km×1km 网格）1 张。数据包括以下四个方面。

1）综合生态风险数据库结构

收集和整理了一些基础数据，依据区域生态风险评价体系，对综合生态风险评价数据库进行了总体设计，建立了由指标信息到数字地图信息的数据库系统。为了便于计算机制图，所有数据均为 1km×1km 栅格，采用坐标系统 WGS_ 1984、Albers 等面积投影。

2）中国生态风险源数据库的建立

为了适应全国尺度的风险评估和制图，对风险源的甄别，仅考虑中国最重要的自然灾害，最终确定了 10 大风险源，即干旱、洪涝、台风、风暴潮、低温冷冻、冰雹、地震、滑坡泥石流、沙尘暴、雪灾（表 5-4）。风险源的强度以近 50 年来其发生的概率表达，空间尺度均覆盖全国。

表 5-4 中国生态风险源数据库

子数据库名称	数据内容	数据来源	数据年份
中国生态风险源 - 干旱数据库	近 50 年来全国生态风险源干旱概率等级	根据《中国重大自然灾害及减灾年表》、《中国气象灾害大典》、《中国自然灾害图集》等录入	1961 ~ 2006
中国生态风险源 - 洪涝数据库	近 50 年来全国生态风险源洪涝概率等级	根据《中国重大自然灾害及减灾年表》、《中国气象灾害大典》、《中国自然灾害图集》等录入	1990 ~ 2000
中国生态风险源 - 冰雹数据库	近 50 年来全国生态风险源冰雹概率等级	根据《中国重大自然灾害及减灾年表》、《中国气象灾害大典》、《中国自然灾害图集》等录入	1949 ~ 2000
中国生态风险源 - 低温冷冻数据库	近 50 年来全国生态风险源低温冷冻概率等级	根据《中国重大自然灾害及减灾年表》、《中国气象灾害大典》、《中国自然灾害图集》等录入	1954 ~ 1994
中国生态风险源 - 暴雪数据库	近 50 年来全国生态风险源暴雪概率等级	根据《中国重大自然灾害及减灾年表》、《中国气象灾害大典》、《中国自然灾害图集》等录入	1949 ~ 2000
中国生态风险源 - 沙尘暴数据库	近 50 年来全国生态风险源沙尘暴概率等级	根据《中国重大自然灾害及减灾年表》、《中国气象灾害大典》、《中国自然灾害图集》、中国国家气象局信息中心等录入	1954 ~ 2007
中国生态风险源 - 台风数据库	近 50 年来全国生态风险源台风概率等级	根据《中国重大自然灾害及减灾年表》、《中国气象灾害大典》、《中国自然灾害图集》等录入	1949 ~ 2000

续表

子数据库名称	数据内容	数据来源	数据年份
中国生态风险源 - 风暴潮数据库	近 50 年来全国生态风险源风暴潮概率等级	根据《中国重大自然灾害及减灾年表》、《中国气象灾害大典》、《中国自然灾害图集》等录入	1949 ~ 1990
中国生态风险源 - 地震数据库	近 60 年来全国生态风险源地震概率等级	根据地震台网、《中国重大自然灾害及减灾年表》、《中国气象灾害大典》、《中国自然灾害图集》等录入	1949 ~ 2008
中国生态风险源 - 滑坡泥石流数据库	近 50 年来全国生态风险源滑坡泥石流概率等级	根据《中国重大自然灾害及减灾年表》、《中国气象灾害大典》、《中国自然灾害图集》等录入	1949 ~ 2000

3）生态环境脆弱性数据库的建立

根据生态环境脆弱性评价的一般理论并结合评价内容的特殊性，建立生态环境脆弱性评价指标体系（表 5-5），包括地形因子、地表因子、气象因子和人类活动四方面。其中地形考虑了高程、坡度、起伏度三项指标，地表因子主要考虑了年均植被覆盖度，气象因子以干燥度表示，人类活动对生态环境的影响以人口密度表示，并以国家环保部确定的中国重点生态脆弱区作为修订因子，建立数据库。

表 5-5　中国生态环境脆弱性数据库

指标名称	显示字段名称	数据内容	数据来源	数据类型
数字高程	China_ DEM	数字高程值	下载 SRTM 数据中，公开的 DEM 数据	栅格（1km × 1km）
坡度	China_ slope	地形坡度值	根据 DEM 数据，在 GIS 平台上提取得到	栅格（1km × 1km）
起伏度	China_ relief	地形起伏度值	根据 DEM 数据，在 GIS 平台上提取得到	栅格（1km × 1km）
植被覆盖度	Vegcover	植被覆盖度	下载多年 NASS 的 NDVI 数据，得到平均值后，根据公式计算得到植被覆盖度	栅格（1km × 1km）
干燥度	dryridity	干燥度	根据《中国自然地理图集》录入	栅格（1km × 1km）
人口密度	POP	人口密度	由中国科学院地理科学与资源研究所制作，中国科学院资源环境科学数据中心下载	栅格（1km × 1km）
重点脆弱区	Ifvulnerability	是否为重点脆弱区	根据环境保护部制作的全国生态环境重点脆弱区录入	栅格（1km × 1km）

4）风险受体及其损失数据库

基于 GLC 的 AVHRR 数据和在 GIS 支持下，根据属性，先将 GLC 的 24 类生态系统合并为与朱文泉等（2007）测算的中国生态系统生态资产相匹配的 22 类生态系统，即落叶针叶林、常绿针叶林、落叶阔叶林、常绿阔叶林、灌丛、疏林、海滨湿地、高山草甸、坡面草地、平原草地、草甸、城市、河流、湖泊、沼泽、冰川、裸岩、砾石、沙漠、耕地和高山草地等22类典型生态系统，再根据已有研究成果（朱文泉等，2007）对生态系统进行生态资产赋值。数据库包括中国生态系统数据和中国生态资产数据。

2. 鄂尔多斯综合生态风险数据库

选择地处我国北方农牧交错带的鄂尔多斯市作为示范区，针对其主要的风险源干旱、洪涝、病虫鼠害、污染、大风、沙尘暴、沙漠化和水土流失，以草地生态系统（高、中、低覆盖度）、林地生态系统、农田生态系统、城镇生态系统、水域生态系统和荒漠生态系统八类生态系统为受体，根据遥感资料、历史记录、调查数据和统计数据，基于RS、GIS和SPSS技术，对区域生态风险进行了评价。

数据来源包括基础地理数据、土地覆被数据、自然要素数据和统计数据。

（1）基础地理数据来自中国科学院资源环境科学数据中心。该数据集包括行政区边界、居民点、水系（湖泊、河流和水库等）、道路和地形图，数据的比例尺为1: 25万。

（2）自然要素数据中，气象要素数据集来自内蒙古自治区气象局和国家气象局信息中心气候资料室。包括鄂尔多斯市及周边地区气象站点1960～2007年国家标准站点的逐日气温和降水数据。鄂尔多斯市DEM数据来自美国马里兰大学全球土地覆被数据库，分辨率为90m×90m，可用来提取坡度信息。鄂尔多斯市植被类型、土壤类型、土壤有机质含量、土壤侵蚀数据库通过手工数字化野外调研搜集的图件资料获得。水文水资源数据来自鄂尔多斯市2008年水资源公报；鄂尔多斯市地表水系和浅层地下水文地质数据通过手工数字化水系图和水文地质图获得。

（3）土地覆被数据主要依据鄂尔多斯市2008年Landsat ETM影像数据，数据来自民政部减灾中心，通过人机交互式解译获得。首先，对遥感影像的光谱特征进行识别，运用假彩色合成；其次，基于GPS定点信息，参考2000年的土地利用图，选取“感兴趣区”，运用ENVI进行八类土地利用类型的监督分类；最后，进行人工目视解译的修正。综合统计数据和实际调研情况，精度能够达到使用要求。八类土地覆被为耕地、林地、水域、高覆盖度草地、中覆盖度草地、低覆盖度草地、城乡工矿居民点用地和未利用地。其中，高覆盖度草地指覆盖度大于50%的天然草地、改良草地和割草地；中覆盖度草地指覆盖度为20%～50%的天然草地和改良草地；低覆盖度草地指覆盖度为5%～20%的天然草地；未利用地包括沙地、戈壁、盐碱地、沼泽地、裸土地、裸岩石砾地和其他用地。

（4）统计数据来自《伊克昭盟志》（伊克昭盟即今鄂尔多斯市）及下辖7个旗区地方志；《鄂尔多斯统计年鉴》（1999～2008）；《内蒙古统计年鉴》（1999～2008）；鄂尔多斯市及其各旗区国土局、统计局、林业局、农业局、环保局的相关资料。

所有空间数据集的投影方式均调整为：Albers等积圆锥投影，大地基准面为Krasovsky_1940，双标准纬线为25°N和47°N，中央经线为105°E。

数据库构建技术路线及数据库结构如图5-15和图5-16所示。

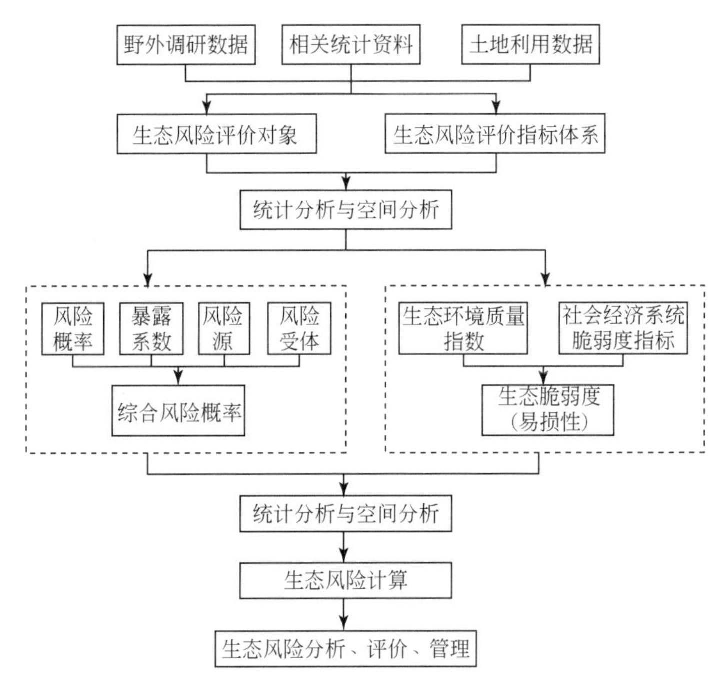

图 5-15　鄂尔多斯生态风险数据库构建技术路线

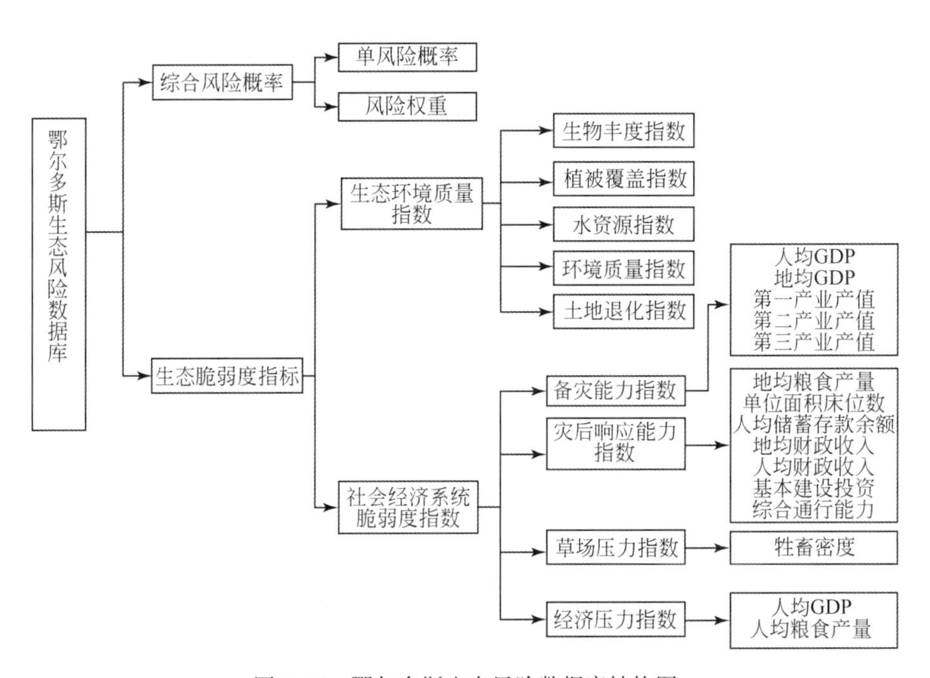

图 5-16　鄂尔多斯生态风险数据库结构图

5.6.2 综合食物安全风险数据库

1. 全国综合食物安全风险数据库

本数据库的建立以研究全国综合食物安全风险为目的，内容包括我国内地31个省（自治区、直辖市）的相关数据，全部数据来自中国统计年鉴（1978~2007）、中国农村统计年鉴（1978~2007）、中国农村住户调查年鉴（1978~2007）、中国物价年鉴（1995~2007）。

数据录入方式是人工录入，主要由负责本课题的研究生录入，2个人一组，一人录入，一人校对，所有数据至少经过一遍核对，准确性较高；在完成录入后有专人负责管理，统一数据的格式和口径，使数据较规范化、标准化。

全国综合食物安全风险数据库包括自然灾害、资源约束、生产投入和消费需求四部分数据。其中自然灾害包括各地区粮食产量、粮食播种面积、小麦产量、小麦单位面积产量、玉米产量、玉米单位面积产量、水稻产量、水稻播种面积、各地区旱灾受灾面积、旱灾成灾面积、水灾受灾面积、水灾成灾面积、农作物病虫草鼠害发生面积、农作物病虫草鼠害防治面积、农作物病虫草鼠害挽回损失、农作物病虫草鼠害实际损失16个数据表；资源约束包括各地区耕地面积，草地面积，产草量，草原火灾受害面积，全国肉类（猪肉、羊肉、牛肉、禽肉）、禽蛋、奶类产量，鼠虫害发生面积6个数据表；生产投入包括各地区粮食产量、农作物总播种面积、粮食播种面积、化肥施用量、有效灌溉面积、农用机械总动力和农林渔业劳动力7个数据表；消费需求包括各地区城镇居民家庭人均各种食物消费量、各地区农村居民家庭人均各种食物消费量、全国城镇居民人均食物消费量、全国农村居民人均食物消费量、各地区城镇居民家庭人均可支配收入、各地区农村居民家庭人均纯收入、各地区食物零售价格环比指数、各地区城镇居民家庭恩格尔系数、各地区农村居民家庭恩格尔系数9个数据表。

某些年份统计数据的缺失或者统计数据的口径不一致，造成相应数据的缺失，因此各类数据的时间跨度并不一致，本数据库提交的数据均能从相关统计年鉴上直接查到，保证了数据的准确性和可靠性。其中自然灾害方法16个数据表中前12个数据表的时间为1978~2007年，后4个数据表的时间为1989~2005年；资源约束中各地区耕地面积的时间为1986~2007年，全国肉类（猪肉、羊肉、牛肉和禽肉）、禽蛋、奶类产量数据的时间为1985~2006年，其他的4个数据表的时间为1998~2007年；生产投入方面7个数据表的时间均为1987~2005年；各地区城镇居民家庭人均各种食物消费量、各地区农村居民家庭人均各种食物消费量、全国城镇居民人均食物消费量、全国农村居民人均食物消费量和各地区食物零售价格环比指数5个数据表的时间为1995~2006年，各地区城镇居民家庭人均可支配收入、各地区农村居民家庭人均纯收入的数据时间为1978~2006年，各地区城镇居民家庭恩格尔系数、各地区农村居民家庭恩格尔系数的数据时间为1980~2006年。

全国综合食物安全风险数据库结构及技术路线如图5-17和图5-18所示。

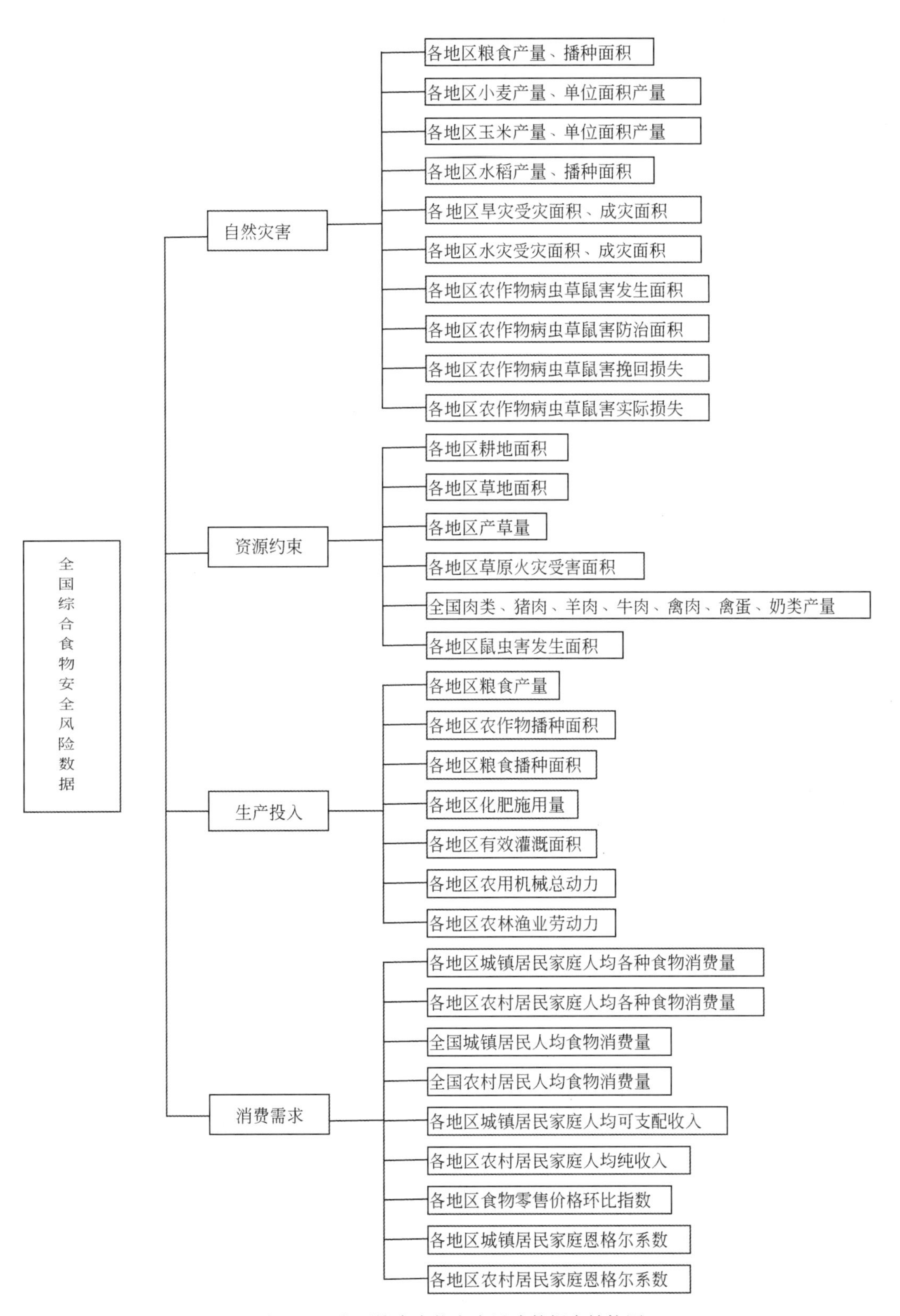

图 5-17　全国综合食物安全风险数据库结构图

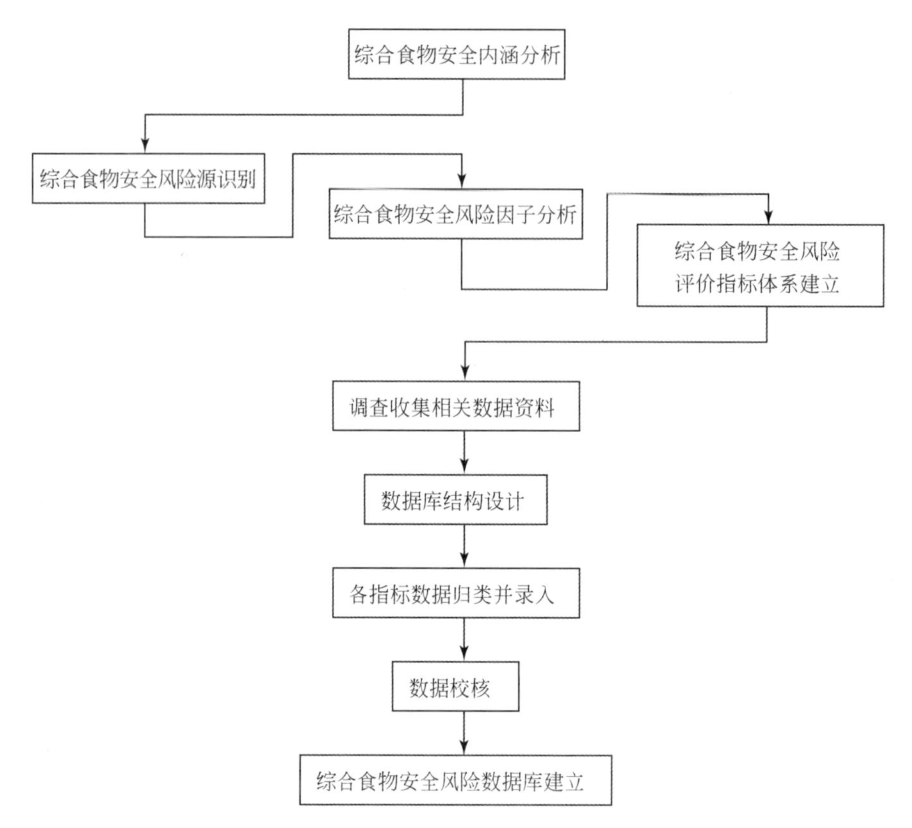

图 5-18 全国综合食物安全风险数据库构建技术路线

2. 洞庭湖区综合食物安全风险数据库

洞庭湖区综合食物安全风险数据库是综合食物安全风险数据库的重要组成部分之一。该数据库是为了研究我国粮食主产区之一的洞庭湖区综合食物数量安全风险、质量安全风险和可持续安全风险而建立的。

洞庭湖区综合食物安全风险数据库的建立时间为 2007 年 12 月，数据管理和维护单位为中国农业大学资源与环境学院。数据录入时采取人工录入方式录入，2 个人一组，一人录入，一人校对，所有数据至少经过一遍核对，准确性较高，数据规范、标准；在完成录入后有专人负责数据库的维护和管理。

洞庭湖区综合食物安全风险数据库包括洞庭湖区长沙、株洲、湘潭、岳阳、常德和益阳所辖 35 个县（区、市）的综合食物安全相关数据。数据的地理覆盖经纬度为：东经 110°29′~114°15′，北纬 26°03′~30°08′。数据库数据来源于湖南省农村统计年鉴（1986~1992，1994~2007）、湖南省统计年鉴（1986~2007）、长沙市统计年鉴（1986~2007）、株洲市统计年鉴（1986~2007）、湘潭市统计年鉴（1986~2007）、益阳市统计年鉴（1986~2007）、常德市统计年（1986~2007）和岳阳市统计年鉴（1986~2007）。

洞庭湖区综合食物安全风险数据库包括自然灾害、资源约束、生产投入和消费需求四部分数据。其中自然灾害数据包括水灾受灾面积、水灾成灾面积、因水灾减产量、旱灾受灾面积、旱灾成灾面积、因旱灾减产量、病虫害受灾面积、病虫害成灾面积、因病虫害减产量、其他灾害受灾面积、其他灾害成灾面积、因其他灾害减产量12个数据项；资源约束数据包括耕地面积和有效灌溉面积两个数据项；投入约束数据包括粮食总产量、化肥投入量、农药投入量、劳动力投入、农用机械总动力、粮食播种面积、禽蛋产量、水产品产量和肉类产量9个数据项；消费需求包括总人口、城镇人口和农村人口3个数据项。

由于统计年鉴中某些年份统计数据存在的缺失或者数据统计单位不一致的情况，为了保证数据的可靠性和准确性，对数据库中缺失的数据并没有进行人为处理，对于数据统计单位不一致的数据，项目组作了统一调整换算。

洞庭湖区综合食物安全风险数据库的建立，不仅能为洞庭湖区综合食物安全的风险评价提供数据支持，而且能为以后的风险预警、风险管理及风险防范等具体工作的开展提供基本数据支持。洞庭湖区综合食物安全风险数据库结构如图5-19所示。

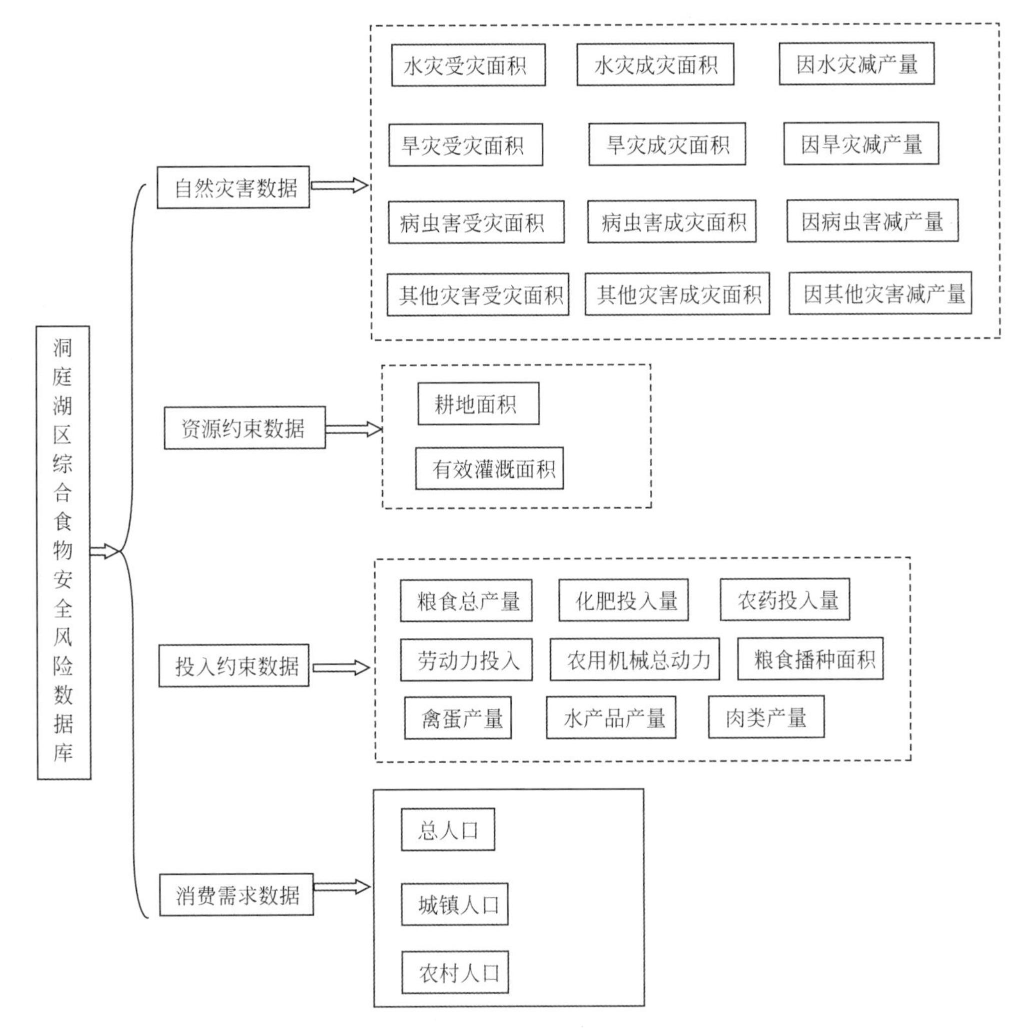

图5-19 洞庭湖区综合食物安全风险数据库结构图

第6章　综合风险地图编制与技术体系[*]

自然灾害具有十分显著的区域特点，时空规律极强。自然灾害信息的地图化更能促进各种灾害信息组织、储存、表达和传递的高质、高效。综合灾害风险地图不仅有十分显著的社会经济减灾效益，而且可为其他领域提供强有力的科学决策依据。

6.1　国内外灾害风险地图编制进展

6.1.1　国外自然灾害风险地图研究进展

总体来看，世界各国已经意识到自然灾害地图对风险管理的重要性，但灾害风险图的编制研究尚未全面展开，目前主要集中在地震和洪水灾害风险研究方面。

随着对风险认识的不断深入和对风险数量化研究的不断发展，人们对风险的管理水平必将不断提高，风险管理工具将不断丰富。对自然灾害进行风险区划是自然灾害风险管理的一个重要研究内容，是各级政府减少自然灾害影响的一个很重要的工具。第42届联合国大会将20世纪的最后十年确定为“国际减轻自然灾害十年”（International Decade for Natural Disaster Reduction，IDNDR），目的是为引起全球对自然灾害研究的关注。各国专家通过对自然灾害规律的研究一致认识到，由于自然灾害的风险性有着明显的地域差异和动态变化，因此为了制定减灾规划、土地利用规划和科学确定保险费率，必须编制灾害风险区划图。1990年，国际科学联盟理事会国际减灾十年特别委员会将改进灾害区划方法和风险评估方法确定为其职责的两项主要内容和研究课题的两个主要目标。

1. 单灾种风险地图研究进展

在单灾种风险地图研究中，洪水风险图的绘制发展最早也最完备。欧美等发达国家和地区从20世纪70年代开始采用水文、水力学数值模拟方法绘制全国洪水风险图。例如，美国的洪水风险图的主要应用目标是开展洪水保险，因此“洪水保险风险区”是风险地图的主要内容。它以城镇、社区、郡为基本单位，分为洪水保险费率图和洪水淹没边界及洪水通道图。除国家管理部门外，一些研究所和公司也组织编制了洪水风险图，如斯坦福大学巨灾风险管理公司（RMS）制作完成了欧洲洪水风险图，展示了欧洲大陆五种类型洪水的综合风险，包括河流、洪水、山洪、溃坝、风暴潮以及海啸。对于城区，基于GIS，通

---

* 本章执笔人：北京师范大学的王静爱、王瑛。

过综合风险分析模型，模拟得到各种洪水灾害的平均风险度。

美国、日本、法国以及其他一些欧洲国家绘制了地震区划图以规避地震风险。1992年，为配合IDNDR活动的开展，“国际岩石圈计划”启动了“全球地震危险性评估计划”（GSHAP），并于1999年发表了该计划的核心研究成果——全球地震危险性图（GSHAP，1999）。此外，其他相关的风险地图也得到了较快的发展，如美国国家昆虫与传染病风险地图（美国农业部，2006）等。

随着风险评估理论的发展，联合国提出的自然灾害风险表达式为：风险（risk）＝危险性（hazard）×脆弱性（vulnerability）。在这种风险分析概念的指导下，一些学者在小范围内对风险地图的编制进行了探讨。

2. 综合灾害风险地图研究进展

自20世纪70年代以来，一些发达国家开始进行比较系统的灾害风险评估及相关理论和方法的研究。当今国际的灾害风险评估正逐步趋于标准化和模型化。灾害风险热点地区研究计划（The Hotspots Projects）是由世界银行和哥伦比亚大学联合发起的分析全球自然灾害风险的研究项目，其主要目的是在全球范围，特别是在国家和地方尺度上识别多种灾害的高风险区，为降低灾害风险的政策和措施提供决策依据。其评估体系主要从经济损失、死亡风险两个角度刻画自然灾害风险。根据不同的灾害类型（洪水、龙卷风、干旱、地震、滑坡和火山六种灾害）绘制了的全球灾害风险地图（Dilley et al.，2004）。

此外欧洲空间规划观测网络（ESPON）的“自然和技术致灾因素的总体空间影响以及与气候变化的关系”项目中详细阐述了多重风险评估方法（multi-risk assessment），并在欧洲范围内得到了广泛应用。评估的主要输出结果包括总体致灾因子、综合脆弱性图和总体风险图（Greiving，2006）。中国在单灾种研究发展的同时，自然灾害的综合风险也开始起步。例如，高庆华等在对中国大陆洪水、地震、气象、地质和风暴潮5类、16种自然灾害时空分布与发展趋势分析的基础上进行了综合风险区划图的研究（高庆华等，2007）；王静爱等选取地震、洪水、滑坡—泥石流、台风、沙尘暴等灾害，通过构建城市化水平和综合自然灾害强度指标，绘制了城市综合自然灾害风险区划图（王静爱等，2006）。

6.1.2　国内自然灾害风险地图研究进展

总体来看，中国自然灾害风险地图的编制处于起步阶段，主要集中在灾害危险性方面的研究。

在防灾减灾领域，针对不同应用目标，对灾害风险地图的应用功能、风险信息的内涵有不同的认识、不同的定位，风险分析方法和技术手段也不尽相同。中国各类灾害风险地图编制仍处于初始阶段，广泛了解和调研国内外已有风险地图成果和编制经验，对于探索适合中国国情的灾害风险地图、推动全国灾害风险地图编制是非常有意义的。

中国相关科研机构和学者已经就自然灾害风险的危险性（hazard）这一部分作了较为成熟的研究，并对其成果用地图的形式作了直观的表达。现有自然灾害地图的编制主要集中在灾害的危险性（hazard）方面。较为系统的自然灾害地图集主要有《中国自然灾害地图集》、《中国自然灾害系统地图集》、《汶川地震灾害地图集》等典型代表作品（表6-1）。

表6-1 中国已出版的主要自然灾害地图集

序号	图集名称	主编	年份
1	中国近五百年旱涝分布图集	中央气象局气象科学研究院	1981
2	中国历史地震图集	国家地震局地球物理研究所、复旦大学中国历史地理研究所	1990
3	中国自然灾害地图集（中、英文版）	中国人民保险公司、北京师范大学	1992
4	广东省自然灾害地图集	广东省自然灾害地图集编辑委员会	1995
5	中国气候灾害分布图集	中国科学院大气物理研究所等	1997
6	中国自然灾害系统地图集（中英文版）	史培军	2003
7	中国重大自然灾害与社会图集	科技部国家计委、经贸委灾害综合研究组	2004
8	汶川地震灾害地图集	汶川地震灾害地图集编委会	2009

6.1.3 综合灾害风险地图的发展趋势

综合灾害风险地图的发展趋势可以概括为制图过程的规范化、标准化、智能化，制图对象的虚拟化，制图功能的多极化，制图者和读图者的主客同一化以及制图技术集成化等方面（图6-1）。

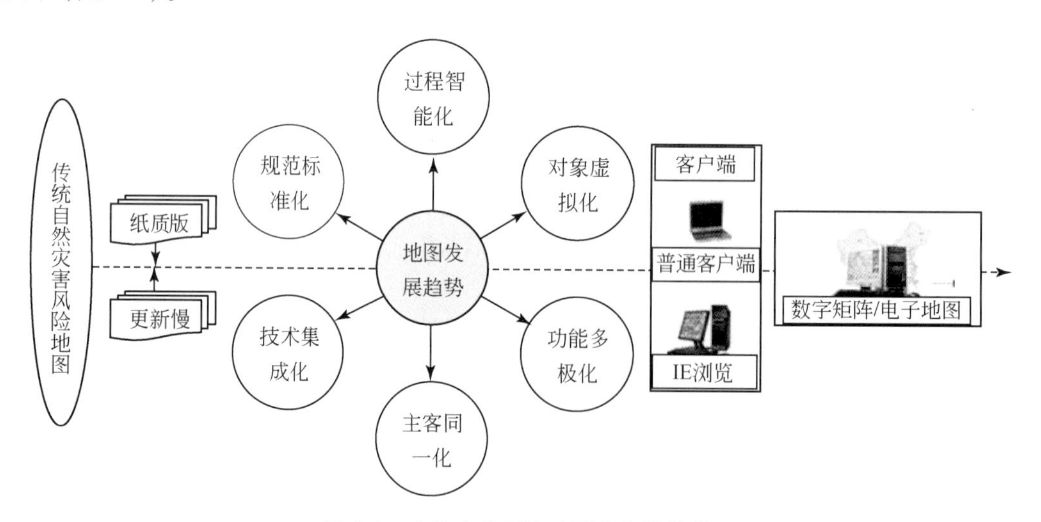

图6-1 自然灾害风险地图的发展趋势

制图过程的规范化和标准化是自然灾害风险制图的必然趋势。统一的制图规范，统一的符号体系，统一的制图流程，是自然灾害风险学科自身发展的需要，也是传播灾害知识，巩固学科发展，提高自然风险管理的重要手段。随着全球一体化数字地球战略的实施和推进，将实现全球化的地图无缝拼接和万维网联通，标准化的风险地图表达必将对世界共同抵御灾害风险、防范灾害风险和管理起着推动作用。

制图过程的智能化意味着人为参与灾害风险制图的环节不断减少，制图效率大幅提高，而科学性、艺术性、明辨性又能满足用户需求的制图过程，包括灾害数据获取、数据处理过程、地图制作过程和地理信息表达等多将趋于智能化。过程智能化的实现，可以提高制图效率，实现风险地图的时效性，为灾情的准确识别、灾害的应急管理提供科学依据。

制图对象虚拟化，主要是指自然灾害风险地图学将来表达的制图对象不一定都是实体的客观存在，很多内容将是虚拟的、模拟的、多维仿真式的。目前基于计算机的发展及风险学科的自身特征，很多灾害风险可以通过灾害发生机理模型模拟不同情境下的风险分布，地图所表达的内容是虚拟的、仿真的、未来一定时期内的可能损失。

地图功能多极化指自然灾害风险地图功能从表达地理客体规律特征，扩展到灾害风险识别、风险空间分析、风险动态监测、灾情综合评价、灾害实时预警等。灾害风险地图的功能借助信息技术的发展开始趋于多极化，并为经济社会的发展提供更科学、更准确、更及时的决策依据，从而最大限度地减少灾害带来的可能损失。

随着科技发展，地图制作技术的不断改进和创新，地图制作将越来越简单，用户既是地图制作者又是地图使用者，即主客同一化将渐趋普遍。这也是未来灾害风险地图的一个趋势，美国的 HAZUS 灾害风险评估平台已经可以按用户需求制作所选择的区域，并对该区域进行灾害风险评估制图。主客的共同参与将对灾害风险制图提出新的要求。

制图技术集成化是指，未来的自然灾害风险地图是在多学科共同支持下技术集成化的一种灾害信息综合表现方式。灾害数据库是链接数字地图、RS、GIS、GPS 技术的共有基础，随着科技手段的不断发展，将使其在信息科学的范畴内不断融合并趋向一体化，为地球信息科学、数字地球的完善发挥作用，灾害系统将在这一集成技术支持下实现完美表达。

6.2　基于灾害系统理论的综合风险地图内容体系

建立全国灾害风险数据库系统，绘制不同时空分辨率的灾害风险图；开展巨灾风险的综合评估，编制全国高风险地区高分辨率的综合自然灾害风险图，合理设计国家巨灾风险转移制度，开展巨灾的政策性保险和再保险。这些都已纳入国家重大自然灾害风险综合评估与防范预案编制技术中（史培军，2009）。由此可见，自然灾害风险地图作为一项重要的非工程性措施，对灾害易发区的损失评估、防灾救灾辅助决策等都能发挥重要的作用。

6.2.1　基于灾害系统理论的三代灾害地图编制

1987 年，第 44 届联合国大会把 20 世纪最后十年定为“国际减灾十年”，主要目的是通过国际协调与合作，减轻自然灾害造成的人员伤亡、物质损失以及社会混乱。之后 20 多年，中国学者经过“五论”过程提出并完善了“灾害系统”理论：一论，灾害系统是由“致灾因子、承灾体及孕灾环境”共同组成的概念，并阐述“灾害链、灾害群、灾害机制、灾度与灾害区划”（史培军，1991）；二论，灾害研究的“致灾因子论、孕灾环境论、承灾体论和区域灾害系统论”，并阐述致灾因子与承灾体的分类和区域灾害形成机制（史培军，1996）；三论“灾害科学与技术”的框架，即明确了其由“灾害科学、灾害技术与灾害管理”三个分支学科组成，还阐述“灾害脆弱性评估、灾害风险评估、灾害系统动力学及区域灾害过程”，明确减灾战略作为可持续发展战略的主要组成内容（史培军，2002）；四论灾害系统，提出“区域灾害系统的结构与功能体系，区域灾害系统的理论框架：灾害分类体系、灾害链、灾害评估、灾害形成过程、灾害系统动力学及区域综合减灾模式”（史培军，2005）；五论，灾害系统进一步论证了“综合灾害风险防范的结构与功能优化模式”，构建了由灾害科学、应急技术和风险管理共同组成的“灾害风险科学”学科体系（史培军，2009）。基于上述灾害系统理论，北京师范大学相继编制了中国三代自然灾害地图（图6-2、图6-3）。

图6-2　中国自然灾害地图集

图6-3　中国自然灾害系统地图集

第一代自然灾害地图是反映自然灾害的致灾因子（Hazard）的《中国自然灾害地图集》（中文版、英文版）（张兰生，1992），由中国人民保险公司委托，北京师范大学、中国人民保险公司农村灾害保险技术中心承担，科学出版社出版。该图集按照灾害系统理论设计内容结构，由五部分组成，以致灾因子、灾情两大部分为核心。第一部分是孕灾环境与承灾体图组，包含地图17幅；第二部分是致灾因子图组，共有地图165幅，包括气象水文灾害图组、地质灾害图组、地震灾害图组、生物灾害图组、土地退化图组、环境污染与地方病图组等；第三部分是灾情图组，包含地图66幅；第四部分是灾害监测与预警图组，包含地图6幅；第五部分是减灾对策图组，包含地图21幅。该图集首次系统地表达了中国自然灾害的时空格局，不仅对认识自然灾害区域规律提供了直观资料，而且为区域防灾减灾提供了科学依据。这本地图集的出版，对中国参与国际减轻自然灾害十年

(1989～1999年）活动，进一步开展中国灾害研究，推进保险业发展、灾害防御、救助等都具有重要价值。

第二代自然灾害地图是凸显自然灾害（disaster）系统的《中国自然灾害系统地图集》（中英文版）（史培军，2003），由北京师范大学主持编制，瑞士再保险公司提供资助，科学出版社出版。该图集基于灾害系统理论，力求从全方位体现灾害系统各子系统之间的相互作用关系、时空格局和过程。由中国综合自然灾害系统图系与主要自然灾害系统图系两部分组成，总计有地图445幅，图表101个。第一部分由中国自然灾害系统中的孕灾环境图组（地图7幅）、承灾体图组（地图19幅）、致灾因子图组（地图5幅）、灾情图组（地图20幅）和减灾图组（地图5幅）5个图组组成；第二部分由地震灾害图组（地图67幅）、水灾图组（地图172幅）、台风灾害图组（地图54幅）、雪灾图组（地图21幅）、沙尘暴灾害图组（地图41幅）和冰雹灾害图组（地图20幅）共6个图组组成。与《中国自然灾害地图集》相比，该图集的内容设计是在多层面上体现孕灾环境、承灾体、致灾因子和灾情的系统结构特点。制图表示方法设计是基于自然灾害数据库，通过多种表示方法的组合和图面配置，充分表达灾害系统空间格局的时间变化过程特征和灾害过程的空间格局特征。探索用“灾害系统图谱法”实现灾害格局与过程的复合表达（王静爱等，2003)。在地图编制的色彩和符号系统、图组页、导航标志、图文配置等方面，都充分贯穿灾害系统的设计思想。该图集凸显区域灾害系统的“致灾”成因机制与“成灾”的形成过程，揭示在特定的孕灾环境条件下致灾因子与承灾体相互作用的机理和过程，科学解释自然灾害的时空分异规律，不仅为综合减灾提供科学依据，而且为区域防灾减灾，特别是为突发性自然灾害防治提供了科学依据，也为保险和再保险服务。

第三代自然灾害地图是表达自然灾害风险（risk）的《中国综合灾害风险地图集》（中文版)。由北京师范大学主持编制，是国家十一五科技支撑项目——“综合风险防范关键技术研究与示范”项目的重要成果，由科学出版社出版。该图集基于灾害系统理论，建立了综合风险评价“三度”模型，即自然灾害风险 = 孕灾环境稳定性 × 致灾因子危险性 × 承灾体脆弱性，评价不同年遇情景下的区域风险等级。该图集由三部分组成：第一部分是序图，包括中国政区、中国卫星影像、中国地形等图，以及中国自然灾害区划等；第二部分是中国主要自然灾害风险图，包括地震灾害风险图组、台风灾害风险图组、水灾风险图组、旱灾风险图组、滑坡/泥石流灾害风险图组、沙尘暴灾害风险图组、风暴潮灾害风险图组、雹灾风险图组、雪灾风险图组、霜冻灾害风险图组、森林火灾风险图组、草原火灾风险图组、综合生态风险图组、全球变化风险图组共14个灾害图组。第三部分是中国综合自然灾害相对风险等级图，包括中国综合自然灾害相对风险等级图组、31个省（自治区、直辖市）的综合自然灾害风险图组。

第三代自然灾害地图，也可称为中国第一代灾害风险地图。在国际减灾战略调整的背景下，高度关注从“减轻灾害”到“综合减轻灾害风险”的战略转变。近年来中国巨灾频发，2008年年初的南方雨雪冰冻灾害，2008年汶川8.0级地震，2010年年初西南大旱，2010年玉树7.1级地震，以及2010年8月7日甘肃省甘南藏族自治州舟曲县特大滑坡泥石流灾害，造成了重大人员伤亡和经济损失。面对来自自然、社会及人为的各种风险，作为一门直接服务于社会和经济安全的灾害风险科学，要从理论和实践等多方面，加快对综合风险防范科学、技术与应用的研究。因此，开展支撑国家风险防范的重要地图工程迫在眉睫，第一代风险图《中国自然灾害风险地图集》的诞生，必将为中国灾害风险防范提供技术支撑，为国家防灾减灾提供决策依据。

6.2.2 《中国自然灾害风险地图集》内容体系

基于“区域灾害系统论”，《中国自然灾害风险地图集》内容结构设计有5项原则：第一，通过致灾因子危险性和承灾体脆弱性评价，定量刻画灾害系统的内涵；第二，综合评价制图区域尺度选择多级序，以中国全域为主，部分为省区和小区域等，并在每幅地图的图名中体现出来；第三，制图内容体现综合性，通过多角度和多层次实施，体现在图例说明中，可以从三个方面综合，一是从单灾种到综合灾害的致灾因子图层综合，二是从单指标到综合指标的评价模型综合，三是从单要素到综合要素的承灾体类型综合；第四，制图时间尺度，通过过去时段和年遇型情景来实施，体现在图名和图例说明中；第五，风险评价等级是各风险地图内容表达的核心，高风险到低风险等级通常为5级或10级。

基于上述，《中国自然灾害风险地图集》由序图组、中国主要自然灾害风险图组和中国综合自然灾害风险等级图组三部分组成。

第一部分“序图组”，是对形成中国自然灾害风险的孕灾环境、承灾体和致灾因子的综合介绍，以及对中国自然灾害区划成果的展示。其包括中国政区（2007）、中国卫星影像、中国地形、中国地质构造、中国气候区划、中国植被区划、中国土地利用、中国城镇灯光指数（2009）、中国交通（2007）、中国人口密度（2007）、中国地均国内生产总值（2007）、中国自然致灾因子与中国自然灾害区划等18幅图。

第二部分“中国主要自然灾害风险图组”，内容体系比较复杂。设计的思路有三方面：

第一方面以传统的地震灾害、台风灾害、水灾、旱灾、滑坡/泥石流灾害、沙尘暴灾害、风暴潮灾害、雹灾、雪灾、霜冻灾害、森林火灾、草原火灾等致灾种类，加上两个新风险：综合生态风险、全球变化风险，排列出14个图组，按照评价指标或者分承灾载体类型或分致灾时段制图，再分全国和区域编制综合风险地图。

第二方面是根据数据信息的完备程度和评价方法的可行性，12个图组内容规模有一定差异，其中地震、洪水、旱灾、台风等主要灾害风险地图的内容尽可能详细，风暴湖、草原火灾等灾害风险地图的内容相对较少。

第三方面是根据风险的评价精度，分别命名为风险、风险等级、相对风险等级图。例如，地震灾害、台风灾害、湖南和浙江水灾、小麦及玉米和典型区域水稻的旱灾、畜牧业及高速公路和机场雪灾、小麦霜冻灾害、森林和草原火灾风险达到了定量估计，将这部分系列图命名为风险图；水灾、综合旱灾、沙尘暴灾害、风暴潮灾害、雹灾、主要作物霜冻灾害风险达到了半定量估计，将这部分系列图命名为风险等级图；滑坡与泥石流灾害、综合生态系统风险和全球变化风险是定性估计，命名为相对风险等级图。

在“中国主要自然灾害风险图组”中，由地震灾害风险（3幅图）、台风灾害风险（34幅图）、水灾风险（37幅图）、旱灾风险（38幅图）、滑坡与泥石流风险（5幅图）、沙尘暴灾害风险（12幅图）、风暴潮灾害（3幅图）、雹灾风险（49幅图）、雪灾风险

(25幅图)、霜冻灾害风险（15幅图)、森林火灾风险（9幅图)、草原火灾风险（5幅图)、生态安全风险（1幅图）和全球变化风险（12幅图）共14种248幅图组成。这些图全面反映了中国自然灾害风险及生态安全与全球变化风险的时空格局。

第三部分“中国综合自然灾害风险等级图组”，是整个地图集最高综合程度的风险图，以中国综合自然灾害相对风险等级图为核心，从风险管理中的遇难人口、人口转移安置、房屋倒塌、直接经济损失4方面，分别给出全国和各省（自治区、直辖市）的遇难人口相对风险等级、人口转移安置相对风险等级、房屋倒塌相对风险等级、直接经济损失相对风险等级系列地图。

“中国综合自然灾害风险等级图组”，由中国综合自然灾害风险图组（8幅图）和全国各省（自治区、直辖市）综合自然灾害风险等级（155幅图）等共163幅图组成。

6.3　基于信息传输理论的综合风险地图结构体系

基于地图信息传递理论，设计《中国自然灾害风险地图集》的结构体系，可以有效地实现灾害风险地图信息传递模型从地图制图到用图过程的科学概括，从而建立编图者、制图者、用图者三者之间的灾害风险信息沟通的桥梁，提高图集使用效率和服务能力。

6.3.1　风险地图信息传输理论与三条关系链

地图信息传输是指专题信息在地图上的选择和符号(图形化)，并为用户认识和解译的过程。地图信息的传递过程比较复杂，大多数地图学家所接受的是捷克地图学家柯拉斯尼（Kolacny，1969）提出的地图信息传输模式，把地理环境、制图者、地图和用图者构成一个相互联系的系统来考虑，在信息传输中由七个重要部分组成，即制图者所认识的地理环境实况（A)、制图者(B)、地图语言（C)、地图（D)、地图使用者（E)、地图使用者所理解的地理环境实况（F）和地图信息(G)（图6-4)。

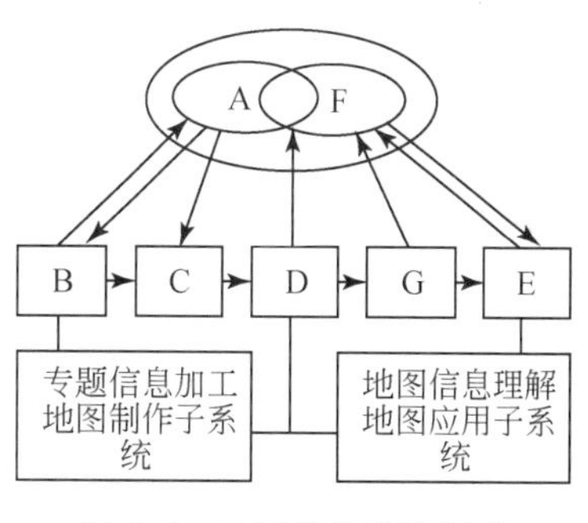

图6-4　地图信息传输模型

自然灾害风险地图传输是对自然灾害系统实况和风险评价的数字信息加工以及地图信息理解的过程（图6-5)。灾害风险地图信息传递的过程是：区域灾害系统实况（制图对象）通过编图者的认识，形成区域风险特征和规律，使用地图符号（地图语言）形成作者原图；地图制图者对作者原图进行地图信息加工和处理，变成地图制图者的认识，形成概念，使用规范地图符号（地图语言）变成出版原图；读图者，即地图的使用者通过对地图符号和图形的解译和分析，形成客观风险特征和规律的概念。这类似于通信中的编码和译码模式。当编码的信息得到辨认和解译时，地图信息的传递就完成了。

在地图信息传递理论的指导下，灾害风险图的设计和编制应该把注意力更多地放在地图使用者上。用图者的要求在很大程度上决定了地图的内容和形式，这促进了地图品种的

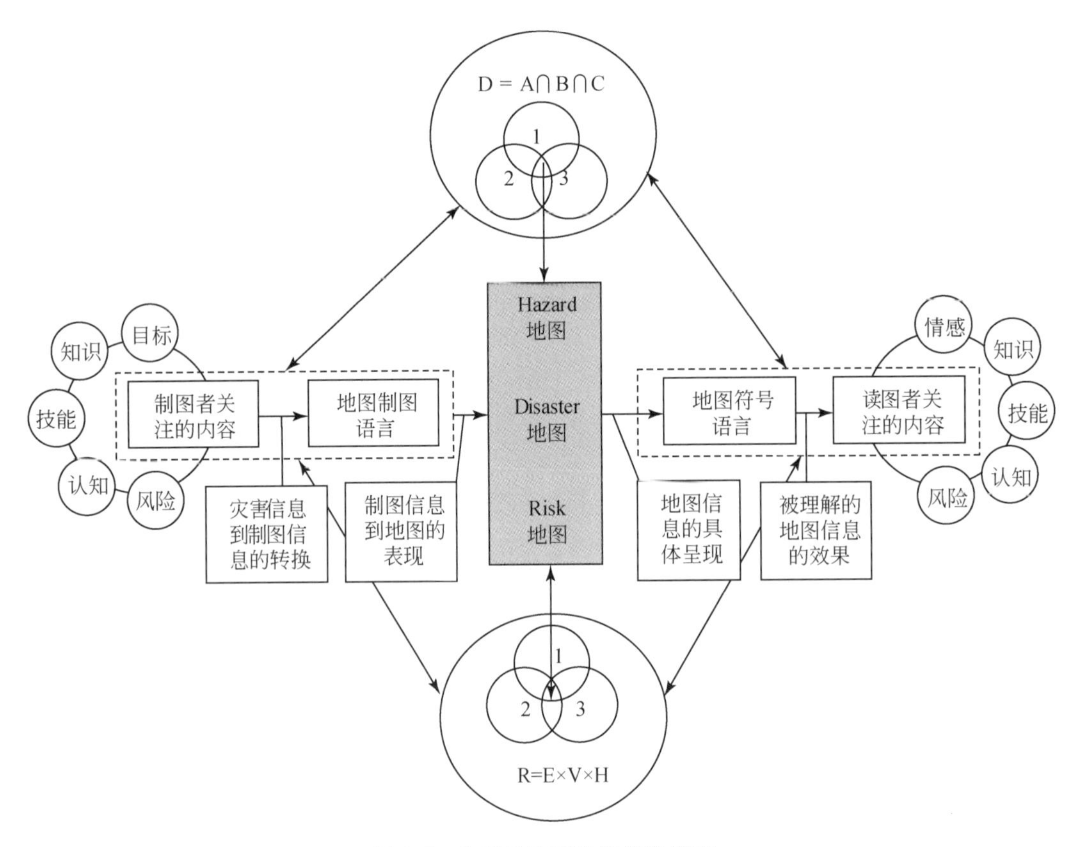

图 6-5　灾害风险图信息传递模型

1 为编图者，2 为制图者，3 为读图者；A 为孕灾环境，B 为承灾体，C 为致灾因子，D 为灾情，R 为灾害风险，E 为孕灾环境稳定性，H 为致灾因子危险性，V 为承灾体脆弱性

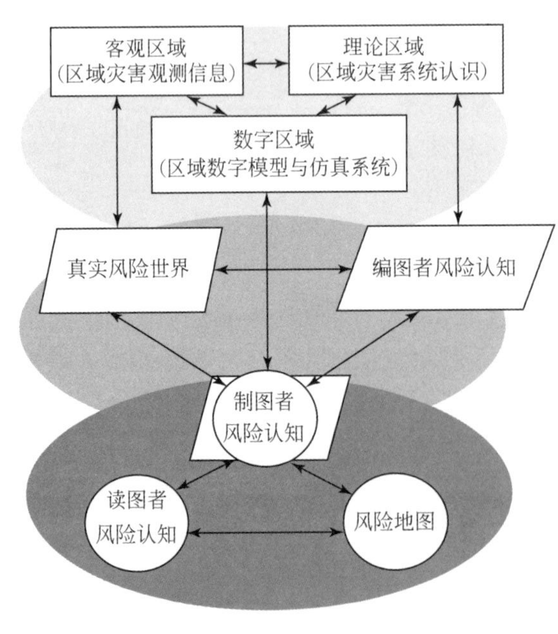

图 6-6　灾害风险传输中的三条关系链

增加、表示方法的创新。为提高灾害风险地图信息的传递效率，地图感受论、地图符号论和图形识别等也得到重视。因此，制图者应该站在一个更高的角度，去全面理解客观区域—理论区域—数字区域之间的关系；有效转化真实风险世界—制图者风险世界认知—编图者风险世界认知的传递关系；处理好制图者—综合风险地图—读图者之间的关系（图 6-6）。

客观区域—理论区域—数字区域之间的关系，实质上是区域地理的现代结构模式，也可以理解为编图者的风险信息储备库的核心关系链条，从区域灾害观测信息、区域灾害系统认识到区域数字模型与仿真系统，对《中国自然灾害风险地图集》的结构体系起着基础性的作用。

真实风险世界—制图者风险认知—编图者风险认知的传递关系，实质上是从认知层面上实现编图者与制图者的风险世界认知沟通，达成对真实风险世界的共识，也可以理解为编图者与制图者的风险经验交流库的核心关系链条，对《中国自然灾害风险地图集》的结构体系起着关键性的作用。

制图者—综合风险地图—读图者之间的关系，实质上是地图集的功能实现与否的关键所在。读者（用户）是地图的使用者和评判者，一幅高质量的地图应该能够使读图者将图上的内容与他头脑中已有的知识连贯起来，并能较容易地预知未来和挖掘新知识，也可以理解为是读图者与制图者的风险地图认知互动交流的核心关系链条，对《中国自然灾害风险地图集》的结构体系起着重要的作用。

6.3.2　综合风险地图三维结构体系

综合风险地图表达的对象是具有时间和空间地理属性的区域，表达的核心内容是灾害风险水平的区域差异。通过风险地图信息传输，使读者和相关用户部门直观地获取哪些区域风险高、某种年遇型情景下高风险区在哪里等信息，从而深入理解灾害系统的空间格局和时间变化过程，支撑减灾决策。任何一幅综合风险地图均包含着空间（包含制图区域尺度和制图基本单元精度）、时间（包含时段型和年遇型）、风险水平（各等级）这三个维度的信息，如《中国自然灾害风险地图集》就是在三维结构体系（图6-7）支撑下，完成制图内容和版面设计的。

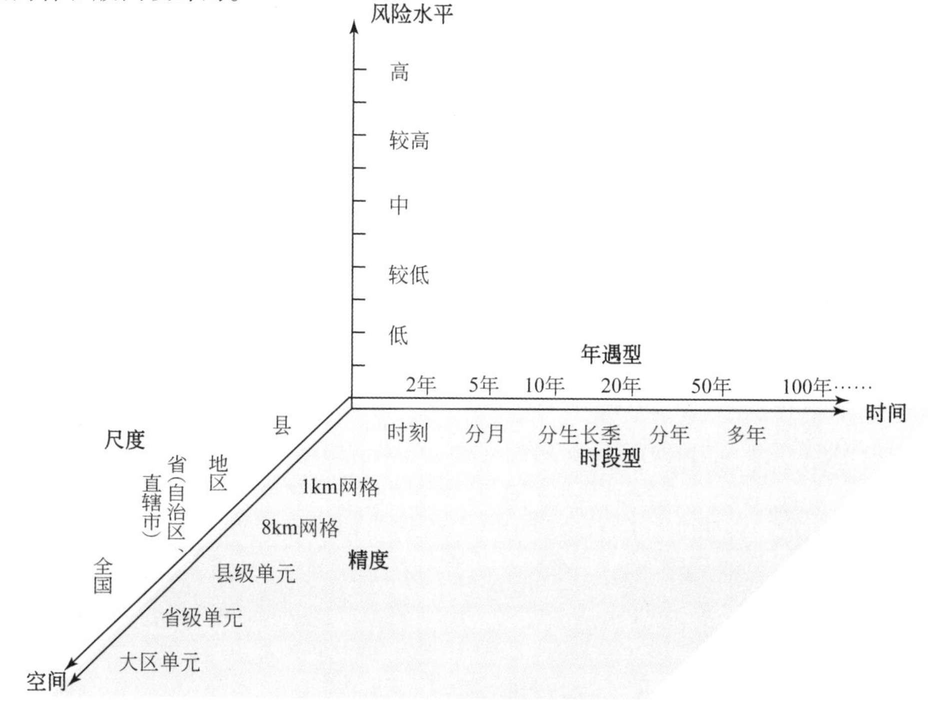

图6-7　综合风险地图三维结构体系

表6-2归纳了图集中20个图组所体现的制图区域尺度和制图基本单元精度等空间信息、时段型和年遇型等时间信息、各风险水平等级信息的三维度信息。

表6-2 《中国综合灾害风险地图集》三维信息

图组	空间维		时间维		风险水平维
	尺度	精度	时段型	年遇型	
序图	全国		多年		有4种情况： 1. 比值分级：分5级 2. 比值分级分10级 3. 连续渐变高低趋势 4. 比值分级其他级数
中国综合自然灾害相对风险	全国	1km网格	多年		
分省（自治区、直辖市）综合自然灾害相对风险等级	省（自治区、直辖市）	1km网格	多年		
地震灾害风险	全国、市、县	1km网格	多年		
台风灾害风险	全国、省（自治区、直辖市）	1km网格	多年	5年、10年、20年、50年、100年、200年、500年、1000年一遇	
水灾风险	全国、省（自治区、直辖市）	1km网格	多年		
风暴潮灾害风险等级	全国、地区	1km网格	年、多年		
滑坡/泥石流相对风险等级	全国、省（自治区、直辖市）、市	1km网格	一年、多年		
霜冻灾害风险	全国、省（自治区、直辖市）	1km网格	多年	2年、5年、10年、20年一遇	
雪灾风险	全国	1km网格	分时期、多年	2年、5年、10年、20年一遇	
雹灾风险等级	全国、大区、省（自治区、直辖市）	1km网格	多年、分季、分生长期		
旱灾风险	全国、大区、省（自治区、直辖市）、地区	1km网格	多年	2年、5年、10年、20年一遇	
沙尘暴灾害风险等级	全国、区	1km网格	多年	10年、20年、30年一遇	
森林火灾风险	全国	1km网格	多年		
草原火灾风险	全国、大区、省（自治区、直辖市）	1km网格	多年		
全球变化相对风险等级	全国、县	1km网格	多年		
综合生态系统相对风险等级	全国、地区	1km网格	分年		

图3-40是图集中冰雹灾害风险地图样例，最典型地揭示了冰雹致灾因子、棉花承灾体以及二者相互作用的棉花雹灾风险时空动态格局。该图谱编制的三维结构具体表达：第一，基于棉花的不同生育期日均降雹频次，绘制出棉花播种期（t_1）、苗期（t_2）、蕾期（t_3）、铃期（t_4）和吐絮期（t_5）5个生育期的危险度（H）、脆弱度（V）、风险度（R）图谱，给出时间维度的风险变化特征；第二，在图谱编制过程中，为了便于对比分析，进行了数据无量纲化处理，按指数分级法，将危险度、脆弱度、风险度都划分为高、较高、中、低4个级别，给出风险水平维度的风险等级特征；第三，图谱中每一幅地图，都反映着相关指标的地域差异，给出空间维度的风险区域特征，整个图谱就表达了棉花雹灾风险时空动态格局差异。

图6-8是图集中玉米受旱减产的风险，即产量损失率风险，表达了时间维与风险维的基本特征：在2年、5年、10年、20年一遇的风险水平下，各种风险等级的面积比例也发生相应的变化；空间维与风险维的基本特征：全国玉米受旱减产的风险呈现从西北到东南递减的趋势。综合来看，无论在哪个风险水平下，西北灌溉玉米区和河套灌区的减产损失率都是最高的。

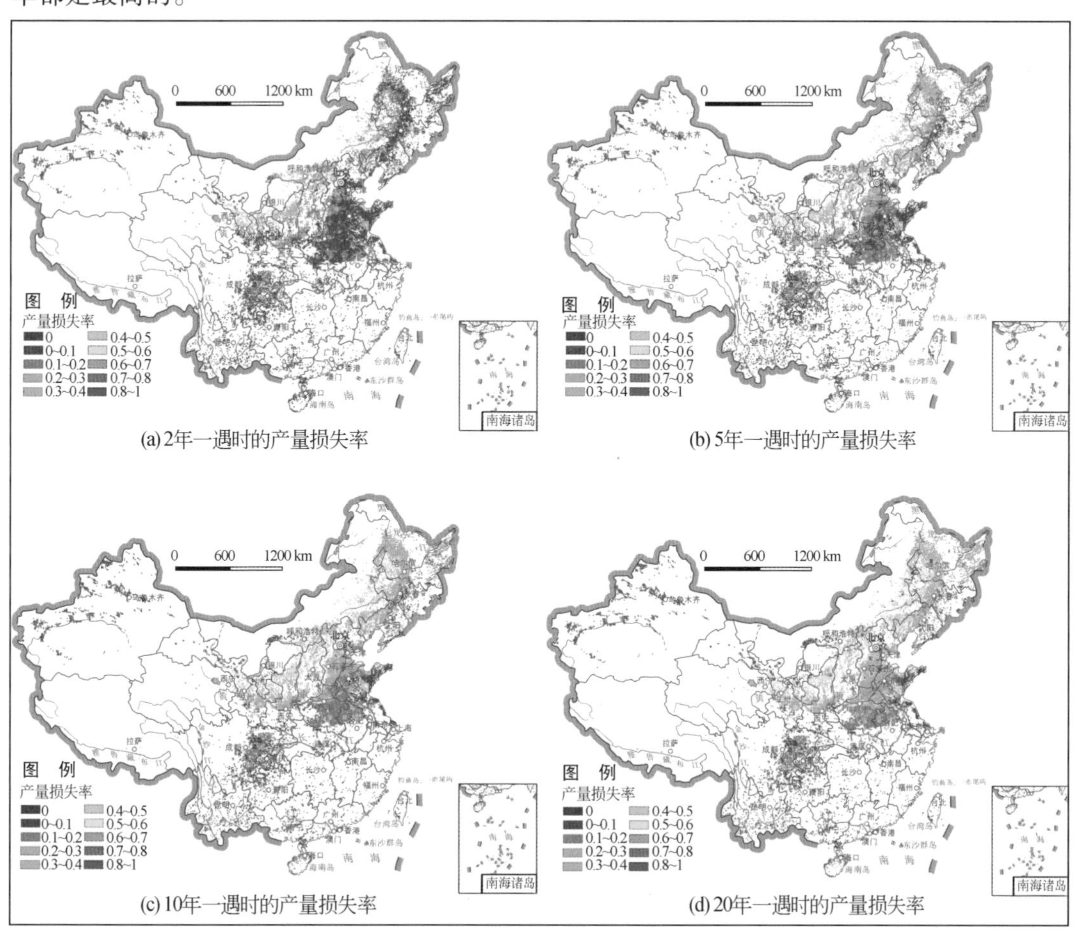

(a) 2年一遇时的产量损失率

(b) 5年一遇时的产量损失率

(c) 10年一遇时的产量损失率

(d) 20年一遇时的产量损失率

图6-8　中国玉米旱灾产量损失率风险图

6.3.3 地图集的结构体系

基于地图信息传输的逻辑顺序，《中国自然灾害风险地图集》整体编排结构由地图板块和两个说明板块构成（图6-9）。地图板块由序图图组、中国主要自然灾害风险图组和中国综合自然灾害相对风险图组三部分组成，这三个图组构成了地图集的基本骨架。图组前设有图组页，图组后设有图组说明。

《中国自然灾害风险地图集》版面配置结构设计的基本原则：一是全部版面按照展开页设计，以保证内容的相对完整性和相关图幅之间的联系性；二是中国区域的地图根据重要性和图面的负载量，采用多版式，1个展开页1幅图、3幅图、4幅图、6幅图、8幅图、10幅图或12幅图不等（图6-10）；三是地图展开页的导航体现在制图区域外的上下方，上方色条的左上方注记图组名称，右上方注记二级标题名称，地图展开页的下方色条的左和右均为页码编号；四是每个地图展开页均显示凝结综合灾害风险内涵的图标（图6-11）。

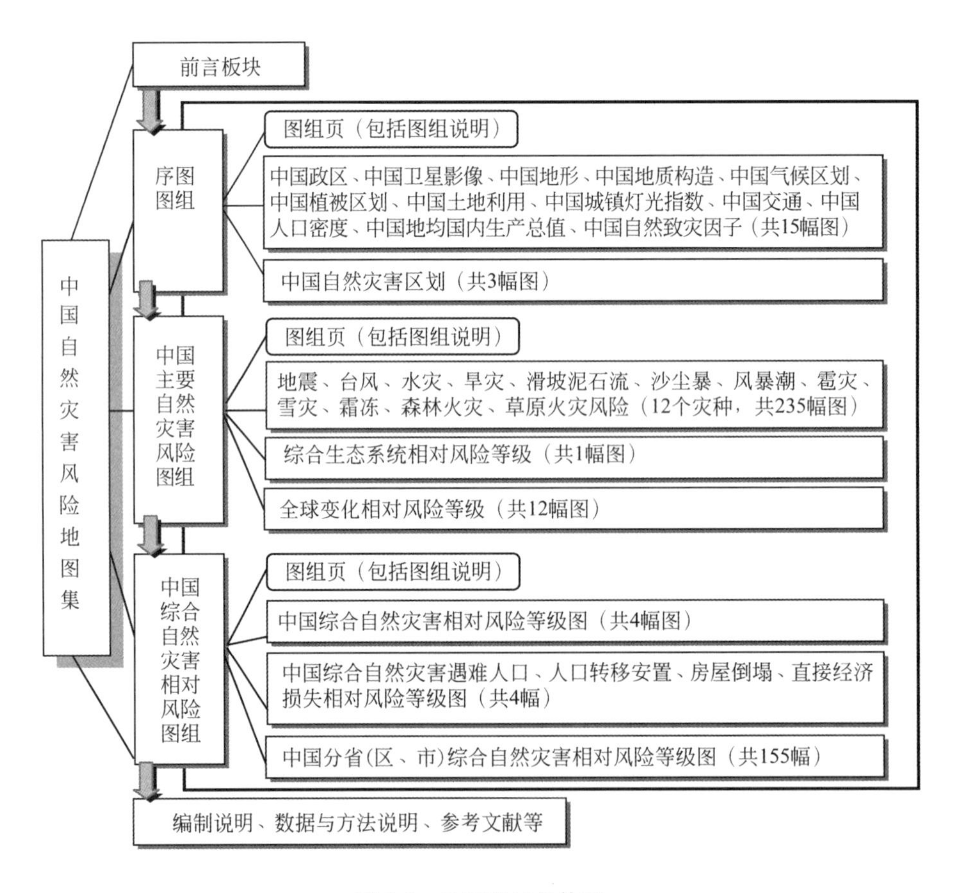

图6-9　地图集结构体系

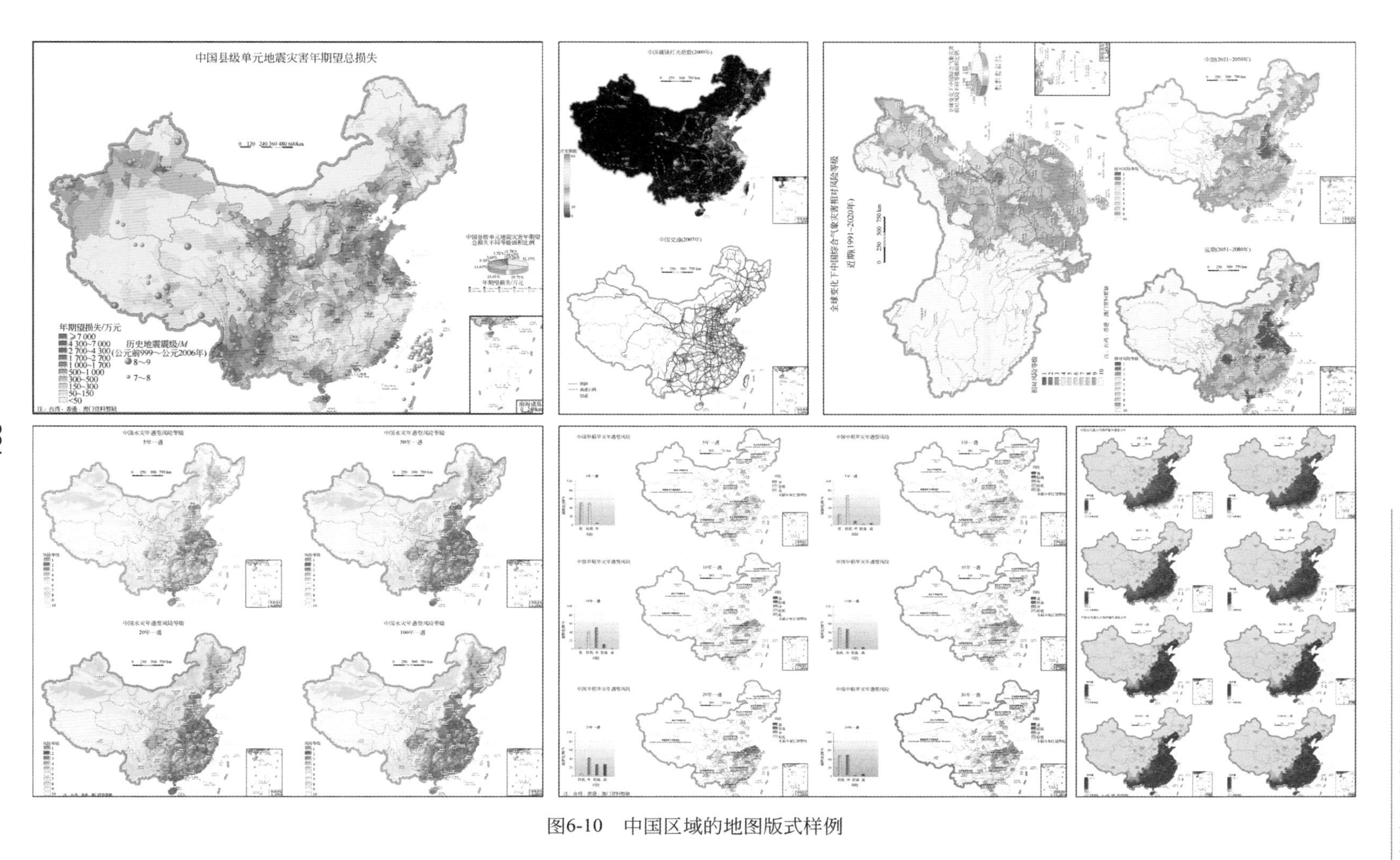

图6-10　中国区域的地图版式样例

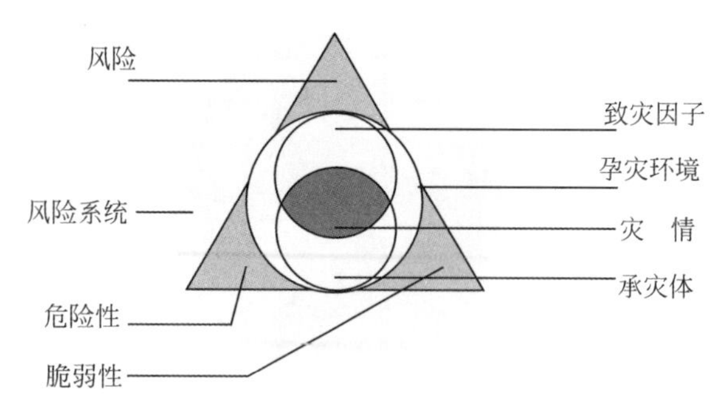

图 6-11　综合灾害风险图标

6.3.4　地图集的功能结构

《中国自然灾害风险地图集》的功能结构主要体现在读者对象方面，可分为四个层面：核心读者，是从事灾害救助的民政部门和保险行业人员（A）；第二层读者是灾害风险管理和地理、资源、环境等专业的高校师生和科研机构研究人员（B）；第三层读者是从事区域行政管理者、区域企业管理者和区域科学研究人员（C）；第四层读者是具有高中文化程度及以上的社会读者（D）。

图集的服务对象不同，功用也不同，具体如图 6-12 所示。

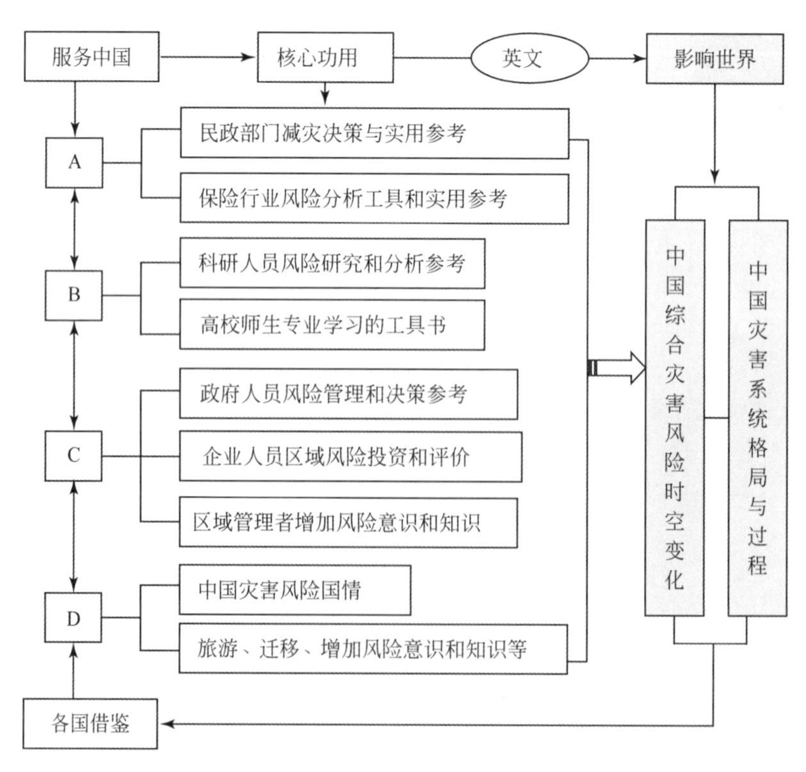

图 6-12　《中国自然风险地图集》的服务对象与功用

第 7 章　综合风险信息集成技术*

中国风险网是中国第一个综合风险信息网站，内容上将专业风险成果、实用减灾技术及风险知识融为一体；技术上包括风险动态、风险数据、风险地图、风险专题、巨灾案例、实用减灾技术、风险百科和风险论坛等特色功能模块；功能上具备风险地图、数据、文字、图片、声音、视频发布、管理及用户交互功能。

7.1　综合风险数据库技术

7.1.1　专业风险数据库系统

在灾害管理工作中，对灾情数据的系统收集与管理，是政府和相关机构进行灾害应急、灾后恢复重建以及综合防灾减灾决策的重要依据。随着对灾情信息需求的不断增大，以及在不同机构的努力下，在世界范围内逐步形成了各种目的、内容、功能多样的灾情数据库。

根据资助机构、组织实施单位性质、是否定量刻画灾情等，将当前世界上具有重要影响力的比较定量的自然灾情数据库划分为：①联合国机构相关灾情数据库，选取了具有广泛影响力的全球风险识别计划（GRIP）作为此类数据库的代表（UN-ISDR，2010a）；②国际组织及研究机构相关数据库，收集了比利时 EM-DAT 灾情数据库、HotSpots 项目以及亚洲减灾中心（ADRC）对自然灾害相关数据的收集与整理的数据库等（CRED，2009；DFID，2010；ADRC，2010）；③商业保险公司自然灾害相关数据库，主要收集了再保险领域世界排名前两位的慕尼黑再保险公司（Munich RE）的自然灾害保险数据库 NatCat 以及瑞士再保险公司（Swiss RE）的自然灾害保险数据库 Sigma（Munich RE，2007；Swiss RE，2008）；④应急救援快速简述信息库，主要面向快速人道主义援助建立的信息平台，但是灾情信息多不定量。上述四类数据库依次详述如下。

1. 联合国机构相关灾情数据库

联合国开发署全球风险识别项目（GRIP）是一个受到许多国际机构，如世界银行、联合国国际减灾战略委员会、国际红十字会等支持的全球风险识别项目。该项目 2007 年由联合国开发计划署（UNDP）发起，并作为联合国国际减灾战略（UN-ISDR）执行兵库

---

* 本章执笔人：北京师范大学的史培军、方伟华。

行动框架（Hyogo Framework）的主要平台之一（UN-ISDR，2010b）。

GRIP 的目的是减轻全球高风险区域自然灾害相关损失，以提高区域的可持续发展能力。研究领域包括以下五个方面：①开发风险评估能力；②全球、国家、区域尺度风险评估；③扩展与完善灾害损失数据；④国家示范案例研究；⑤全球风险更新。GRIP 平台灾情数据主要包括：①2004 年自然灾害死亡人口和受灾人口统计表；②2007 年旱灾、极端温度、洪水、森林火灾、滑坡、风暴、野火、热浪与寒潮等的死亡人口统计表等。

2. 国际组织及机关研究机构数据库

1）应急事件数据库（EM-DAT）（CRED，2009）

1988 年，世界卫生组织（WHO）与比利时灾后流行病研究中心（CRED）共同创建了应急事件数据库（EM-DAT），并由 CRED 进行日常维护。EM-DAT 的主要目的是为国际和国家级人道主义行动提供服务，为备灾做出合理化决策，为灾害脆弱性评估和救灾资源优先配置提供客观基础信息。

EM-DAT 核心数据包含了自 1900 年以来全球 16 000 多个灾害事件发生及灾情数据，并且以平均每年 700 条新记录的速度增加。CRED 的数据可以分别依据国家、灾害类型或者时间进行查询。数据主要来源于对联合国、国际组织、政府、非政府组织、保险公司、研究机构以及媒体等各种数据源的收集和汇编。

本项目对 EM-DAT 灾情数据库进行收集，主要包括 1900 ~ 2008 年世界范围内所有自然灾害数据。数据由三部分组成：

（1）1900 ~ 2008 年 EM-DAT 自然灾害数据表，主要包括灾害发生的年份、开始时间、结束时间、发生灾害的国家、具体地点、灾害类型、灾害子类型、死亡人数、受影响人数及损失等字段，共 11 321 个灾害数据；

（2）1990 ~ 2008 年发生在各大洲的自然灾害数据表按不同大洲进行分类，共 140 个自然灾害分类信息，数据主要包括灾害类型、所属大洲、灾种、灾害总数、死亡总人口、受影响人口及灾害损失；

（3）1900 ~ 2008 年世界不同国家自然灾害总汇表，将世界 226 个国家的自然灾害总汇，主要包括各国的灾害类型、发生灾害的总数、死亡总数、受影响人口总数和总损失。

2）全球灾害热点数据库（HotSpots）（DFID，2010）

HotSpots 项目，2001 年开始在世界银行和哥伦比亚大学在英国国际发展部（DFID）的防御协会的资助下建立，主要分析全球不同灾害的发生频率、灾害造成的死亡风险和经济损失风险，以及进行灾害的案例研究。

由于 HotSpots 项目的数据很多内容的存储格式不是以规范的数据库格式存放，项目组通过详细整理，形成了规范的数据库。HotSpots 灾情数据库主要包括自 1700 年以来死亡人数大于 1000 人的飓风、龙卷风、台风和热带风暴灾害，共 52 个灾害事件。数据内容包括灾害发生年份、地区、灾害类型和死亡人数等。

3）亚洲减灾中心数据库（ADRC）（ADRC，2010）

亚洲减灾中心（ADRC）在 1998 年 7 月 30 日在日本兵库县神户市成立，目前包括亚洲地区的28个成员国、5个咨询国和1个观察者组织组成。其主要任务是：①积累并提供自然灾害信息和减灾信息；②进行促进减灾合作方面的研究；③收集灾害发生时的紧急救援方面的信息；④传播知识，提高亚洲地区的减灾意识。

为了支持其在亚洲进行减灾国际合作，该中心收集整理了亚洲各个国家和地区在1998年后发生的主要自然灾害。本项目组对亚洲减灾中心的灾害数据进行收集与整理，主要包括两部分：

（1）亚洲不同国家每天发生的不同灾害数据表（1998～2009年）。该数据表根据对亚洲不同国家每天发生的灾害的统计信息进行提取，灾害的统计数据主要来源于灾害发生国家的政府报告、政府官方新闻网站及国际灾害相关组织报告等。数据主要包括灾害发生的国家和地点、灾害类型、灾害强度、死亡人口、受灾人口、经济损失等。截至2009年年底，共有1197个自然灾害事件。

（2）世界范围内自然灾害数据表（1965～2008年）。数据主要包括数据编号、灾害名称、发生国家以及灾害评论（包括灾害损失、死亡人口和伤亡人口，但部分数据缺失）等。截至2009年年底，共有4410个自然灾害事件。

3. 商业保险公司自然灾害相关数据库

1）慕尼黑再保险公司自然灾情数据库（Munich RE，2007）

慕尼黑再保险公司创立于1880年，是世界上最大再保险公司之一。在全世界150多个国家从事经营非人寿保险和人寿保险两类保险业务，并拥有60多家分支。在自然灾害方面，为了便于灾害损失评估，合理制定自然灾害再保险费率，建立了世界自然灾情数据库（Munich RE NatCat）。

NatCat数据库每年将记录世界各地800～1000个自然灾害事件的强度与损失信息，用于对区域和全球危险性及其趋势分析，主要包括：①2004～2008年每年世界范围重要自然巨灾的详细信息；②1950年以来全球重大灾害信息（重大灾害的定义依据联合国的标准）；③1980年以来损失最大的自然灾害。

经过对NatCat数据库中的数据进行重新整理，形成如下四部分组成数据库。

（1）世界范围内巨灾信息数据表（2001～2005年）。共29条灾害数据信息，数据主要包括灾害发生的地点、灾害总数、死亡总人数、经济总损失及保险总损失。

（2）世界各大洲巨灾信息数据表（1700年至今）。共84个灾害事件，数据主要包括灾害发生的日期、灾害事件、灾害地点、总损失、保险损失、死亡人口、灾种和所属大洲。

（3）世界不同城市发生的巨灾信息数据表（1800年至今）。共计170个巨灾事件，数据主要包括灾害发生的城市、时间、灾害事件、主要的损失地区、总损失、保险损失、死亡人数等字段。

（4）世界范围自然灾害数据表（1990年至今）。共108个自然灾害事件，数据主要包括灾害发生的年份、日期、灾害事件、发生区域、死亡人数、总损失、保险损失、对灾害的解释说明。

2）瑞士再保险公司自然灾情数据库（Swiss RE，2008）

瑞士再保险公司成立于1863年，在世界上30多个国家设有70多家办事处。公司的核心业务是为全球客户提供风险转移、风险融资及资产管理等金融服务。瑞士再保险公司的 *Sigma* 杂志每年刊出 *Sigma* 研究报告，其中包括世界自然灾害损失的统计数据，进而形成了瑞士再保险公司自然灾情数据库，数据以报告的形式刊出。

本项目对瑞士再保险公司数据库的灾害数据进行收集与整理，形成了 2002 ~ 2008 年世界范围内不同国家自然灾害信息统计表，主要包括灾害发生的具体时间、地点、国家、灾种、灾害事件的描述、受灾的损失及伤亡人数等，共 951 个自然灾害事件。

4. 应急救援快速简述信息库

联合国办事处人道主义事务协调厅（UN-OCHA）在 1996 年 10 月建立关于人道主义紧急事件和灾害的 ReliefWeb 信息平台（UN-ISDR，2010），项目总体预算是 200 万美元（2005），主要由自愿捐助者支持。项目得到联合国大会的支持，鼓励世界所有国家的政府和组织在 ReliefWeb 信息平台上对人道主义信息的共享与交换。

ReliefWeb 信息平台实时接收全球范围内灾害事件和突发事件，对灾害造成的损失和伤亡进行快速、简洁的文字性描述，并持续多次更新。ReliefWeb 平台在全球的三个不同时区（纽约、日内瓦和东京）对网站信息实时更新。

7.1.2　专业风险信息应用系统

专业风险信息集成平台往往立足于专业的行业应用部门或者研究部门，由雄厚的专业方法、模型、核心应用程序、数据、网络信息传输系统、网络信息展示系统组成。专业风险信息集成平台面向的用户既包括研究人员、政府风险部门等专业用户，也同时面向基层社区、学校、医院、志愿者、非政府组织与普通公众等非专业用户。为此，这些系统除了专业的方法与模型外，还具备一些鲜明的特点：①重视基础数据库的建设，用户不需要提供额外的输入数据，系统即可运行并输出完整的结果；②一般都基于互联网络，保证应急时信息快速获取；③在表达形式上，直观易懂地将核心指标表达出来。

美国 PAGER 系统（Prompt Assessment of Global Earthquakes for Response 系统）（图 7-1）是为应急而设计的全球地震快速评估的自动化业务系统。在地震发生后，可以迅速评估出受灾的人口、城市和地区，第一时间为应急机构、政府机构和媒体提供受灾范围信息（USGS，2007）。该系统被美国地质调查局用于美国国内和世界地震近实时监测和自动记录，以及时反馈地震受灾信息。

PAGER 系统能够通过震后快速评估，为政府机构、媒体提供重要的地震灾害信息，为启动灾后应急响应和规划紧急救助提供帮助。其所提供的信息主要有两部分，一是该系统的核心部分，即通过仪器测定的及时准确的地震参数，包括地震位置、震级和震源深度；二是利用快速评估模型所得到的灾区范围和灾情评估，包括不同烈度下的受灾人口以及一些反映灾害潜在影响的指标。对于各个特定区域，PAGER 系统还会自动生成该区域的基础设施脆弱性说明以及可能发生的次生灾害，如滑坡、海啸、火灾等。此外，该系统还会生成人口密集区的烈度表以及烈度—人口分布图。

PAGER 系统一般在重大地震发生后 30min 之内就会给出地震的位置和震级信息（图

7-1）。但是，地震范围在震后短时间很难完全确认。因此，该系统给出的结果也具有一定的不确定性。

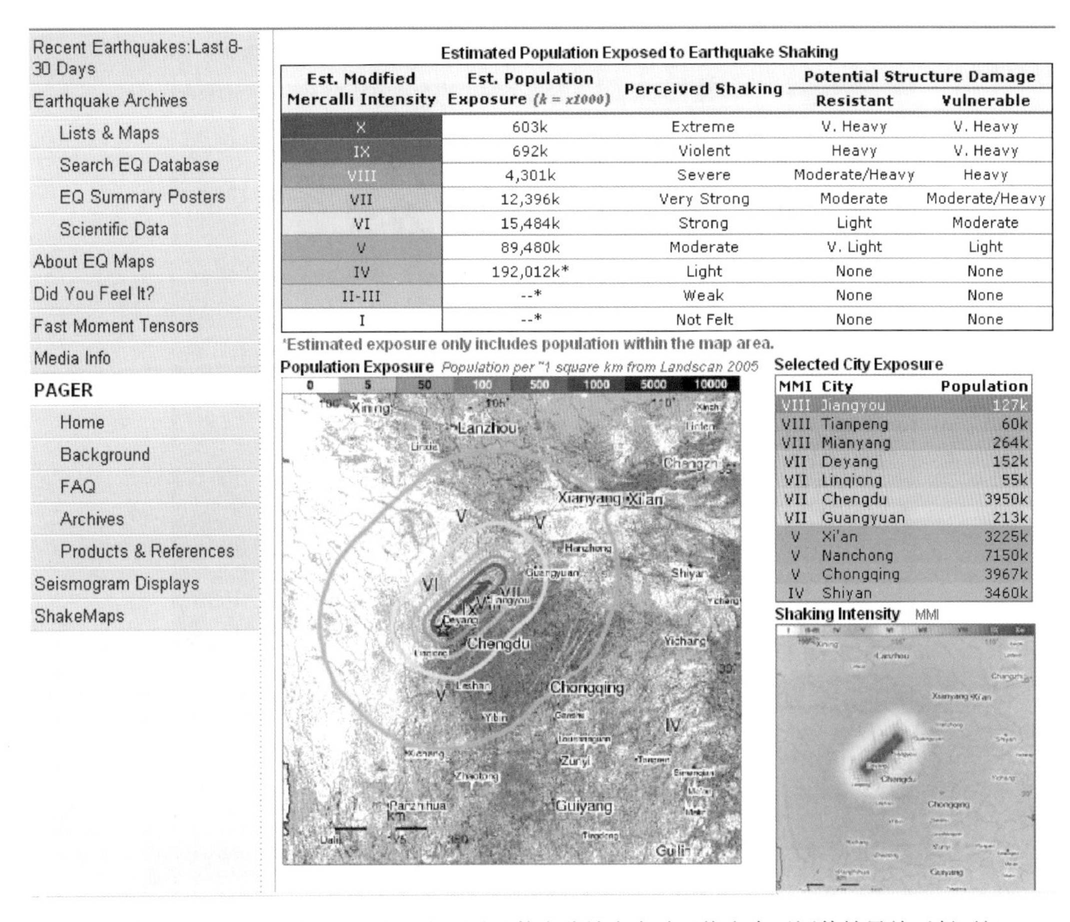

Est. Modified Mercalli Intensity	Est. Population Exposure (k = x1000)	Perceived Shaking	Potential Structure Damage	
			Resistant	Vulnerable
X	603k	Extreme	V. Heavy	V. Heavy
IX	692k	Violent	Heavy	V. Heavy
VIII	4,301k	Severe	Moderate/Heavy	Heavy
VII	12,396k	Very Strong	Moderate	Moderate/Heavy
VI	15,484k	Strong	Light	Moderate
V	89,480k	Moderate	V. Light	Light
IV	192,012k*	Light	None	None
II-III	--*	Weak	None	None
I	--*	Not Felt	None	None

MMI	City	Population
VIII	Jiangyou	127k
VIII	Tianpeng	60k
VIII	Mianyang	264k
VII	Deyang	152k
VII	Linqiong	55k
VII	Chengdu	3950k
VII	Guangyuan	213k
V	Xi'an	3225k
V	Nanchong	7150k
V	Chongqing	3967k
IV	Shiyan	3460k

图 7-1　美国 PAGER 系统：汶川大地震后数十分钟内自动网络发布了评估结果并不断更新

日本 SCOOP 系统（图 7-2）：作为紧急地震速报服务系统，利用深埋在地下的传感器测量的地震 P 波信息，提前 5 ~ 15s 发布地震 S 波到达用户所在地所需要的时间，从而提供宝贵的应急逃生时间（方伟华等，2010）。

日本强震观测网（K-NET）系统（图 7-3）：日本政府在 1995 年阪神地震后，由日本国立防灾科学技术研究所（NIED）具体负责，迅速制定并实施了在全国增设由 1000 台宽频带、大动态范围数字强震仪组成的有线遥测台网（K-NET）计划，总投资超过 4000 万美元。该台网台站平均间距为 25km，全部布设在自由场地上。每个台站都确定了上层柱状图，测定了波速。每台强震仪有两个 RS-232 通信口，分别与当地政府和设在筑波的控制中心相连（方伟华等，2010）。

K-NET，一方面，地方政府可以根据强震记录迅速进行震害评估和应急管理；另一方面控制中心在对记录进行处理和汇编后即向互联网发送强震记录。K-NET 台网获取的记录作为日本内务省规划设计的地震烈度信息网的一部分，同时可用于研究强地震动态特性、制定抗震设计规范和城市防灾规划。可以看出，K-NET 是一个地震致灾因子强度分布速报系统。

图 7-2　日本紧急地震速报系统：利用地下传感器测量的 P 波信息提前 5 ~ 15s 发布预警

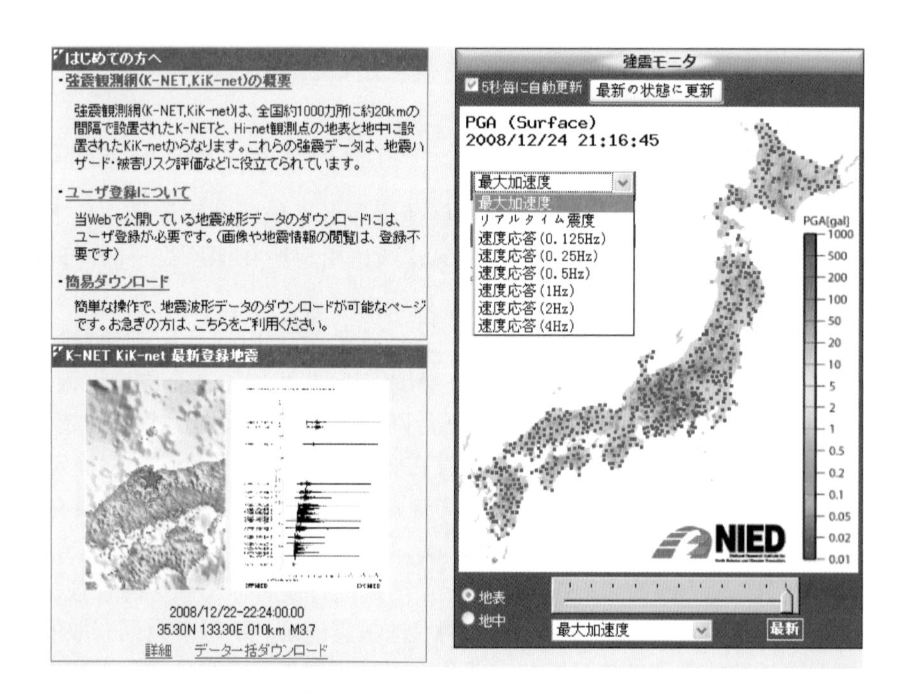

图 7-3　日本 K-NET 系统：地震致灾因子（PGA 等）实时（刷新速率 5s）互联网发布系统

利用以上实时和准实时的地震致灾强度信息，结合完备的土壤调查数据和场地数据，日本建立了非常快速的地震烈度快速评估系统，并且和电视、互联网、手机等系统相连，在地震发生后3～5min内，通过上述媒体手段自动发布各地的地震烈度图与数据。结合日本的国势调查数据以及国立地理研究院的详细建筑物调查数据，可以快捷地估算出地震损失及其详细空间分布。

综合风险数据是风险辨识、预警、评估、应急等综合风险防范还击的基本前提。国内外经过多年的研究与积累，已具备了较好的数据基础。例如，比利时鲁汶大学的紧急事件数据库（EM-DAT）收集整理了全球各国的灾害数据；在联合国支持下，美国哥伦比亚大学建立了全球灾害热点数据库（HotSpot）；联合国支持下建立了全球风险辨识计划数据库（GRIP）、全球灾害信息网络（GDIN）、亚洲减灾中心数据库（ADRC）等；国际组织机构建立了自然灾情数据库。此外，国际上的一些风险相关企业，如慕尼黑再保险公司（Munich RE）NatCat数据库和瑞士再保险公司（Swiss RE）Sigma数据库是全球范围的灾害损失及保险数据库。

中国综合风险行业部门及地方经过多年的积累，也建立了门类较为齐全的综合风险数据库。国家风险防范相关部门和组织已经建立了包括气象、地震、海洋、水文、农业、地质、环境等的单灾种数据库，其中地震、水利、气象、海洋、国土资源、林业、农业七个部门联合建立了综合自然灾害数据库体系；国土资源部门组织实施了第二次全国土地利用调查，形成了详细的国土资源数据库；中国科学院建立了涵盖中国资源、环境、人口、社会经济的自然资源数据库集合，1∶100万土地利用数据库，资源环境数据库，生态网络数据库，土壤和土地普查资料等。

中国目前并没有全面的综合风险数据规范，综合风险数据库的建立缺乏系统的理论依据基础。另外，虽然已有相关数据库提供了良好数据基础，由于面向专业领域差异、原有数据标准各异、数据存储格式错综复杂等，进行综合风险数据集成也面临着信息技术方面的挑战。

7.2　综合风险防范网络服务平台

中国风险网（北京师范大学，2010）（图7-4）是十一五国家科技支撑“综合风险防范关键技术研究与示范（2006BAD20B00）”项目“综合风险防范关键技术集成平台研究”课题的重要成果之一，包括风险动态、风险专题、巨灾案例、风险地图、风险数据、风险百科、风险论坛和风险链接等功能模块，由北京师范大学减灾与应急管理研究院主持完成并进行维护。

7.2.1　中国风险网的特点

1. 技术集成

中国风险网技术上集成了数据库管理系统、风险网搜索系统、网络地理信息系统（WebGIS）以及各类交互应用，形成了一个综合风险信息服务平台。

图 7-4　中国风险网首页

2. 科技支撑

中国风险网的“风险数据”及“风险地图”模块集成了“综合风险防范关键技术研究与示范”项目的很多数据成果，包括：①基础数据库，包括地理信息数据库、遥感数据库、社会经济数据库等；②自然灾害风险数据库，包括地震灾害、滑坡/泥石流灾害、洪水灾害、台风灾害、风暴潮灾害、干旱灾害、冰雹灾害、霜冻灾害、雪灾、森林火灾、草原火灾和沙尘暴灾害的致灾因子危险性，承灾体数量及分布，承灾体易损性，各类灾害损失（经济损失、倒塌房屋、人员伤亡和转移安置人口）风险数据库，以及中国1∶100万综合风险地图等；③区域与行业示范数据库：包括湖南省与浙江省的应急救助与灾害保险示范数据库，珠江三角洲地区等地的全球环境变化与全球化风险数据库，北京市、天津市及江苏省的能源与水资源安全风险数据库，内蒙古自治区及湖南省食物安全与生态安全风险等新风险数据库等。

这些综合风险防范研究成果在2008年年初低温雨雪冰冻灾害、“5・12”汶川大地震、青海玉树地震等重特大自然灾害应对中得到了应用与检验，为政府风险管理部门、风险管理企业、NGO、志愿者及相关国际组织提供了重要的科技支撑。

3. 公共服务

中国风险网的风险动态、风险专题、风险百科、风险论坛、风险链接等模块，将专业研究成果与通俗风险知识融为一体，形成了风险信息与实用减灾技术共享交流的有效平台。目前，中国风险网已经支持了中国城乡社区、学校、企业的防灾减灾行动，如社区风险地图编制、社区应急预案制作及演练等，取得了良好的社会效益与示范效果。中国风险网在数据、模型、评估、制图、标准、规范、手册、预案和演练等综合风险防范方面均可提供服务。

7.2.2　中国风险网后台管理平台

本系统的主要功能在于对中国风险网网站基本信息，如网站栏目和网站内容等进行管理。除了基本的新闻发布功能，本系统针对网站的特殊需求开发了风险专题和巨灾案例管理模块，操作人员可以在专题中发布不同形式的媒体信息并自由定制。另外，本系统还开发了风险地图、风险链接模块，用于风险地图及相关网站链接的分类管理与发布，并可根据需要嵌入其他专题模块。

1. 系统登录

在网站顶部的用户登录区，输入用户名及密码，登录后，点击界面中“我的管理中心”，进入系统管理中心页面；点击左侧栏目“网站管理”中的“网站管理后台”，再次输入密码，则进入网站管理系统。界面如图7-5所示。

图7-5　系统登录页面

2. 基本设置

在基本设置里，可以从站点管理、本地路径设置、缩略图设置、水印设置、RSS设置、搜索优化设置、其他管理及用户组权限等方面，对网站进行管理。

（1）站点设置。在站点设置里可以对站点的名称进行修改，站点的开放关闭设置了开关项，个人空间查看页面样式设置了选择项，站点附件归类方式设置为不归类、按年归类、按月归类、按天归类和随机归类这几种方式，启动缓存设置了“开启”、“关闭”两个开关项，开放游客评论也设置了“开启”和“关闭”的开关项。管理员可通过实际需要进行选择。

（2）本地路径设置。在此可对站点附件目录、站点附件URL地址、HTML存放目录以及HTML的URL地址进行管理。

（3）缩略图设置。在缩略图设置里，可对背景色进行手工的修改。缩放模式有综合、宽度最佳、高度最佳三种模式可供选择。另外，还可以对剪切的起始横纵坐标进行设置。此外，还可通过资讯缩略图规格、日志缩略图规格、相册缩略图规格、影音缩略图规格、商品缩略图规格、商品缩略图规格以及用户头像缩略图规格这几个方面进行设置。

（4）水印设置。在水印设置里，可以从图片水印添加与否、添加图片水印的文件地址、水印放置位置、水印融合度以及图片生成质量等这几个方面进行管理。

（5）RSS 设置。在 RSS 设置里，可以设置默认 RSS 记录数以及 RSS 缓存自动更新间隔，如图 7-6 所示。

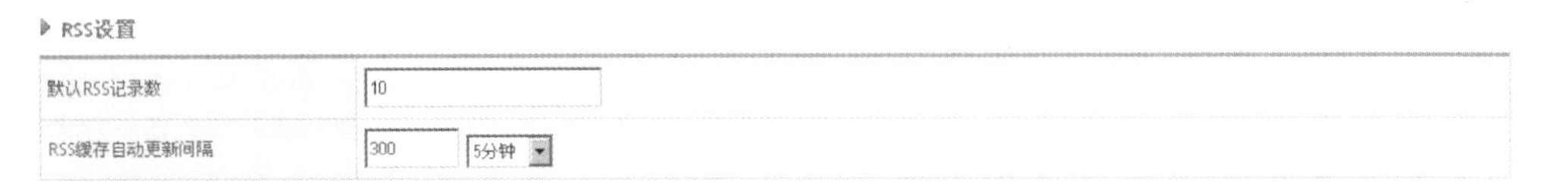

图 7-6　RSS 设置

3. 资讯管理

在此可以从资讯管理、发布资讯、等级审核这几个方面对网站进行管理，以下即对这些方面进行详细的说明。

（1）资讯管理。在此可按多个查询条件对已经发布的资讯进行查询，如标题、分类和精华等。另外，还可通过对查询的结构的显示方式进行排序。

除此之外，资讯管理功能还包括对资讯进行编辑、删除、置顶等多项操作。管理员可逐一进行相应的操作，也可进行批处理（图 7-7）。

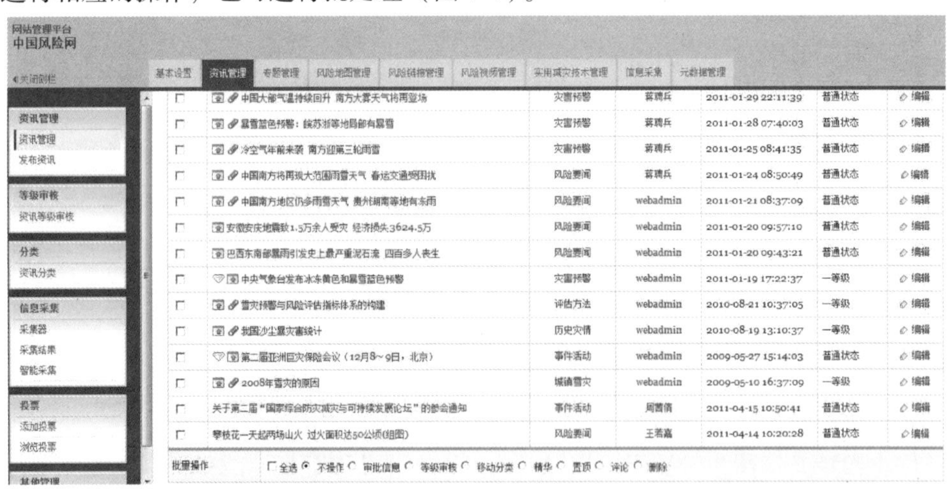

图 7-7　资讯管理操作界面

（2）发布资讯。在资讯里，标题是必填项，发布日期可修改，系统分类也是必填项。在系统里可对内容进行编辑，在内容里插入图片，以及对原创作者、信息来源、精华级别、审核等级等进行设置。对于审核等级，共包括两种，其中一等级为图片资讯，普通状态等级为普通资讯。填写完毕后，点击“提交保存”即发布成功。

（3）等级审核。在审核里，可以对已经发布的新闻的等级重新核定。

（4）资讯分类。分类可以填写的项目有分类名称、跳转链接、扩展读取分类设置、封面图片、说明介绍以及显示顺序。大类的名称显示为网站的频道。在资讯分类管理里，有编辑、合并/删除、论坛读取设置。修改完成后请点“提交保存”即可。具体界面如图 7-8 所示。

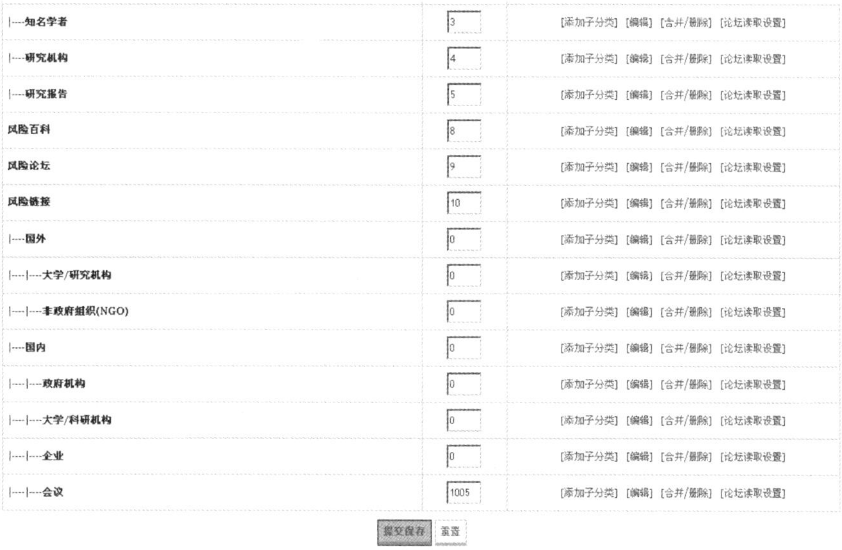

|----知名学者	3	[添加子分类] [编辑] [合并/删除] [论坛读取设置]
|----研究机构	4	[添加子分类] [编辑] [合并/删除] [论坛读取设置]
|----研究报告	5	[添加子分类] [编辑] [合并/删除] [论坛读取设置]
风险百科	8	[添加子分类] [编辑] [合并/删除] [论坛读取设置]
风险论坛	9	[添加子分类] [编辑] [合并/删除] [论坛读取设置]
风险链接	10	[添加子分类] [编辑] [合并/删除] [论坛读取设置]
|----国外	0	[添加子分类] [编辑] [合并/删除] [论坛读取设置]
|----|----大学/研究机构	0	[添加子分类] [编辑] [合并/删除] [论坛读取设置]
|----|----非政府组织(NGO)	0	[添加子分类] [编辑] [合并/删除] [论坛读取设置]
|----国内	0	[添加子分类] [编辑] [合并/删除] [论坛读取设置]
|----|----政府机构	0	[添加子分类] [编辑] [合并/删除] [论坛读取设置]
|----|----大学/科研机构	0	[添加子分类] [编辑] [合并/删除] [论坛读取设置]
|----|----企业	0	[添加子分类] [编辑] [合并/删除] [论坛读取设置]
|----|----会议	1005	[添加子分类] [编辑] [合并/删除] [论坛读取设置]

提交保存　重置

图 7-8　资讯分类管理

（5）资讯采集。其功能在于通过搜索技术自动采集互联网信息，直接发布在中国风险网上。首先设定一个网站或者一个词汇，系统自动搜索相关的新闻显示出来，然后通过系统管理进行审核。如果审核通过，则显示于网站上，反之，则不显示。

另外，如果在现有的字段不能满足网站的需求情况下，在此处可通过添加字段来弥补。点击“添加新配置”后，即可添加一个新的字段，并对该字段的类型进行设置，在“浏览已有”里查看已添加的配置。另外，还可以对配置进行编辑和删除的操作。具体界面如图 7-9 所示。

资讯自定义信息　浏览已有　添加新配置

- 您可以通过点击添加新字段按钮，为该自定义信息设置多个不同的字段。
- 每一个字段的类型，可以设置为单行的文本输入框、多行的文本区域、单选的列表框、多选的复选框等。
- 当指定字段类型为列表框、复选框时，您需要在列表选项输入预先的选项，每行为一个选项。

配置名称

自定义字段
字段类型为列表框、复选框时，您需要指定列表选项，列表选项中每一行文字代表一个选项

字段名　字段类型　列表选项
文本框　文本区域　列表框　复选框
添加新字段

默认　不选中　默认选中

显示顺序　0

提交保存　重置

图 7-9　添加新配置示意图

4. 风险链接管理

在此可以管理中国风险网的风险链接频道，主要有添加、浏览和链接分类管理。若需添加风险链接，点击左侧栏目中的“添加链接”即可，添加界面如图 7-10 所示。点击左侧栏目中的“浏览链接”，在右侧链接显示中可查看和查询已经添加的链接。另外，点击相应的操作按钮，即可对链接进行删除、修改、取消重点等操作。在链接一级、二级分类管理模块里，可通过添加、删除对链接的分类进行管理。

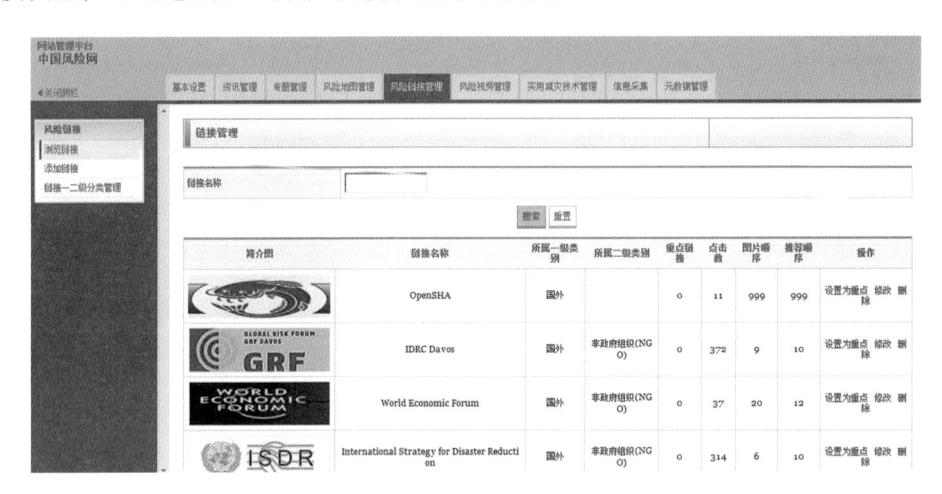

图 7-10　浏览链接

5. 专题管理

通过此模块来管理已经添加的专题，如中国风险网里的风险专题频道。主要操作包括设置专题、编辑专题以及删除专题。其主要功能是设置此专题的子项。专题设置界面如图 7-11 所示。

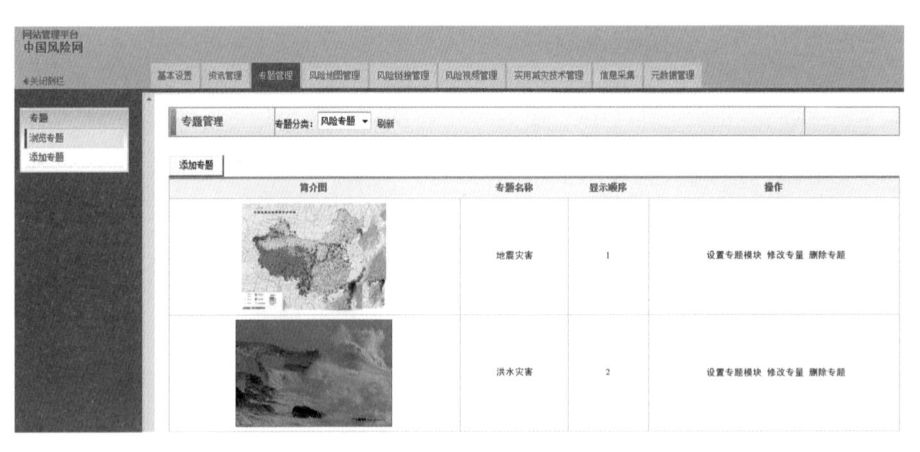

图 7-11　设置专题

在此可以设置专题模块的名称、显示顺序以及模块的类型等。模块的类型主要有风险新闻、风险地图、风险链接以及风险视频。另外，还可根据需要进行添加模块或是删除模块的操作。在此可编辑专题的名称、显示图片及说明等信息，具体界面如图7-11所示。

6. 巨灾案例管理

在此可以对巨灾案例中各专题进行管理，主要包括设置专题、修改专题以及删除专题等功能。

一个具体巨灾案例里包含许多子模块，在此处既可对其子模块进行管理，主要功能包括添加和删除子模块，也可对模块的排列顺序以及模块类型进行设置。具体界面如图7-12所示。修改专题主要功能包括专题名称的编辑、图片显示、显示顺序设置以及信息说明等。

案例管理

模块名称	恢复重建	位置	6	模块类型	文件新闻
模块名称	灾害响应	位置	5	模块类型	文件新闻
模块名称	灾害损失	位置	4	模块类型	文件新闻
模块名称	财产分布	位置	3	模块类型	文件新闻
模块名称	人口分布	位置	2	模块类型	文件新闻
模块名称	致灾因子	位置	1	模块类型	文件新闻

添加模块 删除模块
提交保存 重置

图7-12 设置模块

7. 用户权限管理

为方便管理，管理账号和用户账号被集成在一起，风险数据的用户管理和论坛管理集成在一起，这样用户只需在网站登录一次，不需要反复注册，提高了网站的易用性以及交互性。

登录：在网站顶部的用户登录区，输入管理员账号及密码，登录后，点击界面中“我的管理中心”，进入系统管理中心页面。点击左侧栏目中的“风险论坛后台”，再次输入密码，即可进入论坛的管理界面。再次输入密码，则进入网站管理系统。界面如图7-13所示。

点击导航栏中的“用户”，建立两个用户组，界面如图7-14所示。

添加完用户组后，则显示下面的区域，如图7-15所示。一个用户可同时被赋予两个权限。

（1）用户添加。用户的添加是通过在线注册完成的。点击网站上面的“注册”，按照网页的提示与说明完成注册过程。用户注册界面如图7-16所示。

（2）用户权限添加。用户完成注册后，处于“待审核”状态。管理员通过管理界面的“用户管理”进入，界面效果如图7-17所示。在用户名输入框内，赋予刚注册用户以相应的权限，再点击搜索用户，则可进入查询结果页面，如图7-18所示。

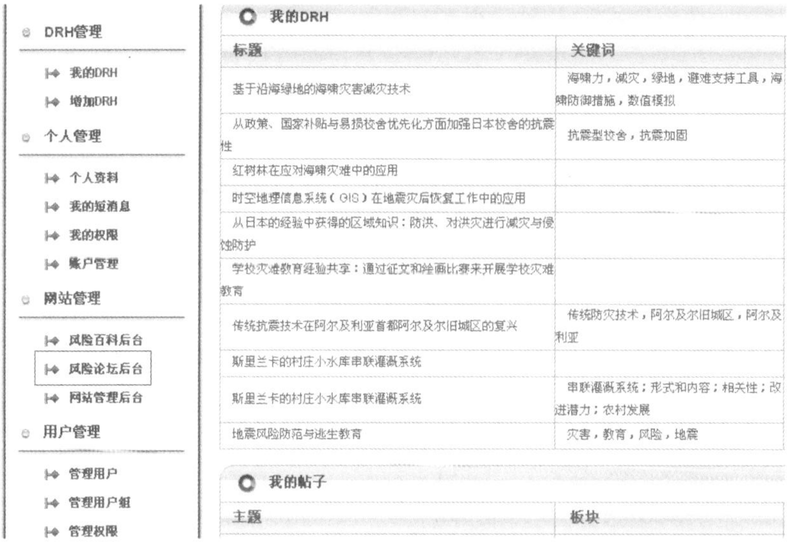

DRH管理
- 我的DRH
- 增加DRH

个人管理
- 个人资料
- 我的短消息
- 我的权限
- 账户管理

网站管理
- 风险百科后台
- 风险论坛后台
- 网站管理后台

用户管理
- 管理用户
- 管理用户组
- 管理权限

我的DRH

标题	关键词
基于沿海绿地的海啸灾害减灾技术	海啸力，减灾，绿地，避难支持工具，海啸防御措施，数值模拟
从政策、国家补贴与易损校舍优先化方面加强日本校舍的抗震性	抗震型校舍，抗震加固
红树林在应对海啸灾难中的应用	
时空地理信息系统（GIS）在地震灾后恢复工作中的应用	
从日本的经验中获得的区域知识：防洪、对洪灾进行减灾与侵蚀防护	
学校灾难教育经验共享：通过征文和绘画比赛来开展学校灾难教育	
传统抗震技术在阿尔及利亚首都阿尔及尔旧城区的复兴	传统防灾技术，阿尔及尔旧城区，阿尔及利亚
斯里兰卡的村庄小水库串联灌溉系统	
斯里兰卡的村庄小水库串联灌溉系统	串联灌溉系统；形式和内容；相关性；改进潜力；农村发展
地震风险防范与逃生教育	灾害，教育，风险，地震

我的帖子

主题	板块

图 7-13　风险论坛管理界面

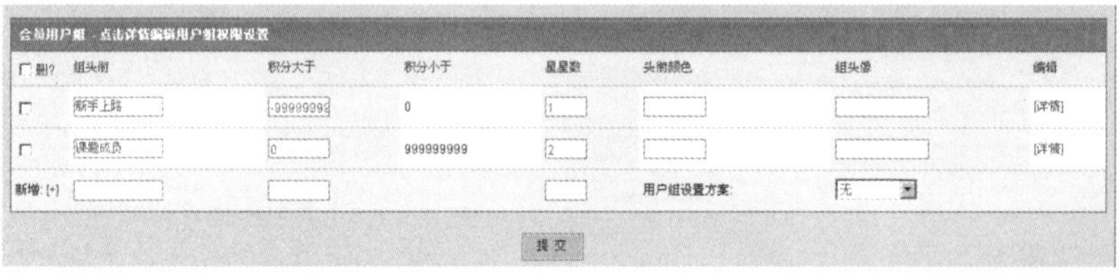

会员用户组 - 点击详情编辑用户组权限设置

删?	组头衔	积分大于	积分小于	星星数	头衔颜色	组头像	编辑
	新手上路	-9999999	0	1			[详情]
	课题成员	0	999999999	2			[详情]
新增: [+]					用户组设置方案:	无	

提交

图 7-14　用户组添加

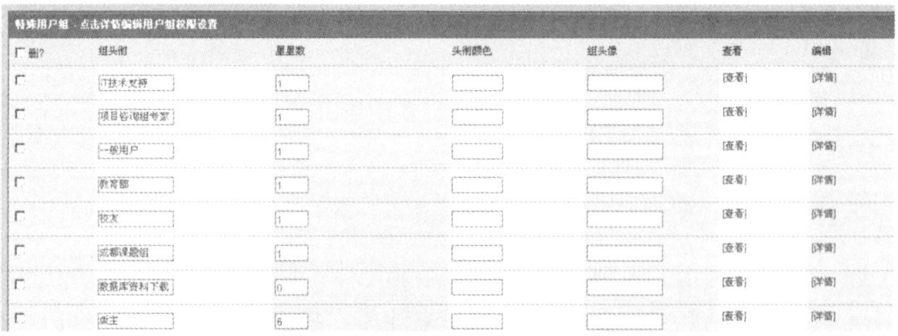

特殊用户组 - 点击详情编辑用户组权限设置

删?	组头衔	星星数	头衔颜色	组头像	查看	编辑
	IT技术支持	1			[查看]	[详情]
	项目咨询组专家	1			[查看]	[详情]
	一般用户	1			[查看]	[详情]
	教育部	1			[查看]	[详情]
	校友	1			[查看]	[详情]
	成都课题组	1			[查看]	[详情]
	数据库资料下载	0			[查看]	[详情]
	版主	6			[查看]	[详情]

图 7-15　用户组

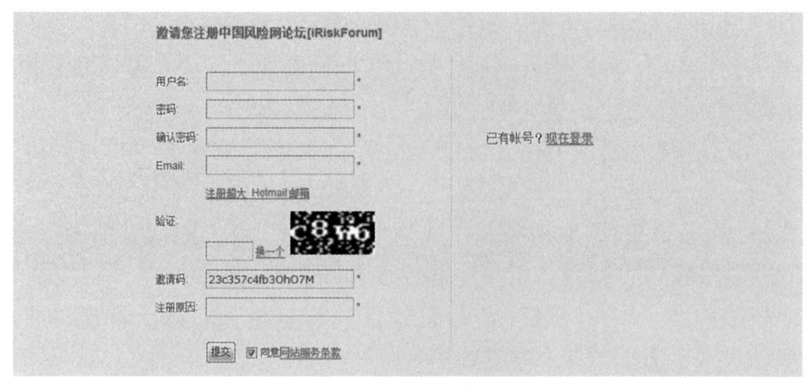

图 7-16　用户注册

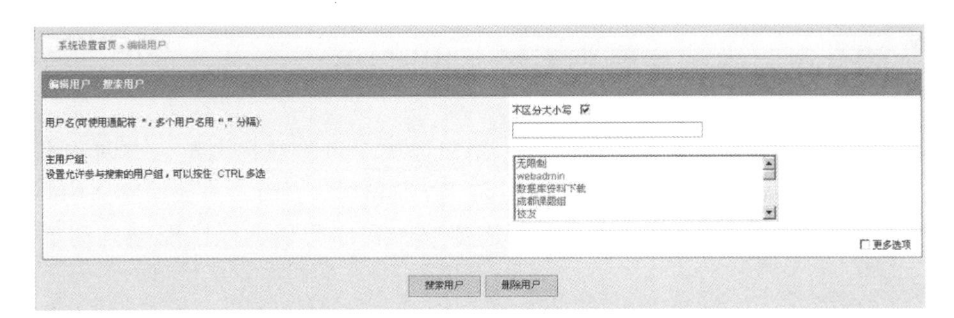

图7-17　用户管理

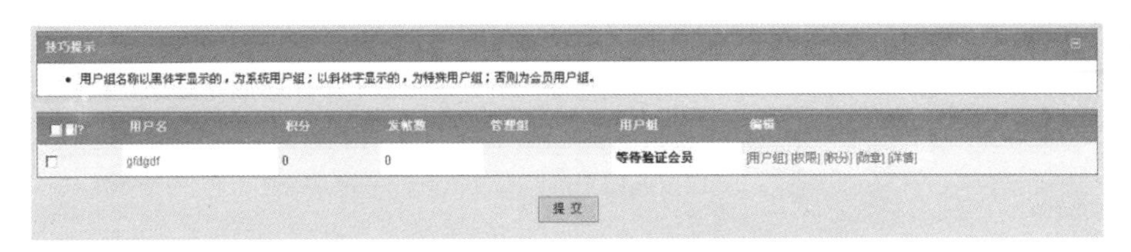

图7-18　搜索结果页面

点击“用户组”进入权限赋予界面，如图7-19所示。

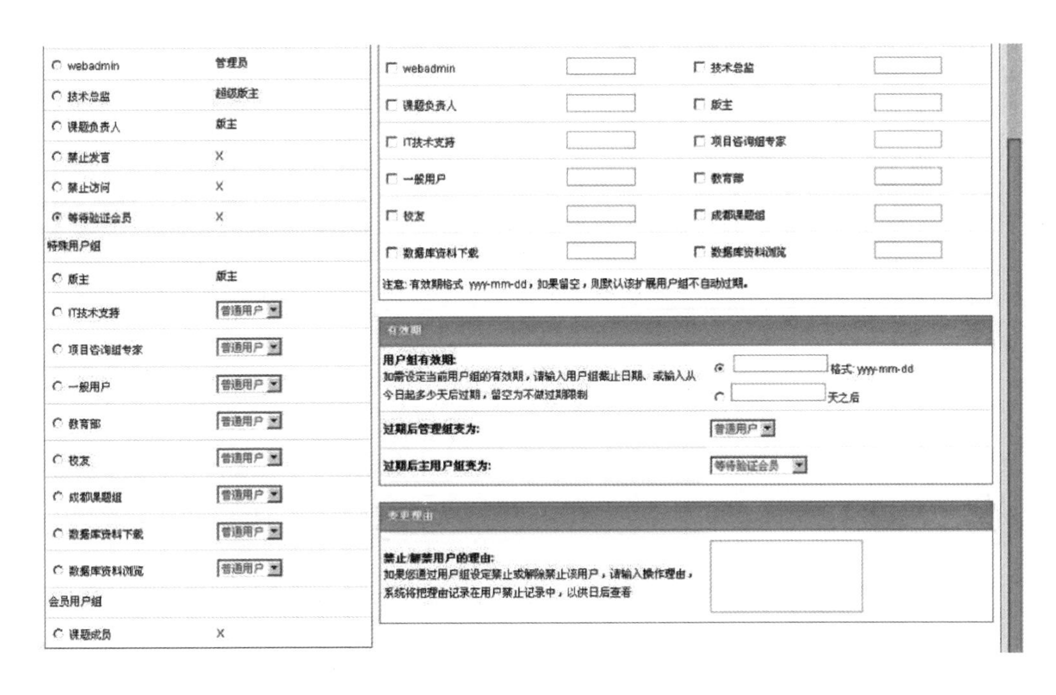

图7-19　用户权限赋予页面

（3）用户权限管理。用户的权限可以叠加，即用户可以同时拥有数据库资料下载和数据库资料浏览的权限，也可以只赋予其中的任何一个权限。用户权限由管理员账号统一管理。

7.2.3 综合风险数据库管理系统（iRiskDB）

本系统的主要功能是根据用户权限，为用户提供对风险数据浏览、查询和下载等功能。其技术特点是通过元数据库动态生成浏览、查询和下载页面，当数据库结构内容发生变化时，只需要修改元数据库信息，而不需要修改程序代码，程序即能自动更新搜索页面。

点击页面首页导航栏中“风险数据”进入其页面，如图 7-20 所示。左侧为数据库列表及查询，中间为数据库的元数据信息，右侧为最近更新列表和热门数据库列表。

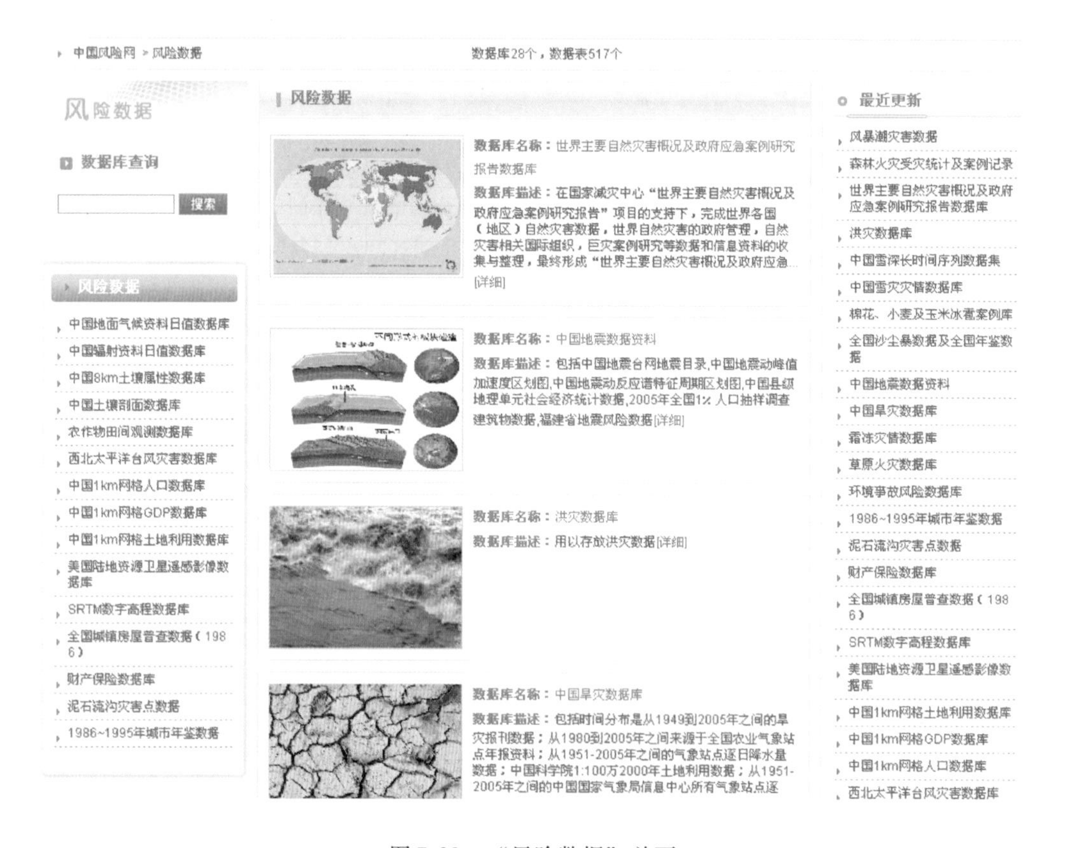

图 7-20 “风险数据”首页

1. 数据显示

点击数据库名称进入图 7-21 所示页面，左侧栏目固定为数据库列表及查询，中间为数据表的元数据信息，右侧为最近数据库更新列表。显示效果如图 7-21 所示。

点击链接“查看数据表结构”，可对数据表结构进行显示与隐藏。数据库字段为空时不作显示。数据表结构如图 7-22 所示。

图7-21　元数据详细页

数据表名称： 1998年以来亚洲自然灾害表　　查看数据表结构　浏览　搜索　下载

数据表描述： 该表包括自1998-2009年亚洲国家的自然灾害数据，总括1197个自然灾害，包括灾害发生年、持续时间。发生灾害的国家、灾害名字、人口伤亡及经济损失等字段

数据表关键词： 亚洲，自然灾害

全部

字段名称	字段描述	字段数据类型	字段宽度	字段单位
Year	灾害所发生年份	日期	0	
Start	灾害发生的起始时间	日期	0	
End	灾害结束的起始时间	日期	0	
GMI _CBTRY	灾害所发生国家或者地区的简称	文本	0	
Country or District	灾害所发生国家或者地区	文本	0	
Disaster Name	所发生灾害的名称	文本	0	
Intensity	所发生灾害的强度	文本	0	
Dead number	灾害导致的死亡人数	文本	0	
Affected number	受灾害影响的人数	文本	0	
Ecnomic Damage M(USD)	灾害导致的经济损失	文本	0	
CHINA Source	中国所发布此资料的地方	文本	0	

图7-22　数据表结构

2. 数据库浏览

依据用户权限，赋予用户相应的数据库操作权限，如浏览、搜索和下载功能等。如用户拥有数据库的查询权限，点击“浏览”图标，则显示元数据库规定条数的数据。

3. 数据库搜索

用户可根据需要以一定条件进行搜索，后台则给予相应的回馈，显示满足条件的数据表信息。

4. 数据库下载

如果用户拥有数据下载的权限，点击“下载”图标，则显示出数据下载窗口，如图7-23所示。用户所能下载的数据是根据用户相应的权限来设置的，如果想下载更多的数据，则需要和管理员联系。

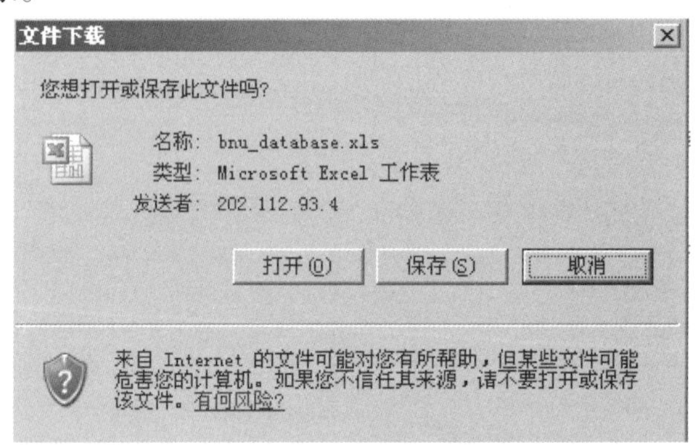

图7-23 数据库下载

7.2.4 综合风险网络地图系统（iRiskMap）

1. 中国自然灾害系统地图集

基于“区域灾害系统论”的理论编制的《中国自然灾害系统地图集》（史培军，2003），内容包括孕灾环境、承灾体、致灾因子、灾情及减灾，灾害种类包括地震、台风、洪水、雪灾、沙尘暴、冰雹等，采用地图方式表述中国自然灾害系统的时空分异规律。

为了方便地图的使用，中国风险网将中国自然灾害系统地图集的电子版进行了综合集成，用户可以方便地通过浏览器进行浏览，如图7-24所示。

2. 中国综合自然灾害风险地图集

随着网络地理信息系统发展加速推广了风险信息的网络传播，人们不仅可以获取简单的语言文字风险信息，还能够获取相关图像、声音文件，甚至是GIS所支持的栅格、矢量格式的风险信息，进而进行风险信息的相关定位和地址编码。WebGIS是地理信息系统技

图 7-24　中国自然灾害系统地图集网络版示意图

术和网络信息技术的结合而诞生的新技术，它改变了 GIS 数据及应用的访问和传输方式，克服了传统的 GIS 中存在数据互操作性差、共享能力弱以及大量信息冗余等问题，使 GIS 真正变成了大众使用的工具。

在“综合风险防范技术集成平台研究”课题支持下，集成了综合风险防范网络地图系统（iRiskMap），用于各种风险地图的网络发布，具备网络 GIS 的各种常用功能（图 7-25）。

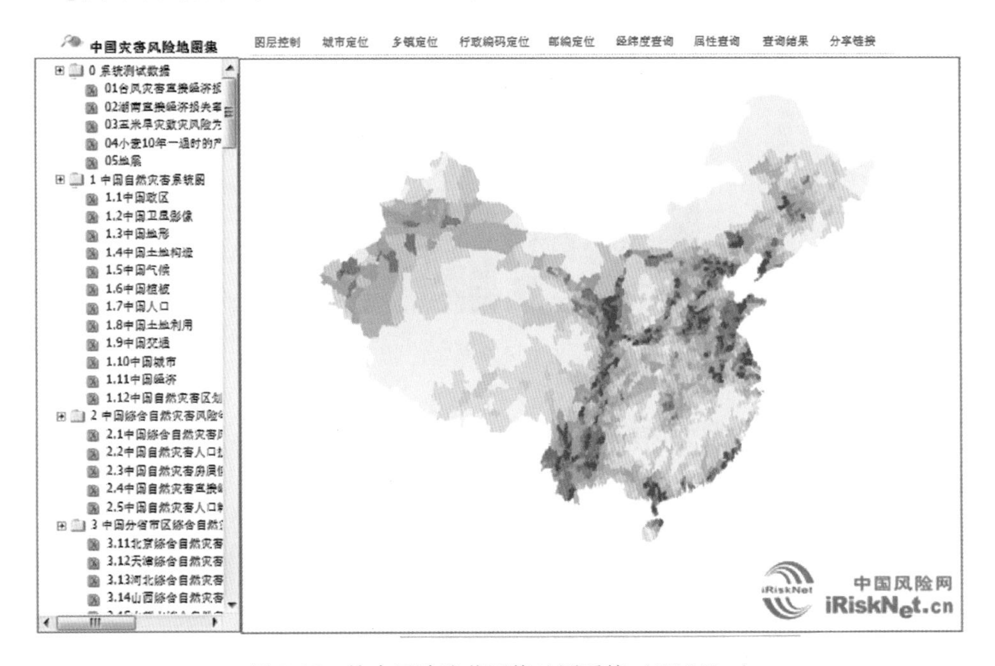

图 7-25　综合风险防范网络地图系统（iRiskMap）

7.2.5　综合风险专题发布系统（iRiskTheme）

综合风险信息种类丰富，而用户可能只对某一类风险信息感兴趣。基于面向用户使用的理念，将某一类风险信息全部集中到一个专题发布系统中集中发布，用户可以通过访问某一专题获得与该专题相关的所有信息，并进行相关的数据和地图查询，可以极大地提高风险信息传播的有效性。

从内容上看，一个专题可以针对某个风险种类，某个灾害种类，或者一个示范区，也可以是一个风险或者灾害案例。从功能上看，授权注册用户可以针对某一专题发布文字、图片和视频信息，并对信息进行分类归档。

风险专题还包括了综合风险数据库查询系统（iRiskDB）、综合风险 WebGIS 系统（iRiskMap）中与该专题相关的内容。这样一来，只要用户浏览某一类风险专题，所有与该类型相关的信息都会自动显示出来。目前“风险专题”中已设立地震灾害、洪水灾害、台风灾害、干旱灾害、风暴潮灾害、滑坡/泥石流灾害、雨雪冰冻灾害、霜冻灾害、冰雹灾害、森林火灾、草原火灾等灾害类型专题（图 7-26）。

图 7-26　风险专题首页

7.2.6　实用减灾技术发布系统（DRH-China）（EDM-NIED，2010）

实用减灾技术数据库源于 DRH-Asia 项目，由日本防灾科学技术研究所发起，旨在收集、规范世界防灾减灾领域专家提出的各类实用减灾技术，并通过该项目的网络发布平台（drh. edm. bosai. go. jp）进行英文版本实用减灾技术共享发布。

北京师范大学减灾与应急管理研究院通过与日本防灾科学技术研究所合作，将英文版实用减灾技术数据库翻译为中文版，并独立开发了中文版实用减灾数据库提交及发布系统

(图 7-27)。

图 7-27　实用减灾技术首页

7.2.7　综合风险巨灾案例系统 (iRiskCat)

为了系统地整理中国历史上的重特大自然灾害信息，开发了综合风险巨灾案例系统 (iRiskCat)。目前，系统中已经整理了 2008 年汶川大地震、2008 年低温雨雪冰冻、1998 年洪水灾害、1976 年唐山大地震、1987 年大兴安岭火灾、2010 年南方五省干旱等重特大自然灾害 (图 7-28)。

图 7-28　巨灾案例栏目首页

巨灾案例栏目首页的主体由左、中、右三部分组成。其中，左侧部分由案例导航菜单组成。导航菜单可以快速展示系统中设定的案例，通过点击案例名称进入单个案例的主页面，查看该案例下的模块及文章。中间部分按照左边菜单显示的案例显示各个案例的介绍。右侧部分为风险数据、专题资讯、风险链接三个模块。

7.3 综合风险信息集成技术展望

基于综合风险数据库技术、综合风险地图编制技术以及综合风险信息服务平台三大技术的综合风险集成技术，将为政府、风险企业提供数据、模型、风险结果、风险知识等方面提供支持，为普通公众直接提供风险信息，提高公众的风险防范意识。随着技术的发展以及用户越来越细致、全面的要求，未来综合风险信息集成技术也将发生一些鲜明的变化。

7.3.1 面向政府管理的风险信息系统

利用自然灾害发生前已建立的承灾体数据库、易损性数据库以及其他辅助信息，在自然灾害发生后实时或者准实时获取表征致灾因子强度的地球物理参数，基于损失评估模型系统，对因灾死亡人数、受伤人数、基础设施与房屋损失等进行准实时的评估。

自然灾害的损失主要由承灾体的分布、承灾体的易损性以及致灾因子的强度所决定。其中，承灾体的分布及承灾体分类与易损性可以在自然灾害前获得，事前建立完备的数据库是快速评估的基础，其分布主要依赖于地面统计调查、遥感遥测等获得，目前中国各行业主管部门基本上建立了比较齐备的数据库，缺乏的是标准化、集成化与共享化；承灾体的分类与易损性评估主要依赖于科学，特别是工程学方面的研究成果，目前国际上针对主要灾害，已经有较为全面的易损性评估结果，中国在地震、洪水、台风等巨灾种类上的易损性研究也较为深入，但是还需要系统地整理和规范化。实际业务运行过程中，开发部署基于简单实用的估损模型的快速半自动损失评估业务系统是自然灾害快速损失评估的关键。

2008 年年初，中国南方广大地区经历了雨雪冰冻低温灾害，造成了很大的经济损失和社会影响。2008 年 5 月 12 日的汶川大地震以及一系列的余震和次生灾害，致灾强度大、影响范围广、人员与财产损失巨大、救援极端困难，成为新中国成立以来最严重的自然灾害。地震灾害对中国的应急救助预案研究提出了极大的挑战。汶川地震发生后，根据应急预案，温家宝总理及时赶赴灾区，并成立了国务院抗震救灾应急总指挥部，调动各种力量对灾区进行应急救助，保证了灾区震后的社会稳定。解放军、武警、消防官兵在第一时间开进灾区，对灾民进行救援；卫生部及国内医疗组织和各类志愿者也积极奔赴灾区，对灾民进行身体上和精神上的医疗和帮助；民政部紧急向灾区调集各类应急物资储备，各类救灾物资源源不断地涌向灾区。

同时，由于快速损失评估相关理论与方法、自动业务化运行系统在相关部门的缺失，在汶川大地震的巨灾应急救助过程中，特别是救援救助前期最宝贵的前 1 周内，暴露出理论和实践两方面的问题。

紧密结合中国在公共安全，特别是在自然灾害应急救助预案编制与实施的大背景下，将研究重点定位于遴选应急救助决策所需关键信息的理论与方法，即在比较选择对因灾死亡人数、受伤人数、基础设施与房屋损失信息进行快速评估的方法，以及其对预案启动的关系研究上，建立中国地震灾害损失快速评估系统所需的数据共享机制。

随着专业特色的增强，目标用户更加明确；随着用户群的明确，综合风险信息服务特色也将更加鲜明。例如，面向政府行政服务的风险信息网站将更加专业化与精细化，如可能单独形成实时或准实时快速损失评估系统、短期或者中长期风险预警预报系统等，强调专业性、科学性、精确性与可靠性等；面向公众的综合风险信息服务平台将更加注重内容的通俗性、娱乐性、易用性与丰富性。

7.3.2 面向风险企业的风险评估系统

灾害保险机制在我国目前还不是非常成熟，我国的灾害风险特别是巨灾风险往往都是由政府承担，建立健全的风险转移机制是社会发展的必然要求。国外成熟的保险公司、再保公司等社会企业保险机构运行已经相当成熟，这些企业机构完全能够在承担灾害风险中发挥巨大的作用。灾害风险评估依赖于风险模型，模型的精度直接影响了灾害评估的质量。对不同的灾种，基于风险模型，考虑不同的致灾因子，结合致灾因子所作用的承灾体类型，建立具有稳定输入输出的风险评估系统，能够科学地对灾害风险进行等级评估，也能够促进将传统上的定性风险评估转向定量的风险评估。

风险评估系统是一个集成系统，涉及计算机科学、数学、灾害学、经济学等多学科知识。面向风险企业的风险评估系统，要考虑到特殊的社会需求和特殊的客户群体，不仅要对社会民众也要对政府进行可行性的需求分析，提出具有适应性的执行方案，要突出特殊的服务对象。

7.3.3 面向一般公众的风险网站系统

综合风险防范网站系统在服务于一般公众用户方面，可以从增强意识、增长知识、提高技能、促进行动等多方面入手。在传统的 Web1.0 时代网站中，用户主要是被动式地接受用户的信息；而到了 Web2.0 时代，论坛、百科等用户交互式互联网应用蓬勃发展，极大地扩展了信息来源，使网站系统具有一定的自我可持续发展能力。

作为一个综合风险防范网站，风险信息用户比普通网络用户对信息时效性和覆盖面要求更高。综合网站和手机、电视、广播等手段的结合将更加紧密，如将风险预警信息主动传送到用户的手机等移动终端上。

未来的综合风险网站对风险信息的时空分辨率必将提出更高的要求。例如，全国大尺度上的综合风险图件很难满足一般公众的日常需求，未来面向个人、家庭、学校、医院、城乡社区等的高精度综合风险防范地图等产品必将蓬勃发展。

面向公众的风险网络信息服务平台需要大量的经费、人力和智力投入。因此，形成一个合理的运营模式对于网络信息服务平台的可持续发展至关重要。一方面可采取专项资金支持运营模式，走专业化公共服务方向；另一方面，可探索商业运营模式，通过为风险管理企业以及普通公众提供咨询服务，逐步探索出一条可持续发展道路。

参考文献

北京师范大学 . 2010-08-22. 综合风险网络信息服务平台 . http：//www. irisknet. cn.

陈芳，汪青春，殷万秀 . 2009. 青海省近 45 年霜冻变化特征及其对主要作物的影响 . 气象科技，37（1）：35-41.

陈克平 . 2004. 灾难模型化及其国外主要开发商 . 自然灾害学报，13（2）：1-8.

陈孔沫 . 1992. 新的台风风场计算方法 . 海洋预报，9（3）：60-65.

陈孔沫 . 1994. 一种计算台风风场的方法 . 热带海洋，13（002）：41-48.

陈联寿 . 2007. 登陆热带气旋暴雨的研究与预报//第十四届全国热带气旋科学讨论会论文摘要集 . 3-4.

陈明 . 2009. 迅速控制次生突发环境事件 确保自然灾害期间饮水安全 . 环境教育，（6）：64-67.

陈乾金，张永山 . 1995. 华北异常初终霜冻气候特征的研究 . 自然灾害学报，4（3）：33-39.

陈颙，史培军 . 2007. 自然灾害 . 北京：北京师范大学出版社 .

程鸿 . 2009. 基于历史观测数据的中国台风致灾因子过程重建于蒙特拉洛模拟 . 北京：北京师范大学 .

程晓陶 . 2004-04-14. 加强水旱灾害管理——国际社会治水方略调整的共同趋向 . http：//www. cws. net. cn.

程晓陶，杨磊，陈喜军 . 1996. 分蓄洪区洪水演进数值模型 . 自然灾害学报，5（1）：34-40.

邓民，李彦海，邱丽云，等 . 2008. 地震次生化学泄漏污染成因及带压密封应急处置方法 . 润滑与密封，33（11）：84-86.

丁峰，李时蓓，蔡芳 . 2007. Aermod 在国内环境影响评价中的实例验证与应用 . 环境污染与防治，29（12）：953-957.

丁裕国，江志红 . 2009. 极端气候研究方法导论 . 北京：气象出版社 .

杜子璇，李宁，刘忠阳 . 2007. 层次分析法在下垫面因子影响沙尘暴危险度研究中的应用 . 干旱区地理，30（2）：184-188.

樊云晓，罗云，陈庆寿 . 2001. 区域承灾体脆弱性综合评价指标权重的确定 . 灾害学，1（16）：85-87.

范宝俊 . 1999. 灾害管理文库，当代中国的自然灾害 . 北京：当代中国出版社 .

范一大，史培军，潘耀忠 . 2001. 基于 NOAA/AVHRR 数据的区域沙尘暴强度监测 . 自然灾害学报，10（4）：46-51.

方伟华 . 2010. 面向应急救助的自然灾害快速损失评估概述//国家减灾委专家委员会 . 国家综合减灾与可持续发展论坛文集 .

方伟华，国志兴 . 2010-08-12. 世界主要自然灾害概况及政府应急案例报告 . http：//www. irisknet. cn/riskdb/globalrisk/.

方修琦，何英茹 . 1997. 1978—1994 年分省农业旱灾灾情的经验正交函数 EOF 分析 . 自然灾害学报，（1）：24-29.

冯玉香，何维勋 . 2000. 我国玉米霜冻害的时空分布 . 中国农业气象，21（3）：6-10.

付稀厚 . 2006. 吉林省东部玉米雹灾恢复生长的技术措施与对策 . 农业与技术，26（5）：101-102.

傅泽强 . 2001. 内蒙古干草原火灾时空分布动态研究 . 内蒙古气象，1：28-35.

高洪主，刘娟 . 2010. 关于建立“国土资源管理信息系统”数据库的研究 . 测绘与空间地理信息，33（1）：119-121.

高吉喜，潘英姿，柳海鹰，等.2004. 区域洪水灾害易损性评价. 环境科学研究，6（17）：30-34.
高庆华，马宗晋，张业成.2007. 自然灾害评估. 北京：气象出版社.
高月秋.2010. 浅谈数据库信息管理系统的逻辑架构与功能设计. 信息技术，13：244-245.
葛全胜，邹铭，郑景云.2008. 中国自然灾害风险综合评估初步研究. 北京：科学出版社.
葛咏.2006. 地学数据集成及空间决策支持的方法与应用. 地球信息科学，8（1）：16-20.
顾钧禧.1994. 大气科学辞典. 北京：气象出版社.
广东省统计局.2009. 广东省统计年鉴. 北京：中国统计出版社.
广东省自然灾害地图集编辑委员会.1995. 广东省自然灾害地图集. 广州：广东省地图出版社.
郭学良.2001. 三维冰雹分档强对流云数值模式研究Ⅰ模式建立及冰雹的循环增长机制. 大气科学，25（5）：707-720.
国家地图集编纂委员会.1989. 中华人民共和国国家农业地图集. 北京：中国地图出版社.
国家环境保护总局环境工程评估中心环境质量模拟重点实验室.2009. 大气预测软件系统AERMOD简要用户使用手册.
国务院.2006. 国家突发公共事件总体应急预案.
韩晖.2005. 近50年中国台风暴雨研究. 北京：北京师范大学.
郝璐，王静爱，史培军，等.2003. 草地畜牧业雪灾脆弱性评价——以内蒙古牧区为例. 自然灾害学报，12（2）：51-58.
何正梅.2010. 大同市沙尘暴时空分布特征及其主要影响系统分析. 科技创新与生产力，195：69-71.
洪延超.1999. 冰雹形成机制和催化防雹机制研究. 气象学报，57（1）：30-44.
胡刚，王里奥，张军，等.2007. ADMS模型在复杂地形地区的应用. 重庆大学学报（自然科学版），30（12）：42-46.
胡海涛.2005. 林火生态与管理. 北京：中国林业出版社.
胡少卿，孙柏涛.2007. 经验震害矩阵的完善方法研究. 地震工程与工程振动，6（27）：46-50.
胡聿贤.1999. 地震安全性评价技术教程. 北京：地震出版社.
扈海波.2008. 北京奥运期间冰雹灾害风险评估. 气象，34（12）：84-89.
黄崇福.2001. 自然灾害风险分析. 北京：北京师范大学出版社.
黄崇福.2005. 自然灾害风险评价理论与实践. 北京：科学出版社.
黄大鹏，刘闯，彭顺风.2007. 洪灾风险评价与区划研究进展. 地理科学进展，4（26）：11-22.
黄嘉佑.2004. 气象统计分析与预报方法. 北京：气象出版社.
黄美元.1978. 关于我国人工防雹效果的统计分析. 大气科学，2（2）：125-131.
黄荣辉，陈光华.2007. 西北太平洋热带气旋移动路径的年际变化及其机理研究. 气象学报，65（005）：683-694.
黄毅.2007. 由自然灾害引发事故灾难的思考. 现代职业安全，(10)：15-17.
贾培宏，钱国锋，邓民宪，等.2008. 基于GIS的油罐地震次生灾害预评估系统. 自然灾害学报，17（5）：147-151.
贾涛.2009. 浅谈危险化学品泄漏及处置. 化学工程与装备，(3)：114-115.
简令成.1980. 小麦原生质体在冰冻——化冻中的稳定性与某些品种抗寒力的关系. 植物学报，22（1）：17-21.
姜彤，许朋柱，许刚.1997. 洪灾易损性概念模式. 中国减灾，2（7）：24-29.
蒋维，金磊.1992. 中国城市综合减灾对策. 北京：中国建筑工业出版社.
康玲，孙鑫，侯婷.2010. 内蒙古地区沙尘暴的分布特征. 中国沙漠，30（2）：400-406.
科技部国家计委国家经贸委灾害综合研究组.2004. 中国重大自然灾害与社会图集. 广州：广东科技出版

社.
孔令春.2009. 综合数据库管理信息系统的设计与实现. 中国科技信息,(12):122,134.
乐肯堂.1998. 我国风暴潮灾害风险评估方法的基本问题. 海洋预报,15(3):38-44.
乐群,董谢琼.2000. 西北太平洋台风活动和中国沿海登陆台风暴雨及大风的气候特征. 南京大学学报:自然科学版,36(006):741-749.
雷小途,陈联寿.2002. 西北太平洋热带气旋活动的纬度分布特征. 应用气象学报,13(02):218-227.
雷小途,徐明,任福民.2007. 全球变暖对台风活动影响的研究进展//第十四届全国热带气旋科学讨论会论文摘要集.
雷小途,徐明,任福民.2009. 全球变暖对台风活动影响的研究进展//气象学报,67(5):679-688.
雷雨顺,吴宝俊,吴正华.1978. 冰雹概论. 北京:科学出版社.
黎益仕,顾建华,邹立晔.2005. 英汉灾害管理相关基本术语集. 北京:中国标准出版社.
李存山.1993. 棉花种植雹灾保险研究. 北京:海洋出版社.
李宏丽,徐卫英.2009. 资源环境数据库信息系统设计与实现. 电脑知识与技术,5(5):1032-1034.
李纪人,丁志雄,黄诗峰,等.2003. 基于空间展布式社经数据库的洪涝灾害损失评估模型研究. 中国水利水电科学研究院学报,12(11):106-110.
李金臣,潘华,吴健,等.2007. 不同超越概率水平PGA关系研究. 震灾防御技术,2(2):207-211.
李丽华.2010. 基于GIS的阿克苏地区冰雹灾害等闲区划及评价. 干旱区研究,27(2):224-229.
李茂松,王道龙,张强.2005. 2004-2005年黄淮海地区冬小麦冻害成因分析. 自然灾害学报,14(4):51-55.
李美荣,朱琳,杜继稳.2008. 陕西苹果花期霜冻灾害分析. 果树学报,25(5):666-670.
李素英,李晓兵,莺歌,等.2007. 基于植被指数的典型草原区生物量模型——以内蒙古锡林浩特市为例. 植物生态学报,31(1):23-31.
李新运.1993. 鲁西北棉花雹灾损失监测信息系统研究. 自然灾害学报,2(3):47-52.
李岩,杨支叶,沙文钰,等.2003. 台风的海面气压场和风场模拟计算. 海洋预报,20(001):6-13.
李元红,卢树超,刘佳莉,等.2010. 基于GIS的民勤绿洲水资源调度管理系统设计. 水利信息化,5:40-41.
联合国.2010-06-15. 综合防灾网站. https://www.preventionweb.net.
联合国.2010-06-15. 综合救灾网站. https://www.reliefweb.int.
梁必骐,梁经萍,温之平.1995. 中国台风灾害及其影响的研究. 自然灾害学报,4(1):84-91.
廖旭,高常波,项忠权.1997. 石化企业工业设备震害经验分析. 东北地震研究,13(1):44-49.
廖旭,黄河,李东春.2003. 震时有毒有害气体泄漏危险性分析模型的研究. 自然灾害学报,12(1):73-76.
林纾.2006. 西北地区初夏冰雹及其环流背景气候特征. 气象科技,34(4):400-404.
刘传正,陈红旗,韩冰.2010. 重大地质灾害应急响应技术支撑体系研究. 地质通报,1(29):147-156.
刘国林.2008. 四川地震灾区石油和化工企业受灾情况及影响. 中国石油和化工经济分析,(6):17-21.
刘玲,沙奕卓,白月明.2003. 中国主要农业气象灾害区域分布与减灾对策. 自然灾害学报,12(2):92-97.
刘敏,杨宏青,向玉春.2002. 湖北省雨涝灾害的风险评估与区划. 长江流域资源与环境,5(11):476-781.
刘荣花,王友贺,朱自玺,等.2007. 河南省冬小麦气候干旱风险评估. 干旱地区农业研究,25(6):1-4.
刘树坤.1993. 全面防洪减灾手册. 沈阳:辽宁人民出版社.

刘武，徐源，刘祎，等 . 2009. 震后输气管道泄漏扩散数值模拟与对策研究 . 油气储运，(7)：27-31.

刘希林 . 2000. 区域泥石流风险评价研究 . 自然灾害学报，1（9）：54-61.

刘希林，莫多闻 . 2003. 泥石流风险评价 . 成都：四川科学技术出版社 .

刘希林，唐川 . 1995. 泥石流危险性评价 . 北京：科学出版社 .

刘新立，史培军 . 2001. 区域水灾风险评估模型研究的理论与实践 . 自然灾害学报，2（10）：66-72.

刘兴元，梁天刚 . 2008. 北疆牧区雪灾预警与风险评估方法 . 应用生态学报，19（1）：133-138.

刘燕华，葛全胜 . 2005. 风险管理——新世纪的挑战 . 北京：气象出版社 .

刘引鸽 . 2000. 下地面对冰雹的影响机理 . 宝鸡文理学院学报，20（4）：295-297.

刘引鸽 . 2003. 西北干旱灾害及其气候趋势研究 . 干旱区资源与环境，17（4）：113-116.

刘志明 . 2004. 冰雹灾害的卫星遥感监测方法初探 . 气象，30（9）：50-53.

罗培 . 2007. GIS 支持下的气象灾害风险评估模型——以重庆地区冰雹灾害为例 . 自然灾害学报，16（1）：38-44.

马超飞，马建文，韩秀珍 . 2001. 沙尘暴运移路径及影响范围遥感监测 . 自然灾害学报，10（4）：222-227.

马建明，周魁一，陆吉康 . 1997. 水灾史料量化与区域洪水灾害风险分析 . 中国水利水电科学研究院学报，2（1）：17-24.

马柱国 . 2003. 中国北方区域霜冻日的变化与区域增暖的相互关系 . 地理学报，9：31-37.

马宗伟，许友鹏，李嘉峻 . 2005. 河流形态的分维及与洪水关系的探讨——以长江中下游为例 . 水科学进展，4（16）：530-534.

美国国立职业安全卫生研究所 . 2005. 危险化学品使用手册 . 北京：中国科学技术出版社 .

民政部救灾司 . 2004. 自然灾害情况统计制度 . http//jzs. mca. gov. cn/articce/zjz/zcwj/201104/20110400146622. shtml.

牛建明 . 2001. 气候变化对内蒙古草原分布和生产力影响的预测研究 . 草地学报，9（4）：277-282.

钮学新 . 1992 热带气旋动力学 . 北京：气象出版社 .

潘东华 . 2010. 自然灾害风险制图中的自动综合研究 . 北京：北京师范大学研究生院 .

潘华，高孟潭，李金臣 . 2009. 新版美国地震区划图源及其参数模型的分析与评述 . 震灾防御技术，4（2）：131-140.

仇家琪 . 1988. 天山地区雪崩灾害制图研究——以《伊焉公路沿线雪崩图集》编制为例 . 干旱区地理，3（11）：40-42.

乔江，王伯伦，寇洪萍 . 2002. 早霜冻对水稻商品品质的影响 . 自然灾害学报，11（1）：103-107.

全国地震区划图编制委员会 . 2001. 中国地震动参数区划图 . GB 18306—2001. 北京：中国标准出版社 .

任福民，Gleason B，Easterling D. 2001. 一种识别热带气旋降水的数值方法 . 热带气象学报，17（3）：305-313.

沙维奇 . 2007. Adms 模型解析城区总悬浮颗粒物来源 . 中国环境监测，23（2）：110-113.

山义昌 . 1998. 冬小麦风雹灾害的等级划分与灾情评估 . 气象，24（2）：49-51.

商彦蕊 . 2000a. 河北省农业旱灾脆弱性动态变化的成因分析 . 自然灾害学报，1（9）：40-46.

商彦蕊 . 2000b. 自然灾害综合研究的新进展——脆弱性研究 . 地域研究与开发，19（2）：73-77.

史培军 . 1991. 灾害研究的理论与实践 . 南京大学学报（自然科学版），(11)：37-42.

史培军 . 1996. 再论灾害研究的理论与实践 . 自然灾害学报，5（4）：6-17.

史培军 . 2002. 三论灾害研究的理论与实践 . 自然灾害学报，3（11）：1-9.

史培军 . 2003. 中国自然灾害系统地图集 . 北京：科学出版社 .

史培军 . 2005. 四论灾害研究的理论与实践 . 自然灾害学报，14（6）：1-7.

史培军．2009. 五论灾害研究的理论与实践．自然灾害学报，18（5）：1-9.
史培军，杜鹃，叶涛．2006. 加强综合灾害风险研究，提高产经界应对灾害风险的能力．自然灾害学报，15（5）：1-6.
史培军，李宁，刘婧．2006. 探索发展与减灾协调之路．自然灾害学报，15（6）：1-8.
史培军，李宁，叶谦．2009b. 全球环境变化与综合灾害风险防范．地球科学进展，24（4）：428-435.
史培军，邵利铎，赵智国，等．2007. 论综合灾害风险防范模式——寻求全球变化影响的适应性对策．地学前缘，14（6）：43-53.
史培军，唐迪，杜鹃，等．2009a. 论巨灾风险的综合防范//吴定富．中国风险管理报告．北京：中国财政经济出版社．
孙继松．2006. 地形对夏季冰雹事件时空分布的影响研究．气候与环境研究，11（1）：76-84.
孙然好，刘清丽，陈利顶．2010. 河西走廊沙尘暴及其影响因子的多尺度研究．中国沙漠，30（3）：648-653.
唐川，师玉娥．2006. 城市山洪灾害多目标评估方法探讨．地理科学进展，4（25）：13-21.
唐晶，张文煜，赵光平．2007. 宁夏近44年霜冻的气候变化特征．干旱气象，25（3）：39-43.
唐世荣，居学海，丁永祯，等．2008. 地震引发的有毒有害物质泄漏及其对生态环境的潜在危害．农业环境与发展，25（4）：17-19，28.
陶俊，谢文彰，杨多兴，等．2007. 利用ADMS—Urban模型测算顺德区 SO_2 环境容量．广州环境科学，22（1）：28-31.
田丰，段建华，王润生．2010. 基于WEBGIS的区域水资源信息系统的设计与实现．微计算机信息，26（1）：14-16.
田辉，马开玉，林振山．1999. 华南、华东沿海登陆台风暴雨和大风的分析．应用气象学报，1999（S1）：148-152.
田晓瑞，舒立福，王明玉，等．2006. 林火与气候变化研究进展．世界林业研究，19（5）：38-42.
万艳霞．2004. 棉花子叶期雹灾后不同类型棉株生长差异的研究．中国棉花，31（10）：12-13.
王繁强，徐大海，朱荣．2008. 基于calpuff数值模式的城市大气污染源允许排放量动态调控模型．灾害学，23（B09）：50-55.
王海波．2006. 基于adms模型的抚顺市2002年大气污染分析．云南环境科学，25（B06）：126-129.
王红磊，钱骏，廖瑞雪，等．2008. Calpuff模型在大气环境容量测算中的应用研究．环境科学与管理，33（12）：169-172.
王积全，李维德，祝忠明．2008. 西北地区东部群发性强沙尘暴风险分析．干旱区资源与环境，22（4）：118-121.
王瑾．2008. 基于GIS的贵州省冰雹分布与地形因子关系分析．应用气象学报，19（5）：627-634.
王静爱，毛佳，贾慧聪．2008. 中国水旱灾害危险性的时空格局研究．自然灾害学报，（1）：115-121.
王静爱，商彦蕊，苏筠，等．2005. 中国农业旱灾承灾体脆弱性诊断与区域可持续发展．北京师范大学学报（社会科学版），3：130-137.
王静爱，史培军，王平，等．2006. 自然灾害时空格局．北京：科学出版社．
王静爱，史培军，王瑛．2003. 基于灾害系统论的《中国自然灾害系统地图集》编制．自然灾害学报，12（4）：1-8.
王俊杰．2005. 甘肃省黄土高原区果树花期晚霜冻害估计与对策．甘肃林业科技，30（4）：34-37.
王硕．2010-07-12. 中国的减灾行动．http：//www. xinhua. gov. cn.
王瑛，史培军，王静爱．2005. 云南省农村乡镇地震灾害房屋损失评估．地震学报，5（27）：551-560.
王志强，方伟华，史培军．2008. EPIC模型的研究进展．北京师范大学理科学报，44（5）：533-538.

王志强，方伟华，史培军，等 . 2010. 基于自然脆弱性的中国典型小麦旱灾风险评价 . 干旱区研究，27（1）：6-12.
王志强，杨春燕，王静爱，等 . 2005. 基于农户尺度的农业旱灾成灾风险评价与可持续发展 . 自然灾害学报，14（6）：94-99.
卫生部 . 1979. 工业企业设计卫生标准 . TJ 36—79.
卫生部 . 2009. 中国卫生年鉴 . 北京：人民卫生出版社 .
卫生部 . 2010. 中国卫生年鉴 . 北京：人民卫生出版社 .
汶川地震灾害地图集编纂委员会 . 2009. 汶川地震灾害地图集 . 成都：成都地图出版社 .
吴春荣 . 2002. 化学物料泄露危害及处置 . 天津消防，（2）：30-31.
吴定富 . 2007. 中国国家风险管理研究报告 . 北京：中国财政经济出版社 .
吴定富 . 2008. 中国国家风险管理研究报告 . 北京：中国财政经济出版社 .
吴定富 . 2009. 中国国家风险管理研究报告 . 北京：中国财政经济出版社 .
吴定富 . 2010. 中国国家风险管理研究报告 . 北京：中国财政经济出版社 .
吴树仁，石菊松，张春山 . 2009. 地质灾害风险评估技术指南初论 . 地质通报，8（28）：995-1005.
吴向东 . 2007. 蒙古东部地区近 45 年秋季气温与霜冻特征及对玉米产量的影响分析 . 内蒙古气象，5：16-17.
吴信才 . 2009. 地理信息系统设计与实现 . 北京：电子工业出版社 .
伍荣生，王元 . 1999. 现代天气学原理 . 北京：高等教育出版社 .
解振华 . 1993. 中国大百科全书 . 北京：中国大百科全书出版社 .
肖杨 . 2008. 基于 adms 和线性规划的区域大气环境容量测算 . 环境科学研究，21（3）：13-16.
徐国栋 . 2009. 地震风险及地震动合成研究 . 博士后研究报告 .
徐国栋，方伟华，史培军，等 . 2008. 汶川地震损失快速评估 . 地震工程与工程振动，6（28）：65-74.
徐琦 . 2008. 如何有效预防地震引发次生环境污染 . 中国城市环境卫生，（3）：27-27.
徐应明，孙扬，秦旭，等 . 2008. 震后谨防有毒化学品对环境的污染 . 农业环境与发展，25（4）：37-38.
许焕斌 . 1988. 二维冰雹云数值模式 . 气象学报，45（2）：227-236.
杨春燕，王静爱，苏筠，等 . 2005. 农业旱灾脆弱性评价——以北方农牧交错带兴和县为例 . 自然灾害学报，6（14）：88-93.
杨洪斌 . 2006. Aermod 空气扩散模型在沈阳的应用和验证 . 气象与环境学报，22（1）：58-60.
杨鑑初，徐淑英 . 1956. 黄河流域的降水特点与干旱问题 . 地理学报，22（4）：339-351.
杨小利，杨兴国 . 2009. 陇东主要农作物旱灾综合评估指数的多时间尺度分析 . 干旱地区农业研究，27（2）：17-20.
杨秀春，朱晓华 . 2002. 中国七大流域水系与洪涝的分维及其关系研究 . 灾害学，3（17）：9-13.
姚国章 . 2009. 应急管理信息化建设 . 北京：北京大学出版社 .
叶宏，王幸锐，雍毅，等 . 2009. 震后危险化学品安全处置与评估 . 四川大学学报（工程科学版）（1）：109-114.
佚名 . 2008. 地震灾区防范化工污染次生环境危害常识 . 化工经济技术信息，（6）：15-17.
殷坤龙 . 1993. 滑坡灾害预测分区的计算机制图 . 水文地质工程地质，5：21-23.
殷坤龙，朱良峰 . 2001. 滑坡灾害空间区划及 GIS 应用研究 . 地学前缘，2（8）：279-283.
尹东，王长根 . 2002. 中国北方牧区牧草气候资源评价模型 . 自然资源学报，17（4）：494-498.
尹之潜，杨淑文 . 2004. 地震损失分析与设防标准 . 北京：地震出版社 .
尹之潜，赵直，杨淑文 . 2003. 建筑物易损性和地震损失与地震加速度谱值的关系（上）. 地震工程与工程振动，4（23）：195-200.

余世舟，赵振东，钟江荣 . 2002. 地震次生毒气泄漏与扩散数值模拟的参数分析 . 地震工程与工程振动，22 (6)：150-155.

余世舟，赵振东，钟江荣 . 2003. 基于 GIS 的地震次生灾害数值模拟 . 自然灾害学报，12 (4)：100-105.

余卫东，张雪芬 . 2007. 黄淮地区冬小麦晚霜冻产量损失评估方法研究//中国气象学会 . 2007 年年会生态气象业务建设与农业气象灾害预警分会场论文集 . 北京：气象出版社 .

岳耀杰，王静爱，易湘生，等 . 2008. 中国北方沙区城市风沙灾害危险度价——基于遥感、地理信息系统和模型的研究 . 自然灾害学报，17 (1)：15-20.

岳耀杰，王静爱，邹学勇，等 . 2008. 中国北方沙区湖泊（水库）风沙灾害危险度评价与安全对策 . 干旱区研究，25 (4)：574-582.

增田善信，笠原彰 . 1958. 台风论 . 日本：地人书馆 .

张继权，李宁 . 2007. 主要气象灾害风险评价与管理的数量化方法及其应用 . 北京：北京师范大学出版社 .

张继权，张会，佟志军，等 . 2007. 中国北方草原火灾灾情评价及等级划分 . 草业学报，16 (6)：121-128.

张继权，赵万智，冈田宪夫 . 2004. 综合自然灾害风险管理的理论、对策与途径 . 应用基础与工程科学学报，(增刊)：263-271.

张建文，安宇，魏利军 . 2008. 危险化学品事故应急反应大气扩散模型及系统概述 . 环境监测管理与技术，(2)：7-11，21.

张杰 . 2004. 西北地区东部冰雹云的卫星光谱特征和遥感监测模型 . 高原气象，23 (67)：743-748.

张兰生 . 1992. 中国自然灾害地图集 . 北京：科学出版社 .

张丽君 . 2009. 从土地利用规划入手提高地质灾害的防治水平——兼议地质灾害风险区划的急迫性与重要性 . 地质通报，28 (2-3)：343-347.

张书亮 . 2007. 网络地理信息系统 . 北京：科学出版社 .

张文宗，赵春雷，康西言，等 . 2009. 河北省冬小麦旱灾风险评估和区划方法研究 . 干旱地区农业研究，27 (2)：10-16.

张晓煜，刘静，袁海燕 . 2003. 宁夏主要作物霜冻灾损评估方法研究 . 宁夏农林科技，3：10-11.

张旭，姚文广，谭徐明 . 2005.《洪水风险图编制导则》编订经过及主要内容说明 . 中国水利，(17)：36-37.

张雪芬，任振和，陈怀亮，等 . 2006a. 河南省冬小麦晚霜冻害风险概率分布及对产量的影响评估 . 应用基础与工程科学学报，14 (增刊)：321-328.

张雪芬，余卫东，王春乙 . 2006b. WOFOST 模型在冬小麦晚霜冻害评估中的应用 . 自然灾害学报，15 (6)：337-341.

张养才 . 1991. 中国农业气象灾害概论 . 北京：气象出版社 .

赵凤君，舒立福 . 2007. 气候异常对森林火灾发生的影响研究 . 林火研究，92：21-23.

赵林，葛耀君，宋丽莉，等 . 2007. 广州地区台风极值风特性蒙特卡罗随机模拟 . 同济大学学报：自然科学版，35 (008)：1034-1038.

赵林，葛耀君，项海帆 . 2005. 台风随机模拟与极值风速预测应用 . 同济大学学报（自然科学版)，07：885-889.

赵岩，缪琴 . 2009. 水资源综合管理决策支持系统研究 . 水电能源科学，27 (5)：27-30.

赵振东，余世舟，钟江荣 . 2002. 地震次生毒气泄漏与扩散的数值模拟与动态仿真 . 震工程与工程振动，22 (5)：137-142.

郑功成 . 2009. 多难兴邦——新中国 60 年抗灾史诗 . 长沙：湖南人民出版社 .

中国地震局监测预报司 . 2001. 中国大陆地震灾害损失评估汇编（1996 ~ 2000）. 北京：地震出版社 .

中国科学院大气物理研究所.1995. 中国气候灾害分布图集. 北京：海洋出版社.
中国科学院，水利部成都山地灾害与环境研究所.1991a. 中国滑坡灾害分布图. 成都：成都地图出版社.
中国科学院，水利部成都山地灾害与环境研究所.1991b. 中国泥石流分布及其灾害危险度区划图. 成都：成都地图出版社.
中国科学院，水利部成都山地灾害与环境研究所.1991. 中国滑坡灾害分布图. 成都：成都地图出版社.
中国科学院，水利部成都山地灾害与环境研究所.1991. 中国泥石流分布及其灾害危险度区划图. 成都：成都地图出版社.
中国历史地震图集编委会.1990. 中国历史地震图集. 北京：中国地图出版社.
中国气象局.2003. 地面气象观测规范. QX/T65—2007.
中国气象局.2005. 中国气象灾害年鉴2005. 北京：气象出版社.
中国气象局.2006. 中国气象灾害年鉴2006. 北京：气象出版社.
中国气象局.2007. 中国气象灾害年鉴2007. 北京：气象出版社.
中国气象灾害大典编委会.2008. 中国气象灾害大典. 北京：气象出版社.
中国气象灾害大典编撰委员会，2005 ~ 2008.《中国气象灾害大典》系列丛书. 北京：气象出版社.
中国气象中心.2006-07-28. 中国气象科学数据共享服务网. http：//cdc. cma. gov. cn.
中华人民共和国保险监督管理委员会.2007. 再保险数据交换规范. JR/T0036—2007.
中华人民共和国保险监督管理委员会.2009. 巨灾风险数据采集规范. JR/T0054—2009.
中华人民共和国国家质量监督检验检疫总局，中国国家标准化管理委员会.2005. 地震现场工作第4部分：灾害直接损失评估（GB/T 18208. 4—2005）. 北京：中国标准出版社.
中央气象局气象科学研究院.1981. 中国近500年旱涝分布图集. 北京：中国地图出版社.
钟江荣，赵振东，余世舟.2003. 基于GIS的毒气泄漏和扩散模拟及其影响评估. 自然灾害学报，12（4）：106-109.
钟秀丽，王道龙，赵鹏.2007. 黄淮麦区冬小麦拔节后霜冻温度出现规律研究. 中国生态农业学报，15（5）：17-20.
钟秀丽，王道龙，赵鹏.2008. 黄淮麦区小麦拔节后霜冻的农业气候区划. 中国生态农业学报，16（1）：11-15.
周成虎，万庆，黄诗峰.2000. 基于GIS的洪水灾害风险区划研究. 地理学报，1（55）：15-24.
周陆生，汪青春，李海红.2001. 青藏高原东部牧区大——暴雪过程雪灾灾情适时预评估方法的研究. 自然灾害学报，10（2）：58-65.
周淑贞.1997. 气象学与气候学. 北京：高等教育出版社.
朱琳，王万瑞，仁宗启.2003. 陕北仁用杏的花期霜冻气候风险分析及区划. 中国农业气象，24（2）：49-51.
朱首贤，沙文钰.2002. 近岸非对称型台风风场模型. 华东师范大学学报（自然科学版），3：66-71.
朱文泉，张锦水，潘耀忠.2007. 中国陆地生态系统生态资产测量及其动态变化分析. 应用生态学报，18（3）：586-594.
邹旭东，杨洪斌，刘玉彻.2008. Calpuff在沈阳地区大气污染模拟研究中的应用. 气象与环境学报，24（6）：24-28.
Adger W N. 2006. Vulnerability. Global Environmental Change，（16）：268-281.
ADRC. 2005-07-28. Total Disaster Risk Management-Good Practices. http：//www. adrc. asia.
Affairs United Nations Office for the Coordination of Humanitarian. 1992. Internationally Agreed Glossary of Basic Terms Related to Disaster Management. Geneva：UN.
Alexander D. 2000. Confronting Catastrophe—New Perspectives on Natural Disasters. Oxford：Oxford University

Press.

Amatulli G, Perez- Cabello F, Riva D L. 2007. Mapping lightning/human-caused wildfires occurrence under ignition point location uncertainty. Ecological Modelling, 200: 321-333.

Anbalagan R, Singh B. 1996. Landslide hazard and risk assessment mapping of mountainous terrains—a case study from Kumaun Himalaya, India. Engineering Geology, 43: 237-246.

Anderson G L, Hanson J D, Haas R H. 1993. Evaluating landsat thematic mapper derived vegetation indices for estimating above-ground biomass on semiarid rangelands. Remote Sensing of Environment, 45: 165-175.

Anthony K S, Stewart W F. 2004. Multi-decadal variability of drought risk, eastern Australia Hydro. Process, 18: 2039-2050.

Antonioni G. 2009. Development of a framework for the risk assessment of Na-Tech accidental events. Reliability Engineering & System Safety, 94 (9): 1442-1450.

Antonioni G, Spadoni G, Cozzani V. 2007. A methodology for the quantitative risk assessment of major accidents triggered by seismic events. Journal of Hazardous Materials, 147 (1-2): 48-59.

Arsenault é, Bonn F. 2005. Evaluation of soil erosion protective cover by crop residues using vegetation indices and spectral mixture analysis of multispectral and hyperspectral data. Catena, 62: 157-172.

Aulitzky H. 1994. Hazard mapping and zoning in Austria: methods and legal implications. Mountain Research and Development, 14 (4): 307-313.

Balshi M S, McGUIRE A D, Duffy P, et al. 2009. Assessing the response of area burned to changing climate in western boreal North America using a Multivariate Adaptive Regression Splines (MARS) approach. Global Change Biology, 15: 578-600.

Barrettc, Smith K, Box P. 2001. Not necessarily in the same boat: heterogeneous risk assessment among east african pastoralists. Journal of Development Studies, 37: 1-30.

Benito G, Machado M J, Pérez G, et al. 1998. Palaeoflood Hydrology of the Tagus River, Central Spain. Chichester: John Wiley.

Biard F, Bannari A, Bonn F. 1995. SACRI (Soil Adjust Corn Residue Index): un indice utilisant le proche et le moyen infrarouge pour la détection des résidus de cultures de mas. Ottawa. 17th Canadian Symposium on Remote Sensing.

Biard F, Bared F. 1997. Crop residue estimation using multiband reflectance. Remote Sensing of Environment, 59: 530-536.

Birkmann J. 2005. Measuring Vulnerability and Coping Capacity. Tokio: UNU Press.

Blaikie P, Cannon T, Davis I, et al. 1994. At Risk: Natural Hazards, People's Vulnerability, and Disasters. London: Routledge.

Blanchard W. 2005. Select Emergency Management-Related Terms and Definitions. Vulnerability Assessment Techniques and Applications (VATA).

Bocchiola D, Medagliani M. 2006. Regional snow depth frequency curves for avalanche hazard mapping in central Italian Alps. Cold Regions Science and Technology, 46: 204-221.

Bonsal B R, X Zhang, L A Vincent, et al. 2001. Characteristics of daily and extreme temperature over Canada. J. Climate, 14: 1959-1976.

Bonsal R B, Zhang X, Vincent L A. 2001. Characteristics of daily and extreme temperature over Canada. J. Climate, 2001 (14): 1959-1976.

Bowman D M, Balch J K, Artaxo P, et al. 2009. Fire in the earth system. Science, 324: 481-484.

Bowman W D. 1989. The relationship between leaf water status, gas exchange, and spectral reflectance in cotton leaves. Remote Sensing of Environment, 30: 249-255.

Bradshaw L S, Deeming J E, Burgan R E, et al. 1983. The 1978 National Fire-Danger Rating System: technical documentation. General Technical Report INT-169: USDA Forest Service, Intermountain Forest and Range Experiment Station.

Brian M R, Klimowski B A. 2008. Hailstorm damage observed from the GOES-8 satellite: the 5-6 July 1996 Butte-Meade Storm. National Weather Service, 126: 831-834.

Bruce J, Chris S. 2002. Snow avalanche hazards and management in Canada: challenges and progress. Natural Hazards, 26: 35-53.

Burgan R E, Klaver R W, Klaver J M. 1998. Fuel models and fire potential from satellite and surface observation. International Journal of Wildland Fire, 8: 159-170.

Burgan R E, Rothermel R C. 1984. BEHAVE: fire behavior prediction and fuel modeling system-FUEL subsystem. General Technical Report INT-167: USDA Forest Service, Intermountain Forest and Range Experiment Station.

Burton I, Kates R W, White G F. 1993. The Environment as Hazard. New York: Guilford Press.

Campedel M, Antonioni G, Cozzani V, et al. 2008a. Extending the quantitative assessment of industrial risks to earthquake effects. Risk Analysis, 28 (5): 1231-1246.

Campedel M, Cozzani V, Garcia-Agreda A, et al. 2008b. Quantitative Risk Assessment of accidents induced by seismic events in industrial sites. Chemical Engineering Transactions, 13: 45-52.

Cao T Q, Mark D P. 2006. Uncertainty of earthquake losses due to model uncertainty of input ground motions in the Los Angeles area. Bulletin of the Seismological Society of America, 96 (2): 365-376.

Cao X, Chen J, Matsushita B, et al. 2010. Developing a MODIS-based index to discriminate dead fuel from photosynthetic vegetation and soil background in the Asian steppe area. International Journal of Remote Sensing, 31 (6): 1589-1604.

Cardona O. 2003. Indicators for disaster risk management. Working Document, Manizales, 57: 48-59.

Carey M. 2005. Living and dying with glaciers: people's historical vulnerability to avalanches and outburst floods in Peru. Global and Planetary Change, 47 (2-4): 122-134.

Carmel Y, Paz S, Jahashan F, et al. 2009. Assessing fire risk using Monte Carlo simulations of fire spread. Forest Ecology and Management, 257: 370-377.

Carrara A, Cardinali M, Guzzetti F, et al. 1995. GIS technology in mapping landslide hazard//Carrara A, Guzzetti F F. Geographical Information Systems in Assessing Natural Hazards. Dordrecht: Kluwer Academic Publisher: 135-175.

Carter J G, White I, Richards J. 2009. Sustainability appraisal and flood risk management. Environmental Impact Assessment Review, 29 (1): 7-14.

Ceccarto P, Flasse S, Gregoire J M. 2002. Designing a spectral index to estimate vegetation water content from remote sensing data: Part 2. Validation and application. Remote Sensing of Environment, 82: 198-207.

Ceccarto P, Flasse S, Tarantola S, et al. 2001. Detecting vegetation leaf water content using reflectance in the optical domain. Remote Sensing of Environment, 77 (22-33): 22.

Ceccarto P, Gobron N, Flasse S, et al. 2002. Designing a spectral index to estimate vegetation water content from remote sensing data: Part 1. Theoretical approach. Remote Sensing of Environment, 82: 188-197.

CFS (Service Canadian Forest). 1992. Development and structure of the Canadian forest fire danger rating system//Canadian Forest Service. Information Report ST-X-3. Ottawa.

Changnon S A. 2005. Snowstorm catastrophes in the United States. Environmental Hazards, 6 (3): 158-166.

Changnon S A. 2007. New risk assessment products for dealing with financial exposure to weather hazards. Natural Hazards, 43: 295-301.

Charles K A, Robert V W, William T H. 2006. Hazus earthquake loss estimation methods. Natural Hazards Review, 7 (2): 45-59.

Chen D, Huang J, Jackson T J. 2005. Vegetation water content estimation for corn and soybeans using spectral indices derived from MODIS near-and short-wave infrared bands. Remote Sensing of Environment, 98: 225-236.

Chou Y H, Minnich R A, Chase R A. 1993. Mapping probability of fire occurrence in San Jacinto Mountains, California, USA. Environment Management, 17: 129-140.

Christensen N L. 1993. Fire regimes and ecosystem dynamics//Crutzen P J, Goldammer J G. Fire in the Environment. New York: Wiley. 233-244.

Christopher M, Smemoe. 2004. Floodplain risk analysis using flood probability and annual exceedances probability maps. Brigham: Brigham Young Univerisity.

Chuvieco E, Aguado I, Yebra M, et al. 2010. Development of a framework for fire risk assessment using remote sensing and geographic information system technologies. Ecological Modelling, 221 (1): 46-58.

Chuvieco E, Cocero D, Aguado I, et al. 2004. Improving burning efficiency estimates through satellite assessment of fuel moisture content. Journal of Geophysical Research, 109: 1-8.

Claessenss. 1993. Risk Management in Developing Countries. Washington, D. C.: World Bank.

Cope A D. 2004. Predicting the Vulnerability of Typical Residential Buildings to Hurricane Damage. *Florida*: University of Florida.

Council Multihazard Mitigation. 2002. Parameters for an Independent Study to Assess the Future Benefits of Hazard Mitigation Activities. Washington: National Institute of Building Sciences.

CRED. 2009-08-12. EM-DAT Database. http://www.emdat.be/database.

Crichton D. 1999. The risk triangle//Ingleton, J. Natural Disaster Management, a presentation to commemorate the international decade for natural disaster reduction (IDNDR) Tudor Rose, London.

Crutzen P J, Andreae M O. 1990. Biomass burning in the tropics: impact on atmospheric chemistry and biogeochemical cycles. Science, 250: 1669-1678.

Cruz A M, Krausmann E. 2008. Damage to offshore oil and gas facilities following hurricanes Katrina and Rita: an overview. Journal of Loss Prevention in the Process Industries, 21 (6): 620-626.

Cruz A M, Krausmann E. 2009. Hazardous- materials releases from offshore oil and gas facilities and emergency response following hurricanes Katrina and Rita. Journal of Loss Prevention in the Process Industries, 22 (1): 59-65.

Cruz A M, Krausmann E, Fabbrocino G. 2009. Potential Impact of Tsunamis on an Oil Refinery in Southern Itlay. Beijing: The 2nd International Conference on Risk Analysis and Crisis Response.

Cruz A M, Laura J S. 2005. Industry preparedness for earthquakes and earthquake-triggered hazmat accidents in the 1999 Kocaeli Earthquake. Earthquake Spectra, 21 (2): 285-303.

Cruz A M, Okada N. 2008. Methodology for preliminary assessment of Natech risk in urban areas. Natural Hazards, 46 (2): 199-220.

Daughtry C S T, Hunt E J, Doraiswamy P C, et al. 1996. Spectral reflectance of soils and crop residues//Davies A M C, Phil Williams. Near Infrared Spectroscopy: The Future Waves, Chichester. UK: NIR Publications: 505-510.

de la Riva J, Pérez- Cabello F, Lana- Renault N, et al. 2004. Mapping wildfire occurrence at a regional scale. Remote Sensing of Environment, 92: 288-294.

DFID. 2010-07-03. Annual report 2009. http://www. dfid. gov. uk.

Dilley M, Chen R S, Deichmann U, et al. 2005. Natural disaster hotspots: a global risk analysis. Washington D. C.: World Bank.

Dorman C M L. 1983. Tropical cyclone winds: uncertainties in Monte Carlo simulation. Journal of Wind Engineering and Industrial Aerodynamics, 12 (3): 281-296.

DRH. 2010-06-12. Science and technology. http://www. mext. go. jp.

Easterling D R. 2002. Recent changes in frost days and the frost-free season in the United States. Bull. Amer. Mete. Soc., 1327-1332.

EEA. 2005. Vulnerability and Adaptation to Climate Change in Europe. EEA Technical report No. 7/2005. Copenhagen: European Environment Agency.

Elmore A J, Asner G P, Hughes R F. 2005. Satellite monitoring of vegetation phenology and fire fuel conditions in Hawaiian drylands. Earth Interaction, 9 (21): 1-21.

Emanuel K. 2005. Increasing destructiveness of tropical cyclones over the Past 30 years. Nature, 436: 686-688.

EM-DAT. 2009-07-23. The OFDA/CRDA international disaster database. http://www. em-dat. net.

EOS. 2010-06-16. 综合风险防范技术集成平台. https://www. eosrisk. com.

EPA. 2004-05-21. User's guid for the AMS/EPA regulatory model—AERMOD. http://www. epa. gov/epahome/models. htm.

EPA. 2009-08-27. Addendum user's guid for the AMS/EPA regulatory model- AERMOD. http://www. epa. gov/epahome/models. htm.

Espizua E L, Bengochea J D. 2002. Landslide hazard and risk zonation mapping in the Rio Grand Basin, central Andes of Mendoza, Argentina. Mountain Research and Development, 2 (22): 177-185.

ESPON. 2003-12-11. Glossary of terms. http://www. espon. eu.

Fabbrocino G, Iervolino I, Francesca O, et al. 2005. Quantitative risk analysis of oil storage facilities in seismic areas. Journal of Hazardous Materials, 123 (1-3): 61-69.

Faivre R, Ruget F, Seguin B, et al. 2004. Remote sensing capabilities to estimate pasture production in France. International Journal of Remote Sensing, 25: 5359-5372.

Fajfar P. 1999. Spectrum method based on inelastic demand spectra. Earthquake Engineering and Structural Dynamics, (28): 979-993.

Fajfar P, Gaspersic P. 1996. The N2 method for the seismic damage analysis of RC buildings. Earthquake Engineering and Structural Dynamics, (25): 31-46.

Fedeski M, Gwilliam J. 2007. Urban sustainability in the presence of flood and geological hazards: the development of a GIS-based vulnerability and risk assessment methodology. Landscape and Urban Planning, 83 (1): 50-61.

FEMA. 2003a-08-11. Advanced engineering building module technical and user's manual. http://www. fema. gov/plan/prevent/hazus/hz_manuals. shtm.

FEMA. 2003b-09-22. Multi-hazard loss estimation methodology: earthquake model (technical manual). http://www. fema. gov/plan/prevent/hazus/hz_manuals. shtm.

FEMA. 2009-08-20. Multi-hazard loss estimation methodology: hurricane model (technical manual). http://www. fema. gov/plan/prevent/hazus/hz_manuals. shtm.

Filipe X C, Rego F C, Bação F L, et al. 2009. Modeling and mapping wildfire ignition risk in Portugal. International Journal of Wildland Fire, 18: 921-931.

Finney M A. 2004. FARSITE: Fire area simulator-model development and evaluation. USDA Forest Service General Technical Report, RMRS-RM-4 revised, USDA Forest Service, 52.

Fujii T, Mitsuta Y. 1992. On prediction of occurrence probability of severe wind by a typhoon, —Prediction of the sea-surface wind. J. JSNDS, 11 (3): 125-144.

Fujita T. 1992. Pressure distribution within typhoon. Geophysical Magazine, 23: 437-451.

Fumin R, Gleason B, Easterling D. 2002. Typhoon impacts on China's precipitation during 1957-1996. Advances in Atmospheric Sciences, 19 (5): 943-952.

Gao B C. 1996. NDWI- a normalized difference water index for remote sensing of vegetation liquid water from space. Remote Sensing of Environment, 58: 257-266.

Garatwa W, Bollin C. 2002. Disaster Risk Managment—a Working Concept. Eschborn: Deutsche Gesellschaft für Technische Zusammenarbeit (GTZ).

Gonzalez-Alonso F. 1997. A forest fire risk assessment using NOAA AVHRR images in the Valencia area, eastern Spain. International Journal of Remote Sensing, 18 (10): 2201-2207.

Granger K, Jones T, Leiba M. 1999. Community Risk in Cairns: A Multi-hazard Risk Assessment. AGSO (Australian Geological Survey Organization) Cities Project: Department of Industry, Science and Resources, Australia.

Greiving. 2006. Multi-risk assessment of Europe's regions//Birkmann J. Measuring Vulnerability to Hazards of National Origin. Tokyo: UNU Press.

Groisman P Y, Sherstyukov B G, Razuvaev V N, et al. 2007. Potential forest fire danger over northern Eurasia: change during the 20th century. Global and Planetary Change, 56: 371-386.

Grossi P, Howard K. 2005. Catastrophe Modeling: a New Approach to Managing Risk. Berlin: Springer.

Haimes Y Y. 2004. Risk Modeling, Assessment, and Management. New York: Wiley.

Hall T, Jewson S. 2007. Statistical modelling of North Atlantic tropical cyclone tracks. Tellus A, 59 (4): 486-498.

Harper B A. 1999. Numerical modelling of extreme tropical cyclone winds. Journal of Wind Engineering and Industrial Aerodynamics, 83: 35-47.

Heather M. 2001. Hailstorm risk assessment in rural New South Wales. Natural Hazards, 24: 187-196.

Heino R, Brazclil R, Forland E, et al. 1999. Progress in the study of climate extremes in northern and central Europe. Climate Change, 142: 15-181.

Hély C, Caylor K K, Dowty P, et al. 2007. A temporally explicit production efficiency model for fuel load allocation in southern Africa. Ecosystems (Online).

Hély C, et al. 2003. Regional fuel load for two climatically contrasting years in southern Africa. Journal of Geophysical Research, 108 (D13): 8475.

Huang Z, Rosowsky D V, Sparks P R. 2001. Long-term hurricane risk assessment and expected damage to residential structures. Reliability Engineering and System Safety, 74: 239-249.

Huete A, Didan K, Miura T, et al. 2002. Overview of the radiometric and biophysical performance of the MODIS vegetation indices. Remote Sensing of Environment, 83: 195-213.

Huete A R. 1988. A soil adjusted vegetation index (SAVI). Remote Sensing of Environment, 25: 259-309.

Hunt E R Jr, Rock B N, Nobel P S. 1987. Measurement of leaf relative water content by infrared reflectance. Remote Sensing of Environment, 22: 429-435.

ICSU. 2008. A Science Plan for Integrated Research on Disaster Risk: Addressing the Challenge of Natural and Human-induced Environmental Hazards. Paris.

IHDP. 2010. Integrated Risk Governance Project-Science Plan. Beijing.

Ikeda H, Okamoto K, Fukuhara M. 1999. Estimation of above grassland phytomass with a growth model using

Landsat TM and climate data. International Journal of Remote Sensing, 20: 2283-2294.

IPCC. 2001. Climate change 2001: The scientific basis. Summary for Policy makers and Technical Summary of the Working Group I Report. Cambridge.

IPCC. 2007. 气候变化2007：综合报告．IPCC第四次评估报告第一、第二和第三工作组的报告．伦敦：剑桥大学出版社．

Irasema A. 2002. Geomorphology, natural hazards, vulnerability and prevention of natural disasters in developing countries. Geomorphology, (47): 107-124.

IRGC. 2008-06-22. Introduction to the IRGC risk governance framework. http: //www. irgc. org.

IRGC. 2010-08-14. White paper No. 1: Risk Governance-Towards an Integrative Approach. http: //www. irgc. org.

ISDR. 2004. Living with Risk-A Global Review of Disaster Reduction Initiatives. Geneva.

Jackson R D, Slater P N, Pinter P J. 1983. Discrimination of growth and water stress in wheat by various vegetation indices through clear and turbid atmospheres. Remote Sensing of Environment, 13: 187-208.

Jaiswal R K, Saumitra M, Kumaran D R, et al. 2002. Forest fire risk zone mapping from satellite imagery and GIS. International Journal of Applied Earth Observation and Geoinformation, 4: 1-10.

Jamieson B, Stethem C. 2002. Snow avalanche hazards and management in Canada: challenges and progress. Natural Hazards, 26: 35-53.

Jamison B, Chris S. 2002. Snow avalanche hazards and management in Canada: challenges and progress. Natural Hazards, 26: 35-53.

Janssen M A, Kohler T A, Scheffer M. 2003. Sunk-cost effects and vulnerability to collapse in ancient societies. Current Anthropology, 44: 722-728.

Jasanoff S. 1986. Risk Management and Political Culture. New York: Russell Sage.

Jelesnianski C. 1965. A numerical calculation of storm tides induced by a tropical storm impinging on a continental shelf. Monthly Weather Review, 93 (6): 343-358.

Jia G J, Burke I C, Goetz A F H, et al. 2006. Assessing spatial patterns of forest fuel using AVIRIS data. Remote Sensing of Environment, 102: 318-327.

Johnston H H. 1962. The decomposition of cellulose by soil fungi. The Ohio Journal of Science, 62 (2): 108-112.

Jordan C F. 1969. Derivation of leaf area index from quality of light on the forest floor. Ecology, 50: 663-666.

Joy S, Lu X X. 2005. Remote sensing and GIS-based flood vulnerability assessment of human settlements: a case study of Gangetic West Bengal, India. Hydrologial Process, 19: 3699-3716.

Justice C O, Giglio L, Korontzi S, et al. 2002b. The MODIS fire products. Remote Sensing of Environment, 83: 244-262.

Justice C O, Townshend J R G, Vermote E F, et al. 2002a. An overview of MODIS land data processing and product status. Remote Sensing of Environment, 83: 3-15.

Kalabokidis K D, Koutsias N, Konstantinidis P, et al. 2007. Multivariate analysis of landscape wildfire dynamics in a Mediterranean ecosystem of Greece. Area, 39: 392-402.

Kaplan S. 1997. The words of risk analysis. Risk Analysis, 4 (17): 407-417.

Kawamura K, Akiyama T, Yokota H, et al. 2005. Monitoring of forage conditions with MODIS imagery in the Xilingol steppe, Inner Mongolia. International Journal of Remote Sensing, 26 (7): 1423-1436.

Kenyon W. 2007. Evaluating flood risk management options in Scotland: a participant-led multi-criteria approach. Ecological Economics, 64 (1): 70-81.

Klimowski B A. 1998. Hailstorm damage observed from the GOES-8 Satellite: the 5-6 July 1996 Butte-Meade Storm. National Weather Service, 126: 831-834.

Kolacny. 1969. Cartographic information-foundamental concept and term in modern cartography. The cartographic Journal, 6 (1): 39-45.

Koutsias N, Kalabokidis K D, Allgwer B. 2004. Fire occurrence patterns at landscape level: beyond positional accuracy of ignition points with kernel density estimation methods. Natural Resource Modeling, 17 (4): 359-375.

Krausmann E, Cruz A M. 2008. Natech disasters: when natural hazards trigger technological accidents-preface. Natural Hazards, 46 (2): 139-141.

Krausmann E, Cruz A M, Affeltranger B. 2009. Natech Accidents at Industrial Facilities—the Case of the Wenchuan Earthquake. Beijing: The 2nd International Conference on Risk Analysis and Crisis Response.

Krausmann E, Mushtaq F. 2008. A qualitative Natech damage scale for the impact of floods on selected industrial facilities. Natural Hazards, 46 (2): 179-197.

Kreimer A, Margaret A. 2000. Managing Disaster Risk in Emerging Economics. Washington D. C.: World Bank.

Kreimer A, Margaret A, Carlin A. 2003. Building Safer Cities: the Future of Disaster Risk. Washington D. C.: World Bank.

Lee K H, Rosowsky D V. 2005. Fragility assessment for roof sheathing failure in high wind regions. Engineering Structures, 27: 857-868.

Leigh R. 2001. Hail loss modelling and risk assessment in the Sydney Region, Australia. Natural Hazards, 24: 171-185.

Liang D. 2001. Improved reliability and economic modeling for new and retrofitted low-rise structures subjected to extreme wind hazards. Buffalo: University of New York.

Lind N, Pandey M, Nathwani J. 2009. Assessing and affording the control of flood risk. Structural Safety, 31 (2): 143-147.

Lin X G. 2004. Probabilistic Framework of Cyclone Risk Assessment. Proceedings of the Fifth Asia Pacific Industrial Engineering and Mnagement Systems Conference. Gold Coast, Australia.

Lopez A S, San-Miguel-Ayanz J, Burgan R E. 2002. Integration of satellite sensor data, fuel type maps and meteorological observations for evaluation of forest fire risk at the pan-European scale. International Journal of Remote Sensing, 23 (13): 2713-2719.

Louis P R. 1942. Indications of hail resistance among varieties of winter wheat. Transactions of the Kansas Academy of Science, 45: 129-137.

Lovejoy T. 1991. Biomass burning and the disappearing tropical rainforest//Levine J S Global Biomass Burning. Cambridge: MIT Press.

Mannan S. 2005. Lee's Loss Prevention in the Process Industries: Hazard Identification, Assessment and Control. New York: Elsevier Butterworth-Heinemann.

Martinez J, Garcia C V, Chuvieco E. 2009. Human-caused wildfire risk rating for prevention planning in Spain. Journal of Environmental Management, 90: 1241-1252.

Matsui M, Ishihara T, Hibi K. 2002. Directional characteristics of probability distribution of extreme wind speeds by typhoon simulation. Journal of Wind Engineering & Industrial Aerodynamics, 90 (12-15): 1541-1553.

Mbow C, Goita K, Benie G. 2004. Spectral indices and fire behavior simulation for fire risk assessment in savanna ecosystems. Remote Sensing of Environment, 91: 1-13.

McCarthy J J, Canziani O F, Leary N A, et al. 2001. Climate Change 2001: Impacts, Adaptation and Vulnerability. Cambridge: Cambridge University Press.

McKee T B, Doesken N J, Kleist J. 1995. Drought monitoring with multiple time scales. Proceedings of 9th

Conference on Applied Climatology. Dallas.

McMaster H J. 1997. Climate and Hail Losses to Winter Cereal Crops in New South Wales. Sydney, Australia: Macquarie University: 206.

McNairn H, Protz R. 1993. Mapping corn residue cover on agricultural field in Oxford county, Ontario, using Thematic Mapper. Canadian Journal of Remote Sensing, 19: 152-159.

Menard S. 2002. Applied Logistic Regression Analysis. C. A. : Sage Publications.

Menaut J C, Abbadie L, Vitousek P M. 1993. Nutrient and organic matter dynamics in tropical ecosystems// Crutzen P J, Goldammer J G. Fire in the Environment. New York: Wiley: 215-230.

Mileti D S. 1999. Natural Hazards and Disasters -Disasters By Design, A Reassessment of Natural Hazards in the United States. Washington: Joseph Henry Press.

MOST. 2010-06-13. 地震引发的危险气体泄漏快速检测技术 . http: //www. csta. org. cn/kzzt/shouce/3_3_detail. html.

Multihazard Mitigation Council. 2002. Parameters for an Independent Study to Assess the Future Benefits of Hazard Mitigation Activities. Washington D. C. : National Institute of Building Sciences.

Munich RE. 2002-12-15. Munich Re Group Annual Report. http: //report2002. munichre. com/en/start. html.

Munich RE. 2007-11-22. Munich Re 2007 Nat Cat Report Warns of "Rising Trend" . http: //www. munichre. com/en/reinsurance/business/non-life/georisks/natcatservice/default. aspx.

Ngigi S N, Savenije H H G, Rockström J, et al. 2005. Hydro- economic evaluation of rainwater harvesting and management technologies: farmers investment options and risks in semi- arid Laikipia district of Kenya. Physics and Chemistry of the Earth, 30: 772-782.

NRC. 2006. Facing Hazards and Disasters: Understanding Human Dimensions. Washington D. C. : The National Academies Press.

OECD. 2003. Report on Emerging (Systemic) Risks in the 21st Century. Paris: OECD.

OECD. 2010a-06-21. Insurance and pensions statistics. http: //www. oecd. org.

OECD. 2010b-08-12. Organization for Economic Cooperation and Development. OECD Health Data 2010.

Oladipo E O. 1989. The quasi-periodic fluctuations in the drought indices over the North American great plains. Natural Hazards, 2: 1-16.

Oladipo E O. 1993. A comprehensive approach to drought and desertification in Northern Nigeria. Natural Hazards, 8: 235-261.

Organization W H. 2009. World Health Statistic 2009. Geneva: WHO Press.

Page S E, Siegert F, Riely J O, et al. 2002. The amount of carbon released from peat and forest fires in Indonesia during 1997. Nature, 420: 61-65.

Palmer W C. 1968. Keeping track of crop moisture conditions, nationwide: The new crop moisture index. Weatherwise, 21: 156-161.

Pearson R L, Miller L D. 1972. Remote mapping of standing crop biomass for estimation of the productivity of the short- grass Prairie, Pawnee National Grasslands, Colorado. Proc. of the 8th International Symposium on Remote Sensing of Environment, Ann Arbor.

Peng G, Li J, Chen Y, et al. 2007. A forest fire risk assessment using ASTER images in Peninsular Malaysia. Journal of China University of Mining & Technology, 17 (2): 0232-0237.

Penning- Rowell C E, Chatterton J B. 1977. The benefits of flood alleviation: A manual of assessment techniques. Aldershot Gower .

Perrow C. 2007. The Next Catastrophe: Reducing our Vulnerabilities to Natural. New Jersey: Princeton.

Petrascheck A. 2003. Hazard assessment and mapping of mountain risks in Switzerland//Rickenmann D, Chen C L. Proceedings of the Third International Conference on Debris-Flow Hazards Mitigation: Mechanics, Prediction, and Assessment. Rotterdam: Millpress: 21-44.

Pew K L, Larsen C P S. 2001. GIS analysis of spatial and temporal patterns of human- caused wildfires in the temperate rain forest of Vancouver Island, Canada. Forest Ecology and Management, 140: 1-18.

Pinelli J P, Simiu E, Gurley K, et al. 2004. Hurricane damage prediction model for residential structures. Journal of Structural Engineering, 130 (11): 1685-1691.

Pinelli J P, Subramanian C, Zhang L, et al. 2003. A model to predict hurricanes induced lossess for residential structures. Maastricht: European Safety and Reliability Conference.

Pinty B, Verstraete M M. 1992. GEMI: a non- linear index to monitor global vegetation from satellites. Vegetatio, 101: 15-20.

Pollner J D. 2001. Managing Catastrophic Disaster Risk Using Alterative Risk Financing and Pooled Insurance Structures. Washington D. C. : World Bank.

Popova Z, Milena K. 2005. CERES model application for increasing preparedness to climate variability in agricultural planning—risk analyses. Physics and Chemistry of the Earth, 30: 117-124.

Qi J, Chehbouni A, Huete A R, et al. 1994. A modified soil adjusted vegetation index. Remote Sensing of Environment, 48: 119-126.

Randerson J T, Liu H, Flanner M G, et al. 2006. The impact of boreal forest fire on climate. warming. Science, 314: 1130-1132.

Reitz L P. 1942. Indications of Hail Resistance among Varieties of Winter Wheat. Transactions of the Kansas Academy of Science (1903-), 45 (26-28): 129-137.

Renn O. 2008. Risk Governance: Coping with Uncertainty in a Complex World. London: Earthscan.

Riano D, Chuvieco E, Salas J, et al. 2002. Generation of fuel type maps from Landsat TM images and ancillary data in Mediterranean ecosystems. Canadian Journal of Forest Research, 32: 1301-1315.

Richter G M, Semenov M A. 2005. Modeling impacts of climate change on wheat yields in England and Wales: assessing drought risks. Agricultural Systems, 84: 77-97.

Riva J d L, Fernando P C. 2004. Mapping wildfire occurrence at a regional scale. Remote Sensing of Environment, 92: 288-294.

RMA. 2010-08-22. About RMA. http: //www. rmahq. org/RMA/AboutRMA.

Roberts D A, Dennison P E, Gardner M E, et al. 2003. Evaluation of potential of Hyperion for fire danger assessment by comparison to the airborne visible/infrared imaging spectrometer. IEEE Transactions on Geoscience and Remote Sensing, 41 (6): 1297-1310.

Roberts D A, Smith M O, Adams J B. 1993. Green vegetation, non- photosynthetic vegetation, and soil in AVIRIS data. Remote Sensing of Environment, 44: 255-269.

Rondeaux G, Steven M, Baret F. 1996. Optimization of soil- adjusted vegetation indices. Remote Sensing of Environment, 55: 95-107.

Rouse J W, Haas R H, Shell J A, et al. 1974. Monitoring the vernal advancement of retrogradation of natural vegetation. Final Report, Type III. Greenbelt: NASA/GSFC. 371 .

Rumpf J, Weindl H, Hoppe P, et al. 2007. Stochastic modelling of tropical cyclone tracks. Math. Meth. Oper. Res. , 66 (3): 475-490.

Running S W. 2006. Is Global warming causing more, larger wildfires. Science, 313: 927-928.

Russell L. 1971. Probability distributions for hurricane effects. Journal of the Waterways, Harbors and Coastal

Engineering Division, 97 (1): 139-154.

Salzano E. 2009. Risk assessment and early warning systems for industrial facilities in seismic zones. Reliability Engineering & System Safety, 94 (10): 1577-1584.

Salzano E, Iervolino I, Fabbrocino G. 2003. Seismic risk of atmospheric storage tanks in the framework of quantitative risk analysis. Journal of Loss Prevention in the Process Industries, 16 (5): 403-409.

Santos A J B, Silva G T D A, Miranda H S, et al. 2003. Effect of fire on surface carbon, energy and water vapour fluxes over campo sujo savanna in central Brazil. Functional Ecology, 17, 711-719.

SAS Institute Inc. 1995. Logistic regression examples using the SAS system. Cary: SAS Institute Inc.

Scheuren J M, Waroux P, Below O, et al. 2008. Annual Disaster Statistical Review: The Numbers and Trends 2007. CRED. Disasters, Center for Research on the Epidemiology of Melin.

Schimel D, Baker D. 2002. The wildfire factor. Nature, 420: 29-30.

Seino H. 1980. On the characteristics of hail size distribution related to crop damage. J. Agr. Met., 36 (2): 81-88.

Seligson H A. 1996. Chemical Hazards, Mitigation and Preparedness in Areas of High Seismic Risk: A Methodology for Estimating the Risk of Post-Earthquake Hazardous Materials Release. Technical Report NCEER-96-0013. New York.

Shahid S, Behrawan H. 2008. Drought risk assessment in the western part of Bangladesh. Natural Hazards, 46: 391-413.

Shapiro L. 1983. The asymmetric boundary layer flow under a translating hurricane. Journal of the Atmospheric Sciences, 40 (8): 1984-1998.

Shaw M R, Zavaleta E S, Chiariello N R, et al. 2002. Grassland responses to global environmental changes suppressed by elevated CO_2. Science, 298: 1987-1990.

Showalter P S, Myers M F. 1994. Natural disasters in the United States as release agents of oil, chemicals, or radiological materials between 1980-1989: analysis and recommendations. Risk Anal., 14 (2): 169-182.

Sipke E, Van M, Brinkhuis M. 2005. Quantitative flood risk assessment for Polders. Reliability Engineering & System Safety, 90 (2-3): 229-237.

Skowronski N, Clark K, Nelson K, et al. 2007. Remotely sensed measurements of forest structure and fuel loads in the Pinelands of New Jersey. Remote Sensing of Environment, 108: 123-129.

Smyth T Y, Blackman T M. 1999. Observations of oblate hail using dual polarization radar and implications for hail-detection schemes. Quarterly Journal-Royal Meteorological Society, 25: 993-1016.

Sánchez-Moya Y, Sopea A. 2003. Sedimentology of high-stage flood deposits of the Tagus River, Central Spain Sediment. Geol., (157): 107-132.

Solaimani K, Clark K, Nelson R, et al. Flood occurrence hazard forecasting based on geographical information system. Int. J. Environ. Sci. Tech., 3 (2): 2005.

SRA. 2010-05-22. The Society for Risk Analysis (SRA) provides an open forum for anyone interested in risk analysis. http://www.sra.org.

Svoboda T, LeComte M D, Hayes M, et al. 2002. The drought monitor. Bulletin of the American Meteorological Society, 83 (8): 1181-1190.

Swiss Re. 2008-09-23. Swiss Re sigma report examines 2007 worldwide results. http://www.swissre.com.

Tiedemann H. 1992. Earthquakes and Volcanic Eruptions: A Handbook on Risk Assessment. Berlin: Springer.

Tong Z, Zhang J, Liu X. 2009. GIS-based risk assessment of grassland fire disaster in western Jilin province, China. Stochastic Environmental Research and Risk Assessment, 23: 463-471.

Tryggvason B, Davenport A, Surry D. 1976. Predicting wind-induced response in hurricane zones. Journal of the Structural Division, 102 (12): 2333-2350.

Tucker C J. 1980. Remote sensing of leaf water content in the near infrared. Remote Sensing of Environment, 10: 23-32.

Turner II B L, Kasperson R E, Matson P A, et al. 2003. A framework for vulnerability analysis in sustainability science. Proceedings of the National Academy of Sciences US, 100 (14): 8074-8079.

Turner II B L, Matson P A, McCarthy J J, et al. 2003. Illustrating the coupled human-environment system for vulnerability analysis three case studies. PNAS, 14: 8080-8085.

Turner II B L, Roger E, Pamela A, et al. 2003. A Framework for Vulnerability Analysis in Sustainability Science. PNAS, (14): 8074-8079.

UNDP. 2004. Reducing Disaster Risk: A Challenge for Development. New York: UN.

UNDRO. 1991. Mitigation Natural Disasters: Phenomena, Effects and Options. New York: UN.

UNEP. 2002. Global Environment Outlook 3- Past, Present and Future Perspectives. London: Earthscan Publications Ltd.

UN-ISDR. 2004. Living with Risk. A Global Review of Disaster Reduction Initiatives. Geneva: UN.

UN-ISDR. 2005. Know Risk. Geneva: UN.

UN-ISDR. 2010-05-27. Economic damages: share of GDP, by natural disaster and country 1991-2005. http://www.unisdr.org.

United Nations. 1992. Office for the Coordination of Humanitarian Affairs. Internationally Agreed Glossary of Basic Terms Related to Disaster Management, DNA/93/36, Geneva.

USGS. 2010-07-21. Pager-prompt assessment of global earthquakes for response. http://earthquake.usgs.gov/earthquakes/pager.

Vasconcelos M J P, Silva S, Tomé M. 2001. Spatial prediction of fire ignition probabilities: comparing logistic regression and neural networks. Photogrammetric Engineering and Remote Sensing, 67: 73-81.

Vasilakos C, Kalabokidis K, Hatzopoulos J, et al. 2007. Integrating new methods and tools in fire danger rating. International Journal of Wildland Fire, 16 (3): 306-316.

Vickery P J, Lin J, Skerlj P F, et al. 2006. HAZUS-MH Hurricane Model Methodology. II: Damage and Loss Estimation. Natural Hazards Review, 7 (2): 94-103.

Vickery P, Skerlj P F, Twisdale L A. 2000. Hurricane wind field model for use in hurricane simulations. Journal of Structural Engineering, 126 (10): 1203-1221.

Wessels K J, Prince S D, Zambatis N, et al. 2006. Relationship between herbaceous biomass and 1-km^2 Advanced Very High Resolution Radiometer (AVHRR) NDVI in Kruger National Park, South Africa. International Journal of Remote Sensing, 27: 951-973.

Westerling A L, Prince S D, Zambatis N, et al. 2006. Warming and earlier spring increase western U. S. forest wildfire activity. Science, 313: 940-943.

Wilhite D A. 2000. Drought as a natural hazard: concepts and definitions//Wilhite D A. Drought: A Global Assessment. London&New York: Routledge. 3-18.

Wilson B A, Ow C F Y, Heathcott M, et al. 1994. Landsat MSS classification of fire fuel types in Wood Buffalo National Park. Global Ecology and Biogeography Letters, 4: 33-39.

Wisner B. 2004. At Risk: Natural Hazards, People's Vulnerability and Disasters. London: Routledge.

Wisner B, Blaikie P, Cannon T, et al. 2005. At Risk: Natural Hazards, People's Vulnerability and Disasters (2nd edition). London and New York: Routledge.

World Bank. 2006. Hazards of Nature, Risk to Development: An IEG Evaluation of World Bank Assistance for Natural Disaster. Washington D. C. : World Bank.

World Bank. 2010-07-25. The World Bank annual report 2009. http: //www. worldbank. org.

Wu H, Wilhite D A. 2004. An operational agricultural drought risk assessment model for Nebraska, USA. Natural Hazards, 33 (1): 60-71.

Xu D, Dai L, Shao G, et al. 2005. Forest fire risk zone mapping from satellite images and GIS for Baihe Forestry Bureau, Jilin, China. Journal of Forestry Research, 16 (3): 169-173.

Yasui H, Oh kuma T, Marukawa H, et al. 2002. Study on evaluation time in typhoon simulation based on Monte Carlo method. Journal of Wind Engineering and Industrial Aerodynamics, 90 (12-15): 1529-1540.

Yin Y Y, Wang J Ai, Zhao J T. 2009. Risk assessment of hail disaster based on cars in China. Natural Disaster Reduction in China, 1: 47-55.

Young S, Balluz L, Malilay J. 2004. Natural and technologic hazardous material releases during and after natural disasters: a review. Science of The Total Environment, 322 (1-3): 3-20.

Zavaleta E S, Shaw M R, Chiariello N R, et al. 2003. Grassland responses to three years of elevated temperature, CO_2, precipitation, and N deposition. Ecological Monographs, 73 (4): 585-604.

Zhang J Q. 2004. Risk assessment of drought disaster in the maize- growing region of Songliao Plain, China. Agriculture, Ecosystems and Environment, 102: 133-153.

Zhang Z X, Zhang H Y, Zhou D W. 2010. Using GIS spatial analysis and logistic regression to predict the probabilities of human-caused grassland fires. Journal of Arid Environments, 74: 386-393.